餐旅管理

第4版

Fourth Edition

Exploring the Hospitality Industry

U0051041

John R. Walker 原著
鄭寶菁、章春芳 編譯

John R. Walker 原著
鄭寶菁、章春芳 編譯

全華圖書股份有限公司

目錄

1 餐旅精神

2 觀光

3 住宿

4 住宿經營

5 遊輪

6 餐廳

7 餐廳的經營

8 餐飲管理服務

9 飲料

MIRAGE

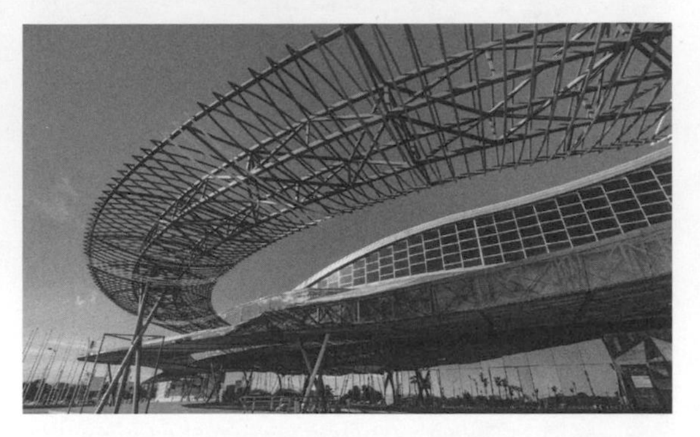

給學生的話

各位未來的餐旅業專業人員你們好：

這本教科書的寫作目的在於賦予你能力，並協助你成為這項傑出產業的未來領導者。《餐旅管理 (Exploring the Hospitality Industry)》將概述這項世界規模最大，成長亦最快速的產業。每個章節都包含關於無數餐旅業區塊，許多不同區域的工作機會，以及職涯道路和業界成員與領導者檔案的資訊。

閱讀本書

閱讀並研究課文內容，包括各種檔案、圖文塊、成果驗收問題、業界專家的建議、職涯建議，及問題回顧，並就個案分析進行討論及辯論。利用本書中的眾多工具——包括以粗體字標出的重要字彙與觀念，以及專業用語中英對照與釋義——使你在閱讀與理解觀念時更為便利。做好事前預習，你將會驚喜地發現，原來我們可以在課堂上獲得這麼多知識。

傑出的課堂表現

老師們經常說，最好的學生，就是先預習過再來上課的學生。我瞭解，身為一名餐旅科系學生，許多事情需要你花時間完成——工作、繁重的課業、家庭責任，以及玩 (沒錯)——再加上許多其他課程要求的閱讀與研究工作。在考量到這一點的情況下，我儘可能讓本書看起來賞心悅目、淺顯而引人入勝，並能使讀者樂在其中。

希望你的學業與職涯都獲得成功。

Sincerely,
John R Walker

花點時間檢視下面幾頁關於本書特色及工具的描述，它們能協助你閱讀及瞭解觀念，並向你介紹餐旅業數量龐大而種類繁多的區塊內，有多少刺激有趣的機會。

業界體驗

隨著你開始閱讀本書，你會體認到本文特別標題「業界體驗」的意義。由於本書是由一名具備多年業界營運經驗的作者所撰寫，因此有無數業界實證可說明各項關鍵主題。這也使得閱讀本書更為引人入勝，更有助讓你理解課文中所要傳達的資訊。

餐旅——它是一種服務業

在此介紹章節中，將說明服務為何，以及如何會是餐旅業的主幹。

重要記憶工具

住宿經營 4

學習成果

閱讀及研讀本章後，你應該能夠：

1. 概述總經理和執行委員會的職責。
2. 描述客房部的主要功能。
3. 描述餐飲部的主要職能。
4. 說明物業管理系統和營收管理。
5. 討論為何永續住宿營運可以提高利潤並同時降低飯店對生態的影響。

139

學習成果

在每一章節剛開始的地方，這份列表將提醒你有哪些內容會被討論，以及幫助你組織你的思緒。學習成果則摘要指出，在研讀該章並進行完作業活動、個案分析、問題回顧，以及應用學習成果後，必需習得的知識。

自我檢測

每小節結尾處，「自我檢測」將能協助你複習並再加強剛剛學到的部分。

11 主題樂園與景點設施

四、狂歡節 (Mardi Gras)

狂歡節始於超過 100 年前，原本是嘉年華會，後來逐漸演進成一場世界聞名的狂歡活動，這項可說是所有節慶中最華麗耀目的節慶，在一月、二月及三月於紐奧良舉辦，慶典於一月六日以一連串私人舞會揭開序幕，一直到「肥膩星期二」之間的日子，都充滿狂野的遊行、扮裝比賽、音樂會，以及全民參與的狂歡活動。著名的波本街 (Bourbon Street) 是大部分狂歡群衆的去處，時常擠得水泄不通，珠串在狂歡節中很熱門，每年送出數千條。紐奧良的文化大幅增加狂歡節的節慶氣氛，傳統爵士樂及藍調音樂時時迴盪在大街小巷中。在嘉年華季最後兩週，節慶的節奏加快，街道上充滿將近 30 場遊行，遊行隊伍有一邊行進一邊表演的爵士樂團，以及裝飾奢華無比的兩層樓高花車，上面載著身穿特殊服裝朝群衆丟出珠串的人們，遊行中約有 20 輛大型花車，每一輛都經過裝飾以表達特定主題，規模最大也最精美的遊行是安迪蒙的克魯 (Krewe of Endymion) 及酒神巴克斯遊行 (Bacchus parades)，它們在肥膩星期二前夕特別稱爲「無法無天日 (Day of Un-Rule)」的週末進行[26]。

狂歡節是每年美國新奧爾良市舉辦的大型慶祝活動

五、大奧普里鄉村音樂會

另一個著名的受歡迎盛會是位於田納西州那什維爾的大奧普里鄉村音樂會 (Grand Ole Opry)。大奧普里鄉村音樂會是一個現場電臺節目秀，邀請鄉村音樂歌手在場表演，已經有超過 75 年歷史的大奧普里鄉村音樂會，使那什維爾成爲「音樂之都 (Music City)」。自從該音樂秀開始以來，那什維爾就創建了一座名爲奧普里園 (Opryland) 的主題樂園，以及一座奧普里渡假飯店 (Opryland Resort)，來自世界各地的著名歌手到此展演他們的才能，大批遊客自各地前來聆聽奧普里的音樂，並觀賞那什維爾的景點[27]。

自我檢測

1. 比較博覽會與節慶。
2. 比較節慶與活動。
3. 列舉三個著名的節慶與活動。

395

將你與真實世界連結的特色

這部分介紹你認識實際處於活生生世界中的眞實人物與眞實工作。

人物簡介

赫斯特・舒茲 (Horst Schulze)

赫斯特・舒茲是餐旅業的傳奇領導人物，也是當代餐旅業中最有影響力的三位領袖之一，他的遠見重新塑造了整個餐旅服務業對於服務的觀念。

舒茲成長在德國的一個小鎮。14 歲時，父母親帶他到當地最好的飯店找工作。每個人都告訴他要把顧客奉為上賓，而他也戰戰兢兢地從餐廳跑菜生開始做起。當他寫學校報告時（他每週三在飯店學校上課），他訂的標題是「我們是服務紳士淑女的紳士淑女。」他一直保存著這份報告，因為這是他得到唯一的 A。但是，那個 A 也成為了他創新服務理念的基礎。

舒茲提到服務有三個面向：

1. 服務不應該有不足之處。
2. 服務應該是及時的。
3. 人們應該相互關照。

而那片關懷之心就是服務。他還補充所有餐旅業者應該做的四件事：

1. 留住顧客＝忠誠度，顧客信任你且樂於和你建立關係。
2. 發掘新顧客。
3. 盡你所能的從顧客身上賺錢並且不失去他們。
4. 創造效率。

舒茲曾於君悅飯店集團 (Hyatt Hotels Corporation) 服務了 9 年，歷任飯店總經理、區域副總裁及集團副總裁。在 1983 年以創始成員與營運副總裁的身分加入麗池卡爾登後，舒茲在創建聞名世界的營運與服務標準上有不少作為。在 1987 年他被指派為執行副總裁，更在隔年被拔擢至集團總裁兼營運長。在他離開麗池前去創立西培斯飯店集團 (West Paces Hotel Group) 之際，其所掌管的全球麗池價值高達 20 億美金。

繼 1988 年起擔任麗池卡爾登集團總裁與營運長之後，舒茲續於 2001 至 2002 年間擔任麗池卡爾登飯店公司副主席一職。在他的領導下，該集團囊括了 1992 與 1999 年的馬康巴立治國家品質獎，是第一家也是唯一一家榮獲該獎項的飯店管理公司。除此之外，麗池卡爾登也持續被各種商業刊物評選為「世界最佳飯店」。舒茲本人除了被《HOTELS 雜誌》表彰為「世界飯店經營者」之外，更因為其對品質提升運動的貢獻，而獲頒石川馨獎章。

舒茲在 2002 年與數名麗池卡爾登的前任主管共同成立了西培斯飯店集團，該集團在數個獨特的市場區塊中經營不同的飯店品牌。該公司的教條是：

透過創造符合顧客期望的產品，以替我們的業主創造價值與空前的成績。

藉由一群被尊重與授權的員工，在一個有安全感與目標的環境共事，我們傳遞比對手更加可靠、真誠的關懷與及時的服務。

我們是樂於犧牲奉獻的社會成員。毫不妥協的價值、榮譽與正直是我們的營運之道。

西培斯旗下擁有兩個品牌的飯店與渡假飯店：Solis 與 Capella，你可以在 www.westpaceshotels.com 找到相關訊息。

人物簡介

此特色著重於精選而出的餐旅業專業人士，並提供他們眞實活動的描述。這些以「人物簡介」爲標題的圖文塊提供讀者一種「發自內心」而貼近個人的工作觀點。

企業簡介

學習業界領導企業與組織的實際運作、成長及規模。例如，「夏威夷式的會議中心代表著夏威夷的獨特文化，並且是一個商務與 Aloha 結合之處。」(www.hawaiiconventioncenter.com)。

.inc | 企業簡介

蓋普探險公司 (G Adventures)

如果你厭倦了一星期的佛羅里達陽光假期，想來點遠離沙灘的有趣旅程，那麼，蓋普探險公司將是完美的選擇。他們在100 多個國家提供超過 1,000 種不同的行程，並給了超過 85,000 名旅客一生難忘的冒險旅程。今年，另外有 150 萬人期待著造訪他們的網站，其中有些人甚至想藉此改變他們的人生。

該公司的執行長 (CEO) 布魯斯・提普 (Bruce Poon Tip) 獲頒由那斯達克 (NASDAQ)、安永會計師事務所 (Ernst & Young) 及加拿大國家郵報 (National Post) 等，所贊助的年度企業家獎 (Entrepreneur of the Year Award)。蓋普探險公司也被提名為加拿大最佳管理公司之一，以及 100 大企業雇主。此外，該公司更充分協助改善他們拜訪過的國家之生活品質。

他們從一開始就力行「自助旅行的自由與團體旅遊的安全」的經營哲學，旅客唯一需要的是冒險精神，可以滿足你體驗與習慣完全不同的一個世界的渴望。

此外，責任觀光的概念對於該公司來說非常重要，他們來來去去，並且與當地人互動頻繁，除了走過的足跡，不會留下任何東西。他們的承諾是：扶持當地民衆與社區，並且保護他們旅遊其中的環境。為此，蓋普探險公司成立了 Planeterra 基金會，以回饋他們的旅客造訪過的社區與居民。

該公司雇用的員工分散於營運、產品、業務行銷、財務、人資與導遊等部門，在全球雇用了超過 300 名員工，現有職缺可以在該公司網站上的求職區裡找到，也許你最直接的選擇，就是蓋普導遊的工作。在這個工作中，你主要的任務，是使人們的假期美夢成真，並確認所有旅客在國外度過愉快的時光。如果你對來自不同文化的交流有興趣，那麼這對你而言，將會是個完美的工作。

成為蓋普導遊的一些必要條件為，流利的英語與西班牙語能力，對旅行的熱情，熱愛拉丁美洲（他們的主要據點）及絕佳的人際關係。其他必備的技能，包括對於永續觀光在環境上與文化上的認識與承諾，以及接受一份 18 個月的合約，同時必須克服任何可能發生的難題，不論是否在預料之內。由於這個工作的本質，必須要有健康的身體、急救證照，以及一般的電腦技能。如果已經踏遍整個世界，或是想要以一種真正互動的方式來發現它，而你也具備領導能力與冒險犯難的精神的話，或許這會是一份完美的事業。何不來試試看呢？

職涯

業界評語

在每一章節中，來自學生與專業人士的眞實評語，提供有關此產業的個人觀點。

不像先前的賭場業，博奕娛樂業擁有無數能創造營收的活動，博奕收入由賭場淨下注額或顧客在賭場樓層的消費所產生，任何賭場博奕的勝率都偏向莊家，有些程度更甚。賭場淨下注額是顧客的賭博成本，他們常常在短時間內贏過莊家，因此願意下注並試試自己的手氣。

非博奕營收來自與賭場樓層下注金無關的來源，隨著博奕娛樂概念持續強調賭博之外的活動，非博奕營收也變得愈發重要，這正是博奕娛樂眞正的重點所在——以賭場吸引力爲根基的餐旅與娛樂。

博奕娛樂有哪些形式？其中以位於拉斯維加斯及大西洋城這兩個博奕娛樂業發源地的超級渡假飯店最受歡迎，然而，在整個內華達州、美國其他 30 州及加拿大 7 個省分內，還有許多較小型飯店，這些賭場採取商業營運事業的形式，可以是私有或公有，有些爲陸地型，意指該賭場位於普通陸上建築物內，其他則是上下巡遊一條河的河船，或停泊在一處不進行巡遊的駁船，稱爲碼頭賭場 (dockside casino)。

美國原住民部落也會在自己的保留區及部落土地上經營賭場，這些爲陸地型賭場，而且複雜程度往往不輸任何一間拉斯維加斯賭場。博奕娛樂亦與遊輪結合，在遊輪領域相當受到歡迎，或者乾脆成爲一種「無目的遊輪之旅 (cruises to nowhere)」，以在遊輪上進行的博奕及娛樂爲旅遊的主要吸引力。

市場強烈支持博奕作爲一種娛樂活動，雖然在美國賭博的顧客必須年滿 21 歲，根據調查，在過去的 12 個月中，超過三分之一的美國人曾去過賭場，而在過去的 12 個月中，有 32%的人曾賭博。根據市場調查，超過 85% 的美國成人表示賭場娛樂是可接受的，也接受別人從事這種行爲，報告指出 86%的美國人至少賭博一次，商業賭場占博奕業收入的 36%：美國原住民賭場和國家彩票
以 26%的比例並列第二。

過去數年間，典型博奕娛樂顧
客的人口結構維持一致，與一般美
國民衆相比，賭場顧客通常具有較
高的收入及教育水準，並大多擁有
白領階級工作，拉斯維加斯顧客檔
案顯示出更爲年輕化的趨勢，他們
花錢消費尋求全面性的娛樂體驗，
根據 2012 拉斯維加斯造訪者檔
案研究 (Las Vegas Visitor Profile

「人們因各種原因前來賭場賭博，可能純粹爲享受樂趣、刺激、中大獎的可能性，或只想體驗挑戰。」

美國內華達州的里諾賭場

即時性

產業趨勢

每一章節的趨勢列表使你對該產業區塊未來發展的要素，具備一個即時而眞實的概念。

觀光旅遊業的發展趨勢

1. 全球遊客人數每年將繼續增長約 4%。
2. 由於人們擁有時間和金錢，全世界約有 15 億人口的成熟市場中，將有很高比例的遊客。
3. 其他住宿和交通方式，例如 Airbnb、VRBO 和 Uber 為消費者提供更多選擇和便利。
4. 中國市場的急起直追。
5. 愈來愈多的旅行者，希望發現原始且獨特的地方。
6. 新生代喜歡追求刺激冒險。
7. 總體而言，過去幾十年來，不僅對生態旅遊的認識有所提高，而且在增強和保護自然遺產和文化的方式上也有所增加。
8. 綠色旅遊 (green tourism) 之所以持續發展，是因為消費者對永續旅遊的關注。
9. 各國政府越來越認識到旅遊業的重要性，它不僅是一種經濟力量，而且是日益重要的社會文化力量。請參見圖 2-6，以了解旅遊業的職業途徑示例。
10. 行銷合作夥伴關係和企業聯盟將繼續增加。
11. 就業前景將繼續改善。
12. 過去幾年的主要發展之一是引入了更加環保的車輛和燃料。 混合動力汽車也正在興起，這是一種改進後的汽柴油發動機和電動發動機的混合。
13. 越來越多的汽車和租賃汽車配備了全球定位系統 (GPS)，也稱為汽車導航系統。
14. 許多汽車租賃公司正在簡化工作流程，讓他們的常客，不需到櫃檯辦理登記手續，改到自助服務亭提供的快速服務。不管在機場、酒店和火車站，到處都可以看到服務亭的服務趨勢，從而節省了匆忙旅行者的大量時間，並增加他們對公司的滿意度。
15. 夥伴關係也在不斷增加：灰狗海岸服務公司 (Greyhound Shore Services) 最近開始為洛杉磯的嘉年華郵輪公司 (Carnival) 和荷美郵輪公司 (Holland America) 提供接待服務；皇家加勒比海郵輪公司 (Royal Caribbean) 和名人遊輪公司 (Celebrity Cruises) 與灰狗公司在加利福尼亞和墨西哥的各不同港口均簽訂了合同。
16. 通過 Groupon 和 Living-Social 等網站的團體特惠，旅行者可以以較省成本的方式進行旅遊安排。
17. 目前旅遊業因為運輸和服務住宿，所產生的排放物約占全球排放量的 5%。因此，旅遊業的綠色倡議 (green initiatives) 不斷增加。
18. 全球體育賽事和「觀賞性體育運動」是旅遊業和經濟的發展。
19. 過去三年中美食旅遊引發愈來愈多人的興趣，有 2700 萬的美國人，出於美食目的而旅行，已花費近 120 億美元用於美食烹飪活動。

資料來源：旅遊觀光 2014 年趨勢，取自 http://www.slideshare.net/chrisfair/2014-travel-tourismtrends-28171651; http://www.trekksoft.com/en/blog/travelindustry-trends-2016

磨練你的關鍵思考技巧

個案研究

每章的個案研究讓你面對眞實世界的情況，測試自己的技巧與知識，並提出建議的行動。

從「心」服務的鼎泰豐

臺灣的餐飲服務業向來屬於高汰換的行業，根據統計，70% 的餐廳無法營業超過 5 年以上，而能夠建立口碑與展店規模的品牌，往往又很難維持分店的餐飲品質和降低人員高流動率等問題。所以，第一家小籠包品牌化的鼎泰豐，將極致細節充分地表現在餐飲品質和服務等經營和管理的理念上，値得我們去探討這個臺灣典範品牌，如何以「人」為本的原則，去建立企業的堅實基礎。

70 年代，罐裝沙拉油上市，迫使販賣散裝食用油的「鼎泰豐」轉型為專賣江浙小籠包與麵點的小吃店，就此一路發展成為一個代表臺灣美食與全球知名的餐飲企業。這一切都是從「注重細節」做起，首先，鼎泰豐認為對人的管理可以影響到餐飲的品質，而員工在工作細節上的表現，也代表著品牌的形象，所以企業應該不吝於人才的投資。對於員工的技能培養，從內場到外場都制定了嚴格的標準作業流程，每一個作業流程又細分成各項步驟與動作，以確保能夠提供客人一致性的餐飲和服務品質。以廚師的養成為例，見習學員要經過 14 次資格考核，才能升遷到一級一等師傅，而主廚和副主廚也需要通過五等級的考評，如果沒有通過每 6 個月的能力審核考試，就必須進行補考或降級等處置。

其次，公司非常注重人員服務的培訓與表現，處處都可見到對人員管理的細微要求，除了每天需透過例行的總部視訊會議，報告前一日的經營品管狀況，還聘用資深的飛航座艙長巡查各分店，控管服務品質，無非就是要求餐飲各項品質都能達到盡善盡美的境界。另外，公司規定所有員工都要參與笑容指導、溝通與表達等相關課程，甚至製作如何微笑的示範影片，目的就是希望人員在餐飲服務的過程中，能夠呈現「剛剛好」的微笑服務和口語表達。而另類的品牌行銷，則是運用創意，將中華美食文化和注重細節的服務創新成為一種藝術的表演，如：半開放式廚房展示黃金十八摺小籠包的廚藝和外場服務人員的服務過程，讓客人體會餐飲創意的文化本質，也為排隊等候的顧客增添了些許趣味性。

餐飲服務業要以高素質的人才，營造出一個高品質的餐飲服務氛圍，必須要仰賴及留住人才。以鼎泰豐在臺灣的 12 家分店為例，人事成本大約占總營收的 56%，除了薪水的發放，還制定了許多獎金項目與福利，如微笑獎金、20 多種民生和理財等免費通識課程及健身中心，對於遵守嚴格規定的員工而言，都可以視為是非常實質的回饋。所以相較於一般餐飲業動輒 30～40% 的高流動率，鼎泰豐員工的離職率只有 2%。經由嚴格的人才培訓和標準作業流程等細節考核與研發，鼎泰豐開創了新的經營與管理視野，將有感的品質融入餐點與親切的服務過程中，也經由商業行為將生活化的商品價值傳遞到世界各地。在開拓海外市場方面，除了因地制宜的部分改變，鼎泰豐已將早期開店作業系統化和制式化，數十年所累積的海外展店的技術轉移和

超額訂房：房務部的觀點

個案研究

毫無疑問的，每一家飯店的房務部總監必須能夠快速且有效地在任何狀況下做出反應。The Regency 飯店的行政管家傑米．吉布森 (Jamie Gibson) 通常是以早上 8 點的部門會議開始一天的工作。這些晨間會議幫助他與員工能預期當天的工作目標。在一個特別忙碌的日子，傑米上班時被告知有 4 位房務員同時來電請病假。不幸這天出現超額訂房的情況，而且總共 400 間的客房都必須有人服務，這對於飯店來說是一大難題。

問題討論

傑米應該如何保持服務標準，並確保所有的客房都得到妥善的服務？

發展途徑

在每個章節後面皆有職涯發展途徑。

如旅遊業、飯店業、餐飲業等。

跑菜生 → 服務員 → 領班 → 儲備幹部 → 副理 → 經理 → 總經理 → 區經理 → 副總裁 → 總裁

圖 6-2　餐飲業的職涯發展途徑

職場資訊

此特色描述工作機會資訊，附有相關網站列表。學習餐旅業每個區塊中的工作技能、挑戰及現實。

職場資訊

飯店經營

飯店管理可能是最受餐旅科系畢業生歡迎的職場選擇。其原因可歸功於飯店優雅的形象，以及成為連鎖飯店總經理或副總裁的名望。飯店管理是一種細膩的平衡動作，必須讓員工、顧客與業主滿意，同時監督衆多部門，包括訂房、櫃檯、房務、維修、財務、餐飲、安全、服務及業務部門。

想成為一位總經理，你必須了解飯店內部各種不同的職責分工，以及它們之間的關聯性如何建構出這個住宿環境。踏入這一行的第一步就是在學生時期找到一份飯店的工作。一旦你在一個領域中駕輕就熟之後，自告奮勇地學習另一個領域的工作。廣泛的經驗將會是最扎實的根基，這對於你的飯店生涯將是無價之寶。櫃檯、夜間稽核、餐飲與維修都是値得考慮的絕佳領域。而房務部也是一個極富挑戰性同時相當重要的經驗來源。有人說，如果你能夠管理房務部，那麼其他的部門都難不倒你。在連鎖飯店的實習工作也是累積經驗的大好機會。在房務部是沒有代理人可以替你去處理那數百間客房的。

你或許聽說過學生在畢業後獲得飯店所提供的直接任用 (direct placement) 或是儲備幹部 (manager in training, MIT) 職位（這種培訓計畫有許多不同的名稱）。直接任用是在學生畢業之際就提供他們特定的職位。而儲備幹部則是讓你在一段時間內經歷飯店中的數個部門，然後依據你在培訓期間的表現分派適當的職位。從職涯發展的角度來看，兩者之間並無優劣之分。

飯店生涯的另一個重點就是你的行頭。飯店是一個以貌取人的地方；穩重、專業的形象是邁向成功的關鍵。服裝是飯店工作人員吃飯的傢伙，而這些服裝事實上並不便宜。記得從學生時期就開始投資在你的行頭上。購買你能負擔的，但必須有一定的品質。別去碰那些時髦或很炫的服裝，它們很快就會落伍。

3 住宿

本章摘要

1. 推動飯店業務發展和運營的 2 個主要力量是特許經營和管理合約。通過付費，公司或特許人因授予某些權利，例如使用其商標、標誌、經過驗證的操作系統、操作程序和訂位系統、行銷專業知識及購買折扣，而取得報酬。作爲回報，被授予特許權人取得合約同意，根據特許人指南，來經營餐廳或飯店。
2. 管理合同包含飯店的建造、將其出售給大型保險公司或金融公司、簽訂經營合同。房地產投資信託完全擁有自己的財產，並且掛牌交易，至少將淨收入的 95% 分配給股東。
3. 美國政府沒有正式對飯店進行分類，AAA 通過鑽石獎評定飯店，而《福布斯旅遊指南》則提供五星級獎。飯店根據位置、價格和所提供服務被加以分類。
4. 市中心和郊區的飯店，由於其地理優點，各自符合商務或休閒旅行的客戶需求。
5. 機場飯店的賓客屬於混合型，包括商務、團體和休閒旅客均有。
6. 機場飯店通常有 200 ～ 600 間客房，並提供全套服務。
7. 汽車旅館或汽車飯店通常聚集在城鎮郊區的高速公路匝道附近，以提供方便的場所爲訴求，一般沒有不必要裝飾。
8. 賭場飯店從賭博中賺取的收益，比從房價賺取的收益多，賭場飯店的經營趨勢，走向對家庭和企業提供更友善服務。
9. 會議飯店和會展飯店提供的設施，可滿足參加和舉行會議的團體需求，並吸引季節性的休閒旅行者。
10. 對飯店進行分類的另一種方法，是依提供服務的程度，包括全方位服務、經濟型、長期住宿和全套房飯店。
11. 傳統飯店的替代選擇是 Airbnb、VRBO、複合式飯店和多用途飯店。
12. 隨著鐵路旅行時代的到來，度假飯店因應不斷變化的市場需求而有所調整。
13. 假期所有權提供消費者「以所有權成本的百分比」購買附全套傢俱的各類型渡假住宿設施，例如以週或點數爲單位，消費者只要付出單次購買價格與年度維護費用，就可永久或是以事先約定的年數，擁有假期所有權。
14. 麗池 · 卡爾登飯店與來自加拿大的四季飯店，被公認爲品質最高的連鎖飯店。世上獨特的飯店包括樹頂飯店、冰晶飯店、大堡礁海底飯店和膠囊飯店等。
15. 歐盟和《北美自由貿易協定》等大規模貿易同盟一直是飯店發展的催化劑，國際飯店發展機會存在於亞洲和東歐。

本章摘要

本章摘要強調該章節中最重要的重點。此簡短複習可以再加強主要字彙、觀念及主題。

娛樂 (entertainment)、高爾夫 (golf)、果嶺 (greens)、網球 (tennis)、游泳池 (pool) 以及長程規劃 (long-range planning) 委員會。

俱樂部餐飲管理與飯店餐飲管理類似，但有一點不同處在於，俱樂部「顧客」實際上擁有該俱樂部。

高爾夫球場經理 (golf course manager)、維持果嶺 (greens)、沙坑 (bunkers 或 traps)、開球區 (teeing surfaces)、球道 (fairways) 以及深草區 (rough) 的最佳狀態。高爾夫球專業人員處理所有競賽事宜及資金的募集，並負責桿弟 (caddies)、高爾夫球手練習區、高爾夫球清潔以及需隨開球架不斷移動的標誌。

重要字彙與觀念

1. 運動俱樂部 (Athlete Clubs)
2. 俱樂部管理 (club management)
3. 美國俱樂部經理協會 (Club Managers Association of America，CMAA)
4. 委員會 (committees)
5. 核心能力 (core competencies)
6. 鄉村俱樂部 (country club)
7. 用餐俱樂部 (dining clubs)
8. 兄弟會俱樂部 (fraternal clubs)
9. 入會費 (initiation fee)
10. 軍事俱樂部 (military clubs)
11. 月費 (monthly dues)
12. 私人俱樂部 (private club)
13. 職業俱樂部 (professional clubs)
14. 羅氏會議規則 (Robert's Rules of Order)
15. 社交俱樂部 (social clubs)
16. 大學俱樂部 (university clubs)

問題回顧

1. 描述各種類型的俱樂部。
2. 討論俱樂部業的三個重要成員。
3. 比較和對比俱樂部和飯店管理。

問題回顧

藉由回答這些問題，你將能再加強課文內容記憶，並很可能提高你的測驗分數。

重要字彙與觀念

重要字彙與觀念在「專業用語中英對照與釋義」中以粗體字強調，並附上淺顯易懂的定義，它們能協助你回想這些重要詞語的重要性與涵義。熟記這些課文中的重要字彙與觀念，將提高你的考試分數。

視覺影像

永續性。」[27]。爲了說明生態旅遊系統的概念（圖 2-4），這張圖看起來像一朵花，它需要系統中每一個部分的協調，才能蓬勃發展。

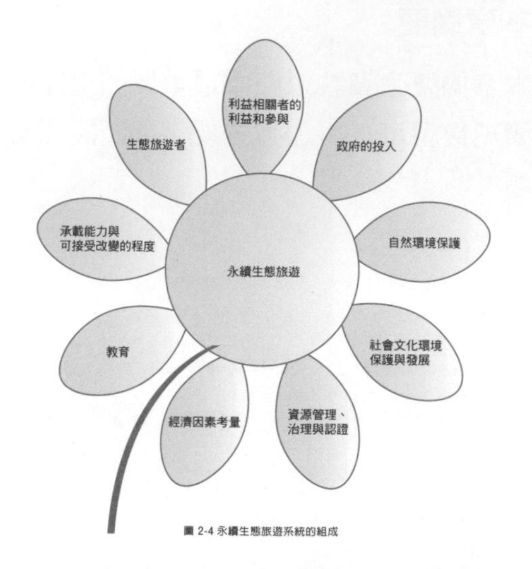

圖 2-4 永續生態旅遊系統的組成

主人和旅客之間的互動不只是簡單的金錢、貨品或服務交易，還包括交換彼此的期待、印象、種族與文化性的交流。[28] 例如祕魯坦波帕塔省 (Tambopata) 的英菲諾 (Infierno and Posada Amazonas)，如搭汽艇到省會城市，也要數小時的車程。該地區的範圍，涵蓋坦波帕塔河兩岸近 1 萬公頃（24,700 英畝），其經濟以漁業、狩獵及園藝爲主，居民會到馬爾多納多港 (Puerto Maldonado) 市集，販售他們所生產製造的貨品。這三個不同的種族，共

以生動照片、圖示及表格構成的雙色版面，將能維持你的興趣並提供有助於學習的視覺幫助。

同組成一個社群，並和「雨林探險 (Rainforest Expeditions)」公司簽訂了一項合資協議。雨林探險是祕魯的一個生態觀光旅遊公司，其目的爲結合旅遊與教育、研究、地區永續開發，並支援當地自然保育[29]。經過一段時間，他們在當地蓋了一間旅館，以接待生態旅遊者爲主，並針對當地社群生活的各個面向展開了幾個研究。這些研究，探討了一些複雜的議題，包括這三個族群的種族認定，以及他們與生態旅遊者的關係。有些人不認爲自己的族群身分需要特別保留，另外一些人則認爲他們必須保存自己的特徵，避免受西方觀光旅遊業的影響。有趣的是，生態旅遊者卻是促進族群自有文化復甦的推手。

利用圖 2-4 生態旅遊系統的概念，再搭配圖 2-5 生態旅遊系統的進程，它展示了生態旅遊系統的關係，除了人與生態旅遊系統外，其他部分還包括乘載能力與可接受改變的程度、永續活動與衝擊評估、社會與經濟衝擊、景點管理、認證、地質旅遊 (geotourism)，以及碳足跡。

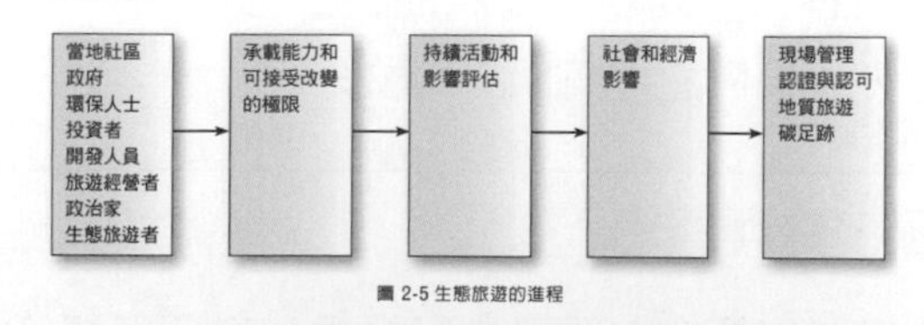

圖 2-5 生態旅遊的進程

道德旅行與生態旅遊的興起齊頭並進。爲了旅遊更人性與公平化，道德旅行 (ethical travel) 正在重新找出合理的平衡點，正如生態旅遊涉及遊客參與振興和保護社區一樣，也需要旅行者的配合，才能展開道德旅行業務，國家、家庭、產業和小企業才有增加收入的機會。

一位遊客參觀摩洛哥馬拉喀什的市場攤位，提高了小企業主家庭的收入。

現在，讓我們邀請你加入，一起分享對餐旅的熱忱！

序言

《餐旅管理》的寫作目的，是回應一種迫切的需要：一種結構與內容皆不同之全新教材，一種將更廣泛的餐旅業涵蓋在內的教材。餐旅概論課程是其他課程的基礎，並吸引學生選擇餐旅管理學程爲主修。這本書意欲達成這兩個目的。餐旅業持續快速轉變，而本書帶給你來自最廣泛餐旅產業區塊的最新趨勢。這是本「必備知識」的書，設計生動而多彩多姿，對學生而言內容豐富又易於應用、引人入勝。

若你曾使用過提供餐旅業概述，並以經營爲焦點的拙著《Introduction to Hospitality》，或強調管理議題的拙著《Introduction to Hospitality Management》，在此感謝你的愛用。《餐旅管理》是一本結構與內容皆不同之全新教材，並將更廣泛的餐旅業涵蓋在內的教材。本教材以成爲市場上未來餐旅業專業人士最易於使用的介紹書爲目的而設計，我們努力做到最好。在每一章節中，我們邀請學生們分享屬於餐旅業的獨特熱忱。

本版新增內容

精選的學習成果，以及更新的事實和數據，幫助學生更加認識餐旅相關產業。

1. 本文通過實際應用探索了該行業的各個領域，包括職業機會，行業領導者和運營實踐。
2. 旅遊業的先後順序從經濟利益和經濟影響開始，轉向旅行的運輸方式，以及當前的旅行和旅遊趨勢。
3. 住宿業務討論行政職責，解釋酒店部門並審查物業管理系統，包括計算潛在客房收入。
4. 根據餐廳總經理的實際建議，餐飲服務如何解決現實生活中的問題和不斷發展的趨勢，包括多單位營業場所，食品卡車，營養原理和工藝釀造。
5. 銷售、市場營銷和廣告採用行業當前的技術實踐（和社交媒體），以新的方式吸引客戶。
6. 優秀的職業信息之間不再會產生道德衝突。它是探索餐旅業的一種驅動哲學。

本教材之目標與架構

《餐旅管理》的首要目標在於：提供餐旅業界的基礎知識，以協助學生具備提升餐旅職涯之能力。這些知識以生動有趣的方式，以及可幫助學習過程的許多特色來呈現。
《餐旅管理》的架構共分爲 15 個章節如下

1. 餐旅精神 (Hospitality Spirit)
2. 觀光 (Tourism)
3. 住宿 (Lodging)
4. 住宿經營 (Lodging Operations)

5. 遊輪 (Cruising)
6. 餐廳 (Restaurants)
7. 餐廳的經營 (Restaurant Operations)
8. 管理服務 (Managed Services)
9. 飲料 (Beverages)
10. 俱樂部 (Clubs)
11. 主題樂園與景點設施 (Theme Parks and Attractions)
12. 博奕娛樂 (Gaming Entertainment)
13. 集會、大型會議與博覽會 (Meetings, Conventions, and Expositions)
14. 活動管理 (Event Management)

優質的章節特色

- **學習成果**：協助讀者聚焦於每一章節所討論之主要重點。
- **重要字彙與觀念**：以粗體字標示，協助讀者牢記該章提及之各種主題。
- **人物簡介**：描述實際從事業界工作的成功人士之職涯與工作內容。
- **企業檔案**：概述居於領導地位的卓越企業。
- **職場資訊**：每章皆提供職場相關訊息。
- **成果驗收**：鼓勵學生回答與前幾頁內容相關的問題。
- **產業趨勢**：澈底判明與分析產業趨勢、議題及挑戰，了解對未來餐旅業的影響。
- **本章摘要**：與每章學習成果相呼應。
- 以學習成果爲基礎，同時參考 SCANS (Secretary's Commission on Achieving Necessary Skills) 的「**問題回顧**」，複習課文重要的面向。
- **個案分析**：挑戰學生面對處理眞實世界的狀況與建議適當措施。
- **網路作業**：邀請學生造訪網站以回答特定、與餐旅有關的問題。
- **運用你的學習成果**：提供問題讓學生有機會運用他們對餐旅業議題的知識。
- **專業用語中英對照與釋義**：完整解釋教材所提及的各式專業詞語的意涵。

致謝

感謝所有對本書提出建議與貢獻的教授與學生們——這本書因爲有你們才變得更好！同時也感謝無數業界專業人士付出他們的時間與專業，使這本書更加豐富。我特別感謝 James McManemon 進行非常優秀的研究工作，並協助所有面向的教材準備。感謝 Karen Harris 在「特殊活動」章節提供她的傑出文字。感謝 Jay Schrock，你是最棒的教職同事，感謝你的貢獻與鼓勵。

我要感謝本版審稿人的周到評論，他們是愛荷華州立大學的 Eric Brown，宣教學院的 Haze Dennis，西佛羅里達大學的 Ali Green，Depaul 大學的 Nicholas Thomas，以及 Cape Fear 社區學院的 Diane Withrow。我還要感謝以前版本中的審稿人：特拉華大學的 Brian Miller，門羅學院的 Joan Garvin 和大西洋開普敦社區學院的 Josette Katz。

我非常感謝加里·沃德（Gary Ward）編寫這本書的增刊，他在 PowerPoint 幻燈片，教師手冊和題庫上做得非常出色，謝謝！

作者簡介

約翰・R・渥克博士 (Dr. John R. Walker, D.B.A., FMP, CHA) 是傅爾布萊特資深專家，在位於 Sarasota-Manatee 的南佛羅里達大學 (University of South Florida) 擔任飯店與餐廳教授。渥克博士多年的業界經驗包括在倫敦 Savoy 飯店的管理培訓，其後並在 Grand Metropolitan Hotels、Selsdon Park Hotel、Rank Hotels、Inter-Continental Hotels 等飯店，以及 Coral Reef Resort、Barbados、West Indies 等渡假飯店擔任餐飲經理、客房部協理、宴會經理及總經理等職位。

他曾於加拿大和美國的二年和四年制學校接受教育。除了擔任餐旅管理顧問及教科書作者之外，他的文章亦在 *The Cornell Hotel Restaurant Administration Quarterly* 及 *The Hospitality Educators Journal* 刊出。他十度獲得教學、學術與服務的總統獎，並曾獲頒Patnubay Award獎勵他在觀光及餐旅領域之教學、著述之卓越專業表現。

渥克博士是 *Progress in Tourism and Hospitality Research* 編輯顧問群之一。他曾任太平洋區飯店、餐廳與機構教育委員會 (Pacific Chapter of the Council on Hotel, Restaurant, and Institutional Education，CHRIE) 會長。也是一名認證飯店管理師 (certified hotel administrator, CHA) ，以及認證餐飲管理專業人員 (certified Foodservice Management Professional, FMP)。他與妻子 Josielyn T. Walker 育有一對雙胞胎 Christopher 和 Selina。目前居住在佛羅里達 Sarasota，以及菲律賓 Ilocos Sur, Santa Maria 的 Suso Beach。

1 餐旅精神

學習成果

閱讀及研讀本章後，你應該能夠：

1. 描述餐旅與觀光的交互關連性。
2. 描述餐旅業的特色。
3. 斯蒂芬．霍爾對酒店和旅遊行業的道德規範摘要。
4. 解釋服務為什麼對於餐飲產業是重要的成功要件及如何達到。
5. 決定你酒店和旅遊業的職業道路並做好準備。

1.1 歡迎你，未來的餐旅業領袖！

餐旅業是最吸引人、最有趣及最刺激的產業之一，它同時給予你優渥的報酬與絕佳的晉升機會。我們常常聽到餐旅業的專業人士說，這個行業已經融入我的血液裡了。在無數的業界參訪課程中，這些人說他們絕對不會改行！只有一位對學生們說：「你們除非是瘋了才會想進入這一行」。當然這只是玩笑話，然而的確有某些現實面是我們必須知道的，這些餐旅業的特性將在本節探討。由許多的前例可知，學生們在畢業後的工作，讓他們有機會在餐旅業奠定良好的專業基礎並累積經驗。圖 1-1 中可以看到可能的生涯發展。大多數人並不需要太長的等待即可獲得升遷，但讓我們從在餐旅業中決定成功與否的服務精神開始談起，不論你的職位是什麼。

曾經想過萬豪國際飯店 (Marriott International) 爲何如此成功嗎？其中一個原因可以在吉姆．科林斯 (Jim Collins) 爲比爾．馬瑞特 (Bill Marriott) 的著作 The Sprit to Serve：Marriott's Way 所寫的序中找到；他說馬瑞特擁有永恆的核心價值與歷久不衰的決心……等等，這包括把員工視爲第一的信念 ——「善待員工他們就會善待顧客。」除此之外，對於不斷進步的承諾，以及傳統的苦幹實幹卻同時兼具樂趣的精神，皆爲該集團打下穩健踏實且可長可久的根基。

科林斯補充，馬瑞特的核心目的——讓離家的人們感受到被當成朋友般真切的對待——是集團內恪遵的圭臬與啓示。那麼，餐旅精神與以上所云種種有何切合之處呢？其實不難，在每一次我們與顧客接觸之初即可發現，具備服務精神的人總是樂意額外地付出，好讓顧客留下好的回憶。餐旅精神代表的是藉由我們的熱情將歡愉散播給衆人；或者誠如資深人力資源主管——夏洛特．喬丹 (Charlotte Jordan) 所言：「爲其他人創造難忘的經驗，並且成爲一位充滿熱誠與愛心的世界親善大使。」我們每天接觸到仰賴我們提供服務的顧客們，這些服務可以帶給他們美好的經驗，卻也可以毀了它。我們想讓顧客喜出望外，並且帶著朋友們常常回來光顧。我們所從事的是人的行業，也只有將麗池卡爾登飯店 (Ritz-Carlton Hotel) 之服務理念「我們是照顧淑女與紳士們的淑女與紳士」視爲榮譽的「人」們，才能在此事業嶄露頭角。

投資自己在餐旅教育值得嗎？當然！想想看，最後餐飲專科生與大學生職涯的總薪資差異是 50 萬美金。沒錯，那可是 100 萬美金的一半！

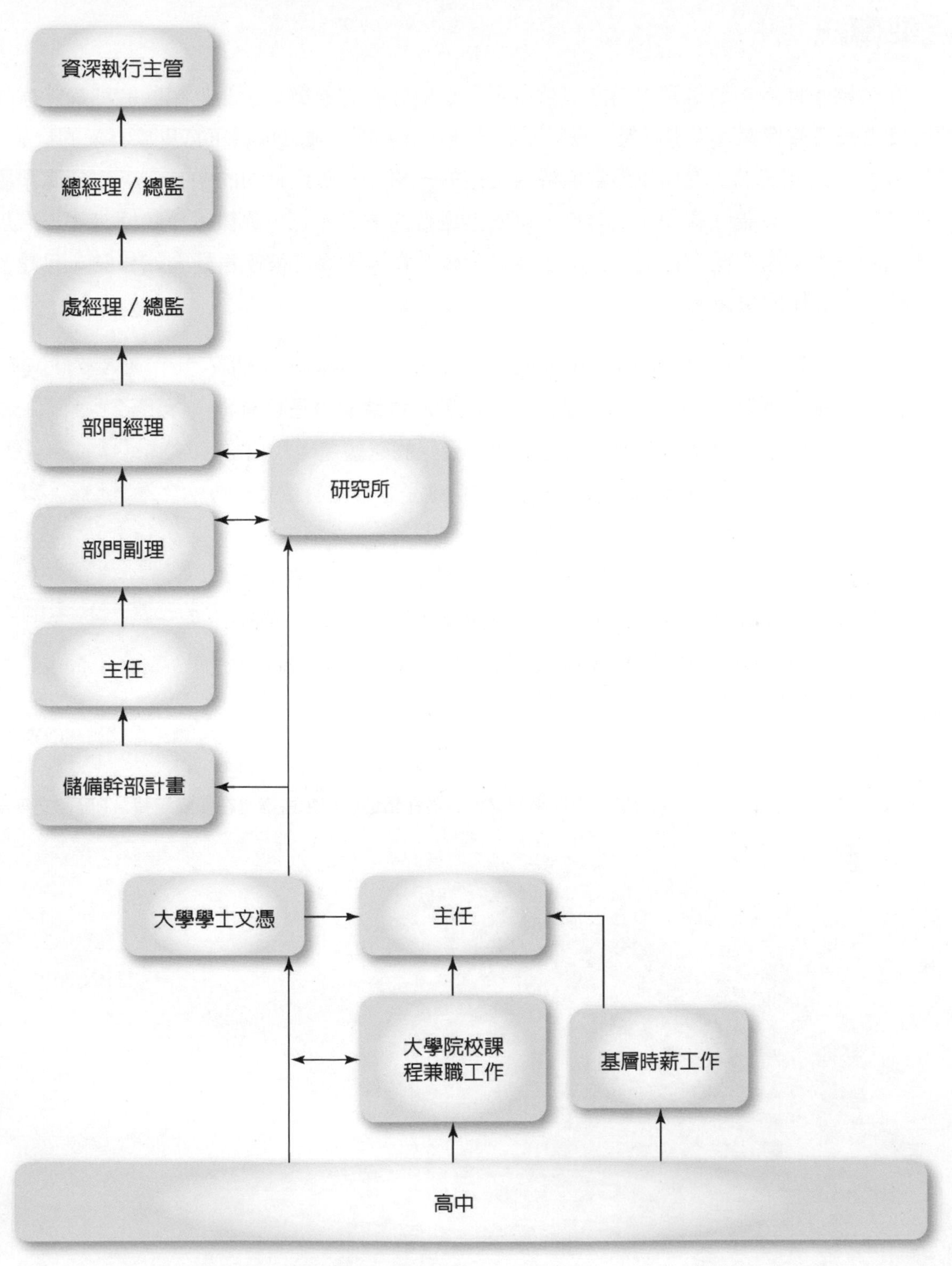

圖 1-1 餐旅業可能的職涯發展

鳳梨傳統

在美國，傳統上將鳳梨視爲熱情款待、友誼與好客的象徵。十七世紀的歐洲探險家從西印度群島帶回鳳梨。從那時起，鳳梨開始被種植在歐洲，並且成爲王宮貴族喜愛的貢品。後來鳳梨傳入北美洲，進而成爲當地待客之道的一部分。殖民時期的船長們習慣把鳳梨置於門或門柱上，以告知親朋好友們自己已安全返鄉的消息。這也象徵著「船回來了！來加入我們吧，大家有得吃有得喝！」時至今日，鳳梨在國際間已被視爲好客的標誌，也是友誼、熱情與歡愉的象徵。

美國國家餐廳協會 (National Restaurant Association, NRA) 預估餐旅與觀光產業需要數千個主任與經理人員。你可能會懷疑這是否有你的分呢？當然有！在這個行業人人都有機會。最好的建議是：找出你的興趣所在，並且獲得相關經驗，這是爲了知道你是否眞正喜歡這個工作，因爲此行業有其特殊之處。一言以蔽之，對於初生之犢來說，這是個貢獻服務的行業。身爲擁有 30 年資歷且位居全球公認最佳飯店之一泰國曼谷東方飯店 (Oriental Hotel) 的總經理，當寇特．華許維特 (Kurt Wachtveilt) 被問到成爲第一的祕訣是什麼時，他只回答：「服務，服務，服務！」

鳳梨是餐旅業的象徵

餐旅與觀光業的交互關連性意味著：我們搭乘飛機來到某地，並在當地的飯店住宿及在餐廳用餐。（曼谷文華東方酒店

1.2 餐旅業與觀光業的關連性

學習成果 1：描述餐旅與觀光業的交互關連性。

餐旅業與觀光業是全世界規模最大，且成長速度最快的產業。眾多的職務與分工是這個行業最有趣的特色之一。當你想到餐旅與觀光事業時，心裡出現了什麼畫面？你想到的是主廚、總經理、行銷總監、門房，亦或是服務生？在此行業中，專業的職務是沒有界限的。從餐廳、渡假飯店、豪華遊艇、主題樂園、賭場，乃至於介於它們之間的任何場所，在餐旅業與觀光業的大傘之下，有著數不盡的專業以滿足旅客們的各種需求與需要 (圖 1-2 與圖 1-3) 。

綜觀本書，全書討論了餐旅業與觀光業中某些可能的職涯發展。因此，在這裡提出了一些當你在判斷是否投入這個行業時，可能會問自己的問題：

1. 你是否樂於與人共事？
2. 你能否融入樂觀進取的工作氛圍？
3. 你喜歡旅行嗎？
4. 你是否重視在提供充分進修與升遷機會的產業中發展的信念？

如果你對這些問題的答案是肯定的，那麼你將有機會在這個行業中一展身手。圖 1-2 顯示了酒店和旅遊業的範圍。

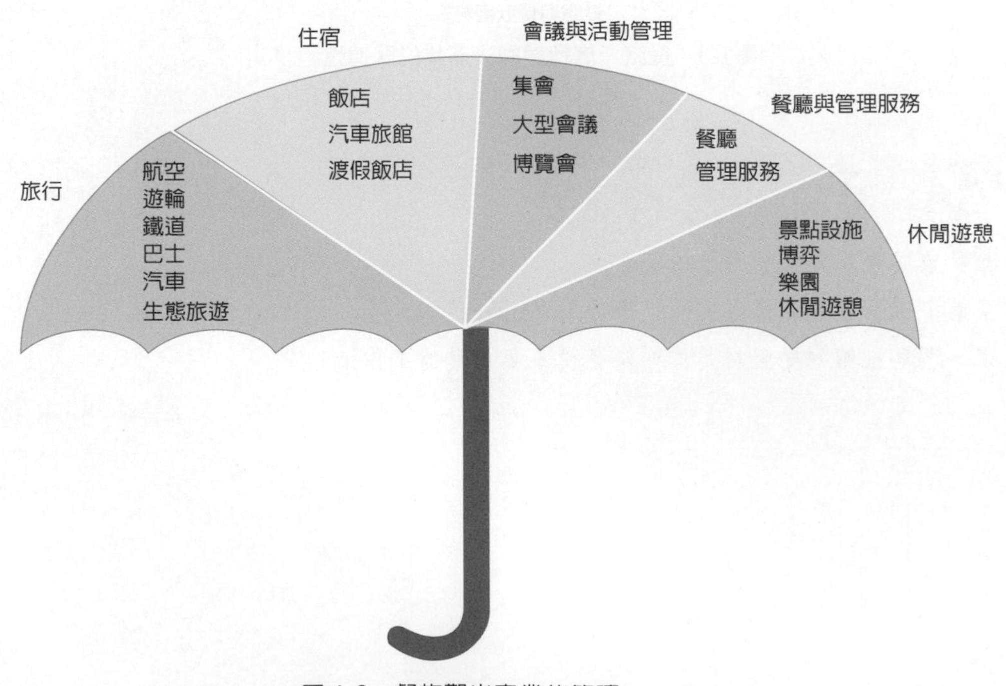

圖 1-2 餐旅觀光產業的範疇

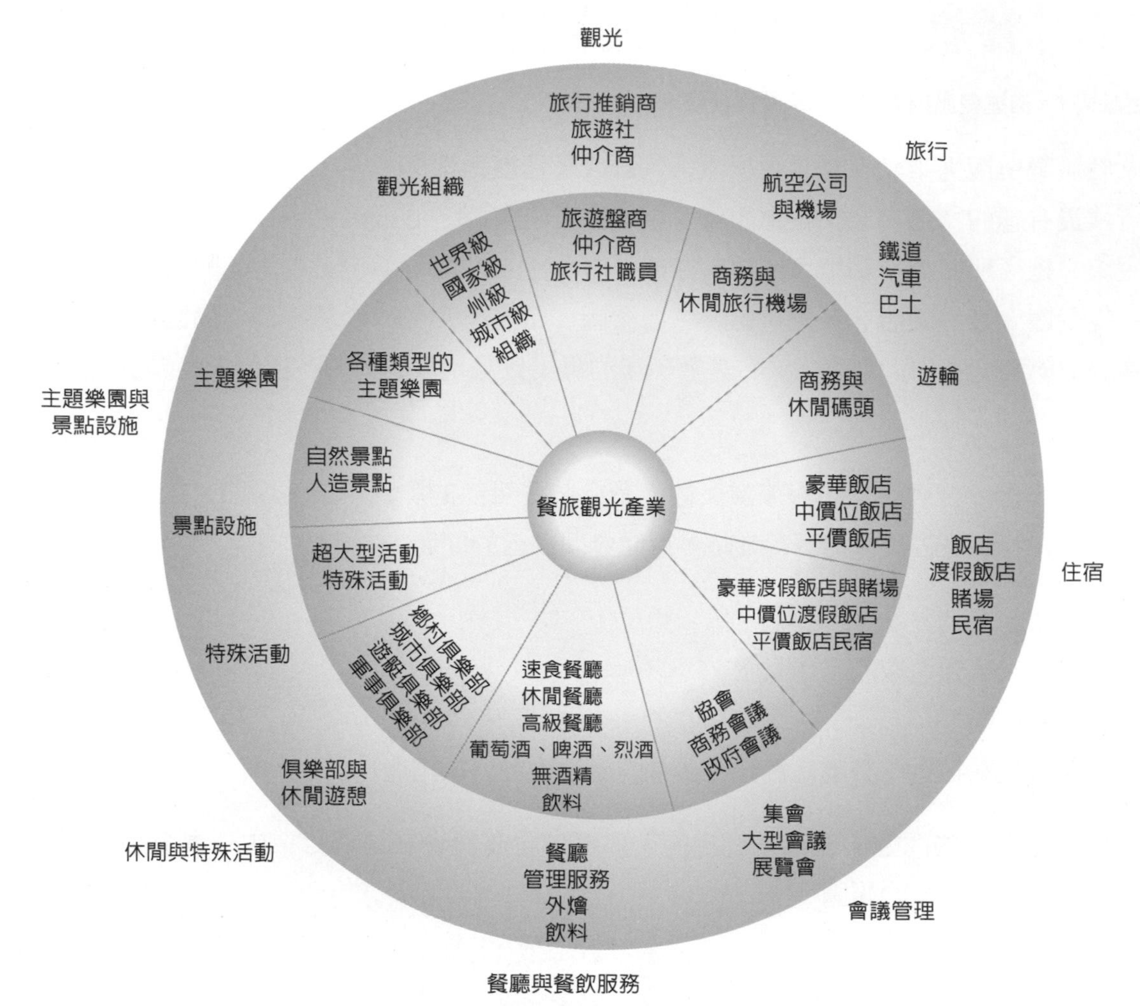

圖 1-3　餐旅、旅行與觀光產業的關連性

自我檢測

1. 列出餐旅與觀光業三種可能的職業。
2. 餐旅業中四個較大的產業區隔包含什麼？
3. 旅館、汽車旅館和度假村是你可能會從事餐旅業的工作地點？

1.3 餐旅業的特色

學習成果 2：**描述餐旅業的特色。**

餐旅業可以說是全年無休的行業。當然我們不需要每天工作，然而我們的工作時間的確比其他某些產業來得長。那些正朝著主管階級邁進的人，以及許多其他的餐旅從業人員，經常每天得工作 10 ～ 12 個小時。我們的工作時間涵蓋了晚上與週末，因此，我們必須接受當別人享受休息時間時，我們可能還得堅守工作崗位的事實。餐旅業的運作極度仰賴輪班制度，新進的工作人員根據所屬部門，有可能會上四班制的其中一班。主管級以上的員工則通常是朝八晚六，甚至到晚上 8 點的工作形態。基本上一天分成四個班，遇到上早班時，你可能得在 6 點鐘起床才趕得上 7 點的班。午班通常是從上午 10 點到下午 7 點；晚班則是從下午 3 點一直到晚間 11 點 30 分。最晚的一班即是所謂的「墓仔埔班 (graveyard shift)」，也就是從晚間 11 點到清晨 7 點 30 分的大夜班。看來，想要在這個行業成功可不是那麼容易呢！

在這個行業中，我們不斷地努力以贏得高度的顧客滿意度 (guest satisfaction)，而這也使得他們成為忠誠的顧客，我們所提供的大多是無形的服務 (intangible)：顧客們無法到飯店先「試住」一晚，也無法在搭上接駁車之前先去「踢踢看」輪子有沒有氣，更不可能在用餐之前先確定牛排可以「擠出」多少肉汁。我們的產品只能供顧客使用，他們無法擁有這些產品。更特別的是，我們必須藉由顧客的參與才能製造出這些產品。想想看，如果在奇異電子 (General Electric) 的工廠裡有許多顧客幫忙生產電冰箱，那將會是多麼荒謬的一件事啊！然而在我們的行業中，這畫面卻是日復一日地上演著，且每次都是以不同的方式呈現。這指的是在餐旅業中，生產（提供服務）與消費（享受服務）的不可分割性 (inseparability)，以及產品因每位顧客的獨特需求而各有不同的異質性 (heterogeneity)。我們這個行業的另一項特色是產品的不可儲存性 (perishability)。舉例來說，一家飯店有 1,400 間客房可以賣，但是我們只賣了 1,200 間。那我們該怎麼處理那沒賣出去的 200 間客房呢？答案是我們什麼也不能做，我們已經永遠失去那 200 間客房在當晚可以帶來的收益了。

美國全國餐廳協會 (National Restaurant Association, NRA) 每年邀請最優秀、最聰明的且有潛質的專業人員來參加在芝加哥舉行的年度餐廳展演。這些學生在一個大面板上寫下他們的夢想，顯示給所有人看，以下是他們的希望及夢想：

位在美國華盛頓特區，「全國餐廳協會」總部

1. 取悅我的顧客。
2. 將知識傳遞給他人，以積極的方式觸動他們的生活！
3. 教導別人，而且接受教導

所以，你的夢想和目標是什麼？花點時間考慮一下你的個人夢想和目標。請記住它們，並經常回顧它們。而且準備好在職業發展過程中修正它們。

一、多元化和包容性

餐旅業有趣的面向之一是日益的全球化，帶給我們的工作更多的多元性和文化差異，不論是員工和客戶都越來越多樣。接待服務人員遍布每個國家和地區，加上每年有超過7500萬遊客到美國，預計在2020年更將超過9000萬遊客，我們將成爲名符其實的世界東道主。

我們已成爲全球村，對於員工和客人，我們需要擁抱更多的多元性和包容性(inclusion)，以保持競爭力。餐旅業有著非常多元化的族群，婦女、少數民族、不同人種和族裔、年長者和身障者的占比比其他行業更高。

目前，有超過1億中國遊客出國旅遊，花費數十億美金在購物、觀光和賭博[1]。爲了保持競爭力，觀光和餐旅業必須繼續追求多元化，來滿足這些新客人的需求。這種形勢會持續，唯有增加所需的技能、敏感度及文化規範才能服務這大量且快速上升，並蜂湧而至的旅客。

包容性在於不歧視種族，性別、宗教、國籍、身障、婚姻狀況、性取向，體重或外表，僅以個人工作能力爲唯一的判斷。

具多元性和包容性的工作場所始於每家公司的獨特文化，這文化能被建立起來，是有賴於那些公司實際做到或依循完成的事件，而不是只有公司口頭上說要做的事。 如今，許多餐旅服務公司都致力於發展他們的多元化和包容性，你通常可以在許多公司的網站上找到這些主題的頁面，但是，最成功的公司都了解專注於成爲多元化雇主的眞正價值。

例如，希爾頓全球酒店集團(Hilton Worldwide)在90個國家，擁有超過300,000多名團隊成員。希爾頓的領導階層了解並建立多元文化，希爾頓藉由投資於多項計畫，來支持多元性文化，例如透過希爾頓全球大學訓練包容性，慶祝各國傳統風俗，以及發展內部新聞，使團隊成員了解多元化的組織和多元化的合作夥伴。希爾頓(Hilton)藉由吸引及招募最優秀和最聰明的人才來創建多元化的工作團隊，並依此推廣包容性，而形成基礎。希爾頓已經開發且維持全球頂尖的傳統黑人大學 (HBCU) 和西班牙裔服務機構 (HSI)，招募餐旅學程畢業生到希爾頓全球大家庭中[2]。

成功的餐旅企業之所以蓬勃發展，在於提供機會給具聰明才智、努力工作及幫助公司成功的員工，不論其族群，種族，宗教或文化認同爲何。在公司如此的要求下，使公司對於有才華的人更具吸引力。對於只僱用特定種族，宗教或文化認同的公司很快的會變成美國的少數，越來越多的公司意識到，擁抱多元價值的重要性，而不僅僅只是符合所需的配額。

(一) 職涯

在餐旅業中，有上千種職涯可供你選擇，假如你尚未做好決定，也沒有關係。在圖 1-3 中，你可以看到餐旅業和觀光業的主要產業區塊：住宿、餐廳與餐飲服務、休閒與特殊活動、會議管理、主題樂園與景點、觀光與旅行。舉例來說，「住宿」這個區塊中存在著許多就業機會，在廣及世界各地的各種餐旅業中，需要許多人員從事訂房、迎賓、協助、服務旅客的工作。其中一個例子是紐約州的民宿業者，服務季節性旅客。另一個範例則是拉斯維加斯的 City Center 賭場，需要上百個員工。在本書中，我們將會一一探討上述餐旅業中的區塊。希望你喜歡！

圖 1-4 ～ 1-10 分別顯示出觀光餐旅業不同的類型：飯店管理、餐廳管理及餐飲管理、遊憩與特別活動、事件聚會管理，主題公園和景點，以及旅行和觀光旅遊。例如，住宿爲許多員工提供了工作機會，他們在全球各個地點、不同大小規模的接待業務中進行預訂、歡迎、協助和服務客人。例如，紐約州北部的一家住宿加早餐酒店 (B&B) 的經營者可以滿足季節性客人的需求。另一個例子是數百名員工維持著拉斯維加斯市中心綜合大樓的運營。在本文的各個章節中，我們將探索酒店業的重要領域，請欣賞！

您可以探索未來餐旅業職涯階梯，包含住宿管理到旅遊管理。美國人口調查局統計教育階層的終生薪資顯示：

高中畢業：120 萬美元
專科學位：160 萬美元
學士學位：210 萬美元

圖 1-4　飯店管理的職涯梯層

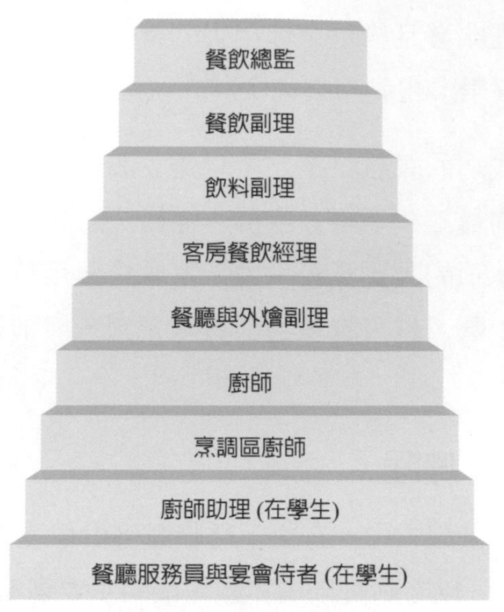

圖 1-5　餐飲管理的職涯梯層

圖 1-6　客房部門的職涯梯層

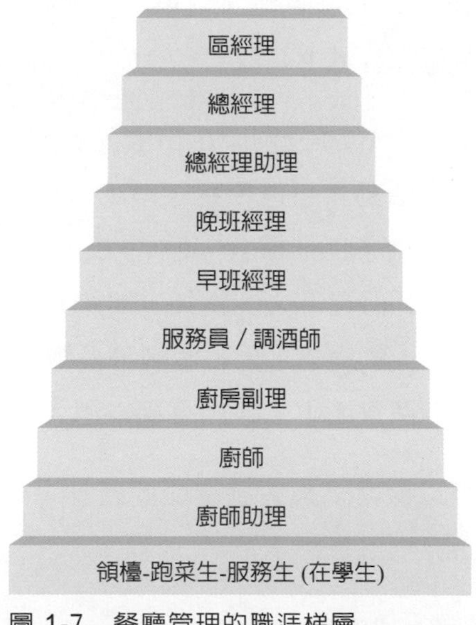

圖 1-7　餐廳管理的職涯梯層

圖 1-8 公園與遊憩的職位階層

圖 1-9 事件管理的職位階層

圖 1-10 旅行和觀光旅遊的職業階層

自我檢測

1. 描述餐旅業的四種輪班方式。
2. 說明餐旅業產品為何不可儲存？
3. 全球化如何影響餐旅產業的變遷？

以卓越自許

當你展開在餐旅業的生涯之初，以卓越表現來自我期許是相當重要的。你的任何企圖都可以達成，但是記得，你的態度將決定你的高度。當有某人必須成為公司領導人的時候，何不挺身而出呢？

1.4 倫理標準

學習成果 3：總結餐旅業的斯蒂芬·霍爾道德守則。

當做決定時，需要回答的三個關鍵類別的問題：

1. 合法嗎？我會違反民法或公司政策嗎？
   另外，如果我接受，允許或這樣做會被解僱嗎？
2. 是否平衡？在短期和長期內對所有有關各方是否公平？
   它促進雙贏的關係嗎？
3. 它會讓我對自己有什麼感覺？這會讓我感到驕傲嗎？
   如果我的家人知道這件事，我會感覺很好嗎？

在過去的幾年中，隨著醜聞越來越多，無論是企業還是個人，道德問題都變得相當重要，因為與員工互動時，確保高品質的客戶服務，以及專業的回應是每位員工的責任。討論與餐旅業有關的道德準則如下。未來餐旅業的專業人士應遵守為他們行業所製定的道德準則。

倫理標準 (ethics) 是人們用來分辨是非對錯的一套道德原則與價值觀。

由於倫理標準亦與個人所屬的價值體系有關，因此我們會發現有許多人的價值體系與我們不同。而價值體系從何而來呢？他人的價值體系與我們的不同時，又會發生什麼事呢？所幸，幾乎所有的宗教、文化與群體都對此普遍一致的原則有所共識。而一切原則的基礎就是：所有人的權利同等重要且不可被侵犯。這樣的信仰也是文明社會的中心思想；沒有了它，混亂將到處充斥。道德是支配一個人行為的原則，其中包括一個價值系統，該系統含有已建立好的行為標準及事情的對與錯。優秀的公司尋求建立和維持以道德為基礎的文化，其來自於良好的個人和公司道德行為。

現今，人們只有少數的絕對道德；我們視情況而決定是否偷竊、欺騙或是酒後駕車。我們似乎認為只要對自身有利就是對的。在這麼一個受到眷顧而擁有如此多元文化的國家，你或許覺得欲定義倫理道德的普世價值是不可能的。然而，在不同年代與地區的文獻當中，如《聖經》、亞里斯多德的《倫理學》、莎士比亞的《李爾王》、《可蘭經》，以及孔子的《論語》，你會發現以下這些基本的道德價值：正直、尊重生命、自律、誠實與勇氣。殘忍是不對的。全世界的主要宗教都擁護一個形式的黃金法則：己所不欲，勿施於人[3]。

在康乃爾大學榮譽院長史帝芬·霍爾 (Stephen S. J. Hall)[4] 所編寫的 *Ethics in Hospitality Management* 一書的序文中，羅伯特·貝克 (Robert A. Beck) 提出這樣的問題：「超賣飯店

客房和班機座位是道德的嗎？人們如何將房務員與航空公司經理的法律責任與道德上的義務相比？」他更問到，什麼才是公平合理的薪資？什麼才是合理的投資報酬？爲了投資者的利益而支付員工過低的薪資是公平道德的嗎？

「作爲美國法律的基礎，英國共同法 (English Common Law) 有這麼一個對於『理性人 (reasonable man)』的判決，當時法官詢問陪審團，『這是一個理性人的行爲嗎？』」有趣的是，在某個國家被視爲道德的事情，在另一個國度可能不是那麼一回事。比方說，在某些國家針對飯店客房討價還價是符合道德的；而在其他國家則被視爲不好的行爲。

倫理與道德規範已經成爲餐旅業決策中不可或缺的一部分，從員工招募 (機會均等與反歧視行動) 到精確的菜單皆然。許多的企業已經發展出可供員工在做決定時參考的道德規範。這種做法勢在必行，因爲有太多的經理人在做決定時，並未考慮到這樣的決定會對他人造成什麼影響。史帝芬．霍爾是餐旅業道德規範的先驅之一；他已爲餐旅業和觀光業制訂出一套道德標準[5]：

1. 我們知悉倫理與道德是商業行爲中不可分割的要素，並且會以最高標準的誠信、合法性、公平性及道德良知來做任何決定。
2. 我們會隨時規範個人與群體，以爲餐旅業與觀光業增添信譽。
3. 我們會集中我們的時間、精力與資源，以改善我們的產品與服務，我們不會詆毀競爭對手以獲取成就。
4. 我們會公平地對待所有顧客，不論膚色、宗教、國籍、信仰或是性別。
5. 我們會提供具備一貫標準的服務與產品給所有顧客。
6. 我們會隨時提供完全且衛生的環境給每一位顧客與員工。
7. 對於顧客、員工及社會大衆，我們會在言論上、行動上與行爲上持續精進，以開創並保持最高水準的信任、誠信及理解。
8. 我們會提供給各階層員工所有必備的知識、訓練、設備及動力，使他們根據我們的標準執行任務。
9. 我們會保證各階層員工得以擁有同樣的工作與晉升機會。相對的，類似職務的員工也會被以同等的標準考核。
10. 我們在任何工作上都會積極且主動地保護我們的自然環境與資源。
11. 我們會尋求公平且誠實的利潤，不會多也不會少。

誠如你所見，信守這些規範對於未來的餐旅觀光從業人員來說是極其重要的。這裡有一些餐旅業職場道德的矛盾之處，你如何看待它們？

自我檢測

1. 定義道德。
2. 總結霍爾的道德守則。
3. 提出行業特定的道德問題。

1.5 服務的重要性

學習成果 4：**解釋為什麼服務對餐旅業的成功如此重要，以及如何使它完善。**

> 待客之道之所以重要，是因為它決定了顧客的感受，以及事業能否達成目標。
>
> Heather Lotts, The Crockpot.

好的服務造就愉快的顧客，而愉快的顧客不只會屢次上門光顧，更會創造有如連鎖效應般的好口碑。既然服務是如此重要，爲何現今的服務品質又如此的不一致呢？提供好的服務，並非易事；我們的教育體制似乎從未教導如何服務，也僅有少數的企業較爲重視服務的教育與訓練。由於對科技的過度依賴，使得我們對於提供好的服務往往是力不從心。

例如，當旅客在登記住房的時候，櫃檯人員對他打了招呼，但是在接下來的服務過程中，卻是低頭盯著電腦螢幕，甚至在詢問旅客姓名時也是如此；或者當訂房人員被詢問到是否有特定客房時卻毫無反應，只因爲他／她正等著電腦顯示空房數。麗笙飯店 (Raddison Hotel) 飯店的一位員工則爲優質服務作出了絕佳示範，她注意到某位房客帶了自己的飲料進入房間，並放入小酒吧中。這位房務員輾轉將此訊息告知客服部門。當這位房客再度造訪時，他因在小酒吧中找到他喜愛的飲料而大感意外。

卡爾．亞伯特 (Karl Albrecht) 在他最暢銷的著作 At America's Service 一書中列出了「服務業的 7 項致命過失」：

1. 漠不關心
2. 斷然拒絕
3. 冷酷無情
4. 態度高傲
5. 頑固呆板
6. 墨守成規
7. 推諉卸責

《金錢雜誌 (Money Magazine)》曾經刊載一篇名為「美國最粗魯無禮的六家餐廳[6]」的文章。此文詳列了數項顧客們在這些惡名昭彰的餐廳中，所經歷過具代表性的負面經驗，作者麥可．威廉斯 (Michael Williams) 指出，最常冒犯顧客的有以下幾點：

1. 大量地超賣座位。
2. 為特定顧客保留較好的位置。
3. 餐廳經理為了大筆小費而突然變出座位來。
4. 以近乎傲慢的態度對待顧客。

這些案例並不會發生在全國各地那些提供優質服務的餐廳之中。經營著名餐廳——聯合廣場 (Union Square Café) 的聯合廣場餐旅集團 (Union Square Hospitality Group) 總裁丹尼．梅爾 (Danny Meyer) 在闡述個人的餐旅經營哲學時提到，如果你的員工快樂，那麼你的顧客也會是快樂的。

藉由每月贈送員工在自家與其他餐廳免費用餐的禮券，Meyer 願意付出更多以取悅員工。相對的，員工們在享用大餐之餘，必須將自己的用餐經驗寫成報告；梅爾對閱讀這些報告很有興趣。身為一位指導者，他認為與其自己被逼著去告訴員工哪裡出錯，倒不如藉由員工來告訴你錯在哪裡。

一、讓服務完美

（一）成功的服務

我們該如何將服務推向成功的境界？當服務業 (service industry) 已經占美國與加拿大經濟的 70%，同時也正在其他國家扮演重要角色時，提供顧客卓越的服務便勢在必行。但什麼是卓越的服務呢？《韋氏新世界字典 (Webster's New World Dictionary)》將服務定義為「服侍的行動與方法」。而服侍指的是「為他人提供物品與勤務，並給予協助。」

這是個服務的年代，餐旅業正在重新改造，因為顧客的期許正在升高，而概念是用服務來換取顧客忠誠[7]。對每一個餐旅組織來說，將優質服務具體呈現是極為重要的，因為每天都必須面對數以千計的顧客及關鍵時刻 (moment of truth) 。我們也可以在一些企業聽到這樣的說法：「如果你服務的不是顧客，那麼你就得服務那個服務顧客的人。」而這也就是團隊合作的精髓；某人在內場 (back of the house) 服務正在外場 (front of the house) 服務顧客的另一人。團隊合作可以創造正面積極的職場環境，更可以降低員工流動率。最重要的是，它有利於達成眾人的目標並且讓顧客滿意。一旦沒有團隊合作，成功的服務將遙不可及。

顧客指的是任何一個從別人的工作付出中受惠的人。外部顧客乃是大多數人對於顧客的傳統認知。一家公司的成功與否，最終是由外部顧客的滿意度作爲權衡依據，因爲他們樂意爲此公司所提供的服務付出金錢。內部顧客 (internal customer) 則是在每家公司中，從該公司其他人的工作付出中受惠的一群人。

爲了成功的服務，我們必須：

1. 重視我們的顧客。
2. 了解顧客服務的角色。
3. 將服務的文化融入教育與訓練體系。請記得我們都是在服務某人——洗碗工也是爲顧客服務，因此他們的工作也相當重要。如果我們希望讓顧客印象深刻並經常光顧，那麼預先考慮他們的需求就非常重要。
4. 以強調高感動取代強調高科技。
5. 致力於革新——持續不斷地改善顧客經驗。

身爲餐旅從業人員，我們必須判辨各種情況並且作適當地應變。想像一下，這位工作夥伴在以下的情況中該如何藉由發揮同理心，也就是設身處地爲人著想以贏得肯定：一個8人的團體來到餐廳，這裡面除了父母親外，還有一群到處亂跑的小孩。不只如此，夫妻兩人才剛剛在車上大吵一架。很明顯的，這位同事希望迎接這群人進到餐廳裡並且儘快幫他們找到位置，然後替小朋友們找些可以玩的東西好打發時間，直到廚房上菜爲止。除此之外，也要替爸爸媽媽來杯瑪格莉特、葡萄酒或是其他的雞尾酒，好讓他們消消氣。

優質的待客之道是顧客經驗的第一要素。它給予顧客重要的感受，一種他們意識到自己在這家公司是重要且受到歡迎的感受。

Donald Jones, Ocean Side Café, Nokomis, FL

服務方程式的另一項重要目的就是創造顧客的忠誠度。我們不只在顧客住房的期間取悅他們，更希望讓他們帶著親朋好友們再度光臨。吸引新顧客的成本，比起留住舊顧客高出數倍。想像一下，一家餐廳或飯店光是保有10%顧客的忠誠度，就可以多創造出多少利潤。失去一位顧客所代表的損失，遠超過一位顧客能帶來的營業額，你所失去的可能是一位終身的顧客。試想一頓價值40美金的雙人晚餐，如果這對客人在10年來每個月來享用兩次，因爲他們實在太喜歡這家餐廳了，那麼這個金額將變得極爲可觀 (9,600美金)。如果他們還常帶著朋友前來，這個數字將更高出許多。你還記得你所經歷過最差勁的服務嗎？或者你能回想起你所經歷過最棒的服務？

我們知道服務是餐旅業中，既複雜又重要的構成要素。亞伯特 (Albrecht) 與詹克 (Zemke) 在他們的 Service America! 一書中提出兩種基本的服務種類：「幫助我！ (Help me ！)」與「處理它！ (Fix it ！)[8]」。「幫助我！」指的是顧客的正常與特別需求，如「幫我找一下宴會廳在哪」或是「幫我在城裡最高級的餐廳訂個位子」。「處理它！」則是指「我的馬桶無法沖水，請修好它。」或是「把電視修好這樣我們才能看世界大賽」。一家餐廳表示，在經濟衰退的時期，顧客期待餐廳供應的不只是食物而已。Grill 23 & Bar 的總經理傑森．包伯 (Jason Babb) 說：「在這裡，服務曾是很重要的工作之一，而現在，它是超級重要的工作[9]。」

（二）關鍵時刻

「關鍵時刻 (moment of truth)」一詞源自楊．卡爾森 (Jan Carlson) 在斯堪地那維亞航空公司 (Scandinavian Airlines System, SAS) 被評比爲歐洲最差的航空公司時擔任該公司總裁，他了解到，他必須花費大量時間來指導第一線員工如何處理每一次與顧客的接觸，也就是他所謂的關鍵時刻。由於他的努力，SAS 不久後就成爲歐洲服務最佳的航空公司。對服務的承諾，是公司全體爲創造顧客服務品質所採取的方法，也是驅動公司運作的首要力量[10]。

每個餐旅組織每天都有成千上萬的關鍵時刻。這使得維持應有的服務水準變成極大的挑戰。讓我們來瀏覽一些顧客到餐廳用餐時會發生的關鍵時刻[11]：

1. 顧客來電訂位。
2. 顧客尋找餐廳位置。
3. 顧客停車。
4. 顧客被迎接。
5. 顧客被告知座位尚未準備好。
6. 顧客等待座位，或是先到酒吧來杯雞尾酒。
7. 顧客試著招來酒保，因爲餐廳還沒有位置。
8. 顧客被通知已有空位。
9. 顧客被安排入座。
10. 侍者爲顧客點餐。
11. 侍者端上飲料或食物。
12. 侍者清理桌面。
13. 侍者遞上帳單。

14. 顧客結帳。
15. 顧客離開餐廳。

你也可以從自己過去的用餐經驗，找看看有多少的關鍵時刻。

（三）讓服務完美的方法

爲了改善餐旅業的服務品質，隸屬美國國家餐廳協會的教育基金會，發展出一系列可精進個人職涯發展的課程。相關資訊可在該協會的網站上找到 (www.restaurant.org)。

這些課程的其中之一爲「餐廳服務的領導統御」。而稱職的領導者往往都是那些具備專業知識、技術及正確態度，並以此激發員工潛能的人。

領導統御也意味著改變；事實上，改變是我們對於未來可以確定的一件事。我們的顧客不斷地在改變；科技、產品供應，當然也包括我們的競爭對手，都隨時在改變。爲了妥善因應這種不停的改變，美國國家餐廳協會提出 (1) 所有的改變皆可能招致抵抗，以及 (2) 進行改變時，必須做到以下幾點：

1. 確立改變的目的。
2. 讓所有員工參與其中。
3. 不斷監控、更新及追蹤。

領導者讓員工參與改變的其中一個方法，就是透過全面品質管理 (total quality management，TQM) 及充分授權 (empowerment)。

人物簡介

赫斯特・舒茲 (Horst Schulze)

赫斯特・舒茲是餐旅業的傳奇領導人物，也是當代餐旅業中最有影響力的三位領袖之一，他的遠見重新塑造了整個餐旅服務業對於服務的觀念。

舒茲成長在德國的一個小鎮。14 歲時，父母親帶他到當地最好的飯店找工作。每個人都告訴他要把顧客奉為上賓，而他也戰戰兢兢地從餐廳跑菜生開始做起。當他寫學校報告時(他每週三在飯店學校上課)，他訂的標題是「我們是服務紳士淑女的紳士淑女。」他一直保存著這份報告，因為這是他得到唯一的 A。但是，那個 A 也成為了他創新服務理念的基礎。

舒茲提到服務有三個面向：

1. 服務不應該有不足之處。
2. 服務應該是及時的。
3. 人們應該相互關照。

而那片關懷之心就是服務。他還補充所有餐旅業者應該做的四件事：

1. 留住顧客＝忠誠度，顧客信任你且樂於和你建立關係。
2. 發掘新顧客。
3. 盡你所能的從顧客身上賺錢並且不失去他們。
4. 創造效率。

舒茲曾於君悅飯店集團 (Hyatt Hotels Corporation) 服務了 9 年，歷任飯店總經理、區域副總裁及集團副總裁。在 1983 年以創始成員與營運副總裁的身分加入麗池卡爾登後，舒茲在創建聞名世界的營運與服務標準上有不少作為。在 1987 年他被指派為執行副總裁，更在隔年被拔擢至集團總裁兼營運長。在他離開麗池前去創立西培斯飯店集團 (West Paces Hotel Group) 之際，其所掌管的全球麗池價值高達 20 億美金。

繼 1988 年起擔任麗池卡爾登集團總裁與營運長之後，舒茲續於 2001 至 2002 年間擔任麗池卡爾登飯店公司副主席一職。在他的領導下，該集團囊括了 1992 與 1999 年的馬康巴立治國家品質獎，是第一家也是唯一一家榮獲該獎項的飯店管理公司。除此之外，麗池卡爾登也持續被各種商業刊物評選為「世界最佳飯店」。舒茲本人除了被《HOTELS 雜誌》表彰為「世界飯店經營者」之外，更因為其對品質提升運動的貢獻，而獲頒石川馨獎章。

舒茲在 2002 年與數名麗池卡爾登的前任主管共同成立了西培斯飯店集團，該集團在數個獨特的市場區塊中經營不同的飯店品牌。該公司的教條是：

透過創造符合顧客期望的產品，以替我們的業主創造價值與空前的成績。

藉由一群被尊重與授權的員工，在一個有安全感與目標的環境共事，我們傳遞比對手更加可靠、真誠的關懷與及時的服務。

我們是樂於犧牲奉獻的社會成員。毫不妥協的價值、榮譽與正直是我們的營運之道。

西培斯旗下擁有兩個品牌的飯店與渡假飯店：Solis 與 Capella，你可以在 www.westpaceshotels.com 找到相關訊息。

如何獲得五鑽獎

美國汽車協會 American Automobile Association (AAA) 定義五顆鑽石層級是極致奢華、精緻、來自非凡材質的舒適性、細緻的個性化服務、廣泛的便利設施和無可挑剔的卓越標準[12]。獲得此獎項的秘訣是五個簡單但非常有效的步驟。首先，選拔人才，如起步始於右腳。在尋找具潛能員工時，個人的本質與職位要求及日常作業職能要能相匹配。如果你正在尋找前臺服務員，請僱用一個自然地一直微笑著且舉止平易近人的人。其次，在新員工開始任職之前，藉由如下的新生培訓，是很重要的：

廣場酒店 (the Plaza) 於 1937 年在紐約市成立

第 1 天：關於公司價值觀的課堂培訓（守則，服務價值，標準）

第 2 天：課堂技術培訓；學習公司價值並將其應用於實際情況

第 3 天：將員工介紹給一位個人導師，該導師將在接下來的 20 天內對他們進行密切培訓，確保他們知道如何執行工作。

第三，在與個人導師合作的第 21 天，員工被帶回教室，討論他們到目前為止所學的知識，確保他們理解並堅持公司的理念，如果需要，再尋求進一步的培訓，並回饋他們對工作的喜歡或不喜歡的信息給總經理（總經理與高層管理人員分享此知識，以便對環境進行調整，以提供進一步的幫助和培訓）。第四，在每日整隊訓示中，部門經理們召開 15 分鐘會議，在每課節中回顧公司標準並強調其中一項服務價值，以加強所講授的內容。此外，在此期間，將回顧客戶意見，或講述一些故事，以加強如何將服務價值在現實情況中實現。第五，員工表揚，當發現員工做對的事而值得被鼓勵，這是簡單但有效的方法。

How to Earn a Five-Diamond Award, James McManemon, 版權所有
未經 How to Earn a Five-Diamond Award, James McManemon， 允許不得翻印

（四）服務與全面品質管理

急速開放且極度競爭的市場正在對服務業施與龐大的壓力，迫使其提供更優質的服務。受到顧客期望高漲與激烈競爭的啓發，許多餐旅企業早已搭上提升服務品質的列車。馬康巴立治國家品質獎 (Malcolm Baldrige National Quality Award) 是對於全美企業在品質方面的最高肯定。此一獎項不僅提升了企業對於卓越品質的認知，更促使企業強烈地體會到品質爲重要的競爭要素，進而分享品質資訊與策略。

榮獲 1992 年與 1999 年馬康巴立治國家品質獎的麗池卡爾登飯店，在創立之初便以開創性的服務爲其最高宗旨。此一企業哲學的精髓在一番琢磨之後，昇華成一套名爲「黃金準則 (Gold Standards)」的企業核心價值。這些信條被印在一張護貝卡片上，每位員工必須熟記它們，並且在工作時隨身攜帶。這張卡片上列有三個服務的步驟：

1. 溫暖誠摯的問候；盡可能以顧客的名字稱呼。
2. 預想並順從顧客的需求。
3. 珍重再見；充滿溫暖熱情地與顧客道別，並盡可能以他們的名字稱呼。

品質運動起始於二十世紀晚期，當時乃是爲了藉此確保單一公司在不同工廠所生產零件的一致性，以供交替使用。在服務業的領域中，全面品質管理 (TQM) 是一個富參與性的過程，它授權給各階層員工，以團隊的方式建立起賓客對於服務的期待，並且決定出最佳的作法以符合或超越此一期待。請注意，賓客 (guest) 一詞優先於顧客 (customer)。這裡的推論是，當我們把顧客奉爲賓客對待時，我們就更有可能超越他們的期待。一位成功的飯店經營者長久以來的堅持，必定是要求員工們以他們自己想被對待的方式來對待賓客。

全面品質管理 (total quality management, TQM) 是一個持續性的過程，能夠將此過程運作到極致的經理人，通常也會是傑出的領導者。一家成功的企業會懂得延攬優秀的領導型主管，他們深黯如何創造激勵人心的工作環境，在此環境中，顧客與員工 (也稱爲內部顧客；一位員工服務另一位服務顧客的員工) 成爲達成企業目標不可或缺的一部分。

導入全面品質管理是一件令人興奮的事，因爲一旦每個人都參與其中，員工們尋找解決與顧客息息相關的問題，以及提升服務品質的創新思維就不會停止。隨之而來的好處，包括降低成本，以及顧客和員工滿意度的提升，進而增加企業獲利。

高階主管與前線經理們必須對於全面品質管理的成敗負起責任；當他們對此程序有所承諾時，成功將是必然的。專注的承諾是高品質服務的根基，而領導能力則是促使承諾的關鍵因素。全面品質管理是一個由上到下，由下至上的程序，從高階主管到基層員工都必須積極主動地承諾與參與。「如果你服務的不是顧客，那麼你就得服務那個服務顧客的人」這句名言在今日依然是不變的眞理。

全面品質管理與品質管制 (quality control, QC) 的不同之處在於：品質管制著重在發現錯誤，而全面品質管理的重點則在於預防錯誤發生。品質管制普遍應用在工業系統當中，也因此而使得品質管制偏於產品導向而非服務導向。對顧客來說，服務是需要親身體驗的；服務需要被感受、被經歷、被意識。而關鍵時刻才是最眞實的顧客接觸。

商場的遊戲已經改變，商場領袖們應當授權給樂於改變的員工。授權 (empowerment) 是一種員工視工作爲責任，且分享企業成功果實的夥伴關係。被賦予權力的員工會有以下的作爲：

1. 勇於說出他們的問題與考量。
2. 對自己的行爲負責。
3. 將他們自己視爲具備專業的人際網絡。
4. 擁有在服務顧客的當下做出立即反應的職權。

欲授權給員工，經理人必須做到以下幾點：

1. 承擔風險。
2. 充分授權。
3. 營造學習環境。
4. 分享資訊並鼓勵自我表達。
5. 讓員工闡述自身觀點。
6. 對員工展現細心與耐心。

（五）迪士尼服務法

迪士尼 (Disney) 的企業宗旨只有簡單一句：「我們創造歡樂。」迪士尼是本書中眾多優秀企業之一。下文節錄自蘇珊．威爾基 (Susan Wilkie) 於太平洋 CHRIE (Council on Hotel, Restaurant & Institutional Education) 會議上，敘述迪士尼服務方式的演說。

在倡議建立迪士尼樂園 (Disneyland) 這個想法時，華特．迪士尼 (Walt Disney) 便爲他的主題樂園確立了一套淺顯達觀，同時根植於品質、服務與表演的經營手法。迪士尼樂園的設計、布局、角色與魔力，皆來自於華特在電影工業的成功經驗。他在迪士尼樂園看見了創造一種全新娛樂型態的絕佳機會，一種立體的實況演出。他希望迪士尼樂園成爲一種充滿活力且永不乏味的特殊經驗。爲了加強服務，迪士尼擁抱的是貴賓而非顧客，延攬的是角色扮演人員 (cast members) 而非員工。這樣的精神也樹立了迪士尼希望貴賓們在樂園與飯店內如何被服務與關懷的自我期許。這個對服務的承諾意味著：

1. 迪士尼對於自己產品及品牌意義皆有清楚的認識。
2. 迪士尼以顧客的角度看待這個事業。
3. 他們將「爲每位進入這個大門的貴賓創造與衆不同的經驗」視爲己任。

迪士尼的管理階層說：「我們的庫存產品在晚上都各自回到家裡去。」迪士尼創造品牌魅力的傑出能力，需要數千人的才能去塡補許多不同的角色，而關鍵核心非第一線的角色扮演人員莫屬。那麼到底是什麼成就了迪士尼如此傑出的服務呢？關鍵的因素包括：

1. 延攬、培育並留住對的人才。
2. 了解他們的產品與品牌意義。
3. 與所有的角色扮演人員溝通服務的傳統與準則。
4. 培訓主管們成爲服務教練。
5. 調查顧客滿意度。
6. 表揚獎勵傑出的表現。

迪士尼也使用了一套招募人才用的檔案模型，但只有簡單幾點：

1. 人際關係——關係建立能力
2. 溝通
3. 友善

迪士尼運用一套爲時 45 分鐘的團隊面談方法，稱爲「同儕面談」。每場面談可能有四位應試者與一位主考官。參加面談的包括了二度就業的家庭主婦、暑期打工的教師、賺取額外收入的退休者或是剛踏入社會的新鮮人。所有應試者皆參與同一時段的面談，主考官不只會觀察他們如何單獨回答問題，也會記錄他們如何與彼此互動——這也是一項推斷他們未來在工作舞臺如何對待賓客的有效指標。

這 45 分鐘內致勝的祕訣就是微笑。主考官會對著應試者微笑，以觀察他們是否也是微笑以對。如果臉上沒有笑容，那麼不管在面談中表現多好也不會得到任用。每位迪士尼新的角色扮演人員都必須在工作的第一天，參加於「迪士尼大學」舉行爲期一天的職前訓練——「歡迎加入表演事業」。訓練的主要目的是學習迪士尼樂於助人、充滿愛心與友善的服務方式。

那麼該如何將這些服務理念付諸行動呢？當一位清潔工被遊客問到，該去哪裡拿到遊行的時間表時，這位清潔工不只是回答問題，更根據記憶詳述遊行時間，告訴遊客遊行路線最佳的觀賞位置，並建議到哪裡可以在遊行開始之前塡飽肚子，最後以親切溫暖的微笑向遊客道別，而遊客也滿心歡喜地離開。這也使得這位清潔工覺得自己的工作是有趣且重要的，而事實也是如此！

人們為了表演而來到迪士尼樂園。每一個樂園透過不同主題，以及對於細節的注意來訴說獨一無二的故事，而角色扮演人員則在這場表演中各自擔綱不同的角色。職前訓練中最必要的內容就是服務的傳統與準則。首先是「個人風格 (Personal Touch)」——角色扮演人員被鼓勵利用自己的獨有風格和性格與每位遊客互動。迪士尼達成此一目標的手段之一就是利用員工的名牌。不論職位高低，每個人的名牌上只有名字而沒有姓。這個傳統由華特本人引領至今，它讓工作夥伴們與遊客之間更為親密，也在企業內部創造出輕鬆的環境，

我是你的顧客

我們可以從下面這些語句中得到與顧客有關的啓發：

- 我是你的顧客——滿足我的需求，多注意我並且友善一點，我就會成為你們產品和服務的活廣告。無視我的需求、對我漠不關心與注意、沒有禮貌，那麼我就會消失直到你注意為止。
- 我是細膩複雜的——更勝幾年前的我。我的需求比以前更加複雜，你是否重視我帶來的生意對我來說更為重要；當我購買你的產品與服務時，表示我認為你是最好的。
- 我是完美主義者——當我不甚滿意時，你就要小心了。我的不滿來自於你或你的產品無法達成某件事。找出原因並解決它，否則你將失去我和我朋友們的生意。當我批評你的產品或服務時，我會對任何聽得進去的人說。
- 我有其他選擇——其它業者不斷地提供我更物超所值的產品。你一定要反覆地向我證明，選擇你與你的公司是明智的選擇。

有助於溝通的順暢並且打破某些長久以來的隔閡。

（六）迪士尼的服務模式

- 一切從微笑開始：微笑在餐旅業與服務業是共通的語言。角色扮演人員誠摯溫暖的笑容，在在都受到遊客們的讚賞。
- 善用目光交會與肢體語言：這些代表了態度、方法及姿態。例如，角色扮演人員被訓練使用開放性的手勢來指引方向，而不是以手指來指點方向，因為展開的手掌較為友善且不具針對性。
- 尊重並歡迎所有遊客：這些意味著親切友善、樂於助人，同時額外地付出以超越遊客的期待。
- 珍視自己的魔力：角色扮演人員在工作舞臺上時，必須全神貫注地創造迪士尼樂園的魔力。他們不會談論私人問題或國家大事，他們會讓你覺得這個地方是獨一無二的。

- 主動與遊客接觸：角色扮演人員被提醒要主動與遊客接觸，迪士尼稱之爲積極地表示友善。當遊客找上你時才負起責任是不夠的，角色扮演人員被鼓勵應該主動採取行動。他們對於這點有許多的小技倆，比方說把遊客的名字貼在帽子上或是屈膝下來問小朋友問題。

- 創新的服務解決方案：舉例來說，一位迪士尼飯店的角色扮演人員最近注意到一位與父母親遠從中西部來遊玩的小朋友，因爲生了病而不得不提早離開。這位角色扮演人員告訴他的主管自己的點子——寄給這位小朋友兒童喝的雞湯、一隻絨毛玩具還有米奇祝他早日康復的卡片。這位主管愛死了這個主意。因此往後所有的角色扮演人員在遇到類似情況時，不需要主管的同意就可以做出這樣的安排。

- 以「謝謝您」結束服務：角色扮演人員使用的措辭，對於營造服務環境來說是相當重要的。他們沒有適當措辭的工具書；反之，透過訓練與指導，他們被鼓勵使用自己的個性與風格去歡迎遊客、回答遊客問題、預想他們的需求、感謝他們，以及表達出自己想爲遊客創造獨特經驗的欲望。

單獨來看，這些行爲看似再基本不過。然而，當這些行爲串連在一起時，它們定義且強化了迪士尼的企業文化。新進人員訓練一旦結束，擁有卓越訓練技巧的領導幹部們一定要將這些理念確實應用，並且持續精進。迪士尼使用一套名爲「領導五步驟」的模式來引導角色扮演人員的工作表現。

每一個步驟對於達到服務與企業目標皆同等重要，每一位領導者必須：

1. 提供明確的期望與標準。
2. 透過示範、資訊與範例來傳達這些期望。
3. 讓角色扮演人員知道他們有提供意見的義務。
4. 透過開誠布公的方式指導。
5. 賞識、獎勵與讚美傑出者。

爲了供給與獎勵領導團隊，迪士尼提供每位新任經理與副理專業的訓練。除此之外，管理階層也會參加迪士尼大學的課程以學習企業文化、企業價值，以及要在迪士尼成功必備的領導哲學。

開啟迪士尼樂園

迪士尼樂園於 1955 年 7 月 17 日在一片唱衰聲中開幕。不出所料，所有可以出錯的事情全都發生了：

- 水管工人罷工。
- 門票被偽造。
- 遊樂設施故障損壞。
- 夢幻樂園發生瓦斯外洩。
- 美國大街 (Main Street) 上的瀝青未能及時乾硬，因此在 7 月盛夏中，馬蹄和女人們的高跟鞋都卡在街上。

就像華特曾經說過的：「你可能不懂這為何會發生，但這樣的壞事不見得不好。」華特面臨他應得的難關，其中之一就是為開發迪士尼樂園籌措財源——他必須與 300 多家銀行週旋。

迪士尼在遊客離開時發放了1000份問卷，同時也發放100份問卷給住在每間迪士尼飯店的房客，藉此研究這套系統與獎勵措施。遊客們被請求將問卷帶回家填寫後寄回迪士尼。迪士尼為了回報遊客，特為寄出回函的遊客舉行週末遊園住宿的抽獎活動。

.inc 企業簡介

希爾頓酒店集團 (Hilton Hotels Corporation)

希爾頓酒店始於1919年，當時康拉德・希爾頓 (Conrad Hilton) 以5,000美元的投資購買了德州思科的莫布里酒店。希爾頓將其分三班，每班八小時的時間，出租給石油行業工人，達到300%的入住率。現在，希爾頓在104個國家的4,900多個酒店中擁有14個品牌，提供758,000間客房。希爾頓明智地在以下市場提供飯店：

1. 奢華與生活品位：華爾道夫酒店，康拉德酒店和天篷。
2. 全方位服務：希爾頓、古玩、Doubletree、掛毯。
3. 全套房式：使館套房、霍姆伍德套房、Home2。
4. 重點服務：希爾頓花園酒店、漢普頓酒店、Tru Vacation 所有權：希爾頓度假大酒店。

最新的品牌 Tapestry 由三星級和四星級組成將想要品嚐獨立酒店的旅行者升級成高檔獨立酒店。

來自回函的意見已經為改善顧客經驗提供了不小的幫助。例如，娛樂部門從問卷調查的結果得知，與卡通人物互動的機會是促成顧客滿意的關鍵因素。因此娛樂團隊設計了一份活動指南，名為今日卡通人物 (The Characters Today)，每天都會在大門口演出。這份指南也大大地增加了遊客目睹這些卡通人物的機會，而此舉更將顧客滿意度提高了十個百分點。

角色扮演人員也被授予改革的權力以改善服務。透過財務上的控管與「神秘客 (mystery shops)」調查，迪士尼得以將資源集中在提升顧客滿意度上。

這套獎勵辦法不單單包含一般物質上的獎勵——如分紅或鼓勵計畫，即使這些也相當重要。獎勵辦法並非一成不變，迪士尼發現非金錢性的獎勵在許多的情況下一樣具有很好的效果，舉例如下：

1. 迪士尼表揚服務年資中的重要里程碑。致贈獎章、獎杯與正式的晚宴，以表彰角色扮演人員服務迪士尼遊客的經驗與專業。
2. 一整年間，迪士尼舉辦各式各樣的社交休閒活動來款待角色扮演人員與其家人。

3. 迪士尼邀請角色扮演人員與家人參加家庭影片嘉年華，會中播放最新的迪士尼影片，好讓他們對最新的迪士尼產品有所認識。
4. 迪士尼樂園的管理階層在營業時間外於園內主持家庭耶誕派對。這讓角色扮演人員也能夠享受購物、用餐並使用遊樂設施。主管們穿上道具服粉墨登場，為部屬操作遊樂設施。

迪士尼校園計畫

對於有意在加州迪士尼樂園渡假飯店，或是佛州迪士尼世界的前線工作以吸取寶貴經驗的人來說，迪士尼主題公園與渡假飯店校園計畫是一個絕佳的機會。透過完整的教育訓練，以及專精的學習活動，參與者能夠根據自己的個性與職涯興趣需求，量身訂做最適合的學習課程。學生們可以與主管們及來自世界各地的學生們互動，學習交流技術，同時吸取實際的經驗。

1.6 確定你的職業道路

學習成果 5：**為酒店和觀光旅遊業的職業道路確定並做好準備。**

如今我們深刻地體悟到餐旅產業是全世界發展規模最大、最快的事業體，讓我們介紹餐旅學校的畢業生將有哪些職涯發展途徑。

職涯發展途徑描述了餐旅業裡每個領域可能的職涯進程。職涯發展不會都是走在一條直線道路上，有的時候，更貼切的描述反而應該說是走在職涯的階梯上。甚至，你也可以想像成職涯的發展就如同你跳入游泳池裡面，全身濕淋淋地游到對岸，儘管你弄濕了，但畢竟到達了目的地，所以這絕非是一條直線道，餐旅業的職涯亦復如是。我們可能從一個領域開始這個行業，稍後又發現另外一個領域更具吸引力，機會是指日可待的事情，我們也應該時時為自己的人生機會做好萬全的準備，這樣並沒有什麼不好，反而顯示出我們其實有很多的選擇。舉例來說，芭芭拉 (Barbara) 幾年前是主修餐旅管理的學生，因為她不像其他學生那麼外向，所以她決心要成為飯店會計師。幾年之後，我們造訪她工作的那家飯店，沒想到，芭芭拉竟然站在飯店櫃檯後面，渾身洋溢喜悅氛圍地給我們熱烈的歡迎，當時的她已經從會計部門調到前線成為櫃檯經理，而更令人意外的是，三年之後，她已然成為行銷業務部門的總經理。

「進程 (progression)」意味著我們可以取得工作上的優勢，從一個職務升遷到另一個職位。在餐旅這個行業裡，我們不會用直線的方式在職涯的階梯上前進，原因是假設我們想要成為總經理、人力資源總監、宴會經理、會議規劃師或是行銷總監，都需要經歷幾個不同領域與面向的經驗。如果我們想要成為總經理，則需要先歷練過餐飲部、客房部、市場行銷、人力資源或是財務部，也很有可能是需要這幾個領域中的組合，因為最好的狀況就是在不同的領域接受交叉培訓。這種情況也同樣發生在餐廳裡面，即便是一個具有經驗的畢業生，也必須先在餐廳的廚房裡經過幾年的訓練，熟悉廚房的每個環節，然後再接受爲期數月的酒吧部門培訓，這才有機會成爲早班或晚班副理、總經理、區經理、副總裁或是總裁。

可以在市中心或度假勝地的酒店工作。
（巴黎 / 維爾 (Vill) 酒店）

有時候我們還沒學會走就想跑，總希望可以取得快速的進展，但不要忘記了，我們也應該要在抵達目的地之前，盡情地享受這段旅程。如果你前進的速度太快，很有可能還沒有作好承擔額外責任的準備，也可能尚未具足升遷之後所需的各項技巧。實務上你只能隨時隨地做好準備，因爲你永遠都不知道機會何時會在你眼前出現。同樣的，你不能期望在自己眞正了解「餐飲」部門的所有細節之前，就成爲餐飲部總監：意即你必須要花費好幾年的時間待在廚房實地演練才行，否則你要如何跟行政主廚進行溝通的工作呢？你必須知道食物該如何準備及服務，你得要爲所有的一切做好準備，而不是要他們爲你做好準備。

一、職涯目標

你或許已經知道自己想要成爲財務部總監、活動經理、餐飲部總監或是餐廳經理，但如果你仍然還不確定自己要追求的職涯道路也沒關係，因爲現在正是探索這個行業的大好時機，你可以從中獲得許多的資訊，以協助你決定未來的職業生涯。其中一個很棒的方式就是藉由實習和工作經驗來得到答案，因此，你應該盡量嘗試各種不同的工作，而非死守在同一個崗位上[13]。

如果以餐飲和旅遊業爲主要範圍的話，我們首先需要檢視的工作內容就是旅行、住宿、大型會議與活動管理、餐飲與管理服務，還有娛樂項目：像是主題樂園和景點設施、俱樂部、博奕活動、公園及休閒遊憩。與此相關聯的行業，則包含供應商、顧問、派對租賃公司及相關服務。

二、餐旅業適合你嗎？

在本章中，我們描述了餐旅業的某些特質。由於餐旅業的規模龐大，因此職涯發展也相當有遠景。同時，它也是一個刺激且充滿彈性的產業，在經濟繁榮的時期，具有很大的發展潛力。在餐旅業中「當別人愉快地休閒時，我們卻通常必須工作」——想想看，你可能常需要在晚上和週末工作，在其他行業裡，夜晚和週末則是你的自由時光。

餐旅業是服務的行業；這代表我們以關懷自身的態度來關懷他人為榮。確保顧客得到卓越的服務是餐旅業者的共同目標。這個行業已經融入你的血液中！它非常有趣、刺激、很少是乏味的，幾乎每個人都可以在這個行業中獲得成功。那我們應該如何做，才能在餐旅業中取得成功呢？適合餐旅業的個人特質、技術和能力有：誠實、努力、合群、能夠在各種時段長時間工作、具抗壓性、良好的決策技巧、良好的溝通技巧、致力於提供更多的服務，以及想要超越顧客的期待。領導能力、企圖心和意志力對職涯的成功也是不可或缺的。

業者需要的是服務導向 (service-oriented) 的人才，這樣的人是「言行一致」的，也就是說他們可以做到所承諾的事情。良好的工作經驗、校內校外的組織投入，正向的態度、良好的平均分數——這些都需要努力學習。企業需要招募的是具有職涯觀念的員工，能夠努力工作，為企業作出貢獻、賺取利潤。

1.7 自我評估與個人哲學

自我評估的目的是要評量我們目前的優缺點，決定如何改進自己，進而達成我們的目標。自我評估能幫助我們了解自己目前的位置，並顯示出與目標之間的路徑。在自我評估中，我們可以列出一個表，寫出我們的正向特質。例如，我們可能有過客戶服務的經驗，這對我們未來想要成為餐旅業的總經理是很有幫助的。其它的正向特質還包括了前一小節所提到的，企業期待員工所具有的那些特質。

我們還可以列出需要改進的清單。例如，我們可能想要增進廚師的專業技能，因此需要更多的經驗或是參加相關的課程。或是你可能必須和西班牙語系的人共事，因此必須增進西班牙語文能力。你的哲學 (philosophy) 就是你的信念，以及你對待他人和工作的方式。你可以這樣描述自己：你樂於提供優質的服務，將心比心地對待他人，而你的信念是誠實和尊重，但更重要的是將其反映於實際行動。

每一個行業都有其規範，在餐旅業中，準時是很重要的，顧客不應花時間等待服務。包括萬豪國際集團在內的許多公司都規定員工必須在工作開始之前 10 分鐘打卡，並延遲 10 分鐘下班。假如員工有一次沒有達到要求，他們會收到口頭的警告，第二次就會收到書面的警告，第三次，就會被開除！所以，假如你不喜歡早起，那最好選擇晚班的工作！

我們必須具專業的外觀，也就是我們的穿著打扮。你可能注意到許多餐旅業的員工都穿著制服，以表示專業。女性管理者穿著正式的商業套裝 (褲子或裙子)，搭配短上衣，以及擦得發亮的鞋子。男性管理者則穿著西裝，搭配襯衫、領帶及閃亮的皮鞋。當面試時，你應該穿著西裝。男生應該搭配顏色穩重的領帶——最好是紅色或藍色——不要是黃色。不要穿戴過多的飾品、在身上穿洞，或是使用氣味強烈的香水。女生不要濃妝豔抹，或是配戴過多珠寶。

獲得實習機會

你應該在校內或專業餐旅組織中累積實習經驗，除了獲得樂趣之外，也有利於個人的成長。你不需要一開始就擔任領導角色，你可以先學習組織如何運作，參與組織活動。業者會注意到實習生之間的差異，當他們要選擇正式職員時，會將這些觀察列入考慮。

實習展現出你對職涯的承諾，也讓你認識有趣的同儕及業界的專家，幫助你在職涯路途上更進一步。你可以發展領導能力和組織技能，這對未來的職涯是很有幫助的。

成果驗收

1. 什麼是職涯發展的道路？
2. 交叉訓練為什麼有價值？
3. 那五項屬性對餐遊業有利？

職場資訊 你在餐旅業的職涯發展

如何領導自己 約翰・沃克 (John Walker)

在反思領導力問題時，人們將意識到這是從自己開始的。領導力始於個人價值觀、願景、使命和目標。這些通常非常個人化，反映了你在生活中是什麼樣的人，例如個人價值觀包括誠實、正直、野心、為他人服務、領導才能、服務精神、友善、紀律、團隊合作和值得信賴，例如願景是成為酒店公司總裁或成功開設自己的餐廳。個人任務是你對目的的說明，例如成為一個最好的學生或僱員。目標是你要如何具體完成任務，例如達到一定的平均成績或員工得分。 你是否考慮過人生的願景，任務和目標？現在是個好時機把它們寫下來。

領導自己始於個人紀律、習慣、毅力和動力。 個人紀律是我們以什麼方式帶領我自己。 你最想做什麼？ 是否包括成為最有生產力的人？ 你會檢查自己的優點和缺點嗎？然後致力於改善薄弱環節？ 作者在與一位總經理會面時曾感到驚訝！作者遲到了，並對其道歉。總經理說：「我可以很簡單地告訴你怎麼樣不再遲到」。

作者看著總經理說：「哦，真的嗎？」。總經理說：「是的，就早起半小時！」。就這麼讓我學到了這門課。

許多作者針對成功領導的習慣和素質提出了建議，這些習慣及素質可以對針對我們個人需求來加以進行調整。 兩位著名的作家史蒂文・科維 (Steven Covey) 和約翰·麥克斯韋 (John Maxwell) 在圖書館拿起他們的書，他們建議我們可以通過創造願景，制定任務說明，和建立目標來引領我們自己。然後，我們可以製作一個計分卡來記錄我們朝著設定目標邁進的進度。你們可以嘗試一下！

我們可以採用的習慣設定包括：制定時間表並利用時間管理，吃健康的食物、運動、學習，通過多種方式進行交流、閱讀，透過導師學習及明智地管理我們的錢。我們的動力既來自我們內部，也來自外部，當我們想要某些東西，我們會為此而努力。我們能比其他人更加努力地實現自己的目標，在生活和事業上取得成功。

我們的習慣和價值觀將指引我們的走向生活和職業的成功。你的習慣將帶來成功最大的可能性。 請寫下你的習慣及價值觀，並與同學比較。可能表達如下：以目標與行動為導向，專注於目標、自律、保持健康、鍛煉身體、避免加工食品，愛伴侶和家人，計畫一天的目標和行動，並加以實現目標；避免干擾，當個人緣好的人，祈禱，有足夠的睡眠，騰出時間去娛樂和放鬆，找出個人弱點並加以改善，繼續為你工作的組織，提出提高收入及降低成本的方法。

許多人成功的其他關鍵要素是毅力、勇氣和耐力。毅力包含激情、勇氣和動力。毅力有恆心的實現目標。 記住，贏的不一定是最聰明的人，而是有強大勇氣的人。最後記得，始終保持適當的專業水平。 作者曾經帶一些最好的學生去芝加哥全國飯店展，展場要求的服裝是商務場合的服飾。學生們穿著牛仔褲和T恤在大廳見面，當得知需要商務著裝時，他們便立即將T恤摺疊收好，他們被要求換上正式的商務服飾。

餐旅業的發展趨勢

我們可以感受到一些正在影響，以及將持續影響餐旅業的發展趨勢。某些趨勢，比方說文化差異，已經發生而且很肯定將來會更加影響這個行業。這裡（沒有特定順序地）列出餐旅從業人員認為正在影響業界的主要趨勢。你會在這裡及其他章節處發現我們所討論的餐旅業產業趨勢。

- 永續性 (sustainability)：在現今市場上，環境永續性已經成為非常重要的議題。永續或是「環保」意味著避免對環境的衝擊（或至少將衝擊降到最小）。永續性的事業通常會參與對環境友善的活動，並強調它們對環境保護的理念。
- 全球化 (globalization)：我們已經成為幾年前人們所形容的地球村。我們有機會到國外工作或是渡假，越來越多人自由地在世界各地旅行。
- 安全 (safety) 與防護 (security)：自從 911 事件後，我們變得更加重視個人安全，也在機場與其他公共場合經歷了更嚴格的安檢。尤有甚者：恐怖分子為了贖金在渡假飯店挾持旅客，並且對他們進行人身攻擊。而 2 名保全專家則在後續章節中，貢獻並分享他們自身寶貴的經驗與專業。
- 多元化種族 (diversity)：餐旅業可說是最具多樣性的產業；我們不只有多樣的員工，更有各式各樣的顧客群。多元化種族正隨著更多來不自不同文化背景的人們投入餐旅工作的行列而擴大。
- 服務 (service)：服務為顧客首要的期望乃眾所皆知，然而有些公司甚至提供超越期望的服務。世界級的服務不會憑空發生，專業訓練對於提供顧客所期望的服務來說是非常重要的。
- 科技 (technology)：科技協助我們提供高效率及高品質的服務。然而，餐旅業卻面臨了訓練員工使用新科技，以及軟硬體標準化的挑戰。有些飯店內有數套無法相互溝通的電腦系統，其中某些訂位系統佔了全國業績的 7% 到 10%。
- 法律問題 (legal issue)：法律訴訟不只變得更為頻繁，輸掉官司或替自己辯護也變得更加昂貴。有某家公司花費數百萬美金只為了辯護一個案件。政府法規與勞資關係的複雜度，成為餐旅業者的一大挑戰。
- 人口結構的改變 (changing demographics)：美國的人口正在緩慢地增加，而戰後嬰兒潮人口已經開始從職場退休。許多退休者擁有時間與金錢去旅行並利用餐旅的服務。
- 健康生活 (Living Healthier)：當今的待客之道，著重於健康的生活。這意味著人們更加重視食品和飲料的質量和來源。在酒店中的設施著重於健康（瑜伽課，方便使用的健身設施）越來越受歡迎。
- 見多識廣的客人 (Informed Guests)：與過去幾十年相比，今天所接待客人的客人更顯得見聞廣博。通過更易取得的信息，包括客戶對餐旅所寫的客戶評論，如 TripAdvisor，客戶有更多的訊息消化，來確定他們是否想使用及體驗餐旅產品時。

臺灣餐飲業的發展趨勢

根據財政部統計，臺灣餐飲產業在過去五年(2013 年至 2017 年)的營收表現亮眼，探究原因，消費者的飲食習慣改變和外食人口的成長，是提升營收成長的主要因素。而成長最多的業別，是以創新手法與多層次創意冰品為特色的咖啡館和手搖飲料店。以展店橫跨 6 大洲 41 國的六角集團為例，旗下主力品牌日出茶太是 2018 年進駐巴黎羅浮宮唯一亞洲品牌的茶飲店，貢獻集團年營收約在 60% 左右，再加上代理和併購的其他八個品牌，六角集團在過去十年的營收，每年成長率都超過 30%，這也證明臺灣風味的茶飲品牌在掌握標準作業化和規模國際化後，既能避開國內同業的激烈競爭，又能將企業品牌推向國際市場發展。

其次，空廚業的營運轉型也是值得關注的焦點。華膳、高雄和長榮等三家空廚業在過去幾年，努力拓展陸上的餐飲服務有成，除了突破業務經營的瓶頸，同時也讓營收年年成長。過去，由於空廚業的業務量和營收完全仰賴航空承載人數，為了突破經營現況，業者就憑藉統一採購、驗收與處理食材等效能優勢，以承包團膳、鮮食代工、開設餐飲品牌和網購平臺等業務來提高營收。因為不同於機上餐的有限選擇，業者所面臨的最大挑戰，是來自於餐飲品牌的定位和陸上多元餐飲品牌的市場競爭。最後，速食業品牌表現優異的摩斯漢堡和拉亞漢堡，也顯示簡單、清潔和快速的餐點供應，可以滿足生活節奏快速的消費需求，而這類型的速食品牌也會持續選擇在都市商業密集區發展下去。

餐飲服務產業雖然呈現蓬勃發展的情形，但是必須注意自 2017 年起因市場高度競爭所出現的成長趨緩現象。因此，整理過去五年臺灣餐飲產業發展的情形，再配合全球餐飲未來的發展走向，臺灣餐飲服務產業未來的發展趨勢為以下幾點：

1. 同業或異業策略聯盟以增強國內外市場競爭力

   知名餐飲品牌進駐百貨公司美食商街，以不同特色餐點和價位的多品牌策略吸納不同消費客群，並且積極拓展海外和中國市場。目前，有連鎖餐飲集團為了降低經營成本，來提升店面坪效與品牌業績，特意集中旗下所有的餐飲品牌，以「一站式」經營多樣性餐點和不同價位來滿足多元客群的需求。而另一方面，超商結盟超市業者所開設的「超商餐廳」，則是著眼於提供簡便餐點和多樣化生活用品的便利性功能來吸引顧客上門消費。

2. 經營規模趨於兩極化

   連鎖業者將持續擴大經營規模，以降低成本與品牌行銷費用，並且移植整套經營模式跨國經營。反觀精緻料理特色的餐飲品牌，則是以中小型的經營規模為主，所推出的餐飲特色以養生健康料理、異國風味、特殊食材與辛辣熱帶風味等飲食口味去迎合各類消費族群的需求。

3. 餐飲口味與食材選擇，呈現更多元創新與豐富的餐飲市場。

   許多國際餐飲品牌、米其林星級餐廳與廚師進駐臺灣，讓餐飲口味走向更多元的創意與探索實驗的發展，加上專業服務人才的表現，讓「視覺的饗宴」成為一種消費的時尚潮流。另一方面，在強調健康、永

續下頁

承上頁

續和綠色飲食的原則下，對食材履歷的高度要求和料理研發，也將考驗與帶動食材供應物流的效率。

4. 半成品或冷凍食品熱賣

   由於臺灣電子商務和物流技術已日趨成熟，再配合現代人的生活模式，大部分民眾都可以接受冷凍或半成品食品，使得相關食品的販售快速成長，也促使業者紛紛購置科技餐飲設備和成立中央廚房，以擴大生產規模效益來因應市場的需求。

5. 數據蒐集、消費分析和顧客服務

   行動科技的進步和消費習慣的改變，讓電子商務業績持續成長。而價格也不再是消費者決定購買的最重要因素，業者除了建立其品牌特色和產品品質，會更懂得利用數據去蒐集和分析消費行為，以便深入了解消費者的消費模式。另外，商品的網路評價對消費者購買決策的影響力日增，所以許多業者會透過網路社群，去發掘潛在客群與接觸主要客群關係，並且適時地推出相關的行銷活動，以期能夠在競爭激烈的市場中脫穎而出。

6. 人員任用與訓練效益化

   基於勞基法規與成本的考量，業者會更注重兼職工時精算與專職人力需求的平衡管理，以多元輪調或交叉式訓練全職員工具備一種以上的職務技能，以減少人事經營成本與部門人員短缺等問題。而在雇用計時兼職人員方面，年齡較長的二度就業人力會再度被職場接受，因業者認同其工作穩定性和社會歷練等表現，還可以有效降低人員的流動率，間接降低其經營成本。

7. 禁塑法規和減塑行動的推動

   政府制定禁塑法規和減塑行動，其中也包含減少碳足跡等在地食材料理的概念推廣，並鼓勵業者和消費者使用再生材質和環保餐具等活動，朝環境永續的目標持續前進。

未來臺灣的餐飲產業仍有相當光明的前景，尤其是經歷了社會結構與生活型態的改變，就如這幾年以創新「宅在家」服務所開啓的外送 / 代購餐飲平臺。但是，業者除了提供更多樣與多元化的餐飲來滿足消費需求，也必須提升餐飲體驗的整體品質。因此，除了成本和餐飲品質的控管，業者更要主動去掌握整體市場的發展趨勢，以持續創新與創意研發的精神與培訓專業服務人才等差異化利基，去建立品牌特色與優勢，才能帶來更高的顧客滿意度。

問題討論：製作臺灣餐飲產業發展現況的 SWOT 分析表，並提出因應策略。

個案研究

有名無實的升遷

一個月前，湯姆 (Tom) 看到他的部門中一個晉升為廚房經理的機會。湯姆做廚師已經快兩年了，他覺得自己敬業、專業並具備當經理的資格，他申請並獲得晉升，湯姆很高興，以新的職位而自豪，努力工作的擔任廚房經理一職，如同他擔任廚師時一樣努力。然而，他開始注意到，他現在所管理的廚師缺乏職業道德。他的這些同事們是否不尊重他？其他廚師在此之前是否過於鬆懈，而他根本沒注意到？ 他開始看到幾名後臺員工遲到且穿著未洗過的制服，對任何大小的工作都草率地完成。當日子一天一天過，湯姆越來越沮喪。當尋求幫助或提出指令時，湯姆總是看到來自他員工不悅的表情或簡短的應答。他質疑他作為主管和領導者的能力。湯姆現在懷疑自己當一個領導人或主管的能力，在職場，湯姆也開始沒那麼有信心，這卻是他晉升時的重要因素。他做錯了什麼？

問題討論

1. 湯姆同事做事草率的可能原因有哪些？
2. 湯姆應如何評估當前情況？
3. 如果你是湯姆的主管，在他開始新職位之前你會給他什麼建議？
4. 湯姆如何恢復對領導統御的信心，並同時受到他人尊重？
5. 如果你在湯姆的監督下，並對他管理廚房的方式感到沮喪，你能直接向他講嗎？如果可以，如何做？

職場資訊

你確切地知道自己在 5 或 10 年後想成為什麼人嗎？最好的建議是遵循你的興趣。做你想做的，那麼成功將指日可待。我們通常藉由評估自己的特色與性格來決定適合的道路。有些人選擇了觀光業中的財務會計領域；其他一些較為外向的人則選擇行銷業務；另外一群人則喜歡現場作業，可能不是在外場就是在內場服務。為自己規劃職涯道路是一項既令人興奮又令人卻步的任務。另一方面，旅行與觀光業則被普遍認為是富有活力、有趣，以及充滿挑戰與機會的行業。請記得，一定要有某些人去營運迪士尼樂園、荷蘭美國遊輪 (Holland American Cruise Lines)、Marriott 飯店及渡假飯店、民宿、餐廳或是擔任機場督導。

未來幾年觀光業的估計成長，將提供現在的學生們在各個領域大量的工作機會，以及更佳的工作穩定度。在本書中的每一章都將會列舉並敘述特定領域可能的職涯發展。然而，觀光餐旅業的生涯有許多概略性的事情可以講述。例如，一般朝九晚五的工作在這個行業並非常態。幾乎所有的部門都是全年無休的，包括夜間、週末及假日。好消息是所有部門的經歷都是令人驚喜的成長，而在來年也是如此。誠如之前所言，主管的職缺在未來幾年也將會增加，如果你自己稍有盤算的話，那個位子也會有你一份。

本章摘要

1. 餐旅業與觀光業是全世界規模最大，且成長速度最快的產業。
2 餐旅與觀光的職業包含從餐廳、度假村、郵輪、主題公園、賭場及其所涵蓋的一切。
3. 餐旅業是全年無休的，一年 365 天，一天 24 小時，且需大量的輪班。
4. 傑出的客人滿意度是我們的標的。服務大部分是無形的，並取決於客人的意見。
5. 服務性的產品概念和生產在於其不可分割性 (inseparability)，並且產品具不可儲存性 (perishability)。
6. 全球主義給工作場所帶來了更大的多元性和文化差異。
7. 倫理標準 (ethics) 是人們用來回答有關是非對錯的一套道德原則和價值觀。
8. 餐旅和觀光業的專業人士應遵守爲行業所制訂的道德準則。
9. Stephen Hall 制定了這行業的道德規範。
10. 該行業依賴優質的服務，以超出客戶期望的方式帶來客戶的滿意並獲得客戶的忠誠度。
11. 外場 (front of the house) 工作人員爲客人提供服務。內場 (back of the house) 工作人員爲外場 (front of the house) 工作人員提供服務支援。
12. 全面品質管理 (total quality management, TQM) 是一個持續性且具參與性的過程，使所有各級別的員工在團隊努力下，建立起客戶的服務期望並找出達到或超過這些客戶期望的最佳方法。
13. 職涯路程中，餐旅業各專業領域的職位，並不總是一直線的發展，因爲在你當上主管前，最好在不同的領域中有經驗。
14. 在餐旅業中，對職涯有利的個人特質、素質、技能中，還包含誠實、努力工作、團隊合作，以及有長時間輪值不同班工作的準備，有能力應對壓力，有好的溝通技巧，致力於提供卓越的服務，並渴望超越客人的期望。 領導才能，雄心壯志和成功的意願對事業成功也是重要且必要的。

重要字彙與觀念

1. 平權法案 (affirmative action)
2. 組成管理 (assembly management)
3. 內場 (back of the house)
4. 民宿（Bed and Breakfast, B&B）
5. 餐飲業 (catering)

6. 交叉訓練 (cross-training)
7. 多元化種族 (diversity)
8. 經濟 (economy)
9. 授權 (empowerment)
10. 英國共同法 (English Common Law)
11. 公平僱用機會 (Equal Employment Opportunity, EEO)
12. 倫理標準 (ethics)
13. 外部顧客 (external customer)
14. 全球主義 (globalism)
15. 地球村 (global village)
16. 政府 (government)
17. 顧客滿意度 (guest satisfaction)
18. 飯店 (hotels)
19. 包容性 (inclusion)
20. 不可分割性 (inseparability)
21. 無形的 (intangible)
22. 內部顧客 (internal customer)
23. 美國國家餐廳協會 (National Restaurant Association, NRA)
24. 不可儲存性 (perishability)
25. 哲學 (philosophy)
26. 品質控制 (quality control, QC)

問題回顧

1. 描述餐旅業與觀光業的關連性？
2. 描述餐旅業的基本特色。
3. 在進行道德的決策時，我們需要問答那三個類別倫理標準？
4. 解釋迪士尼如何提供優異的顧客服務？
5. 自己定出個人生涯目標，如需要什麼經驗及個人特質來成功達成目標呢？

網路作業

1. 機構組織：世界旅遊及觀光委員會 (WTTC) 網址：www.wttc.org

概要：世界旅遊及觀光委員會 (The World Travel and Tourism Council, WTTC) 是全球觀光旅遊業的領袖論壇。它涵蓋了業界所有的領域，包括食宿、娛樂、休閒、運輸，以及其它與旅行相關的服務項目。本會的核心目標是透過合作的方式讓政府瞭解——旅行與觀光產業，這個世界上創造出最多財富與工作機會的產業——會帶來多少潛在的經濟影響力。

a. 找出關於全球餐旅觀光經濟活動的最新統計數字。

2. 機構組織：麗池卡爾登飯店網址：www.ritzcarlton.com

概要：麗池卡爾登以優雅、奢華氛圍與傳奇性的服務而聞名。在全球擁有 58 家飯店，且大多數是得獎常客，麗池卡爾登反映出她 100 年的光榮傳統。

a. 什麼原因讓麗池卡爾登成爲如此優秀的連鎖飯店？

3. 機構組織：迪士尼樂園與華特．迪士尼世界網址：disney.go.com 與 www.disney.com

a. 比較並對照迪士尼樂園與華特．迪士尼世界的網站。

運用你的學習成果

1. 提出改善餐旅業服務品質的建議。
2. 以圖表描繪出達到你職涯目標的步驟。
3. 形容你夢想中的工作。

建議活動

1. 準備幾個餐旅業中與工作相關的普遍問題，訪問兩位業界的主管。與班上同學分享並比較這些答案。

國外參考文獻

1. 參考 Karla Cripps, "Chinese Travelers the World's Biggest Spenders," CNN.com, 2017 年 7 月 3 日 , 取自 http://www.cnn.com/2013/04/05/travel/china-touristsspend/
2. 參考 Hilton Worldwide，【希爾頓全球網站】, 取自 https://www.hilton.com/en/corporate/
3. 參考 Christina Holf Sommers, "Are We Living in a Moral Stone Age?," USA Today, 1999 年 3 月 1 日，以及 Barbara Frank, "Knowing Yourself Is the First Step," Toronto Sun, 2000 年 4 月 7 日，第 54 頁。
4. 參考 Stephen S. Hall (ed.), Ethics in Hospitality Management: A Book of Readings (East Lansing, MI: American Hotel and Lodging Association Educational Institute, 1992), 第 75 頁。

5. 同上，第 108 頁。
6. 參考 Michele Willens, “The Six Rudest Restaurants in America,” Money Magazine, Volume 16, Issue 10, 1987 年 10 月，第 115 頁。.
7. 參考 Mohamed Gravy, General Manager of the Holiday Inn, Sarasota, Florida, address to USF students, 2010 年 12 月 8 日。
8. 參考 Karl Albrecht and Ron Zemke, Service America! (Homewood,IL: Dow Jones-Irwin, 1985), 第 2-18 頁。.
9. 參考 Andrea Pyenson, “Service First,” MSN.com (no longer available online).
10. Karl Albrecht, At America’s Service (New York: Warner Books, 1992), 第 13 頁。
11. 同上，第 12 頁。
12. 參考 AAA Newsroom website AAA 新聞編輯室網站，https://newsroom.aaa.com/
13. 參考 U.S. Marine Corps Association, Guidebook for Marines, 19th ed. (Quantico, VA: U.S. Marine Corps Association, 2009), 第 5 章，第 43-49 頁。
14. 同上。

臺灣案例參考文獻

1. 林資傑 (2019)。《產業分析》餐飲業紅海拼突圍，複合店攻聚集經濟。中時電子報。2019 年 2 月 25 日取自： https://www.chinatimes.com/realtimenews/20190119002520-260410?chdtv
2. 陳威珞 (2018)。產業分析：餐飲業發展趨勢 (2018 年) 。臺灣趨勢研究股份有限公司。2019 年 2 月 25 日取自：https://www.twtrend.com/share_cont.php?id=63
3. 陳清稱 (2019)。SWOT 分析：SWOT 分析怎麼做？ 4 個面向為企業和個人指出成功模式！經理人。2019 年 10 月 20 日取自：https://www.managertoday.com.tw/glossary/view/15
4. 遠傳 (2018)。餐飲業如何抓住消費者的心？ 2019 年臺灣餐飲業發展趨勢。 2019 年 2 月 25 日取自：https://gosmart.fetnet.net/2018/11/13/%E9%A4%90%E9%A3%B2%E6%A5%AD%E5%A6%82%E4%BD%95%E6%8A%93%E4%BD%8F%E6%B6%88%E8%B2%BB%E8%80%85%E7%9A%84%E5%BF%83%EF%BC%9F%EF%BD%9C2019%E5%B9%B4%E5%8F%B0%E7%81%A3%E9%A4%90%E9%A3%B2%E6%A5%AD%E7%99%BC/
5. 謝明玲 (2013)。空廚轉型 瞄準地面市場。天下雜誌。2019 年 2 月 25 日取自： https://www.cw.com.tw/article/article.action?id=5054864
6. Patrica Ma(2019)。勢不可擋！ 2019 五大餐飲趨勢。 NOM Magazine。2019 年 2 月 25 日取自： https://nommagazine.com/%E5%8B%A2%E4%B8%8D%E5%8F%AF%E6%93%8B%EF%BC%812019-%E4%BA%94%E5%A4%A7%E9%A4%90%E9%A3%B2%E8%B6%A8%E5%8B%A2/

觀光 2

學習成果

閱讀及研讀本章後，你應該能夠：

1. 解釋在現今世界中，旅遊業的性質
2. 描述旅遊業對經濟之影響
3. 比較不同的旅遊方式。
4. 請列出重要的國際和國內旅遊組織。
5. 比較主要的旅遊推動者，並描述他們如何促進旅遊。
6. 比較和對比主要的旅行類型。
7. 描述旅遊產業對於社會文化之影響及旅遊產業觀念之變化。

觀光大事記

從歷史來看，很難明確指出觀光的起源，因為幾百年前很少有人像今天一樣，為了遊樂或商務而旅行。但我們知道：

中國的長城。

- 西元前四世紀時，中國的萬里長城動工，工程持續了幾個世紀直到 1600 年代。雖然「在當時並非觀光景點，但在今天絕對是如此」。
- 西元前 776 年，在希臘奧林匹亞的平原上舉辦了一場體育競賽（也就是現在的奧林匹克運動會），想必有許多人旅行到現場以參加或觀賞比賽。
- 羅馬人喜歡造訪那普勒斯的海灣，並於西元 312 年修築了一條通往羅馬的道路。這條道路長達 100 英里，搭乘轎子得花費 4 天的時間。
- 虔誠的朝聖者於 1200 年代開始前往羅馬與聖地（今以色列），客棧因而如雨後春筍般出現以收容朝聖者。
- 馬可．波羅 (Marco Polo) 因為在 1275 ～ 1292 年間開闢了連接歐洲與中國的貿易路線，而被記載為第一位商務旅行者，並投宿在沿路被稱為「khan」的原始客棧裡。
- 1600 年代是英國的馬車旅行時代，驛站 (posthouse) 為了庇護旅客而設置，並且每隔幾里路就更換馬匹。當時從倫敦到布里斯托的路程需花費 3 天的時間，現在搭乘火車只需要 3 小時不到。
- 1841 年湯馬士．庫克 (Thomas Cook) 在英格蘭組織了一個 570 人的團體前往參加宗教集會。
- 1850 年代，摩納哥（Monaco，法國南部的一個公國）決定以健康渡假勝地的形態蛻變為富豪們的冬季天堂，並設立賭場以拯救頹敗的經濟。
- 冠達遊輪 (Cunard Lines) 於 1840 年代橫跨英美兩國間的大西洋，也開啟了遊輪旅遊的序幕。
- 1840 年代，英國的東方航運公司 (Peninsula and Oriental Steam Navigation Company, P&O) 於地中海航行。
- 從 1880 到 1930 年代，壯遊 (Grand Tour) 時代的歐洲富豪們以環遊歐洲作為他們教育的一部分。
- 鐵道旅遊起始於 1800 年代。
- 汽車旅遊起始於 1900 年代。
- 航空旅遊起始於 1900 年代。
- 美國航空 (American Airlines) 於 1959 年完成紐約與洛杉磯之間首次橫越大陸的飛行。
- 1970 年，波音 747 型客機開始單次搭載 450 名乘客橫越大西洋與太平洋。
- 生態旅遊 (ecotourism) 與永續觀光 (sustainable tourism) 在 1970 年代成為重要話題。
- 遊輪旅遊在 1980 年代廣受歡迎。
- 2000 年代，旅遊由於 911 事件、SARS、禽流感與戰爭而呈現短暫的衰退。
- 2012 年，中國的出國旅遊支出達到 1020 億美元，成為全球第一大的旅遊客源市場。聯合國世界旅遊組織 (United Nations World Tourism Organization, UNWTO) 預測觀以每年約 3~4% 的比率成長。

2.1 旅遊業的性質

學習成果 1：說明目前旅遊業的性質。

觀光 (tourism) 是一動態、進化中且爲消費者導向的產業。它含括了全球最大的幾個產業而成爲一個系統，其中包括：旅行、住宿、會議、展覽、集會、餐廳、管理服務，以及休閒遊憩。遊旅在不同餐旅公司角色中，扮演了最基本的角色。

聯合國世界旅遊組織 (United Nations World Tourism Organization, UNWTO)，是屬聯合國下的國際性旅行及觀光旅遊領域的領導組織，該組織對於促進旅遊的負責性、永續性（環保）及普遍性（衆人可輕易到達的）發展，有著關鍵性及決定性的角色。該組織同時致力於促進經濟發展、國際互惠、和平、繁榮及尊重，並遵守人權與基本自由的普世價值目標。爲達到這個目標，該組織特別重視開發中國家旅遊產業的利益。

在做爲世界旅遊業的領導組織，UNWTO 扮演著促進科技移轉及國際合作，刺激與發展公家及私人的夥伴關係，並且鼓勵及實施全球旅遊業道德規範，確保會員國、旅遊景點、企業公司均可以對於經濟、社會、文化產生最大的利益，並取得此利益，且將對社會及環境的負面影響減至最少。

聯合國世界觀光旅遊組織的目標，在於透過旅遊刺激經濟成長與創造工作機會，並由獎勵達到環境與文化遺產的保護，促進和平、繁榮及對人權的尊重。該組織的成員包含了1561 個國家、6 位有關聯的協會，以及 500 多個來自私人企業、教育機構、觀光旅遊協會與地方觀光旅遊主管單位的隸屬會員。[1] 很遺憾的，美國並非會員之一。

世界旅遊組織對於觀光旅遊的定義爲「觀光旅遊包含人們在其日常環境外，爲了休閒、商務或其他目的的活動，所做不超過一年的旅行及停。」[2]

觀光旅遊對於不同人來說也有不同的涵義。對於許多開發中國家來說，觀光旅遊代表了不少國民生產毛額 (GNP) 與賺取外匯的捷徑。觀光旅遊對於不同人來說也有不同的涵義。爲了簡述觀光旅遊，有時會依據以下因素將其分類[3]：

1. **地理位置：**國際的、區域的、國家的、州的、省的、鄉村的、城市的。
2. **所有權：**公有的、半公有的、私有的。
3. **功能與職權劃分：**主管機關、供應商、行銷銷售商、開發商、顧問、研發者、教育工作者、出版商、職業公會、經貿組織、消費者組織。
4. **所屬產業：**交通運輸（航空、巴士、鐵道、汽車、遊輪）、旅行社、旅遊大盤商、住宿、觀光旅遊景點、休閒遊憩、營利或非營利。

荷蘭的阿姆斯特丹 (Amsterdam) 是個很受歡迎的觀光地點

觀光旅遊也可依下列方式區分爲：

1. 入境觀光旅遊——他國的人民入境至本國（不具定居資格）觀光旅遊。
2. 出境觀光旅遊——本國居民的到他國觀光旅遊。
3. 境內觀光旅遊——本國居民在本國觀光旅遊。
4. 國民觀光旅遊——入境觀光旅遊加上境內觀光旅遊。
5. 國家觀光旅遊——境內觀光旅遊加上出境觀光旅遊。

觀光旅遊帶來的收入來源及就業機會

在新的千禧年開始之際，許多國家將觀光旅遊定爲最重要的產業，在這快速成長的經濟區隔中，能賺取外匯並創造工作機會。國際間的觀光是世界上最大的出口獲利，在大多數國家中也是國際收支平衡的重要因素。

觀光已成爲世界上最重要的職業來源之一。它刺激了大量的基礎建設投資，其中大部分協助改善了當地人民與旅客的生活環境，也提供政府充分的稅金收入。大多數新的觀光事業與工作是在開發中國家出現的，它使人們在經濟上的機會均等，進而避免偏遠地區的人民向過度擁擠的都市遷移。透過觀光而培育出來的文化包容與個人友誼，是一股促使國際間更加融洽的強大力量，並且對世界和平有所貢獻。

聯合國世界觀光組織積極鼓勵各國政府與私人單位、地方當局與非政府組織建立合作關係，以在觀光產業中扮演重要角色。聯合國世界觀光組織也協助世界各國，將觀光所帶來的正面影響極大化，同時將其對社會環境造成的負面後果降至最低。觀光業是全球規模最大的產業，它提供了最佳的工作前景。此趨勢源自於以下因素：

1. 邊境的開放；儘管有安全上的顧慮，卻讓我們今天能夠前往旅行的國家比十年前多上許多。美國對 35 個國家實施免簽證計畫。
2. 可支配的收入與假期增加。
3. 合理的航空票價。
4. 越來越多人擁有更多的時間與金錢。
5. 更多人渴望旅遊。

到 2030 年，按地區劃分下的遊客總數顯示，排名前三的地區將是歐洲，東亞和太平洋地區，以及美洲，其次是非洲，中東和南亞。

預計觀光旅遊業將增長的事實，帶來了巨大的商機和挑戰。好消息是對於當今的餐旅畢業生提供了令人興奮的職業前景。餐旅業雖然是一個成熟的行業，但卻是一個年輕的職業。為避免對「討厭的」遊客帶來的惡果及負面影響，有必要對餐旅和觀光業進行認真的管理。 在歐洲，這種情況已經具某種程度以上了，在那裏，大量的遊客淹沒了景點和設施。

旅遊業的各個部分存在相互依存關係 (interdependency)：旅行、住宿、餐飲服務和娛樂。旅館客人需要透過旅行才能到達酒店。 他們在附近的餐館吃飯並參觀景點。每個部份在某種程度上都依賴於另一個部份帶來業務。只要想一想觀光與旅行工具的相互依存關係，可能是乘飛機或乘汽車及公車等陸地交通工具，加上酒店，餐館及其他相關元素共同構成旅客整體經驗。

「觀光不只為產業中所有的商業型態增加了收入，
它還提供給具有前景的員工與創業者更多的機會。」

John Avery, American Bar & Bistro, Stateline, NV.

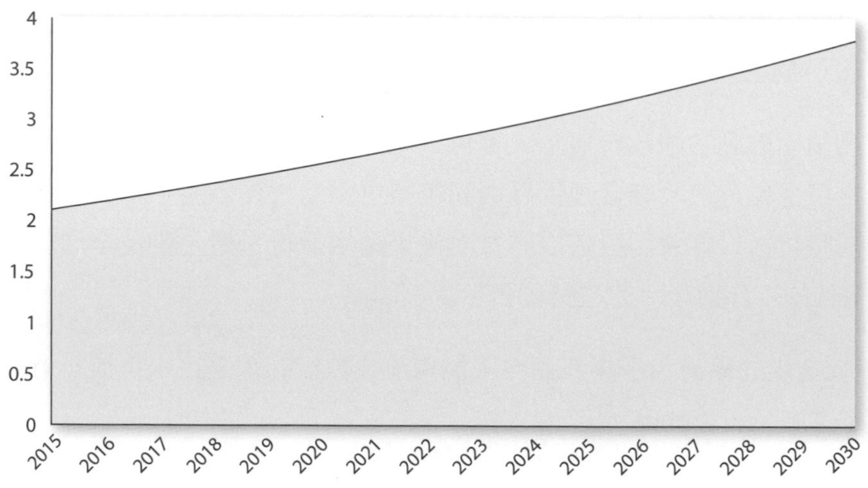

圖 2-1　2015-2030 年間預估將逐年增加 4% 的遊客數

意大利威尼斯的大運河是必看的旅遊勝地。

自我檢測

1. 世界觀光旅遊組織如何刺激國際觀光旅遊的成長？
2. 觀光旅遊業的五種分類是什麼？
3. 你如何解釋觀光旅遊業中各個部分的相互依賴性？

2.2 觀光旅遊對經濟的影響

學習成果 2：**描述餐旅業的經濟影響**。

官員們讚揚旅遊業的經濟利益，帶來對餐旅業的更多尊重並影響政府決策。此外，社群的「支持」對於與旅遊相關的發展至關重要。旅遊業的成本和收益在許多社群中都是重要的問題，因爲基礎設施的成本通常由政府負擔，公平地說，他們需要與旅遊項目有關的議題舉行聽證會。旅遊業的經濟影響對於國家、州、地區和社群各等級的決策過程至關重要。 最近，旅遊業每年增長約 3.1%，比整體的經濟要快，並且將來可能會超越全球國內生產總值 (GDP)。

觀光旅遊業雇用了全球十一分之一的勞工，是全世界最大的雇主，也是最大的產業。

觀光旅遊業雇用了全球十一分之一的勞工，是全世界最大的雇主，也是最大的產業。根據世界觀光旅遊委員會 (World Travel & Tourism Council, WTTC) 這委員會是這行業的商業領袖論壇。觀光旅遊業是世界領先的產業，也是部分經濟因子之一，代表了 GDP、就業、出口和稅收的主要來源。

1. 2015 年，WTTC 指出觀光旅遊業幾乎貢獻了爲全球經濟帶來 7.6 兆美元，占全球 GDP 的 10%。[4]
2. 國際旅遊人數已達到近 11.4 億人[5]，遊客消費已增至 7.6 兆美元[6]（占全球 GDP 的 10%）。
3. 全球經濟 2.77 億個工作崗位（十一分之一）。在美國，遊客的旅遊支出已達到 145,678.00 美元。
4. 幾乎每個州都發布自己的旅遊經濟影響研究。 例如佛羅里達州估計其觀光旅遊收入爲 1,080 億美元。在 2015 年吸引了 1.05 億遊客。[7]
5. 在 2015 年，美國聯邦、州和地方稅觀光旅行產生的稅收 1479 億美元中，休閒旅行產生的收入最多，接近 6,510 億美元；從而商務旅行產生的收入，則超過 2,960 億美元。[8]
6. 2015 年美國共有 77,510,182 名的國際遊客。[9]

從旅遊業利益引發而來的旅遊經濟學，是一個重要概念，即大家所認知的乘數效應。

觀光乘數效果

觀光為當地經濟帶來資金活水，其效益遠超過最初的消費。當一名觀光客花錢旅遊、住飯店或是在餐廳用餐時，那筆錢被這些業者循環利用，以買進更多物品，因此也對金錢產生進一步的利用。除此之外，這些服務觀光客的員工，在當地購買更多不同的商品與服務，這樣的連鎖效應稱為乘數效果 (multiplier effect)（圖 2-2），它會持續直到當地的乘數效果不在，意味著這筆錢被用來購買來自外地的商品。

大多數成熟的經濟體會有 1.5 ～ 2.0 間的乘數效果，這代表原本的那筆錢在當地又被使用了 1.5 ～ 2.0 次之間。如果觀光相關事業在當地生產的商品與服務上消費更多的話，當地的經濟就會因此而受惠。

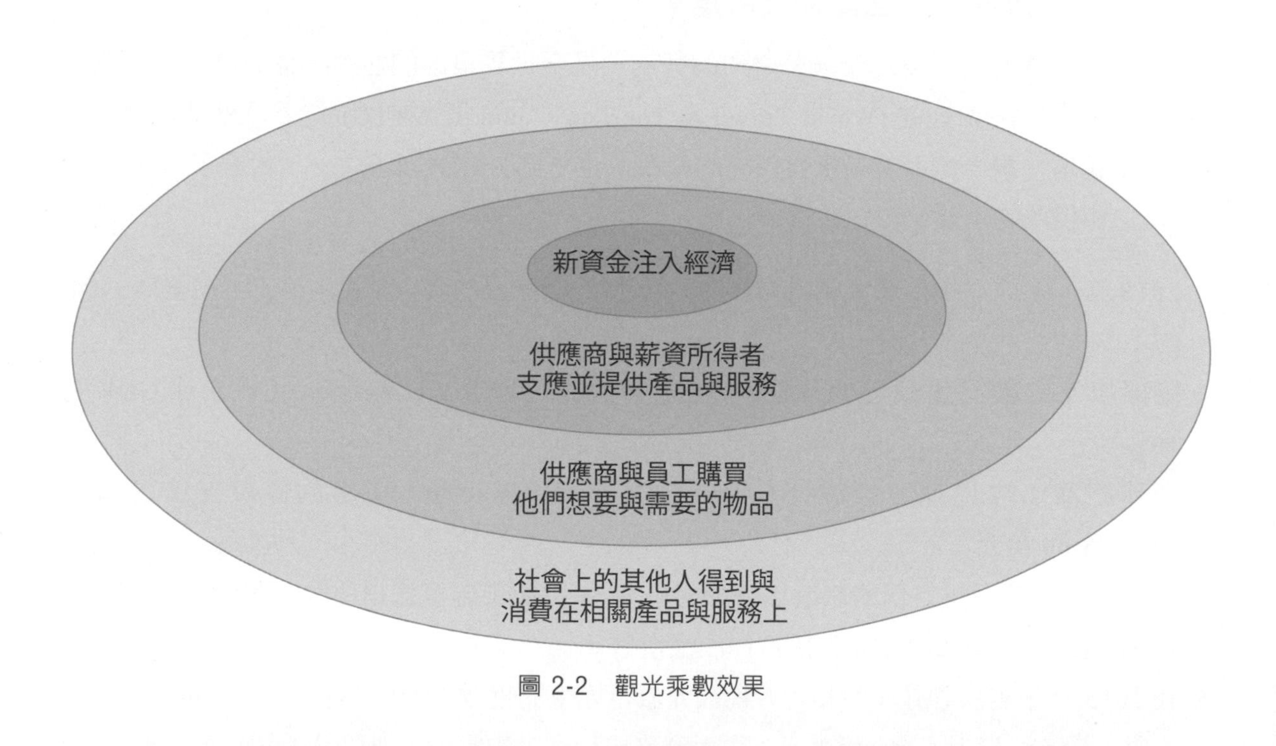

圖 2-2　觀光乘數效果

自我檢測

1. 誰通常承擔觀光旅遊業所需的基礎設施成本？
2. 世界觀光旅遊理事會的作用是什麼？
3. 觀光旅遊的乘數效果是什麼？

2.3 各類旅遊方式

學習成果 3：比較不同的旅遊方法。

航空旅行已讓在無人島上建造豪華渡假飯店變成可能，它培育出跨國企業，同時也拓展了無數人的視野。一旦沒有飛機，大部分的渡假勝地幾乎都無需被建造出來。國際旅客的人數也將因爲旅行花費的時間、金錢與困難度而銳減。飛機使得旅行更爲簡單方便，即便是最偏遠的地方，也可在數小時內到達，而合理的票價也讓更多人能夠搭機出遊。

航空運輸已成爲觀光旅遊業不可或缺的要素。飯店、租車業者，甚至是遊輪都極度依賴飛機，以達到營利目的。例如：低價機票吸引更多乘客，進而提高飯店的住房率。所有的城鎮與都市皆可從此觀念受惠，藉由旅客帶來更多稅收以改善公共建設、學校，甚至降低地方稅與財產稅。

當我們展開旅程時，會有多少旅客搭著飛機與我們同行呢？在美國，尖峰時間天空中隨時都有約 5,000 架飛機[10]。2015 年，來往美國與世界各地之間的乘客，將達到 89.5 億人次。航空業在 90 年代已極度擴充，許多美國航空公司將面臨財務問題，使得班機數量退回到 911 事件前的水準，但伴隨著機場內與登機時的額外安檢措施，整體業界在未來的成長依然可以預見。近年來飛行已成爲長途旅客的首選，噴射客機使得印尼峇里島 (Bali)、菲律賓長灘島 (Boracay) 與泰國曼谷 (Bangkok) 等這些地方不再遙不可及，而你只需要負擔合理的票價即可到達。

菲律賓長灘島

美國主要航空業者已組成策略聯盟，提供乘客優惠的票價與交通運輸，以前往無國內航班到達的海外地區，例如：從佛羅里達州的坦帕市到尼泊爾。此種性質的策略聯盟，將使航空公司得以接觸彼此的來源市場及各種資源，使其能夠有所發揮，進而達成世界性的法令鬆綁。來源市場指的是提供客源的市場，這裡說的客源是前往特定目的地的乘客。最後，任何的歐洲航空業者只要在美國沒有加入策略聯盟，就會限制自己的市場廣度與市占率。

儘管西南航空的員工已組織工會，但該公司仍具高效運營，公司致力於低成本及高客戶滿意度的策略，從而使西南航空成爲美國內航線的頂級航空公司，並使公司連續30年每年都獲利。西南航空、泰德航空（美聯航的縮寫）、SONG航空（達美航空）和捷藍航空等均擁有低運營成本，因爲他們大多只使用一種型態的飛機，且只有點對點飛行，並只提供「最基本的」服務；因此，他們降低了票價，並迫使大型航空公司撤退，這對航空業的效率產生了積極影響，與主要航空公司的每單一顧客英里的收費相比，這些廉價航空在每單一顧客英里的收費更少。

航空公司使用一些經濟效益指標來評估績效，其中包括負載係數，該係數是將乘客數量除以座位數量而得。另一種度量是每個可用座位英里的成本 (cost per available seat mile, CASM)，計算方法是將航空公司的所有營運費用除以所有的可用座位英里總數。第三個度量是每個可用座位英里的總收入 (total revenue per available seat mile)，它是將總營運收入除以可用座位英里而得出的。補充說明典型的度量，是以每英里多少美分 (cent per mile) 爲單位來表示。[11]

爲減少法令鬆綁與高燃料成本所引發的損失，一些重要航空業者，將結束飛航無利可圖的次要城市。而新的業者則開始操作次要城市與附近主要或轉運城市間的接駁服務，這也造就了所謂的軸幅式系統 (hub-and-spoke system)（圖2-3）。

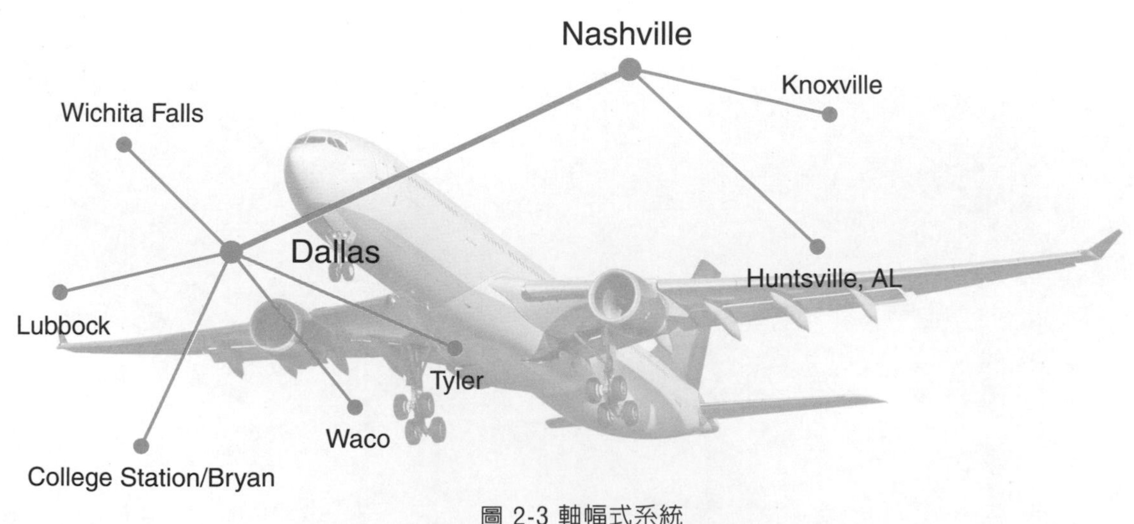

圖 2-3 軸幅式系統

一、軸幅式系統

爲了保持效率與成本效益，美國主要的航空公司已採用軸幅式系統 (hub-and-spoke system)，使乘客能透過一個或兩個轉運點往來於幾個次要城市之間。同樣的，乘客也可從次要城市出發，透過轉運點抵達全球各個目的地。

軸幅式系統有兩個主要優點：(1) 航空公司能夠以較低的成本在更多城市服務；(2) 航空公司能夠在次要城市將載客量最大化，從而節省燃料費用。

二、鐵道、汽車與巴士旅行

旅行科技的變革，已對社會產生廣泛的影響。鐵道旅行改變了鄉鎮都市的建築，使飯店紛紛設立於車站附近，同時開拓了美國西部地區的發展；汽車旅行創造了汽車旅館與高速公路網；商用噴射機則讓偏遠異國地區創造出渡假飯店，使出租汽車成爲必需，也改變了我們的地理觀。雖然長途旅行對於富人來說，總是相當容易與輕鬆，但直到 1830 年代，鐵道的發展，才使旅行對富人來說變得更加舒適便宜。

在 1920 年代，汽車與巴士開始取代鐵道而成爲普遍的主要交通工具，汽車也從那時起成爲短程旅行的主流運輸方式。汽車提供人們當今任何旅行型態中，最多的彈性與便利性。這樣自在的交通方式廣泛地引發與解放人們對旅行的渴望，尤其是在北美洲與歐洲。究竟有多少的汽車旅行被正確地歸類在這個觀光旅遊類別，我們得依據定義來界定。然而，不論如何定義，在這個工業化的世界，汽車絕對是人類交通工具的第一選擇，它運送的人數，比起飛機、火車、船隻與巴士所運送人數的總和還要高出數倍以上。汽車在工業化世界中已成爲生活的一部分，歷史上從未有其他事物影響人類生活如此地深遠。

「旅行方式的選擇，乃取決於個人的喜好、預算與時間。」如果考量到費用的話，那麼巴士通常會是個好的選擇。汽車對於短程旅行來說最爲方便，當多人搭乘時也較爲便宜。火車在交通擁擠的地區，會是極佳的選擇，而飛機則明顯地適用於長途旅行。最大的考量因素也許是人們爲何旅行，是爲了遊樂還是商務？他們不趕時間嗎？或者他們必須匆忙地往返？在可以選擇的情況下，手頭充裕的人們，通常會不計成本而選擇快速便利的方式。長期看來，高漲的油價，限制了人們使用車輛的程度，對於航空旅行亦然。當燃料成本上漲時，人們普遍關注的會是交通工具的效能，而非減少旅行。

（一）鐵道旅行

從此岸到彼岸，美國的廣大幅員中，參雜了相當數量的山脈、峽谷、森林、沙漠、河流與其他天然障礙，爲了將貨物與人員從一個地區移動到另一個地區的需求，是引起美國鐵道發展的重要因素之一。農作物必須運送到工業區，而人們也需要更快速的路徑到達西部，尤其是在加州發現黃金之後，而那些已經居住在偏遠地區的人們，也希望享有和東岸鄰居一樣的便利，例如：高效率的郵政服務。

火車讓大衆旅行變成可能，長途旅行變得更便宜與快速，較之火車，馬匹與船隻像是「昂貴的蝸牛 (overpriced snails)」。橫跨北美洲、亞洲與歐洲的綿密鐵道網，使火車站成爲每個社會的核心，自然而然商人與創業者在車站附近匯集，飯店很快地如雨後春筍般陸續開張。

儘管多年來，鐵道旅行是旅行者極爲重要且受到歡迎的交通工具，但它依然在 1920 年代開始式微。人們爲何不再使用火車？有兩個主要原因：巴士與汽車的出現；另一原因，1930 年代的大蕭條 (Great Depression)，以鐵道爲主的旅行，已無法吸引旅客，雖然第二次世界大戰帶來新一波的乘客，但人們鮮少爲了遊樂而旅行，即使大戰結束，衰退卻依舊。隨後汽車再度躍上檯面，人們也足以負擔。到了 1960 年，飛機鯨吞了大多數的長途旅行市場，更加降低了火車的重要性。

面對可能崩盤的鐵道客運服務，美國國會在 1970 年通過鐵道客運服務法案 (Rail Passenger Service Act)，並在 2001 年修正。不久之後，美國國家鐵道客運公司 (National Railroad Passenger Corporation) 開始以半國營公司的角色，營運城市間的客運火車，邁向鐵道半國有化的方向，該公司也就是今日的 Amtrak。

國外鐵道旅行

當美國嘗試在 Amtrak 的大方向下使鐵道旅行復甦之際，鐵道服務在這個工業化世界的其他地區卻是遙遙領先，例如：西歐與部分亞洲的人口稠密區，因高速網路發展得相當完備，而吸引大量以往利用空中交通的旅客，改搭高速鐵路是相當合理的。其中一個著名的例子是歐洲之星 (Eurostar)，透過 31 英里長的海底隧道連接英國與歐洲大陸。法國的 TGV 子彈列車 (Trains à Grande Vitesse)，可能是最有名的火車，穿梭於法國與其他國家中 150 個以上的城市，並且以每小時 186 英里的速度行駛（速度可高達每小時 250 英里）。TGV 最引人

歐洲之星將英國與歐洲大陸連接在一起。

注目的特色是行駛時的平穩度，就像是坐在家裡的沙發一樣。更重要的是，高速火車比區域火車節省 3 倍的能源，即使最慢的火車，都比汽車節省 25% 的能源[12]，為此，火車（不論是否為高速）頻繁且準時地運行，票價也非常合理，服務水準也頗高。

另一個例子，日本的新幹線子彈列車，可以在 3 小時 10 分鐘內，行駛於東京與大阪間長達 550 英里的路程（而這在以往需花費 18 小時）。除此之外，列車行駛時的平穩度，足以讓乘客放在窗緣的咖啡一滴也不溢出，就如同 TGV 一般。

夢想探索歐洲嗎？身為學生的你，可能聽過著名的歐洲聯營火車票 (Eurail pass)，也就是數個歐洲國家聯合起來，以優惠的價格，提供旅客無限制的頭等鐵道服務。目前此車票可以提供你造訪 25 個歐洲地區[13]，但在你離家之前得先確定買好票，因為車票只在歐洲以外販售。拜訪歐洲時，你可以選擇在單一國家、幾個國家或是整個歐洲旅行（利用聯營火車票），在琳瑯滿目的通行證中做出選擇。例如：26 歲以下的旅客，可以使用 InterRail 卡在數個歐洲國家搭乘二等車廂。英國有自己的優惠車票，稱為 BritRail，可以透過主要的航空訂位系統之一來預訂。在世界上其他地區，澳洲有 Austrailpass，印度有 Indrail Pass，加拿大有 Canrail Pass，以及美加地區的 North American Rail Pass。串連北京與尼泊爾的新鐵道路線引起世人注意，不只因為它是世界最長與最高的鐵道之一，根據消息，它將對西藏的文化造成威脅，這也是觀光造成的矛盾之一，有人將它視為經濟與社會的發展，也有人希望一切維持原狀。

對於長途旅行，飛機是比火車更快的方法， 對於害怕搭機或喜愛體驗火車之旅的人，長途火車是最常被使用的工具，以美國 Amtrak 火車為例，有逐漸興起的趨勢。當飛機及道路越來越擁塞，停車越來越像奢侈品，火車也就越來越有吸引力。

此外，磁浮火車的時代也即將來臨，它不是來自外太空的異形，而是懸浮在空中並以磁力推進的超快速火車。磁浮火車能以超過時速 300 英里的速度行駛，藉由磁力所形成的緩衝而飄浮於地表之上，並以磁力帶動其向前推進。行駛時，比傳統火車更為安靜平穩，也比傳統火車更能攀登陡峭的斜坡。中國上海市已有連接商業區及新機場的磁浮火車，如果成功了，未來將有 800 英里的磁浮火車連接上海及北京。磁浮火車是否真的可行？反對者聲稱，目前超越時速 200 英里的磁浮火車太昂貴，不值得投資。

（二）汽車旅行

內燃引擎汽車由德國人發明，很快令美國人著迷。在 1895 年，美國大約有 300 輛各種「沒有馬的馬車」——汽油輕便車、電動車及蒸氣車；甚至在大蕭條期間，也有近三分之二的美國家庭擁有汽車。亨利．福特 (Henry Ford) 致力於汽車生產線與優質道路的發展，促使汽車成為今日美國生活的象徵。

在畢爾巴鄂和潘普洛納之間，開車是遊覽西班牙鄉村的理想方式。

汽車改變了美國人的生活方式，尤其是在休閒方面，更創造新的休閒活動，並滿足人們對旅行的渴望。汽車依然是中短程距離最方便迅速的運輸方式，毫無疑問地，汽車使美國人成爲歷史上最具有機動性的人類，無其他交通工具可取代。許多歐洲人卻習慣騎乘腳踏車，或是搭乘巴士、火車上班上學，而美國人似乎沒有了汽車就失去作用，一年開上 20,000 英里的車，對一個美國人來說可說是稀鬆平常。

不論是大學生、家庭或是退休者，公路旅遊 (road trip) 對大多數美國人來說，是不可少的。汽車旅行是目前觀光旅遊業在交通中，最大的營運區塊，也難怪美國與加拿大的高速公路或小路，在觀光上都扮演如此重要的角色。那麼，汽車旅行的優點是什麼？它可以帶你到其他交通工具無法抵達的地方，比如山上的渡假飯店、滑雪勝地、觀光牧場與幽靜的海灘等，這只不過是一些例子而已，其背後的意義是創造出數百萬美元的收入，對某些地方而言，汽車旅客更是當地的經濟命脈。

1. 汽車協會

假如你有一輛車，並且想來一趟公路旅遊，那麼你或許會想加入汽車協會。美國兩個主要的協會爲美國的美國汽車協會 (American Automobile Association, AAA)，以及加拿大的加拿大汽車協會 (Canadian Automobile Association, CAA)。兩者皆為汽車工業定下重要的標準，並代表用車人向政黨遊說，以執行更爲嚴格的汽車安全法規，尤其有關道路服務的規範，應會讓人更關注，因爲當愛車拋錨而困在一個不毛之地時，有可能會讓荷包大失血，如爲汽車協會的會員，則可以享受各種服務，比如路邊緊急維修、接電、送油、開鎖、補胎充氣、脫困、免費拖吊與緊急財務支援。

2. 汽車租賃

在美國有 5,000 多家租車公司。世界上每一個具規模的機場，幾乎都有數家競爭激烈的租車公司進駐，這也是觀光旅遊業中一個重要的區塊，大約有 75% 的營業額，是在機場租車櫃檯完成交易，而機場櫃檯租金費用也轉嫁到顧客身上。較大型的租車公司握有 50% 或更多的生意，來自於大型企業客戶，這些客戶根據合約可以得到不小的折扣。出租車正好適合分秒必爭的商務旅客，迅速地離開機場後，一兩天內完成工作，緊接著回到機場搭返家的班機。出遊的旅客，則可能租一輛小車度過一週或更長的時間，光是這個顧客群就占了租車市場的 30%。

美國前四大租車公司爲：赫茲 (Hertz)、艾維士 (Avis)、全國 (National) 與經濟 (Budget)。這些公司擁有約 625,000 輛出租車，他們普遍都是新車，並且在半年後就會被賣出以降低維修成本，同時避免故障發生。對於一些大型租車公司而言，超過 50% 的預訂量是來自於旅行社。

（三）巴士旅行

雖然定型化的巴士路線不如定型化航空服務來得有競爭力，但巴士依然在觀光旅遊業中扮演重要角色，尤其是它的包租與遊覽服務。有些巴士公司甚至提供目的地管理、獎勵計畫，以及規劃集會、活動與大型會議的服務。幾家值得注意的巴士公司有：灰狗國際旅遊 (Gray Line Worldwide)、Contiki 國際青年旅遊 (Contiki Tours)，及加拿大國際旅遊 (Canadian Tours International)。

該旅遊巴士在科羅拉多國家公園的環岩大道上行駛，這是一種常見且方便和經濟的旅行方式。

選擇巴士旅行的主要原因是便利與經濟。許多巴士旅行的乘客是美國，或國外愛冒險的大學生，或者是退休的銀髮族，兩者都是資金有限但有充分的時間。然而大多數人不願使用巴士進行長途旅行，因爲飛機便捷許多，且同樣經濟實惠。反觀在美國人口稠密的東北走廊，在新英格蘭與紐約各大城間的常態巴士服務，卻比旅客自己開車進入這些城市更爲便利安全，任何經歷過紐約交通的人，應該都會同意此論點。

另一個巴士受歡迎的原因是它讓遊客可以休息、放鬆，並且欣賞沿路的景色，輕鬆自在地結交新朋友，也可隨意地停靠路邊。長途巴士提供多樣與客機類似的舒適設施，更有貼身服務般的額外享受！途經大小鄉鎮、都市的巴士旅行，爲當地帶來觀光消費，也因此振興當地的經濟。

除了連結鄉鎮與城市的公路之外，巴士旅行還包括了當地路線服務、包租、遊覽、特殊服務、通勤服務、機場接駁與市區捷運服務。規模最大且最爲人所知的專業巴士旅行服務就是灰狗巴士 (Gray Line)。創立於 1910 年，灰狗巴士是一家以科羅拉多州爲根據地的加盟企業 (franchise operation)。該公司集合各種套裝與訂製行程，安排鐵道與航空運輸，甚至提供集會與大型會議的服務，然而其主要的服務則是遊覽巴士。當旅客抵達目的地，並希望參觀市區與重要的觀光景點時，灰狗巴士已準備好爲他們服務。

灰狗巴士 (Gray Line) 是世界上最大的觀光公司，在全球六大洲具有數百個據點提供觀光及短程遊旅，涵蓋六大洲 3500 個景點和活動。[14] 他們提供琳瑯滿目的行程，例如：在巴黎的「環遊巴黎 (around-the-town)」，以及在泰國的「環遊泰國 (around-the-country)」。在美國，灰狗巴士最大的市場位於洛杉磯，接著是舊金山與曼哈頓。

自我檢測

1. 航空聯盟如何全面性的影響航空業？
2. 什麼是軸幅式系統？
3. 描述火車、巴士和汽車旅行的優勢。

2.4 觀光旅遊組織

學習成果 4：請列出重要的國際和國內觀光旅遊組織。

觀光政策的制定須有政府的參與，因爲觀光包含了跨越各國邊境的旅行。外國人的出入境由政府負責管制。政府參與制訂的政策，有國家公園、文化遺產、保護區、環境保護，以及觀光的社會文化面向。觀光在某種程度上扮演國際親善大使的角色，它在全世界的人類之間，蘊育了善意與更緊密的文化交融。

一、國際組織

讓我們先從宏觀的角度來看，聯合國世界旅遊組織 (United Nations World Tourism Organization, UNWTO) 是當今觀光旅遊產業中最廣爲人知的機構組織。該組織是其他類似的組織中，唯一代表所有國家與政府之觀光旅遊利益的組織，我們在之前的章節已描述過。

國際航空運輸協會 (International Air Transportation Association, IATA) 是管理大多數國際航空公司的全球性組織。該協會的宗旨是透過航線網路，以促進人員與物品的流通[15]。除了機票以外，該協會的規章，將空運提單 (waybill) 與行李托運單 (baggage check) 標準化，並且統一了操作與會計程序，加快聯航訂位 (interline booking) 與轉機。它同時也維持了機票費用與費率的穩定。

國際民航組織 (International Civil Aviation Organization, ICAO) 由 191 個政府單位所組成[16]。該組織協調民用航空各方面的發展，特別是有關於國際標準與實行細則的建構。

有許多的國際發展組織一同分享包括觀光發展的共同目標。較爲人所知的組織有以下幾個：

1. 世界銀行 (The World Bank, WB)，提供鉅額資金以供觀光發展。這些資金大部分是以低利貸款的形式，提供給各開發中國家。
2. 聯合國發展計畫 (United Nations Development Program, UNDP)，協助有多樣發展方案的國家，包括觀光。
3. 經濟合作發展組織 (Organization for Economic Cooperation and Development, OECD)，藉由 1960 年在巴黎的國際會議中簽訂創立。經濟合作發展組織的成立宗旨如下：

   (1) 支持穩定的經濟成長
   (2) 提高就業率
   (3) 提高生活水準

義大利的波托菲諾是一個受遊客歡迎的小鎮。

(4) 維持財務穩定
(5) 幫助其他國家的經濟發展
(6) 爲世界貿易的成長貢獻心力

經濟合作發展組織的觀光委員會，主要研究觀光各個面向，包括觀光衍生的問題，並且對政府單位提出建言。該委員會同時致力於制定標準定義與資料收集方法，並將其發表於《OECD 會員國之觀光政策與國際觀光 (Tourism Policy and International Tourism in OECD Member Countries)》的年度報告上。

其他關注類似事務的銀行與組織，還有亞洲開發銀行 (Asian Development Bank)、海外私人投資公司 (Overseas Private Investment Corporation)、美洲開發銀行 (Inter-American Development Bank)，以及國際開發總署 (Agency for International Development)。

太平洋區觀光協會 (Pacific Area Travel Association, PATA) 代表了 34 個在觀光旅遊方面有卓越成長的亞太國家。該協會的成就，包括擘劃亞太地區觀光業的未來；它在研究、開發、教育與行銷等方面已有顯著成果。

二、國內組織

在許多國家都有內閣層級的觀光部，專司透過國家級的觀光組織 (National Tourism Organization, NTO) 推廣觀光發展、行銷與管理。令人遺憾的是，在美國甚至連一個資深觀光官員也沒有，取而代之的是美國旅遊業協會 (Travel Industry of America, TIA)，成為推廣與發展美國觀光的主體。[17] 美國旅遊業協會 (TIA) 成立於 1941 年，代表超過 1,200 個旅遊相關事業、協會、地方、區域與州的旅遊推廣單位。該協會為觀光產業分子的共同利益與憂慮而發聲，使整體的美國觀光產業受惠。確立共同目標後，協調私人單位做出貢獻，便於在國內鼓勵與推廣觀光，並且監督影響觀光旅遊的政策制定，以及支持對觀光產業致關重要的研究分析。

（一）各州觀光局

下一個層級的觀光相關組織就是州立觀光局 (State Office of Tourism)。這些單位由當地議會掌管，為促進該州的觀光，達到井然有序的成長與發展，他們推廣與當地休閒觀光景點有關的旅遊資訊節目、廣告、宣傳與研究。

（二）城市觀光局與會議中心

各個城市現在都已經領悟到觀光所帶來的「new money」，有多麼重要了。許多城市成立了觀光會議局 (Convention and Visitors Bureaus, CVBs)，主要功能為吸引觀光客來到城市中並留住他們。觀光會議局主要是由城市中觀光景點、餐廳、飯店、汽車旅館與交通運輸的代表所組成。這些單位的資金，大部分來自於飯店房客所繳納的旅客住房稅 (Transient Occupancy Tax, TOT)。在大多數城市中，旅客住房稅的比率從 8 ～ 18% 不等，而這些會員費與推廣活動使得這筆資金有充分的餘裕。近年來，會議中心在許多大小城市中如雨後春筍般崛起，主要是人民對社會經濟成長的期待，各城市因而開始相繼成立會議中心與觀光局。

自我檢測

1. 命名三個旅遊組織並描述其目的。
2. 監管國際航空公司為什麼有意義？
3. 會議和訪客局如何運作？

.inc 企業簡介

蓋普探險公司 (G Adventures)

如果你厭倦了一星期的佛羅里達陽光假期，想來點遠離沙灘的有趣旅程，那麼，蓋普探險公司將是完美的選擇。他們在 100 多個國家提供超過 1,000 種不同的行程，並給了超過 85,000 名旅客一生難忘的冒險旅程。今年，另外有 150 萬人期待著造訪他們的網站，其中有些人甚至想藉此改變他們的人生。

該公司的執行長 (CEO) 布魯斯・提普 (Bruce Poon Tip) 獲頒由那斯達克 (NASDAQ)、安永會計師事務所 (Ernst & Young) 及加拿大國家郵報 (National Post) 等，所贊助的年度企業家獎 (Entrepreneur of the Year Award)。蓋普探險公司也被提名為加拿大最佳管理公司之一，以及 100 大企業雇主。此外，該公司更充分協助改善他們拜訪過的國家之生活品質。

他們從一開始就力行「自助旅行的自由與團體旅遊的安全」的經營哲學，旅客唯一需要的是冒險精神，可以滿足你體驗與習慣完全不同的一個世界的渴望。

此外，責任觀光的概念對於該公司來說非常重要，他們來來去去，並且與當地人互動頻繁，除了走過的足跡，不會留下任何東西。他們的承諾是：扶持當地民眾與社區，並且保護他們旅遊其中的環境。為此，蓋普探險公司成立了 Planeterra 基金會，以回饋他們的旅客造訪過的社區與居民。

該公司雇用的員工分散於營運、產品、業務行銷、財務、人資與導遊等部門，在全球雇用了超過 300 名員工，現有職缺可以在該公司網站上的求職區裡找到，也許你最直接的選擇，就是蓋普導遊的工作。在這個工作中，你主要的任務，是使人們的假期美夢成真，並確認所有旅客在國外度過愉快的時光。如果你對來自不同文化的交流有興趣，那麼這對你而言，將會是個完美的工作。

成為蓋普導遊的一些必要條件為，流利的英語與西班牙語能力，對旅行的熱情，熱愛拉丁美洲（他們的主要據點）及絕佳的人際關係。其他必備的技能，包括對於永續觀光在環境上與文化上的認識與承諾，以及接受一份 18 個月的合約，同時必須克服任何可能發生的難題，不論是否在預料之內。由於這個工作的本質，必須要有健康的身體、急救證照，以及一般的電腦技能。如果已經踏遍整個世界，或是想要以一種真正互動的方式來發現它，而你也具備領導能力與冒險犯難的精神的話，或許這會是一份完美的事業。何不來試試看呢？

人物簡介

派帝・羅斯科 (Patti Roscoe)

派翠西亞・羅斯科 (Patricia L. Roscoe) 是派帝羅斯科公司 (Patti Roscoe and Associates, PRA) 與羅斯科有限公司 (Roscoe/Coltrell Inc., RCI) 的主席，她於 1966 年將公司設立在加州。一般女性在面臨抉擇成為護士或教師的時候，就已經是一位年輕聰明的中階主管。她進入飯店業，為一家大型的私人渡假飯店工作，也就是 Vacation Village。她對南加州的觀光，以及這個行業的內部機制知之甚詳，又經歷那令人難忘的協助與指導，她開始為自己成功領袖的生涯，奠定了基礎。

她所獲得的大小獎項與榮譽更是令人嘆為觀止，她獲得至高的獎勵旅遊高階主管認證殊榮，比如於 1983 年被提名為聖地牙哥成就女性；於 1990 年二月在觀光業的金鑰獎頒獎典禮上獲頒 1989 年聖地牙哥年度聯盟會員。同年，美國小型企業局頒予她非凡女性獎，以表彰她在業界的卓越成就；1993 年，聖地牙哥觀光會議局為了她對業界的貢獻而授予她著名的 RCA Lubach 獎。

她也積極參與市民與觀光組織，包括扶輪社、美國肺臟協會聖地牙哥與皇室郡分會，以及聖地牙哥觀光會議局。

她成功的關鍵或許是來自她卓越的人際技巧。事實上，人力資源代表了派帝羅斯科公司的主要優勢，比如員工資歷豐富，獻身奉獻的精神，而且是服務導向，但是真正讓他們如此有效率的，是他們以團隊的方式貢獻於工作的精神。派帝指引、啓發並且激勵這些工作團隊。她自認是一個柔弱的人，卻也是一位有創意且感情充沛的領導者，樂於訓練她的員工，一步一步跟隨他們成長的腳步，最終賦予他們應得的權利，並以此作為激發他們創意與見解的工具。她持續找尋團隊精神、個人目標與員工生活之間的平衡點。藉著這樣的平衡，一個獲利的、健康的共同體，將得以獲得保護。但是派帝羅斯科還不只是個共同體而已，它還是一個大家庭，就像母親一樣，派帝的調教方式是紀律與愛。同時，派帝努力的目標，是訓練她的員工，使他們「跳脫框架思考」，並且「盡可能秉持宏觀思維」。這也是克服陳腔濫調、咬文嚼字，以及細微瑣事的唯一方法，進而避免偏狹心態，最終成為獨特的個體，這就是箇中祕訣所在。

派帝羅斯科擅長於創造「專屬你個人的事物，它是前所未有的」。該公司授權予服務團隊，以培育一個開創心與創意皆能夠被激發至頂點的創業環境。因此，派帝羅斯科的員工為了給顧客一個難忘的經驗，而設計獨一無二的個人化活動。

自從 1981 年開張以來，派帝羅斯科已成為美國最成功的目的地管理公司之一，它提供了由彈性與創意所塑造的個人化，且富愛心的服務。

2.5 觀光旅遊的推廣者

學習成果 5：比較旅遊業的主要推動者，並描述他們如何推動旅遊業的發展。

一、行程規劃商

美國國家旅遊協會 (National Tour Association) 是個卓越的商業協會，致力於以北美為目的地或由北美出發至他地，或在北美旅行的遊客提供專業服務，會員可以組合出國內和全球的旅遊產品。[18] 美國數百家行程規劃商每年規劃數千計的行程，這些行程會有數百萬的旅客參加，每人每天平均花費 168 元美元在這些行程上，每一個行程會有組團的團體及專業的旅程經理或伴遊人員，按照預先規劃的行程旅行，大多數的旅遊行程，包含了旅行、住宿、餐飲、交通與遊覽，並在廣告宣傳之前給予加成 (markup)。行程規劃商同時提供假期套裝行程 (vacation packages) 給自助旅行者。假期套裝行程將兩種或更多的旅遊服務加以組合，比如飯店、出租車與航空交通，都包含在單一價格之內。大多數的假期套裝行程，提供多種內容選擇，使顧客可以依據他們的預算量身打造屬於他們的行程。

二、旅行社

旅行社 (travel agent) 是扮演旅遊顧問，並且為航空公司、遊輪公司、鐵道、巴士、飯店與租車業者銷售的中間人。旅行社業者可以販賣整個觀光系統或數個觀光要素中的單一部分，如機票與遊輪票。旅行社扮演掮客的角色，將顧客（買方）與供應商（賣方）集結在一起。旅行社同時也擁有取得時間表、費率與專業情報的捷徑，以提供顧客關於各個目的地之所需。

美洲旅遊協會 (American Society of Travel Agents, ASTA) 是世界最大的旅遊同業公會，擁有超過千名會員，幾乎涵蓋每一個國家。旅行社使用電腦訂位系統 (Computer Reservation System, CRS) 進行班機空位確認與預訂。在美國，主要電腦訂位供應商是 Expedia，Expedia 還擁有 Travelocity；另一家電腦訂位供應商是 Travelport，其擁有阿波羅 (Apollo) 和 Worldspan 全球分銷系統 (Worldspan Global Distribution Systems, GDS)。[19]

根據美洲旅遊協會 (American Society of Travel Agents, ASTA)，旅行社不只是一個售票員而已。旅行社以下列各種方式服務他們的顧客：

1. 安排空中、海上、鐵道、巴士、出租車等交通運輸。
2. 準備個人旅遊行程、私人導覽旅遊行程、團體旅遊行程，以及現成的套裝旅遊行程。
3. 安排飯店、汽車旅館與渡假飯店的住宿、餐飲、遊覽、機場與飯店間，旅客和行李的接駁，以及特殊內容，如音樂節與劇院的入場券等等。

4. 處理並建議旅遊所涵蓋的諸多細節，如保險、旅行支票、外幣兌換、必要文件，以及防疫與預防接種。
5. 運用專業技術與經驗，如班機時刻、火車與巴士轉運、飯店房價、住宿品質等等。
6. 安排預約特殊活動，如團體旅遊行程、大型會議、商務旅行、美食之旅、運動旅遊等等[20]。

佣金

旅行社大部分的收入，都來自於航空與遊輪公司所支付的旅遊佣金 (commission caps)，然而 1995 年首次實施佣金上限後，旅行社收取的佣金已明顯減少，甚至有些航空公司已取消佣金制度，使得旅行社必須收取服務費用以抵銷成本。

這也讓旅行社不得不更專灣業化，以彌補航空公司佣金上的損失。有些旅行社專門預訂遊輪，因爲遊輪公司會支付原價 10 ～ 15% 的佣金；有些旅行社，則將產品擴展到會議與活動企劃管理。另一個獲得更多佣金的做法，就是單純的從票價上加收額外費用，因爲仍然有許多公司與旅客沒有時間，或習慣使用線上訂位，對他們來說，旅行社能夠提供自在的服務，並且隨侍在側，但由於各種旅遊的網路訂位數量激增，旅行社的訂位數已經大不如前[21]。

三、旅遊公司

大規模且成功的旅遊公司不在少數，而其中最大、最知名的就是美國運通旅遊公司 (American Express Travel Services, AMEX)。美國運通的旅遊服務部門在世界各地都設有據點，每個據點皆由國際航空運輸協會 (IATA) 授權與擔保，同意透過該公司提供旅遊與票務服務。旅遊服務部門也提供其他服務，包括外幣兌換、各種幣值美國運通旅行支票 (traveler's checks) 及支票禮券 (gift checks)，該部門目前該部門也嘗試推廣外幣服務以增加營收。

美國運通旅遊的主要收入來源爲企業旅遊。航空公司爲了分享這些企業客源，會根據航空公司得到的生意量給予旅行社折扣，而這折扣合約會根據年度旅行費用單獨簽訂。舉例來說，假使 IBM 的年度旅行費用是 10 億美元，那麼航空公司會付給美國運通 1.4% 的超額佣金 (override commission)，讓其與 IBM 均分。美國運通也會根據超額比率與協議價最吸引人的航空公司而與之合作。同樣的政策也被其他業者所採用，如遊輪業者。

旅遊經理 (travel managers) 在美國運通的功能，有如全國性的客戶經理 (account managers)。他們的薪水，取決於其職級、區域與市場，也視服務對象而定。美國運通旅行服務公司在成千上萬旅行社使用的預訂系統中，搜索 Internet 上最優惠的機票價格，或最方便的航班。用戶可以快速查看價格或搜索其他選項，然後在線上預訂。用戶可以查看到陽光明媚的、大雪紛飛的、文化的，或地點好玩的旅行行程描述，並伴隨當地全彩照片和設施一覽表。美國運通旅行服務爲旅客提供下三種服務方式：(1) 他們可以預訂機票，查看度假優惠；(2) 查找位置最便利的服務據點；(3) 持卡會員還可以享受特別的旅行、銷售、餐廳和娛樂優惠。

（一）企業旅遊經理

企業旅遊經理 (corporate travel manager) 是一種在大企業架構下工作的創業者。例如：幾年前位於加州 Cypress 的三菱電機 (Mitsubishi Electronics)，耗資約 400 萬美元用於旅遊與娛樂。此外，在美國、加拿大與墨西哥境內尚有 29 家獨立運作的辦事處，全公司旅遊與娛樂費用總計爲 1,100 萬美元。三菱延攬了約翰・法吉歐 (John Fazio) 來改善效率並降低成本。法吉歐於是邀請有興趣的旅行社，根據三菱的旅遊需求提出企劃案。最初的 15 件提案被淘汰至8件。最後，要求兩家業者提出他們的最佳方案。這些方案依據三菱的標準來評估：科技能力、地點及提供服務的能力。藉由旅遊經理和旅遊政策，企業確實可省下上千美元。

近年來，線上的旅遊定位量急劇增加，只要上網便可預訂航班，也可以預訂酒店、餐廳、景點和汽車租賃。一個令人感興趣的趨勢，是企業旅行逐漸變成不需透過旅行社，由電子郵件便可進行預訂，行程是透過鍵盤，而不是透過電話轉接，越來越多懂得運用技術的公司，透過電子郵件來進行旅行的各項預訂。

（二）躉售旅遊業

由於班機的空位過多，旅遊行程躉售在 1960 年代展露頭角，同樣的情況也發生在飯店不可儲存的客房上。航空公司很自然想盡辦法賣出機位，他們發現可以將大批的機位在接近登機日時賣給躉售業者。這些機票皆飛往躉售業者所設計旅遊行程的周邊特定地點。躉售業者遂直接透過旅行社來販賣他們的旅遊行程。

旅遊行程躉售業主要集中於 100 家獨立業者，其中 10 家主要公司掌握了 30% 的業務量。旅遊行程躉售業者以多樣化的價格，提供旅客充分的旅遊選擇。躉售業者有三種主要類別：

1. 獨立旅遊行程躉售業者
2. 與航空公司合作密切的躉售業者
3. 爲顧客包裝旅遊行程的零售旅行社

除此之外，獎勵旅遊公司（企業爲了激勵員工所安排的旅遊，稱爲獎勵旅遊；專辦獎勵旅遊的公司稱爲獎勵旅遊公司。）與各種旅遊俱樂部也成就了旅遊行程躉售事業。

「有 10 家主要的旅遊行程躉售公司掌握了 30% 的業務量。」

（三）認證旅遊顧問

認證旅行社學會 (Institute of Certified Travel Agents, ICTA) 是由旅遊業裡的菁英所協力組成。該學會主要為有意在此行業能有所成就的對象，提供專業的研究報告。認證旅遊顧問的專業認證是頒發給成功通過考試，並擁有五年全職旅行社或旅遊行銷推廣經歷的人。

四、國家觀光局

國家觀光局的目的是，藉由增加觀光客與他們的消費以改善該國經濟。與這個任務密不可分的責任是監督並確保飯店、運輸系統、旅行社與導遊對於觀光客保持高水準的體貼與關懷。國家觀光局的主要角色是提供資訊、旅客諮詢、創造旅遊需求，並確保旅客滿意度、出版及廣告宣傳。

五、目的地管理公司

目的地管理公司 (Destination Management Companies, DMC) 是觀光業中，提供大量旅遊計畫與服務，以符合顧客需求的服務性組織。起初，目的地管理公司的業務經理是將旅遊目的地賣給會議規劃公司與工作表現改善公司（或稱獎勵公司）。

此類團體的需求，有可能只需機場接機，也可能複雜到需規劃主題宴會的國際業務會議。目的地管理公司與飯店密切合作的模式，有時是目的地管理公司向飯店訂房，有時則是飯店要求目的地管理公司提供籌辦主題宴會方面的專業知識。

派帝羅斯科目的地管理公司的主席派翠西亞．羅斯科指出，當會議規劃者在幾個目的地做選擇時，他可能會問：「為什麼要選擇目的地管理公司所提供的目的地？」，答案是目的地管理公司的服務包羅萬象，包括接機、飯店接駁、快速登記住房、主題宴會、贊助節目、安排運動比賽等，視預算而定。

目的地管理公司的業務經理，可經由以下來源獲得潛在客戶：

1. 飯店
2. 商展
3. 觀光會議局
4. 陌生電訪
5. 獎勵公司
6. 會議規劃公司

每位業務經理皆包含以下職務的團隊：

1. 特殊活動經理：專精音響、燈光、舞臺搭設等。

2. 客戶經理：扮演業務經理助理的角色。
3. 營運經理：負責協調所有事務，尤其是現場的安排，以確保任務確實執行。

舉例來說，派帝羅斯科的目的地管理公司派出9個小組，爲期3天的方式，爲福特汽車經銷商2,000位員工安排會議、住宿、餐飲與主題宴會。

派帝羅斯科目的地管理公司也與獎勵公司密切合作，如卡爾森行銷公司 (Carlson Marketing) 或馬里茨旅遊公司 (Maritz Travel) 。這些獎勵公司接洽需要服務的公司，並提供業務團隊獎勵計畫評估，此計畫涵蓋足以激勵團隊的項目，一旦核可，卡爾森便會聯繫目的地管理公司，並要求提供旅遊計畫。

整體而言，美國有數千個公司與協會，專門負責舉辦各種集會與大型會議，這些組織中有許多使用過會議規劃公司提供的服務，這些公司會爲各種會議尋找適合的地點。現在有些大型的飯店與渡假飯店，擁有自己的目的地管理部門，以利安排所有的團體與會議。

2.6 各類旅遊方式

學習成果6：比較各種旅行類型。

一、休閒旅行

79%的國內旅行爲休閒娛樂旅行（休閒、娛樂、度假和探親訪友）。[22] 在休閒娛樂旅行者中，近一半是拜訪親友。調查後，列出以下旅行原因：

1. 體驗不同的新環境
2. 體驗其他文化
3. 休息和放鬆
4. 拜訪親朋好友
5. 觀看或參加體育與娛樂活動

在未來幾年期間旅行可能會逐漸增加，這將對觀光旅遊業產生重大影響。旅行增長的原因如下：

1. 壽命延長：美國人現在的平均壽命大約是80歲，因此退休後的旅遊人口將會更多。再過幾年之後，戰後的嬰兒潮就會變成退休潮，這將會使退休後觀光旅遊的人數激增。

2. 彈性工時：現在許多人一週工作 4 天，每天工作 10 小時，但週休 3 天；還有許多人，則必須在週末工作，而在一般日休假，尤其是餐旅觀光旅遊的從業人員。
3. 提前退休：有些人在 55 ～ 65 歲之間退休，他們通常比那些取代他們的年輕族群賺更多的薪水。
4. 旅行更加便利：對於現今的商務與觀光旅客來說，假日與週末旅行較爲便利，而且各種旅行型態，讓人們更有機會善用多餘的休閒時間。
5. 傾向短期且頻繁旅行：現在人們傾向短期，但頻繁且小而美的旅行，而不是一次將他們的假期用完。一般而言，歐洲人普遍比北美人需要更長的假期；對他們來說，4 週的假期，對於新進員工算是基本福利；對於較資深的員工而言，6 週的假期是很常見的。
6. 生活水準的提升：許多發展中的國家，不少人因收入上升，而更希望旅行，如中國擁有許多新建立的企業區，正在培養成千上萬前往國外旅行的企業家；又如前蘇聯數百萬的東歐居民，也擁有旅行的能力和權利。

> 旅行是為了遠離一成不變的生活，到一個能讓人身心靈放鬆，愉快且難忘的地方。
>
> Gabriel Alves, A Taste of Maine,
> South Portland, ME

不同的人，創造不同的地方

旅客們依各種理由選擇目的地，如氣候、歷史文化、運動、娛樂、購物設施等。英格蘭之所以吸引美國人，就是因爲她的歷史與文化。美國運通公司 (American Express) 對前

姬路城，也被稱為白鷺城堡，是日本的國寶，為保存最完好的城堡。

往下列地方的旅客，進行問卷調查，包括佛羅里達、加州、墨西哥、夏威夷、巴哈馬、牙買加、波多黎各、維京群島及巴貝多。調查後，發現幾乎半數的回覆都來自於專業人士，且多爲中年的知識分子，其中有許多是經常到美國以外渡假的富有旅客。這些受訪者將旅遊的誘因依照重要性，由大到小排列：

風景秀麗>當地人的態度>適當的住宿>休息和放鬆>機票價格>感興趣的歷史和文化>美食>水上運動>娛樂（例如夜生活）>購物設施和體育（高爾夫和網球）。

影響旅行的四個基本考慮：娛樂、採購方便、舒適的氣候與成本。當然，即使團體旅遊，每個人所選的因素也不同，有人因爲有機會挑戰高爾夫和網球，而選擇目的地；也有人是因爲當地人非常友善，或是因爲這個地方提供休息和放鬆，然大多數的人，會考慮機票的價格。旅行者通常會期待體驗各地的文化，但在國際旅行中，有可能無法完全滿足到旅行者的期望。

二、商務旅行

近年來，商務旅行的數量，呈現衰退的形勢，主因是受到經濟的大環境、恐怖主義與許多企業縮減旅行預算等，已經對商務旅行造成負面的影響。

然而，全球各地中價位與高級飯店有很高的比例客戶是商務旅客。即便是爲了會議而旅行的人，或爲了各種銷售，或爲了公司、地區、產品等，還是爲了簽約、商展和博覽會

白金漢宮是最受歡迎的旅遊勝地

等相關事項而出差旅行，商務旅行很大一部分是充滿樂趣的。在美國，光是集會與大型會議每年就吸引數百萬人參加。有時候，商務旅行與觀光旅遊之間的界定變得模糊。如果一位在亞特蘭大開會的與會者，決定在會議結束後留下來住上幾天，那他算是商務客還是觀光旅遊客？相較於觀光旅遊客，商務旅客傾向於更年輕、消費更多、旅行距離較遠，以及小團體旅行，但他們停留的時間較短。

長久以來，航空公司與飯店的大宗生意是商務旅行，但包含休閒旅遊在內的整體觀光旅遊中，商業旅遊的比重將可能逐漸萎縮。由於現代人有更充裕的休閒時間與更高的教育水準，因而擁有更多可支配所得而使休閒旅遊 (leisure travel) 成長。再則，休閒旅遊費用與通膨及其他費用相比，旅費仍維持不變或下降。這些事實都顯示了觀光旅遊產業有著光明前景。

越來越多的商務旅客能夠在網路上為自己安排行程。舉例來說，會議顧問蘇西．歐斯特 (Suzie Aust) 在與顧客開會的途中，發現自己忘記預訂隔天的機位。她急忙拿出她的筆記型電腦上網訂好了位子。然而，典型的美國企業 (Corporate America) 對蘇西這樣的旅客感到擔心，因為他們常常會在為自己安排行程的時候規避公司的政策。有些公司採用了微軟 (Microsoft) 與美國運通的產品，以代號「羅馬 (Roman)」這個產品為例，這項產品將使公司強迫員工透過美國運通購買機票，以控制公司的旅行者。美國航空與聯合航空也各自推出類似的產品。美國運通企業總裁－艾德．季根 (Ed Gilligan) 估計美國的公司，每年光因為偏離公司政策就損失了 150 億美元。他認為在網路訂位而損失的比例，更是「暴衝」上升，大約有 180 萬的商務旅客都使用網路訂位，很快地！所有商務旅客都不再需要機票。

近年來，隨著機場與旅行地點嚴格的安檢而改變商務地點。安檢項目包括機場管制、時間延長、護照與文件、嫌疑犯 (suspect) 名單、新的辨識 (recognition) 科技軟體技術，從指紋到視網膜掃描。這情況使得班機更加一位難求，供餐項目減少，使得商務旅客在轉機之間難有時間用餐。我們不難想像為何商務旅客有必要才會啓程。

我們都很清楚美國機場、碼頭與鐵公路車站的安檢愈來愈嚴格。旅客們也都能夠理解，因為安全措施對於人身安全是有其必要的。

自我檢測

1. 影響觀光旅行的四個基本考量為何？
2. 旅客旅行的主要原因為何？
3. 旅遊人口增加的原因為何？

2.7 觀光旅遊對社會文化的影響

學習成果 7：描述觀光旅遊業對社會文化的影響及改變的觀念。

從社會文化的角度，觀光旅遊可以為社會帶來正面與負面兩種影響。毫無疑問，觀光旅遊對國際社會的相互了解，有顯著的貢獻。世界觀光旅遊組織認為，觀光旅遊促進國際間彼此了解、和平、繁榮，以及尊重奉行人權與基本自由的方式，不論是何種族、性別、語言或宗教，觀光旅遊是一個非常有趣的社會文化現象，了解別人的生活方式，對許多旅客來說是有趣的，對社會的價值與活動交流也令人受益良多。

基於可受控制的旅客人數，以及旅客對於當地社會文化規範與價值的尊重，觀光旅遊提供了大量社會交流的機會，倫敦的酒吧或是紐約的咖啡館，就是社會交流的良好示範。同樣的，無數的社會文化交流機會，是因人們的旅遊拜訪動機而存在。即使只是造訪美國的一部分，也會對社會文化帶來刺激。舉例來說，紐奧良 (New Orleans) 有著非常多樣的社會文化遺產，幾百年來，這座城市先後被西班牙、法國、英國與美國統治，舉凡食物、音樂、舞蹈與社會規範在當地都是相當獨特的。

具競爭力的國際旅遊地，乃立基於具特性的服務品質，以及價格、安全、娛樂、氣候、基礎設施與自然環境所帶來的價值。政治的穩定，也是國際旅客選擇目的地重要依據。想像一下開發中的國家，她的勞工每天可能賺不到 4.5 美元，當他見到有錢的觀光旅遊客們炫耀著大把鈔票、珠寶，以及不可能屬於他的生活方式時，他作何感想？

馬丘比丘 (Machu Picchu) 是秘魯的歷史聖地，也是受歡迎的生態旅遊勝地。

想想看！當另外 3 ～ 5 億人口憑藉著生活水準的提升而成爲觀光旅遊客，以及更多人拿著護照出國時會發生什麼事？目前，只有 46% 的美國人持有護照[23]，來自東歐的旅客與環太平洋國家 (Pacific Rim) 的富人將大幅增加潛在的觀光旅遊人數。由此可見，觀光旅遊業將有望繼續急速增長。

一、永續觀光旅遊與生態旅遊

前往觀光地遊客數量的增加使人們更加關注環境、物質資源和對社會文化危害。對此，旅遊觀光官員仍提議所有旅遊仍應持續進行。永續發展旅遊的概念下，對該社會擬定應遵守的義務及責任，尤其是那些涉及旅遊政策、規劃、發展、聯邦與地方政府的部分，通過改善環境、物質及社會文化資源的品質來協調旅遊及其發展。旅遊業的永續性，包括基礎設施，如道路、水資源、汙水、通訊和商店；上層的設施是建立容納遊客的設施，如機場、遊輪航站樓、會議中心、酒店和餐廳。設施應適合當地遊客人數，否則，遊客過多，所有人（包括所在的社區）都會觀感不佳。

爲了旅遊業的永續性經營，公司不僅減少碳足跡，也節省了資金。通過使用更節能的燈泡，減少洗滌亞麻布的數量，鼓勵回收計畫，營運成本將降低。

生態旅遊

生態旅遊 (ecotourism) 的源頭可追尋到 1970 年代的責任觀光旅遊 (responsibility tourism) 運動，這個概念來自觀光旅遊業過去對自然資源、生態系統 (ecosystems)，以及文化目標錯誤結果的反應。責任觀光旅遊運動促進了 1980 年代早期的環境觀光旅遊 (environmental tourism) 的發展，最後發展成爲生態旅遊。

赫克托・賽巴洛斯 - 拉斯古蘭 (Héctor Caballos-Lascuráin) 是國際自然保育組織生態旅遊顧問計畫的負責人，與伊麗莎白・布奥 (Elizabeth Boo) 合著了《生態旅遊：潛力與陷阱 (Ecotourism:The Potential and Pitfalls)》[24]。他在 1983 年提出「生態旅遊」這個名詞，並提出了全面性的定義：「探訪較少受干擾的自然地區旅遊，應具環境責任感，在享受和欣賞自然（過去和現今的文化特色），應強調保育、減少遊客衝擊，並對當地族群主動提供有利於當地社會的經濟。」[25]；位在佛蒙州本寧頓的生態旅遊協會，對「生態旅遊」有另一個比較簡單的定義，也較廣爲使用：「在自然地區採負責任的旅遊方式，保護環境、維護當地人的福祉。」[26] 大衛・韋佛博士 (Dr. David Weaver) 是一位令人尊敬的生態旅遊作家與學者，他對生態旅遊的定義是：「一種旅遊的型態，能夠培養對自然環境與相關文化內涵的學習與欣賞，由有實務經驗的專家來管理，在財務可行之下，維護環境與社會文化的永續性。」[27]。爲了說明生態旅遊系統的概念（圖 2-4），這張圖看起來像一朵花，它需要系統中每一個部分的協調，才能蓬勃發展。

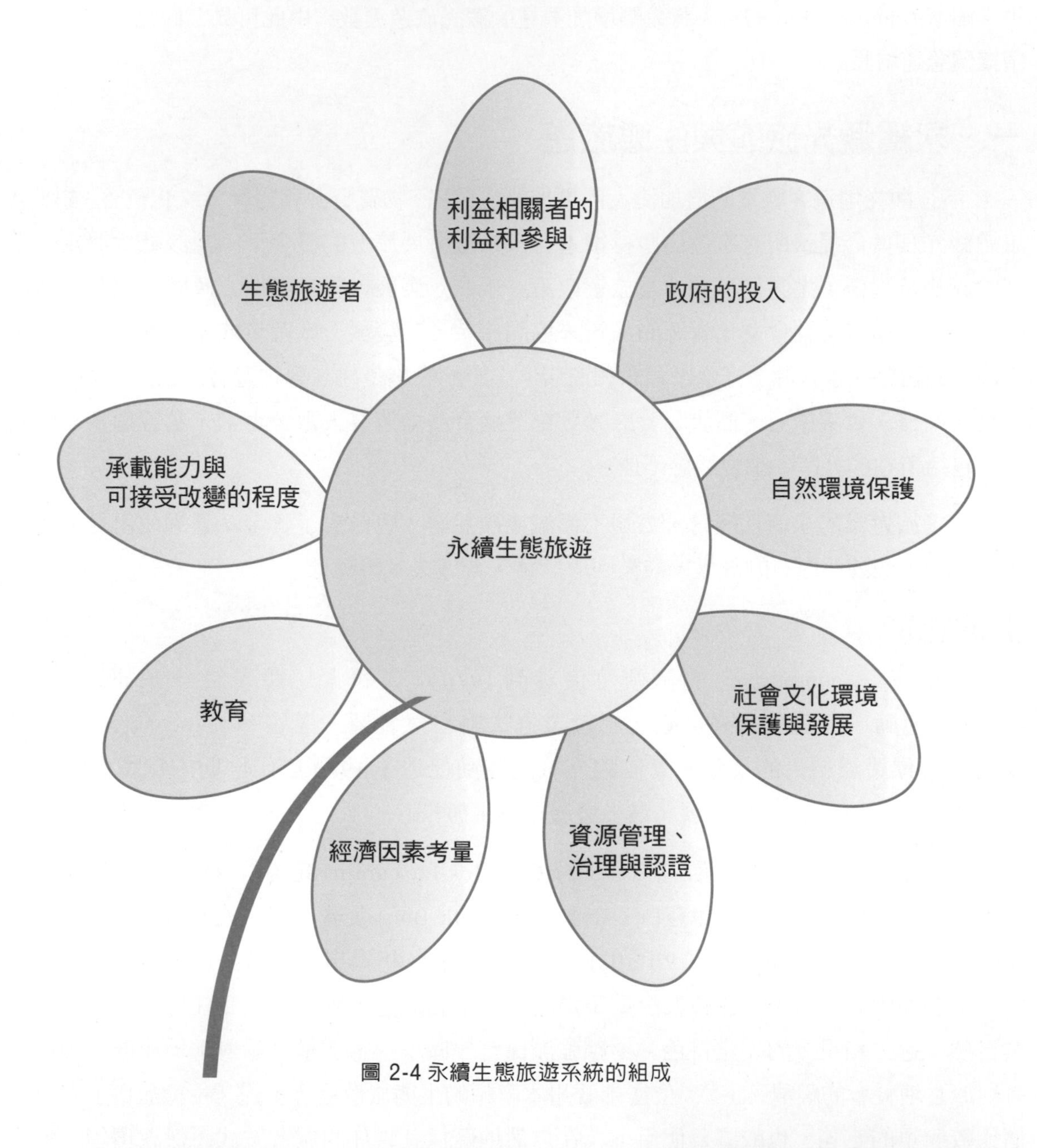

圖 2-4 永續生態旅遊系統的組成

主人和旅客之間的互動不只是簡單的金錢、貨品或服務交易，還包括交換彼此的期待、印象、種族與文化性的交流。[28] 例如祕魯坦波帕塔省 (Tambopata) 的英菲諾 (Infierno and Posada Amazonas)，如搭汽艇到省會城市，也要數小時的車程。該地區的範圍，涵蓋坦波帕塔河兩岸近 1 萬公頃（24,700 英畝），其經濟以漁業、狩獵及園藝爲主，居民會到馬爾多納多港 (Puerto Maldonado) 市集，販售他們所生產製造的貨品。這三個不同的種族，共同組成一個社群，並和「雨林探險 (Rainforest Expeditions)」公司簽訂了一項合資協議。雨林探險是祕魯的一個生態觀光旅遊公司，其目的爲結合旅遊與教育、研究、地區永續開發，並支援當地自然保育[29]。經過一段時間，他們在當地蓋了一間旅館，以接待生態旅遊者爲主，並針對當地社群生活的各個面向展開了幾個研究。這些研究，探討了一些複雜的議題，包括這三個族群的種族認定，以及他們與生態旅遊者的關係。有些人不認爲自己的族群身分需要特別保留，另外一些人則認爲他們必須保存自己的特徵，避免受西方觀光旅遊業的影響。有趣的是，生態旅遊者卻是促進族群自有文化復甦的推手。

利用圖 2-4 生態旅遊系統的概念，再搭配圖 2-5 生態旅遊系統的進程，它展示了生態旅遊系統的關係，除了人與生態旅遊系統外，其他部分還包括乘載能力與可接受改變的程度、永續活動與衝擊評估、社會與經濟衝擊、景點管理、認證、地質旅遊 (geotourism)，以及碳足跡。

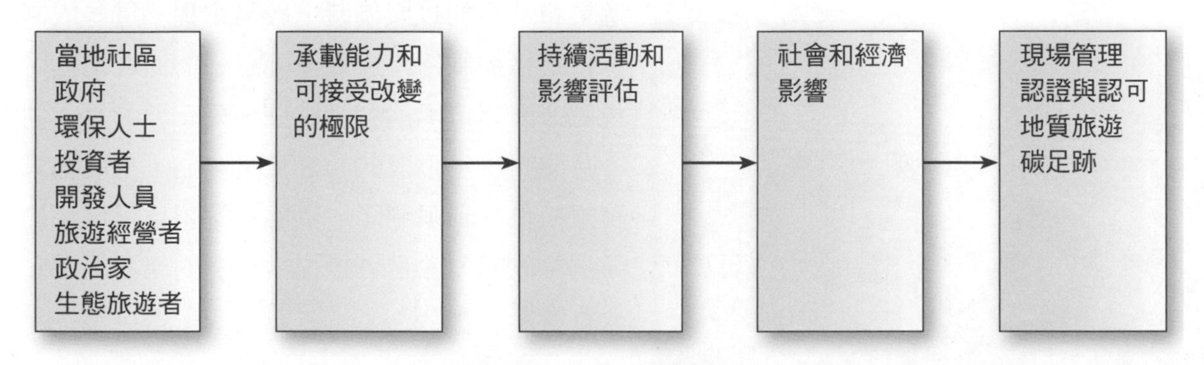

圖 2-5 生態旅遊的進程

道德旅行與生態旅遊的興起齊頭並進。爲了旅遊更人性與公平化，道德旅行 (ethical travel) 正在重新找出合理的平衡點，正如生態旅遊涉及遊客參與振興和保護社區一樣，也需要旅行者的配合，才能展開道德旅行業務，國家、家庭、產業和小企業才有增加收入的機會。

一位遊客參觀摩洛哥馬拉喀什的市場攤位，提高了小企業主家庭的收入。

生態旅遊者能夠欣賞國家公園的自然美景

在自然環境廣闊，動植物種類豐富的發展中國家，可以找到許多生態旅遊的地點，如沙漠、熱帶雨林、珊瑚礁和冰川等黃金地段。對遊客來說，獨特的文化對生態旅遊也很重要。生態旅遊的重點，是爲遊客提供某個自然生態地區相關的新知識及文化，而這些新知需要一些冒險。對於當地人而言，生態旅遊旨在幫助改善當地經濟和保育工作，同時也讓大家重新認識自然與人文的價值。

迄今爲止，生態旅遊項目仍於小規模開發，較容易控制與管理，尤其對當地社區、當地旅遊業和遊客加以限制時，較易掌握。這些限制包括嚴格控制用水和電量，嚴謹的回收措施，規範公園和市場的營業時間，更重要的是，同一時間到特定位置的訪客流量限制，也就是業務規模也受到限制了。生態旅遊項目規模小的另一個原因，就是可以提供更多的深度旅遊和教育機會。

參觀猶他州的錫安國家公園，
可以感受生態的奧妙

廣受歡迎的生態旅遊目的地，大多數位於低發展國家和發展中國家。隨著度假者的冒險精神愈來愈濃厚，吸引他們前往偏遠具異國情調的地方，也由於他們的到訪對自然、當地社區及他們本身，皆產生正向的影響。因此，旅行者對生態旅遊的興趣日益增長，許多已開發國家正在跟上潮流。

從世界各地可以看出明顯增長的趨勢，比如從美國的黃石國家公園 (Yellowstone National Park) 到瓜地馬拉 (Guatemala) 的蒂卡爾瑪雅遺址 (Mayan Ruins of Tikal) ；從巴西的亞馬遜河到肯尼亞 (Kenya) 廣闊的野生動物園；從尼泊爾白雪皚皚的喜馬拉雅山到泰國悶熱的叢林；從澳大利亞的大堡礁 (Great Barrier Reef) 到南極洲的巨大冰河。

毫無疑問，生態旅遊在全球各地蓬勃發展。旅遊業的永續性發展，尤其是生態旅遊，是全球持續成長的主要來源，且因各國旅客及社群所驅動。

羅馬廣場曾是公衆生活的中心，現為世界上受保護的珍寶之一。

二、文化旅遊

文化旅遊(cultural tourism)的定義，對一個社會、地區、群體，或是機構的歷史、藝術、科學、生活型態、傳統的全然或部分的喜好。[30] 它已被認可是一種行之多年的觀光旅遊型態，在過去數十年受到歡迎並被人們肯定其重要性，尤其嚮往亞洲、歐洲、非洲、北美洲與拉丁美洲等古老文明的遊客而言，這些文化沃土，有著特殊的魅力，如：建築、人類學、藝術、當地餐飲、音樂、舞蹈、博物館、自然景緻、花園及節慶活動，很少有旅客能不被下列這些文化觀光旅遊的面向所吸引。

文化旅遊與遺產觀光旅遊(heritage tourism)都受惠於聯合國教科文組織(United Nations Educational, Scientific, and Cultural Organizations, UNESCO)。該組織指定了許多具有高度人文價值而值得受到保護與保存的世界遺產(World Heritage Sites)。在世界遺產名單(World Heritage List)之中，有20處位於美國，其中包括自由女神像(Statue of Liberty)與大峽谷(Grand Canyon)。全世界有超過幾百處世界遺產被認定值得保護與保存，包括一些世界的珍寶，如明清皇家宮殿與萬里長城(Great Wall)、希臘雅典的衛城(Acropolis)、印度的泰姬瑪哈陵(Taj Mahal)、義大利的羅馬中心，以及倫敦塔(Tower of London)。[31]

每個潛在客戶都有不同的個人需求，例如：機場見面及打招呼、地面交通、酒店住宿、會議展覽服務、娛樂活動、主題活動、特別聚會、晚餐和頒獎典禮、會議、同步口譯、體育活動和賽事等。

會議計畫者常問的問題「爲什麼我要選擇您所提的目的地？」這個問題，我會根據客戶的需求準備一份定價的服務和費用建議，與客戶代表建立專業關係非常重要，而且會在探勘場地之前完成。探勘場地是指在客戶舉辦該事件的場地，進行城市的拜訪。當場景相似時，我總是邀請客戶進行場地勘查，讓他們可以想像、了解未來活動可能看起來會如何，以展現更好的視覺效果。

旅遊與藝術

觀光旅遊對於發展地區性的藝術影響向來廣受爭議，正反雙方各持己見。其實在許多地方我們可以見到良性的影響，如突尼西亞 (Tunisia) 與賽普勒斯 (Cyprus) 的陶藝製作、織物、刺繡、珠寶工藝，以及其他手工藝的再生；在馬爾他 (Malta) ，觀光旅遊促進了針織工藝、紡織品與玻璃製作的發展，農村音樂與民俗舞蹈也得以復興，新的舞蹈也得以發展。原本與宗教儀式有著密切關係的西非手工藝品，一度面臨失傳，後因爲觀光旅遊客的購買而得以重生，因此西非的工匠們，根據傳統樣式發展出新的樣貌。在巴哈馬群島上，有一對夫婦研發出一種棉印蠟染，已成爲向遊客銷售的商品；在斐濟，木雕原本是一門失傳的藝術，然而在一位夏威夷藝術家重新引入本土木雕技法後，雕刻家們開始爲新飯店創作新的作品，這些雕刻家於是在飯店裡開設商店，將他們的作品賣給遊客。

這些色彩鮮豔的裝飾板在非洲的摩洛哥馬拉喀什市場相當活躍

大體上而言，觀光旅遊藉由爲手工藝者提供新的市場來提升當地的手工藝術，這些市場通常會使褪色的手工藝復甦，並促進傳統藝術的發展。許多例子顯示，觀光旅遊雖促進了新的藝術或是改良傳統形式，但塑膠紀念品，或幾可亂眞的贗品與複製品，依然無法解決，更遑論這些只是爲了取悅觀光旅遊客而開發的新式舞蹈與儀式，而被當成「眞的」來販賣。這些是我們想要的、正面的嗎？亦或只是損害文化的負面發展，與對無知觀光客的巧妙剝削？

旅遊業藉由為手工藝者提供新的市場，來提升當地的手工藝術，這些市場通常會使褪色的手工藝復甦，並促進傳統藝術的發展！

三、遺產與自然旅遊

所謂的遺產旅遊 (heritage tourism)，就是尊重人類或地方遺留下來的自然環境與建築古蹟，所推行的一種旅遊方式。對歷史里程碑的重新讚賞，以及開發串連文化地標的遺產步道 (heritage trails)，會帶來新的觀光旅遊服務與產品以挹注當地經濟，美國也正在成長中。除了遺產旅遊外，部分原因是對於尋根的興趣，尤其是較爲年長的旅客。此外，遺產旅遊也讓旅客有非常不一樣的體驗，猶如來到不同的時間與空間。

美國最受歡迎的歷史遺蹟之一，是德克薩斯州聖安東尼奧市的阿拉莫 (Alamo)。

多年來，古跡遺產始終是觀光旅遊規劃與政策中被遺忘的一環。然而，近幾十年來，社會意識的覺醒，它已成爲英國與其他國家決策過程中的關鍵要素。遺產議題的核心是，在瞬息萬變的世界中，人們如何使用不可替代資源，又如何保存給下一代。

南極洲的韋德爾海是一個人跡罕至的地方，是海豹、海鳥和國王企鵝的故鄉。

美國最受歡迎的歷史景點之一，德克薩斯州的阿拉摩 (Alamo) ，這是一個戰場的遺址；每年吸引超過 250 萬遊客。還有其他許多熱門歷史景點，大部分都與獨立戰爭 (Revolutionary War) 及南北戰爭 (Civil War) 的戰場有關。另外，美國的原住民文化景點，也是極具號召力的遺產。遺產保存的主要問題是：大量的遊客，如未適當管理的話，可能會對觀光旅遊遺產的保存帶來衝突與破壞。因此，保存工作與觀光旅遊必須是相輔相成的。

保存工作創造的經濟潛力不只爲城市受益，同時也爲偏遠地區帶來益處。在大都會的中心之外，經濟成長的開創與維持並非易事，如何透過前人留下的遺產，讓小鄉鎮、數個小鄉鎮，甚至整個區域創造新的前景，同時也因觀光客的到來，吸引其他經濟型態發展。

自然旅遊 (nature tourism) 不外乎建構在吸引人的大自然，例如參觀國家公園。近年來，嬰兒潮一代的年紀越來越大，對自然旅遊越來越感興趣，已將大自然當作他們度假或旅行原因的一部分。請注意！大自然旅遊和特殊興趣旅遊之間有一些相似之處。

自我檢測

1. 解釋可永續旅遊的概念。
2. 定義生態旅遊。
3. 在飯店中，展示當地藝術品和手工藝品，除了營造氛圍外，還能達到什麼目的？

欣欣向榮的觀光工廠產業

在十八世紀，因應工業衰退，英國一家木器工廠轉型成為全球第一座觀光工廠，也開啓傳統工業轉型的風潮，並帶動其他國家跟進。發展至今，製造業運用產業觀光的概念，結合旅遊與教育性質的觀光工廠。這樣的製造業，在英國約有 1000 多家，美國有 500 家，而日本則有將近 300 家產業觀光的工廠。

臺灣在產業結構改變後，造成產業外移和外銷市場萎縮等變化。經濟部在參考國外產業觀光的成功案例後，自2003年起，以提升國家產業發展的競爭力為訴求，輔導製造業和工業創新轉型，並推動產業結構加值和傳統產業升級等相關計畫。起初是以具備產業歷史或觀光等價值的傳統工廠，如水晶、製酒等產業特色去結合觀光服務的方式，來彰顯傳統產業特色並增加休閒遊憩的價值。計畫的推動，確實解決了許多閒置廠房的問題，還重現了產業結合多元化旅遊市場的經濟效益和帶動地方經濟的發展。發展到 2018 年，已有 135 家觀光認證的觀光工廠，如果包含網路社群與部落客推薦，但未經認證的工廠，數量則可達到 160 家之多，而產值也由 2013 年的 23 億元，到 2019 年預估可以達到 55 億元。許多業者也看好這種以觀光服務附加價值來延展產業的特性與特色，紛紛投入資源建構，以中部設置家數最多，北部次之，而南部則是積極以產業聚落形式來增添觀光發展的連動性。基本上，發展這類型產業觀光需要具備以下三點：

一、傳統文化的保存：有別於靜態的文物展示，觀光工廠的核心訴求在於產業發展歷史和產品製程等特色呈現。業者以看得見的產品製造流程和懷舊歷史的導覽解說方式，讓遊客能深刻地體會產業的文化背景，產生更大的情感聯繫與身歷其境的五感體驗。最重要的是，業者要建構與規劃鮮明主題特色，如果業者只是在意商品的即時銷售業績，將無法凸顯特色或引起消費者一探究竟的好奇心，所以從入門處的設計，到產業商品或者紀念品的呈現，都必須與主題有密切的關聯，才能提供遊客一個深刻的印象與記憶，甚至是一個快樂的旅遊回憶。

二、企業形象的建立與推廣：遊客在參觀過程所了解到的產業和產品相關知識後，會增加對企業產品的興趣和品牌信任感，同時也可能開闢另類的行銷通路，增進企業產品的銷售業績。

三、寓教於樂的休閒遊憩活動：消費者越來越重視知識性與體驗性的休閒活動，所以業者提供遊客參觀產品製造流程和 DIY 產品實作等體驗活動，可以讓遊客在充滿趣味性的氛圍中，

續下頁

承上頁

同時體驗教育與娛樂性質的休閒活動。以金格食品所經營的卡司 · 蒂拉樂園 DIY 課程為例，由專業師資依據產品性質與年齡限制，規劃出不同版本的親子體驗課程，以本業的長崎蛋糕堆疊積木去製作薑餅屋，讓消費者能獲得產業的相關知識，這種寓教於樂的經營模式，也為金格創造一年 3000 萬營收的附加價值。

一般而言，觀光工廠以食品、玻璃、啤酒等民生相關的產業比較能夠吸引旅遊人潮。而國外行之有年的觀光工廠，大都由大型企業出資打造，在數量和產業類型的呈現較少，臺灣則是以中小型規模居多，再以文創性質結合在地文化與服務，將刻板的農、工業生產方式創新為製程的參與和產業文物的導覽解說等活動，充分地展現出臺灣多元產業的創意文化和互動的體驗，也為低迷的國內旅遊市場，注入嶄新的活力與經濟效益。以臺灣優格餅乾學院為例，建造哈利波特電影魔幻城堡的意象標誌，再提供遊客參觀透明的生產線，以及簡易的餅乾手作課程體驗，就成功地以「有趣」吸引到大量的參觀人潮，創造了 2016 年 3 億元的高營收，也成為最受歡迎的品牌景點之一，同時也讓業者由糕餅烘焙代工成功地轉型為自有品牌的企業。臺灣金屬創意館以冰冷的鋼鐵材料與創意美學結合，展示戶外裝置藝術品及提供鈑金 DIY 飾品體驗活動，成為南臺灣以創意將觀光、休閒、知性等性質結合所發展出來的文創特色景點。特別的是，臺灣有全球唯一的香腸博物館——黑橋牌香腸博物館，以臺灣味香腸的工藝與全球各地的香腸文化進行技術交流。從這裡可以看到，臺灣的觀光工廠產業發展的時間雖然不長，但是多數業者已經能夠以新思維融入觀光意象往高值化方向發展，而透過整體環境的規劃與設計、親切的實質互動及故事行銷，也讓消費者更能深入了解其產業的文化與價值，有效地提高其旅遊動機和消費意願。這些產業發展出來的多元創新和高營收成果，已經引起海外國家或區域的興趣，踴躍來臺灣參與產業觀摩等相關的技術交流活動。

但美中不足的是，觀光工廠的主要客群，仍集中在國內旅遊市場，不像日本的白色戀人、朝日啤酒等觀光工廠，擁有 50% 以上的國際觀光客參觀。因此，業者開始進行區域同業聯盟，與旅行業者、部落客或社群網站異業合作推出景點介紹與套裝行程等活動，而政府也配合觀光局國際旅展和藝廊展出等推廣活動，積極輔導業者升級為國際亮點觀光工廠，如金車品牌的咖啡文教館和噶瑪蘭威士忌酒廠，以其飲料產品的製程與綠化園區，再配合相關的外國觀光客需求的語文解說人才與文字說明，應能營造出生活化和國際化氛圍，成為吸引國內外遊客的觀光熱門景點。另外，業者還可以運用文創美學的概念，推出專屬其產業意象的紀念品，就像荷蘭傳統木鞋工廠，將木鞋由民生必需品轉為國際遊客必買的國家意象紀念品之一。

觀光工廠的旅遊價值在於保有產業過去歷史所傳承下來的文化，有如一座開放的博物館，開放園區讓遊客能夠返回到產業所經歷的過去歷史，再以懷舊故事的心情，向遊客導覽解說其品牌所代表的歷史意涵，提供 DIY 體驗活動以深植傳統製造業與臺灣在地的文化連結。因此，在產業的發展方面，業者應該思考的是，提高經營管理的成效，重視本業經營與品牌效益的整體行

續下頁

承上頁

銷，再運用美感設計去營造抽象的情感歸屬價值，從產品、製程到服務的互動體驗，讓遊客願意到觀光工廠參觀，並帶著美好的旅遊經驗離開，相信能為臺灣觀光服務的優質化與國際化產生相對的回饋效果。

問題討論

什麼是能代表臺灣意象的紀念品？

個案研究

國家公園遊客過多的問題

我們的國家公園正面臨了來自各方面的威脅，包括過多旅客所造成的擁擠，以及隨之而來的環境破壞與汙染問題。

太多的人與車輛進入這些最受歡迎的國家公園。許多人帶進了他們的城市生活型態、到處丟棄垃圾、播放吵雜音樂，並且破壞森林步道。

問題討論

列出你給公園主管機關的建議，用來拯救國家公園。

永續飯店住宿經營

聯合國世界觀光組織 (UNWTO) 強烈建議所有旅遊業都應該要永續經營（生態旅遊即是永續的觀光）。可以永續的旅遊業，是負責任的旅遊業。這概念之所以浮出水面，是因為旅遊業發展對自然資源、生態系統和文化景點造成負面影響。

國際生態旅遊協會 (The International Ecotourism Society, TIES) 將生態旅遊定義為「負責保護自然環境並維持當地人民福祉的大自然旅行。」在過去的十年中，人們對生態旅遊的興趣和參與度大幅增加。永續旅遊業（例如生態旅遊）的例子，包括願意參與綠色倡議的公司，以及參觀和支持永續發展地區。

總體而言，過去幾十年來，大家不僅對生態旅遊的認識有所提高，而且增強和保護該地區自然遺產和文化的方式上也有所增加。下一章將討論文化，遺產和自然旅遊，以及永續旅遊和生態旅遊。遺產、自然、志願者和醫療旅遊業為了促進土地、文化和社區的養護，以不同的方式實現其永續發展。

觀光旅遊業的發展趨勢

1. 全球遊客人數每年將繼續增長約 4%。
2. 由於人們擁有時間和金錢，全世界約有 15 億人口的成熟市場中，將有很高比例的遊客。
3. 其他住宿和交通方式，例如 Airbnb、VRBO 和 Uber 為消費者提供更多選擇和便利。
4. 中國市場的急起直追。
5. 愈來愈多的旅行者，希望發現原始且獨特的地方。
6. 新生代喜歡追求刺激冒險。
7. 總體而言，過去幾十年來，不僅對生態旅遊的認識有所提高，而且在增強和保護自然遺產和文化的方式上也有所增加。
8. 綠色旅遊 (green tourism) 之所以持續發展，是因為消費者對永續旅遊的關注。
9. 各國政府越來越認識到旅遊業的重要性，它不僅是一種經濟力量，而且是日益重要的社會文化力量。請參見圖 2-6，以了解旅遊業的職業途徑示例。
10. 行銷合作夥伴關係和企業聯盟將繼續增加。
11. 就業前景將繼續改善。
12. 過去幾年的主要發展之一是引入了更加環保的車輛和燃料。 混合動力汽車也正在興起，這是一種改進後的汽柴油發動機和電動發動機的混合。
13. 越來越多的汽車和租賃汽車配備了全球定位系統 (GPS)，也稱為汽車導航系統。
14. 許多汽車租賃公司正在簡化工作流程，讓他們的常客，不需到櫃檯辦理登記手續，改到自助服務亭提供的快速服務。不管在機場、酒店和火車站，到處都可以看到服務亭的服務趨勢，從而節省了匆忙旅行者的大量時間，並增加他們對公司的滿意度。
15. 夥伴關係也在不斷增加：灰狗海岸服務公司 (Greyhound Shore Services) 最近開始為洛杉磯的嘉年華郵輪公司 (Carnival) 和荷美郵輪公司 (Holland America) 提供接待服務；皇家加勒比海郵輪公司 (Royal Caribbean) 和名人遊輪公司 (Celebrity Cruises) 與灰狗公司在加利福尼亞和墨西哥的各不同港口均簽訂了合同。
16. 通過 Groupon 和 Living-Social 等網站的團體特惠，旅行者可以以較省成本的方式進行旅遊安排。
17. 目前旅遊業因為運輸和服務住宿，所產生的排放物約占全球排放量的 5%。因此，旅遊業的綠色倡議 (green initiatives) 不斷增加。
18. 全球體育賽事和「觀賞性體育運動」是旅遊業和經濟的發展。
19. 過去三年中美食旅遊引發愈來愈多人的興趣，有 2700 萬的美國人，出於美食目的而旅行，已花費近 120 億美元用於美食烹飪活動。

資料來源：旅遊觀光 2014 年趨勢，取自 http://www.slideshare.net/chrisfair/2014-travel-tourismtrends-28171651; http://www.trekksoft.com/en/blog/travelindustry-trends-2016

職場資訊

觀光旅遊業的工作乃提供旅客資訊、交通、住宿、商品與其他服務。觀光業在世界各地隨處可見，更是世界最大的雇主，如果餐廳或飯店的管理工作不吸引你，那麼，你也許會考慮觀光旅遊相關職業。

關於觀光職涯最好的建議，是在學校時就表現出你主動積極的一面，這極有可能為你自己在觀光業的第一個職位打開一扇門。及早充實經驗與涉獵相關知識是相當重要的，商業書籍、雜誌、旅行、研討會、課程、觀光會議局志工、業界實習、隨團旅遊，以及參與專業組織，都是可利用的途徑。在學時期的業界實習是相當有幫助的，實習工作可以提供自己可能無法發掘的機會。

觀光旅遊業因為電腦網路而正在改變。現在許多人可以取得以往必須依賴旅行社與導遊提供的資訊。然而，總是會有一群人願意花錢請別人提供這些服務。

這樣的機會大量存在於業務、行銷、公關、財務、會計、人資等等的領域中。也有許多公司在尋覓儲備幹部，並從基層開始訓練，當能力獲得肯定時，給予近乎無限的成長晉升機會。這些公司的共通點，就是需要有紮實學術背景的畢業生，但也必須充滿動機、熱誠與創意。

圖 2-6 觀光旅遊業的職涯範例

本章摘要

1. 旅遊的概念可以被定義爲吸引、容納和取悅以休閒或商務旅行的團體或個人。它可以按地理位置、所有權、職能、行業和旅行動機來分類。
2. 旅遊業涉及國際互動，因此涉及政府監管。一些組織，例如世界旅遊組織，負責環境保護、旅遊發展、移民、文化和社會等。

   旅遊業是世界上最大的行業和最大的雇主。它對其他行業產生的影響，有如公共交通、食品服務、住宿、娛樂和休閒等。這些影響被認爲具有乘數效應。
3. 科技的變化，對旅行會產生廣泛的影響，比如鐵路旅行影響了城鎮的建設，酒店紛紛設立在鐵路車站附近，並且開擴了美國西部；又如汽車旅行而有了汽車旅館的誕生，以及高速公路網絡的發展。又因商用噴氣式飛機的發達，使得較遠和具異國情調的地方，建造了度假勝地，同時帶動租車業務，也改變了我們看待地理的方式。巴士在旅行與旅遊業仍然發揮重要的作用，尤其是在租賃和旅遊服務方面。

4. 旅遊組織在多個層面上運作，包括國際、國內、州、城市等。聯合國世界旅遊組織 (UNWTO) 是當今最廣泛認可的旅遊組織。
5. 旅行社、旅行管理公司、批發商、國家旅遊局和目的地管理公司等，都屬於國家與其遊客之間的溝通中介。
6. 人們出差的原因很多，可分爲娛樂和商務兩種。旅客出於不同原因選擇目的地，如氣候、歷史、文化、體育、娛樂、購物設施和費用。
7. 從社會和文化的角度來看，旅遊可以增進國際理解，在經濟上改善貧困社區，也有可能因大量遊客而干擾當地文化。
8. 永續發展旅遊的概念下，社會需要有廣泛應遵守的義務及責任，尤其與旅遊政策、規劃和發展有關的事宜時，聯邦、州、地方政府，也要通過改善環境、物質及社會文化資源的品質，來協調旅遊及其發展。
9. 生態旅遊注重個人價值，這是一個有道義及良心的旅遊，並和永續旅遊業具有許多相同的期望。
10. 文化旅遊的定義，是出於對某個地區的歷史、藝術、文化遺產的興趣而進行的訪問，並且在最近幾十年中，這種旅遊越來越流行。
11. 自然旅遊的誘因，在於與大自然的互動，例如參觀國家公園。

重要字彙與觀念

1. 美國旅行社協會 (American Society of Travel Agents, ASTA)
2. 商務旅客 (business travelers)
3. 碳足跡 (carbon footprint)
4. 認證旅行顧問 (Certified Travel Counselor, CTC)
5. 電腦預訂系統 (Computer Reservation Systems, CRS)
6. 會議和訪客局 (Convention and Visitor's Bureaus, CVB)
7. 公司差旅經理 (corporate travel manager)
8. 每可用座位英里的成本 (cost per available seat mile, CASM)
9. 文化旅遊 (cultural tourism)
10. 生態系統 (ecosystems)
11. 生態旅遊 (ecotourism)
12. 生態旅遊者 (ecotourists)
13. 環境旅遊 (environmental tourism)

14. 道德旅遊 (ethical travel)
15. 地理旅遊 (geotourism)
16. 綠色倡議 (green initiatives)
17. 綠色旅遊 (green tourism)
18. 遺產觀光旅遊 (heritage tourism)
19. 輪輻式系統 (hub-and-spoke system)
20. 基礎設施 (infrastructure)
21. 已認證旅行社協會 (Institute of Certified Travel Agent, ICTA)
22. 相互依存關係 (interdependency)
23. 國際航空運輸協會 (International Air Transportation Association, IATA)
24. 國際民航組織 (International Civil Aviation Organization, ICAO)
25. 休閒旅客 (leisure travelers)
26. 乘數效果 (multiplier effect)
27. 國家旅遊組織 (National Tourism Organization, NTO)
28. 自然旅遊 (nature tourism)
29. 經濟合作發展組織 (Organization for Economic Cooperation and Development, OECD)
30. 太平洋區觀光旅遊協會 (Pacific Area Travel Association, PATA)
31. 愉快旅行 (pleasure travel)
32. 責任觀光旅遊 (responsible tourism)
33. 上部結構 (superstructure)
34. 永續觀光旅遊 (sustainable tourism)
35. 每個可用座位英里的總收入 (total revenue per available seat mile)
36. 遊覽 (tour)
37. 旅遊 (tourism)
38. 行程規劃商 (tour operators)
39. 旅客住房稅 (transient occupancy tax, TOT)
40. 旅行社 (travel agent)
41. 美國旅遊業協會 (Travel Industry of America, TIA)
42. 聯合國開發計畫署 (United Nations Development Program)
43. 聯合國教育、科學及文化組織 (United Nations Educational, Scientific, and Cultural Organizations, UNESCO)

44. 聯合國世界旅遊組織 (United Nations World Tourism Organization, UNWTO)

45. 假期套餐 (vacation packages)

問題回顧

1. 給予旅遊廣泛定義，並解釋為什麼人們有旅行的動機？
2. 簡要說明旅遊對經濟的影響。 列舉兩個會影響或促進旅經濟的旅遊組織。
3. 描述過去 50 年來，流行的旅遊方式發生了怎樣的變化。
4. 國際旅遊組織的目的是什麼？
5. 選擇一個旅遊產業的職業，並簡要概述您的職責。
6. 典型的商務旅行者與休閒旅行者有什麼不同？
7. 討論旅遊業對一個國家可能產生的正面和負面影響。

網路作業

1. 機構組織：世界觀光組織網址— www.world-tourism.org/

   概要：世界觀光組織是唯一致力於觀光旅遊領域的跨政府組織，也是全球觀光政策與議題的論壇。約有 138 個會員國家與地區。該組織的目的是推廣與發展觀光，使其成為促進世界和平與融合、經濟發展及國際貿易的重要方式。

   (1) 國際觀光創造多少消費？

   (2) 2020 年觀光願景預測了些什麼？

2. 機構組織：美國航空運輸協會網址— www.air-transport.org/

   概要：美國航空運輸協會是美國主要航空公司的第一個，同時也是唯一一個商業組織。其宗旨為促進航空運輸業之營運、安全、成本效益與科技提升，以支援並協助會員。該協會已致力於商用航空業的利益超過 60 個年頭，目前是全球交通運輸市場的重要成員。

   (1) 1978 年通過的航空解除管制法案 (Airline Deregulation Act) 造成哪些影響？

   (2) 航空業對社會大眾帶來什麼間接利益？

運用你的學習成果

1. 分析你的家人及朋友最近的旅遊計畫，並與課文中人們旅遊的理由互相比較。
2. 你如何推廣或改進自己社區的觀光？

建議活動

1. 上網找到一趟來回兩座城市間的
   (1) 60 天以上到期的機票
   (2) 7 至 14 天到期的機票
   (3) 隔天到期的機票
   比較這些票價並將結論與同學分享。
2. 轉到 hotels.com，在德克薩斯州達拉斯找到一家四星級酒店（一年中的任何一天，過夜）。現在，使用相同的日期和城市，在 priceline.com 和 kayak.com 上進行搜索，以查看是否可以使用其他搜索網站找到四星級酒店的更優惠價格。
3. 在 Internet 上搜索“溫德姆酒店”，然後嘗試查看其社交媒體網站。 他們使用 Twitter 嗎？Facebook 頁面？ 如果是這樣，他們如何利用社交媒體網站改善業務？

國外參考文獻

1. 世界觀光旅遊組織 (World Tourism Organization)，取自 www.unwto.org/aboutwto/index.php，2017 年 3 月 24 日 .
2. 世界觀光旅遊組織 (World Tourism Organization)，取自 www.unwto.org/aboutwto/index.php，2009 年 5 月 1。
3. 參考 Rosa Songel, “Statistics and Economic Measurement of Tourism,” 世界觀光旅遊組織，取自 www.unwto.org/statistics/index.htm，2009 年 5 月 1 日。
4. 參考世界旅遊及觀光旅遊委員會 (World Travel and Tourism Council), “Travel and Tourism: Economic Impact 2015 Aruba” 。
5 取自世界銀行 , “International Tourism, Expenditures (Current US$),” 取自 http://data.worldbank.org/indicator/ST.INT.XPND.CD, 2016 年 11 月 7 日。
6. 同上。
7. 有關於最新統計數據，請參考佛羅里達州州長旅遊會議網站，http://floridatourismconference.com/
8. 由 Hospitality Net 網站提供。
9. 同上。
10. 有關於地圖和實時數字，請參考以下網址 https://www.flightradar24.com/51,-2/8。
11. 參考網站 MIT. Airline Data Project, 取自 http://web.mit.edu/airlinedata/www/Res_Glossary.html, 2016 年 11 月 10 日。

12. 參考 Rail Europe，取自 www.raileurope.com/about-us/about-us.html
13. 參考 Eurail，取自 www.eurail.com/eurail-whereto-go。
14. 參考 Gray Line，取自 www.grayline.com/Grayline/info/aboutus.aspx，您可以在 Gray Line 網站上註冊之後，接到到有關於優惠、折扣、競賽，以及其他與旅行有關最新消息。
15. 參考 International Air Transport Association，取自 www.iata.org/about/mission。
16. 參考 International Air Transport Association，取自 www.iata.org/about/mission，2017 年 7 月 3 日。
17. 由 Courtesy of National Industry of America 提供。
18. 由 Courtesy of National Tour Association 提供。
19. 由 Courtesy of the American Society of Travel Agents 提供。
20. 由 American Society of Travel Agents 提供。
21. Minimax Travel 的 Susan Argon 於 2006 年 8 月 16 日進行的訪談。
22. 參考網站 The U.S. Travel Association answer sheet, 美國旅行協會答題卷 www.ustravel.org/answersheet
23. 參考 The Expeditioner, "How Many Americans Have a Passport," http://www.theexpeditioner.com/2010/02/17/how-manyamericans-have-a-passport-2/, 2016 年 11 月 15 日。
24. 參考 Elizabeth Boo, Ecotourism: The Potential and Pitfalls (Washington, DC: World Wildlife Fund, 1990).
25. 參 考 Hector Ceballos-Lascurain, "Ecotourism as a Worldwide Phenomenon," in K. Lindberg & D. Hawkins (Eds.), Ecotourism: A Guide for Planners and Managers(North Bennington: The Ecotourism Society, 1993), 12–14.
26. 參考 Kreg Lindberg, Megan Epler Wood, and David Engeldrum (Eds.), Ecotourism. A Guide for Planners and Managers, Vol. 2 (North Bennington, Vermont: The Ecotourism Society, 1998).
27. 國際生態旅遊協會網站 (International Ecotourism Society) 提供有關可持續旅遊業 (sustainable tourism) 相關新聞，連接及資源。
28. 參考 John R. Walker and Josielyn T. Walker, Tourism: Concepts and Practices (Upper Saddle River, NJ: Pearson, 2011), 380–382.
29. 參考 Gary McCain and Nina M. Ray, "Legacy Tourism: The Search for Personal Meaning in Heritage Travel," 取 自 http://www.sciencedirect.com/science/ article/pii/S0261517703000487, 2017 年 7 月 3 日。
30. 參 考 Ted Silberberg, "Cultural Tourism and Business Opportunities for Museums and Heritage Sites," Tourism Management 16:361–365, 1995.
31. 取自 UNESCO, "World Heritage List," whc.unesco.org/en/list, 2016 年 11 月 27 日。

臺灣案例參考文獻

1. 中央社 (2017)。觀光工廠成國內旅遊趨勢，2016 產值大增 15%。三立新聞網。2019 年 3 月 7 日取自： https://www.setn.com/News.aspx?NewsID=226304\
2. 食力 (2019)。最國際化的觀光工廠就在南部！國際亮點冠全臺！食力。2019年3月7日取自：https://www.foodnext.net/life/recipes/breakfast/paper/5852291441
3. 食力 (2019)。全臺觀光工廠人氣王與爆紅新星就在中部！食力。2019 年 3 月 7 日取自：https://www.foodnext.net/life/recipes/breakfast/paper/5616291465
4. 葉佩瑋 (2019)。累積造訪人次高達 6869 萬！全臺百花齊放的飲食類觀光工廠！。食力。2019 年 3 月 7 日取自：https://www.foodnext.net/news/industry/paper/5739291958
5. 高宜凡 (2007)。製造業轉型找藍海，觀光工廠下一步：從「有」 到 「有趣」。遠見雜誌。2019 年 3 月 7 日取自：https://www.gvm.com.tw/article.html?id=11798
6. 商周編輯部 (2018)。年吸 2000 萬旅客，金屬、糕點…甚麼都可以 DIY ！讓外國業者來臺取經的「觀光工廠」經營術。商周。2019 年 3 月 7 日取自：https://www.businessweekly.com.tw/article.aspx?id=23162&type=Blog
7. 葉佩瑋 (2019)。吃喝玩樂最能收買人心！飲食類觀光工廠如何做到人來前也來。食力。2019 年 3 月 7 日取自：https://www.foodnext.net/news/newstrack/paper/5739291558
8. 詹怡慧、鄭乃華 (2015)。21 家觀光工廠，聯手行銷大臺南。臺南產經。2019 年 3 月 7 日取自：http://www.businesstoday.com.tw/article/category/154685/post/201505120015/21
9. 網路家庭 (2019)。觀光工廠，蔚爲風潮。PChome online 新聞。2019 年 3 月 7 日取自：http://news.pchome.com.tw/magazine/print/po/taiwannews/1666/126167040068334002001.htm
10. 經濟部統計處 (2018)。近 6 年我國觀光工廠家數額翻倍。經濟日報。2019 年 3 月 7 日取自：https://money.udn.com/money/story/5612/3521065https:/workforce.nat.gov.tw/%e8%bf%916%e5%b9%b4%e8%a7%80%e5%85%89%e5%b7%a5%e5%bb%a0%e6%88%90%e9%95%b73%e6%88%90-%e7%b8%bd%e9%8a%b7%e5%94%ae%e9%87%91%e9%a1%8d%e7%bf%bb%e5%80%8d/
11. 鍾雨璉 (2019)。走馬看花很無聊！ DIY 體驗有不有趣才是觀光工廠亮點。食力。2019 年 3 月 7 日取自：https://www.foodnext.net/news/newstrack/paper/5616291560
12. 劉怡 (2019)。是觀光工廠，還是參觀工廠？ 在高度同質化競爭下做差異，走出屬於自己的路。食力。2019 年 3 月 7 日取自：https://www.foodnext.net/column/columnist/paper/5234291403

3 住宿

學習成果

閱讀及研讀本章後，你應該能夠：

1. 摘要飯店特許經營、管理合約與房地產投資信託的概念。
2. 描述飯店評級及分類系統。
3. 列舉出一些著名或特殊的飯店。
4. 描述全球化經濟及永續發展帶給飯店業的影響。

3.1 飯店開發

學習成果 1：摘要飯店特許經營、管理合約與房地產投資信託的概念。

住宿業是一個價值數十億美元的產業，其中包括約 5 萬 4,000 個物業和約 500 萬間客房。[1] 住宿業是一個透過特許經營和管理合同的形式，蓬勃發展顯著的行業；特許經營和管理合同一直是發展飯店業務的兩個主要推動力，一旦有獲得特許經營權的潛力，就不能阻止美國人的能力展現。近半個世紀，飯店業已發生了翻天覆地的變化，本章將會針對這個變化做說明。

一、特許經營

特許經營 (franchising)，有時也稱為加盟，是餐旅業中一種使企業不需自備資金，卻可藉由他人資金而得以迅速擴張的概念。公司或加盟主（franchisor，授權者）只需收取一筆費用，就會授予加盟者部分權利，例如：使用註冊商標、標幟、作業系統、作業流程與訂位系統、行銷 know-how 及採購折扣等。反之，加盟者（franchisee，授權者）藉由簽訂特許合約，並依據加盟業主制訂的相關規則經營餐廳、飯店等。特許經營的商業模式，有利於欲迅速擴張事業，或擁有資金卻缺乏專業與知名度的加盟者。有些企業採單獨營業據點加盟，有些是以區域加盟的方式。

美國的加盟飯店起源於 1907 年，當時麗池開發公司 (Ritz Development Company) 以麗池 - 卡爾登 (Ritz-Carlton) 之名，在紐約市開放加盟，而豪生飯店 (Howard Johnson) 則是於 1927 年開放加盟，並且在 1954 年建立了第一座汽車旅館，讓該公司迅速地拓展版圖，從東岸開始，前進到中西部，最後在 1960 年代中期進入加州。

> 給予員工正面的回應，對一位飯店經理來說是很重要的。如果你的員工覺得自己屬於這個團隊，而且為了共同的目標打拼，他們就很可能會有最理想的工作表現。
>
> Margaret Price, Mountain View Resort, Asheville, NC

目前為世界最大住宿業者——洲際飯店集團 (Intercontinental Hotel Corporation)，源自於假日飯店 (Holiday Inns)，再透過特許加盟的策略，使集團不斷成長茁壯。假日飯店的起源，是 1952 年開發商凱蒙斯．威爾遜 (Kemmons Wilson) 與家人渡假時，一段令人失望的經驗，因為他必須為了他的孩子額外訂一間房間。因此，威爾遜決定蓋一家中價位的家庭式飯店或汽車旅館，每一個房間都有舒適的格局與兩張雙人床，讓孩子們可以免費與父母同住。由於 1950 ～ 1960 年代早期的經濟起飛，假日飯店的規模與知名度有所成長，增設了餐廳、會議室與休閒設施，也升級了傢俱與客房內的硬體設備，甚至完全揚棄了過去中價位住宿業者的概念。

在夏威夷威基基瓦胡島，遊客可以享受位於希爾頓村莊的飯店。

北美洲擁有眾多飯店品牌的擴展品牌與特許加盟飯店品牌。特許加盟飯店主要的發展狀況，仍維持在北美洲，國際市場的發展機會相對較少，這是因爲目前支持飯店財務的資金不易取得。新千禧年飯店加盟主的品牌策略，似乎受到併購與正處於巔峰的市場影響，儘管成長持續不變，但飯店公司與加盟者之間的關係卻依舊緊張。這種緊張關係存在的原因，包括各種的費用、服務、訂房審查與標準的維持。

假日集團 (Holiday Corporation) 成功發展的關鍵因素之一，是由於該公司為第一家涉足中價位市場的公司之一。另外，這些小飯店或汽車旅館通常不設點在昂貴的市區，而是選擇靠近重要的高速公路交流道與價位合理的郊區。另一項成功的原因，是他們提供的價值，以合理的價格就可得到舒適的環境，不需要高級飯店的奢華裝飾。時至今日，中價位的飯店或汽車旅館品牌琳瑯滿目，如：萬怡酒店 (Courtyard Inn)、戴斯酒店 (Days Inn)、麗笙酒店 (Radisson Inn)、華美達酒店 (Ramada Inn)、喜來登酒店 (Sheraton Inn)、福朋酒店 (Four Points)、品質酒店 (Quality Inn)、希爾頓酒店 (Hilton Inn) 及假日酒店 (Holiday Inn)。

就在這個時候，新興的平價汽車旅館也趁勢崛起，如位於加州的 Motel 6（營業初期每晚房價 6 塊美金而得名）已悄悄地遍及美國各地。Days Inn 的發展也是如此。從事營建業的塞席爾．戴 (Cecil B. Day) 與他的家人渡假時發現，假期飯店的價格太貴，他於是購入廉價的土地，並且興建兩層樓以下的建築以壓低成本。這些靠近高速公路的飯店與汽車旅館，主要銷售對象是商務旅客與出遊的家庭，所以推出低價位且沒有額外裝飾與服務的住宿服務。爲了壓低成本，有些建築物採用模組化建築 (modular construction) 的方式，整個房間是在其他地方建造完成後，才運到工地一個一個組合起來。

希爾頓 (Hilton) 與喜來登 (Sheraton) 直到 1960 年代才開放特許加盟。特許經營是飯店與汽車旅館在 1960、1970 與 1980 年代期間最主要的經營成長與發展策略。然而，這樣的經營模式卻帶給加盟主維持品質的標準與避免加盟者的財務困境兩大挑戰。

驅動特許加盟模式成長的因素，包括：

1. 新穎的外觀（在路邊給人的感覺）。
2. 地點：鄰近高速公路、機場與郊區。
3. 擴張於美國各個小型城市。
4. 新的市場：接近高爾夫球場與其他景點的位置。
5. 海外擴張：提高品牌知名度的行動。

對於加盟主來說，要把所有危及品質標準的可能性訴諸文字是很困難的。近來的特許加盟合約，對於外觀維護與顧客服務水準，已經有較爲明確的規範。加盟金則根據雙方合約而有所不同，然而，一般的合約多以客房收入的 3 或 4% 爲基準。全球最大的飯店特許經營商，包括溫德翰姆公司 (Wyndham Worldwide) 、精品酒店（Choice Hotels International，紐約黑石集團的子公司）、洲際飯店集團 (Intercontinental Hotels Group)、希爾頓全球飯店集團 (Hilton Worldwide) 、雅高飯店 (Accor)、喜達屋 (Starwood —— 2016 年被萬豪國際集團收購）及最佳西方酒店（Best Western，或稱貝斯特韋斯特）。圖 3-1 顯

飯店公司	客房數	加盟飯店數	飯店總數
Wyndham Worldwide (Wyndham, Day's Inn, Howard Johnson, Ramada, Knights Inn,Super 8, Travel Lodge, Villager Lodge, Wingate Inn, Hawthorn Suites, Microtel Inns & Suites)	588,000	7,200	7,440
Choice Hotels International (Clarion, Quality Inn, Comfort Inn, Econolodge, Friendship Inn, Mainstay, Roadway Inn)	500,000	6,300	6,300
Intercontinental Hotels Corp. (Inter-Continental Hotels & Resorts, Crowne Plaza Hotels & Resorts, Hotel Indigo, Holiday Inn Hotels & Resorts, Holiday Inn Express, Staybridge Suites, Candlewood Suites)	674,000	4,400	4,600
Hilton World Wide (World of Astoria, Home 2 suites, Hilton Hotel, Hilton Garden Inn, Doubletree, Embassy Suites, Hampton Inn, Homewood Suites, Conrad Hotels, Hilton grand vacations)	650,000	3,175	4,000
Marriott International (JW Marriott, Marriott Hotels & Resorts, Renaissance Hotels & Resorts, Courtyard by Marriott, Residence Inn, Fairfield Inn, TownePlace Suites, SpringHill Suites Horizons, The Ritz-Carlton Hotel Company, L.L.C., The Ritz-Carlton Club)	532,476	3,400	3,400
Carlson Hospitality Worldwide (Regent International, Raddison, Country Inn & Suites, Park Plaza, Park Inn Hotels)	169,427	926	1,300
Accorlbis (All seasons Suite, a diago, Hotel F1, Novotel, Mercure, Red Roof, Motel 6, Studio 6, etc.)	495,433	1,096	4,100
Starwood Hotels & Resorts Worldwide (St.Regis, The Luxury Collection, W Hotels, Sheraton, Four Points Sheraton, Westin)	355,000	678	1,169

圖 3-1 最大的特許經營和管理契約連鎖飯店。

示特許經營及管理飯店在頂級連鎖飯店的發展狀況。

特許經營帶給加盟主與加盟者的好處與壞處皆有。

加盟者得到的好處：
1. 現成的營業計畫與細則。
2. 全國性的廣告宣傳。
3. 中央訂位系統。
4. 採購傢俱、硬體與器材達一定數量時的折扣。
5. 列名在加盟主的商家名錄上。
6. 信用卡公司收取的手續費較低。

加盟主得到的好處：
1. 市占率與知名度的拓展。
2. 加盟金與其他費用收入。

對於加盟者的壞處：
1. 申請加盟與退出加盟時，需支付高額費用。
2. 中央訂位系統提供的訂位，數量通常只有 17 ～ 26%。
3. 加盟者一定要遵守加盟主的合約。
4. 加盟者一定要維持加盟主制定的所有標準。

特許公司取得的好處：
1. 增加市場占有率和知名度。
2. 預付費用收入。

特許經營公司的弊端：
1. 在選擇加盟商時，需要十分謹慎。
2. 標準化難以控制

特許經營在北美洲與其他地區，仍然是一種受歡迎的飯店經營擴展模式。

二、管理合約

自1970年代以來，管理合約(management contracts)對於飯店業快速的發展的確有作用。因爲飯店業者只需要少許或根本不需要前置資金或資產，因而相當受到歡迎。即使飯店業者參與了飯店的興建，飯店的所有權一般歸屬於大型的保險公司，加州La Jolla萬豪飯店(La Jolla Marriott Hotel)的案例說明，萬豪集團花費近3,400萬美金興建這家飯店，後來以將近5,200萬美金完工價賣給一家大型投資銀行潘恩韋伯(Paine Webber)。不錯的投資報酬率，是吧？

管理合約通常允許飯店管理公司以5年、10年或20年的時間來經營飯店。藉此，飯店管理公司可以收取管理費，通常是營業毛利或淨利的百分比，一般是毛利的2～4.5%，以2%的費率較爲普遍，但可根據獲利能力調整獎勵金；有些合約採用第一年只收取2%、第二年爲2.5%、第三年3.5%，依此類推；目前多數採用收取總營收與營業利潤的百分比，通常是2%＋2%，但由於飯店管理公司之間激烈的競爭，過去幾年來已經使管理費用降低。近年來，愈來愈多飯店業者選擇管理合約，因爲與實際擁有飯店相較起來，只負責管理且被綁住的資金少了許多，這讓業者在美國與國際市場上更加快速的擴張。

飯店管理公司的合作對象，常常會選擇與不想或沒有能力經營飯店的地產開發商及業主，從中建立有利的合作關係。通常飯店管理公司，在中央訂位系統(centralized reservation system, CRS)的架構之下，負責提供專業經營與行銷業務。

有些管理公司是以建築群、地區或國家爲單位，管理手上的物產，管理的飯店等級相當，因爲等級相當，所以能有效提升物產管理公司投入的資源，而非各種不同的類型。近來的管理合約，已經開始要求增加對管理公司權益的承諾。除此之外，物產業主的經營決策也有更多選擇，這是以前少有的。

由於全球性的擴張，飯店管理公司可以主動尋找當地夥伴或業主，並以合資企業的型態進行合作。現在的飯店管理公司處在一個極度競爭的環境，加上飯店事業與大多數的產業一樣，經營型態已有所改變，管理公司必須隨之適當調整腳步。管理合約的經營模式對飯店業主而言，要求比過去更好的經營成果與更低的管理費用，而對管理公司而言，是尋求永續的合作與更多的股權。

三、不動產投資信託

不動產投資信託(real estate investment trusts, REITs)早在1960年代就已經存在。早期，REITs大多爲抵押品的持有者。但在1980年代，REITs開始直接持有物產，通常針對特定的種類，如飯店、辦公大樓、公寓、購物中心及療養院所。現今，市場上大約有數百家不動產投資信託 REITs，透過經營知名品牌，並以超越 1000 億美金的總額在市場進行交易，例如：精選國際飯店集團公司 (Choice Hotels)、希爾頓逸林酒店 (DoubleTree)、使館套房 (Embassy Suites)、假日飯店 (Holiday Inn)、凱悅飯店 (Hyatt) 及萬豪飯店 (Marriott)。投資人喜歡 REITs，是因為不但沒有所得稅的問題，而且會把至少 95% 的淨收入分配給股東。除此之外，由於 REITs 的交易方式與股票一樣，因此比起有限合夥或直接持有地產，更容易在市場進出，使得 REITs 在飯店業中有「行動力」的代名詞。

.inc 企業簡介

溫德姆度假村

(Wyndham Hotels & Resorts, Inc.)

溫德姆飯店及度假村包括溫德姆飯店、溫德姆大飯店、溫德姆花園、TRYP、溫蓋特、霍索恩、Microtel、華美達、霍華德．約翰遜、貝蒙特飯店及套房、戴斯 Inn、Super 8、旅屋飯店 (Travelodge) 和 Knights Inn。溫德姆是旅遊服務的領導廠商，包括住宿特許經營、度假租賃、度假交換和度假所有權，提供的住宿設施從廉價到高檔不等，加上品牌效益，也吸引了多元化的消費者。

溫德姆酒店集團作為特許經營者，授權獨立企業的所有者和經營者使用品牌名稱，也無需承擔大筆業務風險和費用。特許經營者不負責經營加盟者的飯店，而是提供協調和服務，使特許加盟者可以保留對在地活動的控制權，也可從廣泛推廣的品牌名稱、完善的服務標準、全國和地區直接行銷、聯合行銷計畫、批量購買折扣的規模經濟中受益。溫德姆透過監控品質，控制並廣泛推廣品牌，且對獨立特許加盟經營商要求收取的特許經營費，相對於特許加盟經營商所增加的獲利而言，相對較低。

通過特許經營，溫德姆控制了自有的風險，並能夠保持較低的營運費用。此外，與其他特許經營企業相比，溫德姆更免於受到經濟周期性的影響。

透過特許加盟共同創造的群聚臨界質量，使整體更具價值，而不僅是產業各組成的加總，從而賦予行業絕佳的購買力和市場控制力，並能在銷售成績展現效力。

7,600 萬嬰兒潮的世代正處於退休階段，這一趨勢還將持續數年。這些人主要消耗兩件事：旅行和住宿。鑑於這種趨勢，從飯店市場到分時度假運營商，多元化發展意義更為重要。

自我檢測

1. 什麼因素改變了飯店業的本質？造成了什麼影響？
2. 用你自己的話來定義特許經營與管理合約。
3. 什麼是「不動產投資信託」(REITs)？為什麼會吸引投資者？

3.2 飯店的分級與分類

學習成果 2：描述飯店評級及分類系統。

根據美國飯店業協會 (American Hotel and Lodging Association, AH&LA) 提供的資訊，美國住宿業是由 5 萬 3,432 家不動產所構成，總客房數爲 500 萬間。[2] 不同於其他國家，美國並沒有官方飯店分級制。美國汽車協會 (American Automobile Association, AAA) 以鑽石作爲飯店評等，而福布斯旅遊指南 (Forbes Travel Guide) 則是以 5 顆星作爲評等依據。

飯店等級	💎	💎💎	💎💎💎	💎💎💎💎	💎💎💎💎💎
整體	1.價格便宜 2.基本的舒適度，清潔度和友好 3.小大堂和前臺 4.一般訂單	1.價格適中 2.高於基本配備的標準 3.房間普通，帶有一些裝飾，也許還有一張桌子	1.良好的房屋外觀、設計和景觀 2.吸引商務和休閒旅客 3.房間比一兩個鑽石等級的飯店更舒適 4.有些配有書桌和沙發 5.平板電視	1.更令人愉悅的飯店外觀 2.更多高檔床和傢俱 3.高水準的服務 4.平板電視 5.一間或多間餐廳 6.客房服務	1.出色的房屋外觀、設計和景觀 2.房間特別 3.非常舒適的床和非常高檔的傢俱 4.32～42英寸純平電視 5.出色的服務和設施 6.禮賓服務 7.禮賓部 8.特色餐廳，也許還有一家略為休閒的餐廳 9.客房服務

圖 3-2 美國汽車協會鑽石分級指南 （資料來源：飯店住宿管理協會）

美國汽車協會主要視察及評鑑北美洲各國的飯店，每年會使用描述性標準評鑑美國、加拿大、墨西哥與加勒比海的 6 萬間飯店中，但不到 33% 可以得到 5 星鑽石的最高榮譽[3]（圖 3-2）。

1. 單鑽級的飯店必須有簡單的外觀，並且能滿足基本的住宿需求。
2. 雙鑽級飯店必須有一般水準的外觀，並且具備些許美化景觀與醒目的室內裝飾。
3. 三鑽級飯店必須透過較高服務品質與舒適度，來呈現一定程度的細膩感。
4. 四鑽級飯店必須具備極佳的外觀，以及不需等客人開口的服務水準。

5. 五鑽級飯店必須提供最高水準與最細膩的服務。

飯店也可依據地點、價格，以及提供的服務種類加以分類，顧客可以透過這些分類及自己的標準，選擇適合的飯店。依據這些條件區分的飯店類型如下：

1. 依據地點：市中心、豪華、頭等、中級、經濟、套房。
2. 渡假飯店：豪華、中級、經濟、套房、共同公寓、分時渡假、會議。
3. 機場：豪華、中級、經濟、套房。
4. 高速公路：中級、經濟、套房。
5. 依據價格：豪華、全套房、高價位、中價位、經濟、平價。
6. 依據服務水準：豪華、全服務、中級、長住、有限服務、經濟。
7. 依據顧客種類：會議、觀光、商務、長住、複合式飯店、假期所有權、家庭。
8. 依據服務種類：SPA、家庭、夫妻、渡假飯店、會議、商務。
9. 賭場：豪華、中級、經濟。
10. 民宿。

廉價 $49-69	經濟的價格 $69-135	中等價格 $99-169	高檔價格 $149-279	豪華價格 $299-699	全套房式價格 $149-249
	Holiday Inn Express	Holiday Inn	Holiday Inn	Crown Plaza	
	Fairfield Inn	Courtyard Inn Residence Inn	Marriott	Marriott Marquis Ritz-Carlton	Marriott Suites
		Days Inn	Omni	Renaissance	
		Radisson Inn	Radisson		Radisson Suites
	Ramada Limited	Ramada Inn	Ramada		Ramada Suites
	Sheraton Inn	Sheraton Inn Four Points	Sheraton	Sheraton Grande	Sheraton Suites
			Hyatt	Hyatt Regency Hyatt Park	Hyatt Suites
Sleep Inns	Comfort Inn	Quality Inn	Clarion Hotels		Quality Suites Comfort Suites
		Hilton Inn	Hilton	Hilton Towers	Hilton Suites
		Doubletree Club	Doubletree		Doubletree Suites
Thrift Lodge	Travelodge Hotels	Travelodge Hotels	Forte Hotels	Forte Hotels	
			Westin	Westin	
Sixpence Inn	La Quinta				
E-Z-8	Red Roof Inn				
	Best Western				
	Hampton Inn				Embassy Suites

圖 3-3 飯店依據價位分類

人物簡介

法樂莉．佛古森 (Valerie Ferguson)
前美國飯店協會主席與洛茲飯店副總裁

揚名立萬這件事對於許多人來說，似乎就像個口號與容易達到的目標，然而對於法樂莉．佛古森來說，卻是嘔心瀝血的成果。她經常提到掌握機會及將自己的興趣帶入工作之中，對這位非洲裔美國人來說，日子並非總是如此輕鬆。身為 Loews 賓州飯店的董事總經理，以及 Loews 飯店集團的副總裁，她對於今天的成功有著訴說不完的故事。她生命中最重要的榜樣之一，就是她的父親——山姆．佛古森 (Sam Ferguson)。她說：「我們有非常好的父女關係，他總是支持著我，但他從未替我預設未來的目標」。法樂莉的父親曾在她就讀過的加州小學校，擔任生命科學課程的主任。

法樂莉在舊金山大學取得政治學學位，但後來了解法律不是她心之所向，決定搬到亞特蘭大，並在當地的君悅飯店找到夜班櫃檯的工作。她馬上就愛上了飯店業，並視為一項挑戰。然而，很快地她就了解到真正的挑戰，是來自於她的種族與性別。她說：「當時我在商場上仍是個新手，但我很快地了解到光是努力工作是不夠的，想要成功，你就得要有辦法表明自己的目標。」

她把自己在餐旅業的事業稱做是「一生難得的機會」，她相信住宿業是美國經濟的一股重要力量，因此她拜訪各重要產業，並參與各種組織與活動，以鼓勵飯店業者招募代表新世代的年輕男女。她也積極簇擁飯店業者去開創多元的工作團隊，以因應實際的市場情況。

法樂莉的成功來自於踏入社會與人廣結善緣，她曾任美國飯店協會董事會主席，並仍在該協會的多樣性委員會 (Diversity Committee) 服務。她曾經被君悅飯店集團提名為年度最佳總經理；多年來，也曾任職於亞特蘭大君悅飯店主管階層、芝加哥 Lodge 飯店、密西根州弗林的君悅飯店，以及亞特蘭大的君悅機場飯店。她在餐旅住宿業的傑出表現與貢獻，也得到各種獎項的肯定，如：《黑檀木 (Ebony)》雜誌提名為美國 100 大黑人女企業家之一；獲得亞特蘭大商業先鋒聯盟獎 (Atlanta Business League Pioneer Award)；榮獲女性餐旅高階主管組織 (Network of Executive Women in Hospitality) 的年度女性獎。；獲頒向非裔美人成就致敬的透納廣播公司小號獎 (Turner Broadcasting Trumpet Award)。

法樂莉在結束與麗池飯店及君悅飯店長達 23 年的合作關係後，曾於 1995 年擔任亞特蘭大麗池飯店的總經理，後來又擔任亞特蘭大君悅飯店的總經理、洛茲賓州飯店董事總經理。洛茲飯店的區域副總裁比爾．羅德斯 (Bill Rhodes) 表示：「她對於成長與學習的動力」是最令他印象深刻的。他又說道：「法樂莉對於專業知識的學習感到著迷，並且對任何情況與機會毫無畏懼。

續下頁

承上頁

她信心滿滿並且全心投入，展現出極佳的領導能力。」她從客房部主任一路爬到客房部主管、房務部副主任與前檯經理。君悅飯店執行副總裁，同時也是法樂莉早期的主管艾德．魯賓 (Ed Rubin) 說：「她從一開始就表現出能力與意願來了解與學習這個行業，並在此過程中贏得了顧客與同事的肯定。」

洛茲飯店開幕時，法樂莉對於與一家剛成立的公司一起冒險，感到相當興奮。洛茲的總裁兼執行長強納森．提西 (Jonathan Tisch) 和她，一起服務於美國飯店協會的董事會而成為親密的好友。更接替提西而成為主席。她也是該協會第一位非裔美國人主席，以及第二位女性主席。她對餐旅業下了這樣的註解：「餐旅業是美國夢最後剩下的一絲痕跡之一，在這裡，不論從多麼卑微的起點都可以抵達成功的終點站。」

她良好的人際關係對她當之無愧的成功有極大的貢獻。法樂莉與員工們相處融洽，並總是協助他們設定與達成更高的事業目標。艾德．魯賓強調：「她對各行各業的人們有著強烈的同理心，這就是她成功的原因。」她堅持倡導職場與市場的多元化，並且將繼續為此盡心盡力，因此她善用了她政治學的學位，支持當地飯店協會提出的方案，以對抗會傷害當地經濟的住宿稅。

法樂莉的職場生涯有說不完的事蹟，她以所做的事為榮，而且堅信自己還不斷攀上成功的階梯。她也為其他女性與弱勢團體奮鬥，使他們了解外面的世界充滿了機會，應該要有遠大的目標。她認為機會的均等，「不應該來自於聯邦政府的法令，或是其他產業團體的壓力，推動改變的力量必須來自於我們每個人的內心深處。」

資料來源：Lodging，1998 年 5 月 23 日

www.loewshotels.com；www.ahma.com；www.hotel-online.com

一、市區飯店

市區飯店 (city center hotel) 依據設置的地點，及符合商務或觀光旅客的需求。這些飯店可能是高級的、中價位的、商務的、套房式的、經濟實惠的或是住宅型的，提供多樣的住宿設施與服務，如：豪華飯店 (luxury hotel) 提供最頂級的裝飾、管家服務、接待員、特別的接待樓層、秘書服務、電腦、傳眞機、美容沙龍、SPA、24 小時客房服務、游泳池、燙衣服務、票務中心、航空公司辦事處、汽車租賃及值班醫護人員。一般來說，豪華飯店都附有一家招牌餐廳、咖啡廳或同等級的著名餐廳；一家娛樂廳 (lounge) 、一家著名酒吧、數個會議室、一座宴會廳，也可能會有一家奢華的夜店。位於芝加哥的杜拉克飯店 (Drake Hotel) 就是一家市區豪華飯店。而紐約中價位飯店，如華美達飯店 (Ramada Hotel) ；經濟型的則有 Days Inn；套房型的 Embassy Suites。

二、機場飯店

機場飯店 (airport hotel) 因爲往返於主要機場的大量旅客，而享有高住房率。機場飯店的旅客包含了商務旅客、旅行團與觀光客。搭乘早班或晚班飛機的旅客，可以在機場飯店過夜，而其他的旅客則可以在等待轉機時小歇片刻。機場飯店一般的規模爲 200 ～ 600 間客房，並且提供全套服務，爲了體貼仍在適應時差的旅客，客房服務與餐廳的營業時間較長，甚至提供 24 小時的服務；中價位的機場飯店則設有販賣機。

有鑒於機場飯店的競爭日趨激烈，一些業者增加了會議空間，以迎合專爲開會而來的商務旅客，藉此可爲旅客免除往返市區與機場的舟車勞頓。另外，幾乎所有的機場飯店都有提供往返機場間的免費專車接駁。

便利的地點、實惠的價格、往返機場間迅速便宜的交通運輸，都是機場飯店成爲商務旅客選擇的原因。根據達拉斯君悅機場飯店 (Dallas Hyatt Regency Airport Hotel) 的行銷業務總監布萊恩．布施 (Brian Booth) 的說法，機場飯店對於旅行團來說是相當划算的選擇，尤其往返飯店與機場間的交通通常是免費或非常便宜。全美地點最便利的機場飯店之一就是邁阿密國際機場飯店 (Miami International Airport Hotel)，該飯店就位於機場內，而美國 BWI 走廊（巴爾的摩／華盛頓瑟古德．馬歇爾國際機場的縮寫），則是另一個飯店住房率高度成長的區域。

三、高速公路飯店與汽車旅館

高速公路飯店與汽車旅館 (freeway hotel and motel) 崛起於 1950 與 1960 年代，美國人於此時興建了許多暢行無阻的道路，也提高了住宿的需求，因此需要地點便利、價格合理，且有適當裝潢的住宿地點。旅客可輕易地將車開入飯店，把車停放在櫃檯外面登記住房，再把車停在房間外面。經過多年的發展，設施愈來愈多，如：有娛樂廳 (lounge)、餐廳、游泳池、販賣機、遊戲室及衛星電視等。

萬豪國際集團已收購喜達屋全球飯店及度假村

汽車旅館通常聚集在市區外圍的高速公路下閘道附近，有些採用模組化建築而成，汽車旅館每 100 個房間，只雇用 11 位員工，大大節省人力成本的支出，加上土地、建築與營運成本的節約，使銷售上能以較低價格反應到顧客身上。

四、賭場飯店

賭場飯店 (casino hotel) 事業正成爲娛樂事業中，財務上相當重要的主流，同時正在重新塑造美國的經濟。賭場飯店與其他飯店並不相同，因爲飯店的收入主要來自於賭金而非客房。休閒娛樂事業已成爲刺激美國經濟成長的重要動力，它提高了消費者的購買力，也創造出這個產業的絕佳前景。而在娛樂領域中成長最快的博奕事業，將會在本書第 12 章做深入討論。

雖然賭場只限成年人進入，但飯店業者知道，若飯店適合全家光臨，就會吸引更多家庭，因此，賭場飯店正朝著「家庭式」飯店的經營方向前進。位於拉斯維加斯的馬戲團飯店 (Circus Circus) 早在十幾年前就有觀念的先驅，發展至今，已有許多賭場跟進，提供全天的褓母服務、小朋友喜愛的遊樂園、馬戲團、博物館及餐廳內的兒童菜單。賭場飯店除了提供賭場娛樂，另外還可享受各國美食、舒緩身心的健康 SPA、舞廳，以及眩目繽紛的舞臺表演。

現在的賭場飯店也把商務飯店的服務納入行銷範圍，客房的辦公空間，加入了傳眞機、影印機與電腦資料傳輸埠，還提供全套服務的商務中心、旅客中心及客房服務，較大型的賭場飯店甚至還提供大型會議的服務。

位於美國內華達州天堂市賭城大道上的豪華酒店與賭場「凱薩宮酒店 (Caesars Palace)」

五、會議飯店

會議飯店 (convention hotel) 提供會議相關設施，也會在飯店內部或周圍設置數個宴會廳，滿足參與或舉辦會議的團體之需求。會議飯店同時也可以招攬季節性、大量的觀光客，因爲典型的會議飯店會有 500 間以上的客房，並有較大的公共空間，任何時間都能容納數百人。會議飯店的雙人住房率 (double occupancy) 高，而且客房內也會有兩張大床 (queen-sized bed)。客房服務、館內洗衣、商務中心、旅客服務檯及機場接駁服務，都是會議飯店基本的服務項目。

六、全服務飯店

飯店依據提供服務的程度區分，可分爲：全服務、經濟、長住與全套房服務。全服務飯店提供多樣的設施、服務與客房用品，如豪華飯店提供的酒吧、娛樂廳 (lounge) 與餐廳等各式餐飲服務；正式與非正式的用餐地點；會議與外燴服務；有些全服務飯店提供智慧客房或是一部分智慧客房的功能。智慧客房提供以下功能（持續增加中）：

1. 任天堂的 Wii 遊戲機。
2. INNCOM 國際公司提供的客房數位助理。
3. Sentry Light 公司的小型隱蔽緊急照明燈 (http://sentrylight.com/) (可下載廣告手冊的 pdf)。
4. INNCOM 國際公司的能源管理系統 (http://www.inncom.com/products/energymanagement/)。
5. INNCOM 國際公司的客房狀態控制系統 (http://www.inncom.com/products/guestroom-status/)。
6. INNCOM 國際公司的燈光控制系統 (http://www.inncom.com/products/lighting-controls/)。
7. First View Security 的數位門眼 (http://firstviewsecurity.com/about.htm)。
8. TeleAdapt 的萬能充電器 AnyFill (http://www.eleadapt.com/hotels/anyfill.php)。
9. Nanda 的落跑鬧鐘 Clocky (http://www.nandahome.com)。
10. Edge 科技公司的數位相框 (http://www. edgetechcorp.com/accessories/digitalpicture-frame.asp)。
11. Flame Free Candles 公司的可遙控燈柱 (http://www.flamefreecandles.com/index.php)。
12. Andis 的無聲離子照明吹風機 (http://www.andis.com/)。
13. Oxygenics 的 Tri SPA 蓮蓬頭 (www.oxygenics.com)。

14.Microsoft 的 Media Center。
15.Cover by WL Gore &Associates 公司的抗汙床墊。
16.SmartLine Waethermatic 智慧型灑水系統。

北美主要城市大多數都有具代表性的連鎖飯店，如 Doubletree、Four Seasons、Hilton、Holiday Inn、Hyatt、Marriott、Omni、Ramada、Radisson、Ritz-Carlton、Loew's、Le Meridian、Sheraton 與 Westin。有些業者將自己定位在基本的全服務飯店，如萬豪集團的萬怡飯店 (Courtyard Hotel)，提供小小的大廳和有限的餐飲品項，精簡的內容，反饋在更有競爭力的價格上。由此可見，全服務飯店的市場，也可再細分為高價位與中價位飯店。

七、經濟或平價飯店

經濟或平價飯店 (economy/budget hotel) 提供乾淨、大小適中與配備傢俱的客房，而少了全服務飯店的額外服務與設施。經濟型連鎖飯店，如：旅行者 (Travelodge) 、六號汽車旅館 (Motel 6) 、米克羅套房 (Microtel) 、戴斯酒店 (Days Inn) 與拉金塔旅館 (La Quinta) 。經濟型飯店之所以受到歡迎，是因為強調客房銷售，而非餐飲或會議服務，這讓飯店價格比中價位飯店低了 30%。經濟型飯店的客房數，大約占了整體飯店業的 15%，成長相當驚人。

最近切入這個市場的業者有普羅莫斯酒店集團 (Promus) 的希爾頓歡朋酒店 (Hampton Inns) 、國際萬豪酒店 (Marriott) 的萬楓酒店 (Fairfield) ，以及精品國際酒店 (Choice) 的舒適度飯店 (Comfort Inns) 。這些飯店裡面沒有餐廳或大量的餐飲供應，但提供歐陸式早餐 (continental breakfast) 。

經濟型飯店在經歷了過去 20 年的成長後，可能已經接近飽和，在不同的市場中已多達 2 萬 5,000 家。依經濟學的供需法則，如果一個地區有許多同質性飯店，勢必爆發價格戰以吸引顧客；有些業者會嘗試做出產品區隔，並強調價值而非折扣，也使經濟型飯店更加具有吸引力。

八、長住型飯店

長住型飯店 (Extended-Stay Hotels) 是服務長期住宿房客的飯店，一般飯店會希望縮短房客的住房時間，以提高翻房率；然而，長期房客希望「住愈久愈划算」。長住型飯店的房客大多是商務旅客、專業技術人員，或是出門在外的家庭所組成。

公寓飯店 (Residence Inns) 、坎德伍德與霍姆伍德套房酒店 (Candlewood and Homewood Suites) 在長期住宿市場位居領導地位，飯店提供完善的廚房設備與購物服務，或附設有便利商店。飯店大廳則提供免費的歐陸式早餐與夜間雞尾酒，有些飯店還提供商務中心與休閒設施。

九、全套房長住型飯店

全套房長住型飯店 (all-suite extended-stay hotel) 大多比同價位的一般飯店提供多 25% 的空間，多出來的空間通常作爲休息室或小廚房。

希爾頓集團的使館套房 (Embassy Suites)；萬豪集團的萬豪居家飯店 (Residence Inns)、萬楓套房酒店 (Fairfield Suites) 與萬豪廣場套房酒店 (Town-Place Suites) 、美國長住飯店 (Extended Stay America) 、俱樂部住宅 (Guest Quarters) 等都是這方面的領導者。坎特伍德套房飯店 (Candlewood) 有提供附有全套廚房設備的全套房長住型客房，但希爾頓的 (Embassy Suites) 則沒有全套廚房設備，套房裡的額外空間與完善的廚房對某些顧客來說是很大的優點。許多連鎖飯店旗下都有該類型的子公司，包括雷迪森酒店 (Radisson)、精品國際酒店 (Choice Hotels) 旗下的 Comfort 與 Quality Suites（主宰了平價全套房式飯店市場）、喜來登套房飯店 (Sheraton Suites) 、希爾頓的全套房、霍姆蓋特套房飯店 (Homegate Studios) ，以及溫德翰姆飯店的全套房。這些飯店提供出門在外、開會或出差，必須住宿 5 天以上的旅客，讓他們有一種回家的感覺。

該類型的飯店目前多達 2,500 家，多數設有商務中心，並提供雜貨購物與洗衣服務。長住型飯店的設計師必須了解，顧客想要的是一種家的氛圍。因此，許多飯店的建築中融入了社區的氣氛，讓房客們可以自在地互動。

十、民宿與度假租賃公司

Airbnb and VRBO 是指民宿與度假租賃公司，Airbnb 是提供住宿民宿的網絡，旅客能夠透過 Airbnb 查詢合適、房價低於酒店的短期住宿處。[4] Airbnb 遍布 3 萬個城市，提供了傳統酒店住宿外，另一種不錯的選擇。VRBO 是一家度假租賃公司，在美國和維爾京群島擁有超過 100 萬個住宿地（佛羅里達州就有 7 萬 2,000 個住宿地），VRBO 的房價是酒店的一半，很適合家庭度假、聚會和團體旅行。

十一、複合式飯店

複合式飯店 (condotel) 顧名思義，就是飯店 (hotel) 與共有式公寓 (condominium) 的綜合體。開發商興建複合式飯店是以公寓大樓單位的方式出售，所有權人可共同將公寓大樓以飯店客房或套房做運用。飯店管理公司與所有權人，都可藉由出租公寓獲利。公寓所有權人於固定時間內擁有使用權（通常為 1 個月），其餘時間則由飯店管理公司安排對外出租。

十二、多用途飯店開發

有些新的飯店被開發為多用途飯店 (mixed-use hotel) ，這類型的飯店裡除了飯店出租的客房外，還有眞正居民居住的「住宅 (residence)」公寓，不同於收租金的複合式飯店；當然，房客與居民可以使用的 SPA 與其他運動設施是一樣的。多用途飯店也可以是大型都市或渡假村的一部分，區域內可能有辦公大樓、會議中心、運動場館或購物中心。

十三、民宿

民宿 (bed and breakfast inn, B&B) 就如同大家所熟知，提供與一般飯店或汽車旅館不同的住宿體驗。根據《旅遊協助雜誌 (Travel Assist Magazine)》，民宿的概念起源於歐洲，起初是指於私人住宅過夜的住宿方式，民宿主人就住在該民宿內或民宿附近，提供清潔怡人的環境與早餐，因為民宿地點通常相當具特色，因此常令人難忘。民宿主人也會協助房客關於行程與餐飲的資訊，並且提供當地娛樂或景點安排的建議。

民宿提供另一種住宿體驗

民宿有許多不同的種類，價位從每晚 30 ～ 300 元美金不等。民宿可以是古意盎然的農舍，周圍有像薑餅屋的白色籬笆，充滿小巧溫馨的氣氛，且通常有 2 ～ 3 間客房；或是像洛磯山脈漫布的牧場、大都市中多房聯排別墅、農場、磚造別墅、小木屋、燈塔與宏偉的豪宅。網路可以發現，美國有許多的民宿[5]。

民宿業在美國會如此興盛有許多原因，商務旅客對於一些商務飯店複雜的住退手續感到厭煩，加上高漲的飯店房價，對價格較敏感的旅客，民宿市場便成為一大商機。此外，許多觀光客需要一個介於高級飯店和能與親朋好友同住的選擇，而民宿提供的正是這種服務，因此有「家以外的家」的貼切稱號。房客與主人共用的社區早餐，更是強化了這種氣氛。每一家民宿都具有主人的獨特性。主人的特殊品味與當地風情，也爲民宿增添了不同的風味，民宿主人對於大小事務通常是一手包辦，但有些則會雇用全職或兼職員工。

> 民宿業者嘗試給顧客的是一種特別的個人經驗，那是一種簡單、寧靜的渡假方式，且通常比大型連鎖飯店的價格更為平易近人。
>
> Rebecca Boulay, The Bed and Breakfast

十四、渡假飯店

渡假飯店 (resort hotel) 與鐵道旅行源自同一時期，當時，愈來愈多的人，渴望到各個旅遊景點渡假，尤其充滿異國風情的渡假景點，成爲旅遊體驗的部分樂趣。1800 年末期，爲了招待鋪設鐵道所帶來的旅客，出現了豪華渡假飯店。

著名的度假飯店如：位於西維吉尼亞州白硫磺泉 (White Sulphur Springs) 著名的格林布里爾酒店 (Greenbrier) 、加州科羅納多（靠近聖地牙哥）的科羅納多酒店 (The Hotel del Coronado) ，以及維吉尼亞州溫泉 (Hot Springs) 的加園飯店 (Homestead)。而在加拿大的班夫溫泉酒店 (Banff Springs Hotel) 與路易斯湖城堡 (Chateau Lake Louise) 吸引了當時的富豪名人們，蒞臨體驗洛磯山脈如畫的景緻。

那個時候的遊客們都深受渡假飯店、沙灘或是壯麗山景的吸引。這些渡假飯店中，有許多一開始是季節性營業。而汽車與空中旅行的普及，使位於偏遠地區的渡假飯店更容易到達，並且使能負擔的旅客增多，也因此使許多渡假飯店轉型成爲整年都可營業。

棕櫚泉 (Palm Springs) 到棕櫚灘 (Palm Beach) 這一帶，是充滿陽光的地區，渡假飯店也有如雨後春筍般紛紛成立。一些飯店著重在體能活動，如：滑雪、高爾夫球、釣魚，或是一些其他針對家庭設計的度假活動。空中與路上交通的改善，縮短了特殊旅遊景點與人們的距離，使歐洲、加勒比海與墨西哥不再遙不可及。但隨著大衆的假期規劃改變，使得一些渡假飯店開始面臨困境。

傳統長達 1 個月的家庭假期變短了，4 ～ 7 天的短暫假期變得更爲頻繁；過去的渡假飯店常客也隨著時間老去，但年輕族群偏愛汽車旅遊的機動性與新飯店所提供的輕鬆自在氣氛。

爲了在市場生存，渡假飯店對於不同類型的顧客必須更加敏感。舉例來說，某些飯店在旺季時不接受兒童，因爲他們會干擾到喜歡寧靜氣氛的客人，而其他飯店鼓勵家庭前往是不同的，如：君悅飯店的凱悅悅趣營 (Camp Hyatt) 就是一個明顯的例子。君悅飯店籌劃了一系列專爲兒童設計的活動，從而給予家長們享受自己時間的機會，或與孩子一起參加一些有趣的活動。許多渡假飯店也開始招攬各種類型的會議業務，使住房率獲得維持或提升，尤其是在淡季，以及淡旺季之間的過渡期。

參觀加拿大，艾伯塔省班夫國家公園的夢蓮湖（Moraine Lake），使遊客可以享受季節性的戶外活動。

旅客們來到渡假飯店是爲了放鬆與休閒。不論夏天或冬天，他們都想要一個可以放鬆並從事休閒活動的好天氣，但由於許多渡假飯店位於偏遠地區，因此房客們都有如籠中鳥般，在飯店裡一待就是好幾天，這一點給飯店經理們帶來了獨特的經營挑戰；季節性是另一項挑戰，全年營業的度假飯店，在某些期間住房率非常低；上述兩者也是招聘、訓練與延聘優秀員工上的挑戰。

有許多的旅客需長途跋涉到達渡假飯店，因此住宿的時間往往比在短期住宿飯店還要長，也使餐飲經理在菜單變化、呈現與服務上更加頭痛，爲了克服這個問題，渡假飯店通常使用循環菜單每 14 ～ 21 天重複 1 次的。此外，飯店還會提供種類多元的菜餚，以刺激顧客的興趣。現在的菜單較注重健康，除了口味更加清淡之外，飽和脂肪、膽固醇、鹽分與卡路里也都更低。

而供餐的服務方式更是琳瑯滿目，自助餐讓顧客從衆多陳列中自行挑選，而廣受歡迎；還有 BBQ、現場烹調、池邊餐會、特殊餐廳，以及鄰近飯店合辦的餐會，都給予顧客更多樣的選擇。

隨著日益激烈的全球競爭，除了飯店業，更來自於遊輪業者，渡假飯店的經理們必須設法吸引顧客，並且讓他們成爲常客。長久以來不斷接受市場挑戰，已是渡假飯店的生存基礎能力。

爲了提升住房率，業者已將行銷組合納入了商務會議、業務會議、獎勵團體、體育賽事，及其他運動休閒設施，如 SPA、探險旅程、生態觀光等。正因爲顧客們一直待在飯店裡，所以他們更期望無微不至的服務，訓練有素、隨侍在側的員工便更顯其重要性，然而這也是偏遠地區或開發中國家的度假飯店會遇到的挑戰。

當然經營渡假飯店也有許多的好處，比起其他類型的飯店，渡假飯店裡的顧客較為輕鬆自在，加上飯店位於風景秀麗的地區，使員工享有比其他類型飯店更好的生活品質，而常客也會把員工們當成朋友，使工作環境中增添了一份派對般的氛圍，也是渡假飯店普遍的現象。

十五、分時共享渡假旅館

假期所有權 (vacation ownership) 源自 1960 年代於法國阿爾卑斯山，已成為美國觀光業中發展最迅速的領域，每年以大約 15% 的速度成長。假期所有權提供消費者「以所有權成本的百分比」購買附全套傢俱的各類型渡假住宿設施，例如以週或點數為單位，消費者只要付出單次購買價格與年度維護費用，就可永久或是以事先約定的年數，擁有假期所有權。所有權人共享自有單位的使用權與維修費用，以及飯店中共同持有的部分。購買假期所有權的資金，通常有 5 ～ 10 年的消費性貸款，會依據購買金額與頭期款而有所不同。假期所有權的平均購買金額，從單間套房的 7,000 美元，到兩臥房組合的 1 萬 5,000 美元不等；而每年的維護費用，則按年繳交給屋主協會 (Home Owners Association) ，就像照料家庭一樣，屋主協會會運用飯店維護費，協助維持飯店的品質與未來的價值。

透過渡假俱樂部集點方案，可在數個渡假地點彈性住宿。俱樂部會員可購買旅行或房地產以換取點數，再將點數以貨幣的型式購買飯店特定季節、天數、不同大小的住宿設施。使用渡假設施所需要的點數，依據會員對於住宿單位大小、季節、渡假地點與設施需求而不同。渡假俱樂部對於所有權或永久所有權的契約，可能會有特定的條件。

假期所有權是一種策略正確的分時渡假方式。基本上，假期所有權指的是：某人在購買一個類似公寓單位後，擁有合約期限內的使用權，通常是以週為單位。擁有溫德姆酒店集團分支國際渡假公寓交換公司 (Resort Condominiums International, RCI)，的勝騰集團 (Cendant) 創辦人亨利．西佛曼 (Henry Silverman) 認為，分時渡假 (time-share) 是擁有 1 戶有 2 間臥室的套房，而非 1 間供短期住宿的飯店客房，而渡假俱樂部則是一種「玩到哪，住到哪」的產品。渡假俱樂部會員不必購買固定的週數、單位大小、季節、飯店或每年的渡假天數，而是購買代表貨幣的點數，以用來獲取俱樂部的假期福利。假期所有權的一大優勢，是產品具有彈性，尤其結合集點方案，加上並不與不動產共存，因此產品可與飯店的行銷計畫發揮良好的效果，如回饋方案。

不像飯店客房或出租別墅，每年都會要求增加費用，分時渡假的所有權使旅客能夠年復一年地享受渡假設施，在他們擁有的期間內，只需付 1 次費用與年度維護費。分時渡假所有權讓旅客得以省下長期不斷上漲的住宿費用，而能在渡假飯店中享受如家一般的舒適。

假期所有權是名符其實的另一個家，它以空間與彈性滿足了任何大小的家庭與團體需求。大多數假期所有權公寓包含：2 間臥室與浴室，單位大小從單人公寓到 3 間或更多的臥室。與一般飯店不同的是，不收額外的費用；第二個不同是，大部分的公寓內設有全套廚房設備與用餐空間、洗烘衣機、音響、DVD 播放機等。

分時渡假飯店的設施足可匹敵其他高級渡假飯店，包括游泳池、網球場、按摩浴缸、高爾夫球場、自行車及健身設備，有些甚至還附有小船、滑雪纜車、餐廳與馬術設施。大多數的分時渡假飯店會爲成人或兒童準備完整的室內外運動、休閒與社交活動的時間表。飯店內有訓練有素的專業員工，並設置服務檯以協助欲參觀當地景點的旅客。

世界觀光組織認爲，分時渡假是觀光旅遊業中成長最快速的類型。各家餐旅管理公司因應時勢，更積極加入品牌力量，如：萬豪國際渡假俱樂部、華特迪士尼公司、希爾頓飯店、君悅飯店、普羅姆斯的大使套房 (Promus' Embassy Suites)、洲際飯店，甚至連四季飯店 (Four Seasons) 也加入這個蓬勃發展的市場。儘管如此，在美國卻只有大約 4% 的家庭擁有假期所有權，依國際渡假公寓交換公司 (RCI) 估計，這個數字會在 10 年內，因爲家庭年收入高於 5 萬美金的家庭而增加至 10%，難怪餐旅管理公司會把這個事業當成搖錢樹。

國際渡假公寓交換公司 (RCI) 是最大的假期所有權交換公司（各會員可以與其他地區的會員交換假期），擁有 300 萬以上的會員家庭。在多達 3,700 家的渡假飯店中，RCI 會員可以在任何一家飯店與其他人交換假期[9]，因此，從佛州的西嶼 (Key West) 到夏威夷的科納島 (Kona)，或是從紐約與拉斯維加斯到科羅拉多州的滑雪渡假飯店，假期所有權在美國各個渡假飯店都受到歡迎。

假期所有權的缺點是，你可能每年都只能在同樣時間渡假，想交換其他時間可不容易。你還得支付隨著渡假時間增加的維護費用，而若你想退出的話，先爲你的公寓找到買主吧！

自我檢測

1. 說明所謂美國汽車鑽石分級系統？
2. 請描述以下飯店種類的特色？
   (1) 市中心飯店
   (2) 度假飯店
   (3) 機場飯店
   (4) 高速公路飯店與汽車旅館
   (5) 全服務飯店
   (6) 經濟／平價飯店
   (7) 長住型飯店
   (8) 民宿
3. 購買分時渡假時，最常見的原因為何？

3.3 最好、最大與最獨特的連鎖飯店

學習成果 3：描述一些有聲望和與衆不同的飯店。

你知道世界上最好的飯店是哪一家嗎？答案可能取決於你觀看「旅遊頻道」，或是你閱讀的商業或旅遊雜誌所做的民調。如我看到的名單，泰國曼谷的東方飯店 (Oriental Hotel) 被選爲世界最佳飯店，而香港的麗晶飯店 (Regent)、文華東方飯店 (Mandarin Oriental)，以及倫敦的康諾特飯店 (Connaught) 也都榜上有名。不同的民調名單，你都可以找到其他不同的飯店。

世界上占地面積最大的飯店是位於沙烏地阿拉伯，擁有 8,000 間客房的麥加皇家鐘塔飯店（Makkah Royal Clock Tower Hotel）。

一、最佳的連鎖飯店

麗池 · 卡爾登飯店與來自加拿大的四季飯店，被公認爲品質最高的連鎖飯店。麗池 · 卡爾登已經囊括餐旅業與各主要消費者組織所能頒發的一切獎項。由美國商業部頒發的馬康巴立治國家品質獎，麗池 · 卡爾登是首家，也是唯一一家獲獎的飯店，同時也是首家與唯一一家獲獎 2 次的服務業公司，分別是 1993 與 1999 年。麗池 · 卡爾登長久以來被視爲業界最佳的豪華連鎖飯店，其追求品質的方法，許多是基本但卻複雜的原則，其中許多的原則是來自於傳統全面品質管理 (Total Quality Management) 論點。

二、最獨特的飯店

世上最獨特的飯店中，有些像肯亞野生動物公園中的樹頂飯店 (The Treetops Hotel)，眞的是住在樹頂！從樹頂上可以俯視公園內野生動物活動、聚集的水坑。

另一個偉大的奇觀則是冰晶飯店 (Ice Hotel)，座落於瑞典拉普蘭地區 (Lapland) 托爾納河 (Torne River) 岸邊的老舊村莊 —— 尤卡斯加維 (Jukkasjäsvi)。冰晶飯店每年都依據全新的設計，建造新的套房、新的部門，甚至還有「Absolute Ice Bar」（絕對酒吧），這是一個冰雕成的酒吧，裡面有冰雕的吧檯、杯子與盤子。冰晶飯店可以容納超過 100 名房客，每一間客房都有屬於自己明顯的特色，飯店內還有冰晶教堂、冰晶藝廊，信不信由你，他們甚至還有冰晶電影院！

另外還有令澳洲人自豪的大堡礁 (Great Barrier Reef) 海底飯店，房客可以從客房欣賞美麗的海底景緻。日本也有許多難得一見的飯店，其中之一就是像蟲繭一樣的膠囊飯

店 (Capsule Hotel)，房客在裡面並沒有一個像「房間」的空間，取而代之的是一個空間約 7 平方英呎，含有床與電視的小空間 (這個空間小到你可能只能躺在床上，用你的腳趾按遙控器！) 這樣的飯店深受必須與老板應酬到深夜的上班族，以及無法負擔東京昂貴房價的客座教師們歡迎。世界上海拔高度最高的飯店，是依偎在 1 萬 3,000 英呎高的喜馬拉雅山脈 (Himalayan Mountains) 的庫馬翁飯店 (The kumaom) 。天氣狀況允許的話，聖母峰 (Mount Everest) 壯麗的景緻即可映入眼簾，然而，高達 80% 的旅客飽受高山症引起的噁心、頭痛或失眠之苦，難怪客房服務菜單裡，最暢銷的項目就是每分鐘 1 美金的氧氣。

旅行作家珍妮 · 瑞爾斯頓 (Jeanne Realston) 在 1992 年爲《美國之路》撰寫了一篇文章，其中描述了建造於喜馬拉雅山脈的飯店，這間飯店仍然在那裡，並且在天氣允許的情況下，還能欣賞到珠穆朗瑪峰的壯麗景色。喜馬拉雅山的飯店不再稀有，有些雖然沒有 1 萬 3,000 英呎高，卻相當豪華。

自我檢測

1. 世界上最大的飯店是什麼？
2. 哪兩家連鎖飯店常被評價為最高品質？
3. 描述一家最獨特的飯店。

3.4 國際觀點與環保觀點

學習成果 4：描述全球化經濟的影響和飯店業永續發展的施行。

我們都處在由大型貿易體所組成的全球經濟之中，如歐盟 (European Union, EU)，以及北美自由貿易協定 (North American Free Trade Agreement, NAFTA)，後者涵蓋了加拿大、美國與墨西哥，以及總數高達 5 億 800 萬的消費人口。[6]

歐盟由 27 個會員國、超過 5.1 億的人口組成，是一個消除會員國貿易限制，並且讓資金與勞力自由流通的經濟聯盟。會員國間通力合作讓全體都獲得利益，也建構了各自的永久發展，歐洲經濟共同體 (European Economic Community, EEC) 的旅行、觀光、商業與工業都有所成長，包括對於住宿設施的需求。

北美自由貿易協定 (NAFTA) 同樣具有刺激飯店的發展效果，以因應加拿大、美國和墨西哥間激增的貿易與觀光。但是阿根廷、巴西、智利和委內瑞拉也可能加入擴大後的北美自由貿易協定，該協定將被稱爲美洲貿易同盟 (Americas Trading Bloc) ，北美自由貿易協定在新的美國政府領導下有何進展，目前尚不確定。

2011年，跨太平洋夥伴關係協定 (Trans-Pacific Partnership, TPP) 由美國、加拿大與亞太地區10個國家成立的跨區域自由貿易協定，目的在取消商品和服務的關稅，並協調合作夥伴之間的法規。2013年起內部不斷提議修正，如果得到所有會員國的批准，將控制美國40%的進出口，因此美國於2017年正式退出，同年TPP改組爲跨太平洋夥伴全面進步協定 (Comprehensive and Progressive Agreement for Trans-Pacific Partnership, CPTPP) 有趣的是，中國不是CPTPP的成員。

我們只要從國際觀光貿易與商業的成長，就不難了解國際間飯店業的發展。環太平洋各國觀光業的成長預計將會持續近年來的速度。印尼、泰國、墨西哥與越南正在著手進行數個渡假飯店的籌備工作。東歐、俄羅斯與其他前蘇聯成員國的飯店開發，也正如火如荼進行著，有些公司已經改變原本新建飯店的發展策略，而改採用收購現有飯店的方式。

而在亞洲方面，香港的成長受惠於中國與其他幾個國家的經濟起飛，以及稅負輕；香港政府的稅收中，徵收16.5%的公司稅與15%的個人所得稅，並且對投資收入與分紅採取免稅政策，因此有許多飯店公司將總部設於香港，包括文華東方飯店、半島飯店與香格里拉 (Shangri-La) 飯店，都是聞名全球的五星級大飯店，加上港府免除引進資深高階主管時的繁文縟節，大大提高大飯店入駐的意願。

中國廣州為活躍的旅遊中心，農曆新年時有慶祝活動。

一、中國市場

世界上人口最多的中國爲飯店業提供了巨大的機遇。這個機會是由衆多因素驅動而成，特別值得一提有3個因素驅動，中產階級的增長，中國對國內外旅遊的需求增長，以及對奢侈品（包括飯店）的消費力上升。中國市場的飯店業仍持續成長，雖然偶爾有減緩的現象，但已經持續數十年的成長，尤其過去5～7年是最大的繁榮時期。

世界上許多主要的連鎖飯店已經進入了廣大且快速增長的中國市場。最初專注於北京、上海和廣州等一線城市，如今已布局二線和三線城市。連鎖飯店爲了方便於中國市場營運，因此：與中國公司合作、應對複雜的法規和商業環境是很常見的，甚至在情況下，會由中國公司完全收購連鎖飯店。

與成熟的市場（如英國或美國）相比，中國的飯店發展潛力巨大，如英國、美國每千人約需有 10 及 20 個飯店房間，而中國目前每千人僅擁有 4 個房間，可見其增長潛力很大，尤其是在中檔和平價市場。

在發展中國家，一旦政治穩定下來，飯店發展便迅速成爲整體經濟和社會進步的一部分。如前東歐國家和前蘇維埃共和國，在過去幾年的飯店業發展狀況。

二、環保住宿

費爾蒙特飯店集團 (Fairmont Hotels and Resorts) 是永續飯店企業的前驅之一，該公司的綠色夥伴計畫 (Green Partnership program) 著重於永續、負責的作法，無論是在總公司或個別飯店的層級上，都透過資源回收、廚餘處理、加裝節能照明、發展社區活動，以及使用環保能源等行動來實踐。

費爾蒙特的計畫分爲以下 3 個重要的領域：

1. 持續改善營運工作，藉由廢棄物處理和節能省水，減低企業對環境的影響。
2. 總公司鼓勵與推動環境議題的夥伴合作並參與環保認證，分享管理訊息。
3. 確實執行環保計畫，包括各個飯店發展創新社區計畫，並尊重在地發展計畫。

此外，費爾蒙特還致力於確保地方生態系統得到保護和保存。在綠色夥伴計畫的所有領域，費爾蒙特飯店集團希望能夠透過教育落實，並鼓勵顧客參與，因爲這項計畫確實是一種「夥伴關係」，因此飯店管理者、同事、顧客及在地社區的住戶，都應該爲了保護環境，分擔照顧環境的責任。

三、費爾蒙特承諾對抗氣候變遷的方式

費爾蒙特飯店集團拯救氣候的承諾包括：

1. 將目前飯店集團的二氧化碳排放總量降低 20%。
   新建飯店需依費爾蒙特能源和碳管理計畫，持續努力減少二氧化碳的排放量，並更新現有的設計和建設標準，使合乎能源與環境先導設計 (Leadership in Energy and Environmental Design, LEED) 標準。
2. 教育並鼓勵主要供應商（約占供應鏈的 25%）提供符合「綠色採購政策和供應商行爲準則」降低二氧化碳排放量的產品。

費爾蒙特屬於全球性的飯店集團，擁有許多豪華、具特色的旅店已拓點涵蓋目前包括 16 個國家，超過 30,000 名員工。

永續飯店住宿經營

在過去幾年中，旅遊業見證一種現象，這種現象至今仍持續吸引遊客和業界領導者。永續觀光（又稱為生態觀光或責任觀光）已經成為全球最大的產業，並快速成長。是相當具有潛力的事業。飯店、汽車旅館、旅社和渡假飯店要如何實踐永續性呢？降低（並消除）浪費是對環境最正面的影響，有許多方法可以實現這個目標，像是永續性照明及節約用水。一間擁有 350 間客房的飯店，每年需要花 30 萬美元的電費、5 萬美元的天然氣、6 萬美元的供水與汙水處理費用。照明 30 ～ 40% 屬於商業用電，我們可藉由以下方式來減低浪費。

1. 只在必要時使用照明（使用移動探測器）。
2. 使用節能照明燈具。
3. 使用低瓦數照明標誌和裝飾。
4. 盡可能避免過亮照明[7]。

節約用水是另一種方法，可以大大減少浪費。今天，許多飯店將淋浴噴頭、廁所的馬桶與水龍頭改成低流量水裝置，使用低流量淋浴裝置，每 5 分鐘可節省 10 加侖的水，這意味著如果每天有 100 人洗澡，每年可以節省超過 3,600 美金用水和處理汙水的成本，為每加侖的 1 美分[8]。其他節約用水的方法，如：洗碗機和洗衣機只在滿載時使用、顧客要求時才提供飲用水、選擇性更換毛巾，以及限制草坪澆水。

四、氣候變遷對經營成果的影響

作爲全球領先的旅遊供應商，費爾蒙特的經營成果與當地環境的健康是息息相關的，因此承諾保護顧客居住和遊憩的地方，及與同事共同工作的場所。費爾蒙特強烈意識到環境破壞對企業會產生多大的衝擊，例如滑雪場降雪的減少，或爲了因應極端的天氣狀況，需採取積極的措施，以減少二氧化碳排放量、減輕氣候變遷所造成的影響。

費爾蒙特實施的能源和碳管理計畫，提出了一個度量的基礎與範圍，可有效追蹤、監督費爾蒙特飯店二氧化碳的排放狀況。

費爾蒙特的全面策略除了減少營運造成的二氧化碳排放量，並針對旗下飯店推行降低能源需求的專案。費爾蒙特希望透過執行的實例，不斷調整、引導未來節能策略朝最佳化發展，進而致力於再生能源的供應。

五、費爾蒙特的最佳實例

1. 路易斯湖費爾蒙特城堡 (Fairmont Chateau Lake Louise)、費爾蒙特華盛頓特區飯店 (Fairmont Washington D.C.) 及費爾蒙特四季飯店 (Fairmont Hotel Vier Jahreszeiten)，目前已將部分電力來源更換成再生能源 (如風力)，以減少碳足跡。目前，路易斯湖費爾蒙特城堡有一半的電力，是仰賴風力和河川水力發電。
2. 位在加拿大魁北克的費爾蒙特蒙特貝羅城堡飯店 (Fairmont Le Chateau Montebello) 有 13 間小屋，飯店坐落在偏遠的湖泊邊，電力來源是利用太陽能發電，以供應約一半的能源需求。
3. 聖荷西飯店 (Fairmont San Jose)、紐波特海灘飯店 (Fairmont Newport Beach) 及蘇格蘭的聖安德魯斯飯店 (Fairmont St Andrew's) 是運用汽電共生系統，發電同時所產生的熱能，也可以供應飯店建築物所需。
4. 夏威夷的費爾蒙特蘭花飯店已經完成了照明系統的更換，將 8,035 個傳統白熾燈泡改成節能的日光燈，每年可以節省 53 萬 2,000 瓦小時 (kWh) 的電力，亦即節省了 13 萬美金的費用。

六、承諾和計畫

最佳實例除了採用可再生能源和改建策略以減少碳排放，費爾蒙特還著力於永續性設計與建設。為達成此目標，費爾蒙特於 2011 年更新現有的設計和建設標準，以合乎能源與環

旅館可以透過風能等可再生能源的電力，來降低其碳足跡。

境先導設計 (Leadership in Energy and Environmental Design, LEED) 標準，並教育飯店開發夥伴在選址、設計及建造飯店時，必須遵循國際公認的綠色建築標準，包括：美國綠色建築委員會的能源與環境先導設計 (LEED) 與國際旅遊夥伴永續飯店手冊。費爾蒙特盡可能將跨品牌具永續及 LEED 認證的飯店納入集團。2011 年將位於加拿大多倫多的總公司辦公室遷移到 LEED 黃金級認證的新建物 (LEED NC Gold)。

費爾蒙特除了教育主要供應商 (占其供應鏈的 25%) 按照新的綠色採購政策和供應商行為準則提供產品，與他們一同努力改善生產操作和產品設計的能源效率，並盡量減少運輸頻率和包裝浪費。除此之外，費爾蒙特利用符合黃金標準要求的碳排放，可抵銷的行銷方式向顧客宣導環保的概念，並與其他致力於環境保護的組織分享最佳做法，如與 WWF（世界自然基金會）合作，提昇決策者、顧客、員工和供應商對降低碳排放的認知，以刺激市場的轉變。費爾蒙特的方法是全面性的，除了針對現有和新建飯店的營運作業，找出降低碳排放的可能性，並經由供應鏈進一步降低二氧化碳排放量。也由於費爾蒙特飯店集團管理（非擁有）許多豪華或相當具有歷史的飯店，使費爾蒙特的環保策略成為餐旅業中推動減碳的全球領導者。

自我檢測

1. 龐大的貿易同盟如何影響旅遊業？
2. 說明飯店業在中國大陸的商機。
3. 描述費爾蒙特計畫如何應對氣候變遷。

飯店設備

飯店業的發展趨勢

1. 銷售量管制：指的是負責控制飯店客房、班機機位、汽車出租與景點門票銷售量的人。目前，這些銷售分配都是由業主自己管控，但有愈來愈多的控制權正落入擁有或管理全球訂位系統及能與大型買家談判的人手中。導致這種結果的因素，包括電信通訊、軟體、衛星科技、政府法規、有限的資金及旅遊銷售網路。

2. 安全防護：安全防護的重要方向，包括恐怖主義、日益懸殊的貧富差距、衰退的經濟、基礎建設問題、健康問題、政府的穩定性及個人的安全。

3. 資產與資本：資產與資本議題的重點，是私人與政府資金的分配。

4. 科技：專家系統 (expert system，一種人工智慧的基本形式) 的廣泛使用，如：24 小時線上標準作業程序、決定價格的收益管理系統 (yield management system)、智慧客房、商務旅客的虛擬辦公環境通訊埠，還有總公司對子公司的控管。

5. 新的管理：由於傳統管理方式已快速變化，應運用新的管理思維，應對銷售量管制的複雜度、安全防護、資金的流動，以及科技的議題。

6. 全球化：許多美國與加拿大的連鎖飯店已在世界各地開疆闢土，並持續攻城掠地，正積極投資北美的飯店事業。

7. 合併風潮：隨著產業的成熟，各飯店集團公司不是收購其他飯店，就是彼此合併。

8. 住宿業的多樣化：平價飯店市場也發展出低、中、高價之分；長住型飯店市場與其他型態的飯也有類似狀況。

9. 分時渡假旅館的快速成長：分時渡假旅館是住宿業中成長最快速的種類，並隨著戰後嬰兒潮的老年化，而持續成長。

10. 愈來愈多的 SPA 與健康療程：隨著顧客從步調快速的生活壓力中尋求放鬆，及對健康的需求而增加。

11. 民宿 (Airbnb) 的快速增長：民宿是一個點對點的市場，消費者可以低於飯店的價格租高房價地段的短期住宿。

12. 度假租賃公司的快速增長：VRBO 擁有超過 100 萬個住宿地點，消費者可透過 VRBO 以大約飯店一半的房價租房。

13. 複合式飯店 (Condotel) ：愈來愈多的複合式飯店被開發成多用途飯店，這意味著飯店除了有住宅（公寓住房），也可能有水療中心和娛樂設施。

14. 烹飪選擇：飯店經營者意識到提升飯店的餐飲外觀、氛圍和食物品質，具有提升餐飲收入的潛力。

此外，隨著消費者對食物選擇的知識和興趣日益濃厚，用餐使業者和客戶有更多互動，也使廚師工作更多元，他們被要求重視永續性、食材的有機和本地化、即時掌握低熱量餐和流行的烹飪趨勢，當前的趨勢包括「農場到餐桌」、「小盤」和「快餐化」。

職場資訊

有許多的職場發展機會直接或間接地與飯店的開發有關，包括：在企業辦公室中從事飯店開發、尋找地點、談判協議、建造或改建。這樣的工作除了要求營運能力之外，還要有行銷、可行性研究 (研究籌劃中的飯店是否有利可圖)、財務與企畫的專長。同樣的，像 PKF (Pannel Kerr Foster) 這樣的顧問公司，也有許多特殊專門的職位，如可行性研究、行銷、人力資源、會計及財務審查，以確保物產投資的合理性。進入顧問公司工作，通常需要碩士學歷及實際營運經驗與專長。

美國汽車協會與汽車旅行指南皆有負責調查飯店品質的督察員，其職責是在旅行時撰寫關於住宿飯店的詳細報告。

而住宿業也有製造或配銷所有的傢俱設備 (furnishings, furniture, and equipment, FF&E) 的供應商。有機會參觀商展的話，可能會讓你大開眼界，原來餐旅業有如此多的上游供應商。若有志於此，應盡所能去見識各種行業，對你的未來將有所幫助。多問問業者關於生活型態、工作挑戰與薪水的問題。安排你自己的道路，想想 5 年、10 年、甚至 20 年後，你想成為什麼？

個案研究

是否該加盟，又該選擇哪個品牌呢？

亞曼達 (Amanda) 與傑森 (Jason) 正在仔細考慮將他們的飯店加入加盟品牌。這家擁有 75 間房，名為「舒適」的飯店，位於新英格蘭一個風景如畫的小鎮，從高速公路上就可以輕易發現它。由於剛經過翻修，新粉刷的油漆與迷人的風景都為飯店加了不少分。

然而，全年度 58% 的住房率卻比全國平均低了 10%，每天的平均房價為 78 美金。舒適飯店的房客來自鄰近商業區的商務旅客、少數的觀光客、遊覽巴士，以及一些運動選手。

兩人已經詢問過好幾家加盟業者，並請他們提出最好的方案，其中最好的方案需要的加盟金為 2 萬美金，外加營業額 2% 的行銷費用，還針對每個中央訂房系統 (CRS) 的客房收取 4 美金的訂房費。

問題討論

1. 你會如何處理這樣的情況？可進行必要的假設。
2. 什麼樣的加盟條件是能被你接受的？
3. 如果你是這家人的話，你會需要什麼額外資訊？

本章摘要

1. 推動飯店業務發展和運營的 2 個主要力量是特許經營和管理合約。通過付費，公司或特許人因授予某些權利，例如使用其商標、標誌、經過驗證的操作系統、操作程序和訂位系統、行銷專業知識及購買折扣，而取得報酬。作爲回報，被授予特許權人取得合約同意，根據特許人指南，來經營餐廳或飯店。
2. 管理合同包含飯店的建造、將其出售給大型保險公司或金融公司、簽訂經營合同。房地產投資信託完全擁有自己的財產，並且掛牌交易，至少將淨收入的 95% 分配給股東。
3. 美國政府沒有正式對飯店進行分類，AAA 通過鑽石獎評定飯店，而《福布斯旅遊指南》則提供五星級獎。飯店根據位置、價格和所提供服務被加以分類。
4. 市中心和郊區的飯店，由於其地理優點，各自符合商務或休閒旅行的客戶需求。
5. 機場飯店的賓客屬於混合型，包括商務、團體和休閒旅客均有。
6. 機場飯店通常有 200 ～ 600 間客房，並提供全套服務。
7. 汽車旅館或汽車飯店通常聚集在城鎮郊區的高速公路匝道附近，以提供方便的場所爲訴求，一般沒有不必要裝飾。
8. 賭場飯店從賭博中賺取的收益，比從房價賺取的收益多，賭場飯店的經營趨勢，走向對家庭和企業提供更友善服務。
9. 會議飯店和會展飯店提供的設施，可滿足參加和舉行會議的團體需求，並吸引季節性的休閒旅行者。
10. 對飯店進行分類的另一種方法，是依提供服務的程度，包括全方位服務、經濟型、長期住宿和全套房飯店。
11. 傳統飯店的替代選擇是 Airbnb、VRBO、複合式飯店和多用途飯店。
12. 隨著鐵路旅行時代的到來，度假飯店因應不斷變化的市場需求而有所調整。
13. 假期所有權提供消費者「以所有權成本的百分比」購買附全套傢俱的各類型渡假住宿設施，例如以週或點數爲單位，消費者只要付出單次購買價格與年度維護費用，就可永久或是以事先約定的年數，擁有假期所有權。
14. 麗池 · 卡爾登飯店與來自加拿大的四季飯店，被公認爲品質最高的連鎖飯店。世上獨特的飯店包括樹頂飯店、冰晶飯店、大堡礁海底飯店和膠囊飯店等。
15. 歐盟和《北美自由貿易協定》等大規模貿易同盟一直是飯店發展的催化劑，國際飯店發展機會存在於亞洲和東歐。

16. 費爾蒙特飯店集團是永續飯店企業的前驅之一，該公司的綠色夥伴計畫，著重於永續、負責的作法，透過資源回收、廚餘處理、加裝節能照明、發展社區活動，以及使用環保能源等行動來實踐。

重要字彙與觀念

1. 民宿 (Airbnb)
2. 複合式飯店 (Condotel)
3. 歐盟 (European Union, EU)
4. 特許經營 (franchising)
5. 傢俱設備 (Furnishings, furniture, and equipment, FF&E)
6. 能源與環境先導設計 (Leadership in Energy and Environmental Design, LEED)
7. 管理合約 (management contracts)
8. 北美自由貿易協定 (North American Free Trade Agreement, NAFTA)
9. 不動產投資信託 (Real Estate Investment Trust, REIT)
10. 分時度假 (time share)
11. 跨太平洋夥伴協定 (Trans-Pacific Partnership Agreement, TPP)
12. 假期所有權 (vacation ownership)
13. VRBO 是 Homeaway Family 旗下的一款集旅行民宿 (Vacation Rental By Owner, VRBO)

問題回顧

1. 下列經營方式的優點為何？
   (1) 管理合約
   (2) 特許經營對飯店業發展的影響？
2. 說明以下各種型態的飯店，如何迎合商務旅客與觀光客的需求。
   (1) 渡假飯店
   (2) 機場飯店。
3. 為什麼麗池 · 卡爾頓飯店以優質連鎖飯店而聞名？
4. 如果你負責一家飯店的環保計畫，你可以通過哪 3 種方式節省能源和廢物利用？

網路作業

1. 機構組織：希爾頓飯店網址—— www.hilton.com。

(1) 概要：希爾頓飯店集團與集團子公司 Hilton International，擁有遍及全球的行銷網路。希爾頓被公認爲世界最聞名的飯店品牌之一，設點超過50個國家、2,500家以上的飯店，是餐旅業中重量級的角色。

①希爾頓飯店集團有哪些品牌可供加盟？

②你對於希爾頓的品牌組合與加盟選擇有何看法？

(2) 點選「Franchise Development」圖示，然後點選「All HHC Franchise Brands」。

2. 機構組織：《飯店 (Hotels)》雜誌網址—— www.hotelsmag.com。

(1) 概要：《飯店 (Hotels)》雜誌是一本提供大量最新餐旅業訊息、趨勢與全國發展的刊物。

①請問最近有哪些業界的頭條報導？

②點選「Hotels Giants」圖示，瀏覽網頁中的 Corporate Rankings 與 Industry Leaders。列出前五名的飯店公司，並注意它們各有多少客房。

運用你的學習成果

從職涯發展的角度來看，每種型態的飯店各有哪些優缺點？

建議活動

1. 指出你想服務於哪種飯店，並說明原因。
2. 連結到 Eco Guru 網站，網址爲 http://ecoguru.panda.org/#calculator/comparison，計算你的碳足跡。我們還能做些什麼來減低碳足跡？

參考文獻

1. 參考 American Hotel and Lodging Association (AHLA) 美國飯店與旅館協會。 請搜尋最新產業網路新聞。
2. 同上。
3. 參考美國、加拿大、墨西哥和加勒比地區的美國汽車協會製作的《 (AAA) 鑽石分級指南》。
4. 上網搜尋 BedandBreakfast.com （Airbnb）和 VRBO 在各國的清單。
5. 參考 BedandBreakfast.com。
6. 有關最新市場指標及預測統計數據，請參見 tradingeconomics.com

7. 參考 N.C. Division of Pollution Prevention and Environmental Assistance (DPPEA), Hotel/Motel Waste Reduction: Facilities Management。
8. 同上。
9. 參考 Rhonda Sherman，Waste Reduction and Recycling for the Lodging Industry (North Carolina Cooperative Extension Service 針對住宿業的廢物減少與回收（北卡羅萊納州合作推廣服務部，出版編號：4 / 94-3M-TWK-240273 AG-473-17）。

4 住宿經營

學習成果

閱讀及研讀本章後，你應該能夠：

1. 概述總經理和執行委員會的職責。
2. 描述客房部的主要功能。
3. 描述餐飲部的主要職能。
4. 說明物業管理系統和營收管理。
5. 討論為何永續住宿營運可以提高利潤並同時降低飯店對生態的影響。

本章介紹飯店的功能，以及具有不同功能的部門如何組成一家飯店。有助於解釋部門如何相互依存，並使飯店得以經營成功。

4.1 飯店的功能與部門

飯店的主要功能就是提供絕佳的住宿經驗。一家大型的飯店是由一位總經理與一個包含數個主要部門主管的執行委員會 (executive committee) 共同經營。這些主管包括客房部總監、餐飲部總監、行銷業務部總監、人力資源部總監、財務部總監，以及總工程師或設備經理。

一家飯店是由數個營業單位或營收中心 (revenue center) 與成本中心所構成，每天銷售上千種的產品與服務。每一個專業領域都要求致力奉獻與品質承諾，以使每個部門隨時都能正確執行每個細節。飯店需要一群多元分子的通力合作以進行良好的運作。高菲．布勒 (Godfrey Bler) 是擁有 800 間客房的艾森豪將軍飯店 (General Eisenhower Hotel) 的總經理 (general manager, GM)，他把飯店業稱爲「細節的事業」。

飯店是一個具有迷人魅力的地方，即使是資深的飯店人也抵擋不住像麗池卡爾登這種美麗飯店的吸引。飯店的氛圍也會激起餐旅科系學生對這個行業的憧憬。讓我們踏進一家幻想中的飯店，去感受一下這種興奮之情，同時參與像秀場一般的忙碌步調。飯店就像是活生生的劇場，而總經理就是整齣戲的導演。不管是隸屬於連鎖或是獨立經營，每一家飯店都是爲了提供最好的住宿經驗，同時也爲業主賺取利潤。飯店也應該提供離家的人們所有家裡應有的舒適與溫暖。

4.2 早期的旅館

旅行與商業行爲的增加使得某種形式的住宿成爲絕對必要。由於旅行是漫長艱辛的路程，因此許多旅行者在路途上完全仰賴當地居民的款待。

飯店大廳的維多利亞風格內部裝飾

在希臘與羅馬帝國中，到處可見旅館與客棧。羅馬人在各主要道路興建了精美的旅館。馬可波羅後來還把這些旅館稱爲「國王的居所 (fit for a king)」。這些建築物的間距約有 25 英里，提供給羅馬政府的官員與信差作爲住宿之用。只有取得政府的特別許可才能使用這些旅館。這些許可文件因此成爲身分地位的象徵，卻也同時遭受大量偷竊與僞造。當馬可波羅旅行到遠東時，旅館的數量已來到 10,000 家。

4.3 飯店總經理及執行委員會的角色

學習成果 1：概述總經理和執行委員會的職責。

一、飯店總經理

飯店總經理必須擔負許多重大的責任。他們必須讓顧客滿意且願意再度上門，讓員工開心，同時也要給予業主合理的投資報酬。這說起來或許簡單，但由於有許多人際互動發生在這全年無休的飯店內，使得經營上的複雜度成爲一大挑戰，而總經理與他或她的團隊則得面對並克服它。

在大型的飯店裡，這種人際互動會比較少。總經理可能只會招呼幾位 VIP。而在小一點的飯店，雖然比較沒那麼複雜，但總經理與顧客認識，以此確保顧客們有好的經驗且願意再度光顧還是相當重要。即使在大型的飯店，有經驗的總經理還是有辦法接觸顧客，那就是在尖峰時間（退房、午餐、登記住房與晚餐時間）出現在大廳或是各個餐廳。顧客們都希望感受到總經理特別照顧他們的需求。一位成功的總經理必須具備廣泛的個人特質。這些正面特質包括：領導力、專注於細節、貫徹執行（完成任務）、人際技巧、耐心，以及有效授權的能力。

成功的總經理也必須能挑選與培育最優秀的員工。芝加哥四季飯店 (Four Seasons Hotel) 的一位前任總經理，曾經小心謹慎地延攬一些比他更了解自己爲何被雇用的部門主管。總經理定下的是一個基調，也就是一個追求卓越的組織架構，而其他人則盡力達成目標。一旦這個架構確立之後，每一位員工就得努力實踐飯店對於卓越的承諾。

二、管理架構

管理架構隨著飯店的規模大小有所不同。中小型飯店的管理架構不像大型飯店那樣複雜。然而，還是要有人爲每一個重要部門負起責任以使飯店成功地經營。舉例來說，一家小型飯店或許沒有人力資源總監，但每個部門主管會負責人資總監一般例行的工作。而總經理則必須對所有人力資源的決策負起最高的責任。同樣的情形也可能發生在工程維修部、會計財務部、行銷業務部、餐飲管理部等等。

三、執行委員會

總經理藉由執行委員會（圖 4-1）的協助來進行飯店的重要決策。這些高階主管包含了人力資源總監、餐飲部總監、客房部總監、安全部總監、行銷業務總監、工程部總監，與財務部總監，他們將飯店的住房率預估與所有收入支出彙編之後訂定出預算。他們一般每週開 1 到 2 小時的會，並通常會討論到以下這些議題：顧客滿意度、員工滿意度、全面品質管理、住房率預估、行銷業務計畫、訓練課程、主要支出項目、修繕、業主關係、節能、資源回收、新的法規、安全及獲利能力。

而有些總經理對於執行委員會的依賴則大於其他人，端視他們個人的領導與管理風格而定。這些高階主管們決定了飯店的特性，並確立了它的宗旨、目標與目的。對於連鎖飯店來說，這將會與集團的宗旨一致。在大多數的飯店中，執行委員會雖然參與了決策過程，但最終的責任與職權還是由總經理承擔。

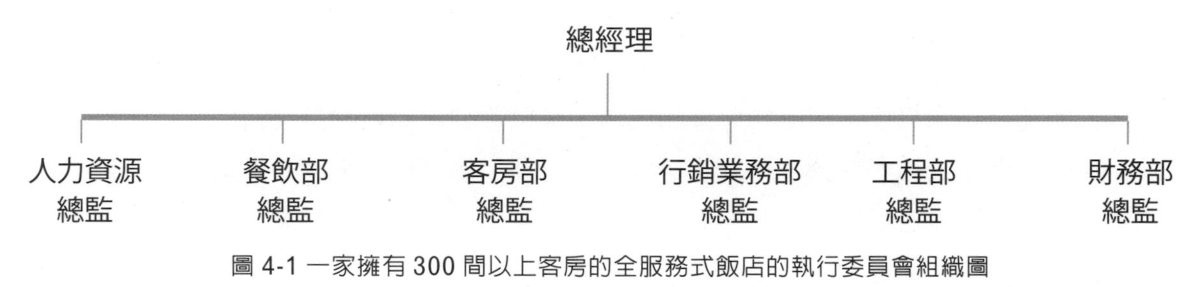

圖 4-1 一家擁有 300 間以上客房的全服務式飯店的執行委員會組織圖

自我檢測

1. 列舉總經理的工作職掌。
2. 一家 300 間以上客房的飯店，執行委員會中會是什麼狀況？
3. 執行委員會會議通常會討論到哪些議題？

4.4 客房部

學習成果 2：**描述客房部的主要功能。**

客房部總監必須對總經理，負責所有客房部門的領導與運作，其中包含了客房部的財務責任、員工滿意度的目標、顧客滿意度的目標、顧客服務、顧客關係、安全，以及禮品店。

客房部 (rooms division) 是由以下各部門組成：櫃檯、訂房、房務、服務中心、客服、安全，以及通訊。圖 4-2 為一家 300 間客房以上的飯店其客房部組織架構圖。圖 4-3 的顧客服務流程 (guest cycle) 簡化了從顧客來電訂房到退房這短時間內會發生的一連串事件。

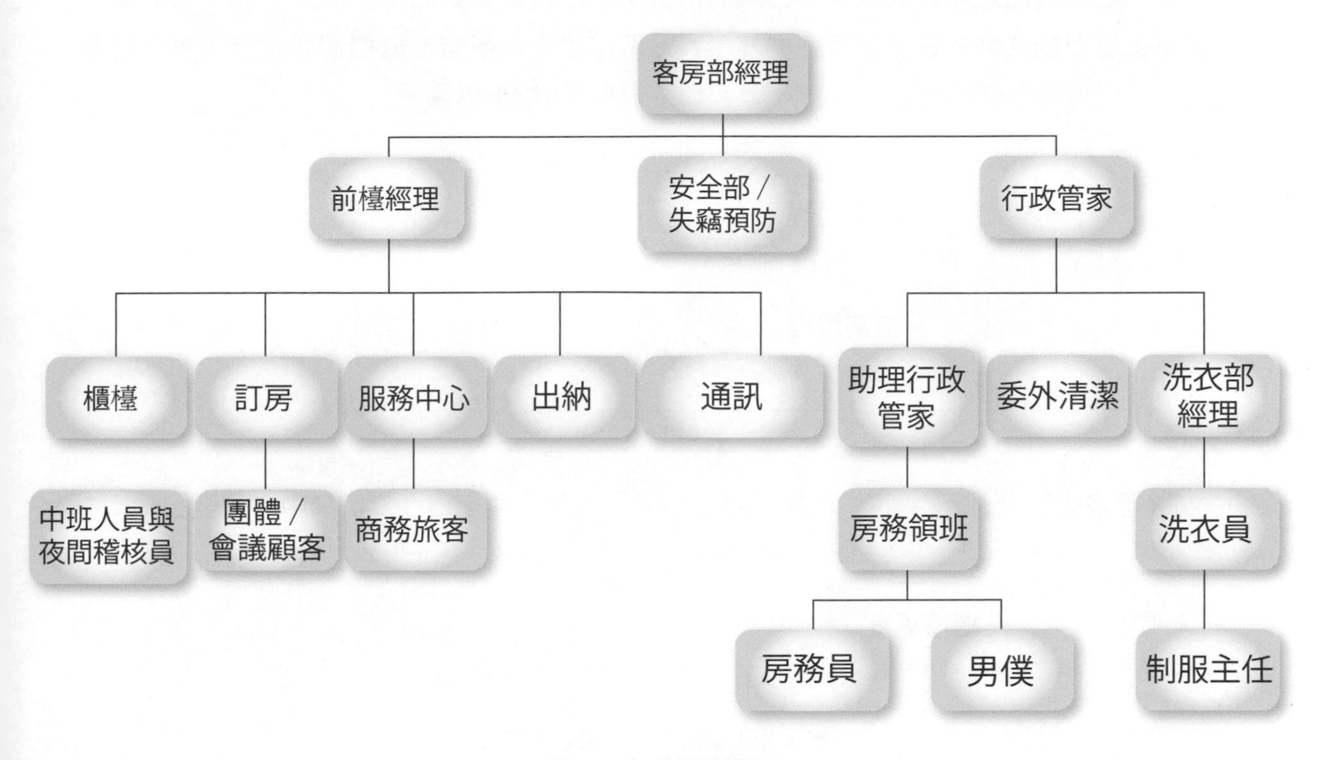

圖 4-2 客房部組織圖

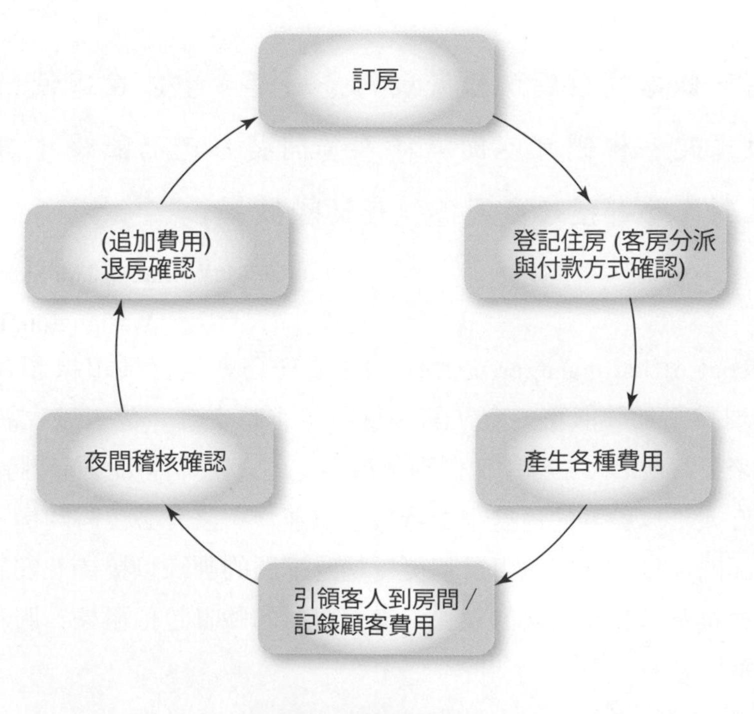

圖 4-3 顧客服務流程

一、前檯

前檯 (front office) 可以被視為飯店的中樞神經。這個單位是顧客對飯店的第一印象，而房客們在飯店的這段時間也仰賴它來提供資訊與服務。良好的第一印象對於成功的顧客經驗是很重要的。許多旅客都是在歷經了長途跋涉才來到飯店。他們都希望有人可以用溫暖的微笑與誠摯的問候來迎接他們。圖 4-4 為前檯的組織架構圖。

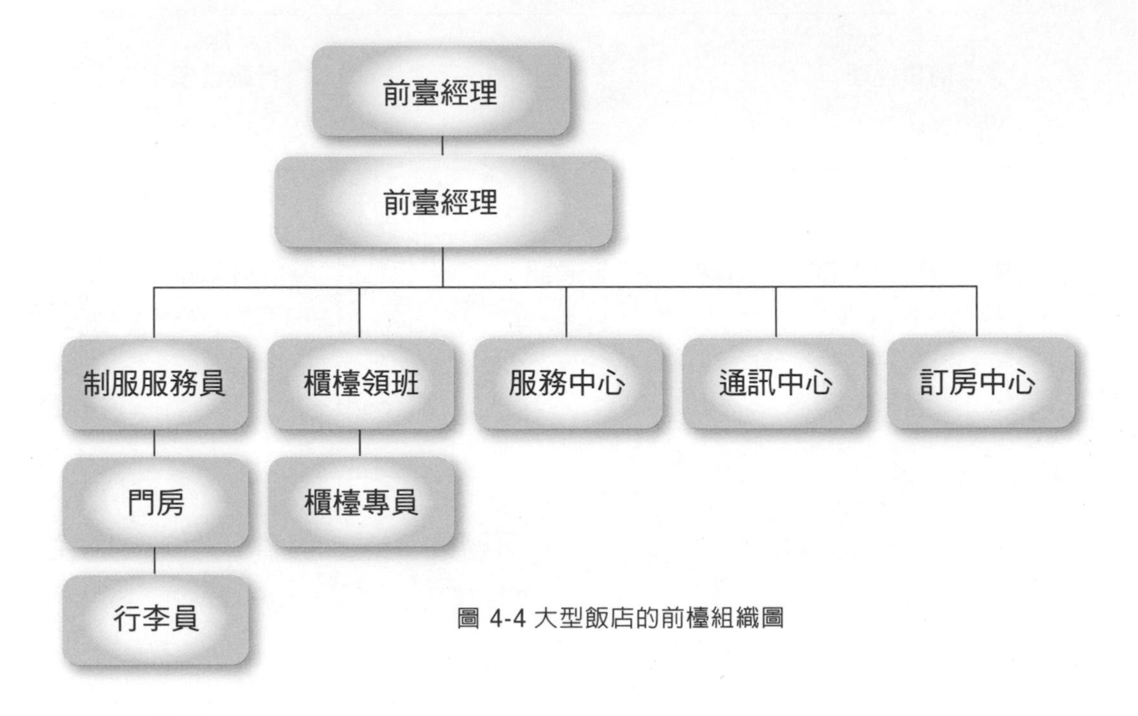

圖 4-4 大型飯店的前檯組織圖

「踏入飯店與住宿業經營的人普遍都希望能在這個行業中往上爬。他們可以從櫃檯人員開始自己的職場生涯，一直到客房部經理或是總經理的職位。」

Louise McWilliams, The Skipper.
Washington, D.C.

前檯經理 (front office manager, FOM) 的主要任務就是提供超越顧客需求的傑出服務。一些前檯經理為了加強服務，會在顧客抵達飯店時安排一位客服專員 (guest service associate, GSA) 來接待他們，並帶領他們到櫃檯接受專人安排住房，同時將行李送至客房。這種創新的服務方式是以顧客的角度來看待飯店的運作。沒有必要將門房、行李員、櫃檯等等分成好幾個部門。每一位客服專員都接受過跨部門的訓練以接待並安置顧客。這就是目前中小型飯店與特殊或豪華飯店的做法。客服專員的職責包括櫃檯、服務中心、通訊、門房、貼身服侍與訂房。

前檯經理在一般的日子中有以下的任務。

1. 檢查夜班櫃檯報告。
2. 審視前晚的住房率。
3. 審視前晚的平均房價。
4. 比較客源的市場組合（各個顧客市場的比例，如團體、商務、觀光、運動、會議）。
5. 檢查免費招待客房。
6. 確認往後 30 天的團體客房。
7. 審視當天抵達與退房的房客。
8. 審視 VIP 名單並準備預先登記。
9. 為所有當天抵達的旅客安排預先登記。
10. 參與客房部營運會議。
11. 審視隔天抵達與退房的房客。
12. 根據抵達與退房的房客做出適當的人力調配。
13. 審視工作日程表（每週一次）。
14. 與客服專員幹部開會（每日一次）。

客服專員負責接受訂房、辦理登記、分配客房、回覆房客詢問、提供餐廳與景點資訊及辦理退房。

客服專員的職務說明書對於這些工作有詳細的說明。三個主要的前檯工作職務說明如下。

1. 銷售客房。所有的櫃檯人員都必須負責客房的銷售，雖然現今的連鎖飯店設有訂房中心，但有些顧客還是偏好直接打電話到飯店。前檯人員也必須負責客房的追加銷售 (upsell)；這發生在客服專員或前檯人員提示性地促銷更大的客房、更高的樓層或是更好的景觀。
2. 維持顧客帳戶的平衡。這包括預收押金、開啓顧客帳戶，以及記錄顧客在各部門的消費支出。現在大多數的飯店使用的是連線至前檯的物業管理系統 (property management system，PMS，本章稍候有詳細說明) 與銷售時點情報系統 (POS) (point of sale)。這表示顧客在不同部門的消費會直接記入顧客帳戶裡。顧客不是在退房時付款，就是將款項轉入房帳簽帳 (city ledger)，這是一種給與飯店建立信用關係的公司使用的特別帳戶。這代表顧客可以在一段特定的時間內付清款項。圖 4-5 為飯店的房價種類。

主要連鎖飯店的各種不同房價包括：

訂價
企業客戶價
機關團體價
政府單位價
留宿價
城市旅遊價
娛樂卡
美國汽車協會價
美國退休者協會價
批發價
團體價
促銷價

訂價是客房報價的基準。假設加州飯店的訂價是 135 美金，任何的折扣價即訂價減去特定比例後的價格。例如，企業客戶價爲 110 美金，機關團體價爲 105 美金，退休者協會價爲 95 美金，另附加特定條款。團體價則是介於 95 到 125 美金之間，視飯店的需求而定。

全世界有三種主要計價方式：
美式計價--客房加上一日三餐
改良式美式計價--客房加上兩餐
歐式計價--只有客房，餐食另計

圖 4-5 房價的類型

3. 提供各種服務，如處理郵件、傳眞、留言，以及當地與飯店資訊。人們經常會帶著各種問題來到櫃檯。而櫃檯人員必須對於飯店內的各種活動知之甚詳。櫃檯的大小、設計與人員編制都會隨著飯店的規模而有所調整。一家擁有 800 間客房的忙碌市區飯店，自然會與郊區的旅館有所不同。櫃檯人員的工作安排爲全天三班制。

早班人員大部分的工作是：

1. 協助房客退房。
2. 回應顧客要求。
3. 預先安排 VIP 客房與特殊訂房。
4. 與房務部協調 VIP 客房與特殊訂房的狀況。

晚班人員的工作則包括：

1. 檢查日誌上的特別事項。日誌本（也可以是電腦檔案）由櫃檯的客服專員記錄保管，並注意是否記錄顧客的特殊與重要要求或事件，如要求換房或嬰兒床等。
2. 檢查客房狀態、逾時退房數與重複登記住房以正確估算當晚住房率。藉此以確認可供銷售的客房數。在現今的飯店中，這屬於物業管理系統的工作之一。
3. 處理房客登記住房。這指的是告知適當人員任何房客的特殊要求，如禁菸客房或是為特別高的房客準備加長床。
4. 在訂房人員下班後接受當晚或日後的訂房。

夜間稽核員

飯店是少數每天結算帳戶的行業。因為飯店每天營業 24 個小時，所以在任何時候都很難停止交易。夜間稽核員 (night auditor) 必須等到約凌晨一點夜幕低垂時才開始進行房客應收帳戶的結算工作。

其他的工作包含下列幾項：

1. 登錄任何晚班人員未能登錄的帳款。
2. 將差額呈交給早班經理。將房帳與稅金登錄於每一個顧客帳戶，以結算新的餘額。
3. 執行備份報告以確保在電腦系統當機時，飯店仍有即時的資訊供人工系統運作。
4. 利用銷售點終端機與物業管理系統試算顧客帳戶。如果帳戶未能平衡，稽核員就必須檢查顧客帳戶中在每個部門的消費，以調查錯誤或遺漏之處。
5. 完成並發放日報表。報表詳述了前一日的活動，並包含關於飯店營業表現的重要資訊。
6. 對安全事項保持警戒，包括飯店中竊賊可能侵入的區域。

日報表 (daily report) 包含了重要的營業數據，如住房率 (room occupancy percentage, ROP)，也就是將「住房數」除以「所有客房數」。例如，一家飯店有 850 間客房且其中 622 間有房客住宿，那麼住房率就是 622 ÷ 850 = 73.17%。每日平均房價 (average daily rate, ADR) 與住房率都是能夠呈現飯店營運表現的重要數據。

每日平均房價的計算方式是將「客房收入」除以「客房銷售數量」。如果客房收入為 75,884 美金且客房銷售數為 622 間，那麼每日平均房價 (average daily rate, ADR) 就是 114.63 美金。圖 4-6 為日報表的範例。

1. 住房率 (Room occupancy percentage, ROP)：如果可銷售的客房總數為 850，而住房總數為 622

那麼住房率 (Room occupancy percentage, ROP) 就是 (622/850)×100 = 73.17%。

2. 每日平均房價 (average daily rate, ADR)：如果客房收入爲 $75,884，而客房銷售總數爲 662

那麼每日平均房價 (average daily rate, ADR) 就是 75,884÷622 = $ 114.63。

此外，有一種較新的數據可供判斷飯店各部門的營業表現，稱爲潛在客房收入比率。計算方式是先確定潛在客房收入，再將實際收入除以潛在收入。

天氣
暴風雨

日報表
2018年3月18日，星期一

	本日			月累計（實際）			月累計（預算）			月累計（預測）			月累計（去年同期）		
客房銷售	銷售	客房銷售數	平均銷售	銷售	客房銷售數	平均銷售	銷售	客房銷售數	平均銷售	銷售	客房銷售數	平均銷售	銷售	客房銷售數	2013 平均銷售
門市價(掛牌價)客房	3,357.00	20	$167.85	81,659.16	387	$211.01	60,327.40	300	$201.09	75,925.26	384	$197.72	38,765.48	206	$188.01
聯營企業客房	2,298.00	12	$191.50	17,349.00	85	$204.11	13,835.95	72	$192.17	13,453.63	75	$179.38	14,034.32	75	$186.80
國內企業客房	1,059.00	8	$132.38	22,330.06	152	$146.91	24,925.00	187	$133.29	20,088.84	139	$144.52	14,583.81	105	$139.24
本地企業客房	4,116.30	26	$158.32	38,526.50	262	$147.05	33,180.00	237	$140.00	28,987.85	202	$143.50	26,904.42	186	$144.72
政府/軍事客房	1,262.00	8	$157.75	10,457.00	68	$153.78	6,109.00	41	$149.00	10,483.87	71	$147.66	10,476.39	65	$160.54
折扣	5,033.17	31	$162.36	102,276.26	623	$164.17	110,759.98	665	$166.56	111,637.19	688	$162.26	78,261.97	512	$152.96
套餐方案客房	(315.48)	3	($105.16)	23,470.14	129	$181.94	14,818.59	87	$170.33	21,817.82	116	$188.08	13,226.00	77	$172.27
批發客房	141.75	1	$141.75	283.50	2	$141.75	-	0	$0.00	-	0	$0.00	520.97	5	$95.00
合約/其他客房	-	0	$0.00	-	0	$0.00	-	0	$0.00	-	0	$0.00	-	0	$0.00
總短期住宿客房銷售額	16,951.74	109	$155.52	296,351.62	1,708	$173.51	263,955.92	1,589	$166.11	282,394.46	1,675	$168.59	196,773.35	1,231	$159.83
團體公司客房	-	0	$0.00	3,490.50	13	$268.50	-	0	$0.00	2,506.00	14	$179.00	77,736.61	513	$151.45
團體協會客房	-	0	$0.00	-	0	$0.00	-	0	$0.00	-	0	$0.00	-	0	$0.00
團體政府//軍事客房	-	0	$0.00	-	0	$0.00	-	0	$0.00	-	0	$0.00	-	0	$0.00
中小企業聯合會客房	-	0	$0.00	28,631.27	177	$161.76	46,512.00	298	$156.08	31,419.10	194	$161.95	17,619.68	117	$150.14
	94.8%	/	94.8%	97.5%	/	97.7%	96.5%	/	96.5%	96.8%	/	96.8%	96.1%	/	96.1%
團體旅遊/旅行社客房	-	0	$0.00	-	0	$0.00	-	0	$0.00	-	0	$0.00	1,210.84	0	$0.00
團體合同/其他客房	-	0	$0.00	773.83	9	$85.98	-	0	$0.00	891.00	9	$99.00	-	18	$0.00
總團體客房銷售額	-	0	$0.00	32,895.60	199	$165.30	46,512.00	298	$156.08	34,816.10	217	$160.44	96,567.13	648	$148.98
免費客房		0	$0.00		3	$0.00		0	$0.00		0	$0.00		0	$0.00
故障客房		0	$0.00		6	$0.00		0	$0.00		0	$0.00		0	$0.00
總客房銷售	16,951.74	109	$155.52	329,247.22	1,907	$172.65	310,467.92	1,887	$164.53	317,210.56	1,892	$167.66	293,340.48	1,879	$156.09
Outlet I		附加	平均銷售		附加	平均銷售		附加	平均銷售		附加	平均銷售		附加	平均銷售
早餐	415.26	48	$8.65	5,652.29	568	$9.95	4,545.03	434	$10.46	4,577.94	438	$10.46	4,813.55	1,154	$4.17
午餐	0.00	0	$0.00	361.45	0	$0.00	0.00	0	$0.00	0.00	0	$0.00	0.00	0	$0.00
晚餐	375.80	28	$13.42	3,764.02	315	$11.95	3,340.23	252	$13.27	4,335.00	280	$15.50	3,149.85	247	$12.76
特價/其他	0.00	0	$0.00	0.00	0	$0.00	0.00	0	$0.00	0.00	0	$0.00	0.00	0	$0.00
總食物收入	791.06	76	$10.41	9,777.76	883	$11.07	7,885.26	686	$11.49	8,912.94	717	$12.43	7,963.40	1,401	$5.69
烈酒收入	168.50			3,191.75			2,250.03			2,250.03			2,206.16		
啤酒收入	60.00			1,134.00			1,252.52			1,398.39			1,227.84		
葡萄酒收入	66.00			1,441.00			1,017.26			1,206.45			987.63		
總飲料銷售額	294.50			5,766.75			4,519.81			4,854.87			4,421.63		
總餐廳銷售額	1,085.56	76	$14.28	15,544.51	883	$17.60	12,405.06	686	$18.08	13,767.81	717	$19.19	12,385.03	1,401	$8.84
客房服務		附加	平均銷售		附加	平均銷售		附加	平均銷售		附加	平均銷售		附加	平均銷售
早餐	0.00	0	$0.00	0.00	0	$0.00	0.00	0	$0.00	0.00	0	$0.00	0.00	0	$0.00
午餐	0.00	0	$0.00	0.00	0	$0.00	0.00	0	$0.00	0.00	0	$0.00	0.00	0	$0.00
晚餐	96.95	5	$19.39	887.93	53	$16.75	1,095.87	86	$12.81	1,095.68	63	$17.37	1,053.77	84	$12.56
特價/其他	0.00	0	$0.00	0.00	0	$0.00	0.00	0	$0.00	0.00	0	$0.00	0.00	0	$0.00
總食物銷售額	96.95	5	$19.39	887.93	53	$16.75	1,095.87	86	$12.81	1,095.68	63	$17.37	1,053.77	84	$12.56
烈酒	0.00			0.00			0.00			0.00			0.00		
啤酒	0.00			0.00			0.00			0.00			0.00		
葡萄酒	0.00			0.00			0.00			0.00			0.00		
總飲料銷售額	0.00			0.00			0.00			0.00			0.00		
總餐廳 II（REST II） 銷售額	96.95	5	$19.39	887.93	53	$16.75	1,095.87	86	$12.81	1,095.68	63	$17.37	1,053.77	84	$12.56

圖 4-6　日報表

	本日			月累計（實際）			月累計（預算）			月累計（預測）			月累計（去年同期）		
宴會		附加	平均銷售		附加	平均銷售		附加	平均銷售		附加	平均銷售		附加	平均銷售
早餐	190.00	19	$10.00	430.00	39	$11.03	485.32	49	$9.94	658.06	66	$10.00	469.23	48	$9.84
午餐	0.00	0	$0.00	905.70	42	$21.56	830.81	45	$18.48	830.81	45	$18.48	792.17	43	$18.29
晚餐	0.00	0	$0.00	521.70	22	$23.71	304.90	12	$26.48	945.97	41	$23.00	284.61	11	$25.95
休息時間	0.00	0	$0.00	50.00	16	$3.13	146.97	22	$6.70	146.97	22	$6.70	146.47	22	$6.68
接待處	0.00	0	$0.00	0.00	0	$0.00	164.52	33	$5.00	164.52	33	$5.00	150.81	32	$4.74
其他	0.00	0	$0.00	0.00	0	$0.00	0.00	0	$0.00	0.00	0	$0.00	0.00	0	$0.00
總食品銷售額	190.00	19	$10.00	1,907.40	119	$16.03	1,932.52	160	$12.07	2,746.32	207	$13.28	1,843.29	156	$11.84
烈酒銷售	0.00			0.00			8.23			8.23			0.00		
啤酒銷售	0.00			0.00			16.45			27.42			6.17		
葡萄酒銷售	0.00			0.00			16.45			32.90			12.36		
總飲料收入	0.00			0.00			41.13			68.55			18.54		
總宴會收入	190.00	19	$10.00	1,907.40	119	$16.03	1,973.65	160	$12.33	2,814.87	207	$13.62	1,861.83	156	$11.95
食品銷售總額	1,078.00			12,573.09			10,913.65			12,754.94			10,860.46		
飲料銷售總額	294.50			5,766.75			4,560.94			4,923.42			4,440.17		
會議室銷售	400.00			3,000.00			1,919.35			2,303.23			4,393.95		
宴會雜項銷售	0.00			70.00			191.94			191.94			459.24		
宴會小費	38.00			381.48		21,791.32	137.10			685.48			104.58		
餐飲總收入	1,810.51			21,791.32			17,722.97			20,859.00			20,258.41		
其他的收入			有人入住的房間			有人入住的房間			有人入住的房間			有人入住的房間			有人入住的房間
電話收入	86.74		$0.80	143.42		$0.08	120.65		$0.06	120.65		$0.06	57.15		$0.03
未到/損耗	0.00		$0.00	0.00		$0.00	274.19		$0.15	82.26		$0.04	0.00		$0.00
食物-食品 收入	0.00		$0.00	0.00		$0.00	0.00		$0.00	0.00		$0.00	0.00		$0.00
停車收入	0.00		$0.00	0.00		$0.00	0.00		$0.00	0.00		$0.00	0.00		$0.00
屋頂/商店出租收入	84.15		$0.77	1,342.81		$0.70	0.00		$0.00	0.00		$0.00	0.00		$0.00
電影收入	93.86		$0.86	1,200.07		$0.63	1,039.19		$0.55	932.26		$0.49	1,128.57		$0.60
其他的收入	40.36		$0.37	944.19		$0.50	1,794.87		$0.95	1,819.00		$0.96	2,166.22		$1.15
其他收入合計	305.11		$2.80	3,630.49		$1.90	3,228.90		$1.71	2,954.16		$1.56	3,351.94		$1.78
總資產	19,067.36			354,669.03			331,419.79			341,023.72			316,950.83		

現金收據	791.38	12,517.84
信用卡收據	19,850.05	362,315.10

	本日	當月累計變更
客戶簽帳	33,895.69	4,011.62
非房客簽帳(外帳,通常不向房客收取)	49,345.65	(22,742.07)
預付款	(11,379.39)	1,184.22
總計	71,861.95	(17,546.23)

圖 4-6　日報表（續）

大型的飯店中可能會有一位以上的夜間稽查員，但是在小型的飯店裡，這些工作可能會與夜班的經理、櫃檯或是服務員的工作合併。

二、訂房部

現在有許多飯店（尤其是連鎖飯店）都有接受顧客來電或網路預約的訂房中心，而在個別的飯店中，則有專人負責與中央訂房中心保持聯繫，以調整房價。預約訂房是顧客或爲顧客訂房的人與飯店的第一次接觸。雖然這樣的接觸可能是透過電話進行，但是對於飯店的特別印象還是會烙印在顧客心中。這種接觸需要的是優異的電話禮儀與電話行銷技巧。由於有些顧客重視的是價值，因此藉由強調勝過對手的優勢來促銷飯店就顯得相當重要。

.inc 企業簡介

美國君悅飯店

君悅飯店 (Hyatt Hotel)

尼可拉斯．皮茲克 (Nicholas Pritzker) 在與他的家人從烏克蘭移民到美國後，開始經營一家小型的法律事務所。他卓越的管理技巧使得事務所的業務蒸蒸日上，後來成為了一家管理顧問公司。皮茲克家族獲得了可觀的財務挹注，也使他們能夠追求成為開發商的目標。這個夢想在 1957 年 9 月 27 日第一家君悅飯店 (Hyatt Hotel) 開幕時成真。

時至今日，君悅飯店集團已經是一家價值數十億美金的飯店管理公司與開發商；該公司與君悅國際飯店集團更是飯店業的領導品牌。君悅雖然鎖定的是商務旅客，但同時也策略性地將旗下的飯店與服務作出區隔以順應不同的客源。這樣的差異化做法衍生出 4 個基本的飯店類型：

1. Hyatt Regency Hotels 是該公司的核心產品。它們通常是位於市中心的五星級飯店。
2. Hyatt Resorts 為渡假型飯店。它們座落於最受世人嚮往的渡假天堂，讓你遠離塵囂。
3. Park Hyatt Hotels 是小型的歐式豪華飯店。它們鎖定的是注重隱私、個人化服務，以及偏愛歐式小型飯店低調優雅風格的旅客。
4. Grand Hyatt Hotels 座落於擁有豐富人文的地點，吸引觀光客與大型會議。它們顯現出高雅與氣派的氛圍，並有最尖端的科技與世界級的宴會與會議設施。
5. Hyatt Place 是提供有限服務的高級飯店。
6. Hyatt Vacation Ownership 則是分時渡假的型態。

君悅飯店集團被《華爾街日報 (Wall Street Journal)》評為世界上 66 家的創新企業之一。事實上，皮茲克家族在早年的有效管理形塑了該公司的風格，而且歷久彌新。君悅飯店集團的特色來自於分權的管理思維，它賦予每一位總經理充分的決策權，以及激發員工個人創意的機會。分權式管理架構的正面影響還包括：每個經理可藉由對顧客的了解來澈底回應顧客的需求，也就是提供個人化的服務，這即是顧客滿意的基礎。君悅已高度達成了飯店管理的最高目標，而創新和多元的產品與服務或許就是此一做法最顯著的結果。

君悅的另一項成就是對於人力資源的重視，員工的滿意度優先於顧客。君悅對於員工的訓練與篩選投入了極大的心力。然而，最重要的則是高階主管與基層員工之間的良好互動。該公司目前在全球 46 個國家中經營 500 家飯店與渡假飯店。其中一些飯店和渡假村正在實施環保措施，盡量減少他們的碳足跡。

君悅的計畫，通常被稱為「君悅 2020 願景」，其雄心勃勃的新環境目標，在三個重點領域中定出一系列可衡量和可操作的目標，包含精心使用資源、打造智慧、創新和啓發。所有這些目標將全球各地的君悅酒店聯合起來，創造一個永續的未來。[1]

人物簡介

萊恩．亞當斯 (Ryan Adams)

加州聖地牙哥克羅拉多飯店 (Hotel del Coronado) 客服經理。

我在那裡得到的應該是某種讓諸事順遂的神奇秘方。你的計畫應該遵循絕妙的準則，如果你擁有智慧，那麼一切將水到渠成。然而，我無法確切地說我領悟了這個道理。我很幸運地提出了一個計畫，同時做出了一些讓我享有今天這些成就的正確決定。

我在這個行業已經 17 年了，我始終對於這個行業的強大吸引力大感驚奇。我總是告訴別人：「這個工作並沒有如此艱難，這些都只是最基本的，是因為人而讓這個挑戰值得一試。」

我每天清晨 5 點半起床並且在面對一天的工作之前做好心理準備。然後我轉到 CNN 去看看政治與頭條新聞，以免真的有什麼事情與我那被孤立的世界有所關連。

接著拿出一套代表今天心情的西裝，我總是從容地挑選合適的顏色與款式。如果我想與人溝通協調的話我就會選擇藍色，如果今天我感到熱情澎湃的話我會選擇棕色。而若是我必須上夜班的話，那麼我通常會穿著黑色西裝，打上紅色或是其他類型的領帶。我對於領帶相當著迷，我認為領帶就像是人的雙眼，它們就像是靈魂之窗，透露出我們的心情或是形象。在穿衣服時，我試著思考今天應該要做那些事情，像是開會或是單純的營運工作。

我通常早上 7 點開始工作，因此我可以見到大夜班的行李員、早班服務員與出納。你可以從夜班同事的身上學到許多，他們在三更半夜見到的事情無奇不有。我也會與櫃檯和服務中心聯繫，看他們是否在一大早就遇到任何難題。隨後我回到自己的辦公室。

下面這件事屢試不爽：我總是會有至少 5 則留言與 10 封電子郵件。我聽著留言同時列印出電子郵件，並瞧著我的行事曆以確認會議清單。然後我會列出一張清單，把我桌上那一堆文件中該回覆的與該進行的條列出來。我瞧著往後 14 天的，確認會有哪些活動或是團體來訪，並與我那位對於當天活動瞭若指掌的行李員聯繫。

我的責任是監督行李員的作業、電梯的運作、門房、服務員、書報攤出納、大衆運輸、停車管理及服務中心。我底下有兩位客服副理會在早上 11 點與下午 2 點 30 分來到公司，另外還有一位停車作業主任與一位出納主任。我會在每週與他們的會議中分享自己與公司的觀點，畢竟我不只是一個經理，我也是一個必須帶領衆人前往他們未知之地的領導者。

續下頁

承上頁

我一整天的時間幾乎都是在開會。禮拜二我會參加營運會議，我們的董事總經理與總經理會對我們說明財務狀況與本季的目標。他們也會提到特別的重點或是活動，我們還會聽取業務與會議管理部門關於團體與宴會活動的報告。訂房人員則會更新他們的目標業績與往後兩週將銷售的客房數目，並將此數目與預估的住房率比較。隨後報告的是會計、休閒、零售、客服與招牌服務。這是一個提供相當多資訊的會議，它讓你知道高階主管們的心情。

我盡我所能地試著與同事們面對面，從他們身上獲得回應與安全上的建議，並且讓他們發洩心中的不滿。我試著說服他們顧全大局。我也會花費些許時間去和那些要求行李搬運服務的客人「哈拉」兩句，以確保我的團隊讓他們留下好的印象。我參加他們在會議之前的討論以了解顧客的背景。我們判斷出他們的需求，並且以讓人大感意外的服務來滿足他們。

現代科技的有趣之處在於你對它的依賴程度。當科技帶給你前所未有的便利時，你就不會再使用傳統的方法。現在你使用Outlook籌備會議、寄發電子郵件、填寫無數的公文及檢查語音留言。公司還提供我一支Nextel電話，也就是我們說的「狗鏈(the leash)」。這種電話具備了無線電對講機的功能，並且讓管理階層能夠在同一個網路上彼此溝通。

我知道你在想什麼：這聽起來既無趣又難以理解。它的確如此。你說的也有道理，這種使一切合而為一的挑戰正是它為何如此吸引我的原因。我常常太過投入而忘了用餐，除非我的同事硬拉著我去吃點東西，或是對我的工作開起玩笑。我在辦公室的冰箱裡放了糖果與各種飲料，因為我往往沒時間用餐，工作實在是太過忙碌了！

我一般的下班時間是下午5點或6點，但我還是會把需要交接給夜班同事與兩位副理的資料與工作處理妥當。我還有一堆文件得在明天之前處理與歸檔。我騎上我的腳踏車，經過安全人員並給他我的鑰匙，接著就可以回家去見我可愛的老婆了。這就是客服經理生命中的一天。

三、通訊部

電信通訊部門(communications CBX或PBX)包含了室內通訊、顧客通訊(如呼叫器與收音機)、語音信箱、傳眞、留言及緊急中心。顧客通常是藉由電話與飯店進行第一次的接觸。這強調了迅速且禮貌處理所有來電的重要性，因爲第一印象是不可抹滅的。

通訊部門是確保飯店營運順暢的重要單位。它同時也是一個利潤中心，因爲飯店通常會對房客在客房撥打的長途電話額外收取50%的費用。

通訊部門的運作是全年無休的，並且與前檯的調度方式一樣皆爲三班制。該部門的員工必須訓練有素，且能承受壓力以從容遵守緊急程序。

四、顧客服務

由於第一印象對於顧客的重要性，因此顧客服務或身著制服的員工便負有特殊的責任。主管客戶服務 (Guest services) 的客服經理可能也同時兼任服務員領班的角色。該部門的員工組成包括門房、行李員及服務中心，有些飯店的服務中心乃直屬前檯經理。

在餐廳迎接客人的大門管理員

大門服務員 (Door attendants) 是飯店中的非正式接待員。他們身著顯眼的制服於飯店的前門招呼客人，協助開 / 關電動門、從後車廂拿出行李、招呼計程車、保持飯店入口淨空，以及用和善有禮的態度告知客人關於飯店與當地的資訊。從事此工作的人普遍可獲得許多小費。事實上，這個職位在多年前可是父傳子世襲或是以高價出售才得以繼承的。甚至還有謠言說這個工作比總經理好賺。

行李員的主要工作是引導客人及拖運行李到他們的客房。行李員也必須對當地與飯店的各方面與服務知之甚詳。由於他們與客人接觸頻繁，因此必需要有開朗外向的個性。行李員同時必須向房客說明飯店的各項服務，並介紹客房中的特色（照明、電視、空調、電話、喚醒服務、洗衣服務、客房服務與餐廳及游泳池與健身 SPA）。

五、服務中心

服務中心於大廳或特別的服務中心樓層設有辦公桌供其人員使用。該單位是有別於前檯與出納的部門。1936 年之前，服務中心並非在飯店的正式編制之中，而是由外界的業者外包這個職務。

大多數城市中的豪華飯店，都設有服務中心以提供顧客多樣的服務，舉例如下。

1. 最熱門的表演門票，甚至是當天的午夜場。當然，顧客必須付出最多 250 美金的票價。
2. 一位難求的餐廳座位。
3. 建議當地的餐廳、活動、景點、環境與設施。
4. VIP 的留言與特殊要求，如外出購物。

服務中心還可以爲顧客做些什麼？幾乎無所不能！這是 Conde' Nast Traveler 雜誌從全球各飯店的服務中心得到的結論。以下有一些比較特殊的要求：

1. 有一些住宿在馬德里 Palace Hotel 的日本觀光客異想天開地想把鬥牛帶回家。服務中心於是找到了可供販賣的鬥牛並談好價錢，然後眞的把這些牛送到東京去。
2. 一位顧客在一家位於倫敦的飯店大廳中獨自踱步，服務中心人員見狀之後前去詢問他是否需要幫忙。這位顧客在一小時內就要結婚，但是他的伴郎卻有事耽擱了。這位服務中心人員想說他反正也是西裝筆挺，於是就自願擔任伴郎。

服務中心需要熟知飯店與其服務，對於當地，甚至國際間的各項細節都需瞭若指掌。有許多服務中心人員都具備多國語言能力，最重要的是，他們必須以開朗樂觀的個性來幫助他人。UPPGH 是一個推廣高度專業與道德標準的服務中心組織，該組織較爲人知的名稱爲金鑰匙協會 (Union Professionelle des Portiers des Grand Hotels, UPPGH)。這個名稱來自於服務中心人員制服衣領上常見的交叉金色鑰匙佩章。

六、房務部

房務部是飯店裡最大的部門，大約有 50% 的員工屬於這個部門。《飯店房務 (Hotel Housekeeping)》一書的作者 Sudhir Andrews 認爲：

飯店的生存仰賴於客房、餐廳、飲料，以及其他較小的營運服務，像是洗衣、健身房等等，其中客房至少占 50%。也就是說，飯店最大的獲利來自客房業務，因爲客房一旦建造完成，就可以一次又一次地銷售。營運良好的飯店會盡量提高客房業務，以確保最大的獲利[2]。

此部門的負責人爲行政管家 (executive housekeeper) 或是服務總監 (director of services)。此職務的工作與職責要求優異的領導力、組織力、激勵能力，並能維持高服務標準。每日服務大量客房的後勤支援可以說是一項大挑戰。

從問卷調查中「客房清潔始終是房客的首要考量」就可看出房務部的重要性。

行政管家的四項主要職責如下：

1. 人員、設備與補給的領導統御。
2. 客房與公共區域的清潔與服務。
3. 依據總經理指示的財務方針來進行部門的營運。
4. 製作工作記錄。

然而，對於行政管家來說，最大的挑戰或許還是領導部門的員工。這些員工們甚至有許多來自不同的國家。依據飯店的規模，行政管家底下有房務經理與一位或一位以上的房務主任給予其支援協助，他們另外也負責督導數名房務員（圖 4-7）。房務部辦公室也歸房務經理管轄。行政管家每天的第一要務就是將飯店區分為數個區域，以分配給所有房務員。

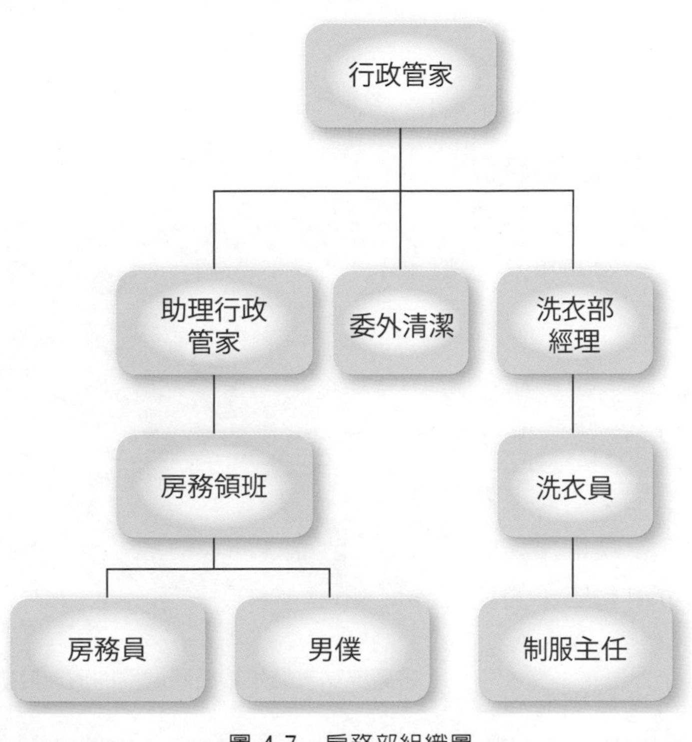

圖 4-7　房務部組織圖

飯店所有的客房都會列在客房狀態表 (floor master) 上。如果客房是空的，房號旁邊就會是空白。如果房客即將退房，那麼房號旁邊就會寫上 SC。留宿則是寫上 SS；保留是 AH；故障會寫上 OO；而如果是 VIP 的話，則依據被要求的設施與用品畫上不同顏色。

如果在 258 間有人住宿的客房中有 10 間是套房（以每間套房工作量相當於 2 間客房計算），那麼分派給房務員的客房數就會是 268 間，需減去已訂房但房客未出現 (no-show)。接著將總數除以 17，也就是每位房務員必須負責的客房數。

依據各飯店的特性，房務員每天需服務清理 15 到 20 間客房。整理一些老飯店的客房會比整理新飯店的客房還要耗時。此外，服務時間長短也得視退房與留宿的客房數而定，因為整理退房時會花費較多時間。房務員從早上 8 點開始工作，並向行政或副行政管家報告。主管會分派客房區塊與鑰匙給他們，領取時必須簽名並在下班前歸還。

行政管家的工作還包含負責大量的工作記錄。除了安排員工的工作時間與考核之外，客房與公共空間的傢俱盤點，也必須與整修記錄一同被正確地記載。大多數飯店的維修工作都是由房務員提出維修報告開始的。現在有許多飯店利用電腦連結房務部、工程部與維修單位，以加快維修的速度。房客們都希望今天付出的房價，可以讓他們享受有完整功能的客房。房務部同時備有大量的客房用品、清潔用品及被巾。

一位房務員負責的客房數試算

總住房數：258
加上 10 間套房：10
總數　：268
減去已訂房但房客未出現 (no-show)：3
等於 265
接著將 265 除以 17 （每位房務員服務的客房數）
X 16 （當天需要的房務員人數）

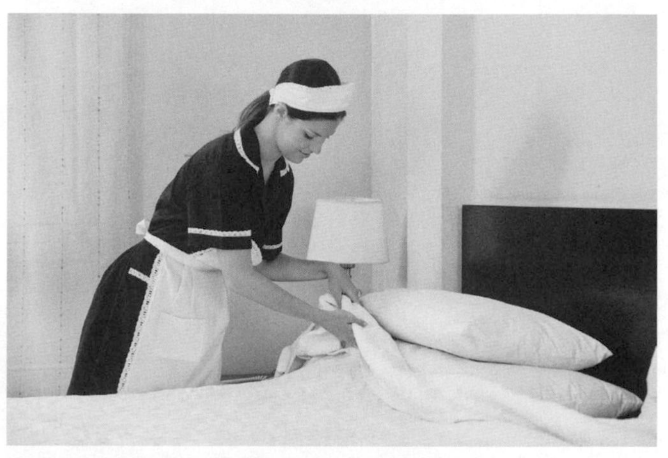

客房部調查結果始終將房間的清潔度排在第一位。

在歷經約 2,000 年之後，飯店業者忽然令人驚訝地了解到，人們大多數的時間都在床上度過！因此業者們推出了讓人甚至會忽視喚醒服務的魔力床，可能還因此會引起不小的糾紛呢！全美各地的客房設施正不斷地在推陳出新，包括可一邊較硬而一邊較軟的新式床墊。其他的客房設施還有高解析度或平面電視、無線網路，以及可啓動電梯的門房卡片。

「從問卷調查中『客房清潔』始終是房客的首要考量，就可看出房務部的重要性。」

七、安全部

提供顧客保護與預防損失，對任何規模的住宿業者來說都非常重要。暴力犯罪是一個日益嚴重的問題，而保護顧客免於人身傷害也已被法院認定爲顧客對飯店的合理期望。安全部的職責爲操作安全警報系統、執行保護顧客、員工與飯店自身財產的措施。一個全面性的安全計畫必須包含以下要件：

（一）安全人員

1. 定時巡邏飯店區域，包括顧客樓層、走廊、公開與私人宴會廳、停車場及辦公室。
2. 安全人員的職務包含了觀察可疑行爲並採取適當作爲、調查意外事件，以及與當地執法單位配合。

（二）設備

1. 安全人員之間的雙向無線電對講機。
2. 裝設監控電視攝影機於少有人跡的走廊或通道，同時也裝設於食物、酒類與儲藏區域。
3. 法律規定必須於飯店各處裝設煙霧偵測器與火警警報器，以確保顧客安全。
4. 電子鑰匙卡片可提供絕佳的客房安全。鑰匙卡片上通常不會有飯店名稱與房號，因此一旦卡片遺失或遭竊，房間較不會有被入侵的風險。除此之外，大多數的鑰匙卡片系統會將每一次的進出記錄在電腦以供必要參考。

（三）安全程序

1. 櫃檯人員必須防止已退房的顧客再次進入客房以維護安全，也可避免飯店的財產遭竊。
2. 安全人員應有辦法在任何時間進入客房、儲藏室與辦公室。
3. 安全人員同時也要研究出一套災害應變計畫以確保員工與顧客的安全，並且將災害帶來的直接與間接損害降至最低。災害應變計畫應審視保險內容、分析各項實體設施，以及評估可能的災害情境，包括災害發生的機率。可能的災害情境，包括火災、炸彈恐嚇、地震、水災、風災與暴風雪。準備充分的飯店會制定正式的規範以處理任何可能的情境，並且會訓練員工實行必要的措施。

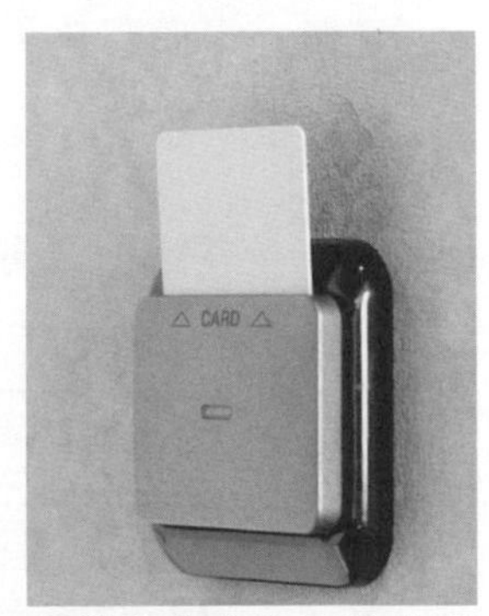

提供顧客安全及防止顧客財產遭竊對於任何住宿場所都是必不可少的

（四）識別程序

1. 每位員工都應該有附照片的識別證。
2. 員工配戴的名牌不只給予顧客飯店的和善形象，也對安全防護有所幫助。

自我檢測

1. 客房部包含哪些部分？每個部門的主要職能是什麼？
2. 何謂 PBX 或 CBX ？
3. 列舉出行政管家應具備的特質。

4.5 餐飲部

學習成果 3：描述餐飲部的主要功能。

一、餐飲部管理

在餐旅業中，餐飲部是由餐飲總監 (director of food and beverage) 負責，其職責是向總經理報告並有效經營以下部門。

1. 廚房、外燴、宴會
2. 餐廳、客房服務、迷你吧
3. 休息室、酒吧、餐務

以下是一位餐飲總監典型的一天生活（表 4-1）：

表 4-1 餐飲總監一天行程

上午 8:00	檢查留言並查閱各餐廳與安全部的日誌。巡視餐廳，尤其是家庭式的餐廳（快速的視察）。 檢查自助式早餐、訂位與值班經理。 檢查每日特餐。 檢查客房服務。 檢查早餐服務與工作人員。 拜訪行政主廚與採購總監。 拜訪餐務部辦公室，以確保一切設備就緒。 拜訪宴會服務部辦公室，以檢查每天的活動流程。
上午 10:00	進行目前的專案計畫：新的夏季菜單、池畔餐廳開幕、餐廳的翻新、宴會廳大廳的改建、裝配新的走入式冷凍庫、分析目前的損益表 (profit-and-loss statement, P&L statement),、規劃餐飲部週會。
上午 11:45	拜訪廚房並觀察午餐的服務，同時巡視包括宴會廳的中午場次。與行政主廚開會。 檢查餐廳與宴會廳的午餐服務。 與行政主廚、採購總監或外燴總監於員工餐廳共進午餐。
下午 1:30	拜訪人力資源部，以討論當前事宜。
下午 2:30	檢查留言與回電。利用電話促銷外燴與會議服務。 安排每日的菜單會議。
下午 3:00	參加特別專案或會議。 巡視酒吧。 檢查人力調度。 確認當前的促銷活動。 檢查娛樂節目的安排。
下午 6:00	檢查 VIP 的特殊餐飲要求。 巡視廚房。 檢查並嚐試菜色。
下午 8:00	確認晚間特餐。 巡視餐廳與酒吧。

餐飲總監的一天從早上8點開始，直到晚上6至8點才結束，如果有很早或很晚的活動，工作時間就會更長。一般來說，餐飲總監從週一到週六都得工作。如果週日有特殊活動的話，就只能等到週一才休假。通常週六都是用來閱讀或是將特別專案趕完。

二、廚房

飯店的廚房是由行政主廚 (executive chef) 掌管，中小型的飯店則設有主廚的編制。這個人必須向餐飲總監負責有效的廚房食物製備。目的是製作出在呈現方式、口味與分量上都超越顧客期望的食物，並確保熟食與冷食的正確溫度。依據公司的政策與財務目標來進行廚房的營運正是行政主廚的職責。

三、餐廳

飯店裡可能會有數家餐廳或完全沒有，餐廳的種類也各有不同。一家主要的連鎖飯店通常會有兩家餐廳：一家招牌或高級正式的餐廳與一家咖啡廳型態的休閒餐廳。這些餐廳服務的對象包括飯店房客與一般大眾。近年來，隨著顧客期望的提高，各家飯店都特別注重餐飲的製作與服務。因此，飯店對於這些專業的需求也就更爲提高。飯店的餐廳由餐廳經理負責經營，其手法與其他餐廳大同小異。

準備好要迎接客人的飯店餐廳。

四、酒吧

飯店裡的酒吧是讓顧客在結束忙亂的一天之後，小酌放鬆的地方。這個社交洽商或閒聊的機會對於顧客與飯店雙方來說都是好事。由於飲料的利潤要比食物來得高，因此酒吧是餐飲部的一個重要收入來源。從訂貨、點收、儲存、發貨、酒吧庫存、服務、一直到顧客結帳，整個飲料商品循環過程可說是相當複雜，但不同於餐點，飲料若未售出的話仍可繼續保存。

五、餐務部

餐務部經理 (chief steward) 必須對餐飲總監負責以下事項：

1. 內場的清潔（所有顧客看不見的內場區域）。
2. 保持餐廳內玻璃器皿、瓷器與餐具的清潔。
3. 執行嚴格的庫存管理與月底盤點。
4. 洗碗機的維護。
5. 化學物品的庫存與盤點。
6. 廚房、宴會廳走道 (banquet isles)、儲藏室、走入式冷凍庫與其他所有設備的衛生清潔。
7. 除蟲消毒以及與除蟲公司的溝通協調。
8. 預估人力需求與清潔補給品。

有些飯店的餐務部還必須負責廚房的清潔。這個工作通常是在夜間進行，以避免干擾廚房的作業。小規模的清潔工作則會在午餐與晚餐之間的空班時間進行。餐務部經理的工作可能都是不為人知的默默付出。這些工作包括照三餐幫數百人清理善後。光是要把每件事維持在正軌就足以令人傷透腦筋。飯店裡各個餐廳所使用的玻璃器皿、瓷器與刀具都有不同的樣式。非正式的風格通常會出現在一般的休閒餐廳，宴會廳會有比較正式的氣氛，而招牌餐廳則是最正式的用餐地點。要確認所有的物品都歸回原位是很困難的，而要避免顧客與員工帶走紀念品也是同樣困難。因此，唯有嚴格的庫存管理與一貫的警戒心才能協助打擊偷竊行為。

如果你服務於一家主要飯店公司的開發部門，若要在你鄰近的城市中開發一家三星級的飯店，你會需要什麼資訊？

六、宴會部

縱觀世界的文化與社會演進，我們可以發現無數聖經中耶穌與門徒們「擘餅分享 (breaking of bread)」的例子。酒席與宴會是人們表現待客之道的方式之一。而宴席的主人們常常會以鋪張的方式來相互較勁。時至今日，人們舉行慶典、宴會與酒席的時機包括：

1. 國宴：國家領導人為了向來訪的元首與皇室致敬
2. 國慶日
3. 使館招待會與宴會
4. 企業與組織的會議與宴會
5. 慈善晚宴

6. 企業晚宴
7. 婚禮

宴席 (catering) 的範疇比宴會 (banquet) 來得廣。宴會指的是一群人在同個時段內，在同個地點一起用餐。而宴席則包含了不同的場合，人們可以在不同的時間用餐。然而這兩個名詞通常可以交替使用。

舉例來說，一家大型市區飯店的宴會部可能在一天內服務各種活動：

1. 財星 500 大企業的年度股東會
2. 國際借貸簽約儀式
3. 服裝秀
4. 產品發表會
5. 大型會議
6. 數個業務會議
7. 私人午餐會與晚宴
8. 婚禮

這些活動自然都需要不同的服務方式。小城市裡的飯店則可能會利用當地的教會來舉辦商業會議、高中舞會、企業晚會、業務會議、專業研討會及小型展覽。宴會可以區分爲室內與外燴。外燴指的是在飯店外舉辦的活動，食物不是在飯店內準備好就是在現場製作。

舉行慶祝活動、宴會、餐飲的場所對於增加飯店業務，以填補酒店的功能空間至關重要。

飯店通常都有獨立於客房業務之外的專業宴會業務人員，但仍必須與飯店的業務團隊合作。宴會業務員歷經多年所累積的客戶人脈，可爲飯店的宴會空間帶來可觀的業績。

（一）宴會工作表

宴席工作表 (catering event order, CEO) 也可稱爲宴會工作表 (banquet event order, BEO)，是爲了告知飯店人員與顧客關於宴會的重要資訊（內容與時間），以確保活動順利進行。

宴會工作表的製作是根據與顧客之間的連繫事項，以及顧客在實際參觀時提出的注意事項。圖 4-8 中的宴會工作表範本中，列出了宴會廳裡面的格局與布置、顧客抵達時間、是否有任何 VIP 與特殊要求、接待人員、酒吧時間、飲料種類、付款方式、用餐時間、菜單、

喜來登麗松飯店
宴會訂單

宴會種類：早餐歡迎會　　CHERI WALTER
宴會名稱：會議
團體：DR. CHAD GRUHL AND ASSOCIATES
地址：41 MAIN ST
BOWLING GREEN, OHIO 43218　　結帳方式：
電話：(619) 635-4627　　直接收費
傳真：(619) 635-4528
團體聯絡人：Dr. Chad Gruhl　　金額：
現場聯絡人：same

星期	日期	時間	型態	包廂	預計人數	位置安排	租金
星期三	2017年1月25日	上午 7：30－中午 12：00	會議	棕櫚廳	50		250.00

酒吧：
無

菜單：

上午 7：30 歐陸式早餐

新鮮柳橙汁、葡萄汁與蕃茄汁
貝果、瑪芬與奶油蛋捲
奶油起司、奶油與果醬
水果切盤
水果優格
咖啡、茶與低咖啡因咖啡

優格：$9.95

上午 11：00 休息

提供提神飲料

酒類：

花材：

音樂：

視聽設備：
－投影機／螢幕
－活動掛圖／麥克筆
－錄放影機／電視

停車：

代客停車，請提供停車券

布巾：
飯店提供

場地布置：
－教室型座位
－2 人用貴賓桌
－茶會布置
－(1)入口處擺放 6 吋簽到桌、2 張椅子以及 1 個垃圾桶

所有餐飲價格需另加 18%的服務費與 7%的州稅。確定人數、取消與變動必須在 72 小時之前告知，否則將以預計人數論。
欲確認以上的安排，請在下面簽名並繳回本飯店。

聯絡人簽名 ____________________ 日期 ____________________

BEO # 003069

圖 4-8 宴會工作表 (CEO) 與特殊細節

酒單，以及其他的服務細節。宴會經理或總監則必須與顧客確認所有細項。通常飯店會寄出兩份工作單給顧客，一份請顧客簽名後寄回，另一份則請顧客留存。

（二）宴會服務經理

宴會服務經理 (catering service manager, CSM) 承擔了提供超越顧客期望服務的重責大任。宴會服務經理經由宴會部總監或經理的介紹認識顧客後便開始接手後續的工作。這是一個相當吃力的工作，因爲不只必須籌備、服務與善後，還得同時應付好幾個宴會。時間的掌握與後勤支援都是成功運作的關鍵。有時候，早上的會議與晚間的餐會之間只會有幾分鐘的空檔。宴會服務經理的工作，包括招聘、培訓和激勵員工、組織員工輪值表、監督預算，並爲接下來的菜單訂購材料。最重要的部分是要以低成本達成高品質，並維持高衛生標準和客戶滿意度[3]。

七、客房餐飲服務

客房服務 (room service) 一詞有時也代表飯店客房裡的一切服務。最近有些飯店將「客房服務」的名稱改爲「客房餐飲 (in-room dining)」以代表更爲高級的服務。這也是爲了藉由高品質的餐飲服務將用餐的經驗帶入客房中。一般來說，飯店越大或是房價越高，就越有可能提供客房餐飲服務。經濟型飯店與許多中價位的飯店，爲了避免客房服務的成本，而在每個樓層擺放販賣機及 pizza 等等的速食，或是由當地餐廳外送中國菜。

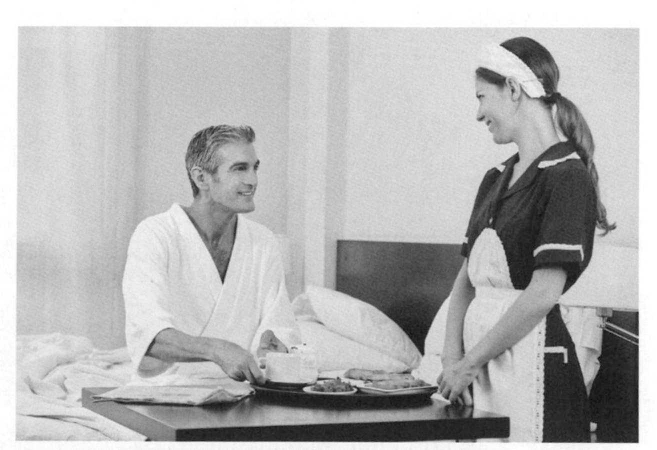

客房餐飲服務為訪客提供優質餐飲服務體驗。

自我檢測

1. 餐飲總監典型的一天工作可能包含了那三個任務？
2. 餐飲部經理負責那些工作內容？
3. 列舉 3 種宴會部負責的活動？

4.6 物業管理系統及收入管理

學習成果 4：說明物業管理系統及營收管理？

一、物業管理系統

物業管理系統 (property management system, PMS) 協助飯店以電子化的方式來接受、保留與恢復顧客的訂位、消費歷史、要求及帳單處理。此一系統的訂房功能也提供訂房人員各種資訊，包括空房數、特色、景觀與房價。即將抵達的房客名單也可輕易列出。在 PMS 出現之前，訂房人員必須花費相當長的時間去學習每個客房的特色與各種房價，以及製作到客名單。

該系統包含了一套可支援前檯與後檯各種活動的電腦軟體。三種最普遍的前檯套裝軟體可協助前檯人員進行下列工作：

1. 訂房管理
2. 客房管理
3. 房客帳戶管理

中型或大型飯店的電腦一般都有前檯與後檯（會計、財務、採購與會議外燴日程）專用的應用軟體。小型的飯店則使用微型電腦的獨立系統，或連結區域網路以支援應用軟體。

二、營收管理

營收管理 (revenue management) 是一種預測需求的技術，用來將飯店獲得自航空公司的收入極大化。它以經濟學的供需原理作爲運作的基礎，也就是價格隨著需求的增減而起伏。因此，收入管理的目的也就是增加獲利。管理階層很自然地會想以門市價（掛牌價）客房 (rack rate) 來銷售每一間客房，訂價指的是飯店希望售出客房的「掛牌價」。然而，事實與理想總有差距，因爲客房的實際售價幾乎都是訂價的折扣價。例如，企業或團體價、美國汽車協會價 (AAA rate)、美國退休者協會價 (AARP rate)，或政府價。在大多數的飯店中，只有一小部分的客房是以訂價來銷售。這是因爲必須利用會議、團體，以及其他的促銷折扣來刺激需求。收入管理執行的就是以正確的價格分配正確的客房給正確的房客，並且將每間客房的收入與效益極大化。

一般來說，訂房的需求是根據比散客訂房提早數月或數年的團體訂房來看，散客大多數在抵達前幾天才會訂房。圖 4-9 與 4-10 爲團體與散客的訂房模式。團體訂房如同圖 4-10

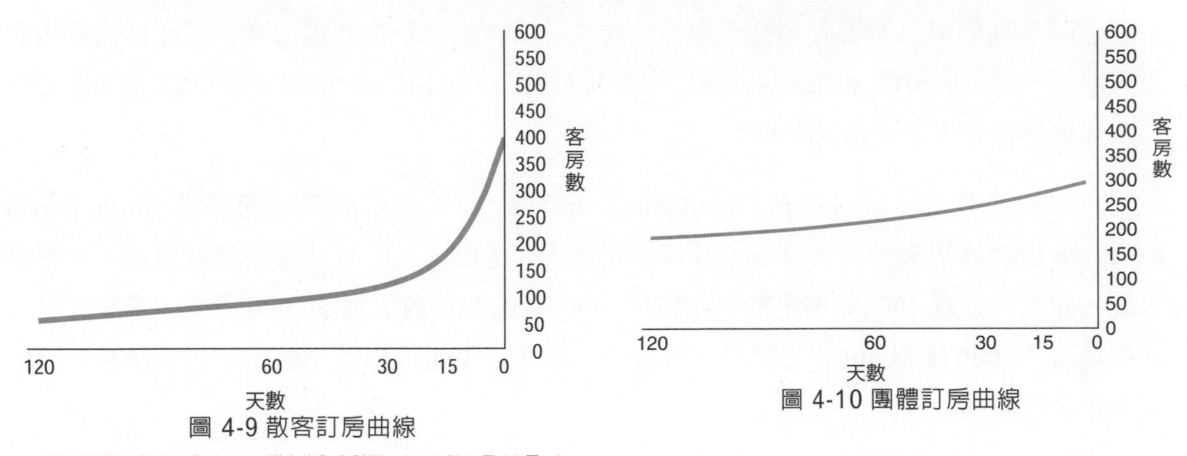

圖 4-9 散客訂房曲線

圖 4-10 團體訂房曲線

（資料來源：與 Jay Schrock 博士的私人對話，2017 年 2 月 22 日。）

表示的那樣，早在數月甚至數年前就已確定。收入管理除了根據以往的趨勢與目前的需求來監控訂房狀況之外，並且也決定該以何種價格來銷售多少數量與哪些種類的客房，藉此獲得最大的收入。

圖 4-9 中曲線代表的是少數在抵達前 120 天產生的訂房模式。大多數的散客訂房都是在抵達飯店的前幾天才產生的。收入管理除了監控供需狀況之外，也必須建議在任何一天可供銷售的客房數量與種類，以及每間客房的價格。

在收入管理中，不單單是房客抵達前的時間，包括住房的種類也都是重要的訂價考量。舉例來說，當只有一位房客使用雙人床、皇后大床或國王大床的客房時，這些客房的價格就可能有所不同。這個價格有可能高於單人的訂價。同樣的，雙人與多人住房也會產生較高的房價。其定價方式如下：

假設一家飯店內有 300 間客房且訂價爲 150 美金。每晚平均售出的客房數爲 200 間且房價爲 125 美金。則此一飯店的產能爲：

客房入住率 × 200/300 × 66.66%

房客達成係數 (Rate achievement factor) 爲：125 ÷ 150 ＝ 0.833

而產能 (yield) 則爲：0.666 × 0.833 ＝ 55.4%

飯店收入管理的應用仍然在持續精進，並將多日訂房與漸增的餐飲收入列入考量因素。如果顧客想在一房難求的日子入住，而且其住宿期間包含幾個生意清淡的日子，那麼房價該如何決定呢？

這時候我們可以發現收入管理的一些缺失。比方說，一位商務旅客嘗試在抵達飯店的三天前訂房，然而房價卻因爲收入管理的緣故而太高，這位顧客可能就因此選擇其他飯店，甚至往後都不會再考慮這家飯店。

可用客房收入 (revenue per available room, rev par) 是由飯店研究機構 Smith Travel Research 所發展出來的一套算法。計算方式爲「客房收入」除以「可銷售客房數」。舉例來說，如果一家有 400 間可用客房的飯店，其一天的客房收入爲 50,000 美金，那麼計算方式就是將 50,000 除以 400，也就是 125 美金。而飯店便是使用可用客房收入來檢視自己與競爭對手的表現。

由於必須考慮許多方面，因此不可能在一夜之間便能有效地應用酒店營收管理的概念。您需要仔細分析並評估有關您的物業及其商業環境的大數據集。[4]

自我檢測

1.PMS 代表什麼？這個系統的功能為何？
2. 何謂營收管理？營收管理在飯店業被如何應用？
3. 假設一家飯店內有 250 間客房且門市價（掛牌價）客房為 200 美金，每晚平均售出的客房數為 225 間且房價為 175 美金，此一飯店的房價的收益為何？

4.7 永續住宿經營

學習成果 5： 討論永續住宿運營如何在提高利潤的同時降低酒店的生態影響。

生態效益 (eco-efficiency)，通常又稱爲環境保護 (green)，其基本概念是要用較少的資源、製造較少的浪費或汙染，來創造更好的產品。也就是事半功倍的意思。至於這跟你的收益又有什麼關係呢？它幫助飯店用較少的資源提供更好的服務：減少產品和服務的材料與能源密集度，可以降低飯店對生態的衝擊，並增加飯店的收益。這是整體企業表現的關鍵因素[5]。圖 4-11 爲永續住宿實務的實施模型。

三重底線會計 (Triple bottom line，三重底線會計)，有時也被稱爲 TBL 或 3P 方法 (人類、地球和利潤)，需要三向的思考，而非單一的。除了經濟以外，它還考慮到生態和社會層面的表現。今日，可量化的環境衝擊包括有限資源的消耗、能源的使用、水質與可利用性，以及汙染排放。社會影響包括社區健康、員工和客人的安全、教育品質和多樣性。[6]

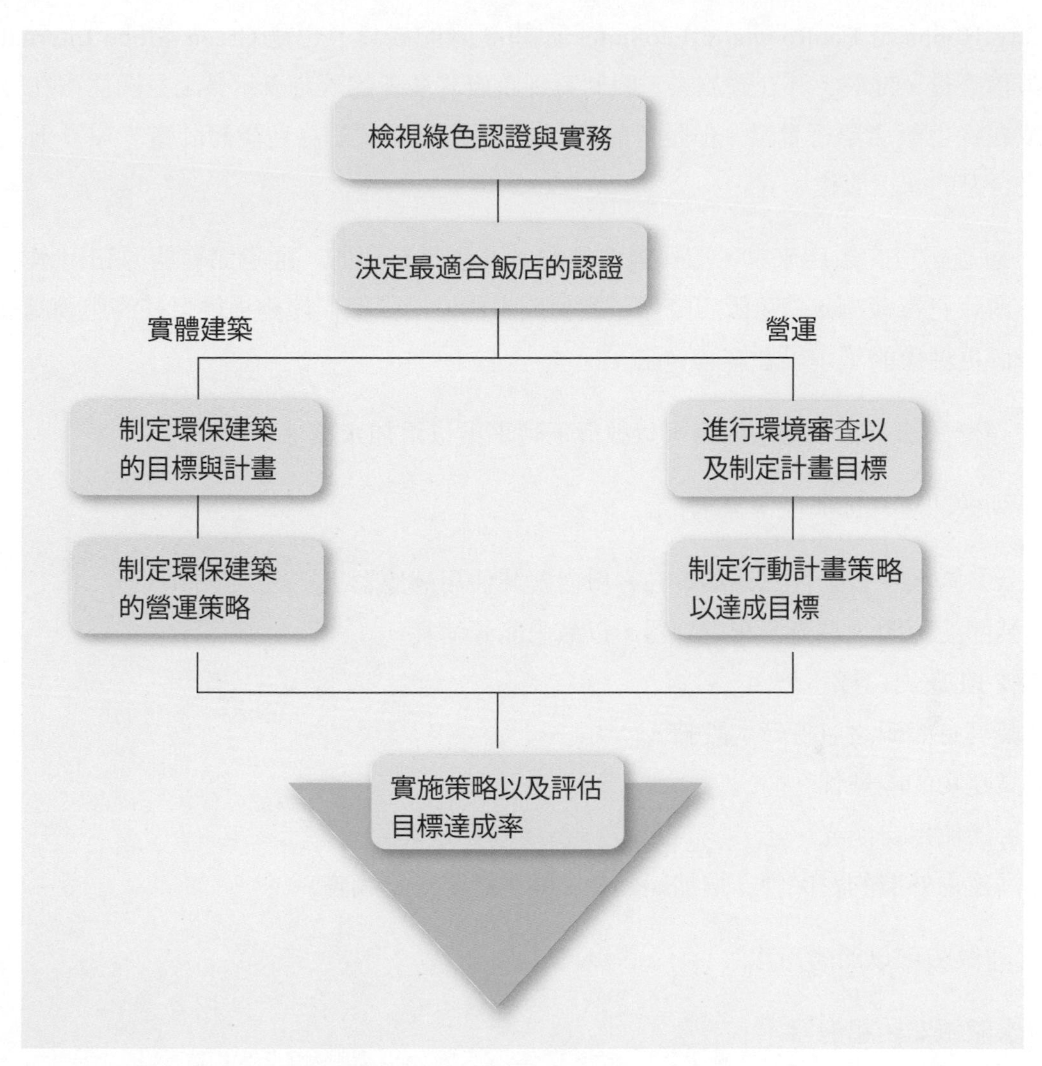

圖 4-11 永續住宿實務上的實施模型

永續性住宿 (sustainable lodging)，也被稱爲綠色飯店 (green hotels)，已成爲一個強大的運動。美國飯店業協會 (American Hotel and Lodging Association, AH&LA) 和各州協會對飯店提出經營的建議，以及最佳實務，以取得環保認證。無論是飯店集團或是個別的飯店，在經營方式上都更加地環保。永續住宿和餐廳——已認證的單位會建立目標，找出組織的人才，通過教育、員工的創意，和客戶回饋來尋找新的改進機會。

美國市場研究機構 J. D. Power and Associate 的「2009 年北美飯店顧客滿意度指數研究 (2009 North America Hotel Guest Satisfaction Index Study)」，調查了超過 66,000 位 2008 年 5 月至 2009 年 6 月住在北美飯店的顧客，發現客人對所住宿飯店的綠色計畫的認知在 2009 年顯著增加。66% 的客人表示有注意到飯店的保育工作，而前一年注意到的只有 57%。

Ray Hobbs 是 EcoRooms & EcoSuites 顧問團隊的成員，也是 Green Globe International 的認證稽查員，他說：「在餐旅業，我們看到政府許多新的規定表示員工只能住宿在綠色飯店，或在綠色飯店舉行會議。但是目前只有 23 個州有正式的綠色認證計畫，業界仍在試圖找到最合適的認證流程。」[7]

對通過認證的飯店來說，環保對他們的財務也是有利的。通過節約能源和用水，減少浪費和消除有毒藥劑，綠色飯店降低了經營成本，這使得他們能夠提供更好的服務給顧客，以及一個更健康的環境給顧客和員工。

在經營做法上，永續型飯店可以執行下列事項以增加永續性：[8]

下列做法可以節省能源需求：

1. 在公共區域安裝動作感應器，在客房內安裝佔用感應器。
2. 安裝節能照明、調光器和定時器，以減少能源消耗。
3. 安裝 LED 出口標示燈。
4. 安裝具有能源之星標章的設備。
5. 提高建物的隔熱性。
6. 儘可能使用自然光
7. 提高建物外層的密閉性、增加隔熱性、減少縫隙、更換窗戶。

下列做法可以節省用水：

1. 在水龍頭安裝起泡器。
2. 在現有的馬桶或低流量馬桶上安裝省水裝置。
3. 安裝低流量的蓮蓬頭。
4. 實施毛巾和床單重複使用的方案。
5. 使用原生植物做造景。
6. 在庭園澆灌系統中使用定時器和溼度感應器。
7. 改變草坪澆水方式，鼓勵深根系生長 。

下列做法可以減少廢棄物：

1. 提供資源回收區，供顧客和員工使用。
2. 選擇再生紙並大量採購。
3. 以餐巾、可重複使用的瓷器和餐具提供餐飲服務。
4. 在浴室使用可重複填裝的沐浴乳和洗髮精罐。

5. 透過二手店或慈善團體購買回收的可用家具。
6. 將舊毛巾和床單拿來當作清潔用抹布。
7. 要求供應商減少包裝。
8. 回收食用油。
9. 將廚餘和雜草做成堆肥。

以下做法可以減少危險廢棄物：

1. 妥善處理日光燈、電腦和其他電子用品。
2. 加入當地的危險廢棄物回收日。
3. 使用低揮發性有機化合物 (volatile organic compound, VOC) 油漆、地毯和膠水。
4. 使用可充電電池。
5. 使用節能接駁車。
6. 使用對環境友善的清潔產品。
7. 另一個飯店集團對其永續性的規劃。

一、能源之星®

能源之星 (energy star) 是美國環保署和美國能源部的一項聯合計畫。「能源之星」是一種創新的能源評鑑系統，替上千種節省能源的產品提供一個值得信賴的標章。日光燈和數位客房恆溫器能確保能源效率。

手機上能源之星的標誌

二、綠色標章

綠色標章成立於 1989 年，是一個非盈利性組織，在現今教育程度日漸提高且競爭激烈的市場中，提供一個可信賴的、透明的，以科學爲基礎的環境認證標準。它標示並推廣那些減少有毒汙染和廢棄物、節約資源和棲息地，以及將臭氧影響降到最低的產品和服務。綠色標章認可的清潔劑能用在洗衣房和房務車上。害蟲管制計畫也已經換成對生態友善的藥劑。

綠色標章

三、再生材質

美國環保署的綜合採購指南 (comprehensive procurement guidelines, CPG) 鼓勵使用可回收的再生材料，其目標是減少廢棄物的數量。百分之百回收產品可用於衛生紙、面紙、擦手紙、辦公影印紙、紙咖啡杯和餐巾紙。

四、飯店的資源回收

飯店可以在客房內放置一個資源回收筒來放置玻璃、紙張、鋁和塑膠，藉此鼓勵資源回收。當地小學取走紙張的部分，飯店則將其餘的項目運到本地的回收中心。

五、節約用水

地球上的可用淡水占所有水的 0.5%。全球用水量每 20 年增加一倍，而目前對水的需求超過供給的 17%。飯店的用水量很大，因此必須將起泡器安裝在水流經的每一個設備中，包括低流量蓮蓬頭和馬桶。洗衣房的洗衣機所使用的系統，會在注入洗衣機之前先混合清潔劑與水。這個裝置可以減少洗衣機 30% 的用水。飯店會鼓勵客人重複使用毛巾，除非客人有要求，在一般長度的住宿期間，不會主動更換床單。

六、沐浴用品

與 Aveda 合作提供對環境友善的個人用品。每一個淋浴間都裝有大型的沐浴乳罐，避免使用單獨的產品。所有未使用的，剩餘的沐浴用品都捐給社區中心。

七、早餐

收集廚餘，交給當地有機農民作爲堆肥。使用瓷盤和玻璃餐具（而非塑膠製品），所有調味料都以大包裝採購並擺設，而不是單獨的小包裝。使用當季的有機產品。

八、酒吧

在大廳吧檯提供有機葡萄酒供顧客選擇。

九、顧客接駁

提供附近景點的免費接駁服務，可使用油電混合車或是 15 人小巴載運較大的團體。

十、遊客自行車

在溫暖的天氣提供自行車給客人使用。替想要以單車遊覽城市的顧客準備精美的自行車路線圖。

十一、咖啡館

大廳咖啡吧的咖啡飲品全部使用有機、公平貿易認證，以及雨林聯盟認證的咖啡。

十二、綠化客房

客房有很多綠化的機會，永續飯店會執行下列事項。[9]

1. 讓客人選擇每隔一天或更久的時間才更換毛巾和床單，而非每天更換。調查顯示，超過 90% 的客人喜歡這個選擇。
2. 鼓勵員工在房間空著時關閉窗簾、燈光和空調。
3. 在每個房間安裝節水裝置，如淋浴氣泡機、低流量馬桶。
4. 使用可重複裝填的沐浴乳和洗髮精罐。
5. 提供明確標示的資源回收筒來放置瓶罐和報紙，以鼓勵顧客回收資源。
6. 在每個房間安裝節能照明燈具。省電燈泡可以安裝在許多現有的燈具之中。為了防止竊盜，許多飯店改裝燈具，將省電燈泡固定連接在燈具上。
7. 考慮購買具有節能標章的電視或其他節省能源的設備。
8. 使用環保清潔劑打掃客房，以改善室內空氣品質，減少揮發性有機化合物的排放。
9. 在客房內使用標示牌，讓顧客知道你為「綠色」所做的努力 (為什麼不告訴他們，選擇不每天更換毛巾和床單，飯店可以節省 13.5 加侖用水？)
10. 使用選擇性退出的方式來推廣床單和毛巾的重覆使用（這可以讓 250 間客房的飯店每年節省超過 15,000 美金）。

如果飯店採取這些和其他措施，相當於每年節省數千美元。

思考一下！採取永續做法的飯店可以得到多少好處。華盛頓特區的 Willard Inter Continental Hotel 表示，他們在飯店推行永續會議及物業活動管理之後，團體業務量增加。[10]

住宿經營的發展趨勢

1. 人力多元化：女性與少數族裔員工的人數正在明顯地增加，這些人不僅是基層的員工，同時也服務於主管職位。

2. 科技運用更為廣泛：顧客透過網路訂房，旅行社可在更多的飯店訂房。各種物業管理系統與銷售點終端機介面的簡化。對於客房內高速網路與無線網路的需求。

3. 科技也被用來提升服務品質與控制成本，包括點餐與結帳、食物製備、冷藏、行銷、管理、控制與通訊。

4. 持續尋求提高生產力的機會：隨著業主與管理公司的經營壓力提高，飯店的經理們正在尋找提高生產力的創新思維，並根據每位員工的業績來判斷生產力。

5. 收入管理的運用與適當的定價提高了客房的收入。

6. 綠色飯店與客房：包括使用回收與環保產品、設施與生物可分解的清潔劑，以及本章所討論的其他議題。

7. 安全：國際飯店協會 (International Hotel Association) 所做的調查顯示顧客會持續關切個人的安全。飯店將持續致力於增進顧客的安全。舉例來說，有某家飯店規劃了女性專用樓層，服務中心與安全部一應俱全。

8. 顧客多元化：越來越多的女性旅客會在飯店客房出現。這是因為商務旅行的蓬勃發展。

9. 順應身心障礙者法案：美國身心障礙者法案 (Americans with Disabilities Act, ADA) 規定所有的飯店都必須將現有的設施與設計變更為無障礙的結構。所有的飯店至少須有 4% 的停車空間為殘障專用。這些停車位的寬度必須足以讓輪椅從小貨車上卸下。客房內必須設有能夠讓殘障人士操作的設施。廁所的寬度必須足以讓輪椅進入。所有的斜坡都應設有扶手，同時會議室裡也必須為聽障人士準備助聽系統。

10. 飯店公司正試著說服顧客透過自家網站訂房，而非在 hotels.com 這樣的網站，因為飯店必須付給這些網站每筆訂房 20 元美金。

11. 導入具有品牌知名度的餐廳以取代飯店自己經營的餐廳。

12. 飯店餐廳使用適用於所有系統的標準菜單，並依據各地做適當調整。

13. 飯店開始採用主題餐廳（例如北義風格）。

14. 許多飯店正在把其中一個飲料營業單位轉型為運動酒吧。

15. 利用科技來提升服務品質與控制成本，包括點餐與結帳、食物製備、冷藏、行銷、管理、控制與通訊。

超額訂房：房務部的觀點

毫無疑問的，每一家飯店的房務部總監必須能夠快速且有效地在任何狀況下做出反應。The Regency 飯店的行政管家傑米．吉布森 (Jamie Gibson) 通常是以早上 8 點的部門會議開始一天的工作。這些晨間會議幫助他與員工能預期當天的工作目標。在一個特別忙碌的日子，傑米上班時被告知有 4 位房務員同時來電請病假。不幸這天出現超額訂房的情況，而且總共 400 間的客房都必須有人服務，這對於飯店來說是一大難題。

問題討論

傑米應該如何保持服務標準，並確保所有的客房都得到妥善的服務？

職場資訊

飯店經營

飯店管理可能是最受餐旅科系畢業生歡迎的職場選擇。其原因可歸功於飯店優雅的形象，以及成為連鎖飯店總經理或副總裁的名望。飯店管理是一種細膩的平衡動作，必須讓員工、顧客與業主滿意，同時監督眾多部門，包括訂房、櫃檯、房務、維修、財務、餐飲、安全、服務及業務部門。

想成為一位總經理，你必須了解飯店內部各種不同的職責分工，以及它們之間的關聯性如何建構出這個住宿環境。踏入這一行的第一步就是在學生時期找到一份飯店的工作。一旦你在一個領域中駕輕就熟之後，自告奮勇地學習另一個領域的工作。廣泛的經驗將會是最扎實的根基，這對於你的飯店生涯將是無價之寶。櫃檯、夜間稽核、餐飲與維修都是值得考慮的絕佳領域。而房務部也是一個極富挑戰性同時相當重要的經驗來源。有人說，如果你能夠管理房務部，那麼其他的部門都難不倒你。在連鎖飯店的實習工作也是累積經驗的大好機會。在房務部是沒有代理人可以替你去處理那數百間客房的。

你或許聽說過學生在畢業後獲得飯店所提供的直接任用 (direct placement) 或是儲備幹部 (manager in training, MIT) 職位（這種培訓計畫有許多不同的名稱）。直接任用是在學生畢業之際就提供他們特定的職位。而儲備幹部則是讓你在一段時間內經歷飯店中的數個部門，然後依據你在培訓期間的表現分派適當的職位。從職涯發展的角度來看，兩者之間並無優劣之分。

飯店生涯的另一個重點就是你的行頭。飯店是一個以貌取人的地方；穩重、專業的形象是邁向成功的關鍵。服裝是飯店工作人員吃飯的傢伙，而這些服裝事實上並不便宜。記得從學生時期就開始投資在你的行頭上。購買你能負擔的，但必須有一定的品質。別去碰那些時髦或很炫的服裝，它們很快就會落伍。

當你正式任職之後，你每週可能得工作 50 個小時，工作時間則是因人而異。你的起薪可能介於 35,000 至 40,000 美金之間。一些連鎖飯店可能會補助搬遷費用，甚至是簽約金。然而，請試著別太在乎薪資，而是找一家你覺得樂於服務且願意提供你升遷機會的公司。

佛羅里達州 Sarasota Longboat Key Club and Resort 的餐飲總監 Bob Weil 給我們下列的建議：「對你的工作充滿熱情，連繫起與你一同工作的夥伴。我每天都會巡視飯店，去感受團隊面臨哪些挑戰，重要的是了解目前發生了哪些事。」另一個建議是永遠不要停止烹調以保持健康，成為一個精力充沛的人。學生或許對餐旅業有很多期待，但是要記得，這是一個漫長的旅程，也是一個過程。你必須經歷所有的事情，才能成為一個完美的領導者。

相關網站

www.hoteljobs.com/——飯店生涯

www.hyatt.com/——君悅飯店

www.marriott.com/——萬豪國際飯店

資料由查理 · 亞當斯 (Charlie Adams) 提供。

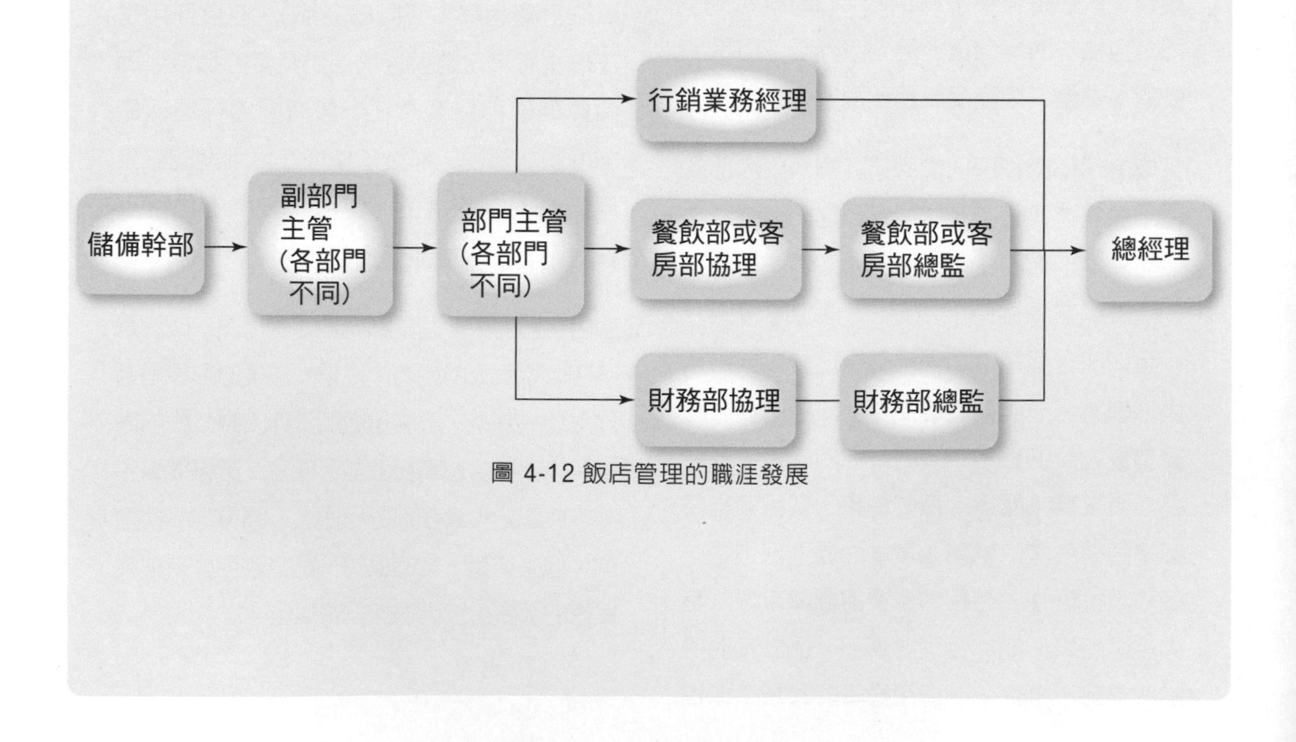

圖 4-12 飯店管理的職涯發展

本章摘要

1. 大型酒店由總經理和執行委員會管理，執行委員會包括主要部門的主要負責人：房務的部門主管、餐飲部門主管、行銷和銷售主管、人力資源主管、總會計師或財務總監，以及總工程師或設施經理。
2. 旅館和度假村總經理負有很多責任，他們必須讓客人滿意並願意再回來住，讓員工滿意，並為所有者提供合理的投資回報。
3. 執行委員會向總經理提供訊息。成員可以每週開會一次，討論諸如客人和員工滿意度、總品質管理、住房率預測、銷售和行銷計畫、培訓、支出、裝修、所有人的關係、節能、回收、新法規、安全和盈利能力等主題。
4. 房務部門由以下部門組成：前臺、訂房、客房清潔、禮賓服務、賓客服務、安全和通訊。前臺被描述為酒店的樞紐或神經中樞，該部門也給客人留下了第一印象，客戶在整個住宿期間都依靠前臺來獲取信息和服務，前臺職責是出售房間，結清客人帳款並提供諸如處理郵件、傳真、簡訊，以及本地和酒店信息的服務。
5. 訂房部門是客人訂房或為他人訂房的第一個接觸的部門，這部門要求出色的電話態度和電話行銷技巧。
6. 通信 CBX 或 PBX（電信部門）包括內部通信；客戶通訊，例如傳呼機和廣播；語音郵件、傳眞、簡訊和急救中心。
7. 客戶服務部門由客戶服務經理領導，他也可能是值班，工作人員包括大門服務人員和行李員，以及（在某些酒店中）禮賓服務。禮賓服務員需著酒店的制服，可為客人提供廣泛的額外服務，包括購買最後一分鐘的票和棘手的預訂。
8. 員工人數最多的部門是客房清潔服務（占 50%），涉及大量的記錄保存和人事管理。安全 / 損失部門負責維護安全警報系統，並執行行動，以保護客人、員工、酒店本身的財產。
9. 餐飲部是由餐飲總監 (director of food and beverage) 負責，其職責是向總經理報告並有效經營廚房、外燴、宴會、餐廳、客房服務、迷你吧、 休息室、酒吧和餐務部門。
10. 物業管理系統 (PMS) 幫助酒店以電子方式接受、存儲和檢索客人的訂房、客人的歷史記錄、請求和帳單安排。營收管理需需求預估技術以使房間收益最大化，當需求旺盛，價格會調漲，需求疲軟時，價格則下調。
11. 生態效率在創造更多的商品和服務的同時，使用更少的資源，減少浪費和汙染。減少商品和服務對於材料和能源大量的運用，降低酒店對生態的影響並提高收益，三重底線會計納入生態，社會和財務績效的考量。

重要字彙與觀念

1. 美國身心障礙者法案 (ADA) (American with Disabilities Act)
2. 美國飯店業協會 (AH&LA) (American Hotel and Lodging Association)
3. 平日平均房價 (ADR) (Average daily rate)
4. 宴會 (Banquet)
5. 宴會活動單 (BEO) (Banquet event order)
6. 行李員 (Bell person)
7. 宴席工作表 (CEO) (Catering event order)
8. 宴會服務經理 (CSM) (Catering services manager)
9. 房帳簽帳 / 城市掛帳 / 稱公司轉帳付款總帳 (City ledger)
10. 美國環保署的綜合採購指南 (CPG) (Comprehensive procurement guidelines)
11. 禮賓服務員 (Concierge)
12. 成本中心 (Cost centers)
13. 日報告 (Daily report)
14. 直接任用 (Direct placement)
15. 大門服務員 (Door attendants)
16. 生態效益 (Eco-efficiency)
17. 執行委員會 (Executive committee)
18. 前臺經理 (FOM) (Front office manager)
19. 總經理 (GM) (General manager)
20. 綠色 (Green)
21. 客服專員 (GSA)
22. 客戶服務 (Guest services)
23. 儲備幹部 (MIT) (Manager in training)
24. 夜間稽核員 (Night auditor)
25. 潛在客房收入比率 (Percentage of potential rooms revenue)
26. 銷售時點情報系統 (POS) (Point of sale)
27. 損益表 Profit-and-loss (P&L) statement
28. 物業管理系統 (PMS) (Property management systems)
29. 門市價（掛牌價）客房 (Rack rate)
30. 房客達成係數 (Rate achievement factor)

31. 營收中心 (Revenue centers)
32. 營收管理 (Revenue management)
33. 可用客房間收入 (Revenue per available room, rev par)
34. 可用客房收入 (Rev par)
35. 住房率 (ROP) (Room occupancy percentage)
36. 客房部 (Rooms division)
37. 餐務（或管事）(stewarding)
38. 永續住宿 (Sustainable lodging)
39. 3P 方法（人，環境和利潤） 3P approach (people, planet and profit)
40. 三重底線會計 (TBL) (Triple bottom line)
41. 追加銷售 (Upsell)

問題回顧

1. 描述總經理的角色。
2. 禮賓服務為什麼是飯店核心特質組成部分？
3. 為什麼酒吧是餐飲部門的重要收入來源？
4. 營收管理的優缺點為何？
5. 列舉需思考三個社會與三個環境面向，來考量三重底線會計方法。

網路作業

1. 機構組織：君悅飯店集團 (Hyatt Hotel Corporation)

   網址：www.hyatt.com

   概要：君悅飯店集團是一家價值數十億美金的飯店管理與開發公司。該公司與君悅國際飯店集團 (Hyatt International) 共佔有全球飯店市場約 10% 的市占率。君悅廣為人知的是其分權式的管理思維，總經理們被賦予高度的決策權。

   點選「Careers」圖示並瀏覽君悅提供的儲備幹部計畫 (management training program)。

   a. 君悅的儲備幹部計畫內容為何？

   b. 申請者必須具備哪些條件？

2. 機構組織：Hotel Jobs

   網址：www.hoteljobs.com

   概要：Hoteljobs.com 是一個餐旅業人力仲介網站。

a.「Job Search」 選項下可以找到哪些工作，你又對哪一個工作有興趣呢？

b. 將你的履歷表上傳到網站上。

運用你的學習成果

1. 如果你是飯店執行委員會的成員，你會有哪些作爲以確保飯店的經營成果？
2. 你的飯店有 275 間客房，昨晚有 198 間住房。請問住房率是多少？

建議活動

進入任何一家飯店的網站，並找出任何一天的房價。然後到一些販賣客房的網站 (Hotels.com、Expedia、Travelocity 等) 去比較價格。

參考文獻

1. 參考 Hyatt, "Hyatt unveils new 2020 environmental sustainability strategy"，新聞稿，2014 年 8 月 28 日，可搜尋【君悅】網站。
2. 參考 Andrews, S.（1986）。Hotel housekeeping: training manual. New York: McGraw-Hill Education. 酒店客房整理：培訓手冊。 紐約：麥格勞 - 希爾教育。
3. 參考 Courses and Careers, "Catering Manager." 4. Customer Alliance "The Concept of Hotel Revenue Management"，取自 www.ca.courses-careers.com/articles/catering_manager.htm
4. 參考 Customer Alliance, "The Concept of Hotel Revenue Management"【客戶聯盟，「酒店營收管理概念」】，可上網搜尋。
5. 參考 Ecogreen Energy Solutions 網站，以獲取有關飯店業生態效益獲得更多詳細資訊。Visit the Ecogreen Energy Solutions website for further details on eco-efficiency in the hospitality sector.
6. 同上。
7. 參考 United States Environmental Protection Agency, "Green Hotels—Resources, Ecolabels and Standards, 美國環境保護署，「綠色酒店 - 資源，生態標籤和標準」，取自 https://www.epa.gov/p2/green-hotels-resources-ecolabels-andstandards，2017 年 3 月 7 日。
8. 私人訪談 Jay R. Schrock 博士，2017 年 3 月 7 日。
9. 參考 Pennsylvania Department of Environmental Protection 賓夕法尼亞州環境保護局官方網站，http://www.dep.pa.gov，2017 年 3 月 7 日。
10. 參考 Brita Moosman，"Sustainable F&B operations can create valuable profit partner" (Blog entry,「永續的餐飲運營可以創造有價值的利潤合作夥伴」（博客條目，2009 年 11 月 15 日，Hotelier & Hospitality News & TV 渠道）。

5 遊輪

學習成果

閱讀及研讀本章後，你應該能夠：

1. 描述遊輪業如何發展。
2. 認識遊輪業的重要組成成員。
3. 判斷遊輪業中不同的市場區隔。
4. 判斷遊輪的各種類型。
5. 說明遊輪上的組織架構。
6. 列出一些最受歡迎的遊輪航行地點。

遊輪，這短短兩個字讓人想起游泳池畔悠閒的畫面，還有浪漫的高檔晚餐、餘興節目、月光下的漫步，以及興奮地出遊到異國的港口。聽起來像是一場夢嗎？這可不一定喔！近年來遊輪變得更爲多樣化，價格也更平易近人，讓每個人都有機會享受這種樂趣。如同我們稍後會在本章看到的，越來越多的人，正在讓他們的夢想實現，這一大群人都爲這種經驗感到震撼。歡迎你來到遊輪的神奇世界！

目前有超過200家的遊輪公司，提供各式各樣的精彩旅程，從嘉年華(Carnival)的「遊輪樂(Fun Ships)」、「愛之船(Love Boat)」到只搭載些許乘客的貨輪。充滿異國風情的航行，讓旅客們編織了浪漫的幻想，途中更是受到無微不至的照顧。搭乘遊輪就像是身處在一家漂浮的渡假飯店。船上的住宿設施，從豪華套房到比牢房或教師辦公室還要小的船艙都有。娛樂與消遣則包括了早晨的運動，豐盛的美食，各種歌舞表演的夜生活及賭場。旅客們從早即可盡情地放鬆，到SPA或美容中心消磨時間，或安排遊戲活動，或是帶著一本書，悠哉地靠在池畔的躺椅上。不停歇的娛樂活動，包含了語言課程、美姿美儀課程、靠港簡報、烹飪、舞蹈、橋牌、桌球、推圓盤等。

5.1 遊輪業的發展

學習成果1：說明遊輪業如何發展。

以往遊輪並非是受歡迎的渡假選項，幾個世紀以來，海上航行的船隻始終被認爲只是一種交通運輸工具，尤其是對那些居住在海邊、河邊與湖邊的居民來說更是如此。即使在哥倫布(Columbus)於1492年的歷史性航程之後，公海上的航行也只是爲了拓展新的殖民地與榮耀自己的國家，當時的海上旅行既不舒服也不衛生，與今天的航行相比完全是兩回事，然而對一些不幸的人來說，那樣子的旅行卻是必需的。到了1830年代，水上旅行的原因則多是移民、貿易與戰爭，那麼船上旅行是如何發展成爲世界上最大產業中重要的一環呢？

一、第一艘遊輪

東方半島航運公司(Peninsula and Oriental Steam Navigation Company, P&O)被公認爲遊輪業的創始者，該公司的第一批遊輪於1844年從英國航行至西班牙與葡萄牙[1]。1880年時，P&O其中一艘船被升級爲遊輪規格，並成功繞行世界，而美國則一直到1867年才有第一艘遊輪。費城號(Quaker City)在當時駛離紐約並航向歐洲與中東[2]，然而，搭乘P&O遊輪與費城號的旅客，卻只是極少數跨越大西洋旅遊的人，大部分的海上旅行者仍然只是爲了在海外尋找新生活的窮苦移民。

1900 年代初期，有更多人開始朝著海上航行，這個時期，富有的地主與商賈們也感受到海上旅行的需要，因此促成了豪華遊輪的誕生，這些菁英分子搭乘的是頭等艙，而其他乘客則只能擠在衛生條件不良又狹小的起居空間。

海上旅行的這一面在好萊塢賣座片鐵達尼號 (Titanic) 中有清楚的詮釋，鐵達尼號原本是白星遊輪公司 (White Star Line) 為了對抗聞名世界的冠達豪華遊輪公司 (Cunard Line) 而在 20 世紀初打造的三艘船隻之一。白星打造的三艘新遊輪包括奧林匹克 (Olympic)、鐵達尼與不列塔尼 (Britannic)，皆為當時海上最為安靜、奢華及穩定的船隻，其中的部分原因是由於白星公司只裝載了法律所要求的救生艇數量（足夠承載船上半數乘客）[3]。1911 年，奧林匹克號展開了她的處女航，這次的航行極為成功，因此她的姊妹船鐵達尼號也在一年後的 4 月 10 日展開首航，該船載運了 2,225 名乘客，大多數都是搭乘二或三等艙，4 月 15 日時，鐵達尼號撞上了冰山，接下來的故事我們都很清楚，當頭等艙的乘客搭上救生艇時，那些窮人們卻被鎖在甲板底下，僅有 705 名乘客存活，而被怪罪為肇事者的史密斯 (Smith) 船長則是與鐵達尼一同沉入大海。此事件所帶來的唯一啓示，就是讓人們了解到加強遊輪安全的必要性，尤其是充足的救生艇數量[4]。

第一次世界大戰戲劇性地改變了海上旅遊產業，這其中包含了許多因素，包括美國移民政策的改變，以及新的歐洲景點對於美國人產生的吸引力。總而言之，遊輪成為了新潮的事物，並使得遊輪建造與運作的數量都大為增加。儘管第二次世界大戰期間遊輪業經歷了些微的蕭條，但遊輪受到的歡迎卻依舊不減，橫渡大西洋的旅客數更是在 1950 年代中期創下了歷史新高，之後隨著空中旅行的普及，而使得乘客數有短暫地減少。現今，大多數的遊輪都航行於加勒比海 (Caribbean) 或地中海 (Mediterranean)，旅客們可以享受更多搭船的便利性。停靠港是遊輪旅行中有趣的一環，橫渡大西洋的旅程並不多見，只有伊莉莎白二世號 (Queen Elizabeth II) 定期提供這種服務，而環遊世界的遊輪則更為少見。

事實上，在 1950 年代，一些以地中海為根據地的遊輪，就有相當多的乘客是搭乘飛機抵達乘船地點的。機加船套裝行程 (air-cruise packages) 提供數百萬旅客一種新的選擇，即使到了現在還是許多內陸乘客前往海岸時偏好的方式。多年來，這種方式已為遊輪旅客省了不少花費，然而這樣的趨勢已經有所轉變；遊輪公司發現自己與航空公司之間的矛盾，因為有時顧客自己安排旅遊行程會較為划算。

有趣的是，導致大多數跨洋客運服務消亡的飛機，實際上幫助刺激了遊輪業務。

在遊輪上能一睹阿拉斯加冰川海灣國家公園的光景

二、今日的遊輪

如今，遊輪行業正在成長，據報導，遊輪業是一個價值超過 396 億美元的產業，載客量接近 2500 萬，[5] 此外，遊輪旅客的直接花費預計在 2020[6] 年將達到近 250 億美元。過去的幾年中，主要的遊輪航線商均有新的遊輪下水，在過去十年間，北美港口的登船人數數量不斷增加，目前沒有跡象表明這種增長會停止。

在過去的十年中，遊輪業的成長相當穩定，遊輪航線公司正在斥資數十億美元來購買新船和翻修船隻，目的是爲了增加承載量。遊輪業目前存在顯著的增長機會，在潛在的遊輪市場中只有一小部分被開發，並且估計還有數百萬的市場，遊輪業仍有光明的前景。在接下來的幾年中，數百萬的北美人們表示他們計畫搭乘遊輪，業界估計 2020 年將有 3,100 萬乘客會搭乘遊輪航行，平均花費 2,000 美元，相當於約 620 億美元的經濟影響，再加上所有額外費用（飲料、遊戲、娛樂、購物、水療和海岸遊覽等），我們就能了解遊輪產業的經濟影響！

自我檢測

1. 誰是遊輪業的創始者？這是在哪一年發生的？
2. 美國第一艘遊輪的名稱為何？首航的時間與地點為何？
3. 列舉出促使遊輪業成長的因素。

5.2 遊輪業的重要成員

學習成果 2：**認識遊輪業的重要成員。**

遊輪業中的三位重要成員爲嘉年華 (Carnival) 、皇家加勒比海 (Royal Caribbean Cruises) 與挪威遊輪公司 (Norwegian Cruise Line, NCL)。嘉年華遊輪公司是業界中最賺錢的公司，囊括了大約 20% 的總體業績，該公司鎖定介於 25 至 54 歲的成人市場，並希望藉由宏偉的中庭與日以繼夜的活動，來吸引近 1100 萬名旅客。除了船票以外，最大的收入來源就是飲料服務，而賭場的收入也相當可觀，嘉年華的賭場更是海上最大的賭場。嘉年華希望旅客在享用飲料之餘也會將現金投進船上的吃角子老虎，如果是放上賭桌當然更好，他們同時希望旅客不會介意狹小的休息空間，因爲船上的各項活動已經占據了旅客們大部分的時間。嘉年華集團旗下包括了 Carnival Cruise Lines、Holland America Line、Cunard Line、Princess Cruises、Seabourn Cruise Line 及 Costa Cruises[7]。

第二大的遊輪業者則是皇家加勒比海，該公司旗下有 Royal Caribbean International 與 Celebrity Cruises 兩個品牌，這兩個品牌每年總共服務上百萬名旅客。該船隊包括 48 艘船，遊覽全世界 280 個景點[8]，皇家加勒比海的目標市場爲 35 歲以上的高所得旅客與家庭。

第三大的遊輪業者則是麗星郵輪，[9] 現在經營挪威遊輪公司 (Norwegian Cruise Line, NCL)，該公司曾榮獲「亞太地區傑出遊輪公司 (The Leading Cruise Line in Asia-Pacific)」的獎項。隨著新船隻的加入，麗星遊輪也將持續成長，他們目前運用一種稱爲「自由式航行 (freestyle cruising)」的概念，每位旅客皆被允許穿著他們自已喜歡的服裝，隨著他們時間及地點用餐。麗星遊輪經營亞洲船隊和北美船隊，以及一個 19 艘船組成的船隊，航行全世界超過 200 個地點[10]。

遊輪對其停靠港口產生重大的經濟影響

自我檢測

1. 列出遊輪業中的三位重要成員。
2. 嘉年華遊輪公司 (Carnival Cruise Lines) 的目標市場是什麼？
3. 誰經營挪威遊輪公司 (Norwegian Cruise Line) ？

5.3 遊輪市場

學習成果 3：**判斷遊輪業中不同的市場區隔。**

哪些人會搭乘遊輪？我們都知道現在的遊輪旅費比以前更為平易近人，也因此吸引了廣大的顧客群，從銀髮族到即將結婚的年輕情侶，或是慶祝紀念日的家庭。遊輪業的成長相當顯著，而且需求更是超過了載客量（船隻）。根據國際遊輪協會 (Cruise Lines International Association, CLIA)，遊輪旅客的平均年齡為46歲，多為已婚，家中沒有小孩，家庭收入為 9 萬美元。然而，遊輪旅客並非是同一群人，遊輪只是他們假期中的一部分而已，他們通常是與家人一起旅行，特別是與他們的配偶[11]。

遊輪市場中大多為 7 天以內的行程，儘管較短程的旅客每天付出的費用比長程的還多。短程遊輪的旅客年齡每年都有下降的趨勢，中年旅客偏好 2 ～ 3 週的行程，而環遊世界的行程通常是為老年人設計的，他們不只有時間，在金錢上也能夠負擔這樣的長途旅程。然而，有一群不分老少的人們認為，如果他們夠努力工作，就可以負擔 1 年之中為期 1 週的遊輪之旅。他們將遊輪視為一個不用讓他們費心安排活動，且安全又輕鬆的地點。這些旅客們可能喜歡在下午小睡片刻或是來一杯茶、小賭一把、做做日光浴或是參加船上的各種表演活動。

在墨西哥有兩艘遊輪提供一價全包的假期，包括假期、交通、住宿、娛樂和美味佳餚！

這些人隨後可能就會成為永遠的遊輪客，他們每年在不同的遊輪待上 3 ～ 5 個月不等，對這些狂熱者來說，遊輪旅遊是一種逃避現實與生活壓力的方法，這些人可想而知大多是富豪，他們通常搭乘只能容納 12 ～ 15 人的小型頂級遊輪，如 Seabourn、Sea Goddess I 及 Sea Goddess II。小型頂級遊輪服務的對象，是年收入將近 20 萬美元的富豪，這一群人也會航行全世界，或是搭乘頂級遊輪，下榻其豪華套房。高年收的旅客較可能成爲遊輪的常客，他們通常比一般大型遊輪的旅客來得年長、富有，而且眼光也更高。

大約有 2,700 萬名旅客每年會搭乘一次遊輪，許多旅客對於特定遊輪更是極爲忠誠，在遊輪上的旅客大約有一半都是回流的顧客。遊輪票價從嘉年華的每人每天約 60 美元，到 Radisson Diamond 與類似豪華遊輪的 800 美元都有。費用通常是每日計價，並只限於遊輪本身的使用，計費標準爲雙人房。飲料、賭博、美容及岸上遊覽都必須額外收費。

我認為人們搭乘遊輪是因為輕鬆簡易，當你預訂遊輪時，你基本上便已經一口氣預定了你的飯店、美食、娛樂和交通。

Ralph Smith, Cruiser, Tampa, FL

人物簡介

JT WATTERS
荷蘭美國專線公司航輪總監

上午 6:00：起床時間，準備好在公海的一天，我的主要職責是招待 2,000 位客人，我前往第九層艙的甲板快速的吃完早餐，和這天中最重要的部分——咖啡！

上午 7:00～上午 9:30：因為大多數客人仍在吃早餐，在大多數活動未開始之前，是我的辦公時間，這是答覆電子郵件，整理我處理事件所需的一切，並確保所有其他招待人員都為這一天做好準備了。

上午 9:45：如果你還沒有醒著，此時的你可能純屬意外。在這時間，我會在 P.A. 系統發布我的第一份三個公告，系統會明顯的表達出即將到來的一些重大晨間事件。除了顯示招待活動之外，我還必須將營收部門放在心中，並向甲板上水療中心、賭場、商店的服務經理大聲提醒，通常我會藉著提醒每個人跟上前一天晚上所收到的時間表來結束我的宣布。

上午 10:00～下午 12:00：在這 2 個小時的時間內，我通常要主持兩個主要活動。這些活動可能包括演講、烹飪示範、講習會，撞球遊戲、遊戲節目、舞蹈課等等。如果在兩次活動之間我有空閒時間，我會在船上檢視其他事件並與客人進行社交。當我不在舞臺上時，只是簡單的讓客人在需要時找得到我，這功用與當個事件的主持人一樣重要。

下午 12:00～下午 12:45：午餐時間（也許）！有時都沒有足夠的時間。吃飯在我的事件時間表中處於「次要的」位置。我會在有時間的時候進餐，而不必在指定的用餐時間進餐。通常，這 45 分鐘是我用來回復精力的。

下午 12:45：現在是我今天第二次的三個公布。這次我和船長一起，在海上的日子裡，我和船長總是進行午間宣布，船長發布會涵蓋最新的航海和氣象信息，以及一些有趣的事實，然後，他將麥克風傳給我，讓我有另一個機會來推廣下午的一些活動。

下午 12:45 ～ 1:00：第二杯咖啡及巡查！

下午 1:00 ～下午 4:30：這個 3 小時的時段所負擔的責任如同我從上午 10 點到中午的職責。所有的客人都吃過午飯，現在已經充滿活力，準備尋求下午的活動。我需要解釋清楚的是，並非所有客人都參加每日計畫中安排的每個活動。如果他們願意的話，活動就在那裏等著，但是當我走到甲板上時，一群客人們很滿足地躺在游泳池邊，一隻手拿書，另一隻手拿著飲料。

下午 4:45：這是我當天的第三次也是最後一次宣布，讓我有機會來推廣晚間娛樂。

下午 5:00 ～下午 6:30：這是關鍵的休息時間，在這休息時間我可以做我想做的任何事情。有時去健身房、有時去洗衣服、在互聯網上聊天、小睡、晚餐、看電視、去員工的吧臺，您現在明白了吧，大約有 99% 的時間，我用這一個半小時睡覺，我可以晚點再去找吃的。

下午 7:00：表演時間！這是晚上三場演出中的第一場，為了滿足所有 2,000 位客人的日程安排，我們提供了三個放映時間。今晚的演出恰好是我們由 12 位才華橫溢的歌手和舞者的演出，明天可能是喜劇演員，再下一晚可能是魔術師，每天晚上都有一個不同的節目，我在晚上 7 點準時登臺，歡迎所有人進入主舞臺，並向他們提供第二天的一些信息，或者今晚演出後的事件提醒，在可能的情況我們也會加些喜劇，重要的是，引起觀衆對舞臺表演的興趣。

晚上 7:45 ～晚上 8:30：我為表演結尾，然後巡船檢查所有酒吧和休息室。社交也是我晚上的重要部分。

晚上 8:30：表演時間第二場，我跳上舞臺，講述了我對第一批觀衆所說的相同細節，並使觀衆提高興緻，且介紹了演員陣容。

晚上 9:15 ～晚上 10:00：在此期間，我有機會在其他娛樂場所中擔綱自己的表演。無論是遊戲節目還是聚會，都是一個絕佳的機會讓客人可以親身參與，所以除了主要表演外，還可以在酒吧、交誼廳、賭場和夜總會中聽音樂和跳舞。

下午 10:00：表演時間第三場。不需要太多的努力就可以讓這場觀衆興緻高漲。

晚上 10:45 ～凌晨：晚上 10:45，我的一天應可以結束，但永遠不會如此。技術上而言，我不再負擔任何責任，如果我願意的話，我可以上床睡覺，但是如果您現在還沒有加入我們安排的活動或聚會，我的生活就是與這些客人聯誼。我總是選擇呆在外面，和這些深夜的人群一起找樂趣，結識新朋友是這項工作最大的好處之一。嘉年華遊輪在這方面贏得了一些名聲及獎項。

資料由 JT Watters 提供

遊輪市場的種類

遊輪市場中的每個區隔之間存在著明顯的差異，遊輪業中的三個市場分別為大眾市場、中端市場與豪華市場。主要市場 (main market) 一般包含年所得介於 3 萬～ 6 萬美元之間的旅客。然而，折扣促銷在這個市場卻是司空見慣，根據地點與船艙大小的不同，這些旅客每天願意花費 60 ～ 25 美元不等。大眾市場 (mass market) 的遊輪上有許多活動與分量充足的食物，但絕對算不上高級。這個市場的業者有：嘉年華、迪士尼 (Disney Cruises) 、公主遊輪 (Princess Cruises)、挪威遊輪 (Norwegian Cruise Lines) 及皇家加勒比海 (Royal Caribbean)。

中端市場 (middle market) 的旅客收入介於 6 萬到 8 萬美元之間。這些旅客每天願意付出的費用為每人 250 ～ 500 美元之間。在中端市場的遊輪上，旅客可以享受到高級的食物與週到的服務。這些遊輪既時髦又舒適：每一艘船都有自己獨特的風格以滿足不同的旅客。船上可容納 750 到 2,000 名的旅客。中端市場的業者包括 Holland America Lines、Windstar Cruises、Cunard Lines 及 Celebrity Cruises。

在希臘，米科諾斯島是一個受歡迎的旅遊勝地，該船是輕鬆、安全並且有時程安排的冒險活動。

豪華市場 (luxury market) 的旅客年收入一般高於 15 萬美元，他們每天願意花費超過 500 美元。這個市場的遊輪較小，平均可搭載 700 名旅客，船上有高檔的裝潢與服務。豪華遊輪之所以豪華，部分來自於個人判斷，另一部分則來自於廣告與公關。這些獲得旅遊作家們讚賞的遊輪僅僅服務北美洲前 5% 收入最高的旅客，目前被歸類於這個高檔市場的遊輪有 Sea Goddess I、Sea Goddess II、Seabourn Spirit、Seabourn Legend、Seabourn Pride、Crystal Harmony、Crystal Hanseatic、Radisson Diamond、Silver Wind 及 Song of Flower。這些六星級的遊輪上有精緻的美食、優質的服務、長程且富創意的行程，以及令人滿足的整體旅遊體驗。

自我檢測

1. 哪些人會搭乘遊輪旅行？
2. 遊輪市場如何區分？
3. 描述遊輪業中的大眾市場 (mass market)？

5.4 遊輪的種類

學習成果 4：判斷遊輪的各種類型。

一、區域型遊輪

區域型遊輪 (regional cruises) 是最受歡迎的遊輪種類，它們航行於加勒比海與地中海，或是範圍較小的波羅的海 (Baltic Sea) 與其他小型海域。大多數的遊輪公司都提供區域型遊輪服務，其中有許多業者專精於特定區域，如加勒比海；或是夏天時於地中海，冬天時在加勒比海。

二、近海遊輪

近海遊輪 (coastal cruises) 服務於北歐、美國與墨西哥，這些比一般遊輪小了許多的船隻沿著陸地航行，以前往大型船隻無法到達的地區，旅客們藉此可以見到主要港口以外的其他景物。船上的娛樂通常只有一部鋼琴，旅客們因此有機會在晚上下船參觀這些港口，並體驗當地的文化與美食，通常其他的設施也比較少，所以可別期望會有奧運規格的游泳池、購物中心或是多樣化的高級料理。

三、江河遊輪

歐洲的江河遊輪 (river cruises) 具有一種友善與國際性的氛圍，使人們較不在意空間與豪華感的缺乏；而較新穎的遊輪則往往有一種小型飯店的感覺，船上有公共空間、大型餐廳、三到四層甲板、空調、觀景室、酒吧、溫水泳池、三溫暖、健身房、按摩師及美容中心。船艙小而舒適，供應的食物也有相當高的水準。江河遊輪並不只出現在歐洲，還有俄羅斯、中國揚子江 (the Yangtze)、埃及尼羅河 (the Nile) 與澳洲墨瑞河 (River Murray)，都是有趣的遊船地點。

遊客可以透過一日遊的行程在塞納河上探索法國巴黎

四、駁船

搭乘駁船 (barges) 是另一種選擇，這是一種比江河遊輪更小的船隻。駁船航行於歐洲內陸的水道與運河之間，從4月～11月間都是氣候許可的航行期，整體氛圍讓乘客可以輕鬆自在的享受旅程，而最大型的駁船更可承載24人。每一艘駁船上都設有餐廳與酒吧，並提供當地的風味餐。乘客還可在晚上到岸上去參觀當地的村莊。駁船也可讓人外包來舉辦小型的派對。

駁船

五、蒸汽船

蒸汽船 (steam boating) 是一種獨特的美國意象，它帶領你沿著馬克·吐溫 (Mark Twain) 喜愛的密西西比河 (Mississippi River) 與其他主要河川航行，也引領旅客一窺美國的核心地帶。搭乘蒸汽船是體驗美國風土民情的絕佳方式，還可享受道地的特色佳餚，如：牛排、蝦子、克里奧爾醬 (Creole sauces)，以及各種油炸食物。蒸汽船也有一些與運動、音樂和健身相關的特殊主題，非常受到觀光客與當地人的歡迎。

蒸汽船

六、自然考察遊輪

有許多的遊輪業者經營前往特殊地點的自然考察遊輪 (expeditions and natural cruises)，旅客們在旅程中可以主動參與各種活動，包括參觀饒富趣味的景點，以及發現與研究自然生態，如：與海獅一同浮潛、與海龜一起游泳、與鬣蜥一同享受日光浴，以及尋找鯨魚。摒除了炫麗的娛樂節目，遊輪公司聘請了特別的講師、自然主義者與歷史學家。另外還包含一本，由著名藝術家與專家們撰寫與繪製的個人日誌。

七、探險遊輪

探險遊輪 (adventure cruises) 航行於許多地區，包括阿拉斯加 (Alaska)、亞馬遜河 (Amazon River)、奧利諾科河 (Orinoco River)、南極大陸 (Antarctica)、格陵蘭 (Greenland)、加拉巴哥群島 (Galápagos Islands)、南太平洋及西北航道。著名的探險遊輪之一是阿伯克朗比和肯特 (Abercrombie and Kent) 。其他還包括由日本 NYK 公司所擁有的夸克探險隊 (Quark Expeditions) 、海洋社會探險隊 (Oceanic Society Expeditions) ，以及航行於美國本土與阿拉斯加沿岸的林德布拉德探險隊 (Lindblad Expeditions) 。

八、帆船

這是一種傳統的航行方式：揚起白色的帆，讓風將你帶向港灣，同時享受與自然合而為一的感受。除了用餐時間之外，一天的時間都可讓你彈性運用。帆船 (sail-cruises) 可分為兩種，一種是 80% 的時間都得仰賴風帆的動力，另一種則不用，如果你追求的是最原汁原味的體驗，那麼就應該選擇前者，如果不是，還有許多高科技與動力輔助的船隻可供選擇，船隻的一切需要都有龐大的工作團隊負責打理。但如果你想要的話，當然可以貢獻一己之力並分享操帆的樂趣。小型帆船讓你能夠到達大型船隻無法接近的地方，如馬歇爾群島 (Marshall Islands) 中的小島。

帆船

九、世界巡遊

對那些有錢又有閒的人來說，世界巡遊 (world cruises) 可以說是探索這個世界最氣派的方式。遊輪航行的時間通常為 3 ～ 6 個月，而且也是許多人一生中難忘的旅遊體驗，船上有豪華的住宿設施、美味的食物、精彩的娛樂節目，以及優美的景致與岸上遊覽活動。還有什麼是無法令你滿意的嗎？然而，世界巡遊的費用相當昂貴，有時可高達每人每天 1 萬 9,000 美元到每人每天 45 萬 2,000 美元，加上套房的話則需要 30 萬美元；有些遊輪的價格較為合理，例如：烏克蘭 (Ukrainian) 籍的遊輪，有時收費甚至每人每天低於 100 美元，這還包括小費呢！你也可以包下整艘船的其中一部分，所以你還在等什麼呢？

完善的計畫與準備工作，對於長途航行來說至關重要，世界巡遊必須完全地自給自足，包括燃料、食物與其他補給品，都必須足以維持到下一個港口，一旦船隻駛離港口，就會有好幾個禮拜不會著陸。因此，船上有大型的儲藏室用來存放各種零星物品，以備不時之需。船上的娛樂也是重要的課題，數百位的表演者、講師、樂手與樂隊都必須在一年前就確認完畢。

十、越洋航行

越洋航行 (crossings) 一詞代表的是從美洲出發，或朝向美洲而橫渡北大西洋，也可以指橫渡任何大洋的航行。爲期 5 天的歐美越洋航行，在許多人的心目中不僅既浪漫又神奇，也是一趟懷舊的朝聖之旅，或許也是過去歷史中偉大的航線之一。而其他遊輪則是爲了在重新定位他們的船隻時，才會提供單程的越洋服務以獲取利潤。春天時，這些船隻從加勒比海航向地中海，以趕上歐洲的夏季，反之在秋季亦然。這樣的越洋航行必須花費 1 到 2 週的時間。

十一、特殊主題遊輪

對想同時享受遊輪上輕鬆與奢華生活，並開拓視野的人來說，有無數的特殊主題遊輪 (specialty and theme cruises) 可供選擇。這些遊輪通常根據遊客的興趣來規劃各種富有文化內涵與出人意料的行程，並且重視內容的豐富性與冒險性。這種遊輪鎖定的是有經驗的遊輪客，他們要的是不同於傳統遊輪的特殊體驗。

在以往受到歡迎的主題，包括自然生態、藝術、戲劇、文學、歷史遺產、音樂、運動健身、餐飲、教育及生活型態。其他在文化與自我充實方面的趨勢，包括：深度之旅遊輪、生態觀光與自然歷史、自我充實的研討會與宣導、藝術家與音樂家的特殊表演，甚至還有單身男女與同志遊輪。只要你想得到的都有！

許多新遊輪都很龐大，承載大約五千多名乘客和兩千多名船員，這些巨大的船隻具規模並吸引更多旅客。例如：皇家加勒比的《海洋和諧》(Royal Caribbean's Harmony of the Seas) 有水滑梯、高空飛索、沖浪、令人驚嘆的百老匯和水上表演、由機器人製作雞尾酒的仿生酒吧，以及幾家非凡的餐廳。想像一下遊輪每天需要養活 7,000 人的物流和組織機構，他們使用 11 萬磅的冰、5,000 枚雞蛋和 2,100 個龍蝦尾，因此，有 1,056 名餐飲人員可以爲客人服務是一件好事！

十二、豪華遊輪

設有多樣活動、虛擬高爾夫、披薩餐廳 (pizzerias) 與魚子醬吧檯的大型遊輪，在未來還會持續改變風貌。在豪華遊輪上有一句這樣的口號：「不論你想要什麼，我們都會讓它實現」。船上的廚師們，會按照旅客提出的菜單來製作食物；侍酒師則會在服務之前先讓客人品嚐並給予講解；廚師們也會在上菜時先向侍者解說，並討論在客人面前製作醬料的流程。

烹調食物的儀式與服務對於豪華遊輪是十分重要的，也因此品嚐這些佳餚成了豪華遊輪上最重要的娛樂。食物的色、香、味都是旅客與遊輪業者所在意的，不論旅客們想要多少分量的食物或是在何時用餐，都有人會爲他們處理，有些旅客因爲不懂得節制而在旅程中 1 天胖了 3 磅。

然而像這樣的食物成本，其實並不如想像中高，與大衆市場遊輪每人每天需要 15 ～ 20 美元，相比豪華遊輪也只不過需要 40 美元。旅客會在客艙內享用早餐後，到甲板上用完午餐，再前往餐廳等待晚餐。品質優良的餐具，讓餐飲服務更加完備。由手藝精湛的廚師所準備的 8 道式晚餐也可以在客艙內享用，客房服務更是全天候待命。而侍者們則必須清楚了解各種細節，如比目魚與 3 種魚子醬的產地。

嘉年華旗下的海港遊輪公司 (Seabourn) 擁有奧德賽號 (The odyssey)、旅居號 (Sojourn) 探索號 (Quest) 和再次號 (Encore) 4 艘遊輪，都是重達 1 萬噸的動力船。比起那些重量超過 14 萬 2,000 噸的大型遊輪，Seabourn 的船上只有足以容納 200 名旅客的 100 間套房，但是每艘船上的房型卻都比一般大。每艘船的後半部都有一個折疊式的碼頭，可供旅客游泳與進行各種水上運動。還有一個附加的網狀泳池讓旅客可以直接在海裡游泳。這些遊輪懸掛挪威國旗，並由挪威人管理，飯店的員工也都來自歐洲。

在岸上也有遊覽活動可供選擇，如：俄羅斯的尤蘇波夫宮 (Yusupov Palace) 或冬宮博物館 (Hermitage Museum)、法國波爾多地區的家庭城堡 (Dordogne Valley)，或是美麗的羅亞爾河谷地 (Loire Valley)。

此外，Seabourn 也是全球首選酒店及渡假村 (Preferred Hotels and Resorts Worldwide) 的合作夥伴。在這個合作關係之下，每在合作飯店待上 5 個晚上，就可以在特定遊輪上免費享受 1 天。此外，旅客每搭乘 Seabourn 遊輪 10 天，就可以在合作飯店內免費度過 1 夜。在威尼斯的西普里亞尼 (Cipriani) 或格里提宮 (Gritti Palace) 、羅馬的哈斯勒 (Hassler) 與新加坡的四季 (Four Seasons) 都可以在航行的前後進行訂房。在每次的航行之後，Seabourn 的旅客會收到一打放於水晶花瓶的玫瑰寄到他們的家中。

工作人員與乘客之間的比率 (crew-to-passenger ratio) ，是描述豪華遊輪的方式之一，在 Seabourn 遊輪上有 296 名旅客與 148 間套房，每一位工作人員需要服務 1.51 位旅客。船上的私人陽臺是另一項賣點，而在 Silversea 遊輪的套房中，75% 都有私人陽台。Seabourn 與 Silversea 的票價包含了許多服務，除了需要額外付費的飲料之外。票價包含了來回經濟艙機票，以及登船前的飯店住宿，旅客每天只要支付 800 美元就可以在豪華遊輪上享受所有服務。

水晶遊輪 (Crystal Cruise Line) 公司是由 Crystal Harmony 與 Crystal Symphony 兩艘姐妹遊輪所組成。遊輪的閣樓甲板上有受過正統歐式訓練、手戴白手套的房務總監與房務員，以及親切的晚餐服務；閣樓套房相當寬敞，最大的有982平方英呎，與一般的小型公寓一樣；所有的包廂內都有鵝絨枕頭、法式雙人床、浴缸與淋浴間、鮮花與水果。公共空間包含了兩層樓高的中庭大廳，大廳內有手工雕塑品與人造瀑布的擺設；商店街則像是「星光大道」一般迎接購物旅客；乘客可以到2,500平方英呎大，由拉斯維加斯賭場業者經營的「海上凱薩皇宮賭場 (Caesar's Palace at Sea Casino)」博弈；「小酒館」裡提供了各國咖啡、乳酪與單杯葡萄酒。

七海遊輪 (Radisson Seven Seas Cruises) 總部位於佛羅里達州的羅德岱堡 (Ft. Lauderdale)，旗下共有4艘遊輪：探險者號 (The Explorer)、旅行者號 (Voyager)、水手號 (Mariner) 與航海家號 (Navigator)。

其中航海家號提供世界巡遊與區域航行（夏威夷和法屬玻里尼西亞群島）兩種選擇，它是南海規格最豪華的遊輪，擁有160間室外包廂與套房及80座陽臺。

.inc 企業簡介

嘉年華遊輪公司 (Carnival Cruise Lines)

嘉年華遊輪公司——充滿歡樂與輕鬆之情，同時價格平易近人。1972年，僅擁有一艘名為 Mardi Gras 的船隻，實業家泰德·艾里森 (Ted Arison) 將眼光放在大眾都可負擔的遊輪旅遊。15年後，嘉年華旗下的船隻達到7艘，並成為第一家在電視上廣告的遊輪公司 (1984年)，同時獲得「世上最受歡迎遊輪公司」的美名。該公司服務的乘客人數為業界之最，並且為了未來的擴張，而在華爾街公開上市招募資金。

嘉年華現今依然是世界上最大且最受歡迎的遊輪公司，但嘉年華遊輪公司只是嘉年華集團中的一部分。該集團還經營了 Holland America 與 Windstar 兩家遊輪公司，並持有 Cunard Lines、P & O Cruises 及 Seabourn 等公司的股權。嘉年華遊輪公司一共經營101艘船隻，並提供超過22萬4,000個床位，該公司同時也在阿拉斯加與加拿大育空地區，經營荷美旅遊公司與公主旅遊公司。

搭乘嘉年華遊輪的感覺只有充滿樂趣可以形容。嘉年華與競爭者不同的地方在於，他們致力於豐富旅客們的假期體驗，並保持在業界的領先地位，每艘船上至少都有3座游泳池、一座賭場、免稅店、「Nautica Spa 健康俱樂部」、網路咖啡館，以及業界評價最高，名為「Camp Carnival」的免費兒童服務方案。船上的活動老少咸宜，從拉斯維加斯風格的表演到高科技的歌舞秀都有，而岸上的活動則有傳統的市區遊覽、原野漫步及適合好動者的泛舟、潛水與高空觀景。如果這些還不夠的話，嘉年華有業界最多樣的美食，從優雅的多道式佳餚到小酒館中輕鬆的另類晚餐、異國料理、24小時 pizza 店，以及客房服務。

嘉年華集團的獲獎名單可說是洋洋灑灑。

資料來源：www.carnival.com

自我檢測

1. 最受歡迎的遊輪種類為何？
2. 你可以在哪裡登上一艘近海遊輪 (coastal cruises) ？
3. 何謂越洋航行 (crossings) ？

5.5 遊輪的組織架構

學習成果 5：說明遊輪上的組織架構。

船長 (captain) 是遊輪上職位最高的人，同時也可以領到最多的工作津貼。船長背負了許多責任，包括照顧所有的職員與乘客。船長亦執行許多與船隻有關的決策，這些決策包括航行、運作與公司政策。想擔任這個職務，你必須持有船長證與所有航海相關單位頒發的證書，同時也必須取得航海訓練學校的文憑，一般來說，成為船長之前必須先有 5 ～ 8 年的資歷，並且應具備操做航海電子與電腦儀器的經驗。

飯店經理 (hotel manager) 負責的是船上飯店的一切事務，包括行政、人員、娛樂、餐飲、餐廳與房務。此外，飯店人員訓練與財務控管也是飯店經理的職責。由於必須直接與旅客接觸，因此飯店經理必須具備謙恭有禮與親切的舉止態度，擔任此一職務的人也必須能夠與船長有效地溝通。想擔任飯店經理一職，需擁有學士文憑、5 年管理經驗，與至少 8 年的遊輪經驗。

巡航到異國的地點，可能有健康方面的危害。由於平均約有 2200 名乘客和 1200 名遊輪船員，寢室都非常接近，諾如病毒和細菌等很容易在船上擴散。因此建議所有乘客都需在登船前接種麻疹、腮腺炎、德國麻疹、水痘和季節性流感病毒的疫苗。乘客和遊輪船員來自不同國家，他們的健康水平各不相同，這使得勤洗手和維持衛生環境來避免疾病非常重要。

職守船長 (staff captain) 負責航行，並有第一、第二和第三官員向他報告。這些值班官員 (officers of the watch)，在艦橋每天輪班 8 個小時。還有 6 名舵手聽從值班官員的指示。此外，船上約有 20 名水手為船舶塗漆和保養，加上在保健中心還設有 2 名醫生和 3 名護士，以保障客人和工作人員的健康。

餐飲部經理 (food and beverage manager) 負責的是船上所有提供餐飲服務的區域。他們亦必須掌控食物成本與船上整體的餐飲品質。由於源源不絕的食物供應是人們搭乘遊輪的重要原因之一，因此只要遊輪在海上航行，餐飲部經理的工作就不會停止。此職位一般要求 6 年的餐飲部門或管理學校經驗，以及 3 年的管理經驗或 4 年的遊輪經驗。

事務長 (chief purser) 也是遊輪上飯店經營的一部分。這個職位負責的是督導除了甲板與輪機以外的所有部門。事務長必需要有紮實的飯店背景，以及至少 5 年的飯店經理資歷才能勝任。飯店管理的文憑與遊輪的經驗也是必要條件，當然，你也必需有流利的英語能力才行。

航輪總監 (cruise director) 負責船上所有的娛樂與活動。身為航輪總監，你必須發想、協調與實行所有的日間活動，並且主導所有社交活動儀式與夜間表演，也會有許多公開演說的機會，並授予部分權限給你的員工。航輪總監負責管理活動協理、女主持人、服務員、活動專員等，因此必須具備卓越的組織能力與流利的英語能力，若有娛樂界的專業背景更好，或是有基層員工 2 ～ 5 年的資歷。根據所屬公司的不同，一般的月薪介於 3,800 ～ 7,500 美元之間。

總管 (chief steward) 或房務總監 (director of housekeeping) 為房務部的負責人。房務總監同時也負責清潔用品、使用設備、客艙清潔服務、客房服務、服務中心與行李服務，必備的條件為優秀的組織與溝通能力，通常是由部門內部調升，並且向飯店經理報告。

參加岸上活動是豐富遊輪體驗的絕佳方式之一，依據停靠港的不同，岸上活動可包括：

1. 浮潛
2. 深潛
3. 與海豚同游
4. 橡皮圈滑水與划船
5. 遊覽
6. 駕獨木舟
7. 健行與攀岩
8. 野外散步
9. 購物
10. 機上鳥瞰

自我檢測

1. 遊輪上有哪些主要的工作人員？
2. 遊輪上的飯店經理 (hotel manager) 負責那些事務？
3. 值班官員 (officers of the watch) 負責船上那些工作內容？

在熱帶海洋中浮潛，是遊輪體驗的一環。

5.6 航行地點

學習成果 6：列出一些最受歡迎的遊輪航行地點。

加勒比海是世界上最受歡迎的遊輪航行地點之一，旅客們可以從加勒比海的三個區域（西、南與東加勒比海）中做選擇。加勒比海羅列著衆多港口，並有數個世界最美的海灘與各種免稅商店，同時也是許多行程與遊輪的最佳選擇。

最受歡迎的遊輪行程是 7 天，7 日遊輪使旅客能夠適應船隻，並有額外的時間來放鬆和旅行，最受歡迎的遊輪港口包括巴哈馬的拿騷 (Nassau)，這是巴哈馬的一個私人島嶼（a private island in the Bahamas）、大開曼島 (Grand Cayman)、 聖馬丁島 (St. Maarten)、墨西哥 (Mexico)的科蘇梅爾 (Cozumel) 、夏洛特 - 阿馬利亞(Charlotte Amalie) 、聖托馬斯 (St. Thomas) 及美國維京群島 (United States Virgin Islands)。

從邁阿密出發的挪威遊輪公司 (Norwegian Cruise Line) 提供最受歡迎的 7 晚遊輪活動，航行期間會停靠以下港口：菲利普斯堡 (Philipsburg) 、荷屬安的列斯 (Netherlands Antilles) 、 聖托馬斯維爾京群島 (St. Thomas Virgin Islands) 、 巴哈馬的拿騷。雖然對於某些旅行者來說，7 個晚上可能太多，但對於冒險家或遊輪體驗來說，這通常是不夠的，最後，遊輪公司提供了任何地點 1 ～ 15 晚的遊輪行程。最受歡迎的荷蘭～美國線 14 晚遊輪的行程如下（表 5-1）：

地中海遊輪是唯一可以讓遊客，在幾個小時內到達另一個國家或大陸的遊輪。西地中海遊輪的航行區域包括南歐的拿波里、義大利、法國與西班牙。東地中海的遊輪則是帶領旅客們航向土耳其、希臘與埃及的尼羅河。對這些地點有興趣的遊輪客通常對於歷史與不同的文化體驗有相當的興趣。

航向阿拉斯加的遊輪，已成爲造訪當地最受歡迎的方式，大多數的主要遊輪公司都有這樣的航線。這裡的遊輪通常都是沿著內航道 (Inside Passage) 航向冰河灣國家公園 (Glacier Bay National Park) 或是哈伯冰河 (Hubbard Glacier)。受限於日光與溫度，阿拉斯加的遊輪只在夏季航行（5 到 9 月）。6 到 8 月爲此地的旅遊旺季，平均溫度可以高達華氏 75 度呢！

夏威夷是最受歡迎的遊輪地點之一。夏威夷遊輪完全航行於夏威夷群島之間。旅客們在夏威夷可以見到令人摒息的山脈、火山、熱帶雨林、瀑布、珊瑚礁、熔岩流及水底石窟。夏威夷是世界上進行浮潛、深潛、深海海釣與玻璃船遊覽的絕佳地點之一。

表 5-1 荷蘭～美國線 14 晚遊輪行程表

天數	項目
第 1 天	離開佛羅里達州勞德代爾堡港口
第 2 天	海上
第 3 天	大特克島 (Grand Turk Island)、 特克斯 (Turks) 和凱科斯群島 (Caicos Islands)
第 4 天	聖胡安 (San Juan)、波多黎各 (Puerto Rico)
第 5 天	聖托馬斯島 (美屬維爾京群島) 、維爾京群島 (Virgin Islands of the United States)
第 6 天	海上
第 7 天	巴哈馬半月礁 (Half Moon Cay)
第 8 天	佛羅里達州勞德代爾堡 (Fort Lauderdale, Florida)
第 9 天	巴哈馬半月礁
第 10 天	海上
第 11 天	第 11 天：牙買加奧喬里奧斯 (Ocho Rios, Jamaica)
第 12 天	喬治敦 (Georgetown)、大開曼 (Grand Cayman)、開曼群島 (英國在美洲加勒比群島的一塊海外屬地，由三個島嶼組成)
第 13 天	海上
第 14 天	佛羅里達州基韋斯特 (Key West, Florida)
第 15 天	抵達美國佛羅里達州布勞德代爾堡港口 (Fort Lauderdale)。

自我檢測

1. 請列舉出加勒比海最受歡迎的港口。
2. 地中海遊輪與加勒比海遊輪有哪些方面不同？
3. 人們到夏威夷旅遊的可能理由為何？

永續遊輪經營

雖然遊輪並不是最環保的旅遊方式，但由於消費者的興趣和開發技術的提升，業界正努力朝環保的方向邁進，因此氫動力船可能會變成遊輪業未來的趨勢。重要的是，所有的遊輪公司都遵循它們自己的一套環境政策，主要內容包括資源回收，以及如何在船上銷毀和處理廢棄物。國際遊輪協會的成員已同意遵循嚴格的自願性環保標準，以處理廢水及資源回收。其中一部分成員更進一步提供更多的生態設施及保育方法。遊輪業專家估計，儘管目前經濟景氣不佳，在 2016 年還是有 2600 萬人搭乘遊輪。這個數字隱含的意義是對環境的巨大衝擊[12]。

根據環保組織 Oceana 的資料，遊輪每天將下列廢棄物和汙水倒入海洋[13]。

1. 廁所排放的汙水量為 3 萬加侖。
2. 25 萬 5,000 加侖的水槽、廚房和淋浴間的汙水。
3. 7 噸垃圾和固體廢棄物。
4. 15 加侖的有毒化學物質。
5. 7,000 加侖被油汙染的底艙汙水。
6. 煙囪和廢氣排放量相當於 1 萬 2,000 輛汽車。

遊輪公司認知到自己的負面形象，加上非法排放會處以罰款，因此也開始走向環保。在過去 6 年間遊輪業者已經將廢棄物減少了一半，有些是採用新的燃氣渦輪機，以大幅減少氮和硫的排放；另一些在阿拉斯加的朱諾 (Juneau) 入港時，關閉引擎轉換成當地的水力發電；另一些則安裝洗滌器，運用海水清除煙囪汙染物；還有一家遊輪公司正在購買碳抵銷，成為碳中性遊輪。

國際永續旅行協會 (Sustainable Travel International, STI) 是一個全球性的非營利組織，致力於幫助企業和旅行者保護環境。 CocoCay 是皇家加勒比海中轉站和私人島嶼之一，也是首家獲得 STI 認證的目的地，CocoCay 將船隻永續發展計畫交給島嶼，協助其營運，希望更多遊輪能夠遵循 CocoCay 步伐，STI 會為那些致力於保護經濟、社會和環境文化的企業頒發 STI 認證。

公主遊輪岸邊電力計畫 (Princess Cruises Shore Power) 於 2001 年在阿拉斯加朱諾市開始實施，此後一直在擴大，該航線的許多郵輪都具有連接岸上電源的能力。[14]

迪士尼遊輪公司通過回收船上使用的食用油作為迪士尼卡斯塔維島 (Castaway Cay) 的車輛燃料來參與永續發展，Prestige Cruise 會在所有窗戶上塗上一層特殊的薄膜，以減輕太陽熱的影響並幫助減少空調，許多遊輪正在減少物品的包裝，例如使用可填充容器的洗髮水和咖啡奶精。有一些嘉年華遊輪公司的大型遊輪使用液態天然氣 (liquid natural gas, LNG)，為航行海上和入港的主要動力來源，從船用柴油轉向液化天然氣，意味著二氧化硫排放量為零，減少了 95 ～ 100% 顆粒物、85% 氮氧化物及 25% 二氧化碳。所有主要的遊輪公司都在努力履行永續經營，並提升他們的經營能力，以維護環境。

夏威夷：迎賓之島！

「Alooooha!」是在波里尼西亞晚餐表演中，司儀透過麥克風呼喊出的熱情招呼聲，而觀眾們也同樣興高采烈地跟著呼喊。火奴魯魯國際機場中，電梯上也跳躍著相同的鮮黃色卡通字樣，它引領入境旅客們前往行李領取處，連在飯店櫃檯的接待人員也是以這樣的方式來招呼旅客，它已經取代了所有餐旅事業中所用的「Hello」。甚至有許多業者規定在電話中必須說「Aloha，我是 ＿＿＿＿＿。我可以為您服務嗎？」這個字的發音類似「阿囉哈」，實際上的意思是哈囉、再見及我愛你。Aloha 背後美麗的意涵就如同夏威夷的許多傳統與人民一般，這個獨特的傳統源自於 1800 年代末期到 1900 年代初期時，由亞洲引進的甘蔗種植工，由於太平洋盆地有眾多的國籍的居民，夏威夷州因此成為各種文化的大熔爐。除了絕美的夕陽與四季宜人的熱帶氣候，當地人與他們的 Aloha 也是觀光客絡繹不絕的原因。

觀光是夏威夷最大與最重要的產業，而且在未來 10 年還會持續成長。身為夏威夷的命脈，觀光業在當地直接創造了約 1/3 的工作機會，觀光的價值在此並未被低估。

夏威夷觀光局的職責包括：設定長期的觀光願景與計畫；發展、協調與實行州政府的觀光政策方針與相關活動；確立一個永久且強大的行銷與促銷重點，以及與公私部門協調新產品線的開發，包括運動、文化、健康、教育、商業與生態觀光的發展。

1. 運動觀光：大部分的運動項目都在冬季舉行，此時這些活動在美國本土的大多數地區都無法進行。透過電視轉播幫助了觀光的發展，包括職業美式足球的超級盃 (National Football League Pro Bowl)、索尼盃職業高爾夫球賽 (Professional Golfers Association's Sony Open) 及賓士錦標賽 (Mercedes Championships)。在科納島海岸舉行的梭魚錦標賽與火奴魯魯馬拉松都為當地帶來了更多的遊客。觀光客可以在一整年的時間內，參與各種水上活動與高爾夫球。夏威夷的大島 (Big Island) 更是全美各地唯一能夠在同一天衝浪與滑雪的地方。
2. 文化觀光：夏威夷源自波里尼西亞的歷史與君主制度並沒有被世人遺忘。自從夏威夷在 1898 年與美國合併，並於 1959 年成為美國的一州之後，夏威夷的本土傳統依然得以延續。當地的波里尼西亞文化中心致力於發揚夏威夷群島的文化。
3. 健康觀光：夏威夷的大島是許多世界級醫療健康機構的所在地，其中之一正是由心律調整器的發明者——艾爾．貝肯 (Earl Bakken) 所創立。
4. 教育觀光：夏威夷大學與其附屬社區大學的短期推廣教育課程，吸引了來自全球各地的旅客，這些課程包括語言課程、海洋生物學及專業的糕點設計。

續下頁

承上頁

5. 商務觀光：全新的會議中心是夏威夷觀光會議局的利基所在。會議與獎勵部門協助會議規劃者籌辦 10 到 3 萬人的會議。
6. 生態觀光：莫洛凱農場 (Molokai Ranch) 是位在原始島嶼上的一家環保渡假飯店。騎乘著騾子從山上緩緩而下，是另一種特殊的體驗。

由於對交通運輸的依賴性，觀光在夏威夷算是相對年輕的產業。1900 年代中期，麥特森遊輪公司 (Matson) 每兩週橫渡太平洋的海上旅行，為當地觀光業奠定了基礎。現今，每週有 700 架跨太平洋及 200 架往返於日本的班機，使其成為僅次於倫敦與巴黎之間，世界上最繁忙的航線。然而，遊輪業的蓬勃發展，使得過往的遊輪榮光再現。美國夏威夷遊輪公司 (American Hawaii Cruises) 推出航行於各島嶼之間的 7 天行程，而挪威遊輪公司則期待將版圖拓展至夏威夷。

西方的市場也透過電視進行強力的行銷。夏威夷四季陽光普照的宜人氣候、清澈的天空及平均華氏 78 度（約攝氏 25.6 度）的氣溫，使當地成為整年都適合前往的渡假勝地。夏威夷提供熱帶的安逸與各種價位的住宿設施，鑽石峽 (Diamond Head) 的景觀與威基基海灘上流過指間的細沙，並給予美國在政治上的優勢，包括貨幣、語言與人民生計。

地理上來說，夏威夷連結了東方與西方。該群島藉由 1800 年代中期的捕鯨業與珍珠港優越的軍事位置，證明了它在商業與軍事上的戰略性地位。夏威夷已經建立起連結亞洲與美國之間商業關係的理想地位。1998 年 6 月，一座具備尖端科技的會議中心在歐胡島上出現，其造價高達 3 億 5,000 萬美元，毫無疑問的，它將重申夏威夷在環太平洋地區中心地帶獨一無二的地位。

夏威夷美食是另一種無可比擬的誘人魔力。就如同具有多元文化背景的當地人一般，「當地食物」也包含了族群融合的特色，你可以在當地的菜單上看到日本鐵板燒、韓國烤肉、菲律賓燉豬肉、美國炸雞佐肉汁與中國炒麵。藉由細膩的品味，海德公園餐廳 (Hyde Park) 與來自世界各地的廚師們發展出了夏威夷風味餐 (Hawaii Regional Cuisine)。透過當地食材與香料的使用，山口洛伊 (Roy Yamaguchi) 主廚的黑鮪魚佐醬油芥茉醬，將歐亞風格的新時代料理具體而微地呈現。在這個料理代表文化的世界，夏威夷著實是一道「綜合拼盤 (mixed plate)」。

資料來源：太平洋廚藝學院 Kapiolani 社區大學校友 Tobie Cancino

遊輪業的發展趨勢

1. 遊輪數量的快速增加。
2. 以新的住宿設施與娛樂節目，展現出與其他業者的不同之處。
3. 北美洲的港口數量將會增加。
4. 將有更多的載客量、旅遊景點與行程是來自北美洲。
5. 有更多的遊輪會為了增加載客量，而進行翻新整修。
6. 遊輪業的旅客將會增加。
7. 各種不同的遊輪類型將持續發展。
8. 遊輪業的工作機會將會有大幅的成長。
9. 遊輪業正朝永續的方向發展。

成為船長

湯姆 (Tom) 目前在一艘極為成功的遊輪上擔任飯店經理。他擁有學士學位及 5 年的飯店經理資歷。在成為飯店經理之前，湯姆從數個基層職位開始做起，他在這些基層工作中度過了 4 年。湯姆現在決定要向船長的職位邁進。

問題討論

湯姆應該怎麼做才能符合成為船長的條件？

職場資訊

由於遊輪業是全球發展極為快速的產業之一，因此工作前景相當樂觀。據估計，每年建造約有 5～10 艘遊輪，這使得每年的工作機會都可獲得大幅度的增加。如同先前所提到的，美國人所占的職缺大多為業務、行銷與美國當地的岸上活動（如訂位與後勤）。其他的職務還有航輪總監、事務長、總管及飯店經理。在這個多元化的觀光產業中，還有許多不同的發展機會，包括領隊、目的地管理、旅遊承攬業、會議與旅遊局。因為快速的發展與衆多的工作機會，這個行業毫無疑問的是目前非常值得投入的產業之一。圖 5-1 為遊輪業的職涯發展途徑。

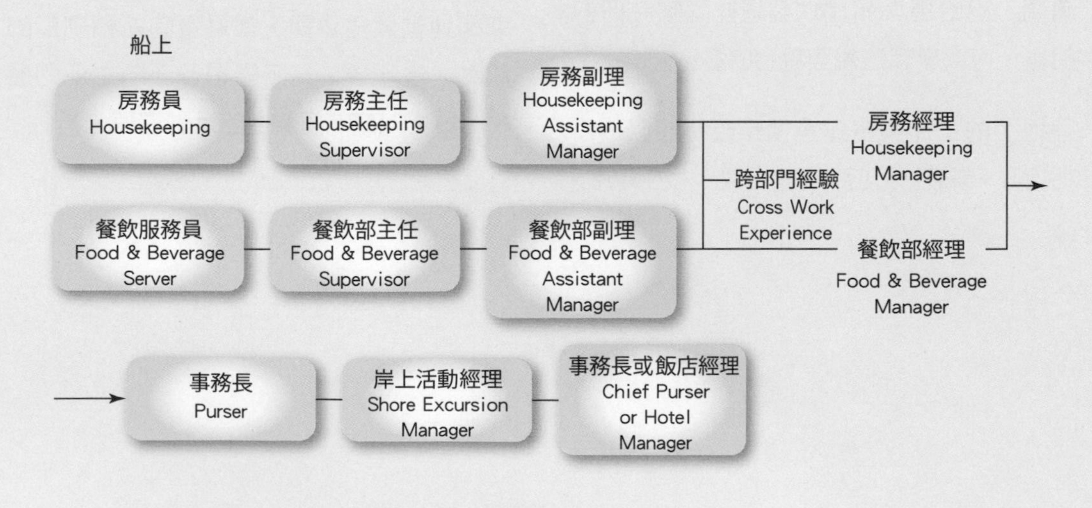

圖 5-1　遊輪業的職涯發展途徑

續下頁

承上頁

遊輪業的職場發展

世上沒有兩艘一樣的船，每艘船都有自己的性格與特色。船員與服務員的國籍創造了船上的氛圍。以荷美航運的例子來說，船上有荷蘭籍的船員與印尼或菲律賓籍的工作人員，另外還有 Epirotiki 航運的希臘籍船員與服務員。大多數的遊輪懸掛外國國旗是因為船隻在其他國家建造，其中原因如下：

1. 美國的船員、服務人員與工會的費用太高，無法與他國競爭。
2. 美國籍的遊輪不可經營賭場。
3. 許多國外的造船廠，得到政府在聘雇員工方面的資助，因此造船的成本較低。
4. 美國稅法要求所有美國公民對全球所有賺取的收入納稅，但是一些他國政府並未以這種方式向「船員」徵稅，因此，這是很少有美國公民在遊輪上工作的另一個原因。

除此之外，遊輪懸掛外國國旗是因為在巴拿馬、巴哈馬與賴比瑞亞這些國家註冊的船隻，可以享有法規與稅金的優惠。

陸地上的工作與旅遊承攬業較為類似，包括行政、業務、訂位、行銷公關、人力資源、財務會計、顧客服務等。船上的工作就有所不同，包括餐飲、宴會、飯店、服務中心、娛樂節目，以及一切維持船隻安全航行的工作。

美國人在船上有時會擔任航輪總監與事務長的職務。只有少數美國人在船上工作，因為遊輪在海上的時間長達數個月，而靠岸的時間卻只有短短幾小時。漫長的海上時間與工作環境，不太可能被大多數美國人所接受（而且你並不會有屬於自己的客艙！）對這一行是否還有興趣呢？你可以在 www.cruiseshipjob.com 上找到各種工作的條件、說明及薪資。

遊輪上如航輪總監與飯店經理這樣的高階職位並不多。大多數遊輪雇用外籍人員以規避美國的法律，如超時工作。岸上有許多的工作機會，如行銷業務、人力資源與財務會計。還有安排船上所有娛樂活動的航輪總監。這聽起來相當令人嚮往，只要你有優秀的組織能力及抗壓力。活動人員或是運動健身專員，都是邁向航輪總監的起點。幾年後，員工經過各部門主任的歷練，就可以成為遊輪上的活動協理。

相關網站：www.cruiseshipjob.com、www.cruisejobfinder.com

本章摘要

1. 直到約 1830 年代，進行水上旅行的主要原因是移民、貿易和戰爭，半島和東方蒸汽航行公司 (P & O) 在 1844 年被公認爲巡航的發明者，在 1900 年代初期，豪華的遠洋客輪開始發展。如今，大多數遊輪都是加勒比或地中海遊輪，主要原因在於登船的便利性。目前遊輪業正在擴大，據報導，遊輪業務是一個超過 396 億美元的產業，可運載近 2500 萬名乘客。
2. 遊輪業的三大主要參與者，是嘉年華遊輪公司、皇家加勒比遊輪公司和挪威遊輪公司，嘉年華遊輪公司有相當好的財報，淨利約爲銷售額的 20%，目標市場是 25 ～ 54 歲的成年人。第二大遊輪公司是皇家加勒比遊輪公司，該公司經營兩個主要遊輪品牌和五個遊輪，這些遊輪品牌加起來每年可運送數百萬名乘客，目標市場是 35 歲以上的客戶。第三大公司是 Star Cruises，該公司現在管理營運挪威遊輪公司。
3. 遊輪吸引了廣大的市場，遊輪旅客的平均人數約爲 46 歲，大多由已婚、沒有子女、家庭收入至少 9 萬美元的人組成。大部分遊輪市場是爲期 7 天或更短的旅行。遊輪業市場的三種類型是大衆市場、中端市場和豪華市場，大衆市場通常由收入在 3 萬美元至 6 萬美元之間的人們組成，遊輪公司感興趣的是每人每天的平均費用在 60 ～ 250 美元之間，航商包括嘉年華遊輪公司、迪斯尼遊輪公司、公主遊輪公司、挪威遊輪公司和皇家加勒比海公司；中端市場包括收入在 6 萬美元～ 8 萬美元之間的人群，這些乘客每人每天平均花費 250 到 500 美元，中端市場的航商公司包括荷蘭美洲遊輪公司、風星遊輪公司、庫納德遊輪公司和名人遊輪公司；豪華市場通常由收入高於 15 萬美元的人群組成，他們每人每天平均費用超過 500 美元，目前公認最頂級類別的船隻是奧德賽號、旅居號、探索號、再次號和 Silversea 的八艘豪華船中的任何一艘。
4. 不同類型的遊輪旅遊包括區域遊、沿海遊、內河遊、駁船遊、汽船遊、自然探險遊、風帆遊、世界遊、越洋遊、特色和主題遊，以及豪華遊。區域遊是最受歡迎的，在加勒比海、阿拉斯加、地中海，以及較小範圍內的波羅的海和其他小海中航行。在北歐、美國和墨西哥則有提供沿海巡遊，它們比一般的海上度假遊輪小得多，因航行在離陸地更近的地方，更易於找到大型船隻無法進入的區域。歐洲、亞洲、埃及和澳大利亞都有提供內河巡遊，這些較新的船隻讓人有小型酒店的感覺，在天氣允許的情況下，4 月～ 11 月時，駁船 (barges) 會在歐洲的內陸水道和運河上航行。汽船遊則會穿越密西西比河和美國其他主要河流，爲旅客提供探索美國核心地帶的機會。

   許多遊輪提供遠征和自然遊輪到具異國情調和令人興奮的地方，乘客計畫在旅行的各個方面中扮演主要的角色，探險遊輪探索許多地區，包括阿拉斯加、亞馬遜河、奧里諾科河、南極洲、格陵蘭、加拉帕戈斯群島、南太平洋和西北通道。帆巡遊船有兩種類型，至少 80% 的時間依靠帆航行的船及不依靠帆的船，世界巡遊一般持續 3 ～ 6 個月。越洋航行 (crossings) 意味著穿越大西洋或太平洋，有時遊輪會在春季或秋季重新安排船隻，提供 1 ～ 2 週的越洋遊。許多特殊性與主題遊輪也有不少選擇。豪華遊輪強調餐食和服務。

5. 船長在遊輪上的位置最高，幾乎負責每一個決策。飯店經理負責船上的所有飯店運營，包括管理、員工、娛樂、餐飲、飯廳和清潔服務。職守船長負責航行，並有第一、第二和第三官員向他報告，值班官員每天輪班 8 個小時，看管艦橋，還有 6 名舵手實際上是在值班軍官的指示下駕駛船。此外，大約需要 20 名水手來維護這艘船，並在保健中心有 2 名醫生和 3 名護士。餐飲經理負責皇家加勒比國際和名人遊輪的餐飲成本和品質；事務長負責監督除甲板和發動機以外的所有部門；航輪總監參與所有船上娛樂和活動；房務總監監督客房清潔部門，對清潔用品、設備使用、船艙服務、客房服務、行李服務和旅客行李進行監管和負責。
6. 加勒比海是世界上最受歡迎的遊輪目的地之一， 最受歡迎的遊輪港口包括巴哈馬的一個私人島嶼拿騷、大開曼島、聖馬丁、墨西哥的科蘇梅爾、夏洛特·阿瑪利 (Charlotte Amali)、聖托馬斯、維爾京群島。西地中海遊輪前往南歐，包括意大利那不勒斯、法國及西班牙。東地中海遊輪將旅客帶到土耳其、希臘和尼羅河 (埃及) 等地。遊輪已成爲遊覽阿拉斯加最受歡迎的方式，並且大部分遊輪公司都提供遊輪航線。最流行的遊輪類型爲夏威夷遊輪。

重要字彙與觀念

1. 探險遊輪 (adventure cruises)
2. 機加船套裝行程 (air-cruise packages)
3. 船長 (captain)
4. 事務長 (chief purser)
5. 總管或房務總監 (chief steward or director of housekeeping)
6. 近海遊輪 (coastal cruises)
7. 越洋航行 (crossings)
8. 航輪總監 (cruise director)
9. 國際遊輪協會 (Cruise Lines International Association, CLIA)
10. 自然探險遊輪 (expeditions and natural cruises)
11. 餐飲部經理 (food and beverage manager)
12. 飯店經理 (hotel manager)
13. 液態天然氣 (liquid natural gas, LNG)

14. 豪華市場 (luxury market)
15. 大衆市場 (mass market)
16. 中端市場 (middle market)
17. 區域型遊輪 (regional cruises)
18. 帆船 (sail-cruises)
19. 特殊性與主題遊輪 (specialty and theme cruises)
20. 蒸汽船 (steam boating)
21. 國際永續旅行協會 (Sustainable Travel International, STI)
22. 世界巡遊 (world cruises)

問題回顧

1. 飛機帶給遊輪業什麼影響？
2. 遊輪業的主要組成成員有哪些？
3. 遊輪市場分爲哪三種？
4. 說出 12 種遊輪類型。
5. 欲成爲航輪總監可從何種職位開始？

網路作業

1. 上網找出距離你最近的遊輪停靠港。它距離你有多遠？遊輪從這個港口航向何處？你在這個港口有哪些行程選擇（總天數、靠岸天數、目的地）？
2. 依據三種遊輪的型態，上網找出你最有興趣的一種。

運用你的學習成果

1. 腦力激盪一下，哪些人有可能會是遊輪乘客。
2. 將這些可能的乘客運用在遊輪業的三個市場當中。
3. 擬定一個成爲遊輪船長的行動計畫。
4. 擬定一個成爲遊輪飯店經理的行動計畫。

建議活動

1. 你對於大多數遊輪懸掛外國國旗有何看法？討論你對於目前美國遊輪法規的看法爲何。
2. 討論你往後可能在遊輪公司擔任的職位。

參考文獻

1. 參考 Carnival Australia, “History of P&O,” 澳大利亞嘉年華遊輪，【 P＆O 的歷史】，取自 https://www.pocruises.com/
2. 參考 Bob Dickinson and Andy Vladimir, Selling the Sea (New York: John Wiley & Sons, 1997) ，鮑勃·迪金森和安迪·弗拉基米爾，【出海】，【紐約：約翰·威利父子出版社】，1997 年，第 3 頁。
3. 參考 William H. Miller, Jr., “A History of Luxury Cruising,” Seabourn Cruise Line's Club Herald，威廉·H·米勒 (William H. Miller，Jr.)，【豪華巡遊的歷史】，西本遊輪公司的【俱樂部先驅報》，1996 年春季。
4. 同上。
5. 參考 Cruise Industry News，【遊輪業新聞】，2016 年夏季，第 5 頁。
6. 參考 Cruise Market Watch, 「Cruise Market Watch Announces 2014 Cruise Trends Forecast,」遊輪市場觀察，【遊輪市場觀察宣布 2014 年遊輪趨勢預測】，取自 https://cruisemarketwatch.com/
7. 參考 Statistic Brain 網站的“Cruise Ship Industry　Statistics”，取自 https://www.statisticbrain.com/
8. 參考 Cruise Industry News ，《 2016 年夏季遊輪行業新聞》，第 55 頁。
9. 參考 Star Cruises，取自 https://www.starcruises.com
10. 參考 Cruise Critic，【綠色巡航】取自 https://www.cruisecritic.com/
11. 參考 Wind Rose Network, “The Cruise Industry: Demographic Profiles，【遊輪業：人口概況】，取自 http://www.windrosenetwork.com
12. 參考 Chris Owen, “San Diego Helps Cruise Ships Go Green”，克里斯歐文 (Chris Owen)，【聖地牙哥幫助遊輪走向綠色】。
13. 同上。
14. 參考“Princess Ships Clear the Air with Shore Power Connections”，有關更多信息，請參閱公主遊輪網站上的文章【公主船透過岸電連接清除空氣】，取自 https://www.princess.com

6 餐廳

學習成果

閱讀及研讀本章後，你應該能夠：

1. 討論餐廳的特性，包括兩個主要類別：個人餐廳和連鎖餐廳。
2. 描述高級餐廳的特性。
3. 描述休閒用餐的特性。
4. 描述速食餐廳的特性。
5. 說明食品趨勢和做法，包括綠色餐廳認證標準 4.0。

6.1 餐廳

學習成果 1：討論餐廳的特性，包括兩個主要類別：個人餐廳和連鎖餐廳

餐廳是我們每天生活中非常重要的一部分；由於我們身處於一個忙碌的社會，因此每週都得光顧餐廳好幾次，除了社交之外，飲食也是我們的目的。餐廳提供一個放鬆心情的地方，並讓我們享受家庭、朋友、同事與商場夥伴的陪伴，也讓我們在前往下一堂課或任何地方之前恢復我們的精力。事實上，餐廳 (restaurant) 一詞源自法文，有恢復 (restore) 之意。美國現今有超過 100 萬家餐廳，共創造出將近 7,827 億美金的營業額，並提供了 1,440 萬個工作機會。這使得餐廳成爲政府以外最大的雇主，餐飲業占食物消費的比例也提升到 50%。平均每天有超過 1 億的美國人前往餐廳或餐飲店消費 [1]。

在這個消費日益增加的社會，人們外食的消費比例已經接近 50%。餐廳是一門高達數十億美金的生意，它雇用了將近 1,440 萬人，並且對我們的社會經濟貢獻良多。本章將著眼於餐廳的不同型態，並用容易分別的方式來區分。

「現今有超過 100 萬家餐廳，它們共創造出將近 7,827 億美金的營業額，並提供了 1,440 萬個工作機會。」[2]

餐廳一詞的背後，有個有趣的故事。布朗格先生 (Monsieur Boulanger) 據信在 1765 年成立了歐洲第一家的餐廳，他在位於巴黎餐廳招牌上寫著「布朗格賣的是衆神的滋補劑 (Boulanger sells restoratives fit for the gods)」。餐廳中的招牌菜是能讓客人恢復體力的羊腿湯，當時的飲食工會發現之後，隨即將布朗格先生送到法院去 (當時只有工會成員才有權力販售整塊的肉)，然而巴黎市議會卻判決布朗格勝訴，也因此使得他的餐廳名留青史。

近年來餐飲業者面臨新的挑戰，促使運營商重新評估其服務方式，並調降最低工資至 15 美元，以抵消不斷增加的人力成本。許多業者，特別是新開業的經營者，選擇了 Chipotle 或 Pie Wei 風格的服務，顧客走進餐廳並朝櫃檯走去，同時在櫃檯或其他顯示器上查看菜單選項，他們點菜，然後將食物裝在盤中，或者通過 Panera Bread 上的數字或設備將食物帶到用餐區。

1. 不給小費 (No Tipping)：一些餐館採用的「不給小費」政策產生了一些有趣的效果。Cafe China 是第一家位於市中心的高級四川餐廳，也是第一家紐約市中國餐館加入「不付小費組織」，此舉也是使餐廳業與現代工作場所標準努力保持一致的一部分，目的是要糾正基本的薪酬不公平現象，使小費員工和非小費員工之間的工資保持平衡，餐館後面的廚師和洗碗工的收入不及服務員，因爲他們沒有獲得小費。非小費餐廳的策略是將菜單價格提高約20%，並向員工支付較高的工資，結果是價格上漲了10%到15%，服務員時薪上漲到15美元，另外還要加收內用餐費。對於改成了「不付小費」政策的餐館，產生的問題是：在不驅使客人走入街頭的情況下，你可以提高菜單價格多少？而且，客人爲何會喜歡提高價格，但不付小費？將小費包括用餐價格中的一個優勢是，餐廳經理可以根據餐廳長處增加價格，也避免了「班次的追逐」，尤其是侍應生爭搶最佳輪班時間。有些餐館本來去除小費，但又恢復，主要問題之一是導致侍應生離職，且取代舊侍應生的新培訓侍應生也離職，去有小費的餐廳工作。[3] 那麼，你的餐廳會不會選擇加入「不付小費組織」呢？

2. **食品安全 (food safety)**：毋庸置疑，食品安全對所有餐館都至關重要。但是，不幸的是，有一些汙染問題和爆發事件不僅影響了短期，而且影響了長期盈利能力，損害了公司的形象和聲譽。Panera 麵包位在光譜的另一端，這家店值得讚譽，因這家店沒有添加任何人造成分、甜味劑、調味劑或色素的食物，但與其他許多餐館一樣，它們仍然含鹽過多。最後要說的是，紐約市禁止使用大量含糖蘇打水，以減少肥胖。

3. **餐車 (Food Trucks)**：近年來，餐車已成爲主流餐廳之外，另一令人感興趣的選擇。 許多人選擇了幾千美元的餐車，並創造了自己的概念，對於那些想進入該行業的人來說，這是一種相對便宜的選擇。有些城市有指定區域供餐車開店，當餐車將更多的客人帶到該地區使餐館受益時，該區域餐館卻抱怨競爭加劇。 加入了 Yum Dum Truck、Baja Boys、The Tamale Spaceship、Toasty Chees、The Happy Lobster 和 Empanadas 之類的名字，誰不願意嘗試它們？

4. **快閃餐廳 (Popup Restaurants)**：顧名思義，這些餐廳會突然出現在可以臨時出租並提供餐飲服務的建築物中。像在紐約市，Broadway Bites 有大約30個攤販，出售壽司捲餅、龍蝦卷或夏威夷生魚飯，餓了嗎？

5. **菜單標籤**：考慮到美國人在外進食的卡路里約占整體三分之一，美國食品和藥物管理局已經發布了菜單標籤的要求，針對有20個連鎖店以上的餐館。菜單和菜單板上的標籤信息必須易於理解，目的是讓消費者就所吃的食物資訊做出明智的決定。[4] 餐廳被要求應在菜單上寫下營養資訊，包括脂肪總量、脂肪中的卡路里、飽和脂肪、反式脂肪、膽固醇、鈉、碳水化合物總量、膳食纖維、糖和蛋白質。

餐廳的分類

在形形色色的餐廳種類之中，並沒有單一的明確定義，或許是因爲這是一個隨時間演進的行業。然而，大多數的專家同意有兩個主要的分類：個人餐廳 (independent restaurant, indies) 與連鎖餐廳 (chain restaurant)。其他的分類還包括高級餐廳 (fine dining restaurant)、快速休閒餐廳 (fast casual restaurants)、休閒餐廳 (casual restaurants) 及速食餐廳 (quick-service restaurants)。有些餐廳甚至可同時被歸類爲好幾個種類，例如，Taco Bell 就同時屬於民族風味與速食餐廳。

快速休閒餐廳 (fast casual restaurants) 速食餐廳融合了休閒與快速服務兩者的特質，這個區隔仍以不同的連鎖及概念持續快速增長，如奇波雷墨西哥燒烤 (Chipotle Mexican Grill)、消防站潛艇堡 (Firehouse Subs) 、美式漢堡速食 (Five Guys Burgers and Fries) 及裴薇亞洲餐廳 (Pei Wei Asian Diner) 。

根據美國國家餐廳協會 (National Restaurant Association) 的數字顯示，美國人在各種餐廳的外食消費正在增加。美國的外食人口已達到空前的高點，平均每人每週會到餐廳 5 次，包括特殊節日。最多人外食的一餐就是午餐，大約占了速食餐廳 50% 的業績。

個人餐廳 (individual restaurants / indies) 通常由一或數位業主經營，業主本身往往也得參與每天的營運工作，即使業主擁有一家以上且各自獨立運作的店（「店」在餐廳業界即代表「餐廳」的意思）。這些餐廳並沒有加入任何全國性的品牌。它們給予業主獨立性、

古典料理

北美洲的料理傳統大多承襲自法國，這樣的傳承可歸因於兩起主要事件：第一個事件是 1793 年的法國大革命，當時許多最好的廚師都因為他們的老闆被送上斷頭臺而失去工作。這使得許多廚師帶著他們的廚藝才華來到了北美洲；第二個事件則是湯馬士．傑佛遜 (Thomas Jefferson) 於 1784-1789 年在法國擔任 5 年的外交使節，並在他成為美國總統時帶了一位法國主廚進入白宮。這樣的舉動刺激了人們對於法國菜的興趣，同時誘使美國的旅館業者提供更高品質與特別的食物。

談到古典料理就不能不談這些料理的創始人。馬利安東尼．卡黑姆 (Marie-Antoine Carême) 被稱為是「國王之廚與廚師之王 (Chef of Kings and King of Chefs)」，也被推崇為古典料理與菜單製作的始祖。卡黑姆童年時就被父母遺棄在巴黎街頭，一路從廚助到成為英格蘭攝政王——塔列宏王子 (Prince de Talleyrand) 的御廚。他同時也擔任未來的英王喬治五世 (King George IV)、俄國沙皇亞歷山大一世 (Tsar Alexander I)，以及羅斯柴爾德男爵 (Baron de Rothschild) 的主廚。他的理想是達到食物的「清爽度 (lightness)」、「優雅 (grace)」、「秩序 (order)」及「簡單明瞭 (perspicuity)」[5]。

另一位對古典料理極有貢獻的人物是奧古斯特．艾思考菲 (Auguste Escoffier，1846–1935)。與卡黑姆不同的是，他從未替貴族效力過。他一展長才的地方是一些當時最好的飯店：包括巴黎的凡登廣場飯店 (Place Vendome)、倫敦的莎佛飯店 (Savoy Hotel) 與卡爾登飯店 (Carlton Hotel)。

創意與彈性，但是這也伴隨著部分風險：餐廳可能會不如業主預期中受到歡迎，或是業主缺乏成功經營餐廳的專業知識與技術，亦或是業主在餐廳獲利之前沒有充足的資金得以維持。例如，一家位於加州的南方風味餐廳，這樣的餐廳在當地並不受到歡迎。你必須觀察你的鄰近社區，並找出成功與失敗的餐廳作爲參考。

連鎖餐廳是一群目標市場、概念、設計、服務、食物與店名皆一致的餐廳。連鎖餐廳的部分行銷策略是消除用餐經驗的不確定性。不論地點在哪，任何一家餐廳都可以發現同樣的菜單、食物品質、服務水準與用餐氣氛。連鎖餐廳的業主包括大型公司或企業，也可以透過加盟或是個人與合夥人共同擁有數家餐廳。例如，Applebee's 就是一家連鎖餐廳，雖然該公司部分爲企業所有，但大部分卻屬於區域性的加盟。

加盟

加盟 (franchises) 是餐飲業中一股主要的驅動力。加盟的概念是讓成功的餐廳業者可以更迅速地拓展事業版圖，而不受限於自己僅有的資金。藉由他人的資金，業者不僅省下自己的錢，更可以在過程中獲取財富。有意成爲加盟者的人必須付出一筆數千元的權利金，加上平均 3 至 6% 的行銷與其他支援費用。加盟主要的優點是「這個概念已經經過證實，而且不容易失敗」，因此與自己創業比較起來風險較低。加盟者也可得到行銷、開店前、工作流程與訓練上的多方協助。

而加盟的缺點包括：

1. 加盟金高達 20,000 到 40,000 美金，或是更多。
2. 得花費 100,000 美金以上來興建一般水準的餐廳建築。
3. 只要參與加盟，就必須支付占業績一定比例的權利金（通常是 4%）。
4. 還有行銷與廣告費用（通常爲業績的 2%）。
5. 經營加盟餐廳時，你的彈性與創意都會受到限制，因爲你必須遵守加盟的規定。

儘管有這些缺點，但不可諱言的，許多成功的餐廳業者藉由招募加盟者而獲得財富，而且有更多的加盟者因爲成功經營加盟餐廳而成爲百萬富翁。

自我檢測

1. 「不給小費」政策為何影響餐飲業？
2. 比較連鎖餐廳與個人餐廳的不同。
3. 加盟餐廳的優缺點是什麼？

6.2 高級餐廳

學習成果 2：描述高級餐廳的特性。

高級餐廳 (fine dining restaurant) 的菜單提供了上選的食物：通常至少有 15 道以上的主菜，而且所有的食物幾乎都是使用新鮮的食材在餐廳內製作而成。提供全套服務的餐廳可以是正式或休閒的，它們還可根據價位、裝潢氣氛、正式程度與菜單來加以細分。

高級餐廳通常有相當高的服務水準，並且會親切地招呼客人與引導入座。餐廳領班與服務員們推薦顧客特別的食物，並且在點餐的過程中爲他們描述與協助挑選。若沒有另外的侍酒師（葡萄酒專家與服務員），領班與服務員會協助顧客挑選與食物搭配的葡萄酒。全套服務餐廳的裝飾擺設往往與餐廳的主題和氣氛相輔相成。食物、服務與裝潢的元素創造了令餐廳顧客難忘的經驗。

大多數高級餐廳都是由某位企業家或一群合夥人獨立經營。幾乎每座城市裡都有這樣的餐廳。近年來，一些充滿創意的主廚們讓高級餐廳變得更有趣，他們提供顧客如藝術品一般的高級料理。像是在紐約的 Union Square Café 與 Gramercy Tavern 兩家餐廳，其中前者的創辦人丹尼．梅爾 (Danny Meyer) 就希望他的客人都是爲了這些令人讚嘆的美食而來。許多城市中都有獨立經營的高級餐廳，它們爲各種場合提供高級的餐飲，如生日、交際應酬或其他慶祝活動。

高級餐廳有許多不同的類型：牛排館、異國風味餐廳、名廚餐廳與主題餐廳。Morton's of Chicago、Ruth Chris's 及 Houston's 這些高級牛排館一直是交際應酬與各種慶祝場合的最佳選擇。因此它們的位置自然得靠近它們的顧客，也必須鄰近城市中的大型會議中心以吸引大量人潮。

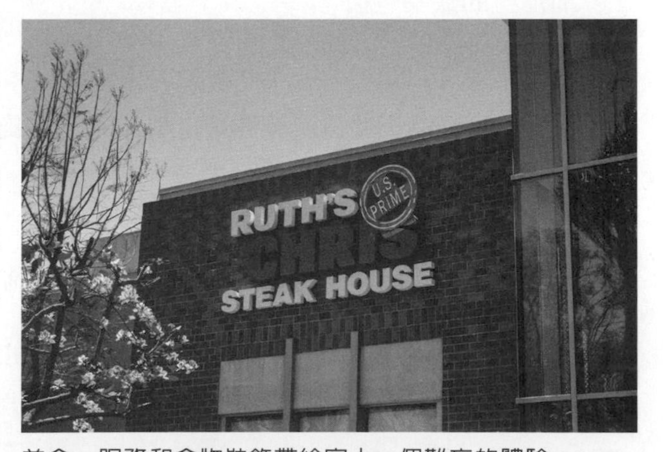

美食、服務和食物裝飾帶給客人一個難忘的體驗。

有些異國風味餐廳也被認爲是高級餐廳，大多數的城市都有具代表性的義大利餐廳、法國餐廳，還有其他像是歐洲餐廳、拉丁餐廳或是亞洲餐廳，其中還有些是無國界 (fusion) 餐廳（混合兩種地方料理，如義大利與日本）。

由知名大廚經營的高級餐廳有沃夫岡．帕克 (Wolfgang Puck) 在洛杉磯的 Spago 與聖塔莫尼卡 (Santa Monica) 的 Chinois、查理．托特 (Charlie Trotter) 在芝加哥的 Charlie

Trotter's，以及艾莉絲．華特斯 (Alice Waters) 在加州柏克萊的 Chez Panisse，這些大廚們的諸多貢獻啓發了新一代的優秀廚師。艾莉絲．華特斯已經是許多女性廚師的典範並且獲得無數獎項，她也出版了數本食譜，包括一本兒童食譜。

一、主題餐廳

有許多的主題餐廳 (theme restaurants) 都是精緻手藝與數種餐廳類型的綜合體。這些餐廳能帶給顧客一種絕無僅有的用餐經驗：這是透過餐廳內的裝潢與氣氛所產生的，也讓餐廳提供了與主題相輔相成的菜單。在衆多的主題餐廳之中，有兩種最受矚目。第一種餐廳充滿了 1950 年代的懷舊之情，供應純美式的食物像是烤肉捲（就像以福特雷鳥號與雪佛蘭快艇號爲主題的跑車餐廳）。服務員們則穿著圓點花樣的裙子配上運動鞋與短襪。在美國與全球各地其他流行的主題包括飛機、鐵路、餐車、搖滾、1960 年代的懷舊等等。

第二種是晚餐型的餐廳：較爲知名的連鎖餐廳有 TGI Friday's、Houlihan's，以及 Bennigan's。這些美式小酒館風格的休閒餐廳，藉由各種用來裝飾牆面的小古董創造出一種活潑的氛圍。它們在主要地段的生意非常的好，過去 20 年間非常受歡迎。

二、名人餐廳

名人餐廳 (celebrity restaurant) 是相當流行的餐廳類型。有些名人來自廚藝界，像是沃夫岡．帕克，有些則不是，像是超級名模納歐米．坎貝爾 (Naomi Campbell)、克勞蒂亞．雪佛 (Claudia Schiffer)、艾兒．麥芙森 (Elle Macpherson, Fashion Café)、彼得．方達 (Peter Fonda，Thunder Roadhouse)、凱文．科斯納 (Kevin Costner, The Clubhouse)、阿諾．史瓦辛格 (Arnold Schwarzenegger，Schazi) 與珍妮弗．洛佩茲 (Jennifer Lopez, Madre's)。現今，與餐廳有關的名人包括施嘉莉．祖安遜 (Scarlett Johaansson)，「Yummy Pop」、傑西卡．比爾 (Jessica Biel)、Au Fudge、位於喬治亞州的塞諾亞市 Nic & Norman，《行屍走肉》系列在這裡拍攝、喬伊．費敦 (Joey Fatone)、胖子熱狗 (Fat One's Hot Dogs) 及意大利冰 (Italian Ice)。

許多運動明星也都擁有自己的餐廳，如麥可．喬丹 (Michael Jordan)、丹．馬里諾 (Dan Marino)、賽奧 (Junior Seau) 與韋恩．葛雷茨基 (Wayne Gretzky)。而演藝圈的名人當然也不會缺席：如歐普拉．溫佛芮 (Oprah Winfrey) 就已擔任芝加哥 The Eccentric 餐廳的股東多年。達斯汀．霍夫曼 (Dustin Hoffman) 與亨利．溫克勒 (Henry Winkler) 則是投資 Campanile，一家受歡迎的洛杉磯餐廳。丹佐．華盛頓 (Denzel Washington) 與丹．艾克洛

伊德 (Dan Ackroyd) 則是經營了 House of Blues。歌手肯尼．羅傑斯 (Kenny Rogers) 與葛洛麗雅．伊斯特芬 (Gloria Estefan) 也有屬於自己的餐廳。名人餐廳通常都有一個特殊的賣點，如得獎的設計、餐廳氣氛、食物或者是餐廳老闆偶爾到訪所引起的騷動。

三、牛排館

有某些餐廳爲了吸引更多顧客，而在它們的菜單中加入一些物超所値的菜色，如雞肉或魚肉。牛排館 (steakhouses) 業者承認他們不想在每個禮拜都見到一樣的客人，但希望是每 2 或 3 個禮拜。Chart House 連鎖餐廳雖然很用心推銷他們菜單上的海鮮與雞肉，但牛排還是餐廳的核心，餐廳內大部分的業績都來自於紅肉。

Darden 餐廳所經營的 Longhorn 牛排連鎖餐廳共有 323 家分店。其他屬於這種型態的連鎖餐廳還有 Outback Steakhouse，是牛排銷售量最大的餐廳。另外還有 Stewart Anderson's Black Angus、Golden Corral、Western Sizzlin 及 Ryan's Family Steak Houses，每一家餐廳都有數百萬美金的營業額。在這個類型的餐廳中，絕大部分都是連鎖餐廳。

自我檢測

1. 描述高級餐廳的一些特色。
2. 說明異國融合料理的含義。
3. 名人餐廳的優缺點是什麼？

.inc 企業簡介

美國知名連鎖餐飲企業 (Bloomin' Brands Inc.)

Outback 是餐飲業牛排館的先驅，它的創始人們證明了跳脫傳統的方法是可以帶來豐厚成果的。這些方法包括僅供應晚餐、犧牲餐廳座位以提高內場工作效率、將每桌的服務員限制在 3 位，以及分配 10% 的現金流量給總經理作為獎勵之用。

第一家 Outback 牛排館在 1988 年 3 月開幕。Outback 的創辦人——克里斯．蘇利文 (Chris Sullivan)、鮑伯．貝許翰 (Bob Basham) 與資深副總裁提姆．甘農 (Tim Gannon) 深知「沒有規範，做就對了 (No rules, just right)」的哲學，因為他們從第一天開始就身體力行。

在他們創立這家休閒牛排館時，正逢許多自認博學之人大聲宣告美國的紅肉消費市場已死。

這三位創辦人很明顯的正在引領著全美國最熱門的餐飲風潮之一，這三人組合建立的是 230 家餐廳，而非他們原本想像中的 5 家。

身兼共同創辦人、總裁與營運長的鮑伯．貝許翰在 1996 年的多店面餐飲業者會議 (Multi-Unit Foodservice Operators Conference, MUFSO) 中榮獲年度最佳業者的殊榮。這位牛排館的先驅協助該公司拓展店面，並創造出了業界最高的單店業績，儘管該餐廳只供應晚餐。

除了公司的組織架構外，應該沒有其他更能夠一窺這家餐廳全貌的地方了。儘管該餐廳成長迅速，但公司內部卻沒有公關與人力資源部門，也沒有招募員工的單位。

除此之外，Outback 牛排館的總公司也與典型的餐廳業者相當不同。該公司並沒有豪豪的辦公大樓，取而代之的是位在郊區大樓內的簡樸辦公空間。這裡看不到大多數公司接待區的老調座椅與擺滿雜誌的咖啡桌，在 Outback 你必須蹬上一個真實的吧臺，把腳放上銅製的橫桿上，然後才能宣告你的來訪。

此外，Outback 便宜又大碗的用餐經驗，也理所當然讓許多死忠顧客願意每天登門排隊。從開啓大門親切招呼客人的領檯，到訓練有素且輕鬆坐在客人身邊說明菜單上招牌菜的服務員，都是餐廳內令人印象深刻的親切服務。

藉由運用這樣的策略及「沒有規範，做就對了」的經營哲學，該餐廳達成了兩項主要目標：紀律與紮實的成長。豐厚的獲利與優異的市場潛力都展現出該餐廳傲人的成就。

Outback 另外還經營了 Bonefish Grill、Glemming's Prime Steakhouse、Caraba's Italian Grill、Roy's 與 Cheeseburger in Paradise。

6.3 休閒餐廳

學習成果 3：**描述休閒餐廳的特點。**

可以被歸類於休閒餐廳的餐廳型態有：中型規模休閒餐廳 Ro mano's Macaroni Grill、The Olive Garden，家庭式餐廳 Cracker Barrel、Coco's、Carrow's、Bob Evans，異國風味餐廳 Flavor Thai、Cantina Latina、Panda Express。

休閒餐廳 (casual dining) 指的是具有輕鬆氣氛的餐廳。它包含以下數種餐廳：連鎖或個人餐廳、異國風味餐廳或主題餐廳。Hard Rock Café、Applebee' s、Longhorn Steakhouse、TGI Friday's、The Olive Garden、Houston's、Romano's Macaroni Grill 與 Red Lobster 都是休閒餐廳的例子。

過去幾年來，晚餐型餐廳 (dinner house restaurant) 的風潮已經融入了休閒的氣息。這種趨勢只不過是反映了當今的社會模式。許多的連鎖餐廳都自稱爲「晚餐型餐廳」，其中有些餐廳也可算是主題餐廳。這種餐廳有許多都有著休閒風格的裝飾，更加烘托出餐廳的主題。

在高級餐廳和休閒餐廳之間有一個區隔，您可以在這裡找到新穎且有趣的餐廳，這些餐廳具有獨特的概念，美食提供、氛圍和嘗試性的娛樂消遣設施，這些設施會提升整體用餐體驗，例如由 Outback Steakhouse 創辦人 Chris Sullivan 與 Carmel Kitchen & Wine Bar 於 2010 年底創立的 Carmel Kitchen & Wine Bar 連鎖店。結合了精緻的酒吧環境和現代的地中海美食的概念，搭配很好的葡萄酒單，這家餐廳既提供大小分量兩種食物形式，滿足了傳統晚餐客戶的需要，也提供小吃形式 (tapas-style) 或社交飲食 (social-eating) 的晚餐體驗。使用現代的裝飾，又具有女性化的色彩和較低的照明，營造出一種氛圍，在卡梅爾餐館 (Carmel) 向每位客人展示一個常規的紙本菜單，或一個完整的平板電腦菜單 (MenuPad)，平板電腦菜單提供完整的食品資訊，包含照片、菜單說明，及完整的酒單，酒單中包含相關葡萄酒品種、產區與推薦搭配菜餚的資訊。客人若已選擇食物或飲料之後，他們可使用平板電腦在時間空檔時直接下單。

家庭餐廳為客人提供一個家庭聚會機會，能享受彼此陪伴的時光。

一、家庭餐廳

家庭餐廳 (family restaurant) 是從咖啡館式的餐廳演變而來。這種類型的餐廳大多數爲個人或家族經營，其位置通常是在郊區或是鄰近地區，且大多有輕鬆的氣氛、簡單的菜單，以及迎合全家人的服務方式。某些餐廳會提供酒類飲料，絕大多數是啤酒、葡萄酒或是特調雞尾酒。一般來說，餐廳內會有一位接待或出納站在入口附近招呼客人並引導入席，而服務員則負責點餐與上菜。某些家庭餐廳會準備綜合的沙拉與甜點吧以提供更多選擇，同時提高平均消費。

家庭餐廳中不同類型的界限，已經隨著業者提升經營的觀念而越趨模糊。Coco's 與 Carrow's 的併購，爲家庭餐廳創造出了介於傳統咖啡館與休閒餐廳之間的高價位利基市場。Dany's 是一家價值導向的家庭餐廳。較高級的家庭餐廳，包括 Perkins、Marie Callender's 及 Cracker Barrel，這些餐廳有時也被認爲是「輕鬆愜意 (relaxed)」的餐廳類型。這些連鎖餐廳的平均消費比傳統餐廳與價值導向的家庭餐廳還要高，而且競爭對手除了這兩種之外，還有中價位餐廳、休閒主題餐廳，如 Applebee's 與 TGI Friday's。

二、異國風味餐廳

大多數的異國風味餐廳 (ethnic restaurant) 都是個人餐廳。業者與其家人提供想嘗鮮的饕客們與衆不同的食物，也提供具有同樣民族背景的人一種家鄉的滋味。傳統的異國風味餐廳爲了迎合各種不同移民的口味而四處可見，包括義大利人、中國人等。

以受歡迎的程度來看，在美國成長最快速的異國風味餐廳應該就是墨西哥餐廳。墨西哥菜是美國西南部的代表性料理，但由於當地的市場已趨近飽和，因此各家連鎖餐廳開始向東邊發展。Taco Bell 是墨西哥速食餐廳中的龍頭老大，其市占率高達 60%。這家在《財星 (Fortune)》雜誌排名前 500 大的公司以其物超所值的經營策略創造了豐碩的成果，並在各地造成轟動。Taco Bell 超過 7,000 家的分店創造出將近 50 億美金的營業額，其中 70% 是經由「得來速 (drive-thru)」（一種不必下車即可快速點餐取餐的窗口）。其他的大型墨西哥連鎖餐廳還有 Del Taco、Chi-Chi's 及 El Torito。這些墨西哥連鎖餐廳提供了五花八門且物超所值的菜色，最便宜的只要 0.69 美金。

在美國各主要城市中有各式各樣的異國風味餐廳，而且都相當受到歡迎。觀察一下異國風味餐廳最近在你的社區中有何成長。在你所在的社區中有多少異國風味餐廳，它們供應那些食物？

自我檢測

1. 列出三間休閒餐廳。
2. 描述家庭餐廳的特點。
3. 在美國哪一種類型異國餐廳增長最快速？

6.4 速食餐廳

學習成果 4：描述速食餐廳的特性。

速食餐廳 (quick-service restaurant, QSR) 涵蓋了各種以「快速食品 (quick food)」爲號召的餐飲業者。這種類型的餐廳包括：漢堡餐廳、披薩餐廳、炸雞餐廳、煎餅餐廳、三明治餐廳及外送餐廳。

速食餐廳是餐飲業中一股強大的力量。近來，取代家庭餐聽 (home-meal replacement) 與休閒速食餐廳的概念在市場上也占有一席之地。

速食餐廳菜單上的菜色有限，如漢堡、薯條、熱狗、炸雞、玉米餅、墨西哥捲餅、希臘烤餅、照燒飯、各式零嘴，以及其他方便人們在忙碌之餘食用的食物。顧客們可以在櫃檯前的透明燈箱下點餐。爲了節省成本，顧客們還得自行清理餐盤。

以下爲不同類型的速食餐廳：

1. 漢堡：麥當勞 (McDonald's)、漢堡王 (Burger King)、溫蒂漢堡 (Wendy's)
2. 披薩：必勝客 (Pizza Hut)、達美樂 (Domino's)、教父披薩 (Godfather's Pizza)、約翰爸爸 (Papa John's)
3. 海鮮——海滋客 (Long John Silver's)
4. 炸雞：肯德基 (KFC)、小騎士 (Church's)、波士頓市場 (Boston Market)、肯尼·羅傑斯 (Kenny Rogers)、波派 (Popeye's)
5. 三明治：潛艇堡 (Subway)
6. 墨西哥菜：塔可貝爾 (Taco Bell)、米爾皮塔斯 (El Torito)
7. 義大利菜：斯巴羅 (Sbarro)
8. 中國菜：熊貓快餐 (Panda Express)
9. 外送服務：達美樂 (Domino's)、必勝客 (Pizza Hut)

速食餐廳選擇地點的策略使其廣受歡迎。只要是交通便利的地點都可發現它們的蹤跡。它們的菜色有限，但也使得顧客點餐時更爲簡便。在這個時間就是金錢的社會，大多數的人都不願將時間花在冗長的菜單與決定菜色上面。這些餐廳提供快速的服務，通常也包含了自助服務的設施。該類型的餐廳也會使用低價的加工食材，以創造極爲低廉且具競爭力的價格。速食餐廳同時會要求熟練與非熟練員工的最低人數以提高利潤。圖 6–1 爲各餐廳種類的市場占有率。

爲了提高業績，有越來越多的速食餐廳採用聯合品牌策略與跳脫傳統的地點選擇，包括高速公路休息站與購物中心。塔可貝爾 (Taco Bell) 和海滋客 (Long John Silver's) 就是很好的例子。業者希望藉由這些交通設施的組合來增加個別品牌的營業額，如 Carl's Jr. 與 Green Burrito，以及像 Triarc Co. 旗下的 Arby's、Zu Zu、P.T. Noodles 與 T. J. Cinnamon 等品牌。許多的 QSR 將目標放在國際市場，大多是在各個國家的大型城市中。

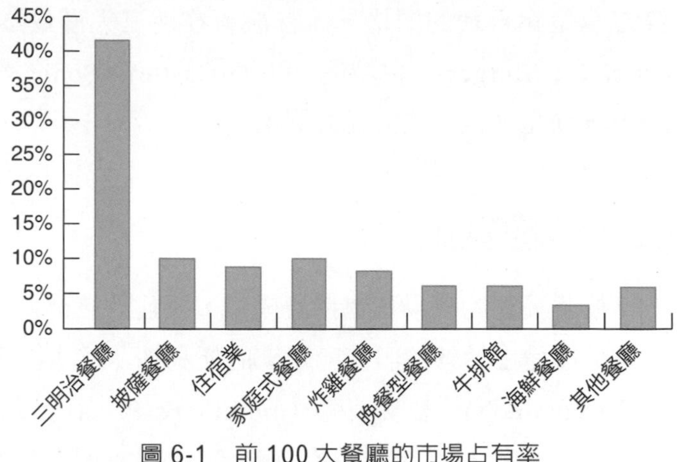

圖 6-1　前 100 大餐廳的市場占有率

一、漢堡餐廳

麥當勞是整個速食業界當中的巨人，其全球營業額高達數十億美金。這個數字之所以驚人是因為它比漢堡王 (Burger King)、肯德基 (KFC) 與必勝客 (Pizza Hut) 這三家業者的業績總和還要高。麥當勞除了傳統的漢堡之外還有其他各種產品項目，如麥克雞塊、墨西哥捲餅、沙拉與魚，這些都是為了開拓更多客源。麥當勞也藉由推出早餐，並鎖定兒童以外的年長者來吸引更多消費者。而創新的菜單也刺激了每家分店的來客數。此外，麥當勞小酒館 (McDonald's Bistro) 的創新概念更是獲得顧客極高的評價。

近年來，由於傳統市場的飽和，麥當勞因此積極地開拓海外市場。該公司在全球人口最多的國家——中國，進行快速的擴張，目前在中國各地已有超過 12,000 家餐廳。中國市場快速成長的原因是中產階級的快速發展，以及他們對西方文化與食物的高度興趣。麥當勞目前在 118 個國家擁有將近 32 億的顧客。在麥當勞總共約 36,615 家的餐廳之中，有 22,266 家左右位於美國境外，每天服務 6,800 萬人[6]。

而且超過三分之二的新店面都位在美國境外。有趣的是，該公司有將近 50% 的獲利是來自於這些境外餐廳，麥當勞在美國市場也同時在尋求跳脫傳統的展店地點，如軍事基地或是高租金地段內較小的店面。

麥當勞目前正藉由與石油公司，如雪弗龍 (Chevron)、美國石油 (U.S. Petroleum) 與美孚石油 (Mobil Oil Corporation) 簽訂的共同開發計畫，以朝向全世界最便利的餐飲服務業者邁進。

要在美國得到麥當勞的加盟權相當困難，因為它們的主要市場都已經呈現飽和。開設一家知名速食餐廳通常得耗資一到兩百萬美金。加盟較不知名的連鎖餐廳則較便宜 (大約 35,000 美金、4% 的業績權利金，以及 4% 的廣告費用)。

每一家主要的連鎖漢堡餐廳都有獨特的市場定位策略以吸引各自的目標市場。漢堡王有火烤漢堡，而溫蒂漢堡則有新鮮的肉餅。一些規模較小的區域型連鎖餐廳因為提供高品質的漢堡與合理的價格，而有機會在前三大漢堡業者的夾縫中成功生存。In-N-Out 漢堡 (In-N-Out Burger)、白城堡 (White Castle)、Sonic 漢堡、Steak Shack 漢堡與 Checkers and Rally's 漢堡都是這些餐廳的例子。

二、披薩餐廳

披薩餐廳的市場正在持續成長，據估計該市場目前的價值高達 210 億美金，絕大多數的成長都是由於外送服務所帶來的便利性。這些披薩連鎖品牌有：必勝客 (Pizza Hut)、達美樂 (Domino's)、教父披薩 (Godfather's Pizza) 及約翰爸爸 (Papa John's) 。而旗下 15,000 家分店創造出 62 美金業績的必勝客也投入了外送服務市場，直到最近才被達美樂迎頭趕上成爲市場霸主。必勝客現在推出了全系統的外送服務與買二折扣的優惠活動。

爲了因應必勝客芝心披薩 (Stuffed Crust Pizza) 帶來的成功，達美樂也推出了厚片披薩 (Ultimate Deep Dish Pizza) 與羅勒脆餅披薩 (Pesto Crust Pizza)。藉由 12 種可供選擇的配料，消費者可以享受自己設計披薩的樂趣。其他重要披薩連鎖店包含約翰爸爸 (Papa John's)，小凱撒 (Little Caesars)，墨菲爸爸 (Papa Murphy)，加利福尼亞披薩廚房 (California Pizza Kitchen)，斯巴羅 (Sbarro)，噴射機 (Jet's) 與吉諾爸爸 (Papa Gino)。

披薩是個擁有數十億美元的產業，提供送貨便利性及低價服務。

三、雞肉

雞肉一直以來都廣受歡迎，這種受歡迎的程度很可能會持續下去，因爲它相對的便宜而且供應充足，更可以用各種方式烹調。雞肉也被認爲是漢堡以外較爲健康的選擇（但這得視項目而定，有些可能熱量更高）。

肯德基 (KFC) 有個有趣的故事開始，一個有關奉獻和毅力的故事，哈蘭德·桑德斯 (Harland Sanders) 經營餐館已有多年之久，但是當他達到 65 歲的退休年齡時，他實際上已經破產了，但是，他有他認爲很棒的雞肉食譜，當他收到第一張一百五十美元的社會保障支票後，他決定以「吮指回味樂無窮」的雞肉食譜「銷售全世界」，他確信這是最好的選擇，他開著一輛舊車上路，在餐館停下來展示他的雞肉食譜，如果餐館主人喜歡的話，他們握手同意，每賣出一塊雞肉就給上校（他以前被這麼稱呼）五分美金，在他的第一個「同意」之前，他已收到了數百個「不要」的回應，由此開始了肯德基所留下的歷史，到1964年，桑德斯上校擁有600家加盟店，來出售他的雞肉，然後，他以200萬美元的價格出售了自己的公司，但仍然擔任發言人。

現今，肯德基在全球的總銷量已超過15,000家，其中中國超過5,000家，印度的372家。KFC是百勝餐飲集團 (Yum Brands, Inc) 旗下的一部分，是全球最大的餐飲集團。高達160億美金的年營業額，使得肯德基成爲目前炸雞市場的霸主。儘管肯德基已是市場上的領導者，該公司依然持續尋求開拓客源的新方法。現在有越來越多的分店提供外送服務，肯德基在許多大城市中也與姊妹餐廳Taco Bell合作，在同一個地點販賣兩家餐廳的產品。肯德基也持續豐富菜單內容以提供更完整的家庭套餐，這些新菜色包括嫩烤雞塊 (Tender Roast® chicken pieces) 、矮胖雞肉鍋餅 (Chunky Chicken Pot Pie) 及上校的脆皮條 (Colonel's Crispy Strips)。

Chick-fil-A是一家專門生產高品質雞肉，擁有2,000家店的快速服務雞肉連鎖店，這就是爲什麼它們的價格略高於一般快速服務餐廳的原因。Chickfil-A(A代表A級雞)提供在100%精煉花生油中烹製的無骨雞胸肉，配上烤奶油小圓麵包、醃黃瓜片、綠萵苣、番茄和傑克起司。

小騎士炸雞 (Church's Chicken) 屬於連鎖炸雞市場中的大型連鎖店，擁有1,660家分店。該餐廳提供包括南方口味的炸雞、辣雞翅、秋葵、玉米棒、涼拌生菜、比斯吉及其他項目。小騎士的目標是成爲市場上最快速的平價餐廳。爲了創造顧客們每天所期望的價值，適當的品牌分店規模是必要的。

永續餐廳

美國人平均每餐的碳足跡十分驚人，根據永續農業李歐普德中心 (Leopold Center) 的資料，食物通常要旅行1,500哩才能到達餐盤，在這個過程中排放了大量的二氧化碳。位於波士頓的綠色餐廳協會 (Green Restaurant Association, GRA) 是一個非營利組織，致力於建立生態永續性餐飲業，該協會表示，餐廳一天的餐點會製造275磅的廢物，在零售業中，餐館是溫室效應的最大禍首[8]。

美國國家餐廳協會最近的研究顯示，水電燃氣費是餐廳成本中一個很大的項目，依不同的經營模式，一般來說占2.3％到3.6％的銷售額。根據Zagat's的《美國頂尖餐廳 (America's Top Restaurants)》65%的受訪者表示，他們願意以較高的價錢支付以永續的方式飼養或取得的食物。根據美國國家餐廳協會 (GRA) 的研究，62%的成年人表示，他們會選擇對環境友好的餐廳[9]。

經營環保餐廳似乎很困難、耗費時間和成本？根據綠色餐廳協會的說法，事情並非你想像中如此困難。GRA成立近20年來的使命是建立一個生態永續的餐飲業，它擁有世界上最大的資料庫，可解決餐飲業的環保問題[10]。

Popeye's 屬於連鎖炸雞市場中的大型連鎖店，擁有 1,600 家分店。Popeye's 是一家具有紐奧良風格的「辣雞 (spicy chicken)」連鎖餐廳，在德州與路易斯安那州經營，並已擴張至美國的許多市場，嫩炸雞、炸蝦、和其他海鮮 , 當然還有其什錦飯和紅豆飯。

另外還有許多蓄勢待發的區域型連鎖餐廳，如 PDQ，這是由 Outback Steakhouse 的聯合創始人 Bob Basham 和佛羅里達坦帕市的 MVP 控股公司首席執行官 Nick Reader 創立的快餐休閒雞肉三明治和沙拉連鎖店。PDQ 的名稱代表「People Dedicated to Quality」的縮寫，意思是「執著於品質的人」，這也是他們營運的基礎，PDQ 也是「pretty darn quick」的縮寫，含義是「相當快」，這間餐廳始終致力於食品的快速生產。

四、三明治餐廳

如果要闡述美國人對於快速與便利的迷戀的話，三明治絕對有其至高無上的代表性。近來，三明治餐廳推出新菜單的速度已經遠遠超越其他類型的餐廳。起士與總匯三明治這些經典之作雖然又重回檯面，但現在卻多了新的外衣。

位於泰國暹羅中心的 Au bon pain

來自波士頓的 Au Bon Pain，在全美國及國外已超過 300 家餐廳，並不斷推出一系列季節性菜單產品，來提升營業額並維繫住常客，餐廳提供麵包、三明治、糕點、沙拉、湯和咖啡。

三明治餐廳受到許多有意踏入餐飲業的年輕創業家歡迎。Subway 是該類型餐廳的領導者，該公司在 108 個國家中有超過 40,000 家餐廳。[11] Subway 的共同創辦人佛瑞德．德路嘉 (Fred Deluca) 起初只以 1,000 美金投入這個目前世界上其中一個規模最大與成長最快速的連鎖餐廳。該公司的加盟金爲 15,000 美金，第二家店則爲 3,000 美金。分店的平均年營業額約爲 490,000 美金。

Subway 分店的平均年營業額約為 490,000 美金。加盟者必須支付營業額的 4.5% 作為廣告費用及 8% 週銷售金額為特許權利金。

Subway的策略是將公司一半的廣告經費用在全國性的廣告上。加盟者必須支付營業額的4.5%作爲廣告費用，8%週銷售金額爲特許權利金。有鑒於其他業者的頻頻動作，Subway目前正嘗試擴展其原本18到34歲的核心客層以外的客層，藉由增加兒童套餐、超值4英呎的圓形三明治，以及5美金的12吋潛艇堡來拓展新客層。三明治餐廳所強調的是健康方面的價值。

追求臺灣味的創新潮流

當一個人的視野開闊了，他的夢想和理想也會跟著起飛。對於江振誠有這樣的形容：善於掌握與熟悉食材的本質，挖掘純粹的味道，再透過敏銳的觀察力、實驗精神與創意將食材重新組合，賦予料理新的視野與風味。在新加坡經營個人品牌餐廳 Restaurant André，獲得「全球50間最佳餐廳」等榮耀，還在食材掌握和料理演繹過程中，自創了以獨特 (Unique)、純粹 (Pure)、質 (Texture)、記憶 (Memory)、鹽 (Salt)、南法 (South)、工藝 (Artisan) 和風土 (Terroir) 等元素的八角哲學 (Octaphilosophy)，從其中，可以看到江振誠建構 Restaurant André 餐廳的經營理念和料理創作的核心思想。而在餐廳經營達到無可挑剔的完美後，對人生現階段所得到的體悟，讓他選擇結束營業，將一切歸零，以初心重新去尋找對料理的熱忱。

不同於以往的轉換，到東非賽席爾群島的 Maia 渡假飯店工作或是經營個人品牌餐廳，這一次他選擇回歸到他的根源，立志在接下來的十年歲月裡，致力於傳承料理實務經驗給臺灣新生代和編纂臺灣料理百科全書。首先，對於廚藝的學習和訓練方面，他建議臺灣教育體系在廚師養成的料理技能訓練以外，能提供學生關於美學與經營管理等跨多元領域的課程，以開啓臺灣廚藝走向更寬廣的世界舞臺。還有，根據他過去經營 Restaurant André 的經驗，餐廳雇用的臺灣學徒大都不能完成整個學習過程，因此，他鼓勵有志精進廚藝的人，務必要重新調整對廚藝的觀念與學習態度。以個人的學習經驗為例，他在法國重新以學徒身分做起，盡量地融入法國人日常生活的方式去學習法國料理，在經過種種挑戰與磨練的過程，終於成就了他精湛的料理技法與創意，再加上餐廳經營和跨國展店等經歷，更是提升了他個人品牌的價值。更重要的是，他認為團隊合作可以產生相乘的力量，也勝過個人的個別努力和表現。以法國料理為例，每一道菜都是團隊成員分工的成果呈現，就因為保有好奇心與創意思考的成員各有其特長，又能不侷限現況的持續學習，才能產生對料理創意的發想和凝聚力，將加乘效益充分地發揮出來。

其次，關於臺灣料理百科全書的編纂工作，臺灣料理以文字記載的歷史較短，也沒有系統化的紀錄整理，所以現階段他想做的事就是保留臺灣味，就像保留歷史文化的工作一樣，去建構臺灣味的系統成為中華八大菜系之外的第九菜系，讓全世界都能透過完整記錄來認識臺灣專屬的味道。雖然很多人都質疑菜系建立的可能性，但他以八大菜系中的川菜和粵菜為例，川菜內容多半是家常菜，而粵菜則多為山珍海味的豪華料理，可是川菜餐廳卻能遍布全球各個角落，一點也不影響川菜在中華飲食文化的重要性。因此，菜系要成為文化傳承的一部分，不只是取決

續下頁

承上頁

於食材內容與獨特性，也在於廚師在料理過程中的認真取材與用心搭配，才能成為人們記憶中的好味道。就像製作法式料理，就地取用臺灣在地食材，一樣能呈現一道道經典的料理。因此，身為廚房的靈魂人物，廚藝精湛的廚師應該要顛覆一般人對於料理價值的刻版印象，才能將料理意象的創意與創新傳達出去。

江振誠認為，所謂的臺灣味，應該是臺灣人日常生活中所經歷的味道，或者是過往記憶裡的食物香味。要找尋真正的臺灣味，應該從本土飲食文化的歷史考證做起。他建議，以農民曆記載的二十四節氣去尋找屬於臺灣的味型和味道，再尋訪食材產地和料理耆老，記錄與整合料理的概念、設計、轉化、環境和服務等各個層面，就能將臺灣專屬的風味流傳下來。

再者，臺灣料理的食材與內容常常被外界低估。事實上，臺灣擁有豐富的農漁資源，又具備創作優質料理的條件與空間。因此，他以餐廳 RAW 做為與外界溝通的橋樑，從食材到工作團隊都是臺灣出產。再運用農曆二十四個節氣，將臺灣最新鮮的在地食材，從擺盤材料的選擇和設計，都盡量將意象創意與口味發揮出來，以提升料理的層次和增添味道的衝擊。RAW 經營的 Bistronomy 風格，就是在簡約風格的小酒館 (Bistro) 裡，呈現組合米其林味道的廚藝 (Gastronomy) 料理，所以菜單的設計就相當強調前衛兼具實驗性質的食材品質與菜色組合，以營造出隨興、前衛和創意的一種生活態度。江振誠賦予 RAW 的使命，就是將現代化的烹調方式注入到臺灣在地各個時令的素材中，如舒肥法等分解重組方式來演繹料理。而這種結合美食、設計和在地人文的創新方式，可以營造出一個質感十足的用餐環境，也能慢慢地改變一般民衆固有的飲食觀念，提升本土食材的價值與重視程度。

從「未來十年最具有影響力的世界名廚之一」的江振誠，可以看到一位追求完美的廚師，如何運用敏銳的五感去學習法國料理的精華，再逐步去實踐自我的初心和理想。在那期間，獨處的鍛鍊、自我的對話和反覆思索的歷練過程，都一一體現出他的成長、蛻變與創意發揮，而多元領域的涉獵更為他開拓了個人餐飲品牌的價值。現在他想要以本身的國際視野去聚焦臺灣味，再透過國際的眼光去發展臺灣的價值，誠如其言，只要能將料理以風格、時尚和生活態度去重新詮釋屬於這一代的臺灣味，臺灣可以銜接國際各個角落，成為一個展示味道的舞臺。

問題討論

以你個人能力做為 SWOT 分析的主體，從職涯規劃的角度，去剖析屬於你的優勢、劣勢、機會和威脅。

五、外送服務

外送服務 (delivery services) 是指將已製作好的食物送至顧客的家中。外送服務也稱爲是車輪上的餐點 (meals-on-wheels)，或是都市中的宅配餐廳。在自己的家中看完菜單之後，你就可以打電話點餐。接著外送服務業者就會處理你的訂單並將食物送至你家。這樣的服務可以與現有的餐廳結合，或是由業者自行經營。達美樂就是外送服務的一個例子。有許多餐廳跟隨達美樂的腳步，現在美國其他受歡迎的外送服務業者還有約翰爸爸與必勝客。

有一些外送服務業者的作業方式與別人不同，它們提供從鄰近各個餐廳的菜單中挑選出幾項菜色，顧客向外送業者點餐，然後外送業者再將此訂單轉往這些餐廳，外送業者接著會到各餐廳領取食物送至顧客家中。

自我檢測

1. 舉出三家快餐店／速食餐廳的例子。
2. 麥當勞如何應對傳統市場的飽和？
3. 不同的餐飲連鎖店聯合起來在同一地點提供來自兩家連鎖店的產品，會有什麼優勢？

人物簡介

李察．梅爾曼 (Richard Melman)

Lettuce Entertain You Enterprises 餐廳創辦人兼董事會主席

李察．梅爾曼是 Lettuce Entertain You Enterprises 餐廳的創辦人兼主席。該餐廳總部位於芝加哥，旗下在全美與日本擁有與授權將近 50 家餐廳。

餐廳事業是梅爾曼一生的志業，從童年時在自家經營的餐廳，到後來青年時期在速食小餐館與汽水櫃檯工作，同時販賣餐廳補給品。在體認到自己不適合大學生活，以及無法說服父親讓他參與家庭事業之後，梅爾曼遇見了傑瑞．歐佐夫 (Jerry A. Orzoff)，這個人立即無條件地相信了梅爾曼經營餐廳的能力。

1971 年，他們兩人開設了 R. J. Grunts，這家時髦的漢堡店在短短的時間之內就成為芝加哥最熱門的餐廳。梅爾曼與歐佐夫在這裡以不同的方式呈現一種兼具幽默感的食物風格，在 1970 年代，當外食在全美各地成為一種娛樂風潮時，創造出這家充滿年輕氣息與樂趣的餐廳，也成為這股風潮的先驅者。

梅爾曼與歐佐夫持續地發想各種餐廳的概念，直到歐佐夫於 1981 年去世為止。透過與歐佐夫的夥伴關係，梅爾曼構思出了一套個人哲學，這套哲學根基於夥伴關係，與夥伴分享責任與利益，以及與夥伴一同成長茁壯的重要性[1]。

為了順利經營如此多的餐廳，Lettuce 餐廳必

承上頁

須雇用與訓練員工，並讓他們得到成長，同時保持員工愉快的心情並使其專注於優異的工作表現。梅爾曼的經營哲學是盡力成為最好的，而不是成為最大的或是最有名的。

他極為重視每位員工的價值，並將員工未來的成就視為自己的重責大任。今天，他有 55 位工作夥伴，他們大多從公司的基層做起，另外還有 5,500 名員工與他們共事。

多年來，梅爾曼利用焦點團體 (focus groups，一群「典型」的顧客對給予他們的話題發表意見，公司利用他們來觀察顧客對於一個想法的接受程度）與常客計畫來保持與顧客之間緊密的關係。

該公司的培訓計畫被評比為業界中最優秀的，由此可見梅爾曼深受團體運動影響的管理風格。他說道，「經營一家餐廳與進行一項團體運動之間有許多相似之處。然而，一次擁有 10 個明星球員並不是個好點子，不可能讓每個人都打第一棒。你需要的是有相同目標的人，這些人全力求勝也全力比賽。[2]」

理查德·梅爾曼 (Richard Melman) 擅長重新構想老餐館，例如奧勒岡的勞倫斯 (Lawrence of Oregano)，約翰娜丹利文斯頓海鮮 (Johnathan Livingston Seafood) 和古怪的 (Eccentric) 等，這些飯店都被更成功的現代概念所取代。 梅爾曼 (Melman) 還重新構想了永不失敗的帕帕格斯 (Papagus)，梅爾曼說「他過去也不是一個大贏家，這是單打，而不是全壘打，我們也不會經常只有單打。」[3]

1. Marilyn Alva, “Does He Still Have It?” Restaurant Business, 93, 4，1994 年 3 月 1 日，第 104–111 頁。
2. 與李察 · 梅爾曼的私人對話，2004 年 6 月 8 日。
3. 梅爾曼 (Melman)，2004 年 6 月 8 日；布萊克·布萊克 (Black, J.)。 The 7 Habits of a Highly Effective Restaurateur 高效餐廳老闆的 7 個習慣。

取自 http://www.chicagomag.com/Chicago-Magazine/December-2007/The-7-Habits-of-a-High-Effective-Restaurateur/index.php?cparticle=2&siarticle=1#artanc

6.5 食物烹調的趨勢與作法[12]

學習成果 5：說明食物趨勢和做法，包括綠色餐廳認證標準 4.0。

隨著本世紀的主廚們在專業能力方面的提升，主廚將會需要更紮實的廚藝基礎與素質，包括多元文化烹飪技術，以及優異的領導技能，如熱情、可信賴度、合作與主動精神。其他的管理技能則包括紮實的管理訓練、判斷輕重緩急的能力、會計知識、安全與衛生的把關、注重食品營養及行銷能力。

返璞歸眞 (back-to-basics cooking) 這一個詞在今日的廚藝上，指的是將科技與科學注入過去的經典烹調法中，以創造出健康美味的佳餚。這些例子包括：

1. 利用食材的天然澱粉以取代傳統勾芡湯或醬汁的方法。
2. 摒棄以法式白醬和蛋類爲底的醬汁，改以番茄醬汁、墨西哥番茄醬汁或印度甜辣醬代替。
3. 研發無國界料理，以創造出大膽與強烈的風味。
4. 以甜味和辣味來進行實驗。
5. 善用地球村的資源，將新的靈感與口味帶進餐廳。
6. 審視食譜並尋求替代食材以獲得更好的風味，例如用調味劑取代水，或是用食材浸漬的油與醋來取代未調味的油與醋。
7. 以香草與香料來取代鹽巴。
8. 利用一鍋做出多道菜色的方式 (one-pot cooking) 來增添食物的風味。

當美國烹飪聯合會 (American Culinary Federation) 的會員向該聯合會詢問未來發展趨勢時，它們提到以下傾向：

1. 引入新的肉塊，例如：上肩胛嫩肉，板腱牛排和維加斯 Strip 牛排。
2. 使用「街頭」食物，將其作爲通向其他文化的門戶，如餃子，天婦羅或烤肉等。
3. 健康的兒童餐，例如：沙拉、全麥和精益蛋白。
4. 永續海鮮食品。
5. 正宗的異國美食。

此時正是踏入餐旅業，尤其是廚藝世界的絕佳時機。現今，主廚這個工作在世界各地的餐旅領域中都有許多的發展機會。

綠色餐廳認證標準 4.0

GRA 在過去 20 年已經認證了許多餐廳。綠色餐廳 ® 4.0 提供了全面易於使用的方法來獎勵現有的餐廳、餐飲服務作業、新餐廳及活動，業者必須在 GRA 七大環境分類的每個項目中獲得點數。

1. 有效使用水資源
2. 減少浪費、資源回收
3. 環保家具和建築材料
4. 永續食材
5. 能源
6. 廢棄物
7. 減少化學製品及汙染

認證的綠色餐廳累積點數，並按點數獲得兩星、三星或四星級認證。隨著越來越多的餐廳加入綠色餐廳協會並取得認證，減少環境足跡的力量就會越大。

自我檢測

1. 列舉四種基本的烹飪方法。
2. 21 世紀的廚師將需要哪些技能？
3. 美國國家餐廳協會 (GRA) 的七個環境類別是什麼？

餐飲業的發展趨勢

1. 工資 (Wages)：加薪給餐廳工作員帶來挑戰。
2. 健康 (Health)：更加重視健康飲食。
3. 人口 (Demographics)：占全美人口總數約三分之一的 7,800 萬戰後嬰兒潮世代已經開始退休，其中有許多人都過著富裕的生活。簡單地說，占人口總數最多的一群人也是最富有的一群。嬰兒潮世代尋求的是別人對他們的注意，所以只要我們針對他們的需求給予特別的服務，他們就會成為忠實的顧客，所以為早起的人多準備些特餐吧！
4. 另類通路 (Alternative Outlets)：便利商店與取代家庭餐帶來了更激烈的競爭。日益快速的社會步調與時間限制，使得另類餐飲通路更加受到青睞。
5. 各個餐廳類型持續朝多元發展 (Continued diversification within the various dining segments)：其中一個例子就是休閒速食餐廳，消費者要的是高品質且快速的餐飲服務。越來越多的連鎖與個人餐廳會相繼出現以滿足市場需求。
6. 更多的雙重與複合餐廳 (More twin and multiple locations)：由於昂貴的地價與展店費用，業者們將持續地開設雙重與複合餐廳。這是為了隨時隨地給予顧客他們想要的。
7. 更多的服務據點 (more points of service)：(如加油站內的 Taco Bell)：更多的服務據點代表了顧客享有更多便利，而業者則有更多擴張的機會。
8. 永續性 (Sustainability)：綠色餐廳的數量正在逐漸增加，因為有越來越多的客人和餐廳了解永續的重要性，以及它對餐廳營收的幫助！
9. 本地食品 (Locally sourced food)：從肉類和海鮮到產品，餐館從當地農民和漁民那裡購買的頻率更高，這有助於提高永續性，許多個人餐廳透過自己所擁有的菜園來進行超本地化 (hyper-local) 採購[13]。
10. 健康的兒童餐 (Healthful Kids Meals)：餐館正在創造專門的兒童餐，不僅健康，而且開胃又美觀。從傳統的兒童手指炸雞食品和炸薯條、漢堡和熱狗中脫穎而出，如今的菜單項目，更可能包括精益蛋白，色彩繽紛的水果、蔬菜、全穀類及清淡的醃料和調味料。[14]

個案研究

廚房內人手不足

莎莉 (Sally) 是城裡最知名餐廳之一「The Pub」的總經理。和往常一樣，星期五晚上 6 點鐘不到，排隊等候的時間已經達到 45 分鐘。廚房內每個人疲於奔命，且速度慢於規定的時間（也就是廚房接到點餐與顧客獲得食物之間的時間）。這段時間非常重要，因為如果上菜時間太慢的話便會引起顧客的抱怨。

莎莉正在等待兩位晚班廚師的到來。她在 6 點 15 分接到了兩人的電話，他們兩人都因為感冒而無法上班。

就在她掛完電話的同時，餐廳領檯告訴她有一個 50 人的團體將在 7 點半抵達。這讓莎莉頭痛不已，因為現在餐廳內只有 6 位外場人員與 4 位廚師。雖然大家都能獨當一面，但是客人等候上菜的時間實在是太長了。莎莉應該如何處理這樣的情況呢？

問題討論

1. 你會如何處理人手不足的問題？
2. 你會採取何種措施以盡速找到合適廚師？
3. 你會如何妥善照料那 50 個人的團體？
4. 你會如何安排檯面座位以提供那 50 人的團體高品質的服務？
5. 對於客人長時間等候上菜，你會採取何種立即的措施？
6. 你如何確保餐廳內的所有客人都能有愉快的用餐時間？

職場資訊

餐飲業雇用超過 1470 萬從業人員，在超過一百萬個地點工作，而這些數字還在持續成長當中。由於如此多的餐廳數目，工作機會可說是俯拾皆是。重點是確定你自己在餐廳環境中最感興趣的工作內容。典型的餐廳工作發展有廚房經理、吧臺經理、餐廳經理、總經理、副總裁、總裁及業主。

在求學期間，盡可能在餐廳的各個部門獲取經驗是奠定基礎最好的方式。由於大多數的餐飲服務工作皆為兼職性質，因此很容易就可以配合你的上課時間。你或許會從跑菜生的工作開始，主要負責將食物傳遞給顧客或是服務生，以及清理桌面。專心致力於這個工作可讓你晉升到服務員的職位。服務員的主要工作是確保顧客擁有愉快的用餐經驗。服務員必須招呼顧客、點餐、為顧客續杯、服務顧客與清理桌面以接待新的顧客。服務員的工作步調通常相當快速，且要求與顧客接觸時的耐心與良好態度。

小費是服務員的主要薪資來源。高級餐廳中的高額小費收入常常在員工之間引起競爭。最資深的服務員並不一定會獲得最多的青睞，反而是人際手腕與翻桌率最好的服務員才會得到重視。一旦服務員能夠完全地勝任工作，接著就可能晉升為領班。領班與服務員有相同的職責，但同時也經常得負責新進人員的訓練、餐廳的開關門及安排班表。成為領班之後，你將必須擔任吧臺助理（處理

續下頁

承上頁

吧臺庫存與服務前的準備工作），接著成為調酒員。調酒員是一項具挑戰性的工作，但也充滿趣味且有豐厚的報酬。

由於服務員們主要是為了小費而工作，因此難以計算出平均的薪資。對大多數的服務員來說，高收入主要是高額小費的結果，而不是較高的時薪所造成。一般小費為顧客結帳金額的 10% 到 20%，因此在忙碌的高級餐廳工作的服務員所得到的收入是最多的。餐廳中另一項吸引許多人的工作是廚房經理或主廚。

由於餐廳中的食物是顧客持續光臨的主要原因，因此決定餐點是否合乎或超越顧客期望的關鍵，也就掌握在主廚的手中。連鎖餐廳的菜單是由總管理處決定；而在個人餐廳中，主廚必須準備菜單、衡量與搭配食材，以及使用各式各樣的鍋具、攪拌機與個人偏好來製作食物。廚房內通常有一位廚房經理或主廚，以及至少一位廚師來執行前置工作，如集合與準備各種食材以供利用。大型的餐廳則會雇用數位專精於不同領域的廚師。舉例來說，點心師傅負責製作甜點，冷廚師傅準備午晚餐的冷盤，而燒烤師傅則會駐守在燒烤臺。

大多數的主廚都是從廚師開始做起。烹飪不只要求知識，也要求經驗。在獲得基本的技術與大專的廚藝學歷之後，挑戰更高的職位就不會是難事。

然而，想要達到行政主廚或是高級餐廳廚師的功力，則需要好幾年的磨練與經驗累積。有越來越多的主廚們選擇從職訓班、大專院校或是廚藝學校獲得正統的科班訓練。主廚的薪水與餐廳的地點與型態有著極大的關連。高級餐廳主廚的年薪可高達 58,000 美金，而知名餐廳行政主廚如果具有明星級地位的話，其薪水甚至可超過 100,000 美金。有些主廚們進而會擁有屬於自己的餐廳。

餐廳經理擔負了形形色色的任務，他們不只監督餐廳內日常的活動，也必須熟稔餐廳內從廚房到領檯與巡桌的各項大小事務。他們還得挑選菜單項目，估算每天食物與飲料的消耗量，並根據這些估計數字開出訂單。餐廳經理同時也扮演人力資源部的角色，負責招募、雇用、解雇，以及維持員工之間的和諧。餐廳經理最困難的工作之一就是留任員工，因為餐飲業的員工流動率非常高。

由於餐廳的尖峰時間是在晚上與週末，餐廳經理在這些時段裡也常常得長時間工作。每週工作 50 個小時以上，一週工作 6 到 7 天，或者有時一天工作 12 到 15 個小時，這些對餐廳經理來說都是稀鬆平常。但現在大多數的餐廳已經將工作天數調整為一週 5 天。

有些餐廳希望從 2 或 4 年制大專的科班生中招募到經理的人選。雖然也有其他餐廳沒有科系限制，但餐旅科系加上實際工作經驗還是有其優勢。管理階層的升遷機會將會伴隨著經驗的累積而來。接受工作地點調動的意願也是升遷時的一大考量，因為連鎖餐廳中經常會有區域主管的職缺出現。

依據餐廳的規模、數量，以及分紅的金額，餐廳經理與總經理的年薪大約可達 55,000 到 150,000 美金之間。除了一般的福利之外，

續下頁

承上頁

經理也可享有免費餐點，以及按照年資給予的進修訓練。餐廳總經理可晉升至區經理或總監，薪水約為 60,000 到 175,000 美金之間。副總裁與總裁的年薪則可高達 75,000 或是 300,000 美金以上。

自行創業開設屬於自己的餐廳也可能會有大好前途。對贏家來說，餐飲業是一項人來人往的有趣事業。這個行業永遠充滿了挑戰，因為其他業者都拼了命地想吸引你的顧客，但只要有正確的地點、菜單、氣氛與管理，成功的餐廳依舊會獲得顧客的青睞。成功的餐廳都有相當高的投資報酬率。從一家餐廳開始，然後開了第二家，接著可能就會有小型的連鎖出現了。荷包滿滿地退休是有可能發生的事。

除了擁有自己的餐廳之外，餐飲業的上游供應鏈中，也有許許多多的工作機會。每一家餐廳都必須有人負責顧問、規劃、設計、建造與裝配的工作。大型的連鎖餐廳都有行銷、人力資源、財務與會計的職務編制。

對那些有心在餐飲業發展的人來說，在餐廳營運中的各個領域吸取經驗將會使你獲益良多。如同某家知名餐廳業者曾經對我說過的，「要阻止別人偷拿雞肉之前，你自己得先知道怎麼偷雞肉。」為了在主廚或廚師出走的情況下保護你自己，你必需要有廚房的相關經驗。而外場的經驗除了是必備的之外，它也是資助學費的好方法。

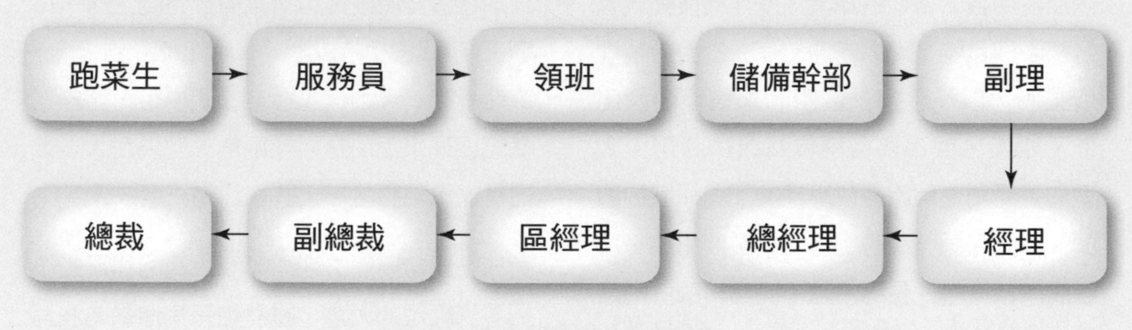

圖 6-2　餐飲業的職涯發展途徑

本章摘要

1. 今天，美國有超過一百萬家餐廳，僱用大約 1,440 萬人，餐飲業是政府以外最大的雇主。我們將近 50%的食品支出花在了外面，餐飲業者面臨的新挑戰是最低工資 15 美元、「不給小費」運動、食品安全的重要性、餐車和快閃餐廳的興起，以及菜單標籤。
2. 餐廳的兩個主要類別是個人餐廳和連鎖餐廳，個人餐廳通常由一個或多個所有者擁有，並參與每日營運，他們不隸屬於任何全國品牌或名稱。連鎖餐廳是一組餐廳，每個餐廳的市場、概念、設計、服務、食物和名稱都相同。
3. 特許連鎖餐廳使其成功的經營者能夠更快地擴張。一個加盟者只要支付初始的特許權使用費，外加某一比例的營業額用於市場行銷和其他支援。
4. 高檔餐廳提供多種菜單項：通常至少 15 種不同主菜以上，點菜後才烹製，幾乎所有食物都是使用生的或新鮮食材從頭開始製作的。服務水平很高，裝潢擺設配合餐廳想要創造的整體氛圍。大多數高級餐廳都是獨立擁有的，各種高檔的用餐體驗包括主題餐廳，名人餐廳和牛排館。
5. 輕鬆用餐。在過去的幾年中，晚餐式餐廳的趨勢已經轉向休閒用餐，不同種類的休閒餐廳包括中型休閒餐廳、家庭餐廳和異國餐廳。
6. 快速服務和快餐店提供有限的菜單及有特色的食物，包括漢堡、炸薯條、熱狗、雞肉、炸玉米餅、墨西哥捲餅、皮塔三明治、照燒碗、手抓食品和其他便利食品。 顧客在櫃檯訂購食物，並經常自己收拾餐盤，快速服務和快餐店還使用便宜且經過加工的食材，這使它們具有極低且具有競爭力的價格，速食餐廳還要求盡量減少熟練工人或非熟練工人的人數，從而提高了利潤率。
7. 21 世紀的廚師將需要多元文化的烹飪技能和很好的受雇能力，例如熱情、可靠、合作、主動、監督培訓及會計訓練、衛生安全、營養意識及行銷商品化能力，21 世紀的趨勢包括重新回至基本烹飪，使用新鮮的肉類、街頭採買的食材、健康的兒童餐、永續的海鮮，以及正宗的異國美食。綠色餐廳認證標準 4.0 (GreenRestaurant® 4.0) 獎勵現有的餐館和餐飲服務營運、新建建築和活動，以下七個類別來獎勵：節水、減少廢物和回收利用、永續的家具和建築材料、永續的食品、能源、用完即丟棄用品，以及化學和汙染減少。

重要字彙與觀念

1. 休閒餐廳 (casual dining)
2. 名人餐廳 (celebrity-owned restaurant)

3. 連鎖餐廳 (chain restaurant)
4. 晚餐型餐廳 (dinner house restaurant)
5. 異國風味餐廳 (ethnic restaurant)
6. 家庭餐廳 (family restaurant)
7. 速食餐廳 (fast food restaurant)
8. 高級餐廳 (fine dining restaurant)
9. 焦點團體 (focus groups)
10. 無國界 (fusion)
11. 個人餐廳 (independent restaurant / indies)
12. 速食餐廳 (quick-service restaurant)
13. 主題餐廳 (theme restaurant)

問題回顧

1. 列出飯店經理面臨的四個新挑戰。
2. 解釋客戶在高級餐廳可能會遇到的不同服務水準。
3. 描述休閒餐廳的趨勢。
4. 列舉一些快速服務或是速食餐廳可增加利潤的方法。
5. 列出 21 世紀食物趨勢。

網路作業

上網搜索令人興奮的 iPhone 或平板電腦應用的新餐廳，這個應用程式可以是飯店已經在使用的、正被使用中或即將使用的應用程式。

1. 討論此應用程式的特性。
2. 解釋爲什麼您認爲此應用程式對餐廳及消費者有效。
3. 提供您對改進此應用程式的建議或您認爲該應用程式應包括什麼功能。

運用你的學習成果

以小組的方式，評估一家餐廳並列舉出該餐廳的弱勢 (weaknesses) 之處。針對每一項弱勢，決定該採取什麼行動以超越顧客的期望。

建議活動

1. 舉出一家位於你社區內的餐廳，並判別出該餐廳的勢力範圍（會來餐廳消費的顧客區域範圍，通常是幾英里）。在這個範圍之內有多少可能的顧客居住？
2. 寫出在你最喜愛的餐廳之中，你喜歡的項目有哪些。將你的答案與班上同學比較。

國外參考文獻

1. 參考 National Restaurant Association, "Industry Impact, 國家飯店協會的【行業影響】，取自 www.restaurant.org
2. 同上。
3. 參考大衛．威廉姆 (David William)，13 Top Restaurants That Have Adopted a No Tipping Trend,【13 家沒有採用小費趨勢的頂級餐廳】，取自 https://smallbiztrends.com/2016/06/no-tipping-trend.html
4. 參考 U.S. Food and Drug Administration, "Calorie Labeling on Restaurant Menus and Vending Machines: What You Need to Know,【美國食品藥品監督管理局：餐廳菜單和自動售貨機上的卡路里標籤：您必需要知道】，取自 http：//www.fda.gov/Food/IngredientsPackagingLabeling/LabelingNutrition/ucm436722.html，2017 年 1 月 18。
5. 參考 Sarah R. Labensky，Alan M. Hause 和 Priscilla A. Martel，On Cooking《烹飪》，第 5 版，【新澤西州上薩德爾河，皮爾森】，2001 年，第 5 頁。
6. 取自 Taco Bell's，www.tacobell.com
7. 參考麥當勞，取自 www.mcdonalds.com
8. 參考 Restaurant Reformer, Cork and Knife—Restaurants Tackle Their Own Inconvenient Truth, 餐館改革者，【軟木和刀子 - 餐館解決自己不便的眞相】，取自 www.restaurantreformer.com
9. 同上。
10. 參考 Green Restaurant Association, "Certification Standards, 綠色餐廳協會，【認證標準】，取自 www.dinegreen.com
11. 參考 Subway，取自 www.subway.com。
12. 參考 National Restaurant Association, "What's Hot: Top 10 Food Trends for 2017"，國家飯店協會，【熱門：2017 年十大食品趨勢】，取自 www.restaurant.org
13. 參考 Jan Fletcher，A Case for Sourcing Locally, 本地採購案例，QSR 雜誌，取自 www.qsrmagazine.com2012 年 2 月。
14. 同上。

臺灣案例參考文獻

1. 王一芝 (2017)。順應節氣、尊重自然，讓好食材發揮最大價值。遠見雜誌。2019 年 3 月 17 日取自：https://www.gvm.com.tw/article.html?id=22863
2. 江振誠 (2016)。江振誠的「八角哲學」：從一道菜到餐廳的理念。天下雜誌。2019 年 3 月 17 日取自：https://www.cheers.com.tw/article/article.action?id=5076011
3. 徐婉蓉 (2016)。江振誠》尋找心中的臺灣味，一場與 RAW 的美食探險！杰瑪設計。2019 年 3 月 17 日取自：http://www.jmarvel.com/op/topic?tid=12
4. 陳清稱 (2019)。SWOT 分析：SWOT 分析怎麼做？ 4 個面向為企業和個人指出成功模式！經理人。2019 年 10 月 20 日取自：https://www.managertoday.com.tw/glossary/view/15
5. 鄭閔聲 (2017)。不想讓臺灣料理被低估，江振誠：我要用 10 年，記錄這個世代的臺灣味。天下 Cheers。2019 年 3 月 17 日取自：https://www.cheers.com.tw/article/article.action?id=5085653
6. 謝明彧 (2017)。讓臺菜成為新中華第九菜系。遠見雜誌。2019 年 7 月 1 日取自：https://www.gvm.com.tw/article.html?id=66956

餐廳的經營 7

學習成果

閱讀及研讀本章後，你應該能夠：

1. 認識餐廳經理的重要工作職掌。
2. 描述餐廳外場的運作。
3. 描述餐廳內場的運作。
4. 計算基本的食物、飲料和人事成本率。

餐廳總經理或在公司中擁有股份的管理夥伴，他們的工作充滿嚴苛的挑戰，需要強大的領導和組織能力。首先，讓我們來了解分析這工作主要的工作範圍與職掌。

7.1 餐廳經理工作分析

學習成果1：**認識餐廳經理的重要工作職掌。**

國家餐廳協會(National Restaurant Association, NRA，是美國餐飲產業中，最大的組織，提供全球近50萬家餐廳支援服務)，依據餐廳經理(Restaurant manager)正常工作範圍、工作流程與職掌，並從人力資源到衛生與安全進行分析。

一、人力資源管理 (Human Resource Management)

(一)人力招募 (Recruiting)

1. 透過推薦人進行招募。
2. 透過廣告進行招募。
3. 藉由區經理或區主任的協助進行招募。
4. 面試應徵招募。

(二)始業式與訓練 (Training)

1. 新進員工職前訓練。
2. 向員工說明薪資與福利。
3. 規劃員工訓練課程。
4. 員工在職訓練。
5. 評估訓練期間員工的表現。
6. 監督其他經理、領班、訓練員的員工在職訓練狀況。
7. 建立薪資清冊。
8. 審核員工訓練結束後撰寫的報告或其他書面文件。

(三)安排班表 (Scheduling for shifts)

1. 審核員工班表。
2. 安排各班次的人力。
3. 分派餐廳、廚房及餐務單位的工作。
4. 更動班表。

5. 分配各工作站人力，使人力效益發揮最佳會。
6. 依據營業狀況與其他需要增補、調配或資遣員工。
7. 核准換班、渡假、休假等的申請。

（四）管理員工工作與能力發展狀況 (Supervision and Employee Development)

1. 觀察並即時告知員工相關的工作缺失。
2. 觀察並即時表揚員工的優秀表現。
3. 與員工討論相關的工作缺失。
4. 獎勵工作表現優異的員工。
5. 觀察員工是否遵守相關的安全規定。
6. 詢問員工在工作上遇到的問題。
7. 詢問員工在工作之餘遇到的問題。
8. 約談經常缺席未到的員工。
9. 觀察並確保員工遵循合理勞動標準與公平就業機會方針。
10. 透過口頭或書面警告，訓誡員工的工作缺失。
11. 主持員工會議。
12. 發掘與培養未來的管理人才。
13. 觀察員工表現，並撰寫成書面報告。
14. 製作員工行動計畫，以協助員工改善工作表現。
15. 核准員工的升遷與加薪。
16. 解雇表現不佳的員工。

餐廳總經理的工作需要強大的領導和組織能力

二、財務管理 (Financial Management)

（一）會計審核 (Accounting)

1. 核准供應商請款。
2. 薪資核對。
3. 清點收銀機檯。
4. 準備銀行存款。

5. 協助管理階層或外部稽核人員進行稽核工作。
6. 於下班前結算現金。
7. 分析餐廳獲利與損失報告。

（二）成本控制 (Cost Control)

1. 與區經理或主任討論影響獲利的因素。
2. 檢視收入、人事成本、耗損、庫存等營業相關數字。

三、行政管理 (Administrative Management)

（一）工作分配與協調 (Scheduling / Coordinating)

1. 依據餐廳的需求確立工作目標。
2. 協調不同的工作內容，如清潔、例行性維修等。
3. 完成區經理或主任所交付的特別專案。
4. 檢查各班次工作前的準備情況。

（二）規劃 (Planning)

1. 發展並實施行動計畫，以達到財務目標。
2. 參加公司外部的研討會與訓練課程。

（三）溝通 (Communication)

1. 每天先確認工作日誌，再與管理團隊溝通，下班前再針對今日餐廳狀況記錄於工作日誌。
2. 撰寫清潔 (cleanliness)、食物品質 (food qualiby)、人事 (personnel)、庫存 (inventory)、銷售 (sales)、食物耗損 (food waste)、人事成本 (labor costs) 等的書面報告。
3. 檢視其他單位經理所撰寫的報告。
4. 檢視備忘錄、報告，以及總公司所發出的信件。
5. 呈報區經理或主任各種會影響餐廳運作的問題與問題處理狀況。
6. 負責與公司、供應商等的信件往來。
7. 信件、報告、個人記錄等的歸檔。

（四）行銷管理 (Marketing Management)

1. 規劃與執行當地的行銷活動。
2. 為餐廳發展提供社區服務的機會。
3. 執行特別的產品促銷活動。

四、營運管理 (Operations Management)

（一）設施維護 (Facility Maintenance)

1. 檢核例行性的設施與器材維護工作執行狀況。
2. 指揮例行性的設施與器材維護工作。
3. 檢核設施、器材的維修狀況。
4. 向區經理或主任匯報餐廳設施檢核狀況與評估。
5. 授權承包商進行設備的維修。
6. 提報設施與器材的升級建議。

（二）餐飲營運管理 (Food and Beverage Operations Management)

1. 指揮餐廳營業的各項工作。
2. 指揮餐廳打烊的各項工作。
3. 餐廳營業前後與單位經理交接目前的問題與活動。
4. 清點、確認及報告目前的存貨 (inventory) 狀況。
5. 清點、驗收進貨。
6. 檢查庫存量再提交訂貨單 (orders) 。
7. 與供應商討論進貨品質。
8. 與有意合作的供應商進行面談。
9. 檢查產品品質並改正問題缺失。
10. 提升供餐的效率。
11. 檢查用餐區域、廚房、盥洗室、儲藏室及停車場。
12. 檢視每天的內部偷竊報告。
13. 向員工說明食材耗損、分量不均等問題的解決規範。
14. 預估每天或每個班次的食物準備量。

（三）服務 (Service)

1. 接受與登記訂位。

2. 使用名字來稱呼熟客。
3. 引導客人就座。
4. 客人進餐時，關心用餐狀況。
5. 監督用餐區域員工的服務次數與程序。
6. 觀察客人接受服務的情形以改正缺失。
7. 向客人詢問服務的品質。
8. 向客人詢問食物的品質。
9. 傾聽並解決客人的抱怨。
10. 授權免費招待的食物或飲料。
11. 寫信給客人，並針對抱怨致意。
12. 致電客人，並針對抱怨致意。
13. 控管客人遺留物品的保管與歸還處理狀況。

（四）衛生與安全 (Sanitation and Safety)

1. 陪同審核營業相關的政府主管機關檢查餐廳衛生。
2. 負責員工與顧客的急救。
3. 向營業安全衛生的主管機關（美國為職業安全衛生署『OSHA』）提交意外事件報告。
4. 向警方報告意外事件。
5. 觀察與糾正符合安全程序的員工行為與餐廳條件。

在對餐廳經理工作進行全面分析時，會發現餐廳經理要處理所有領域的細節，並根據餐廳類型的不同，重點區域有所差異。接下來，介紹餐廳副理 (Assistant restaurant manager) 的職責，大多數餐廳都有開店和關店經理，無論哪種情況，他們基本職責都差不多，負責餐廳經理的部分工作，主要是針對營業前後、專有的工作內容，而有所差異。

傳統上，餐廳組織就如同房屋的前端與後端。房子的前端，包括服務人員、收盤人員、酒保、調酒師和雞尾酒服務人員；而房子的後端，包括主廚、各類廚師、洗碗人員、餐飲經理、洗碗人員、收銀人員、店長。

自我檢測

1. 列出新員工的招聘方式。
2. 解釋行政管理的關鍵任務。
3. 解釋運營管理的關鍵任務。

7.2 外場

學習成果 2：**描述餐廳外場的運作。**

餐廳的運作一般可分爲外場 (front of the house) 與內場 (back of the house)。外場包括任何與顧客接觸的人員，從領檯員 (Hostess) 到助理服務員 (Bus person) 都屬於外場人員。圖 7-1 裡的組織圖呈現出外場與內場的不同之處。

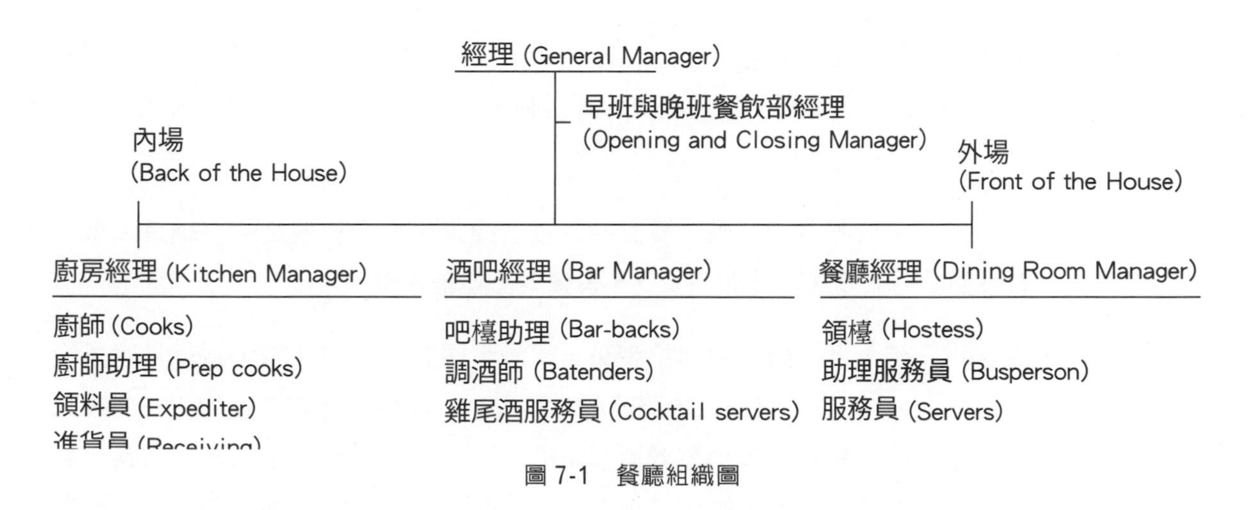

圖 7-1　餐廳組織圖

餐廳的經營是由總經理或餐廳經理負責。依據餐廳的規模與營業額，可能會有數名不同職責的經理，如：廚房經理、吧檯經理及餐廳外場經理。這些經理通常要接受過跨部門的訓練，以達到相互協助之效。

「通力合作是餐廳成功的關鍵。」

Bruce Folkins, Marina Jacks, Sarasota, FL

餐廳外場的營運，從創造與維持「路緣吸引力 (curbside appeal)」開始，也就是透過吸睛的外觀設計與服務氛圍，提升消費意願。被稱爲麥當勞之父的雷．克洛克 (Ray Kroc)，有一次穿著高級西裝，與他某一家餐廳的經理一起清理該餐廳的停車場。後來消息很快就在各分店傳開，而有「管理始於停車場，終於浴室 (management begins in the parking lot and ends in the bathrooms)」的說法。大多數的連鎖餐廳都有準備檢查清單，供餐廳經理檢核餐廳外場、停車場，甚至花園，因此每個員工都必須時時注意，保持整齊清潔。當顧客來到餐廳時，是由領檯負責開門接待。羅德岱堡的 15th Street Fisheries 餐廳，領檯員的接待方式，讓顧客確實感受到「我們很高興您大駕光臨 (we're glad you're here) ！」的心情。

進入餐廳後，領檯員會微笑，適時招呼顧客，如T.G.I. Friday's的「微笑接待員(smiling people greeter，SPG)」。如果有提供座位，則引導顧客入座；如果有人排隊等候，領檯員會先記錄顧客的姓名與偏好的座位。

除了接待顧客，領檯員的另一項重要功能，是安排顧客入座的時間與區域，應避免安排不當，造成顧客等太久，或座位太擁擠的不適感。餐廳內即使有空位，還是應先安排顧客稍待片刻，先確認廚房的工作量，以免無法在同時間應付太多的顧客量。

領檯員必須準備桌位表並確認記錄，這樣才能夠清楚知道哪些桌位已有人入座。領檯員帶領客人入座後，接著遞送菜單，若餐廳有促銷活動，也可一併為客人說明。顧客入座，若桌上有多餘餐具，應一併收走。

一些餐廳會安排服務員服務的桌數，負責的數量依據餐桌大小與餐廳的容納量調整。一般來說，一名服務員約服務3～4張餐桌，5張餐桌已經是極限了。

服務員會先自我介紹，再推薦飲料與招牌菜，或是請顧客依菜單選擇，這就是建議性銷售(suggestive selling)。接著，服務員會服務顧客點主菜，點餐時通常會從特定一位客人開始，並以順時鐘方向依序點餐，以免點餐過程紊亂，而易出錯。主菜上菜後，服務員會詢問顧客是否對菜色感到滿意，或是需要其他飲料。好的服務員必須積極主動，只要一有機會就主動清理桌面。

「管理階層的參與，是一家餐廳成功與否的重要因素。」

服務員推薦與展示甜點時，助理服務員與服務員可以一同清理主菜餐盤，並於此時提供咖啡與餐後酒。桌邊服務的建議步驟包含以下幾點：

1. 招呼客人。
2. 介紹並推薦飲料。
3. 推薦開胃菜。
4. 點餐。
5. 上完主菜不久後，詢問客人是否對菜色感到滿意。
6. 詢問客人是否需要其他飲料。
7. 拿出甜點盤並推薦餐後飲料或咖啡。

除了這7個步驟之外，服務員須確認冷熱食物上菜時的溫度是否正確，並注意各項服務的整齊、清潔要求及具備協調組織能力(neat, clean, and organized, NCO)。

舉例來說，服務午餐的 2 或 3 名服務員從早上 11 點開始上班，接班的服務員同時有 2 或 3 人，是在晚上 11 點 45 分上班，但如果餐廳內已經沒什麼客人了，服務員就應該具備協調組織的應變能力，調整換班會議的時間，並迅速、有效率的掌控。目前的營業額、討論促銷活動的相關事項，以及知道哪些菜單項目已不再供應（英文以「86‘ed’」表示已不再供應）。會議期間也會對服務員的工作狀況進行表揚，以提高工作士氣。

一、餐廳營業額預估

大多數行業營運時，都是根據週別及月別來評估年度業績與成本的預算。財務可行性是由營業額估算而來，而營業額的估算代表預期的銷售量。

預估餐廳營業額時，有兩個考量要素：來客數 (guest counts or covers) 與客戶平均消費額 (average guest check)。來客數代表在一段時間內，如 1 星期、1 個月或 1 年，到餐廳消費的顧客人數；為了預估整年度的來客數，必須將 1 年分為 12 個 28 天與 1 個 29 天的會計期間，接著將這些會計期間，再分為 4 個星期進行營業預估，當然這必須將用餐期間、每週工作天數、特別假日及過去的實際數字納入考量。

談到來客數時，星期一通常是最為清淡的一天，而星期五的銷售額會大幅度增加，是最忙碌的一天。通常星期五～星期天可貢獻 50% 的營收，但這個數字會因為餐廳的型態與地點，而有所不同。

計算平均消費額 (average guest check) 時，是將「總營業額」除以「來客數」。大多數的餐廳會先計算出個別用餐時間的平均銷售額，再將每一餐的客戶平均消費額乘上當天的預估來客數，就可以得到總預估業績。業者每天都必須將實際業績與預估業績相互比對，並將每 4 週的營業預估整合成為 1 個會計期間，達到 13 個會計期間，加總後就是整年度的預算。

餐廳營業預估 (restaurant forecasting) 不只能用在計算銷售的預測，同時也可用在預估人力調配與勞動成本比率。預估的準確度對餐廳有相當大的影響，一旦業績數字確定後，所有的費用，包括固定與變動成本，都必須從業績中減去，才能夠計算獲利或虧損[1]。

二、銷售點和軟件系統

介紹幾種適用於餐廳的銷售時點情報系統 (POS)。有些適用於大型餐廳和加盟連鎖店，有些適合小型的獨立餐廳和咖啡館。例如，Shopkeep 是以雲端運算為基礎，可適用 iPad 操作，訂制菜單、監控庫存、管理員工、向客人推銷並分析數據；Square 公司的電子支付系統適用於提供快速服務的餐廳或咖啡館，附有一付方形支架，可以將 iPad 變成一個簡單的收銀機。安迅資訊公司 (NCR) 是 POS 的長期提供商，與其他資訊公司一樣，採用雲端運算爲基礎的 POS 系統。

餐廳的接待人員可以利用Open Table（OT，是一家線上餐廳預訂服務公司開發的軟體）系統，管理來店客戶、等待名單和客戶預訂，記錄客人資料，做貼心服務，如可以在客人到達餐廳前或售後收取回饋問卷、回應意見，或生日祝福。Open Table 主要用在高檔全方位服務的餐廳，每張餐桌（或客人）會因此增加成本 2.50 美元。Open Table 的優勢是，即使餐廳已打烊，客人還是可以預訂，每張餐桌餐廳只需支出成本 0.25 美元。OT 會存儲有用的客人信息，例如座位偏好、VIP、飲食限制和特殊事件，還可以通過樓層平面圖更智能的管理餐桌，如：預分配餐桌、監視餐桌狀態及分配服務人員。

Next Table 餐桌管理系統，是以雲端運算爲基礎的訂位和餐桌管理系統，可透過 iPad 操作。Next Table 可以管理餐桌預訂與餐廳營運。Oracle 餐桌管理系統也是以雲端運算爲基礎的訂位系統，訪客也能夠透過網路查詢餐廳的時段和空位及訂位，客人可以立即查詢空位情況和下個客戶的預訂時間。No Wait 餐桌管理系統是一個可應客戶要求的移動應用程式，可爲客人帶位入座，而免費的 Table Agent 餐廳訂位系統，附有餐廳付費系統，提供消費付款時的另一選擇。 其他系統包括 Dineplan 的 Dine Time、Sysco 的 Cake 和 Shopkeep 的 Quora，甚至可以在餐桌準備好後，向客人發送短信，所以客戶可以放鬆的在酒吧或任何地方等待，這些管理系統已運用於一些快餐店，例如：星巴克 (Starbucks)、帕內拉麵包 (Panera Bread)、潛艇堡 (Subway) 和達美樂 (Domino)，更進一步的投入預購應用程式，透過提供客戶更多便利，開發較高營業額客戶。

三、服務

討論美國餐館服務的議題時，一定會提到每小時 15 美元的高額最低工資。有一家快速服務的漢堡店，在每小時支付 15 美元工資下，仍可獲利，因爲聘用的員工具多工處理能力，每一員工不僅只會煎漢堡肉餅，他們還會烤麵包、做醬汁，也能客製化草飼（由僅餵食草的牛而來的牛肉）漢堡和自由放養的雞所做的雞肉三明治；[2] 業者若能提供讓這些員工更加投入工作、不離職的誘因時，這意味著培訓新人不是一個經常性的問題。目前麥當勞 (McDonald's) 等幾家餐廳已推出觸控螢幕自助服務亭，還有快速服務、全方位服務的連鎖餐廳，也都採用由顧客自行以平板電腦訂餐的方式，解決人工成本上漲的問題，而這並不會對客戶服務體驗產生不利影響。

優異的服務為用餐經驗增添無限的價值。

美國人在外用餐時，眞正需要的是優質服務，這種現象從未像現在這麼明顯。雖然好的服務並不能在菜單上找到，但是隨著競爭越趨激烈，服務不佳已無法在美國的餐廳長久生存。優異的服務爲用餐經驗增添無限價值，這也是顧客們樂意以金錢換取的。

美式服務 (American service) 是在廚房內完成食物的製作與擺盤，再送至餐廳內上菜服務客人，是一種較不正式，卻又不失專業的服務方式。美式服務是目前仍相當受到餐廳顧客喜愛的服務方式，從大多數餐廳新進員工的餐桌服務訓練就可看出。服務員不僅僅負責點餐，也是餐廳中的業務推銷員。一個對菜單認識不夠的服務員可能會對餐廳造成嚴重的傷害。一般人不太可能向一個對汽車一竅不通的業務員買車；同樣的，一個專業知識不足的服務員，也會讓客人在點餐時感覺不舒服。美式服務除了美加地區，在許多國家都普遍被採用。

法式服務 (French service) 多運用於非常正式的餐廳。法式服務是接受顧客點餐後，由服務員在顧客座位旁的推車桌面上完成菜餚、裝盤、上菜，呈現給客人。法文 Gueridon 是一種類似旁桌服務的推車，推車上有桌子，下方有瓦斯爐供桌邊烹調之用，這是最引人注意也是最高貴的服務方式。除了在非常正式的場合會提供法式服務外，由於訓練與雇用了解法式服務的服務員需要較高的成本，而且較難掌握上菜時間，易影響客人用餐時食物的溫度，因此 Gueridon 已鮮少被採用。

俄式服務 (Russian service)：食物在廚房內製作、切割並擺在服務盤上，以美麗的盤飾點綴。服務員將服務盤展示給客人欣賞之後，以服務叉匙將食物放到每一位客人的盤子上。在正式的餐廳中，可以見到服務員配戴白手套提供俄式服務。俄式服務與法式服務都面臨相同的挑戰，需在短時間內上菜以防菜餚冷掉。價格偏高也是俄式服務只有非常正式的餐廳會採用，價格比美式服務高出許多。

拉斯維加斯的Posterio餐廳是一家高級餐廳，爲穩定服務品質，服務員可以參加1堂1.5小時的葡萄酒課程；該餐廳的40名員工中，大約有3/4都持續接受這種額外的訓練課程。另外，餐廳也會針對表現最好的員工提供每月、每半年與年度的獎勵，包括現金100美元、禮車之旅、Posterio的晚餐，或是在夏威夷的Prescott飯店歡度一個禮拜，因此不管是餐廳或服務員，都應該重視提升服務技術。舊金山有些餐廳的服務員會利用角色扮演的方式模擬訓練服務流程，如招呼與引導顧客入座、建議性銷售、更正服務方式，以及如何建立顧客關係，以提升個人與餐廳的正向效益。在許多大城市中，頂級餐廳服務員年薪可高達5萬美元。

優秀的服務員可以快速判斷顧客的滿意程度與需求，他們在送上主菜時，就會確認客人的滿足度，甚至進一步預測顧客的需求。舉例來說，客人誤以主菜刀食用開胃菜，服務員會自動在原主菜刀位置，補上一把乾淨的主菜刀。換句話說，不應該讓客人食用主菜時，才發現自己需要一把新的刀子。

舉另一個優質服務的例子，優秀的服務員不需在上主菜時又詢問每位顧客的主菜，服務員會將每位客人的主菜記下來，或畫出座位圖，正確的把主菜送到顧客面前。

紐約聯合廣場酒店集團 (Union Square Café) 的首席執行官丹尼・梅爾 (Danny Meyer)，曾獲得年度最佳餐廳與卓越服務獎。他曾提撥餐廳內的95名員工（從傳菜生到主廚）每人每年600美元的零用錢（每個月50美元），讓他們利用這筆錢在自家的餐廳用餐，並對用餐經驗提出評論[3]。

這是非常明智的舉動，因爲任何評論或觀察都來自同儕，而不是丹尼。丹尼的「有創意的款待」信念來自：將自己的員工放在第一位，是經營的意義和永續發展業務最重要的因素，丹尼除了負責管理聯合廣場咖啡廳 (Union Square Café) 到格拉梅西酒館 (Gramercy Tavern)、現代餐廳 (The Modern)、藍煙 (Blue Smoke)、北端燒烤 (North End Grill)、瑪爾塔 (Marta) 和 Shake Shack 等14家餐廳，還能撥出時間，成立「渴求教育計畫」回饋社會。

維吉尼亞州相當受歡迎的小華盛頓客棧 (Inn at Little Washington) 推出的服務訓練，要求服務員判斷每張餐桌顧客的心情，並且以1～10的數字或是各種形容詞（「興高采烈的」

或是「急躁的」）快速地記錄下來；只要分數低於 7 分，就必須加以調查分析，且服務員與廚師們需同心協力在客人選擇甜點之前，將分數至少提高至 9 分。

考量人事成本和醫療成本增加的可能性，更多的餐廳可能會選擇類似於奇波雷墨西哥燒烤 (Chipotle) 或 Pie Wei 的服務風格，透過優質食物與服務品質，提高顧客的消費意願。

四、建議性銷售

建議性銷售 (suggestive selling) 是一項增加餐飲銷售量的利器，許多餐廳想不出比這更好、更有效及更容易的方法來提高獲利。大多數的顧客在面對建議性銷售時，並不會感到被冒犯或不舒服，只要服務員受過正確的訓練，而且不要做得太過火就好！事實上，只要服務員能夠洞悉顧客的需求與要求，反而會讓顧客倍感尊榮，這可能跟服務員推薦的菜色是顧客從未考慮過的有關。建議性銷售的目的是爲了將服務員轉變爲銷售者，而這樣的轉變，顧客們幾乎都會樂於接受。

例如在炎熱的天氣，服務員可以在介紹特調飲料菜單前，向顧客推薦冰凍瑪格莉特 (frozen margaritas) 或是黛克瑞雞尾酒 (daiquiris)。同樣的，推薦顧客選擇白蘇維儂白酒 (fumé blanc) 搭配魚肉，或是卡本內．蘇維儂 (cabernet sauvignon) 紅酒搭配紅肉的服務員，也能夠提高餐廳的飲料業績。而當顧客點了伏特加湯尼 (vodka and tonic) 這類以普通等級的烈酒，所調製的雞尾酒時，服務員可趁機追加銷售 (Upsell)，詢問顧客是否想來一杯史多力湯尼 (Stoli and tonic)。（Stoli 爲 Stolichnaya 的簡稱，是一個受歡迎的伏特加品牌。）

自我檢測

1. 說明路緣吸引力 (curbside appeal)。
2. 說明桌邊服務的建議步驟。
3. 說明餐廳營業預估的目的。

對一家成功的餐廳來說，外場和內場之間溝通順暢，是必備的條件。

7.3 內場

學習成果 3：描述餐廳內場的運作。

餐廳的內場 (back of the house) 一般是由廚房經理負責，只要是顧客無法進入或接觸的範圍，通常都屬於內場，包括：採購 (purchasing)、點收 (receiving)、儲存 / 領料 (storing/issuing)、食物製備 (food production)、餐務（或管事）(stewarding)、預算 (budgeting)、會計 (accounting) 及稽核 (control) 等部門。

經營一家成功餐廳，重點之一就是建立堅強的內場工作團隊，尤其是廚房。廚房是每一家全套服務餐廳的主幹，因此必須要有優秀的組織管理。有效經營內場的主要考量，包括：人力調派、時間分配、訓練、食物成本分析（內部控管）、食物製備、管理階層的重視程度及對於員工的獎勵。

一、食物製備

維持高品質的產出，並不是一件簡單的事，需兼顧經營的計畫、組織與製作。廚房經理、廚師或主廚會依據銷售預估決定食物的製作，而去年同一段時間的營業額，是很好用的指標，也可透過記錄瞭解菜單上每一道菜色的銷售情況。如同前面提到的，食材點收的程序，在食物製備前就已經完成。

廚房經理必須檢核廚務部開的訂貨單，以確保食物製備區的標準庫存量無誤。廚房大部分的準備工作是在一大早或是下午進行。廚師會利用供餐之前與供餐期間較不忙碌的時間，進行最後的準備工作。廚房的空間設計規劃，必須根據預估的生意量，以及菜單的設計，大多數的全套服務餐廳都有類似的廚房規劃與設計。廚房的格局規劃包括：接單區 (receiving area)、走道 (walk-ins)、冷凍庫 (the freezer)、乾貨區 (dry storage)、準備區 (prep line)、沙拉吧 (salad bar)、烹調區 (cooking line)、出菜口 (expediter)、點心區 (dessert station) 及服務吧檯 (service bar area)。

烹調區是廚房中最重要的部分，包含：烤檯 (broiler station)、取菜區 (pickup area)、炸檯 (fry station)、沙拉區 (salad station)、炒檯 (sauté station) 及披薩檯 (pizza station)，而這只是錯綜複雜的內場區域一小部分而已。廚房的大小與設備，必須完全根據餐廳的銷售預估及菜單內容設計，而菜單內容也可以看出餐廳對廚房設備與廚師經驗水準的要求。

顧客偏愛與最常選擇的菜色，也是廚房設計的參考依據。舉例來說，如果顧客偏愛燒烤或是快炒的菜色，那麼烤檯與炒檯的尺寸規劃，就必須足以應付銷售預估的需求。

團隊合作（餐旅觀光產業成功的前提）對廚房運作更是重要，由於廚房內忙亂的步調與壓力，除非團隊中每個人都能勝任自己的任務，否則出菜時間延遲或是食物未達標準的情況就難以避免。

完善的組織與工作表現的標準化都是必須的，也是團隊準備工作與食物製備能順利進行需仰賴，「這就像是接力賽跑一樣，我們禁不起掉棒的風險」。位於洛杉磯的China Coast餐廳廚房經理艾咪．盧(Amy Lu)提到，內場的團隊合作就像是合作無間的交響樂團一樣，每一位成員都須爲和諧的樂曲貢獻一己之力。

另一個完善組織與團隊合作的例子，是T.G.I. Friday's維持廚房運作的5項規範：

1. 正確訂貨。
2. 正確點收。
3. 正確儲藏。
4. 按照食譜正確製作。
5. 快速爲顧客服務。

計畫、組織與製作是廚房經理的主要工作內容

廚房內的忙碌程度雖然令人驚訝，但每個人卻都因爲能夠及時將高品質的菜餚送至客人面前，而感到欣慰。

二、廚房與食物製備

（一）人力與時間調配

合宜的人力調配，對於廚房的成功運作非常重要。班表上充足的人力，是一家餐廳能否在任何時段因應來客數出菜的重要關鍵。通常廚房內的人力最好過剩而不要不足，這有兩點原因：第一點，把員工送回家要比打電話要求他們來上班簡單許多；第二點，人力跨部門訓練，已成爲廣泛運用的管理策略。

如果人力調配是針對餐廳需求的程度規劃，許多的問題都會迎刃而解。需求程度應該根據每個月的業績預估進行調整。另外，人員的工作能力，也是影響廚房順利運作的重要關鍵。將最優秀的廚師安排在正確的工作崗位，不僅可加快服務的速度，還可提高食物與餐廳營運的品質。

（二）訓練與發展

因廚房人員的高流動率，實施全面性的訓練計畫便顯得很重要。訓練者當然得具備充分的廚房經驗才行，通常會由最有能力的廚師負責訓練。全面性訓練通常透過是在日常的工作中進行，也要提供訓練時的教材，有一些餐廳甚至會要求新進人員進行筆試，以驗收訓練課程的成果。

足夠的訓練是必需的，因爲事業的成功與否完全掌握在訓練者與受訓者的手中。如果員工在工作之初就受到良好的訓練，那麼就可以節省改正錯誤的時間與費用，同時也可以協助公司留住人才。

然而，訓練並不是在通過考試後就會結束。員工的技能發展會影響廚房的運作，進而影響餐廳營運的成敗與成長。技能發展計畫包含授予員工各種任務與計畫，以讓他們在廚房與餐廳的工作環境中有更開闊的視野。任務包括業績估算 (projections of sales) 與了解、庫存 (inventory)、訂貨 (ordering)、排班表 (schedule writing) 及安排訓練課程 (training)。規劃、推動技能發展計畫，是讓管理階層能夠清楚廚房運作的情況，並且了解計畫執行的成效。此外，也有助於內部人力資源的成長與提供升遷機會。餐廳內部必須有「訓練者 (trainers)」與具有培育能力的訓練人才，才能夠提供顧客高品質的服務。

（三）食物製備流程

廚房的產能是餐廳成功的關鍵，而產能與菜單上的食譜，以及食材的準備分量，有直接的關係，因此，控制食物製備的流程就顯得格外重要。爲了掌握食物製備流程，每個工作區都需確實依生產控制表 (production control sheets) 執行，如：烤檯、炒檯、炸檯、冷廚、出菜口、準備區、擺盤區及甜點區。製作生產控制表時，可依據每天的銷售額設置級別；第一個步驟是計算每個工作區現有的食材數量，一旦決定了生產量，也就可以確定每一道食譜的食材需求量，數量計算出來後，將生產控制表交給廚師。需在餐廳營業之前讓廚師有足夠的時間進行準備工作，因此要掌握好生產控制表的製作時程。舉例來說，如果一家餐廳只供應午餐與晚餐，那麼早上 11 點前就必須備妥足夠的食材，以確保廚師有足夠的時間備餐，因應午餐的人潮。

食材用量應該每週依據銷售趨勢做適當的調整，有助於成本控制，並將材料的浪費降至最低。浪費食材會大幅增加食物成本；因此，廚房應該更精準的針對需求量準備足夠的食材。每種食材都有保存期限，如果廚房過量使用食材或是未能在保存期限內將食材售出，就必須將這些材料丟棄，造成食物浪費，但這種做法也讓顧客每天都品嚐到最新鮮的食材。

忙完了午餐之後，廚房會檢查有多少食材已經售出，還剩下多少食材可供晚班使用。（食材庫存不足是不應該發生的嚴重錯誤。應確實遵守生產控制表與食物製備流程，餐廳的菜單就不會出現「86‘ed’（表示餐廳已無法供應的菜單項目）」）。當廚房的工作都結束後，廚師還需接受檢查才能離開。目的是讓廚師對食材的存量具有負擔責任的認同感，如此廚房內才能嚴謹的面對食材，避免對餐廳造成負面的影響。

生產控制表的運用相當重要，可協助廚師對食材的使用效率提升，進而有效掌控食材採購的成本。每一道食譜都有操作「規範 (specification, spec)」，當廚師偏離了食譜，就會降低食物品質，口味也無法標準化，也可能因此增加食物成本，這就是確實遵守食譜的重要性之所在。標準食譜是爲菜單上每一道菜所量身打造訂定，可以保持品質的一致性，並且將浪費降至最低。菜餚的口味也不會今天和明天南轅北轍，導致品質標準不一而引來顧客的抱怨。

三、管理者的參與

與其他行業一樣，管理階層的參與是一家餐廳成功與否的重要因素。管理者應該及時掌握餐廳內場的第一手消息，並在最前線協助員工進行各種廚房內的工作，如餐廳忙成一團的時候，適時給予支援。當員工們見到管理者以身作則時，員工會更有責任感，因而提升產品品質。另外，主管願意多花心思在管控食物成本、清潔、衛生與品質，員工也會知道管理者對於內場順利運作的重視程度。圖 7-2 是一份典型的餐廳副理工作說明書。

管理者花在廚房的時間越多，就會得到更多的知識與信心，也會獲得更多的尊敬。員工與管理階層的互動，會創造出一種和諧穩定的工作氣氛，以及強烈的職業道德感，最終會形成高昂的工作士氣並營造出積極進取的工作環境。爲了確保政策與規範獲得支持，管理者應該持續進行追蹤，尤其是在廚師處理細節工作與食物製備，而其他員工也被賦予任務時，一旦沒有進行事後的追蹤，餐廳將可能面臨衰亡。

以下的狀況常常會發生：主管往往只會注意到發生錯誤，卻忽略了好事的存在。並適時給予表揚，對於員工有正面的激勵與肯定的作用，並會產生企業認同與感激的心。

四、採購

餐廳採購的目的，是爲了得到服務顧客的產品與服務。餐廳業者建立採購制度是爲了以下幾點：

職稱：副理
直屬主管：經理

職務概要：
在經理的管轄之下，遵守服務規範與工作流程，確保顧客獲得最大的滿足與最愉快的用餐經驗。

責任與義務：

1. 規劃與組織
(1) 研讀過去的營業記錄並與經理商談，注意重大節日與活動。預估生意量並事先規劃人力以符合需求。
(2) 觀察顧客的反應，並時常與服務員們討論以判斷顧客滿意度及各菜單受歡迎的程度，並將這些資訊與建議提報給經理。
(3) 每天觀察餐廳內各項設備器材的狀況，並向經理提出建議，以進行必要的更新或改善。
(4) 預估材料用量與補給，並且確認可供應的數量。
(5) 在每段用餐時間之前，檢查、規劃與確認所有員工、設備與材料已經準備好提供最好的服務。
(6) 預先為需求　好準備，對經理的招募聘用計畫提出建議，以備不時之需。
(7) 事先與服務員討論菜單上的變動，以確保所有人都了解新的菜單項目。
(8) 在適當的時間召開服務人員會議。
(9) 清楚的向服務員與傳菜生說明他們的責任，以及他們與以下各個對象的關係：
① 與彼此的關係。
② 與顧客的關係。
③ 與領檯的關係。
④ 與經理的關係。
⑤ 與出納的關係。
⑥ 與廚房員工的關係。

2. 溝通協調
(1) 確保服務員都了解所有的菜單項目，包括烹調法、使用材料及每道菜色的分量。
(2) 定期與員工討論公司的目標與政策。
(3) 隨時告知經理餐廳內的活動、進度及重大的問題。

3. 監督管理
(1) 主動參與新進員工的聘僱，建議招募來源、研究招募方法、聯繫推薦人及面談。
(2) 進行職前訓練，向新進員工介紹餐廳、公司政策以及其他同事。
(3) 利用訓練計畫訓練新進員工，以及需要額外訓練的現有員工。
(4) 迅速更正任何不符合服務標準的行為。
(5) 向員工詢問工作與生活上的問題。
(6) 依據公司規定分配各工作區的人力。
(7) 取得經理授權，制定儀容與個人衛生標準。
(8) 與經理討論、授權後，制定員工明確的工作規範。
(9) 推薦合適的員工晉升，並表揚有傑出表現的員工。
(10) 隨時透過良好的人際關係與領導能力，鼓勵團隊合作精神，以及個人與團體的榮譽。
(11) 隨時注意整個餐廳的情況，保持對各種問題的敏感度，並且迅速安靜地協助解決問題，平息顧客的抱怨。
(12) 誠摯歡迎顧客、引導入座，確保得到妥善的款待，並享受愉快的用餐時間。

4. 人員控管
(1) 依據公司的規範標準要求員工的工作表現、行為、服裝儀容及個人衛生。
(2) 研究時間與材料浪費的問題所在，提出解決問題的建議。

5. 其他
(1) 因應緊急狀況，協助服務顧客、擔任出納，或是執行經理交代的特殊任務。
(2) 藉由表現出「我們歡迎您的到來 (we're glad you're here)」與「我們很榮幸服務您 (we're proud to serve you)」的心情，來傳達給顧客熱誠溫暖的待客之道。

圖 7-2　餐廳副理的工作說明

1. 菜單食譜的標準化（食材的精確使用）。
2. 制定一套控管系統，能將餐廳內「偷竊或浪費」與其他原因造成的損失，降至最低。
3. 定出食材的安全庫存量。
4. 確定採購工作的人員。
5. 確定進貨、儲存與發放的人員。[4]

餐廳必須針對每項食材建立標準規格，也就是產品說明書 (product specification)。例如，訂購肉品時，採購者必須具體指明肉的切法、重量、尺寸、脂肪比例及存放天數。

建立一套能將損失降至最低的系統，可以透過人力或電腦，也可結合兩者之力。然而，僅僅依賴電腦是無法避免偷竊的，雇用誠實的員工反而才是上策，因爲餐飲業中到處充滿了誘惑。筆者工作過的餐廳曾經發生一起偷竊事件，餐廳內的老酒吧用一道精美鐵門做間隔，儲存酒類。有幾個小偷用釣魚竿穿過鐵門間的縫隙，並偷走了好幾瓶酒，接著從每一瓶酒中先取得一些酒，然後再用水或有色液體稀釋補回原酒瓶內。最後，因餐廳外部稽核員在檢查酒精濃度時，發現這些酒已經被稀釋過而曝光。調查結果發現餐廳有幾名服務員在賭場欠了賭債，從餐廳偷酒償還債務。最後警察偵訊 (interviewed) 嫌疑犯，並在賭場遺留的酒瓶上發現餐廳的商標而破案。

一個有效的庫存控管系統設定會隨時掌控好庫存量，就是所謂的標準庫存量 (par stock)，存量低於設定的基準點，電腦系統就會自動以事先設定好的數量提出訂購申請。

在決定採購人選前，最重要的就是要區隔點貨與進貨人員的任務與責任，才能避免發生偷竊行爲。最好的方法，是由主廚提訂單，由經理或代理人訂貨，再由第三人與主廚（或主廚代理人）來共同負責貨品的進貨與儲存。

如果是連鎖餐廳，總公司會將菜單與訂貨清單交給旗下每家餐廳的經營者，分店經理不需各別訂貨；新菜色的研發、食材品質的掌控，總公司都設有專員負責。連鎖與獨立餐廳業者都採用相似的採購前置作業（圖 7-3）。

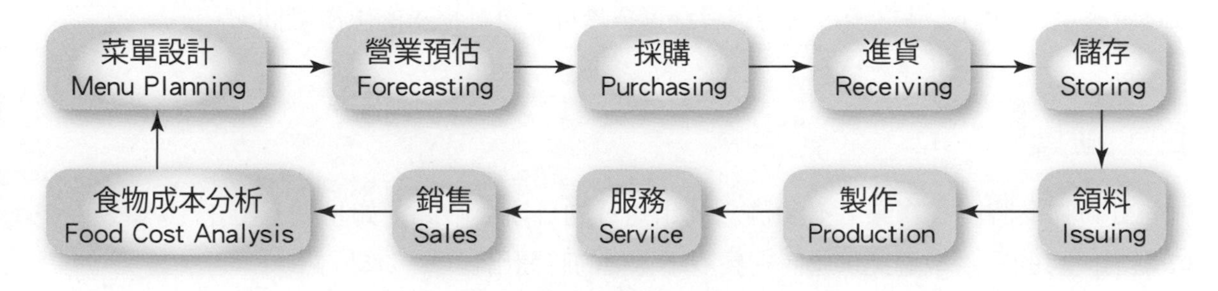

圖 7-3　食物成本的控制程序

1. 設計菜單。
2. 決定菜單需要的食材品質與數量。
3. 編寫產品說明書與建立採購的市場訂單。
4. 決定庫存量。
5. 藉由降低菜單所需的食材庫存量來判斷需要採購的項目。

內華達大學拉斯維加斯分校的史帝芬利 (Stefanelli) 教授，提出正式與非正式的採購方法，包含了以下幾個步驟[5]。（表 7-1）

表 7-1 採購方法

正式採購法	非正式採購法
填寫採購單	填寫採購單
建立招標時間表	報價
發放招標邀請	選擇供應商並訂貨
將投標者製作成表格並進行審核	無
簽約並發放送貨單	無
驗貨／進貨、入庫及記錄庫存交易	進貨和驗貨、入庫、記錄交易
評估與追蹤	評估與追蹤
領料以製備食物與服務	領料以製備食物與服務

正式採購法通常爲連鎖餐廳所採用，而獨立餐廳則是採用非正式採購法。

請購單 (purchase order) 是由產品說明書衍生而來。請購單顧名思義指的是以特定價格購買特定數量、產品的訂單。有許多餐廳爲了定期需要的材料，製作請購單，餐廳會將這些請購單送請供應商報價，然後供應商會將樣品送請餐廳進行評估。舉例來說，罐頭食品內含的液體分量不盡相同，正常的情況下，餐廳業者在乎的是瀝乾的材料重量，因此在比較過數家供應商的樣品之後，餐廳業者會選擇最符合自身需求的上游廠商。

五、進貨

訂購物品時，餐廳業者必須詳細列出送貨的日期與時間（如星期五上午 10 點～中午 12 點），目的是爲了避免供應商在餐廳不方便的時間出貨。

進貨 (receiving) 是餐廳成本控制的一個重點，目的是爲了確保數量、品質、價格都與訂單相符。貨品的數量及品質與訂購規格 (order specification) 及標準食譜 (standardized recipe) 有密切的關係。依據各家餐廳餐飲控制系統的不同，有些易腐敗的材料會直接送到廚房，而不易腐敗的材料則會送進倉庫。

六、儲存與領料

庫存管理通常是一個難題。所以任何進出倉庫的貨品，項目都必須被詳細記錄。如果能夠進入倉庫的人數又不只 1 人，一旦發生失竊時，相關的責任將難以釐清。

貨品只有在經過專人正式簽名授權之後，才能夠帶離倉庫。一家具備多年經驗的餐廳會根據每天的需求量領料給廚房，食物製備區不能堆放任何的庫存品，一般人也不可任意進入倉庫，這樣的規範對某些餐廳來說，或許有點矯枉過正，但我們很難否定這對於食物成本控制的貢獻。所有入庫的貨品都應該加蓋日期章，並且依照先進先出 (first in-first out, FIFO) 的原則來管理貨品。

先進先出是一種簡單卻有效的存貨循環機制，做法是將最近購入的貨品存放於先前購入的貨品之後，並優先使用舊庫存，如果未能徹底遵循這個原則，可能會造成原料的腐壞與損失。餐廳對於倉庫應該保持嚴格的控管的原料定期盤點，以及計算食物、飲料與人事成本率。也就是爲了餐廳的成功經營，管理者的「管理 (manage)」必須透過控制食物、飲料與人事成本，並使其維持在預算之內。

進貨的工作應該嚴格控管，由訂貨者以外的人負責，這可以減少訂貨過量的情況發生。筆者曾經在一間由主廚負責訂貨與進貨的餐廳擔任餐飲部經理，因爲發生主廚將餐廳的訂貨直接進貨到主廚胞弟經營的餐廳！這位主廚最後當然只能走路。此外，成功的餐廳經營，會嚴格控管「標準庫存」記錄系統；要求員工使用單一員工出入口，並且不准員工攜帶包包進入倉庫，以及雇用優秀的會計人員。當然，也可以檢查餐廳的垃圾桶！可能會被垃圾堆裡找到的東西嚇一跳！因爲有些不老實的員工，會利用垃圾將有價值的物品夾帶出餐廳。

在電影「浪蕩子 (Five Easy Pieces)」中，影星傑克 · 尼克遜 (Jack Nicholson) 在一家餐廳點了全麥吐司作爲配菜。女服務員很清楚的對他說，他們不供應全麥吐司。而尼克遜指著菜單說，雞肉三明治就是用全麥吐司製作的。這位被惹惱的女服務員指著餐廳內「沒有替代品 (No substitutions)」與「我們有權拒絕服務任何人 (We reserve the right to refuse service to anyone)」的牌子。尼克遜於是點了一道以全麥吐司製作的雞肉三明治，但是他告訴女服務員不要美乃滋、不要萵苣、不要雞肉沙拉，只要給我全麥吐司就好。沒想到女服務員還不識相的問他應該把雞肉放在哪裡，尼克遜於是用很辛辣的語氣告訴她「夾在你的膝蓋中間吧！ (Between your knees!)」最後他非常不滿地離開餐廳。

自我檢測

1. 列舉出 5 項成本控制的規則，並說明這些規則對成本控制為什麼重要。
2. 餐廳營運者為何要建立採購系統？
3. 為什麼完整的教育訓練對於內場服務是這麼重要？

人物簡介

何塞．赫爾南德斯 (Jose Hernandez)
餐廳廚房經理

上午 7:00：抵達餐廳。檢查清潔工的工作情形（如爐子與烤箱的汙垢等）。

上午 7:15 ～ 7:40：設定各個工作檯的生產量（烤檯、熱醬汁、冷醬汁、蔬菜區、烘焙區、炒檯、冷廚、炸檯、海鮮區）。

上午 8:00：第一批廚師陸續抵達餐廳，向廚師打過招呼後，圈選出重要項目的生產控制表，並分發給廚師。

上午 9:00：在正常的情況下，採購貨品會在此時送達餐廳，接著必須檢查貨品的品項、品質、數量、價格（確認與報價單一致），並將貨品正確儲存。

上午 9:30 ～ 11:00：監督食物的製作。炒檯師傅最後一個抵達餐廳，也需負責早班的善後工作，工作項目包括：

1. 監督廚房的清潔、確認是否遵循標準食譜製作。
2. 檢查各工作檯，以確保食物製備流程、備料正確（如放置於家禽類與海鮮類食材下方的塑膠濾水器）；檢查食材的保存期限、衛生，以及工作檯上已經處理的食材是否正確無誤（如切配的大小、食材處理日期是否標示正確）。

上午 10:45：進行最後的檢查並確定一切就緒「大夥都準備好了嗎？」

上午 11:00 ～下午 2:30：同心協力，開始進行第一項工作。首將事先烤過的漢堡麵包，放置於保溫抽屜。接著，預備沙拉用的雞胸肉。監督午餐的工作，會持續到下午兩點半。

1. 確保清潔衛生。
2. 決定哪些人需要加班。
3. 決定當天必須剩餘哪些食材。
4. 注意各工作檯的狀況，並更換爐面上的鍋子（烤肉醬等）。

下午 2:30 ～ 3:15：完成鍋子的更換並檢查晚班需要的存貨。

1. 最後的準備工作。
2. 檢查洗碗區與廚房的清潔。
3. 檢查食材是否已放入儲藏室或冰箱。
4. 整理儲藏室內的食材，並檢查食材是否妥善保存。
5. 向早班人員道謝並讓他們下班。

下午 4:00 ～ 4:15：迎接晚班人員。

開出請購單（再次詢問晚班人員是否還需要什麼材料）。

下午 5:00：與晚班經理交接。

7.4 成本控制

學習成果 4：**計算基本的食物、飲料和人事成本率。**

一、食物與飲料成本率

餐廳的管理是一個複雜的任務，若要成功執行此任務，必須有效控制許多變數，如：檢視食物、飲料與人事成本，這些成本比其他任何成本更需要每天或每小時小心的檢視。食物、飲料與人事成本的計算，就如同是測量這個任務的體溫一般，我們可以找出定期執行這個任務的方法。食物成本率 (food cost percentage) 的計算，是將「食物銷售成本」除以特定期間內的「食物銷售金額」，如：1 週、14 天、1 個月或是今年至今爲止。計算出來的數字，再與這段時間內的預估數字進行比較。以下是一家休閒餐廳的例子：

食物銷售金額	\$95,400
飲料銷售金額	\$46,000
食物銷售成本	\$22,896
飲料銷售成本	\$ 8,892
人事成本	\$35,350

食物成本率等於（記住這個簡單的公式，「成本」除以「銷售金額」乘以 100）：

$$\frac{\text{飲料銷售成本}}{\text{總（食物）銷售金額}}=\frac{\$22,890}{\$95,400}=0.24\text{ 或 }24\%\text{（食物成本率）}$$

24% 的食物成本，即每 1 美元的食物銷售額，就有 0.24 美元花在食物的製作成本。大多數的餐廳會計算食材成本，並利用標準食譜得到 0.24 美元成本率的菜單項目。隨著年資的累積，你將會了解菜單項目的成本率有高有低，而餐廳必須決定自己想要的結果。舉例來說，24% 的食物成本對某些餐廳來說可能太低，但是對顧客而言可能會因此覺得價格過高。一般餐廳的食物成本率通常爲 28%，但是在高級牛排館卻高達 34%，因此廚房的人事成本必須相對降低。

飲料成本率 (beverage cost percentage) 計算的方式，與食物成本相同，即「飲料銷售成本」除以特定期間內的「飲料銷售金額」，再將飲料成本率與同一期間的預估成本率相比，就能獲得成本控制的最佳效果，若與預算有顯著差異，都必須進一步調查。這家休閒餐廳的飲料成本爲：

$$\frac{\text{飲料銷售成本}}{\text{總（飲料）銷售金額}} = \frac{\$8,892}{\$46,000} = 0.19 \text{ 或 } 19\%\text{（飲料成本率）}$$

由上面的計算式可知，每1美元的飲料銷售額就有0.19美元的成本費用。餐廳的飲料成本率從18到30%不等，平均爲22～26%之間。當然，啤酒、葡萄酒、烈酒與雞尾酒都有不同的成本率，這也讓我們的工作更爲有趣！

二、人事成本控制

與其他的服務業一樣，人事費用是餐廳營運中最高的成本，占銷售額的比例24～30%不等。經營餐廳的其中一項挑戰，是適當的輪班人力安排。隨著顧客與業績的增加，餐廳需要更多的人力，但是當業績衰退時，人力也應該隨之調整。

前面的例子，食物與飲料銷售金額各爲95,400美元與46,000美元，總銷售額爲141,400美元。若人事成本爲35,350美元，「人事成本」除以「總銷售額」就可得到：

$$\frac{\$35,350}{\$141,400} = 0.25 \text{ 或 } 25\%$$

表示銷售額中，每1美元有0.25美元用來支付人事費用。其他的營業成本是非食物成本的支出，如：辦公室用品、瓷器、玻璃器皿、餐具、桌巾、暖氣、電費、清潔費、租金或貸款、音樂、菜單、會計與法律費用、執照、制服等成本，總共占了收入的14～20%。

若總收入爲100%，我們必須將每一項成本從收入中減去：

總銷售金額	$141,400		
類　別	成　本	計　　算	成本佔總銷售金額的百分比
食　物	$22,896	$22,896 ÷141,400×100	16.19%
飲　料	$8,892	$8,892 ÷141,400×100	6.28%
人　事	$35,350	$35,350 ÷141,400×100	25%
其　他	$28,280	$28,280 ÷141,400×100	20%
			總計 = 67.47%

所以，剩下的稅金與利潤合計爲32.53%。

餐廳成本控制的另一項重點是員工偷竊的防範。一位資深的餐廳業者提過，「在我待過的所有餐廳中，每一家都有手腳不乾淨的人」[6]，以下列舉了一些員工偷竊餐廳的方法。

有些餐廳的員工會漏報收入或撕毀顧客帳單，例如，客人飲料費用爲16.95美元，但員工在現金記錄系統只記錄6.95美元，並將1根調酒棒放在現金抽屜，以提醒自己多了10美元，下班時抽屜裡有8根調酒棒，那麼員工就可以將80美元占爲己有。另外一種偷竊的方法，是當服務員爲客人結帳時，服務員沒有將現金放入收銀機，而是將帳單撕毀並私吞現金，爲了避免這種情況發生，餐廳會在吧檯或餐廳內安排監視者(spotters)，監視營業與交付款的狀況，餐廳業者也會使用有流水號碼的帳單，並且要求服務員們在下班前將所有的帳單交回。

自我檢測

1. 如果食物銷售成本為$34,789，而食物銷售額為$105,006，請計算食物成本率。
2. 如果飲料銷售成本為9,723美元，飲料銷售額為51,231美元，請計算飲料成本率。
3. 計算出上面2題食物及飲料的成本率後，您將如何評估餐廳是否正常營運？

資深的廚師教導徒弟如何採購並控制成本

人物簡介

餐廳總經理克麗絲．羅賓森（Chris Robinson）一位連鎖餐廳總經理

克麗絲的工作時間依據生意上的需要與每週的目標，涵蓋了早（上午7點到下午6點）、中（上午11點到晚上10點）、晚班（下午5點到凌晨3點）。不論何時工作，她都必須對食物的安全衛生與品質、人員分派與訓練、顧客滿意度，以及餐廳的獲利負起最大的責任。

總經理的工作要求

每一家餐廳對其總經理的期望與要求雖然不盡相同，但還是有一些共同之處。其中包括：

1. 必須直接向業主或是大型公司的地區總監報告。
2. 必須交出亮麗的業績數字。需要分析的數字包括食物成本、人事成本及飲料成本，這些數字必須獲得妥善的控制，以有效創造利潤。
3. 必須激勵餐廳內的工作士氣與團隊精神，創造良好的工作環境是最重要的工作。

責任與義務

餐廳的總經理除了必須對餐廳的營運負起直接的責任，還得負責管理樓面經理、廚房經理及所有的員工的責任。

另一項重要的工作，是組織與控制餐廳的人力編制。雖然班表是由樓面經理負責編排，但總經理依然對人力分配有直接的責任，需讓人事成本保持在營業收入的20%以內，員工的考核與訓練也是總經理的職責。

總經理的必備條件

總經理的必備條件包含：

1. 必須對餐飲業的發展趨勢瞭若指掌。
2. 具備過去在餐廳內各部門的工作經驗，並且知之甚詳。
3. 應當能夠與任何人相處，並能公平對待所有員工，不歧視任何人。

餐廳的成本預算

每一家餐廳都有不同的營運數字，以下的數字來自一家連鎖餐廳，這些數字代表了該餐廳在一週內的目標與實際數字。

	目標數字	實際數字	差額
食物成本	27.0	27.2	+0.2
人事成本	19.9	20.8	+0.9
飲料成本	19.0	18.2	-0.8

永續餐廳住宿經營[7]

永續性不僅是食物的哲學，更關係到人、態度、社區及生活方式。今年國際廚師大會的主題精神為「主廚的責任 (The Responsibility of a Chef)」，全球各地的廚師希望能從每一天、任一個想法中得到啓發，進而研究或實踐。每一週都是一個新的開始，小小的改變和努力就會產生巨大的不同！

1. 在地化：現實不一定可行，但盡量支持當地的農夫。
2. 帶你的團隊去拜訪一位農夫：記住每一份食物背後的故事或人物，是一個好習慣（你還能帶回一些額外的產品，舉行一個特別的家庭聚餐。）
3. 了解海鮮的來源：評估海鮮是否環保的標準，不同於農產品的判別，參考加州蒙特瑞灣水族館的《看守海鮮指南 (Seafood Watch Guide)》，並要求你的供應商也這樣做，如果他們無法說出海鮮的來源及捕獲方式，最好別用。
4. 並非所有的瓶裝水製造過程都相同：有些公司透過創新的方式，減少及抵銷他們的碳足跡。有些高知名度的餐廳 (像是 The French Laundry) 減少使用瓶裝水、更換內部過濾系統，如自製氣泡水！
5. 拒用保麗龍：將廚師的水杯改成可重複使用塑膠杯，將保麗龍外帶容器改成回收紙材質，也可考慮使用 BioPac（一種環保包裝）包裝。
6. 支持有機、生物動力法 (biodynamic) 的葡萄栽培：你可以選擇來自世界各地，運用生物動力法釀製的頂級葡萄酒或有機葡萄酒。
7. 支持有機的吧檯產品：全天然和有機的烈酒、啤酒及雞尾酒，在普及度和可取得性上都日漸增加。
8. 廚房踏墊和杯墊也可以很環保：Waterhog 的 EcoLine100% 由回收飲料瓶和廢輪胎的 PET 纖維所製成。
9. 1 季或 1 個月找一個早晨做社區服務：派員工到發放食物給窮人的地方幫忙、讓當地的孩童進入廚房、傳授當地小學的廚房員工一些技巧，或是到社區公園提供勞動服務。
10. 環保廚房的發展：因應趨勢，主要設備製造商（如 Hobart 和 Unified Brands）正在研究開發更環保、清潔、智慧節能的機器（從長遠來看，這也可以節省您的荷包）。
11. 在晚上關店之前，關掉電腦和收銀系統：打烊前關閉電腦和收銀系統，1 年可以節省可觀的電費。
12. 檢查入口處的密閉性：如果無法保持乾淨和緊密，熱空氣容易進入，也會讓冷藏庫的功效不佳。
13. 省電燈泡比起白熾燈泡，可節省 75% 的能源：相較白熾燈泡，使用時間更長，時效有 10 倍差距，因此具有環保和生態上的優點。
14. 考慮使用風力：業者可主動詢問電力公司有沒有替代的選項，例如，在美國 ConEd 還可選

續下頁

承上頁

擇風力能源，雖然比一般電力貴 10% 以上，但美國政府有提供一些獎勵辦法，可以減少帳單上的數字，也可以使用其他的節能技巧以減輕風力發電的高成本。

15. 考慮使用太陽能加熱板：Solar Services 是一家歷史悠久的大公司，可以提供使用太陽能時，從文書到稅收減免的整個申辦操作流程。節省下來的錢，在 2 ～ 3 年內就可以支付系統本身的費用。
16. 日常清潔工作更環保：減少含有收斂劑、不可生物分解、可能致癌的化學廚房清潔劑，換成可生物分解、對生態安全的產品。
17. 使用無毒方法除蟲：因應環保趨勢，許多大公司也提供環保的除蟲方式。
18. 購買當地製造的傢俱：購買傢俱時，挑選當地再生木材（因為風暴或年老而自然倒下的樹木）製成的傢俱。
19. 回收油炸過的油：由全國各地的生物燃料公司回收並加以轉換。
20. 嘗試自己種植：考慮利用屋頂花園或室內 / 外窗臺，使用容易維護的 EarthBoxes 盆栽，種植小型植物和香草。
21. 減少包裝材料：要求供應商儘可能減少來貨品包裝的層次，也不採用保麗龍材質包裝。
22. 不要使用白色的衛生紙、抽取紙巾和捲筒衛生紙：使用無氯、不漂白的回收再製品替代。
23. 廁所節水策略：有很多方式可以節水，如傳統的「磚塊方法」是一個好的開始，把一個磚塊放入馬桶的儲水箱，磚塊的容積就是每次沖水可節省的水量。所以找到好的節水方法，每次沖水可以節省半加侖到超過一加侖的水量。
24. 製作堆肥：有關堆肥常見的誤解是，它的味道不好，但這不是真的！即使廚餘數量很多也可以處理，將廚餘先以幾個桶子收集，然後倒入堆肥箱，製作成有價值的堆肥。
25. 資源回收：嚴格要求廚房和吧檯人員回收玻璃和塑膠容器，將作業用的紙箱、木箱，以及餐廳的報紙和雜誌都予以資源回收。
26. 減少使用布製品：清潔桌布和餐巾需要大量危害環保的化學清潔劑、漂白劑和粉漿，所以盡量避免使用白色桌巾、非必要，就不使用桌巾，或使用不上漿的軟餐巾。
27. 冰＝水＋能源：別浪費它！取用冰塊時，不要填滿冰桶，等用量變少了再加，或依人數取用需要的量。無論以金錢或資源的角度來看，冰塊都是昂貴的。
28. 獨立的小餐館或咖啡館，因為需求量或儲存空間都不大，為節省支出，可試著加入（或組成）當地合作社，購買綠色產品、清潔用品、紙製品等的批發價都較為便宜。
29. 自我教育：從農業理念到具體的餐廳作業，環保議題和實務的資源日益增加。請參閱麥可．波倫 (Michael Pollan) 的著作《The Omnivore's Dilemma》（雜食者的困境）、綠色餐廳協會 (Green Restaurant Association) 的《Dining Green:A Guide to Creating Environmentally Sustainable Restaurants and Kitchens》（綠色餐飲：創建環境可持續的餐廳和廚房指南），以及水產品選擇聯盟 (Seafood Choices Alliance) 的《Sourcing Seafood, a Resource Guide for Chefs》（海鮮手冊：採購和準備過程綜合指南）。

續下頁

承上頁

30. 教育你的員工：是最後一個重點工作，員工應該要了解做這麼多努力背後的精神，並且將這些精神傳達給顧客，甚至再散播出去！

最後，讓我們看看一個營運夥伴如何管理他的餐廳。馬特·安德魯斯 (Matt Andrus) 在佛羅里達州的布雷登頓經營一家很棒的海鮮餐廳——安娜瑪麗亞牡蠣酒吧，馬特使用管理要素，使他的餐廳經營成功，Matt 的計畫包括：財務計畫，他每天都會監控財務目標，星期一是他的計畫日，重點工作是決定早班、中場和晚班經理及工作任務，根據最近和上一年的銷售量，預測營業額和來客數，通常需精確到只有 2 ～ 3% 的落差。

馬特管理餐廳時，藉由檢查清單查核所有重要的經營面向。例如，在廚房裡，一位經理負責清潔度，另一位則負責訂購，第三位負責僱用和培訓。 在前場，一位經理專注於酒吧和飲料；一位專注於服務員和收拾員；另一位專注於文書工作，大概有 1 ～ 9 份文件。馬特每 2 週召開 1 次全體經理人會議，回顧過去的績效，從營業額至獲利，並和他們討論未來的業務。會議上，任何表現不佳的人將被檢討（沒有「達到」他們的營業額、銷售業績未抬升，或未按照政策和程序執行），馬特使用「標準」系統以確保每一事項的有效性。

決策和溝通是全天候且每天例行事務，馬特為經理提供工具，讓他們決策並承擔最終後果，馬特每天監控食物、飲料和人工成本的狀況，並對比銷售額，狀況不對也會採取必要的糾正；每月都會進行 1 次存貨清點，有疑問會立即盤點。

餐飲經營控管需要不斷持續持續追蹤，尤其是人工成本每小時都需要注意，因為這是成本極高的項目之一。此外，每天還要密切監控食物及飲料成本，馬特預估調製雞尾酒加入的烈酒成本，占烈酒銷售 (liquor-pouring costs) 的 18%；加入瓶裝啤酒成本，占瓶裝啤酒銷售的 25%；加入的生啤酒成本，占生啤酒銷售額的 15%；加入的葡萄酒成本，占葡萄酒銷量的 35%；可見比例相當高，所以每天都要檢查、維護，使成本得到控制。

從「心」服務的鼎泰豐

臺灣的餐飲服務業向來屬於高汰換的行業，根據統計，70% 的餐廳無法營業超過 5 年以上，而能夠建立口碑與展店規模的品牌，往往又很難維持分店的餐飲品質和降低人員高流動率等問題。所以，第一家小籠包品牌化的鼎泰豐，將極致細節充分地表現在餐飲品質和服務等經營和管理的理念上，值得我們去探討這個臺灣典範品牌，如何以「人」為本的原則，去建立企業的堅實基礎。

70 年代，罐裝沙拉油上市，迫使販賣散裝食用油的「鼎泰豐」轉型為專賣江浙小籠包與麵點的小吃店，就此一路發展成為一個代表臺灣美食與全球知名的餐飲企業。這一切都是從「注重細節」做起，首先，鼎泰豐認為對人的管理可以影響到餐飲的品質，而員工在工作細節上的表現，也代表著品牌的形象，所以企業應該不吝於人才的投資。對於員工的技能培養，從內場到外場都制定了嚴格的標準作業流程，每一個作業流程又細分成各項步驟與動作，以確保能夠提供客人一致性的餐飲和服務品質。以廚師的養成為例，見習學員要經過 14 次資格考核，才能升遷到一級一等師傅，而主廚和副主廚也需要通過五等級的考評，如果沒有通過每 6 個月的能力審核考試，就必須進行補考或降級等處置。

其次，公司非常注重人員服務的培訓與表現，處處都可見到對人員管理的細微要求，除了每天需透過例行的總部視訊會議，報告前一日的經營品管狀況，還聘用資深的飛航座艙長巡查各分店，控管服務品質，無非就是要求餐飲各項品質都能達到盡善盡美的境界。另外，公司規定所有員工都要參與笑容指導、溝通與表達等相關課程，甚至製作如何微笑的示範影片，目的就是希望人員在餐飲服務的過程中，能夠呈現「剛剛好」的微笑服務和口語表達。而另類的品牌行銷，則是運用創意，將中華美食文化和注重細節的服務創新成為一種藝術的表演，如：半開放式廚房展示黃金十八摺小籠包的廚藝和外場服務人員的服務過程，讓客人體會餐飲創意的文化本質，也為排隊等候的顧客增添了些許趣味性。

餐飲服務業要以高素質的人才，營造出一個高品質的餐飲服務氛圍，必須要仰賴及留住人才。以鼎泰豐在臺灣的 12 家分店為例，人事成本大約占總營收的 56%，除了薪水的發放，還制定了許多獎金項目與福利，如微笑獎金、20 多種民生和理財等免費通識課程及健身中心，對於遵守嚴格規定的員工而言，都可以視為是非常實質的回饋。所以相較於一般餐飲業動輒 30 ～ 40% 的高流動率，鼎泰豐員工的離職率只有 2%。經由嚴格的人才培訓和標準作業流程等細節考核與研發，鼎泰豐開創了新的經營與管理視野，將有感的品質融入餐點與親切的服務過程中，也經由商業行為將生活化的商品價值傳遞到世界各地。在開拓海外市場方面，除了因地制宜的部分改變，鼎泰豐已將早期開店作業系統化和制式化，數十年所累積的海外展店的技術轉移和

續下頁

承上頁

人員支援等，舉凡產品製作規格與標準作業流程和人員教育訓練等，都能夠以標準作業複製的模式轉移過去，所以一家分店大都能在在 3 ～ 5 個月期間完成開業準備，也進一步地奠定了這個餐飲品牌的價值所在。

因此，鼎泰豐以不追求近利的「以人為本」企業精神和注重細節的品質服務，創造商品的價值，才能一直保有好的消費者口碑，也是永續經營成功品牌的最大動力。鼎泰豐數十年如一日在產製流程的研發、服務過程的創新、用餐環境的詳細規劃及新品的創意等細節，並持續檢討與改進，成就鼎泰豐強大的企業管理責任與品牌理念，有效地提供消費者有溫度、有彈性和安心享用的餐飲服務保證，這些都是同業或其他產業必須效法的企業文化與經營理念。

問題討論

一般餐廳的經營成本為：店面租金 10%、員工薪資 20%、食材成本 30%，毛利約在 40%。請依鼎泰豐的經營案例，討論一下如何以低毛利維持企業的運作與發展？

個案研究

存貨不足

現在是星期五上午 9 點半。The Pub 預計的到貨時間是上午 10 點鐘，莎莉（Sally） 特別為即將到來的週末，訂購了大量的材料，因為她預估將會非常忙碌，所以提早到餐廳。在 10 點半接到 J&G 雜貨店來電告知，他們無法在星期六上午 10 點以前出貨。莎莉向司機解釋她急於收到這批貨品的原因，然而，司機卻向她道歉，並表示不可能在星期六早上之前送達。

到了下午 1 點，餐廳內已經沒有食材了，包括牛排、雞肉、魚肉等不可或缺的材料。客人們因為大多數的菜色都點不到而感到不悅，如果廚房不盡早開始準備晚餐，將會有大麻煩發生，因為只要是星期五晚上，The Pub 的收入都超過 12,000 美元，所以如果這個問題沒有被立即解決，這家餐廳將會損失許多顧客與高額的利潤。

問題討論

1. 你會採取什麼立即的行動以解決這個問題？
2. 你會如何盡快的為客人準備正確的食物？
3. 你會先打電話給誰以減輕問題的嚴重性？
4. 你該如何處理以確保材料永遠不虞匱乏？
5. 針對這種情況準備應變計畫是否重要？如果是的話，計畫的內容為何？

職場資訊

餐廳的經營

選擇餐廳的管理工作，代表你選擇了餐旅業中，一個提供畢業生大量機會的領域，也是起薪最高及升遷機會最多的領域。餐廳的工作機會，遍布於速食餐廳到五星級餐廳之中。餐廳副理的年薪，從 3 萬 2,000 到 4 萬美元以上（在美國，依據地區的不同，會有些許的差距）。未來的發展，取決於學生時代在餐廳中學習到的技術，以及行銷自己的能力。（餐廳的型態、營業額及地點，都會對薪資造成影響。）

越高的薪資，代表競爭更激烈的工作環境。過去幾年，加薪反映餐廳業者樂於聘請具備經驗的年輕人才，業者需要對技術充滿信心，且對餐廳管理工作充滿興趣的新鮮人。展現信心與技術，是完成儲備幹部訓練與第一年經理工作的必備條件。一般來說，餐廳經理每週工作 50 ～ 60 個小時，包括週末與假日。餐廳經理是一個需要付出許多體力的工作，你必須長時間站立，並在步調快速且充滿壓力的環境中工作。

但這樣的挑戰卻有無數的回饋，給予你無止盡的機會來取悅顧客並激勵員工，很少有比滿足客人的需求或是員工分享圓滿完成工作的喜悅更令人高興的事。餐廳業者提供高薪聘用人才，因此會更嚴格的根據員工的工作表現支付薪資，所以在一家營業額超過 500 萬美元的餐廳，支付年薪達 6 位數美元給一位總經理是很常見的現象。

圖 7-4　餐飲業的職涯發展途徑

餐廳經營的發展趨勢

1. 重視餐點的美味。
2. 更多的外帶飲食（尤其是午餐時間），晚餐來客數增加（家庭餐）。
3. 食物安全與衛生的重視程度提升。
4. 見多識廣的顧客對產品品質要求的提升。
5. 購物中心、電影院及大學校園出現美食街。顧客在美食街排隊（與自助餐廳類似）、挑選食物（服務員將食物置於托盤上），再到出納櫃檯結帳。
6. 牛排館的銷量不斷提升。
7. 高、中、平價的餐廳數量會愈來愈多。
8. 雙重與複合式餐廳的增加。
9. 速食餐廳進駐便利商店。
10. 尋得好員工的困難度提高。
11. 休閒餐廳的數量增加，尤其是速食餐廳。

本章摘要

1. 國家餐廳協會(National Restaurant Association, NRA)將餐飲服務經理的工作分爲下列的功能：人力資源管理、財務管理、行政管理和營運管理。
2. 外場包括任何與顧客接觸的人員，從領檯到服務生都屬於外場人員。餐廳的經營是由總經理或餐廳經理負責，也可能是多位受過不同職責訓練的經理互相支援；領檯除了接待顧客之外，另一項重要功能是安排顧客進入餐廳，及入座的區域；服務員主要介紹菜單及取得客戶訂單，並提供高品質服務，也可藉由介紹各種飲料與招牌菜的過程，增加食物及飲料的營業額；助理服務員負責清理用餐後的桌面。
3. 餐廳的運作是根據週別及月別來設定年度業績與成本的預估，包含兩個要素：來客數 (guest counts or covers) 與客戶平均消費額 (average guest check)。客戶平均消費額的計算是將「總營業額」除以「來客數」，再將客戶每一餐的「平均消費額」乘上「當天的預估來客數」可得到「總預估業績」，業者每天都必須將「實際業績」與預估業績相互比對。
4. 以雲端運算爲基礎的銷售點系統和預訂系統，可提升前檯運轉效率，如快速休閒餐廳使用預訂應用程式增加客戶便利。
5. 每小時 15 美元的最低建議工資是有爭議的，餐館已經開發出解決方案，以解決人工成本上漲的問題。
6. 餐廳的內場 (back of the house) 一般是由廚房經理負責，只要是顧客無法進入或接觸的範圍，通常都屬於內場，包括採購 (purchasing)、點收 (receiving)、儲存／領料 (storing/issuing)、食物備製 (food production)、餐務（或管事）(stewarding)、預算 (budgeting)、會計 (accounting) 及稽核 (control) 等部門。
7. 有效經營內場的主要考量，包括人力調派、時間分配、訓練、食物成本分析（內部控管）、食物備製、管理與貫徹執行力，以及對於員工的獎勵。
8. 管理者監控營運績效的方法之一，就是檢視食物、飲料與人事成本，這些成本比其他任何成本更需要每天或每小時小心的檢視。食物成本率 (food cost percentage) 的計算，是將「食物銷售成本」除以特定期間內的「食物銷售金額」, 計算出來的結果必須與這段時間內的預算數字進行比較，飲料成本率計算法亦同。

   人工成本是餐廳營運中成本最高的，成本計算辦法是將「總人工成本」除以「食品和飲料銷售總額」。

重要字彙與觀念

1. 美式服務 (American service)
2. 客戶平均消費額 (average guest check)
3. 內場 (back of the house)
4. 飲料成本率 (beverage cost percentage)
5. 「86‘ed’」表示餐廳已無法供應的菜單項目
6. 先進先出 (first in-first out, FIFO)
7. 食物成本率 (food cost percentage)
8. 法式服務 (French service)
9. 外場 (front of the house)
10. 旁桌式服務 (gueridon)
11. 來客數 (guest counts or covers)
12. 訂貨規格說明書 (order specification)
13. 標準庫存量 (par stock)
14. 產品說明書 (product specification)
15. 生產控制表 (production control sheets)
16. 請購單 (purchase order)
17. 進貨 (receiving)
18. 餐廳營業預估 (restaurant forecasting)
19. 俄式服務 (Russian service)
20. 微笑接待員 (smiling people greeter, SPG)
21. 監視者 (spotters)
22. 標準食譜 (standardized recipe)
23. 建議性推銷 (suggestive selling)

問題回顧

1. 列出餐廳經理主要工作內容。
2. 描述外場運作的定義。
3. 誰負責內場的運作？內場運作範圍？
4. 如果一家餐廳的食物和飲料總銷售額為 16 萬 4,009 美元，人工成本為 4 萬 2,125 美元，請計算人工成本率。若這家餐廳為一家高級餐廳，則上述的人工成本是否合理？為什麼或者為什麼不合理？

網路作業

1. 機構組織：國家餐廳協會 (National Restaurant Association, NRA)

   網址：www.restaurant.org

   概要：國家餐廳協會爲餐飲業的商業同業公會。該協會由 400,000 名會員與超過 170,000 家餐廳所組成，包含了旁桌服務餐廳、速食餐廳、連鎖餐廳及加盟餐廳等類型。國家餐廳協會提供餐廳各項福利，並輔導非營利性質的會員邁向成功。

   (1) 列舉出國家餐廳協會網站提出與食物有關的疾病，請了解這些疾病的資訊，以及國家餐廳協會對疾病預防的建議。

   (2) 餐飲與餐旅業中有哪些可供選擇的發展機會？

   (3) 請參閱 NRA 網站的頭條新聞。

2. 機構組織：Chili' s Grill and Bar

   網址：www.chilis.com

   概要：Chili's 是一家提供漢堡、法士達、瑪格莉特等墨西哥美食的休閒餐廳，1975 年創立於德州達拉斯，目前在全美與其他 20 餘國擁有超過 637 家餐廳。

   (1) 加盟 Chili's 的必備條件爲何？從你已知的創業過程中找出自行創業與加盟創業有何不同之處。

   (2) 何謂「Chilihead culture」？

運用你的學習成果

1. 一家義式休閒餐廳 9 月 15 日這週的營業收入如下：

   食物銷售金額：$1 萬

   飲料銷售金額：$ 2,500

   總計：$1 萬 2,500

   (1) 如果食物成本占了 30%，實際的食物成本金額爲何？

   (2) 如果飲料成本占了 25%，飲料成本金額爲何？

   (3) 如果人事成本占了 28%，則人事成本金額爲何？且其他成本與利潤爲何？

2. 如果食物成本率爲 33% 且菜單上某一項目的售價爲 16.95 美元，則其成本金額爲何？

3. 在你所經營的餐廳中，10 月份的收入爲 68 萬 5,324 美元。若人事成本爲 25%，則其金額爲何？

建議活動

1. 以小組的方式與一位餐廳經理進行訪談，並將實際工作職掌與課文描述進行比較。
2. 以小組的方式，利用本章最後所提到的例子，決定你會如何改善下週的人事成本率。

國外參考文獻

1. 出自 John R. Walker 的著作，The Restaurant from Concept to Operation，《餐廳一從概念到運營》，第 5 版。（紐約：約翰·威利父子，2009 年），第 86-87 頁。
2. 參考 Moo Cluck Moo 網站以獲取更多信息。
3. 與 Danny Meyer 的私人對話，2006 年 1 月 14 日。
4. 出自 John R. Walker 的著作，The Restaurant from Concept to Operation，《餐廳一從概念到運營》，第 275 頁。
5. 同上。
6. 與 Joe Riley 的私人對話，2006 年 7 月 12 日。
7. 參考 Star Chefs Website，http://www.starchefs.com

臺灣案例參考文獻

1. 王梅 (2001)。楊秉彝開創「鼎泰豐」傳奇。遠見雜誌。2019 年 3 月 1 日取自：https://zh.wikipedia.org/wiki/%E9%BC%8E%E6%B3%B0%E8%B1%90
2. 吳東岳、唐紹航 (2018) 。鼎泰豐的隱形聖經。今周刊。2019 年 3 月 1 日取自：https://www.businesstoday.com.tw/article/category/80392/post/201804020021/%E9%BC%8E%E6
3. 溫肇東 (2015)。「非典型」隱形冠軍一鼎泰豐。天下文化。2019 年 3 月 1 日取自：https://bookzone.cwgv.com.tw/topic/details/2029
4. 邱高生 (2006)。鼎泰豐品牌成名之道。欣傳媒。2019 年 3 月 1 日取自：http://mypaper.pchome.com.tw/jacobchiu999/post/1320461341
5. 鼎泰豐 (2019)。關於鼎泰豐。2019 年 3 月 1 日取自：https://www.dintaifung.com.tw/about.php
6. 鍾元 (2014)。臺灣「鼎泰豐」成就華人餐飲傳奇。大紀元。2019 年 3 月 1 日取自： http://www.epochtimes.com/b5/14/8/1/n4214927.htm
7. 梁峰榮 (2012) 。油行變身國際連鎖企業 鼎泰豐寫傳奇。欣傳媒。2019 年 3 月 1 日取自：https://news.xinmedia.com/news_article.aspx?newsid=198713&type=1

餐飲管理服務 8

學習成果

閱讀及研讀本章後，你應該能夠：

1. 摘要餐飲管理服務。
2. 描述航空公司與機場市場的餐飲管理服務。
3. 描述軍隊市場的餐飲管理服務。
4. 描述學校市場的餐飲管理服務。
5. 描述醫療市場的餐飲管理服務。
6. 描述商業與產業界市場的餐飲管理服務區塊。
7. 描述休閒與遊憩市場的餐飲管理服務區塊。

8.1 介紹餐飲管理服務

學習成果 1：摘要餐飲管理服務。

餐飲管理服務 (managed services) 由下列所有餐飲服務作業所組成：

1. 航空公司
2. 軍事俱樂部
3. 小學及中學
4. 大專院校
5. 醫療設施
6. 商業與產業界
7. 休閒與遊憩
8. 銀髮族
9. 會議中心
10. 機場
11. 休息站（公路上的）
12. 國家公園

餐廳經理與主廚討論菜單內容

以下特色使得餐飲管理服務作業和商業型餐飲服務 (commercial food services) 之間有所區別：

1. 對餐廳而言，所面對的挑戰在於如何使顧客感到賓至如歸。對管理服務而言，則必須兼顧到顧客及客戶（餐飲服務所在之機構組織）兩方面的需求。
2. 在某些作業的情況中，餐飲管理服務的顧客不一定有其他餐點可選擇，因此他們屬於受制客群 (captive clientele)。這些顧客可能只利用一次該餐飲服務進餐，或者是每天都利用該餐飲服務進餐。
3. 許多餐飲管理作業被覆蓋在本身沒有餐飲服務業務的組織內。
4. 大部分餐飲管理服務作業需要在固定時間內，分批生產出大量食物以供服務與消費。批量烹調 (batch cooking) 意指於上午 11 點 30 分製作出一批餐點供應，中午 12 點 15 分時製作出第二批餐點供應，於中午 12 點 45 分製作出第三批餐點供應。而非於上午 11 點 30 分就一次將整批餐點製作好擺出來，一直到整個午餐時段結束。批量烹調能讓較晚前來用餐的顧客，享受到跟較早前來用餐的顧客同樣品質優良的餐點。
5. 生意量較穩定一致，因此在餐飲服務的提供上也較爲容易。其原因在於：較容易估算出所需餐點份數及食材分量，也較容易規劃、組織、製作及上餐。因此，氣氛不會像商業型餐廳般急促。在餐飲管理服務的情況中，週末顧客會比平日少，此外，工作時數及獲利狀況整體來說，還可能比商業型餐廳佳。

一家公司或機構組織可能基於下列考量因素，而與餐飲服務或其他服務簽署合約，如財務因素、計畫品質、管理幹部及工作人員之招募；管理及服務作業上的專業度；可提供的資源，如人員、配套計畫、管理系統、資訊系統；勞工關係與其他支援；行政餐會的外包[1]。

一、餐飲管理服務的責任

餐飲服務經理在小型或中型規模作業情況下，所需擔負的責任範圍，往往比大規模餐飲服務的經理還要廣。其原因在於，規模較大的單位可供運用的人員較多，某些職務可充分授權給他人進行，如人力資源。例如，一個小型或中型規模作業情況下的餐飲服務經理，在擔負嚴格的餐飲服務責任之外，還可能須擔負下列的責任：

（一）員工關係

1. 團隊發展
2. 獎勵與認可
3. 藥物、酒精濫用的問題與預防
4. 良好的工作環境
5. 輔導、協助與指揮

（二）人力資源管理

1. 招募、訓練與評估
2. 薪資與薪水管理
3. 收益管理
4. 符合聯邦法、州法、公平僱用機會 (Equal Employment Opportunity, EEO)，以及參議院法案第 198 號
5. 預防解決騷擾問題與符合職業安全衛生署 (OSHA) 規範
6. 紀律處分與解雇
7. 失業與不當洩密

（三）財務與預算管理

1. 規劃預算
2. 實際數字與預算監控（每週）

3. 控管食物成本、人力、支出等
4. 工作記錄規定與稽核
5. 監控應付與應收帳款
6. 帳單結算與收帳
7. 遵守合約內容
8. 現金處理流程與銀行事務

（四）安全管理

1. 設備調校與定位
2. 控管工傷賠償
3. 每月的審查與稽核（聯邦政府、州政府、職業安全衛生署之規定、參議院法案第198號）

（五）安全預算

設法解決費用龐大的損害

（六）食物製作與服務

1. 開發菜單與食譜
2. 菜單搭配與競爭
3. 廚餘及剩餘菜餚的利用
4. 製程記錄
5. 製程控管
6. 餐點呈現方式與行銷

（七）衛生清潔與預防食物中毒

1. 防止食物中毒 (Food-Borne Illness，FBI)
2. 衛生消毒與清潔時間表
3. 適當的食物處理與儲存
4. 每日的防治與監控
5. 每月檢查
6. 遵守衛生當局規定

（八）採購與招募

1. 訂貨、進貨與儲存
2. 飲料食物的標準處理方式與品質
3. 庫存管控
4. 供應商關係與問題

（九）員工訓練與發展

1. 在職與結構化。
2. 安全、衛生、食物處理及其他相關。
3. 餐點的準備與呈現。

支援工作人員的職位爲數甚多，提供不止餐飲管理服務本身，還包括所有餐旅作業領域的工作機會。包括業務、行銷、控管、稽核、財務分析、人力資源、訓練與發展、反歧視行動、遵守公平就業機會原則、安全管理、採購、分配、技術服務 (食譜、菜單、成品測試)、勞工關係及法律問題等。圖 8-1 爲一份損益表樣本，呈現出一所大專院校餐飲服務作業的每月損益表。

餐飲管理服務占餐旅產業的一大部分，我們為各種公司行號如教育機構、醫療設施及辦公室提供現場餐飲服務。

Jessica Turner, Restaurant Associates Managed Services, Sacramento, CA

餐廳經理指示服務員餐具該如何擺設

說明		%	學生會	%	總計	%
營業額						
一般食物	$ 951,178				$ 951,178	
特殊餐會食物	40,000				40,000	
Pizza Hut Express			$ 100,000		100,000	
宴席與宴會	200,000				200,000	
會議	160,000				160,000	
啤酒			80,000		80,000	
點心吧			300,000		30,000	
ALA CARTE CAFE	60,000				60,000	
**總營業額	$ 1,411,178		$ 480,000	100.0%	$ 1,891,178	100.0%
食材成本						
烘焙類商品	$ 9,420		$ 4,700		$ 14,120	
飲料	10,000		8,000		18,000	
牛奶及冰淇淋	11,982		2,819		14,801	
雜貨	131,000		49,420		180,420	
冷凍食品	76,045		37,221		113,266	
肉類、海鮮、蛋及起司	129,017		48,000		177,017	
農產品	65,500		26,000		91,500	
雜項					0	
冷飲	0		0		0	
**總食材成本	$ 432,964		$ 176,160	36.7%	$ 609,124	32.2%
人事成本						
薪資	$ 581,000		$ 154,000		$ 735,000	
人事費－其他員工	101,500		545,000		156,000	
福利與薪資稅	124,794		50,657		175,451	
管理福利	58,320		6,000		64,320	
薪資升級	0				0	
**總人事成本	$ 865,614		$ 265,157	55.2%	$ 1,130,771	59.8%
可控制之餐飲作業成本						
清潔用品補充	$ 24,000		$ 6,000		$ 30,000	
紙品補充	9,000		46,000		55,000	
設備租用					0	
顧客支援					7,000	
促銷	4,500		2,500		40,000	
小型設備	35,000		5,000		0	
商務應付款與會款					3,000	
車輛花費	3,000				4,300	
電話	3,600		700		$ 22,000	
	$ 17,000		$ 5,000			
洗衣及制服					0	
維護及修繕	$ 1,200		$ 200		$ 1,400	
花	10,000		4,000		140,000	
訓練					0	
特別服務	18,000		3,000		21,000	
雜項						
**可控制補給之總額	$ 125,300	8.9%	$ 72,400	15.1%	$ 197,700	10.5%
不可控制之營運成本						
攤還及折舊	$ 13,500		$ 7,000		$ 20,500	
保險	55,717		14,768		70,485	
雜項花費	12,400		4,100		16,500	
資產報廢					0	
租金／佣金	48,000		40,000		88,000	
必勝客權利金			7,000		7,000	
必勝客－						
授權行銷稅，			7,000		7,000	
授權及費用	5,000		500		5,500	
車輛－						
折舊與花費	4,000				4,000	
行政與監督						
**不可控制成本總額	$ 138,617	9.8%	$ 80,368	16.7%	$ 218,985	11.6%
**總營運成本	$ **1,562,495**	**110.7%**	$ **594,085**	**123.8%**	$**2,156,580**	**114.0%**
盈餘或(赤字)	**(151,317)**	**(10.7%)**	**(114,085)**	**(23.8)**	**(265,402)**	**(14.0%)**
共同承包商						
**淨盈餘或(赤字)						
統計數字						
顧客數						
工作時數						
平均食物營業額／顧客						

圖 8-1　損益表樣本

二、永續性

永續性已成爲服務管理公司的標準活動，因爲更多的公司將永續性措施納入了標準操作程序。密西根州立大學的卡拉·伊恩西蒂 (Carla Iansiti)，是住宿接待服務的永續發展官員，他制定了計畫，從當地供應商那裡採購超過 66%的食物，並實施無盤用餐，以及減少食物和水的浪費。[2] 一些營運商正改變，將標準使用刺激性化學清潔劑清潔工轉爲更環保的清潔工，不僅有益於自然環境，而且有益於員工和客人的健康。[3]

在印第安納波利斯大學 (University of Indianapolis) 的「綠色團隊 (Green Team)」，建議不要使用餐盤，此舉每天可節省數千加侖的水，也節省了食物成本。再則這所大學安裝了飲水機，讓學生可以塡滿水壺，讓每週需要訂購的瓶裝水，從平均 300 箱降到 25 箱[4]。

服務 8,000 個印地安納州政府員工的兩家自助餐廳，最近改用由可分解樹脂製成的生物塑料容器，同時也使用可生物分解與堆肥的冷飲杯和外帶容器[5]。

三、科技

餐飲服務業者現在使用（臉書 Facebook）和（推特 Twitter）告知客人或學生校園中有哪些產品？現今的社會媒體在校園的膳食製備、菜單、特殊產品，以及烹飪趨勢上扮演了重要的角色。在華盛頓州立大學，校園餐廳使用 Facebook 和 Twitter 告訴學生有關限時餐點的資訊，例如草莓酥餅條。推出每月促銷系列「料理烹飪探險」，在每個月推薦一個不同文化的料理。這些通訊管道不需額外成本，而且學生的使用率高，因此業者樂於使用[6]。

自我檢測

1. 列舉出三項餐飲管理服務市場區塊。
2. 說明餐飲管理服務與商業型餐飲服務的區別。
3. 餐飲服務管理需要滿足哪些的客群？

8.2 航空公司與機場

學習成果 2：描述航空公司與機場市場的餐飲管理服務。

一、機上餐飲服務

航空公司不斷致力追求更高的效率，並且要求以同樣或更低成本取得更好的食物。航空公司若不是由機上 (in-flight) 業務部門供應餐點，就是由承包商提供這項服務。機上食物可能是在一個靠近機場，但不在機場內的設施中，以工廠模式進行製作，並包裝好，然後運至出境閘口，再裝運到正確的班機上。一旦食物被運送入飛機後，空服員會接手將餐點及飲料送至旅客面前。

機上餐飲服務是一項複雜的後勤作業，食物從製作好到被送至旅客面前的這段長時間中，必須能耐得了冷熱不一的保存環境。如果某樣餐點應該被熱騰騰的送至旅客面前，就必須要能經金屬熱盤充分加熱。除此之外，餐點也必須看起來令人食指大動、味道好、配合餐盤大小，而且能以微波加熱。最後，所有食物與飲料都必須及時且正確的送到每一架離境班機上。

長途航班的飛機餐樣本。

漢莎空廚 (LSG Sky Chefs) 是規模最大的客機餐飲供應公司，合作夥伴包括全球 300 家航空公司，其 200 個服務中心包辦機上及地勤方面的餐飲業務。他們位於德國法蘭克福近郊的主要製造中心，能在短短 16 小時內製作完成 130,000 份餐點的製作 [7]。

機上餐飲服務管理業者負責菜單設計、產品說明書 (product specifications) 及商定採購合約。每家航空公司都有一名代表，負責監督一或多個據點，並檢查所有食物及飲料的品質、分量及交貨時間。航空公司將機上餐飲服務視爲一項必須控管的支出。

一份一般等級的機上餐點成本僅有 7 美金。以往這項成本更高，但為了削減成本，現在的短程班機，或飛行時間並未跨越到主要進餐時間的班機上，只供應餅乾與飲料。航空公司正在實驗一種新做法，在機上提供選擇性的餐點，讓想用餐的旅客在機上當場付費購買 (buy-on-board)。

經營國際航線的航空公司則試圖以提供頂級食物和飲料的方式突顯特色，期望吸引更多旅客前來搭乘。此外，其他航空公司為了維持低票價而做出策略性決策，縮減餐飲服務規模或乾脆取消這項服務。一般而言，國際航線班機的食物和飲料服務品質較佳。在機上，每架班機會有 2 ～ 3 種服務分類，通常是經濟艙、商務艙及頭等艙。頭等艙與商務艙的旅客通常享有免費飲料及等級較高的餐點與服務。這些餐點可能包括新鮮鮭魚或小塊菲力牛排等餐點；而其他乘客如果幸運的話，才能得到那些「隨身打包餐 (carry-on doggie-bags)」！機上餐點端上來後，乘客是以塑膠刀叉和湯匙食用。

許多規模較小的區域性或當地餐飲服務業者，跟各式各樣位於幾百個機場的航空公司簽約合作。大多數機場都有外燴業者或餐飲服務承包商，競相爭取航空公司的合約。由於幾家國際性和美國本身的航空公司都使用美國機場，每家航空公司都必須決定是要使用公司本身的餐飲服務 (若有的話)，還是跟幾家獨立業者其中之一簽約。

隨著航空公司紛紛縮減機上餐飲服務規模，機場餐廳正好承接下這方面的生意。一些受歡迎的連鎖餐廳，如 T.G.I. Friday's 及 Chili's 已進駐數個航站，此外也有一些標榜服務快速的餐廳，如必勝客也加入。這些餐廳與一些承包商，如索迪斯 (Sodexho)、愛瑪客 (ARAMARK) 和萬豪國際集團 (Marriott International) 旗下部門之一的 Host International 所提供的服務，來供給機場餐飲服務。為了因應趕班機的旅客，菜單以能快速提供服務的餐點為主。

自我檢測

1. 解釋機上餐飲服務的後勤作業挑戰。
2. 哪家是全世界最大的機上餐飲服務公司？
3. 機上食物服務經理做什麼？

.inc 企業簡介

索迪斯 (Sodexho)

索迪斯是北美洲餐飲及機構餐飲管理服務的領導品牌。該公司也是國際索迪斯聯盟 (Sodexho Alliance) 的一員，該聯盟於 1966 年由一位名叫皮耶・貝隆 (Pierre Bellon) 的法國人創立，在法國馬賽首次提供服務。該公司主要為學校、餐廳及醫院提供服務，不久後，因為和比利時餐飲服務承包商 (Belgian foodservice contractors) 簽下交易協定而在國際上受到肯定。1980 年，在歐洲、非洲及中東經營得相當成功後，索迪斯聯盟決定將事業版圖擴大到南北美洲。1997 年，該公司與美國提供偏遠地區服務的領導公司奧格登環球服務 (Universal Ogden Services) 結盟。一年後，索迪斯聯盟與萬豪餐飲管理服務 (Marriott Management Services) 合併，使得企業帝國更加成長。這項合併形成一家新公司，名為索迪斯萬豪服務 (Sodexho Marriott Services)。這家新公司列名於紐約證券交易所，變成美國餐飲及餐飲管理服務的市場龍頭。當時，索迪斯聯盟是最大的股東，擁有公司資金中 48.4% 的股份。然而，到了 2001 年，索迪斯聯盟買下索迪斯萬豪服務 53% 的股份，將公司名稱改為今日，索迪斯聯盟在全球 80 個國家的 9,000 個據點擁有超過 425,000 名員工。在美國就有 110,000 名員工。索迪斯的目標是改善整個美國及加拿大地區顧客與客戶的生活品質。它們為醫療、企業及教育市場提供外包解決方案，其中包括管家、場地維護、餐飲服務、植物管理與維護，及整合設施管理。

索迪斯 (Sodexho)。

索迪斯的宗旨是，「為無論何時何地聚集在一起的人們，創造並提供能使他們享有更舒適生活品質的服務。」它的挑戰在於，透過員工共同分工合作為顧客提供服務的方式，使它的宗旨及企業價值能實現。索迪斯的企業價值是服務精神 (service spirit)、團隊精神 (team spirit) 及進步精神 (spirit of progress)。

身為北美洲提供餐飲與設施餐飲管理服務的龍頭業者，索迪斯在企業、大專院校、醫療組織及學院等地方提供服務。它們一向歡迎新血加入。索迪斯除了在餐飲服務及設施管理業務部分提供實習機會，也在財務、人力資源、行銷、業務等領域提供職員職位的實習機會。索迪斯相信，多元化的人力是企業成長及長期成功的關鍵要素。藉由對工作多元性的重視及管理，索迪斯能對所有員工的技術、專業知識及能力產生槓桿作用，進而增加員工與顧客的滿意度。

資料來源：www.sodexhousa.com/about_us.html and www.sodexousa.com/

8.3 軍隊

學習成果 3：描述軍隊市場的餐飲管理服務。

軍隊餐飲服務占了餐飲管理服務中龐大且重要的一部分。美國現役海陸空三軍總數約爲 150 萬人，即使軍隊規模正在縮減，餐飲服務每年營業額仍高達 60 億美金。基地的關閉，促使許多軍隊餐飲服務組織對服務與觀念進行再評估，以更能符合全體顧客的需求。

近來軍隊餐飲服務的趨勢，是要求將一些如軍官俱樂部等的服務，外包給餐飲服務管理公司經營。這項改變降低了軍隊成本，因爲許多軍官俱樂部都在虧損。軍官俱樂部如今將經營重點從餐點品質，轉往更休閒、可以闔家同樂的訴求上。許多軍官俱樂部甚至更進一步革新基本觀念，根據一些主題概念重新調整風格，例如轉爲運動風或西部鄉村風等。其他降低成本的措施包括菜單管理，如午餐和晚餐的菜單相同（很少有顧客會午晚兩餐都在該俱樂部用餐）。藉由適當的裝盤技巧和分量感的操控，可以創造出一份同時適用於午餐和晚餐的菜單，也就是同一種食物庫存可用於兩餐，此作法可在整體上減少庫存積壓。爲了使這項技巧成功發揮功效，菜單上必須有幾道開胃菜、前菜及甜點可供選擇。

軍隊餐飲服務的另一項趨勢是，開始嘗試使用事先已準備好的餐點，它們經過再加熱就能上餐，而不需要太多人力。科技的進步意味著在外執行任務的部隊不再吃馬口鐵罐裝的食品；他們轉而從以塑膠和錫箔紙包裝的食物包中攝取營養，這種餐點被稱爲即食餐 (meals ready-to-eat, MREs)。今日，野外機動廚房 (mobile field kitchens) 只需兩個人就可以運作，而以往數量龐大的補給用食物，也被事先算好分量且已烹煮好的食物所取代，這些食物已經連同托盤一起包裝好，只需以沸騰的熱水再加熱即可食用。

要滿足軍隊人員的餐飲需求，不只需要滿足部隊本身，還包括軍官俱樂部的軍官，以及軍隊食堂、軍醫院與在外執行任務的軍隊人員等。由於預算和人員數量都在減少，廚師需求量也同樣降低。

美國海軍就是這種規模縮減情況的範例之一，他們已經把餐飲服務外包出去。因爲軍隊人數減少，他們已經無法在不影響軍事作業進行的情況下，要一名海軍士兵從訓練過程中抽身去廚房工作。與美國海軍簽約的是索迪斯公司，負責 7 座基地內 55 個軍營的餐飲服務，另外再加上軍官俱樂部和其他相關服務等。除此之外，一些速食餐廳如麥當勞及漢堡王也在超過 150 個基地內營業，而且在基地內設置得來速 (express way) 式的簡易服務站。速食餐廳的進駐基地，爲一些移動中的軍事人員提供了更多的選擇。

軍隊規模縮減與軍隊餐飲服務採行外包制的結果，可能會產生一個問題——麥當勞等業者大概不可能在交戰狀況下於前線地帶設置營業點。在需要顧及機動性的情況下，軍隊本身仍然要自行負責餐飲服務。

自我檢測

1. 說明軍官俱樂部的餐飲服務的趨勢。
2. 什麼是「即食餐」(meals ready-to-eat, MREs)？
3. 明速食餐廳進駐基地會如何影響軍軍隊？

8.4 學校

學習成果 4：描述學校市場的餐飲管理服務。

一、中小學

1946 年，美國政府爲了避免招募到營養不良軍員的問題，頒布「國家學校午餐法案 (National School Lunch Act)」。所持理由在於，如果學生能享用到好的餐點，軍隊就能招募到健康狀況更佳的軍員。除此之外，這樣的計畫也能善加利用生產過剩的農產品。今日，每年約有 98,000 所學校，幾近 3,050 萬名孩童享有早餐、午餐或兩餐皆供應的餐點服務，其預算爲 130 億美金[11]。

現今小學及中學餐飲服務面臨到許多備受關切的議題，其中包含了最主要的挑戰：在暢銷度和充足營養之間取得平衡。除了成本和營養價值的考量之外，在社會也引發對「一視同仁提供免費餐點」這項措施的討論。支持此項計畫的人士主張，攝取較充足營養的孩子們注意力較好，降低不來學校的情況，此外也會在學校待上較長時間。同時爲所有學生提供免費餐點，也能避免貧窮孩子們因午餐問題而被歧視的狀況發生。反對此計畫的人士則表示，如果說 1960 年代所實施的社會計畫有帶給我們什麼教訓，那就是砸錢在問題上並非總是最好的答案。

兩方人士都同意，現在的年輕學生都吃些什麼，是一項嚴重令人擔憂的議題。當新聞報導電影院裡供應的爆米花含有多少脂肪和膽固醇時，著實震驚了不少成年人，然而更令人震驚的，是一份說明現今學童都在吃些什麼的調查報告[12]。

學校餐飲服務中，餐點的準備和服務提供方式各異。有些學校在現場就設有廚房製作食物，也有可提供餐點的餐廳。許多大型學區會設置一個中央廚房，將餐點製作好後再分送至該校區內的各個學校；或者有些學校會購買已加工好可直接食用的餐點，只需要在學校把它們加以組合即可。

學校可決定是要參加「國家學校午餐計畫 (National School Lunch Program, NSLP)」，或自行準備餐點。以實際情況而言，大部分學校其實沒什麼選擇，因爲若參加該計畫，就意味著每名學生每餐只能得到聯邦政府約 2.76 美金的補助。一些合約公司，如索迪斯就爲學生提供了更具彈性的餐飲選擇。

此外，如何達到膳食標準也是一項重要議題，許多人力、物力被投入發展適用於孩童的營養需求規定。在健康的食物、成本及顧慮孩童飲食習慣這三項考量之間，要達到一個平衡點實非易事。根據 NSLP 規定，學生們必須根據一般被稱爲「A 型菜單 (Type A menu)」的標準來攝取營養。在每一餐中，A 型菜單上的所有餐點都必須供應給每一名孩童。孩子們必須從其中 5 樣餐點中選擇最少 3 樣食用，學校才符合獲得補助金的資格。然而，USDA 的規定中，也限制了脂肪及飽和脂肪量的提供比率。每週提供的脂肪量，不能超過總卡路里的 30%，而飽和脂肪量則被削減到只能占一週總卡路里的 10%。

讓孩子願意吃健康的食物是項很大的挑戰

由政府資助的 NSLP，每年付出 130 億美金讓學童能吃到免費或低價供應的餐點，這對於連鎖速食店而言，是個龐大的潛在市場。即使利潤較低，連鎖店仍非常急切的想進入小學及中學市場。必勝客的國內行銷與非傳統行銷總監喬伊．華勒斯 (Joy Wallace) 表示：「我們確實降低了產品售價，而跟正常營運情況相比，獲利也較低。」然而他們相信，能在很早期就讓年輕人知道必勝客，對他們而言仍然有利。換句話說，他們的目的是在建立品牌忠誠度。事實上，在明尼蘇達州的杜魯日市，身爲市立學校餐飲服務總監的詹姆斯．布魯納 (James Bruner)，就被迫不得不在幾所國中及高中供應有品牌知名度的披薩。因爲渴望獲得新的收入來源，當地校長開始供應美國連鎖披薩店 Little Caesar's 的披薩，直接與學校自助餐廳提供的冷凍披薩競爭。墨西哥速食店 Taco Bell 已經進駐將近 3,000 所學校，必勝客進駐 4,500 所學校，美國速食連鎖店 Subway 進駐 650 所學校；而達美樂、麥當勞、美式三明治連鎖速食店 Arby's 及其他連鎖店，也已經在這個市場中占有一席之地。

即便有以上的進展，這些連鎖店雖然不難說服小孩，卻必須先說服家長。關於是否允許連鎖速食店進入校園內，已經引發許多爭論。許多家長覺得學校應該以身作則，爲營養健全的餐點提供一個標準典範，而且這些家長們深信，一旦校園內還是有速食可供選擇，就達不到標準典範的效果。

在一場由美國烹飪聯盟 (American Culinary Federation, ACF) 所舉辦的會議中，有一項學校午餐菜單比賽，來自國內各地的廚師開發出多項營養豐富的菜單，準備使孩童們逐漸戒除垃圾食物，開始吃健康食物。11 份進入決賽的菜單所面對的最後一項考驗是：原始食材成本不能超過 80 美分。創新性、味道，還有健康程度，是用來評估最後勝出菜單的主要考量。這份菜單是：土耳其玉米餅沙拉、香腸披薩貝果，以及填入餡料的馬鈴薯。

營養教育計畫

營養教育計畫 (nutrition education programs) 如今是國家學校午餐計畫中必備的一部分。這項計畫要達到的效果，是讓孩子們能學習改善自身飲食習慣，而且希望他們能終其一生保持下去。為了支援此計畫，營養教育的相關教材，被用來裝飾學生用餐場所的大廳和桌子；或許美國農業部食品營養服務部門所發展出的「選擇我的盤子 (Choose MyPlate)」是最佳範例（圖 8-2），顯示每天該吃些什麼；才符合健康飲食原則。

圖 8-2 選擇我的盤子 (Choose MyPlate)
（資料來源：美國農業部）

二、大專院校

大專院校餐飲服務作業複雜而多樣，且餐飲服務管理種類甚多，如宿舍、體育活動特許營運 (sports concessions)、會議、校內自助餐廳、學生會、教職員工俱樂部、便利商店、行政餐會及外燴等。

校園內 (on-campus) 餐飲對餐飲服務經理而言是項挑戰，因為顧客群不只居住於校園內，而且會在校園內的用餐設施中，選擇一處作為解決大部分餐飲需要的場所。如果管理者或承包商無法推陳出新，學生、教職員工可能很快就會對「老是一樣 (sameness)」的用餐環境和供應菜色感到厭倦。大部分校園餐飲以自助餐廳的形式運作，提供每 14 ～ 21 天重複一次的循環菜單。

然而與商業型餐廳經管相較，校園餐飲服務經管確實擁有一些優勢，比如預算編列較為容易，因為校園內的學生已經付過餐飲費用了，因此也較容易預估用餐人數。又如在用餐費保證可收取到，而顧客數量也在預期之內的情況下，規劃與組織人力調配，以及食材量也相對較為簡單，也應該能確保獲得合理的利潤。舉例而言，每日費率 (daily rate) 就是

大專院校餐飲服務作業複雜而多樣，由學生會、教職員工會所到便利商店、體育活動特許營運(sports concessions)。

每天每人須付的餐飲服務費用。因此，在一個爲期98天的學期中，以75萬美金費用爲1,000名學生提供餐飲，每日費率即爲：

$$\frac{\$750,000/78\text{（元）}}{1000} = \$7.56$$

現在大專院校的餐飲服務，都會爲學生提供各式各樣的餐點規劃。以往舊式的膳宿計畫，當學生付出一筆包含每天所有餐點費用的膳食費——無論他們是否去食用，餐飲服務業者就能因已付費卻未實際去吃的學生而獲得利潤。如今則有較多選擇，學生所付的費用，會與他們眞正食用的餐點數量相符。學生可選擇是否週一到週五都用餐？需要早餐、午餐、晚餐，或只需晚餐？此外，還有一種預付卡，讓學生能在校園內所有營業單位使用，所食用的餐點和飲料費用就從預付卡中扣除。

代表1,200個會員機構的全國大專院校支援服務協會 (National Associations of College Auxiliary Services, NACAS) 領導者們指出，校園內的服務與活動正持續在改變中。政策與實務上的關鍵著眼點，已經轉變爲營造出一個超越偏狹利益，最能夠滿足學校機構本身，以及學生需要的環境。

促成校園有如此改變的驅力是品牌觀念、民營化、校園卡，以及電腦使用的出現及成長。學生用餐的預付卡，已有一種如具品牌意義或另類選擇的概念，不只在校園內逐漸被接受，甚至位於校外的當地商業型小餐館也是如此。許多大專院校還設有提供學生更多樣化用餐選擇的美食廣場。

學生們不只對食譜、所添加的香料，以及食材表示關切，也關心這些餐點來自何處，以及如何被製作出來。校園廚房正儘可能使用當地與有機的物產及蛋白質食材。有爲數雖少但逐漸增加的學生們，希望能吃到以放養式方式飼養的雞隻所製成的雞胸肉，以及不是一直被關在籠子內的雞隻所生的雞蛋。隨著業者開始使用不含反式脂肪的油、全穀類，以及增加更多以蔬菜爲主或純素食的菜色，健康飲食也逐漸占有一席之地[14]。

校園內 (on-campus) 餐飲對餐飲服務經理而言是項挑戰，因為顧客群不只居住於校園內，而且會在校園內的用餐設施中，解決大部分餐飲。

大專院校學生會

大專院校學生會提供各式各樣的餐飲管理服務，以迎合多樣化學生群體的需求。其所提供的餐飲管理服務，包括自助餐廳餐飲服務、飲料服務、知名速食餐廳，以及外帶餐飲服務。

提供餐飲服務的自助餐廳，往往是學生進行大小聚會的場所，學生們會在該處相聚、進行社交活動，以及用餐和喝飲料。自助餐廳通常在早餐、午餐及晚餐時營業。依照生意量的不同，自助餐廳可能會在非用餐時間及週末休息，所提供的菜單，也不一定會和宿舍餐飲服務設施提供的相同。要使校園自助餐廳成功運作，提供「物有所值 (price value)」的菜單是關鍵所在。

在允許提供含酒精飲料服務的學校中，飲料服務主要針對學生俱樂部式的場所，提供啤酒或一些烈酒。不想被比下來的教職員部門，當然會設置酒吧，也提供酒精飲料。其他飲料可能在各種營業單位提供，如美食廣場或便利商店。校園飲料服務提供了餐飲服務業者增加獲利的機會。

客戶觀點下，合約式管理的優缺點

優點

1. 運作規模及種類上的經驗
2. 以委外的部門作為委辦機構內其餘部門的模範
3. 服務的多樣性
4. 可使用的資源與支援
5. 使承包商保持較高水準的營業表現

缺點

1. 有些區塊被認為已經企業化 (institutionalized)
2. 有喪失合約的潛在可能

資料由愛瑪客公司大專院校關係經理蘇珊．普密爾 (Susan Pillmeier)，以及索迪斯公司工作人員服務總監約翰．李 (John Lee) 所提供。

除此之外，許多大專院校也歡迎知名速食餐廳進駐校園，以方便滿足一群沒有時間在餐廳用餐者的需求，這種做法讓大專院校處於雙贏局面。連鎖速食餐廳如必勝客、麥當勞、Subway及溫蒂漢堡的經驗和品牌知名度皆能吸引顧客，餐廳也因獲利，還會付給餐飲服務管理公司或直接給學校一筆費用。此舉顯然的危機是，速食餐廳可能會吸引一些原本會去自助餐廳用餐的顧客，導致自助餐廳顧客流失，但對所有人而言，有競爭還是比較好。

外帶餐飲服務爲校園內人士帶來另一項便利。有時候學生及教職員並不想自己準備餐點，因此很高興能有外帶餐飲這項選擇。此外學生，或他的朋友，或教職員工，不只在考試期間才有外帶餐飲的需要。舉例而言，美式足球及籃球賽開始前舉行的球迷場外野餐會、音樂會或其他遊憩等運動活動，都能讓餐飲服務業者增加收入及利潤。

根據客戶規模大小，餐飲管理服務業者所簽下的合約型態也有所不同。若爲小規模客戶，通常會收取一筆費用；若爲較大規模客戶，業者通常會以收取商定好的收入百分比（通常是5%）或以收取收入百分比加上紅利分攤的型態定約。圖8-3爲一間經常有學生在該處用餐的校園餐廳，其所使用的典型大專院校用菜單。

第一週

	星期一	星期二	星期三	星期四	星期五
早餐-冷穀麥片，水果及酸奶吧、吐司、英式瑪芬、比利時華夫餅、果汁、牛奶、咖啡、茶、熱巧克力及新鮮水果					
主菜	法式吐司 雞蛋、火腿和起司貝果 炒雞蛋 馬鈴薯煎餅 土耳其香腸	巧克力酪乳煎餅 塔科早餐 炒雞蛋 家常炸薯條 培根	培根，雞蛋和起司，英式鬆餅 訂做煎蛋捲 餅乾和肉汁 奧布賴恩馬鈴薯 土耳其香腸肉餅	西南蛋捲 法式吐司 炒雞蛋 脆皮炸薯球 香腸肉餅	訂做煎蛋捲 藍莓／酪乳、煎餅 切達餅乾 迷迭香馬鈴薯 土耳其培根
熱麥片	老式燕麥片	奶油大燕麥粥	粗燕麥粥	奶油小燕麥粥	老式燕麥片
麵包	藍莓瑪芬 甜甜圈拼盤 櫻桃果餡餅甜麵包	蘋果肉桂烤餅 雙巧克力鬆餅 酪乳餅乾	桃杏仁碎餅 香蕉福斯特鬆餅 巧克力甜甜圈	巧克力烤餅 藍莓鬆餅 肉桂糖甜甜圈	冰肉桂卷 香蕉堅果鬆餅 焦糖蘋果甜麵包
午餐-沙拉吧、特色披薩、穀物，自己動手的三明治吧及新鮮水果					
主菜	小酒館雞肉三明治 炸薯條 芹菜棒	烤檸檬雞 印度香米 蘿蔔	烤牛肉 法國蘸三明治配肉醬汁 牛排馬鈴薯	泰式蝦片 蒸花椰菜	烤火腿起司三明治 炸薯條 胡蘿蔔棒
	叉燒包 白米 橙色五香胡蘿蔔	火腿和瑞士帕尼尼 意麵沙拉 家常薯條	雞肉、花椰菜和炒蘑菇 茉莉香米	鄉村風肉餅 肉汁馬鈴薯泥 釉面胡蘿蔔	燒烤烤火雞 烤地瓜 烤黃瓜佐櫛瓜
	義式烤麵包 大蒜吐司	義大利乳酪千層餅 大蒜麵包棒	熔岩義大利辣味香腸 迷你義大利三明治	肉戀人的迷你餡餅 香腸蝴蝶麵與烤義大利寬板麵	肉丸披薩包餅 乾酪吐司
特色素食	蔬菜辣醬玉米餅餡	摩洛哥蔬菜燉肉	藜麥和紅辣椒滑塊	烤蔬菜和黑豆卷	黑豆腐塔克沙拉
湯	切達干酪花椰菜 雞肉麵	雞肉米飯佛羅倫薩 豐盛的蔬菜	牛肉蘑菇大麥 咖哩番茄扁豆	豌豆 兩豆辣椒通心粉	切達乾酪花椰菜 義大利蔬菜湯
甜點	巧克力曲奇餅 花生醬和魔鬼食品凍糕 素食燕麥餅乾	香蕉布丁凍糕 雙重巧克力布朗尼 花生醬餅乾	焦糖牛奶布朗尼蛋糕 草莓果凍凍糕 M&M餅乾	南瓜香料勃朗黛 花生醬旋流布朗尼蛋糕 糖餅乾	奧利奧布朗尼布丁凍糕 糯米飯 雙巧克力餅乾
晚餐-沙拉吧、特色披薩、穀物，自己動手的三明治吧及新鮮水果					
主菜	雞肉弗雷斯卡油炸玉米粉餅 糙米 黑豆	照燒牛肉 撈麵 薑蜜糖胡蘿蔔	炸子雞 烤通心粉和奶酪 新鮮的散葉甘藍	烤火雞 家常餡料 甜玉米麵包	自己做漢堡 炸薯條 玉米棒
	烤牛肉 蒜香馬鈴薯泥 炒甜豆	起司豬排 烤楔形馬鈴薯 季節性混合蔬菜	燒烤牛胸肉 馬鈴薯焗扇貝 蒸青豆	肉丸義大利麵 大蒜麵包棒 新鮮蒸花椰菜	烤肉店檸檬大蒜雞肉 攪打切達乾酪馬鈴薯泥 烤蘿蔔
	烤巴薩義式烤麵包 烤海鹽馬鈴薯 蒸花椰菜	脆皮叉燒雞 手抓飯 烤蘆筍	熏魚三明治 手工切薯條 涼拌卷心菜	慢烤燒烤排骨 美味烤豆 炒布魯塞爾豆芽	脆皮羅非魚配熱帶莎莎醬 香菜石灰飯 蒸青豆
特色素食	烤波多貝羅三明治	豆腐薄餅	焗烤千層茄子	燒烤豆腐小三明治	蔬菜墨西哥烤餅
湯	切達乾酪花椰菜 雞肉麵	佛羅倫斯雞肉飯 豐盛的蔬菜	牛肉蘑菇大麥 咖哩番茄扁豆	豌豆 兩豆辣味肉豆	花椰菜切達乾酪 義大利蔬菜湯
甜點	焦糖山核桃杯子蛋糕 草莓水果蛋糕百匯 糖餅乾	藍莓糕餅杯子蛋糕 薑味米布丁 雙層巧克力塊餅乾	香蕉巧克力片杯子蛋糕 奧利奧布丁百匯 素食燕麥餅乾	紅絲絨奶油起司杯子蛋糕 花生醬派 巧克力豆脆片餅乾	香草彩糖杯子蛋糕 香蕉布丁百匯 M&M餅乾

圖 8-3　大學用菜單樣本（資料來源：索迪斯餐飲服務管理）

人物簡介

崔莉．瑟米尼亞 (Cherry Cerminia)

索迪斯公司營養師暨總經理

我是索迪斯公司的一員，負責餐飲服務計畫營運作業的註冊營養師暨總經理。索迪斯公司與擁有 1 ～ 12 年級的學校簽約，將來管理該校的食物及營養計畫。

這是一項計畫，包括五棟建築與 4,000 名學生的營運作業。索迪斯對學校的服務向來領先全國，提供支援教育過程的餐飲及設施管理解決方案。從營養教育到監控空氣品質，我們的努力使學生和教職人員能持續在最佳狀態下發揮他們能力。

每天，索迪斯公司為超過 400 個院校提供所需要的服務。我們的專業讓學校主管能專注在教育方面的領導活動上。

一項無可比擬的優點是，我們所採取的合作方式，向來能節省經費。我們的計畫都經過考驗，而且成果確鑿。索迪斯公司的餐飲與設施管理解決方案改善了我們所服務的學生、教職員及社區的生活品質。

身為這項營運作業的總經理，我一天的工作內容包括：僱用、訓練及管理員工；訂貨、庫存；管理預算、製作財務報表；準備菜單、製作及營養管理。根據美國農業部 (USDA) 對各年齡層特殊需要所設定的營養規範下，進行學校餐點作業。我們提供早餐和午餐，並在教室或午餐室提供營養教育，我們還關注其他領域，包括符合食品安全管制系統 (HACCP) 規範的食物安全，以及員工和顧客的人身安全。我們每年都接受美國國家衛生基金會 (National School Foodservice，NSF) 的稽核，還有一年至少兩次郡立衛生局的稽核。

身為一名管理者，客戶服務是我每日例行工作中極為重要的一部分。雖然顧客是受制 (captive) 的一方，但他們身為我們的顧客這點並不會改變。

我們將學生、教職員、學生家長及行政階層視為我們的顧客。如果我無法訓練手下員工重視自己這方面的工作表現，我們將會損失收入，甚至會失去整筆生意，讓某個被認為能提供更佳服務的承包商獲得合約。

能夠為位於賓西法尼亞州的潘恩李奇藍學院 (Pine-Richland School District) 提供餐飲管理服務，實在是非常愉快的經驗。學生們對自己所食用的食物非常感興趣，他們很享受用餐時段，也期待優質的服務。許多受到良好管理、訓練有素而抱持熱誠的員工在潘恩李奇藍工作。所有的這些因素都有助於本公司達到如此成功的境界。

.inc 企業簡介

艾瑪客 (Aramark)

1950年代，同樣從事自動販賣業的戴夫．戴維森 (Dave Davidson) 和比爾．費許曼 (Bill Fishman) 發現他們有共同的夢想和希望——想將自動販賣業轉變成一種服務，並將它與餐飲服務結合。這兩名企業家聯手成立第一家真正的國內自動販賣與餐飲服務公司。美國自動販賣家 (Automatic Retailers of America, ARA) 在1959年誕生，費許曼和戴維森擁有能加以擴張的管理技術、資本及專業。他們做到了——愛瑪客是世界上提供高品質餐飲管理服務的領導企業。它的營運範圍涵蓋全美50州及其他18個國家，提供非常多元而廣泛的服務，對象包括各種規模的企業、數千所大專院校、醫院，以及市、州、聯邦級政府設施。每天，他們在世界各地超過500,000個地點為數百萬人提供服務。愛瑪客對服務品質管理的重視從展開作業的第一步時就清楚可見。當愛瑪客進入新市場時，會對當地最佳管理公司先進行研究調查再加以併購，並說服重要主管留任該公司。

愛瑪客的營業宗旨為：「我們是追求卓越的專業服務組織。」

1. 我們以發展並維持領先地位的方式，透過參與及支持我們最有價值且與其他企業有所區隔的資產——我們員工的卓越能力、承諾及創造力。
2. 我們透過以卓越服務、夥伴關係及共識為基礎而建立關係，為我們的客戶及顧客提供世界級的經驗、環境及成果。
3. 我們讓我們的客戶得以了解到自身核心任務所在，此外我們會先預估需求為何，再超越顧客的期望。方法是將我們擁有的專業——餐旅、食物、設施及制服——服務技術致力於完成客戶所在機構的目標及優先任務。
4. 提供一個建立在榮譽感、正直及尊重之上的全球公司，其在業務、所得及現金流量上的永續性、獲利性成長，我們為愛瑪客的所有股東——我們的員工、客戶、顧客、社區及股份持有者——創造長期價值與把握最佳機會。

愛瑪客開始多元發展的過程，並持續將它所提供的服務項目種類更加擴充。在每個層級上都注重管理技巧，特別是在當地層級，使愛瑪客擁有一項無價資源。事實上，在每次併購中，當地主管會被鼓勵及獎勵成為具有多項專業能力的企業家。這種外包方式，簡單來說，就是公司將最佳管理技巧應用在公司，藉以達到多元化目標的所有業務領域中。

愛瑪客的營運項目包括：

1. 餐飲、休閒與支援服務：該公司為商業、教育設施、政府及醫療機構提供食物、特製點心、飲食服務及營運支援。愛瑪客也在國家公園及其他為公眾服務的遊憩設施內管理食物、住宿、餐旅及支援服務。
2. 醫療服務：愛瑪客為醫院與醫療服務提供專門的餐飲管理服務。它們維護價值50億美金的醫院設備，提供1,300間醫院及養老院，總計400,000個床位的服務。
3. 教育服務：愛瑪客專精於提供學齡前與學

齡教育服務，與 1,400 所以上的教育機構合作，為超過 700 萬名學生提供服務。

4. 商業與產業界服務：愛瑪客為數千個產業界客戶提供服務，包括在 50,000 個地點提供辦公室點心。

5. 制服服務：該公司是美國最大的制服及工作服裝服務提供者，對象幾乎包括所有類型的機構。至少有 300 萬名顧客使用愛瑪客所提供的制服與工作服裝服務。

愛瑪客創設了一個創新中心，為企業提供研究、設計，以及產品開發的資源。一項有趣的成果是為學生設計一個「酷 (cool)」地方用餐，跟以往老式運動風用餐場所不同。

愛瑪客成功的在單一目標、大原則下管理多元化區塊的概念，這個目標就是成為「全球餐飲管理服務的領導者」。這家年收入超過 110 億美金的公司，儼然成為所有涉足領域中的市場領導者之一，而且正處於一個讓市場還能更進一步成長的理想位置。身兼董事會主席及執行長的喬瑟夫．紐包爾 (Joseph Neubauer) 明白這點：「前方旅程的光明願景，給予我無限能量。」

資料來源：由愛瑪客提供

自我檢測

1. 說明小學餐飲服務與中學餐飲服務的差異。
2. 列舉出三個大專院校餐飲服務作業。
3. 與餐廳經理相比，成為大專院校餐飲服務經理有什麼優勢？

8.5 醫療設施

學習成果 5：描述醫療市場的餐飲管理。

醫療餐飲管理服務作業特別複雜，因爲必須滿足身體虛弱的顧客群各種不同需求。醫療餐飲管理服務是提供醫院病人，需長期照顧的住院病患、探病者及醫院員工。這些服務以餐盤、自助餐廳、餐廳、咖啡廳、外燴及自動販賣等形式提供。

醫療餐飲管理服務所需面對的挑戰，是爲非常特定飲食要求的病患，提供許多特製餐點，因此，決定哪些餐點必須送給哪些患者食用，並確定該餐點確實送達目的地，對於後勤作業而言是相當大的挑戰。除了病患之外，醫療工作人員也需要在有限時間內（通常爲 30 分鐘），在愉快的用餐環境中，享用一頓營養豐富的餐點。由於工作人員通常連續工作 5 天，因此經理必須在開發菜單與餐點主題上發揮創意。

醫院餐飲服務的主要焦點在於餐盤作業線 (tray line)。一旦所有特製餐點要求都已由註冊營養師制定好，作業線就會被設置起來，各個菜單上會以顏色代碼標明各種飲食要求。作業線以放上餐盤爲開始，擺上襯墊、刀叉、餐巾、鹽和胡椒，也許再加上一朵花。隨著餐盤沿著作業線前進，菜單上各種餐點會依照顏色暗碼所標示的特定病患飲食需求而被擺上餐盤。當然，每份餐盤都會經過再三確認，如在餐盤作業線結束端先行確認過後，到達醫院樓層時會再行確認。作業線通常以每分鐘約 5 盤的速度按照樓層依序製作，依照這種速率，一座有 600 個床位的大型醫院能在 2 小時內完成上餐作業。這對員工而言相當耗時，因爲一天三餐就表示需要 6 小時的作業線時間。由此可以清楚得知，醫療餐飲服務屬於高度勞力密集作業，人事費用就占了營運花費的 55% ～ 66%。爲了維持低成本，許多業者增加自助式餐飲檯、自助餐、沙拉吧、甜點吧，以及餐具與調味料吧的數量。他們也致力於透過外燴和零售上的革新來增加收入。在某些市場中，病患數量和住院時間逐漸減少，此問題突顯創造收入的新方式之重要性。根據前十大自營醫院的資料顯示，屬於基本服務區之一的自助餐廳，是醫院產生收入的最大機會[15]。

醫院餐飲服務已演進至另一階段——對新收入來源的需求，使許多機構內傳統上對病患和非病患提供餐飲服務的比例產生改變。這種情況是受到聯邦政府的外力影響，因爲聯邦政府對醫療費用核退範圍加以縮減，原本一所典型急性病症治療設施的餐飲服務預算有 66% 用於病患餐點，其餘部分才分派給員工及訪客。在過去幾年中，隨著現金業務日漸重要，66% 對 33% 的比例已經顛倒過來。

醫療業經理一向善於隨機應變，例如任職於俄亥俄州米德爾堡高地西南綜合醫院 (Southwestern General Hospital) 的桃莉．史純柯 (Dolly Strenko) 就開創出醫學購物中心 (medical mall) 這項概念。該中心內設有藥品零售店、花朵禮品店、精品店，並備有展示烘烤過程烤箱的麵包店；另外，還有一家擁有 112 個座位的熟食餐廳，它不只爲鄰近醫學辦公室提供外帶服務，還兼營婚禮喜宴、猶太成年禮及其他宴會之外燴服務。桃莉聘用一名畢業於美國廚藝學院的行政主廚，在提升烹飪水準上亦有所貢獻。

專家們同意，因爲經濟壓力倍增，餐飲服務經理必須以更高科技方式，結合節省人力的眞空調理食品 (sous-vide) 與烹調冷凍食物法 (cook-chill methods)。餐飲業界此一區塊目前由自營式餐飲管理服務主導，未來合約式專業公司，如索迪斯、金巴斯 (Compass) 及愛瑪客等，將持續增加市場占有率，瓜分自營式醫療餐飲管理服務業的市場。其原因之一，在於較大型的合約公司，擁有因量大而帶來的價格優勢。此外，在大批採購、菜單管理及營運系統上也有更細膩的處理方式，有助於降低食物及人事成本。技術性的獨立餐飲服務業者擁有一項優勢——能夠在不須牽連到層級繁複的地區性及公司員工的情況下，立即進行改變。

另一項醫療餐飲管理服務趨勢是大型連鎖速食店的到來。麥當勞 (McDonald's)、必勝客 (Pizza Hut Express)、漢堡王 (Burger King) 及 當肯圈圈餅 (Dunkin Donuts) 等，只是大舉進軍合約式餐飲管理服務業的大型企業中幾個例子而已，採用具有品牌知名度的速食界領導業者，對合約式餐飲服務業者及連鎖速食業者而言，是雙贏局面。正如一名業者所言：「新加入的麥當勞能成爲未來員工人選的訓練場所，可爲我們人事需要所用的潛在資源。我們工會的規模，有可能吸引一些『跳槽者 (cross-overs)』加入，它的品牌形象也有助於餐飲服務作業的整體零售。」

對連鎖業者而言，長期租用比商業型餐廳地段低廉許多的場所，是有利之舉。連鎖業者對醫院員工規模、病患及訪客數進行評估，以決定將設置多大規模的分店。到目前爲止，他們發現平日午餐和晚餐營業情況不錯，但週末的數字則令人失望。

餐飲服務人員殷勤將食物運送給病患。

與此相比，幾家醫院則正引入披薩外送業，他們設置好電話和傳眞訂購專線，並僱用兼職人員外送下廚房製作出來的披薩。這種現象與對客戶服務的逐漸重視有密切關係。如今，爲病患製作的餐點，以「舒服的食物 (comfort foods)」爲特色，其所根據的概念是：越簡單的食物越好。因此，絞肉捲、陶鍋烤派、馬鈴薯燉肉及鮪魚沙拉等，再度成爲熱門餐點，有助於顧客滿意度的增加，讓他們感到宛如在家用餐般舒服自在。

老年人

超過 4,000 萬已退休或即將退休人員的市場，主要的服務商，在這年長者的市場中，創造他們的知名度，提供建物、營養和餐飲服務。

以索迪斯 (Sodexo) 的居民就餐計畫為例，該計畫被認為是個永續發展的機會，提供居民愉快、有益的社交環境，如「上餐桌」，這是一個概念，其特點是移動的自助餐推車，讓美味的食物達到視覺化的效果，並可以感受到食物的香氣，進而增強用餐體驗。還有新菜單品嚐會、動手創作、鄉村商人、甜蜜的家、廚師舞臺中心、吃幾口、家中的食譜、選擇的精神、感知、與廚師一起用餐、在鎮上等主題。

.inc 企業簡介

金巴斯集團 (The Compass Group)

金巴斯集團 (Compass Group) 是一家頂級的餐飲服務公司「鑒於對餐飲服務的未來觀察，餐飲服務將會是提供顧客和客戶，健康生活及成長的整體體驗。」[16] 這家公司年營收 199 億英鎊，其員工在全球 50 多個國家超過 50 萬人。金巴斯集團 (Compass Group) 開發天然食物及餐飲服務解決方案，給工作場所、會議場合、比賽場、體育館和競技場、學校和學院、醫院；還有休閒、外出或偏遠地區的人們。金巴斯是提供餐飲服務組合的品牌——提供一致性、認可度、質量和價值。它的策略是使品牌更具吸引力，進而產生更多的客戶，從而改善在餐飲服務的商業報酬。其品牌包括 World Marche、Profiles 和 Steamplicity——源於新的概念，運用簡單的活門裝置，蒸煮已預先準備好的新鮮食材，在幾分鐘之內即可滿足各個客戶的需求。Steamplicit 改善營養含量、增加營養的選擇、提供營養的服務，並且降低成本。上述的這些品牌和知名連鎖品牌 Caffe Ritazza、Upper Crust 及 Harry Ramsden's 齊名，且遍及市場各個領域，並提供相當的彈性以符合不同的需求。金巴斯的美國合夥人，與美國烹飪學會和餐館協會共同努力培育創新的餐飲並提供給客戶。另外，金巴斯美國已被《富比士》雜誌評為美國前 500 最佳雇主之一，也被《財富》雜誌選為改變世界的 50 家公司之一。[17]

自我檢測

1. 為什麼大部分的企業會與餐飲管理服務公司簽訂合約呢？
2. 聯絡人須負責什麼工作內容？
3. 列舉出商業與產業界市場的餐飲管理服務三個趨勢

8.6 商業與產業界

學習成果 6：**描述商業與產業界市場的餐飲管理服務。**

商業與產業界 (Business and industry, B & I) 餐飲管理服務是餐飲管理服務業界最充滿活力的區塊之一。近年來，商業與產業界餐飲服務的形象已有相當改善，變得更多彩多姿，提供與商業型餐廳水準不相上下的菜單內容。

商業與產業界的餐飲服務，有一些重要詞彙必須了解[8]，如承包商、自營商、聯絡人。

1. 承包商 (contractor)：以合約爲基礎，爲客戶經營餐飲服務的公司。大部分會與餐飲管理服務公司簽訂合約的企業，本身屬於製造業界或其他服務業。因此，它們聘用專業餐飲管理服務公司來經營自己的員工用餐設施。

2. 自營業者 (self-operator)：自行營運本身餐飲服務作業的公司。在某些情況中，採取此種方式的原因在於控管公司本身的作業較為容易；舉例而言，為了遵守特殊營養或其他飲食要求而須做的改變會較容易進行。

自助餐廳提供多元且豐富的菜色，讓員工有更多選擇。

3. 聯絡人 (liaison personnel)：聯絡人須負責使承包商充分理解公司方面的企業哲學，並監督承包商，以確保對方遵守合約內容。

在商業與產業界的餐飲服務市場中，承包商占有率約為 80%，剩下 20% 則屬於自營業者，但趨勢顯示越來越多餐飲服務作業被立約外包。商業與產業界區塊的規模約有 30,000 個單位。為因應企業縮減規模及搬遷位址，商業與產業界提供較小單位的餐飲服務，而非大型全套式自助餐廳。另一項趨勢，為了能夠收支相抵，在某些情況下，還要獲取利潤。多家公司租用同一棟大樓的情況出現，形成一種有趣的轉變，因為這些公司可能共同使用同一項中央設施。然而，在現今動盪混亂的商業大環境下，商用辦公空間的空屋率仍相當高，導致在多家公司租用的辦公大樓內，需要商業及產業界餐飲服務的顧客相對減少。結果，有些辦公大樓將空間租給知名商業型餐廳。

商業及產業界餐飲管理服務業者已開始回應企業員工的要求，不只提供披薩漢堡等標準速食餐點，員工們想要有更健康的食物可選擇，如可自選配料內容的三明治、沙拉吧、新鮮水果吧或異國風食物等。大部分商業與產業界餐飲管理服務業者會提供多種類型的服務，服務種類依資金、空間及時間等各項資源而定，通常這些資源都相當有限，意味著大多數作業會使用某種形式的自助餐廳服務。

商業及產業界餐飲服務的特色為全套服務式自助餐廳 (full-service cafeteria)，包含直式作業線、分散或機動式系統；或者為部分服務式的自助餐廳 (limited-service cafeteria)，提供全套服務式自助餐廳中，某些部分的服務、速食、餐車與機動式服務、小型餐廳或主管餐廳。

自我檢測

1. 為什麼大部分的企業會與餐飲管理服務公司簽訂合約呢？
2. 聯絡人須負責什麼工作內容？
3. 列舉出商業與產業界市場的餐飲管理服務三個趨勢

8.7 休閒與遊憩

學習成果 7：描述休閒與遊憩市場的餐飲管理服務。

餐飲管理服務的休閒與遊憩區塊，可能是餐飲服務業界工作最獨特且最有趣的部分。休閒與遊憩餐飲服務作業包括體育場 (stadiums)、圓形劇場 (arenas)、主題樂園 (them park)、國家公園 (national parks)、州立公園 (state parks)、動物園 (zoos)、水族館 (aquariums)，以及會為大量人群提供餐點及飲料的場所。顧客通常在趕時間，因此本區塊餐飲服務的一大挑戰即是：要在極短時間內提供餐點。例如一般職業運動賽事中，實際進行比賽的時間只有 2 ～ 3 小時。

此區塊餐飲服務之所以獨特有趣，正在於有機會參與一場職業運動賽事、一場搖滾演唱會、一場馬戲團表演，或在一般體育場或圓形劇場中舉行的活動。此外，如果你偏好置身於美麗的大自然中，也能選擇在國家公園或州立公園內工作。群眾的嘶吼和活動的亢奮氣氛使這類地方成為非常刺激的工作場所。想像一下！你是要收錢去看超級盃比賽 (Super Bowl)，還是想付錢去看呢[9]？

一、體育場服務據點

休閒與遊憩設施內，通常有好幾個提供食物及飲料的服務據點。在典型的體育場內，小販會朝攤位內的球迷們大叫：「嘿！過來拿你的熱狗。」而在外面廣場上，球迷則從特許營業攤位上取得食物和飲料，這些攤位提供各式各樣餐飲，從熱狗漢堡到當地食物都有，如費城的起司牛排三明治 (cheese steak sandwiches)，以及巴爾的摩的蟹肉三明治 (crab cake sandwiches)；另一個取得食物的地點是餐廳，大部分體育場會為其闢一特別區域，但在某些情況中，球迷必須是該餐廳會員，在某些情況中，他們可以購買特殊票，有權使用該設施。這些餐廳跟其他餐廳大同小異，還提供一個不受阻礙的視野，觀看比賽。

另一個主要服務據點是在頭等座位區提供餐點和飲料，這類區域稱爲超級廂 (super-boxes)、包廂 (suites) 或天際廂 (skyboxes) 等。這些頭等座位區通常被企業租下，用以款待公司貴賓及客戶，每一個包廂中，顧客都能享用餐點和飲料。這些設施能容納 30 ～ 40 名顧客，且通常有一區專門擺設自助式餐飲，另有座位區供顧客觀看比賽或其他活動。在一個大型戶外體育場內，頭等座位區設施可能多至 60 ～ 70 個。

在一個大型體育場或圓形劇場內，攤位小販、特許營業單位、餐廳或頭等座位區，可能同時處於運作狀態，服務 60,000 ～ 70,000 名球迷，爲了提供這麼多人餐飲，餐飲服務部門必須進行龐大的規劃及組織作業，與許多這類體育場及圓形劇場簽約的公司，大多爲愛瑪客、Fine Host、索迪斯、金巴斯集團、Wood Company 或 Delaware North。

二、其他設施

除了體育場和圓形劇場之外，爲體育場提供服務的這些大型餐飲管理服務公司，也在其他類型設施中提供餐飲服務。美國國家公園大多立約包給這些公司，這些公園設有飯店、餐廳、點心吧、禮品店，以及提供無數其他服務，讓觀光客能把錢花掉的服務營業單位。除了這些公園之外，其他提供餐飲的場所，還包括動物園、水族館、網球賽 (如於紐約舉行的美國公開賽)，以及 PGA 高爾夫球賽等，這些賽事全都有大量人群參與。舉例而言，一場 PGA 比賽含練習時間在內總共持續一週，每天多達 25,000 觀衆到場觀賞職業球員比賽。這些競賽活動跟體育場及圓形劇場情況類似，它們也包括了特許營業攤位，爲球迷提供的餐飲區，以及爲特殊宴會與企業顧客設置「企業篷區 (corporate tents)」。

三、優點與缺點

從事餐飲服務工作有幾項優點，包括享有獨特機會觀賞精彩刺激的職業或業餘運動比賽，聽聽「群衆的吶喊 (roar of the crowd)」，置身於風景秀麗的郊外，享受大自然，爲賓客或球迷提供各式服務，以及有一套固定班表。

餐飲服務工作的缺點，則包括需要在短時間內服務數量非常龐大的群衆，時間排在週末、假日或晚間的班表，缺乏人際互動的服務方式，食物較缺乏創意，季節性的員工，以及一份有淡旺季之分的班表。

休閒及遊憩餐飲服務是餐旅業中非常刺激且獨特的服務，提供從業人員一些與標準飯店或餐廳類工作大不相同的機會。隨著當今國內各地紛紛建造新體育場和圓形劇場的趨勢漸增，此區塊提供了許多新職缺。

自我檢測

1. 列出三個地點有關休閒與遊憩市場的餐飲服務。
2. 休閒與遊憩餐飲管理服務廠商面臨的主要挑戰是什麼？
3. 列舉四家簽署餐飲管理服務公司的體育場及圓形劇場。

永續管理服務

醫院餐飲服務主管經常說，在他們的自助餐廳中給予健康的選擇是部門的關鍵任務，但是許多營運者很快補充說，他們也會提供所謂的不健康選擇，來防止參與度和收入的下降。然而，芝加哥拉比達兒童醫院的餐飲服務總監拉奎爾．弗雷澤（Raquel Frazier）卻沒有這麼多奢望，醫院行政部門授權她讓自助餐廳達到100%健康選擇。20 為了符合新的營養準則，食品中不能超過450卡路里，其中脂肪10公克或飽和脂肪3公克，並且必須至少包含3公克纖維。此外，所有食品的營養信息，都必須張貼在菜單上和服務點上。 結果：大多數員工報告他們的體重減輕並遠離肥胖，帶來了更健康的生活方式。[21]

個案研究

瓦斯外洩

一家採用餐飲管理服務的大型企業客戶設有廚房，其設備包括幾座瓦斯爐、電爐、烤箱、燒烤設備、蒸煮設備、烤肉設備等等。該廚房平均供應500份午餐。12月某一個星期二上午10點15分，一陣瓦斯外洩使得瓦斯公司停止供應瓦斯。

問題討論

可採取哪些措施，提供最佳午餐食物與服務？

餐飲管理服務的發展趨勢

大體上，幾位經理都提到必須試圖在高升的成本和更加緊縮的花費之間取得平衡。

1. 奧克拉荷馬州立大學餐飲服務中心經理彼爾．瑞岡 (Bill Rigan) 指出兩項主要挑戰：「來自膳宿計畫業務的收入降低，再加上如食物和用品等成本的增加。」處理這些挑戰的方式，是接受這項現實，因為無法改變用品或員工時薪，所以，必須把採購可能獲得的效益提到最高。同時善加利用「拼湊式 (scratch)」烹調法、便利食品 (convenience foods)，以及更有效率的人力排班。
2. 瑪莎．威莉絲 (Martha Willis) 是庫克斯維爾市田納西科技大學 (Tennessee Technological University) 的餐飲服務總監，她將入學人數減少，以及州政府降低補助額視為挑戰。這就意味著她必須削減服務規模，努力創造出更高業績。因此，瑪莎試圖採用兼職人員及打工學生來填補正職人員的方式達成此目標。因不須負擔正職人員福利費用而省下的金額可能高達一名人員薪水的 30%。
3. 新鮮健康的飲食。
4. 展示式烹飪。
5. 與健身計畫結合來計算卡路里。
6. 健康生活計畫。
7. 提供消費者營養相關新聞信息。
8. 健康的零食計畫。
9. 永續努力計畫，例如重複使用隨身攜帶的容器和杯子，以減少垃圾掩埋場的保麗龍塑料廢物。
10. K-12 餐飲服務是一趨勢，讓學校僱用專業人員。
11. 對於年老者的照顧趨勢是藉由提供健康生活方式、健康計畫、活動和禮賓服務來擴大服務範圍。
12. 增加校園卡的使用（讓餘額遞減或減少簽帳金融卡）。
13. 增加外帶食品，例如在舉行體育活動之前。
14. 在好的位置增加手推車的使用。
15. 餐飲服務管理者面對需求與衝突：對學生而言，在方便的地點，購買更多的新鮮食品；對管理者而言，如何在現有資源創造更多收入。
16. 24 小時餐飲服務。
17. 增加醫療保健和護理之家業務。
18. 品牌概念的擴散於所有管理服務領域中，含軍事、學校和大學、工商業、醫療保健和機場等。
19. 在管理服務部門的每個區隔中開發家庭餐替代方案，以增加收入。
20. 增加新鮮產品的使用量。
21. 保健食品服務正在推動實施顧客服務標準，這些服務標準是根據飯店的顧客服務標準而訂。

廚房大混亂

珍是一位校園用餐服務的餐飲服務總監，該服務供應一天三餐，每餐提供 800 名學生食物。珍在上午 7 點抵達辦公室（在早餐開始前半小時），發現有許多問題等著她。

聽完電話留言後，她得知除了早餐收銀員請病假外，兩名在早餐時段負責餐具清潔室的員工中，也有一名請病假。除了收銀員是不可或缺的，而在早上 8 點 15 分也需要第二位負責餐具清潔室的員工，因學生離開餐廳去上早上 8 點 30 分的課。

聽完電話留言後不久，行政主廚告訴珍，廚房內兩個走入式冰庫中，有一個並未正常運作，因此有些食物溫度已超過華氏 40 度的安全儲存溫度。專門負責沙拉吧的工作人員稍後也來找她，告訴她三臺製冰機中有一臺發生故障，會沒有足夠冰塊讓沙拉吧保持冰涼，也不夠午餐時準備冷飲之用。

最後，外燴主管告訴珍，他剛剛發現供應高級甜點的麵包店記錯時間，事件是某大專校長在當天舉辦的一場午餐會，預訂了甜點，卻因麵包店員工寫錯送交日期，因此甜點不會準時送到，讓校長非常生氣。

問題討論

1. 珍應該如何處理早餐時刻短缺一名收銀員與一名清潔人員的問題？
2. 珍如何處理未正常運作之冰箱中的食物？經過測量已超過華氏 40 度的食物是否該被留下？
3. 對於冰塊短缺問題，珍能夠如何應變？
4. 在知道校長所要求的甜點並沒有被送來的情況下，珍該如何處理校長的餐會？
5. 如果特製甜點無法及時購得，外燴主管跟校長辦公室聯繫時，應該如何著手處理這項情況？
6. 能採取哪些措施以確保這些錯誤，如麵包店員工犯下的錯誤，不會再度發生？

職場資訊

餐飲管理服務領域內的管理工作，提供大學畢業生非常多樣化的機會。此類型工作有一項很大優點是，因為工作環境的結構化特性，身為一名經理，對自己的時間有更大掌控力。機場、學校、醫療餐飲服務，還有大專院校餐飲，通常是以一套根據菜單循環而排定的班表進行工作，除非監督一場宴會活動或特殊餐會，否則根本無需在晚上加班。在學校的教育類環境中，暑假和其他學校放假時段，也讓經理有時間進行其他計畫或渡假休息。

如果你想從事餐飲管理服務工作，是這些領域中少數還能享有生活品質的工作，這一點在餐飲服務業並不多見。此類型工作的缺點之一在於，你很少或沒有機會跟客戶建立人際關係。跟客戶間的接觸減少，意味著來自顧客的認可和肯定也往往有限。

軍隊餐飲能提供一種更具餐廳或俱樂部導向的職涯發展。以平民身分為軍隊工作，意味著具競爭力的薪資、極佳福利及旅行的機會。

商業及產業界餐飲是公共機構餐飲服務中最多樣化的職業區塊。職缺可出自這個業界的所有面向。工作時間通常較長，但仍在規定內，而且獲得分紅和升遷的潛力也較大。

公共機構餐飲服務正呈現空前的成長，成為一個營業額高達數十億美金的產業，已經擴張到包含餐旅業之外的服務，例如體育場管理維護、守衛服務或自動販賣機業務，圖 8-4 顯示餐飲管理服務業的可能職涯發展。

餐飲管理服務的職涯發展

1. 餐飲服務副總監：薪資介於 32,000 ～ 39,000 美金之間，再加上可能高達薪資 30% 的津貼，另外還包括退休金。若你已在多種餐飲服務作業或擁有經驗，一畢業後你就可能獲得此類型職位，也可能你會轉到一個更大型企業或服務不同類型的客戶來增廣經驗和知識，再往下一階段發展。
2. 餐飲服務總監：薪資介於 40,000 ～ 60,000 美金之間，再加上津貼。很可能你會以某一個客戶為開始，幾年後再轉移到另一個更大的客戶。
3. 總經理：薪資介於 60,000 ～ 80,000 美金之間，再加上津貼。在某家公司任職數年後，很可能你也許會轉移到另一個規模更大的公司。例如，你可能原先為一個 400 萬美金的客戶擔任總經理，之後轉到一個 1,000 萬美金的客戶處工作。
4. 區經理：薪資介於 85,000 ～ 100,000 美金之間，再加上津貼。區經理會負責好幾位客戶，其他職責包括提出企劃案以獲得新客戶，以及和顧客協談合約。

醫療餐飲服務屬於高度勞力密集作業，人事費用就占了營運成本的 55% ～ 66%。

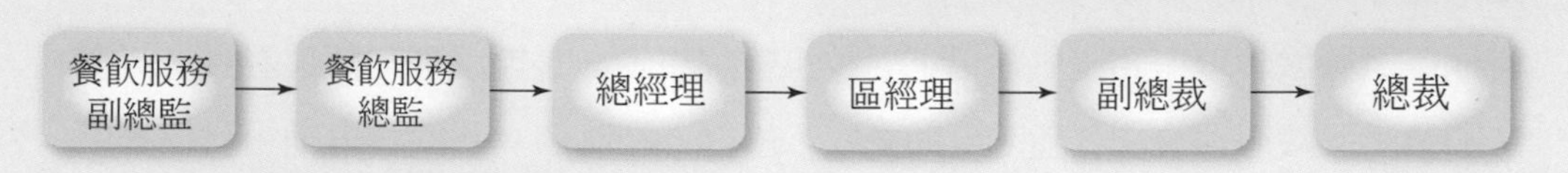

圖 8-4 餐旅服務業中餐飲管理服務區塊的可能職涯發展

本章摘要

1. 餐飲管理服務爲下列的機構提供食物服務，如航空公司與機場、軍隊、學校、醫療機構、商業與產業界、休閒與遊憩及銀髮族中心等，餐飲管理服務的挑戰在於使客人和機構愉悅，客戶可能多爲長久且不易變動的客戶。
2. 餐飲管理服務生產大量食品，擁有相當穩定的業務量來自商業客戶，並且可以爲員工提供比商業餐飲服務更好的工作時間和福利。
3. 航空公司要求以低廉的價格提供更好的食物，食物必須能夠承受較長的加熱或冷保存期，而外觀和味道仍舊誘人，可裝在托盤上，並且可微波烹飪。從物流上來說，準時的且正確地運送食物至每架飛機是一項艱鉅的任務。
4. 當航空公司減少了機上餐飲服務時，機場餐廳開始接下這項業務，而連鎖餐廳間接變成機場餐飲的承辦商，供給機場食物。
5. 軍事食物服務銷售額每年超過60億美元。供應軍事人員伙食，包括軍隊伙食、軍官會所、食堂、軍事醫院及野戰場，越來越多軍官會所外包給餐飲服務管理公司，重點正在改變，變成較爲休閒方式。午餐和晚餐只有一個菜單，而速食連鎖店正逐步在軍事基地中開店，野戰部隊大多吃即食餐。
6. 現今，每天約有3,050萬名兒童，在98,000所學校，食用早餐、午餐或兩者兼。每年的成本約爲130億美元，最主要的挑戰是平衡成本和營養，學校餐飲服務的餐點準備和服務形態各不相同，一些學校有現場準備食物的廚房，以及提供食物的飯廳。許多大型學區都有一個中央廚房部，負責準備飯菜，然後將其分配給該學區的學校，或者有些學校購買即食飯菜，在學校組合即可。大專院校食物服務業務，包括宿舍、體育館、會議、食堂、學生會、教師會所、便利店、行政餐飲和外部餐飲。
7. 校園內餐飲對於餐飲服務管理人員來說是一個挑戰，因爲客戶住在校園裡，且大部分在其中一個校園餐飲設施中用餐，學生可能會感到無聊，因此大多數校園餐廳都提供周期性菜單，按表定時間輪換。與餐廳經理相比，大學餐飲服務經理有較寬裕時間來編預算、規劃和有條理組織。校園用餐的趨勢，包括可在校園內外使用的學生用餐卡概念、美食廣場和健康餐方面。
8. 醫療保健餐飲管理服務提供給以下對象：醫院患者、長期護理、幫忙看護、清潔的人、訪客和員工。該服務會由托盤、自助餐廳、飯廳、咖啡店、餐飲和自動售貨機提供。醫療保健餐飲管理服務的挑戰，是爲有特定飲食要求的患者提供許多特殊飲食。
9. 確定哪些餐點需要送給哪些患者，並確保到達目的地，需要特別相當的後勤管理能力。除患者外，醫護人員要在有限的時間（通常為30分鐘）內，在宜人的環境中享用餐點，由於員工通常連續工作五天，因此餐飲經理必須在開發菜單和餐飲構想上具有創造力。而飲食服務會循著有顏色托盤動線進行。

10. 醫療保健餐飲管理服務的趨勢，包括醫療商場、高科技烹飪方法和快速服務鏈。
11. 對4,000萬退休人員，或即將退休的人，主要的服務提供商已出現，為銀髮族提供居住、營養及餐飲服務。
12. 大多數公司(80%)與餐飲管理服務公司簽約，因為它們本身從事製造業或其他服務行業，所他們聘請專業的餐飲管理服務來負責員工的餐飲。其他公司經營自己的餐飲服務業務(20%)。趨勢是更多外包的餐飲服務，以及較小的餐飲服務單位和更健康的食品選擇。
13. 休閒與遊餐飲服務管理作業對象，包括體育場、競技場、主題公園、國家公園、州立公園、動物園、水族館，以及其他大量人潮提供食物和飲料的場所。客戶通常很匆忙，因此餐飲服務管理部門的最大挑戰，是在非常短的時間內提供其產品。

重要字彙與觀念

1. 美國烹飪聯盟 (American Culinary Federation, ACF)
2. 批量烹調 (batch cooking)
3. 商業與產業界 (Business and Industry, B&I)
4. 商業型餐飲服務 (commercial foodservice)
5. 承包商 (contractor)
6. 每日費率 (daily rate)
7. 防止食物中毒 (Food-borne illness, FBI)
8. 聯絡人 (liaison personnel)
9. 餐飲管理服務 (managed services)
10. 即食餐 (Meals ready-to-eat, MRE)
11. 國家學校午餐計畫 (National School Lunch Program, NSLP)
12. 全國大專院校支援服務協會 (National Association of College Auxiliary Services, NACAS)
13. 全國 (National)
14. 營養教育計畫 (nutrition education programs)
15. 自營業者 (self-operator)
16. 餐盤作業線 (tray line)

問題回顧

1. 說明使餐飲管理服務作業和商業型餐飲服務作業不同的特色所在。
2. 解釋機上餐飲服務的變化，如何影響機場的餐飲管理服務作業？
3. 列出軍事人員的進食地點。
4. 描述目前學校在餐飲服務上所面對的議題有哪些？
5. 簡單說明醫療餐飲管理服務作業所面臨到的複雜挑戰。
6. 哪種類型的企業或公司通常有餐飲管理服務？
7. 列出休閒與遊憩市場工作的優劣勢。

網路作業

1. 機構組織：愛瑪客 (ARAMARK)　　網址：www.aramark.com

   概要：據愛瑪客在其網頁上表示，它是「全球餐飲管理服務的領導者」。愛瑪客是一間外包公司，提供各式各樣的服務，從日常餐飲到團體服飾都有。

   (1) 點選「Careers」選項。愛瑪客的每月之星是誰？他或她的職位和責任為何？

   (2) 有哪些特質使他或她成為每月之星？

2. 機構組織：索迪斯 (SODEXHO)　　網址：www.sodexhousa.com

   概要：索迪斯提供全方位的外包解決方案，並且是北美洲餐飲及機構餐飲管理服務的領導品牌。

   (1) 索迪斯提供哪些企業服務？

   (2) 查看你所在區域內有哪些（索迪斯或愛瑪客）工作機會。

運用你的學習成果

1. 以損益表樣本（圖 9-4 所示）為根據，計算出人事成本百分比，算法為「人事成本總額」除以「總營業額」乘以 100。

   請牢記此算式：

$$\frac{\text{人事成本}}{\text{總營業額} \times 100}$$

2. 試想一地區學院內的零售作業，菜單上有一道燒烤雞套餐（內容為燒烤雞胸、炸薯條及一杯 20 盎斯的汽水）。算出食材成本，方法是條列出這份套餐所有必要部分，包括服務。你的成本價格為何？你會將這道套餐售價定為多少以獲得合理利潤？

建議活動

1. 爲一間小學或高中設計一天份的菜單樣本。接著將餐點內容與食物金字塔表，以及每日建議食份表進行比較。你的菜單符合標準嗎？

參考文獻

1. 參考 Sodexo 網站，取自 https://www.sodexo.com/home.html。
2. 參考 Foodservice Equipment and Supplies Magazine，取自 https://fesmag.com/。
3. 參考 Sustainable Foodservice 網站，取自 https://www.sustainablefoodservice.com/。
4. 參 考 FSD Staff, "University of Indianapolis Green Team to the Rescue," Food Service Director，第 22(8) 頁，2009 年 8 月 15 日，第 59 頁。
5. 參考 FSD Staff, "Government Center Cafeteria to Use Bio-Plastic Containers," Food Service Director，22(1)，第 12 頁，2009 年 1 月 15 日。
6. 參考 Foodservice Solutions Website，取自 https://www.foodserve.com/。
7. 與約翰・李 (John Lee) 的私人通訊，索迪斯 (Sodexo)，2006 年 3 月 23 日。
8. 參考 Gate Group 網站，取自 https://www.gategroup.com/。
9. 參考 Conde Nast Traveler 網站，取自 https://www.cntraveler.com/。
10. 參考 Sodexo 網站，取自 https://www.sodexo.com/home.html。
11. 參考 NSLP，取自 www.fns.usda.gov，於 2006 年 3 月 17 日檢索。
12. 參考 Restaurants and Institutions，以獲取更多信息。
13. 參考 United States Department of Agriculture, Food and Nutrition Service, National School Lunch Program,2011 年 10 月，取自 http：/www.fns.usda.gov/sites/default/files/NSLPFactSheet.pdf，2013 年 11 月 24 日檢索。
14. 同上。
15. 此開始部分由 David Tucker 提供。
16. 參考 Compass Website, https://www.compasswebsites.com/，以獲取更多信息。
17. 同上。
18. 同上，約翰•李 John Lee。
19. 同上，大衛•塔克 David Tucker.。
20. 參考 Becky Schilling，"Healthy's Hero," Food Service Director,22(8)，2009 年 8 月 15 日，第 44 頁。
21. 同上

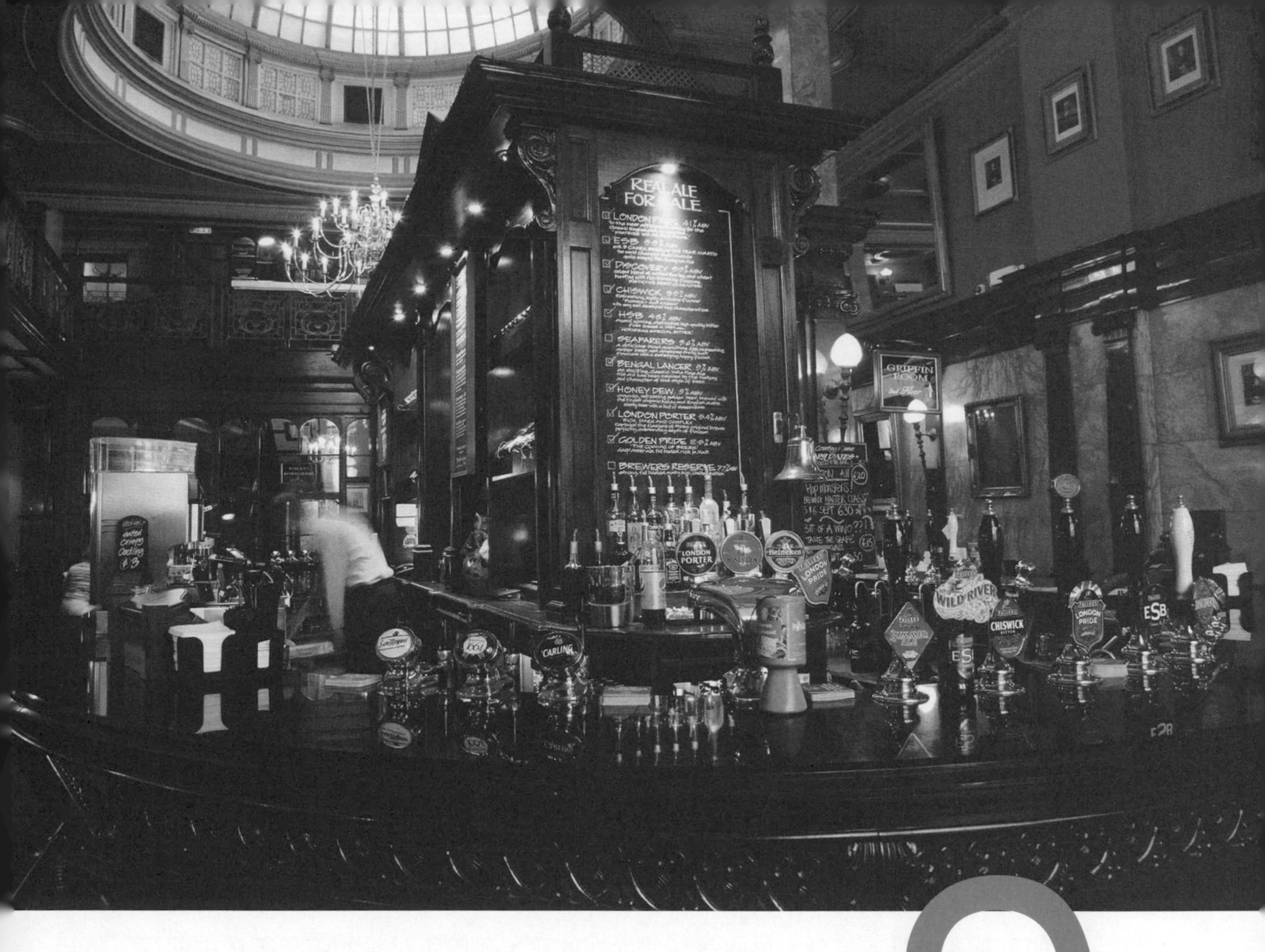

飲料 9

學習成果

閱讀及研讀本章後，你應該能夠：

1. 解釋與餐旅業界相關的葡萄酒的特徵。
2. 解釋與餐旅業界相關的啤酒的特徵。
3. 解釋與餐旅業界相關的烈酒的特徵。
4. 解釋與餐旅業界相關的無酒精飲料的特徵。
5. 討論不同酒吧類型。
6. 說明餐廳在提供酒精飲料方面，所應負之職責。

本章對餐旅業界之酒精飲料及無酒精飲料作一概述。在餐旅業界，飲料是良好的收入與利潤來源。大多數提供飲料的餐廳，特別是酒精飲料，飲料營業額約占總營業額 25%，一旦高於此比例，就會引起當地執法單位的密切注意。利潤佳，但須擔負許多責任，此外，幾項法律問題也必須正視處理——這些部分將在本章後半討論。

全世界都有提供飲料服務的傳統；在不同文化下，人們可能會為訪客提供咖啡、茶或其他飲料，以表示歡迎之意。適度飲用飲料令人心曠神怡，無論是在一場運動後大口飲下止渴，或在餐廳用餐時與朋友小酌皆然。飲料一般區分為兩大類：酒精以及無酒精。酒精飲料進一步可區分為葡萄酒 (wine)、啤酒 (beer)、烈酒 (spirits)；表 9-1 為這三種分類。

表 9-1　酒精飲料

葡萄酒	啤酒	烈酒
無氣泡葡萄酒	**上層發酵**	葡萄/水果
自然葡萄酒	1. 麥酒	穀物
加烈葡萄酒	2. 黑啤酒	仙人掌
加味葡萄酒	3. 波特啤酒（一種黑啤酒）	甘蔗/糖蜜
氣泡葡萄酒	**下層發酵**	
	1. 淡啤酒	
	2. 皮爾森啤酒	

9.1 葡萄酒

學習成果 1：解釋與餐旅業界相關的葡萄酒的特徵。

葡萄酒是將新鮮採收的成熟葡萄榨汁後發酵而製成；其他含有糖分的水果也能製成葡萄酒，例如黑莓、櫻桃或接骨木果實等。然而在本章，我們所討論的將只限於由葡萄所製成的葡萄酒。葡萄酒首先可依顏色來區分：紅酒 (red)、白酒 (white) 或粉紅酒 (rose)。此外，可進一步細分為：淡飲用葡萄酒 (light beverage wines)、無氣泡葡萄酒 (still)、氣泡葡萄酒 (sparkling wines)、加烈葡萄酒 (fortified wines) 及加味葡萄酒 (aromatic wines)。

一、葡萄酒類型

（一）淡飲用葡萄酒

白酒、紅酒或粉紅酒屬於「靜態 (still)」（不含二氧化碳）的淡飲用葡萄酒 (light beverage wines)，這類飲用酒來自世界各地各種葡萄酒產區。在美國，頂級葡萄酒是依葡萄品種來命名，如夏多內 (Chardonnay) 與卡本內．蘇維濃 (Cabernet Sauvignon)。此項做法非常成功，使得歐洲人如今也以葡萄品種和產區為葡萄酒命名，如普依富塞 (Pouilly Fuissé) 和夏布利 (Chablis)。

（二）氣泡葡萄酒

香檳 (champagne)、氣泡白酒 (sparkling white wine) 及氣泡粉紅酒 (sparkling rosé wine) 稱為氣泡葡萄酒 (sparkling wines)。氣泡葡萄酒之所以會產生氣泡，是因酒中含有二

氧化碳，這些二氧化碳可經由自然產生或以機器灌入酒中。最爲知名的氣泡葡萄酒就是香檳，它已經成了慶祝與歡樂的同義字。

十七世紀時，香檳 (champagne) 在法國與英國成爲流行的時尚飲料。香檳原產於法國香檳區，其獨特的綿密氣泡，是最初無意間發現於酒瓶內進行的第二次發酵時所產生，這項過程後來即以「香檳釀造法 (méthode champenoise)」而聞名。

依照法律規定，香檳只能由法國香檳區出產；其他國家出產的氣泡葡萄酒會在瓶身上標明「香檳釀造法 (méthode champenoise)」字樣，以表示該種氣泡葡萄酒是以類似於此的釀造法製造生產。

香賓酒處理方法與服務建議

香檳應平放儲存於溫度介於華氏50至55度之間的環境中。然而，其飲用溫度應介於華氏43至47度之間。將酒瓶放在冰桶中是達到此效果的最佳方式。

進行香檳酒的侍酒服務時，有幾項步驟可達最佳效果：

1. 若酒瓶被放置於香檳酒冰桶中時，瓶身應保持直立，並使細緻的冰塊緊緊包裹著瓶身。
2. 酒瓶應以服務巾包住。將錫箔紙或金屬瓶帽挑開至瓶頸下鐵絲的下方處，該鐵絲確保軟木塞仍封住瓶口。
3. 一手牢牢以45度角斜握住瓶身，將鐵絲解開取下，以一條乾淨服務巾擦乾瓶頸及軟木塞周圍的瓶口處。
4. 以另一手牢抓軟木塞，使它不會飛出。轉動瓶身，輕輕將軟木塞拔出。
5. 軟木塞拔出後，將瓶身保持傾斜約5秒鐘。若瓶身竪直，氣體會衝出並連帶使一些香檳溢出。
6. 應以兩個動作完成香檳的侍酒：將酒倒入杯中，直至泡沫幾乎抵達杯緣，停下並等待泡沫消下。接著倒至四分之三杯滿，倒酒動作即完成。

（三）加烈葡萄酒

雪莉酒 (Sherry)、波特酒 (Port)、馬德拉酒 (Madeira) 及馬莎拉酒 (Marsala) 都屬於加烈葡萄酒，亦即它們都加入了白蘭地或葡萄酒酒精。白蘭地或葡萄酒酒精會爲酒增添獨特口感，將酒清濃度提升到約 20%。大部分加烈葡萄酒 (fortified wine) 都比一般葡萄酒的甜味重，且具有不同的口感和香氣。

（四）加味葡萄酒

加味葡萄酒是經過加烈並以草本植物、植物根部、花朵及樹皮等來增加風味，這些葡萄酒可能屬於甜 (sweet) 或不甜 (dry) 型態。加味葡萄酒也被當作開胃酒，通常於餐前飲用以刺激消化；較爲著名的開胃酒品牌有多寶力紅酒 (Dubonnet red - sweet)（甜）、多寶力白酒 (Dubonnet white

香檳以長形香檳杯 (fluted glasses) 盛裝上酒為佳，長形香檳杯使其熟成香味及氣泡更持久。

- dry)（不甜）、苦艾紅酒 (vermouth red - sweet)（甜）、苦艾白酒 (vermouth white - dry)（不甜）、拜爾酒 (Byrrh - sweet)（甜）、麗葉酒 (Lillet - sweet)（甜）、旁特枚酒 (Punt e Mes - dry)（不甜）、聖斐爾紅酒 (St. Raphael Red - sweet)（甜）及聖斐爾白酒 (St. Raphael White - dry)（不甜）。

二、葡萄酒的歷史

葡萄酒已經有好幾世紀的歷史。古代埃及人及巴比倫人曾記錄下釀造過程，歷史上第一筆關於製造葡萄酒的紀錄可追溯至7,000年前。希臘人從埃及人那獲得葡萄樹，後來羅馬人則將葡萄樹種在被他們所征服的地區，促進了葡萄酒在歐洲的普及。

當時所生產的葡萄酒，並非出自今日的卡本內或夏多內品種。前一年釀製的葡萄酒在相當淺齡 (young) 時即被飲用，喝起來想必酸度非常高，口感以今日的標準而言也非常糟糕。為了彌補這些缺點，人們將各種香料及蜂蜜加入酒中，使這些酒至少可以入口。時至今日，有些希臘和德國葡萄酒仍有添加香料的習慣。

優質葡萄酒的製作，取決於葡萄品種的品質、土壤類型、氣候、葡萄園的整地及釀酒的方法。

要製造出高品質的葡萄酒，取決於葡萄品種是否優良、土壤類型、氣候、葡萄園的照顧，以及葡萄酒的釀造方法。全世界有數千種葡萄在各種各樣的土質及氣候條件下蓬勃生長，不同的植物會各自在黏土質、白堊土質、礫石質或沙地質土壤中茂盛生長。釀製葡萄酒的最重要葡萄品種是歐洲種 (Vitis Vinifera)，出產卡本內．蘇維濃、甘美 (gamay)、皮諾瓦 (pinot noir)、皮諾．夏多內 (pinot chardonnay) 及麗絲玲 (riesling) 等品種。

三、葡萄酒的釀造

釀造葡萄酒有6個步驟：壓碎 (crushing)、發酵 (fermenting)、除渣 (racking)、熟成 (maturing)、過濾 (filtering) 及裝瓶 (bottling)。葡萄在經過科學化測試成熟度、酸度及糖分濃度後，於秋天進行採收；剛採收下來的葡萄，會立刻被運至壓汁室進行除梗和壓碎。

紅葡萄酒的紅色色澤，是在發酵過程中吸收了紅葡萄皮的色素而形成。在完成發酵後，將酒移至除渣槽，使溶解殘存的物質自動沉澱後將之除去，接著再裝入橡木酒桶或是大型的不鏽鋼酒槽內進行熟成。有些較高級的酒會在橡木桶中進行熟成 (aging)，在此過程中增添額外的風味及特質。在整個熟成過程中，紅酒會從木頭中萃取出單寧酸 (tannin)，使酒能夠長久存放。部分白酒及大部分較高級的紅酒，都會在橡木桶中熟成數個月到超過兩年以上不等的時間。其他被放在不鏽鋼酒槽中熟成的白酒，則具有清爽而年輕的風味，往往在熟成幾個月後就裝瓶，以便能立即飲用。

經過熟成之後的酒會進行過濾，使其更爲安定，並去除任何仍殘留在酒中的固體殘渣，這個過程被稱爲澄清 (fining)。之後，葡萄酒就會藉由加入蛋白或是火山灰泥，使其黏附住殘渣沉入大桶底部而加以濾清 (clarified)。經過這道過程之後，就會將葡萄酒裝瓶。

好的（釀造）年分 (vintage) 葡萄酒最好在酒質達到顚峰狀態時飲用，可能是幾年——或甚至再放好幾年後；紅酒到達巓峰狀態的時間通常比白酒要多上幾年。歐洲氣候較爲多變，因此，好的年分就會被評爲陳年。由專家針對每個產酒區進行評析，決定相較於其他區域的優點何在，並以 1 到 10 的分數給予評分。

永續葡萄酒製作[1]

用環保、具社會責任的方式種植葡萄和釀造葡萄酒並不是新鮮事；在過去，這只是一種趨勢，而現在卻已經成為業界的標準。有機指的是對環境友善的耕作方式，不使用化學物質或農藥。永續發展指的是一種整體的方法，以尊重環境、生態系統、甚至是社會的方式來栽培和製造食物。

美國加州種植釀酒葡萄農民協會 (California Association of Wine Grape Growers) 編寫了「可永續的種植釀造工序準則 (Code of Sustainable Winegrowing Practices)」，這是一份 490 頁的自願性自我評估工作簿，涵蓋了從病蟲害管理、葡萄酒品質、水資源保護到環境保護的所有事項，此工具讓種植者和酒商能夠評估他們的作法，設計並實踐他們自己的行動計畫。

永續性釀酒的一個好例子是加州的 Viansa 酒莊。多年以來，他們自豪於能夠以成群的蝙蝠、穀倉貓頭鷹和昆蟲飼養來控制蟲害。酒莊使用有機殺菌劑，並停止使用所有的殺草劑。

四、葡萄酒與食物的搭配

將酒與食物互相搭配，是人生的一大樂事。我們每天都需要進食，因此，一名美食主義者不只努力找尋異國美食配上年分葡萄酒，也會致力於以簡單而美味的食物搭配樸素但有品質的好酒。

經年累月下來，已經發展出如何將葡萄酒與食物搭配的一些規則。一般而言，以下的傳統規則仍然適用。

大部分紅酒會在橡木桶中進行熟成，在此過程中增添額外的風味及特質。

1. 白酒最好與白肉 (雞肉、豬肉或小牛肉)、甲殼類海鮮及魚類搭配。
2. 紅酒最好與紅肉 (牛肉、小羊肉、鴨肉或其他野味) 搭配。
3. 食物的味道越重，所搭配的酒也要越濃郁醇厚。
4. 香檳可以在整個用餐過程中飲用。
5. 豬肉與紅酒跟乳酪搭配相當對味。
6. 餐後酒 (dessert wine) 最好與酸度不過高的甜點和新鮮水果搭配飲用。
7. 若一道菜是以某種酒烹調製成，此時，以同一種酒來搭配食物最爲適合。
8. 地方特色食物搭配該地特產的酒一起食用最爲合宜。
9. 葡萄酒最好不要與拌有醋的沙拉搭配飲用，因爲調味用的醋的味道會與葡萄酒的味道相衝突。
10. 甜味酒應該和甜度不過高的食物搭配。

表 9-2　最為知名的葡萄酒類與適合搭配的食物

葡萄酒	酒的香氣與口感	搭配食物
格烏茲塔明那 (Gewurztraminer)（法國阿爾斯區）	葡萄柚、蘋果、油桃、桃子、肉豆蔻、丁香、肉桂	泰國菜、印度菜、墨西哥菜、四川菜、火腿、香腸、咖哩、大蒜
夏多內－夏布利（法國布根地區）	柑橘類水果、蘋果、梨、鳳梨、其他熱帶水果	豬肉、鮭魚、雞肉、雉雞、兔肉
松賽爾白蘇維儂 (Sauvignon Blanc Sancerre)（法國羅亞爾河谷區）	柑橘類水果、醋栗、甜椒、黑胡椒、綠橄欖、芳香植物	山羊乳酪、牡蠣、魚類、雞肉、豬肉、大蒜
白皮諾 (Pinot Blanc)	柑橘類水果、蘋果、梨、瓜	蝦子、甲殼類海鮮、魚類、雞肉
金丘區皮諾瓦 (Pinot Noir Cote d'or)（法國布根地區）	草莓、櫻桃、覆盆子、丁香、薄荷、香草、肉桂	鴨肉、雞肉、火雞、菇類、燒烤肉類、魚類及蔬菜、豬肉
梅洛加美 (Pinot Noir Cote d'or)（法國布根地區）	櫻桃、覆盆子、李子、胡椒、芳香植物、薄荷	牛肉、小羊肉、鴨肉、火烤肉類、豬肋排
卡本內－蘇維儂－梅鐸 (Cabernet Sauvignon Medoc)（法國波爾多地區）	櫻桃、李子、胡椒、甜椒、芳香植物、薄荷、茶、巧克力	牛肉、小羊肉、燜煮、火烤及燒烤肉類、熟成切達乳酪、巧克力
晚收成白酒	柑橘類水果、蘋果、梨、杏桃、桃子、芒果、蜂蜜	卡士達(custard)、香草、薑、胡蘿蔔蛋糕、乳酪蛋糕、泡芙、杏桃可布樂派

食物和葡萄酒可以用味道 (flavor) 與口感 (texture) 兩種範疇來形容。口感就是我們口中所感覺到的食物與酒之特質，如柔和度 (softness)、滑順度 (smoothness)、圓潤度 (roundness)、濃郁度 (richness)、醇厚度 (thickness)、單薄度 (thinness)、綿密度 (creaminess)、咬感度 (chewiness)、滑溜度 (oiliness)、酸澀度 (harshness)、絲滑度 (silkiness)、粗糙度 (coarseness) 等等。口感相應於碰觸跟溫度方面的感受，很容易加以指出，如熱、冷、粗糙、滑順、醇厚或單薄。在食物與葡萄酒的最佳搭配度上，清爽的食物配上清淡的葡萄酒永遠是最穩當的組合。只要加起來的味道不至於太過濃重，味道濃郁的食物也能夠與濃醇的酒搭配得宜。選擇適當的葡萄酒，最重要的兩項考慮因素就是濃郁度 (richness) 與清爽度 (lightness)。

香氣是經由嗅覺神經認知食物與葡萄酒的元素，可以是具有果香 (fruity)、薄荷香 (minty)、草本植物香 (herbal)、果仁香 (nutty)、乳酪香 (cheesy)、煙燻香 (smoky)、花香 (flowery)、土香 (earthy) 等，一個人通常會使用鼻子和舌頭一起來決定風味。口感和香氣的結合使食物和葡萄酒成爲值得享受的樂趣，食物與葡萄酒的完美搭配，也會令聚會變得更加難忘。

品嘗葡萄酒的建議與步驟

許多餐廳以品酒作為一種促銷餐廳或某種特定種類、品牌葡萄酒的特別行銷活動。品酒不只是一道程序，它是一種精妙如藝術的儀式。葡萄酒提供了三重感官享受：色、香、味；因此，品酒包括三項基本步驟。

1. 將酒杯朝光亮處舉起：葡萄酒的顏色是酒體的一道說明，顏色愈深，醇厚度愈豐滿。一般而言，葡萄酒應該清澈而透亮。
2. 嗅聞葡萄酒：將中指與食指呈「杯狀」托住酒杯，輕輕旋轉酒杯；這個動作會讓葡萄酒的香氣及熟成香味被帶至杯緣。熟成香味應令感到愉悅，它會暗示我們嚐起來的味道。
3. 最後，品嘗葡萄酒，讓酒液在口腔中旋轉，同時吸入一點空氣─此方式有助於讓香氣的複雜度散發 出來。

五、葡萄酒應用程式（葡萄酒 Apps）

有很多葡萄酒應用程式 (Apps) 可用，其中包括 Wine Spectator、Cellar Tracker、Wine-Searcher、Hello Vino、Vivino 和 Selectable Wines；這些葡萄酒應用程式具瓶身掃描能力，提供了葡萄酒評級和評論，您可以通過掃描照下瓶子標籤來了解葡萄酒，其中一些應用程式使用演算法來解決與葡萄酒有關的問題，甚至是您從未知道過的問題。

葡萄酒與食物的搭配

傑・R・舒洛克 (Jay R. Schrock)，南佛羅里達大學。

葡萄酒與食物的結合就跟葡萄酒的製作歷史一樣古老，這實在是人生一大樂趣所在。食物與葡萄酒自然相輔相成，能加強彼此的風味與美味程度。葡萄酒單獨飲用時所品嚐到的風味，會跟與食物搭配飲用時不同。葡萄酒的品嚐經驗大部分經由鼻腔進行，因此你會聽到「這葡萄酒很好聞 (the wine has a good nose)」的說法。事實上，被稱為侍酒師 (sommelier) 的葡萄酒專家說：「80% 的品嚐感覺來自於鼻腔。」被用來形容葡萄酒的詞彙如具果仁、橡木、水果、草本植物、香辛料等等的香氣都來自於鼻腔。為了增進葡萄酒的氣味及味道，我們常將它醒酒 (decant) 後，再以杯口大的高腳杯盛裝上酒。品酒師品酒時常旋轉酒杯使葡萄酒形成漩渦狀，以增加進入鼻腔的香氣分子。

經過多年，對於如何將葡萄酒與食物進行搭配也衍生出許多傳統。請記得，這些只是傳統，要知道食物與葡萄酒的搭配是相當主觀而不精準的過程。傳統規則基本上認為，紅酒應該搭配紅肉，而白酒應該搭配魚類和家禽類。這些規則至今大體而言仍適用，但它們並未考量到今日融合多族群的餐食風格、其所具有的各式各樣風味，以及世界各地種類繁多、人人都能取得的葡萄酒；這些規則也並未考量到一餐可能不只提供一種葡萄酒。

今日，你較可能聽到食物與葡萄酒的搭配「建議」，而非過去嚴格而簡短的傳統「規則」。在食物與葡萄酒的搭配上，容許實驗及表達自我品味的空間比起數十年前相對大得多。請記得，食物與葡萄酒的搭配目的是為了享受食物與葡萄酒，你跟你的客人會是這場經驗的裁判。

經年累月所發展出的傳統仍可作為大原則，用以選擇味道不會壓過所搭配食物的葡萄酒。就像早餐時，你吃完果醬吐司再吃葡萄柚會改變它的風味，飲用極濃郁的紅葡萄酒再吃香氣層次細緻的食物，也會對它的風味造成影響。

新的傳統已開始形成。

1. 一餐提供一種以上葡萄酒時，較淡的酒最好在濃郁的酒之前提供，而較不甜的酒應該放在較甜的酒之前；若用餐過程前段即出現甜味較重的菜餚，則不在此限。同樣地，酒精濃度較低的葡萄酒應放在酒精濃度較高的葡萄酒之前。
2. 清淡的葡萄酒與較清淡菜餚搭配，濃郁的葡萄酒則與味道較重或較豐富的菜餚搭配。
3. 香氣應互相配合。皮諾瓦葡萄酒與鴨肉、義式火腿 (prosciutto) 及菇類相當搭配，而格烏茲塔明那、香腸、咖哩、泰國及印度食物相得益彰。勿將一種葡萄酒與甜度高於它的食物搭配；

續下頁

承上頁

許多人都同意巧克力是例外，它似乎與幾乎任何東西都能搭配。

4. 以水煮或蒸煮方式烹煮、調味細緻的食物，應該與細緻的葡萄酒搭配。
5. 當地特色菜餚應與當地特色葡萄酒搭配，它們一同被發展形成，因此具有自然的相互協調性。托斯卡那 (Tuscany) 菜的紅醬汁與義大利托斯卡那區出產的康提 (Chianti) 紅酒配合無間。
6. 軟質乳酪如卡蒙貝爾 (Camembert) 及布利 (Brie) 乳酪可與多種紅酒搭配，包括卡本內・蘇維濃、金芳黛 (zinfandel)，以及產於布根地的紅酒。卡本內・蘇維濃與味道強、陳年的切達乳酪 (cheddar) 亦十分搭配。味道刺激及濃重的乳酪，如青黴乳酪，最好搭配較甜的冰酒 (eiswine) 或晚收成的餐後酒；羊乳及山羊乳乳酪與不甜的白酒搭配；帶果香的紅酒則與味道較溫和的乳酪相襯。

在你的餐廳內，許多顧客可能想點用葡萄酒搭配晚餐，卻對點酒過程感到恐慌或害怕價格無法負擔。請讓你的顧客以放鬆的心情點用葡萄酒。萬事通的態度在此不適用，因為你不是在賣車子或人壽保險，你是在試圖增進顧客的用餐經驗、消費平均值及你的小費。提出一項誠實的建議，然後試著解釋選擇不同葡萄酒所造成的區別何在。如果顧客正在兩杯不同的葡萄酒之間考慮，請勿直接建議選擇較貴的；把兩杯酒都拿來讓顧客品嚐，他們會自己做出決定。

資料來源：傑・R・舒洛克 (Jay R. Schrock)，南佛羅里達大學。

個案研究

葡萄酒與健康

來一杯葡萄酒可能有益健康。這項觀點出現在CBS電視臺的新聞雜誌節目「六十分鐘 (60 Minutes)」中，主要焦點放在一種稱為「法國悖論 (French paradox)」的現象上。法國人所食用的脂肪量比美國人多30%，煙抽得更多，運動做得更少，但他們卻較少罹患心臟病——比例只有美國人的三分之一。諷刺的是，法國人所喝下的葡萄酒比其他任何國家的人都多——每人一年約喝下75公升。研究顯示，葡萄酒會攻擊血小板。血小板是最小的血液細胞，具有使血液凝固以防止血液過度流失的功能。然而，血小板也會黏附在動脈壁上的粗糙脂肪沉積物上，阻礙並最終阻塞住動脈，引發心臟病。葡萄酒的沖刷效果會除去動脈壁上的血小板。在該集「六十分鐘」節目播放後，葡萄酒的銷售量（特別是紅葡萄酒）在美國大幅上升。

六、主要葡萄酒生產國

（一）美國

加州的葡萄栽培始於1769年，當時一位名叫朱尼培羅・塞拉 (Junipero Serra) 的西班牙修道士開始爲自己即將展開的傳教任務製作葡萄酒。曾有一段時間，法國人認爲加州產葡萄酒較爲劣等。然而，加州擁有幾近完美的氣候，以及適合葡萄生長的絕佳土質。在美國，葡萄酒是以葡萄品種爲名，並非如法國般以村落或酒莊爲名。美國較爲知名的白葡萄酒品種爲夏多內、蘇維濃白朗、麗絲玲及白梢楠 (Chenin Blanc)；紅葡萄酒品種爲卡本內．蘇維濃、皮諾瓦、梅洛 (Merlot)、希哈 (Syrah) 及金若黛 (Zinfandel)。加州的葡萄栽種區一般分爲三大區域：1. 北部及中部沿海區；2. 大中央谷地區；3. 南加州區

北部及中部沿海地區出產加州最好的葡萄酒，此區因大幅使用機械化方式而能有效率地大規模生產品質優良的葡萄酒，其中最著名的兩個產區是拿帕與索諾瑪谷地 (Napa and Sonoma valleys)，這兩個產區的葡萄酒跟波爾多及布根地的產品很相似。近年來，產自拿帕與索諾瑪谷地的葡萄酒已成爲法國及其他歐洲產葡萄酒的競爭對手，甚至已經超越了它們，夏多內及卡本內品種表現特別突出。拿帕與索諾瑪谷地是加州頂級葡萄酒業的象徵與中心所在。

此外，尚有數個州及加拿大幾個省分出產優質葡萄酒；紐約州、奧勒岡州及華盛頓州是美國其他幾個主要葡萄酒生產州。在加拿大，最好的葡萄酒廠分別位於英屬哥倫比亞省的歐墾娜根谷地 (Okanagan Valley)，以及南安大略省的尼加拉瓜半島；這兩區都出產品質絕佳的葡萄酒。世界各地許多溫帶氣候區也出產葡萄酒，最著名的爲澳洲、法國、德國、義大利、紐西蘭、智利、阿根廷及南非。

加州擁有近乎完美的氣候和優良的葡萄種植土壤，在北部和中部沿海、中部大山谷和南部地區都擁有重要的葡萄種植區。

（二）歐洲

德國、義大利、西班牙、葡萄牙及法國爲歐洲主要葡萄酒生產國。德國以萊茵河及摩澤爾河谷區的絕佳麗絲玲葡萄酒而聞名；義大利出產世界知名的康堤 (Chianti) 葡萄酒；西班牙也出產優質葡萄酒，但最出名的是雪莉酒；葡萄牙亦出產優質葡萄酒，但它的波特酒比較有名。

法國是最著名的歐洲葡萄酒出產國，不只出產品質最佳的葡萄酒，還有香檳 (champagne) 與干邑白蘭地 (cognac)，最出名的兩個葡萄酒產區爲波爾多及布根地。幾世紀以來，許多葡萄園、村莊及城鎮都致力於生產品質最佳的葡萄酒，它們不只堪稱歐洲最美麗的鄉村風景地區之一，也確實非常值得一遊。在法國，葡萄酒以其生產的村莊爲名；近年來，也以葡萄品種爲名。葡萄酒栽培釀造者 (wine grower) 的名字也很重要；因爲品質可能出

現差異，聲譽的重要可想而知。一座葡萄園內也可能有包括一個製作葡萄酒的酒莊(chateau)。

法國是歐洲葡萄酒生產國中最著名的國家，以優質葡萄酒、香檳和乾邑白蘭地聞名。

在波爾多地區，葡萄酒的生產分爲 5 大主要區域：梅鐸 (Medoc)、格拉夫 (Graves)、聖愛美濃 (St. Emilion)、Pomerol (波美侯) 及梭甸 (Sauternes)，每個區域所出產的葡萄酒各有其專屬特色。法國還有其他幾個著名的葡萄酒產區，如羅亞爾河谷 (Loire Valley)、阿爾薩斯 (Alsace) 及隆河谷地 (Côtes du Rhône)。法國人將葡萄酒視爲自身文化及遺產的重要部分。

（三）澳洲

澳洲出產葡萄酒已有 150 年之久，但直到最近半世紀才得到應有的注目與認可。澳洲的釀酒師前往歐洲及美國以精進他們的製酒技術。不像法國有許多嚴格法律控制葡萄酒的栽種與生產，澳洲釀酒師使用高科技方法製造品質精良的葡萄酒，其中許多經過調和(blended)，以表現出每種葡萄酒的最佳特色。

澳洲大約有60個氣候、降雨類型多樣的產酒區，大多位於澳洲大陸東南部的南威爾斯、維多利亞及南澳地區，且全都位於從主要都市如雪梨、墨爾本及阿德雷德可輕易到達的範圍內。澳洲約有 1,120 座酒廠，規模較大而較受歡迎的酒廠之一爲林德曼斯 (Lindemans)，該酒廠因其穩定一致的品質與價值倍受讚揚。主要紅葡萄酒爲：卡本內．蘇維濃、卡本內．施赫調和 (cabernet-shiraz blends)、卡本內．梅洛調和 (cabernet-merlot blends)、梅洛 (merlot)、施赫 (shiraz)；白酒：夏多內、瑟美戎 (sémillon)、蘇維濃白朗 (sauvignon blanc) 及瑟美戎．夏多內 (sémillon chardonnay) 。較知名的葡萄酒栽培釀造區爲新南威爾斯的獵人谷地 (Hunter Valley)，出產瑟美戎葡萄酒；這種葡萄酒在成熟後，會有蜂蜜、果仁及奶油香氣。夏多內則帶有細緻柔滑的複雜特色。近年來，澳洲葡萄酒展現出超乎尋常的品質與價值，在歐洲、美國及亞洲的營業額都獲得提升。

自我檢測

1. 酒精飲料如何分類？
2. 葡萄酒釀造過程的六個步驟是什麼？
3. 如何區別加烈葡萄酒 (fortified wines) 及加味葡萄酒 (aromatic wines) ？

9.2 啤酒

學習成果 2：解釋與餐旅業界相關的啤酒的特徵。

啤酒是經過釀造及發酵的飲料，原料爲大麥麥芽及其他澱粉類穀物，並以啤酒花調味。啤酒是一種通稱，泛指形形色色以碎穀粒爲基底、經由酵母發酵及釀造，酒精含量介於 3% 至 16% 的麥芽飲料[2]。

啤酒 (beer) 一詞包含下列飲料：

1. 淡啤酒 (Lager) 即一般稱爲啤酒的飲料，是一種顏色清澄、醇厚度較輕 (light-bodied) 的清爽啤酒。
2. 麥酒 (Ale) 醇厚度較爲豐滿，味道比淡啤酒略苦。
3. 黑啤酒 (Stout) 是一種深色麥酒，帶有香甜、強烈的麥芽香氣。
4. 皮爾森啤酒 (Pilsner) 本身並非啤酒；皮爾森 (Pilsner) 一詞意指該啤酒跟位於捷克共和國的皮爾森 (Pilsen) 所釀造的著名啤酒，採取同一方式釀造而成。

一、釀造過程

啤酒是以水、麥芽 (malt)、酵母 (yeast) 及啤酒花 (hop) 釀製而成。釀造過程從水開始，水是啤酒製造過程中一項重要材料，水中的礦物質含量及純淨度，將大幅決定最後成品的品質。在最後製作完成的啤酒中，水的成分占了 85% ～ 89%。

在釀造啤酒的過程中，啤酒花 (hops) 被添加到釀造壺的麥芽汁 (wort) 中。

下一步驟爲加入穀粒，也就是已磨成碎粒的大麥所製成的麥芽。穀粒經過發芽能產生一種酵素，可將澱粉轉化爲可發酵的醣分。酵母是發酵媒介，啤酒釀造廠通常有本身獨家培養的酵母，因酵母在很大程度上決定啤酒的形態與味道。萃取 (mashing) 是將麥芽搗碎及過濾出雜質的過程；麥芽經由漏斗進入一個不鏽鋼製或銅製的萃取槽，水和穀粒在此混合及加熱。

此時形成的液體稱爲麥芽汁 (wort) ，透過一個過濾器或濾桶進行過濾；這道液體接著流進一個煮沸鍋，加入啤酒花混合後，再煮沸數小時。完成煮沸作業後，加入啤酒花的麥汁會以啤酒花分離器或啤酒花撈除器進行過濾。過濾完成的液體以幫浦打入冷卻器後，再流入發酵槽內，此時，經過培養的精純酵母被加入發酵槽內進行發酵[3]。此釀造液先經過數天熟成，然後以生啤酒 (draught beer) 的型態裝桶，或進行裝瓶、裝罐後以巴氏法滅菌。

在釀造啤酒的過程中，啤酒花 (hops) 被添加到釀造壺的麥芽汁 (wort) 中。

人物簡介

喬什 · 威廉姆斯 (Josh Williams)

以下啤酒商簡介由佛羅里達州薩拉索塔的 Big Top Brewing Company 領導者喬什 · 威爾遜 (Josh Wilson) 提供。

喬什 · 威爾遜 (Josh Wilson) 從事家庭釀酒已有 25 年以上，最初是一種實驗性質的愛好，如今，喬什終得以與佛羅里達州的所有人分享他對工藝釀造啤酒的熱情。三年前，喬什 (Josh) 離開銷售職位，與三個合夥人在薩拉索塔 (Sarasota) 成立了 Big Top Brewing Company。經過三年，Big Top 已成為薩拉索塔 (Sarasota) 最著名和最完善的工藝釀造啤酒廠之一。喬什 (Josh) 以獨特、富有創造力和風味的啤酒為他贏得了世界啤酒錦標賽的三枚銀牌和一枚金牌，還有其他幾個當地獎項。除了釀造啤酒，喬什還喜歡與他 Big Top 的追隨者和本地大學生分享他的釀造知識。

多年來，首席釀酒師 (Head Brewer) 喬什 · 威爾遜 (Josh Wilson) 一直在佛羅里達州薩拉索塔 (Sarasota) 製作精美的啤酒，他的朋友一直欣賞他的如藝術般的產品，因此，建立 Big Top Brewing Company，將這些精心釀造的啤酒帶給所有人便是水到渠成的一件事。

「當我們成立 Big Top Brewing Company 時，薩拉索塔地區沒有工藝釀造啤酒廠，我們開始去改變，我們有一個偉大的城鎮，有著悠久的歷史，唯一缺少的是當地的優質啤酒。

我們想對薩拉索塔 (Sarasota) 富歷史的組成致意，包含玲玲馬戲團 (Ringling Circus)、表演藝術、偉大的建築、最好的藝術與設計學校，以及世界聞名的旅遊業，最好且我們能做到的方法是釀製讓我們的家鄉引以為豪的工藝釀造啤酒。在薩拉索塔的波特路的公司所在地，在釀造、品嚐、有趣且富教育性的經驗下，我們計畫延續這工藝的傳統，幫助薩拉索塔增添啤酒城的標記，快來踏入我們的主帳篷，親眼看看吧。Big Top Brewing Company 因我們的熱情、誠信和家鄉的歷史激勵，以藝術般的工藝釀造世界一流的啤酒。」

特路的公司所在地，在釀造、品嚐、有趣且富教育性的經驗下，我們計畫延續這工藝的傳統，幫助薩拉索塔增添啤酒城的標記，快

來踏入我們的主帳篷，親眼看看吧。Big Top Brewing Company 因我們的熱情、誠信和家鄉的歷史激勵，以藝術般的工藝釀造世界一流的啤酒。」

工藝釀造

由 Susie Bennett 和 University of South Florida Sarasota-Manatee 的 Ken Caswell 博士允許提供。

在過去的幾十年中，工藝釀造啤酒行業一直在穩步發展。在 1980 年代初期，僅有 8 家工藝釀造啤酒廠設立，對比 2015 年最新的記載，有 2300 多家微型啤酒廠、178 家區域型工藝釀造啤酒廠和 1,650 個啤酒館。雖然工藝釀造啤酒的利基市場仍然相對較小，但它帶來了約 230 億美元的收入，對於一個 1059 億美元的啤酒行業而言，這個相對較新的次市場，仍創造了令人印象深刻的業績。[4] 更令人欽佩的是，這一成功是在傳統啤酒行業的銷售增長停滯之際出現的。

工藝釀造啤酒廠的定義是每年生產少於 600 萬桶啤酒，並有 75%的啤酒是工藝釀造者擁有，並以傳統方式生產至少 50%的啤酒。[5] 傳統啤酒廠主要著重於大規模生產和迎合大量客戶，工藝釀造啤酒廠則注重特有的個性、創新和協作，每個啤酒廠彼此之間都明顯地不同，不僅在於啤酒的生產類型不同，概念、價值、文化也都表現出其品牌的特質。[6]

工藝釀造啤酒的商業協作令存在大多數行業的競爭面向相形見絀，在當地的釀造社群中，他們真誠地關注且希望看到其他釀酒廠成功。實際上，本地啤酒廠將彼此的啤酒添加到啤酒銷售表中的現象是尋常的事。他們主動地互相幫助，以取得曝光度及客戶。例如位於佛羅里達州薩拉索塔 (Sarasota) 的傑杜布啤酒釀造公司 (JDub's Brewing Company) 通過舉辦工藝釀造啤酒節 (Craft Beer Festival) 來慶祝他們的三週年慶，在該節中，大家彼此競賽取得專業釀酒大師的獎項：「最佳釀造者」、「最佳自行釀造」和「整體最佳」獎項。透過社群中舉辦這樣的活動，傑杜布 (JDub's) 可以幫助人們挖掘出對工藝釀造啤酒的熱情，同時進一步了解當地的啤酒釀造廠。釀酒廠之間合作的另一個例子，是位於佛羅里達州薩拉索塔地區的大頂啤酒釀造公司 (Big Top Brewing Company) 和達爾文啤酒釀造公司 (Darwin Brewing Company) 最近的專案，合作生產限量版啤酒「香草咖啡淡啤酒 La Viejo Amigo」。之所以選擇 「Viejo Amigo」（按字面意思是「老朋友」）作為啤酒的名稱，是因為它向啤酒廠之間的友誼致敬，這種氛圍在整個行業中引起了共鳴。

合作精神不僅體現在當地啤酒廠之間，而且體現在該地區其他小型獨特企業之間；大多數啤酒廠也與當地的食品貨車合作，這使他們能夠為老顧客提供食物選擇，這種關係對雙方都是互惠互利的，因為它創造了一種環境，使他們每個人都可以獨立經營，但也受益於這些工藝釀造啤酒愛好者的共同經驗。

許多工藝釀造啤酒廠也發現其價值觀內含有社會責任，他們舉辦了許多社區活動，常常是為了當地慈善組織的利益。[7] 他們通過「回饋」社區來表達對公衆的感謝；事實上，工藝釀造啤酒行業的慈善捐款在 2014 年突破了 7,100 萬美元，而且隨著持續增長，這一數字還在增加。

對於工藝釀造啤酒製造商而言，這不僅僅只是啤酒，還在於他們可以將好東西帶給世界，尤其當他們表達出創造力的價值時。在這行業中，成功不是「每個人都只為自己釀酒」，而是透過協作努力，讓人們了解團結合作所創造的力量。不論產業內或產業外，都不是競爭，而是社群，這個想法推動了工藝釀造行業的文化和理念。

永續釀造

釀酒使用了很多資源，因此有潛力大量減少其環境足跡 (environmental footprint)；以下是釀造者減少環境足跡的一些方法。[8]

1. 高效率釀酒廠：Full Sail 啤酒廠利用奧勒岡州舊的鑽石水果罐頭工廠重新改建，使其釀酒廠在一開始就是具永續性且有效率的。Full Sail 採用的措施包括節能照明和空壓機，並將一個工作週壓縮為非常具生產力的四個工作天，這減少了 20% 的水和能源的消耗。
2. 永續釀酒流程：純淨的水來自釀酒廠附近的山峰，因此 Full Sail 致力於保護這項珍貴的資源。一般啤酒廠生產 1 加侖的啤酒平均消耗 6 到 8 加侖的水，Full Sail 減少使用量為 3.45 加侖，並在現場安裝自己的污水處理設施。獲獎啤酒產品的主要原料來自本地的農場──85% 的啤酒花和 95% 的大麥直接來自西北的農場。
3. 減少使用－重複使用－回收使用 (Reduce-Reuse-Recycle)：Full Sail 所有的包裝都採用 100% 再生紙板（是業界首先承諾長期購買再生紙產品的釀酒廠之一）。所有的東西，從辦公室用紙、玻璃瓶、伸縮膜到木棧板都是回收使用的。就連乳牛都是啤酒廢料的受益者：每年有 4,160 噸的穀物廢料和 1,248 噸的酵母廢料被送回農場，作為乳牛的飼料。
4. 社區參與：Full Sail 每個月購買 140 單位的贊助款項給太平洋能源公司的 Blue Sky 再生能源計畫。這樣能減少 168 噸二氧化碳排放量，相當於種植 33000 棵樹。Full Sail 每年支持超過 300 個活動和慈善機構，並以奧勒崗州為主。公司員工也鼓舞了胡德河地區的企業，使他們願意做一些環保的改變。Full Sail 是胡德河商會「綠色智慧」計畫的創始成員，這個計畫幫助胡德河流域的企業和組織提高資源利用率、減少浪費和污染，以增加他們的生產力和獲利能力。

在這世界上，啤酒是第三大暢銷的飲料。BlueMap 公司在探訪許多釀酒廠及永續釀酒的資料之後，制定了釀酒廠可參考的環保步驟[9]。

(一) 實施節水措施

水是釀酒過程中耗費最大的資源之一；釀酒廠可以藉由減少蒸汽流失、提高麥汁生產效率、延長鍋爐系統中水的壽命、避免浪費，以節省水的用量。

(二) 安裝變速風扇或馬達

許多釀造廠具有可變的負載，因此使用變速的馬達、風扇和驅動器會更有效率。在適用的情況下，升級釀造廠的風扇和馬達，可以節省大量的資源，並且有相當好的投資回收期；但只有在負載有變化的情況下，才會得到上述的效果。

(三) 實施定期維修制度

定期維修制度是一個減少能源浪費的好方法。定期安排維修讓釀酒廠可以及早發現問題並處理，以免浪費多餘的能源。此外，將系統調整在最佳狀態，可使馬達和水泵以最佳的速度、控制和設定運轉，控制系統也調整在最佳狀態。

(四) 在發酵過程中重新利用二氧化碳

發酵的過程會釋放二氧化碳。釀酒廠可以收集這些二氧化碳，並在裝瓶過程中用它（代替外購

續下頁

承上頁

的二氧化碳）來充填啤酒。這樣不但能減少排放到空氣中的二氧化碳，也降低了二氧化碳的採購成本。

（五）充分利用釀造過程中的熱資源

大部分的釀造過程中包含了熱製程——煮沸和冷卻液體。審視整個流程可以找出收集熱資源，並將其運用到其他釀造流程，從而減少加熱和冷卻所需的能源和燃料成本。

（六）將製冷、照明、結構和建築控制最佳化

對釀酒廠來說，永續建築具有很大的潛力可以減少能源消耗、降低需求高峰（從而減少罰款）。安裝管理系統，照明綠化空間，充分發揮建築機能，優化製冷系統，並錯開冷卻負載。

（七）利用再生能源技術

啤酒是用啤酒花、穀物、水和酵母製成的。使用太陽能或風力，將這些天然成分釀造成啤酒，是更加自然的方式。再生能源包括地熱、合成氣或沼氣。當規模適當時，這些技術可以大量減少外購電力和燃料，並具有良好的投資回收期。

參考上述10個建議，世界第三大飲料產業可以降低其對整體生態環境的影響，並在許多情況下節省成本。

臺灣精釀啤酒

臺灣「精釀啤酒」(Craft Beer) 風潮源自於英國和美國的微型釀酒運動 (The Microbrewing Movement)。70年代，大型酒廠以標準化製程和大衆化口味的大量生產，壟斷了整個啤酒市場，引發許多小型釀酒廠 (microbreweries) 以釀造特色風味的啤酒來對抗，因而造就啤酒釀製技術成為一門專業工藝。而在美國西岸的小型和家庭式釀酒廠 (Homebrewery) 所創作出的特色啤酒，成功地在市場推出 Anchor、New Albion 等品牌，還帶動了前酒吧後釀酒廠「Brewpub」的自產自銷通路。到2014年，全美自釀酒廠已經高達1,412家以上，超過釀酒廠總數的95%，並且將這股釀酒風潮順勢推廣到全球各地。至於美國釀酒商協會 (Brewers Association, BA) 所制定的「量少、所有權獨立和傳統釀酒程序」等規定，也因應地區不同而有所改變。例如，北歐國家的做法是設立研發中心，再以傳統製酒技術與現代科技並用的方式去研發風味配方，然後交由代工酒廠生產販售。在臺灣，中小規模的業者侷限於高資本門檻，也只能遵守「僅使用水、麥芽、啤酒花與酵母及其他天然原料」的傳統釀酒程序，但大都能巧妙地運用在地水果、蜂蜜等副原料，配合發酵過程的研發，讓每一款精釀啤酒呈現獨特的香氣與口感。

在2002年加入WTO後，臺灣開放民間釀酒。除了打破臺啤專賣的局面，也開始了啤酒的精釀風潮，目前已有超過20家業者正在全力培養與發展這個小衆市場。但酒廠經營也面臨許多挑戰和風險。首先，政府所擬定的稅則是比照進口啤酒繳交每公升26元稅金，讓業者無法直接以價格在市場上競爭，而登記配方和通報劣品銷毀等規定的繁瑣程序，也讓小規模酒廠無法全心專注在業務的拓展。

續下頁

承上頁

其次，臺灣精釀業者在這幾年屢屢獲得國際競賽佳績，讓大型酒廠逐漸意識到市場威脅，開始以直接併購全球各地的經銷商和成功品牌化的小型釀酒廠，或者是自行開發精釀新品牌等方式來抵制精釀業者的發展空間。由於精釀啤酒大都介於單一區隔與個別行銷區塊的小衆市場，比較缺乏有力與有效推廣的行銷通路，雖然部分業者已經開始在超商和大賣場販售旗下品牌，但為了突破現有行銷困境，業者多半會採取自行開設專賣自家品牌的餐酒館或是酒吧，來培養和拓展其消費市場。而 brewpub 的「產地」品酒通路，受制於必須在工業區生產的規定，也無法在臺灣開設。因此，就有業者以藝文空間的「啜飲室」，如同品茶藝術，來培養消費族群品酒體驗和習慣，希望能將臺灣「群飲」啤酒轉變為「休閒獨飲」的生活型態。

臺灣精釀啤酒的市場佔有率雖然不高，但在多元品牌行銷的競爭下，2017 年開始呈現緩慢成長的趨勢，業者迫切地需要一個政策性的生產和行銷整合的空間。就如一位業者所說，這個產業需要的是一個可以容納配方的行銷規劃與策略。精釀業者或許可以借鏡北歐的研發代工風潮和行銷策略，來解除或降低其營運的風險。以丹麥知名品牌 Mikkeller 為例，在 2006 年以創意與創新概念成功推出後，後續又以限時限量、咖啡釀造的早餐啤酒、樂團聯名款啤酒等推陳出新的行銷活動去帶動消費熱潮。目前，已有業者採取類似的行銷手法去推廣品牌，譬如在 2018 年底因韓流運動而熱賣的「北漂青年」。而部分業者則是採購本土栽培的大麥和小麥釀造純臺灣味的特色啤酒，甚至以亞洲為目標市場，經營啤酒出口業務。綜觀這些行動，對於市場資源較有限的精釀業者而言，多元多樣的精釀啤酒風未嘗不能以珍珠奶茶的海外行銷經驗來做為進軍國際的標竿。

問題討論：

如果某一家臺灣的精釀啤酒業者想要以故事行銷的方式去建立品牌的好形象，該如何做？

自我檢測

1. 描述釀造啤酒的過程。
2. 列出三種啤酒。
3. 解釋精緻釀造的崛起。

9.3 烈酒

學習成果 3：解釋與餐旅業界相關的烈酒的特徵。

烈酒（spirit 或 liquor）是由發酵及蒸餾過的液體所製成，因此，它含有很高的酒精含量，在美國是以測量其所含酒精度爲判準。酒精度 (proof) 爲飲料中實際酒精含量百分比的兩倍，因此，一種酒精度爲 80 的烈酒，等於含有 40% 的酒精。傳統上，烈酒是在餐前或餐後享用，而非在用餐過程中飲用。許多烈酒可以純飲 (straight 或 neat)，或加入水、蘇打水、果汁或調成雞尾酒飲用。

一、威士忌

威士忌爲較著名烈酒之一，是幾世紀前首先由蘇格蘭及愛爾蘭開始蒸餾製作的烈酒之通稱。威士忌 (whisky) 一字源自賽爾提克語中的 visgebaugh 這個字，意思是「生命之水 (water of life)」，是將加入大麥麥芽的穀物碎粒進行發酵而製成。大麥含有一種名爲澱粉糖化酵素 (diastase) 的酵素，能將澱粉轉化成醣分。這些液體發酵後，再經過蒸餾。烈酒的天然顏色通常爲無色透明或極淡色，但威士忌酒液會被貯存在經過煙燻 (燒焦) 處理的橡木桶中，這使威士忌呈現淡褐色。威士忌酒液會被貯存一段時間，最長可達 12 ～ 15 年；然而，有些威士忌在貯存 3 ～ 5 年後就上市了。

大部分威士忌酒都經過混合 (blended)，以產生該品牌特有的風味與品質，難怪每家釀酒廠的混合程序都是最高機密。幾世紀以來，有 4 種不同威士忌類型獲得世界性肯定：蘇格蘭威士忌 (Scotch whisky)、愛爾蘭威士忌 (Irish whisky)、波本威士忌 (Bourbon whisky) 及加拿大威士忌 (Canadian whisky)。

（一）蘇格蘭威士忌

蘇格蘭威士忌 (Scotch whisky 或 Scotch) 自遙遠而浪漫的高地峽谷中誕生，在蘇格蘭已有幾世紀的蒸餾製作歷史，向來爲蘇格蘭人生活中的重要部分。至今已變成受歡迎的國際性飲料，其風味受到世界各地人們欣賞。1919 ～ 1933 年禁酒令 (Prohibition) 期間，蘇格蘭威士忌在美國變得廣受歡迎，當時它經由加拿大走私進口。它的製作方式與其他威士忌大同小異，但所使用的麥芽是在特殊的窯爐中烘乾，使它帶有一種煙燻香氣，只有經由這種方式製作的威士忌才能稱爲蘇格蘭威士忌。其中一些較爲知名的高品質混合蘇格蘭威士忌爲起瓦士 (Chivas Regal)、約翰走路 (Johnnie Walker) 的黑牌、金牌、藍牌及綠牌系列。[10]

（二）其他威士忌

愛爾蘭威士忌是從培育成麥芽或未培育成麥芽的大麥、玉米、黑麥及其他穀物所製成，其麥芽並未以製作蘇格蘭威士忌的方式進行乾燥，因此具有較溫和的特質，但風味仍相當迷人。著名的愛爾蘭威士忌爲老波希米爾威士忌 (Old Bushmill) ，以及詹姆斯威士忌 (Jameson) 的 1780 威士忌[11]。波本威士忌主要原料爲玉米，雖亦使用其他穀物，但皆爲次要成分；蒸餾過程與其他威士忌酒類相似，經過煙燻處理的酒桶讓波本威士忌擁有其獨特味道。有趣的一點是，在美國，用於熟成烈酒的酒桶只能使用一次。因此，每次蒸餾程序後，都會將酒液置入新酒桶進行熟成；波本威士忌的熟成時間可能長達 6 年，以增加它的醇厚度。較為知名的波本威士忌有傑克丹尼 (Jack Daniel's) 、美格美國波本威士忌 (Maker's Mark) 及喬治迪凱爾威士忌 (George Dickel) 。

加拿大威士忌跟波本威士忌類似，主要原料為玉米，特色在於能滿足味覺享受的細緻風味。加拿大威士忌至少須經過 4 年熟成，才能裝瓶上市。它會被蒸餾到 70 ～ 90% 的酒精濃度。較知名的加拿大威士忌有 Seagram 及加拿大俱樂部威士忌 (Canadian Club) 。

二、無色烈酒

琴酒 (Gin)、蘭姆酒 (rum)、伏特加 (vodka) 及龍舌蘭 (tequila) 等，稱為無色烈酒 (white spirit) ，為烈酒中最普遍的幾種。琴酒最初名為杜松子酒 (Geneva)，是一種由杜松子果製成的中性烈酒。雖然琴酒起源於荷蘭，其名稱卻是在倫敦才由 Geneva (杜松子酒) 簡化為 gin (琴酒)，而且幾乎任何材料都被拿來製作它。琴酒通常早上在浴缸裡製作，晚上就在全倫敦的地下小酒鋪中販賣；顯然，其品質令人不敢恭維，但窮人們則大喝到差點形成國家災難的地步[12]。美國在禁酒令時期，也四處有琴酒生產。事實上，在琴酒中混入一些東西飲用的習慣，導致雞尾酒的誕生。經年累月之後，琴酒變成許多受歡迎雞尾酒的基酒，如馬丁尼 (martini)、琴湯尼 (gin and tonic)、琴酒果汁 (gin and juice)、湯姆可林 (Tom Collins)。

蘭姆酒在顏色上可分為淡色與深色；淡色蘭姆酒從發酵甘蔗汁中蒸餾而來，深色蘭姆酒則從糖蜜中蒸餾而得。蘭姆酒主要來自加勒比海群島地區巴貝多的孟特蓋 (Mount Gay)、波多黎各的巴卡迪 (Bacardi) 及牙買加的麥爾斯 (Myers) 地區。蘭姆酒大多用於混合過的冰鎮及特調飲料中，如蘭姆可樂 (rum and Coke)、蘭姆潘趣 (rum punches)、戴可瑞 (daiquiris) 及椰林風光 (piña coladas)。

龍舌蘭酒是自龍舌蘭植物 (仙人掌的一種) 蒸餾而來，該植物在墨西哥稱為梅茲卡 (mezcal)。墨西哥法令規定，龍舌蘭酒必須在特吉拉鎮 (Tequila) 附近製作，因為該地區土壤中含有火山灰，特別適合栽種藍色龍舌蘭屬仙人掌 (blue agave cactus)。龍舌蘭酒可能呈無色透明、銀白色或金黃色；若為無色透明，表示未經過熟成即裝運；若為銀白色，表示至多經過 3 年熟成；若為金黃色，則表示曾置於橡木桶中熟成 2 至 4 年。龍舌蘭酒主要用於製作受歡迎的瑪格麗特 (margarita)，或因一首由老鷹合唱團 (Eagles) 演唱的歌曲而廣為人知的雞尾酒——龍舌蘭日出 (tequila sunrise)。

伏特加可由許多種原料製成，包括大麥、玉米、小麥、黑麥或馬鈴薯。因為缺乏顏色、氣味及香氣，伏特加通常會搭配果汁或其他足以形成主調的混合物。

三、其他烈酒

白蘭地 (Brandy) 以類似製作烈酒的方式自葡萄酒中蒸餾而來。美國的白蘭地主要產自加州，於該地以柱狀蒸餾桶製作，貯存於白橡木桶中熟成至少 2 年。最知名的美國白蘭地由 Christian Brothers 及 Ernest and Julio Gallo 生產。它們的白蘭地口感滑順、具果味，並帶一點甘甜。頂級白蘭地會以餐後酒的形式飲用，普通白蘭地則用於混合式飲料。

干邑白蘭地 (Cognac) 在法國干邑區製造，該地白堊土質、濕潤氣候再加上特殊蒸餾技術，生產出最高品質的白蘭地。

干邑白蘭地 (Cognac) 在行家眼中被視爲世界上最好的白蘭地。此種酒只有在法國干邑區製造，於該地利用白堊土質、濕潤氣候再加上特殊蒸餾技術，生產出最高品質的白蘭地。只有自此區出產的白蘭地才能稱爲干邑白蘭地。大部分干邑白蘭地會貯存於橡木酒桶中熟成 2 至 4 年，或者更久。因爲干邑白蘭地是由數種熟成年分相異的白蘭地混合而成，因此標籤上不得有年分標註，取而代之的是代表相應年分和品質的字母。

標籤上註明 VSOP 字樣的白蘭地熟成時間必須至少 4 年，以其他所有文字標記的白蘭地都必須至少在木桶中熟成 5 年。因此，5 年即爲用於混合該干邑白蘭地中酒齡最淺的白蘭地熟成年分；通常還會加入其他數種熟成年分更長的白蘭地以增添口感、熟成香味及細緻度。約 75% 運至加拿大及美國的干邑白蘭地由以下 4 家公司生產：拿破侖 (Courvoisier)、軒尼詩 (Hennessy)、馬爹利 (Martell) 及人頭馬 (Remy Martin) 。

四、雞尾酒

雞尾酒通常以混合兩種或兩種以上材料（葡萄酒、烈酒、果汁）的方式進行製作，調製出的飲料是一場味覺饗宴，其中每一種材料都與其他材料相輔相成。雞尾酒透過攪拌 (stirring)、搖盪 (shaking) 或使用電動攪拌器 (blending) 進行調製。要製作出完美的雞尾酒，調製技巧特別重要。雞尾酒一般依分量區分爲兩大類：短飲型 (short drinks)（最多 3.5 盎司）及長飲型 (tall drinks)（一般最多至 8.5 盎司）。

一杯好的雞尾酒，其祕訣在於幾項因素。

1. 各種材料之間的平衡。
2. 材料的品質。原則上，雞尾酒應以不超過 3 種材料調製。
3. 調酒師的技術。調酒師的經驗、知識及創意是調製出完美雞尾酒的關鍵要素。

柯夢波丹（Classic Cosmopolitan，又稱大都會雞尾酒），是一種以伏特加、白橙皮酒、蔓越莓汁，加入新鮮現擠萊姆汁調成的雞尾酒。

一名好的調酒師應了解一杯雞尾酒的效果及「最佳時機 (timing)」。許多雞尾酒以其最佳上酒時機爲分類，這點並非巧合。它們被歸類於開胃酒 (aperitifs)、餐後酒 (digestifs)、清醒酒 (corpse-revivers)、提神酒 (pick-me-ups) 等等。雞尾酒可以讓人胃口大開，或爲美妙的一餐畫下完美句點。雞尾酒以一些火熱的名字如「沙灘上的風流 (sex-on-the-beach)」、「難分難捨 (woo woo)」、「獵人炸彈 (jaeger bomb)」等而再度流行起來。

工藝雞尾酒

調酒師 (bartender 或 mixologist)，是如藝術般擅於調製雞尾酒的人，他在接到雞尾酒的酒單後，遵循雞尾酒的酒譜調製。許多調酒師誤以爲威士忌加上蘇打水 (high ball) 是雞尾酒，根據國際調酒師協會指出，high ball 是蒸餾烈酒和調酒用的飲料攪拌。在過去的幾十年中，雞尾酒過時了，轉而推薦葡萄酒和過多的精釀啤酒，就像 1970 年代的美食運動，不斷加強美食形態的融合一樣，例如日式麵包捲和中式墨西哥菜等菜式，最近，工藝雞尾酒 (craft cocktails) 也越來越流行。

許多提供飲料服務的酒吧和餐館都稱自己爲工藝雞尾酒飲料專賣店，在某些情況下，這不過是意味著價格上揚，並因此提高帳單的平均付帳水準；優質的工藝雞尾酒價格在 10 到 15 美元之間。在這工藝雞尾酒趨勢中，隨著消費者越來越了解雞尾酒，此類將自己標記爲工藝雞尾酒的場所也被消費者檢視，這種名不符實的現象導致消費者的反彈，將可能會損害整體業務。如果您聽到調酒師告訴你他們正在用火車上提供的酒製作工藝雞尾酒，請將您的錢放回口袋裡，離開該營業場所，因鐵路公司用的是他們最便宜的自家品牌烈酒。

在美國和世界各地都有出色的工藝雞尾酒製作場所，眞正的手工雞尾酒開發者的營業場所中，僅會使用最高品質烈酒、水果、蔬菜、花卉、香草根和樹葉。工藝雞尾酒確實是很特別的東西，當你看到或啜飲時，視覺、嗅覺和味覺都會挑逗你的快樂中樞，工藝雞尾酒的調酒師們如同創造非凡餐點的專業廚師。

商業市場上有幾種必特酒（或稱苦精，bitters）可以買得到，但小量的必特酒通從調酒師們或者該營業場所的創意過程中被創造出來。必特酒，顧名思義，是苦的，首先被用於醫療目的，以使胃部穩定並幫助消化。最近，小量的必特酒從各種成分中消最初是橙皮，現在甚至是根和葉，用來產生獨特的風味，增添了工藝雞尾酒的精華。

高品質的蘭姆酒、伏特加酒、威士忌酒和利口酒（liqueurs，具甜味而芳香的烈酒製作優質雞尾酒的其他可能成分，將可能數不盡的水果和蔬菜結合在一起，以形成所造的味覺；使用的一些水果和蔬菜，下面僅舉幾例，如有獨特的口味和鮮豔的色彩的甜香蕉、血橙、椰子、蘑菇、各種堅果和大黃等。過程的下一步是玻璃杯中的裝飾物，是使顧客在聞到或品嚐到雞尾酒之前，就由因看到而挑起想喝的欲望，這些雞尾酒可搖動、攪動、過濾或混合方式來製造，但與任何出色的配方一樣，最主要的是知識及劃、設計、測試和行銷中所展現的創造力。

參考【國際調酒師協會】International Bartenders Association，取自 https://iba-world

自我檢測

1. 美國如何測量其所含酒精度？
2. 描述兩種不同種類無色烈酒。
3. 雞尾酒和 high ball（威士忌加上蘇打水）有什麼區別？

9.4 無酒精飲料

學習成果 4：解釋與餐旅業界相關的無酒精飲料的特徵。

無酒精飲料 (nonalcoholic beverages) 越來越受歡迎。自 1990 年代一直到 2000 年出現一種與 1960 年代的性解放，和 1970 年代至 1980 年代初的單身酒吧本質上非常的轉變。一般而言，人們對飲酒更加小心注意，生活方式變得更為健康，而一些組織如親反對酒醉駕車 (Mothers Against Drunk Driving, MADD)」也使社會意識到應以負責方式飲酒。近幾年來，整體酒類消費量已逐漸減少，其中以烈酒減少最多。近年來種新飲料加入無酒精飲料的行列。

一、低酒精啤酒

健力士 (Guinness)、安海斯 - 布希英博啤酒 (Anheuser-Busch)、美樂啤酒 (Miller) 及其他許多釀酒商已開發出一些啤酒產品，它們外觀看起來與正常啤酒無異，但所含熱量較低，而 95 ～ 99% 的酒精成分，也已在加工或發酵後去除。因此，味道跟正常啤酒不太相同。

二、咖啡

咖啡是時下最流行的飲料；以往經常上酒吧的人們，如今都轉而光顧咖啡館。專業咖啡 (specialty coffee) 的年營業額超過 40 億美金，「美國專業咖啡協會 (Specialty Coffee Association of America)」估計，全美有超過 30,000 家咖啡館[13]。

上面裝飾奶油與肉桂粉的熱摩卡咖啡

咖啡最初源自衣索匹亞及位於葉門境內的摩卡 (Mocha)。傳說中，有一位名叫卡迪 (Kaldi) 的年輕阿比西尼亞牧羊人，他的羊群總是昏昏欲睡，但他注意到羊隻們在嚼食過某種莓果後開始興奮地四處騰躍。他親自嚐過這些莓果後，就忘了他的煩惱，心情也不再沉重，變成「快樂阿拉伯半島」上最快樂的人。一名在附近修道院中修行的僧侶，看到卡迪的狀態後非常驚訝，決定自己也嚐嚐這些莓果，並邀請修道院其他修士一起嘗試。當天的晚間祈禱時間，他們全都覺得清醒許多！[14]

中世紀時，咖啡經由土耳其傳入歐洲。西元 1637 年，歐洲第一家咖啡館於英國開幕；不到 30 年間，咖啡館就取代酒館成為全國的社交、經濟及政治大熔爐[15]。咖啡館被暱稱為便士大學 (penny universities)，因為在那裡，只要一杯咖啡的價錢，就可以對任何議題進行討論和學習。當時的人們不只談論生意，還實際上把生意經營起來。銀行、報紙及羅伊倫敦保險公司 (Lloyd's of London Insurance Company) 就是在艾德華・羅伊 (Edward Lloyd) 咖啡館崛起的。

咖啡館 (coffeehouses) 在歐洲也受到歡迎。在巴黎，自 1689 年開業至今的波蔻咖啡館 (Café Procope) 向來是許多知名藝術家與哲學家聚會之處，包括盧梭和伏爾泰 (據說他一天喝下 40 杯咖啡)。

荷蘭人在殖民美國期間將咖啡介紹到該地。咖啡館很快變成積極支持革命者經常出沒之處，他們在那裡計畫反抗英國國王及其茶葉稅。約翰．亞當斯 (John Adams) 和保羅．瑞佛爾 (Paul Revere) 就是在一家咖啡館中計畫組成波士頓茶葉黨 (Boston Tea Party)，以及爲獲得自由而進行的種種奮鬥，這使得咖啡成爲美國人的傳統民主飲料。

依照不同偏好，咖啡可被烘培成由淺 (light) 至深 (dark) 等程度。淺烘培通常用於罐裝咖啡和企業化烘培；中度烘培 (medium) 則是大多數人偏好的烘培程度。中度烘培的咖啡豆顏色呈均匀的棕色，表面乾燥。雖然所泡出的咖啡味道可能有強烈 (snappy) 及酸 (acidic) 的特質，風味卻平淡。完全烘焙 (full)、高溫烘焙 (high) 或維也納式烘培 (Viennese roast) 爲專門店所偏好，它們會在甜度與強度之間取得平衡。深烘焙具有特別濃郁的風味，濃縮咖啡 (espresso) 是最深度烘焙，幾乎呈黑色的咖啡豆表面閃亮而油滑。濃縮咖啡中，所有酸味及特定咖啡香味都消失了，但它刺激性的風味是喜愛此種咖啡豆者的最愛。

無咖啡因咖啡 (decaffeinating coffee) 經由溶劑或水處理 (water process) 去除咖啡因。與此相對，許多專業咖啡則在咖啡中添加東西。較知名的專業咖啡包括牛奶咖啡 (café au lait) 或拿鐵 (caffe latte)。在這些咖啡中，牛奶會經由蒸氣加熱，直到變成泡沫狀，然後再倒入杯中的咖啡上。卡布奇諾 (Cappuccino) 是將以蒸氣加熱並變成泡沫狀的熱牛奶加入濃縮咖啡，之後可能再灑上肉桂、巧克力或肉豆蔻以增添額外香氣。

一家休閒咖啡館提供咖啡及相關飲料點心。

個案研究

異教徒飲料

十六世紀期間，行經康士坦丁堡（如今位於土耳其的伊斯坦堡）的旅行者在該地享用到咖啡，然後將它帶回歐洲。到了十六世紀末，咖啡已經風行到導致羅馬天主教廷發出非難，將它稱之為「伊斯蘭的葡萄酒」——一種異教徒的飲料。當教宗克雷孟八世 (Clement VIII) 品嚐該飲料時，據說他表示，這種撒旦的飲料太美味，不該留給異教徒，因此他將咖啡立為教徒可飲用的飲料之一。

.inc 企業簡介

星巴克公司 (Starbucks Coffee Company)

(一) 營運狀況

星巴克公司是北美洲居領導地位的咖啡零售業者、烘焙業者及咖啡品牌，每週都有數百萬人造訪星巴克門市。除了數千家門市之外，亦供應優質用餐、飲食服務、旅遊及飯店業客戶咖啡及咖啡製作設備，並設有全國郵購部門。星巴克的使命是啓發並滋潤人們的心靈，不論每一人、每一杯、每個街坊鄰里中皆能體現。[16]

(二) 經營據點與合資企業

星巴克如今在全美 50 州及 75 個國家內設有多處經營據點。除此之外，星巴克還擁有約 100 個授權經營門市，為顧客在特別區域提供服務，如機場、大學校園、醫院及商業用餐設施，這些據點大部分由萬豪管理服務所經營。

星巴克將新鮮烘焙咖啡及相關產品透過該公司廣大的北美洲物流網絡進行配送。星巴克也成為聯合航空班機的獨家咖啡供應商。除此之外，也透過精品行銷公司提供咖啡給餐飲服務業中的醫療、商業與產業界、大專院校、飯店與渡假勝地，以及北美洲許多高級餐廳、企業。

(三) 產品

星巴克烘焙 30 種以上世界最高品質的阿拉比卡咖啡豆，門市亦提供各種濃縮咖啡飲料及當地製作的新鮮點心。星巴克的特色商品包括星巴克自有品牌濃縮咖啡機、馬克杯、磨豆機、保溫瓶及美式咖啡壺等。琳瑯滿目的套裝商品包括糖果禮盒、禮物籃及咖啡相關產品，都可在門市購買、郵購或透過網頁購買。

星巴克開發出咖啡冰沙 (Frappuccino®)，是一系列低熱量、加入鮮奶油及冰咖啡的飲料，是星巴克有史以來最成功的產品。1996 年 1 月，由星巴克集團全權擁有的子公司 StarbucksNew Venture Company 與百事可樂公司合作進行的 North American Coffee Partnership 宣布將推出瓶裝咖啡冰沙®。這項由星巴克咖啡與牛奶調和出的低卡產品正在全國發售中，並可在雜貨店及許多星巴克門市購得。

(四) 社區關懷

星巴克贊助許多組織類型，包括愛滋病研究、兒童福利、環境保護等，該公司亦鼓勵員工在自身所在的社區扮演積極角色。

星巴克透過降低對環境的傷害與影響，達成其企業公民責任。該公司主要關注三個造成高影響的領域：(1) 咖啡、茶及紙張的來源；(2) 人員及產品運輸；(3) 設計及營運（能源、水及廢棄物回收再利用）。星巴克與支持居民栽種自有咖啡及茶的組織建立關係，例如保護國際 (Conservation International) 、國際關懷協會 (CARE) 、救助兒童會 (Save the Children) 及非洲野生動物基金會 (African Wildlife Foundation) 。並與美國國際發展局共同合作，透過主動採取具環保意識、負社會責任感，以及經濟上可行的措施，來改

續下頁

承上頁

善小規模農業者的生活狀況。星巴克在品質革新、服務及回饋方面獲獎無數，包括世界環境中心頒發的永續發展企業成就金牌獎。《財富》雜誌將星巴克評為全球第三令人欽佩的公司，若在餐飲服務行業則排第一。

三、永續咖啡

咖啡的栽培遍布全世界 60 多個熱帶國家，大多數是在小型的家庭農場。永續咖啡成長的主要挑戰之一是，在過去十年中，全球對咖啡的需求激增，導致咖啡產量增加。因此造成人們從永續的咖啡栽植方法，轉變成極端的單一化種植，使用大量的化肥和農藥，減少了生物多樣性，也耗盡了土地。[17] 永續咖啡的指標如下：[18]

1. 咖啡是否生長在遮蔭處？
2. 是否由史密斯松寧候鳥中心 (Smithsonian Migratory Bird Center) 認證爲對鳥類友善的咖啡？咖啡的生長環境是否符合任何認證體系最嚴格的環保標準？
3. 是否具有美國農業部 (USDA) 的有機認證？
4. 是否具有雨林聯盟的認證？

較有可能將咖啡種植在遮蔭處的國家分別是墨西哥、薩爾瓦多、尼加拉瓜、洪都拉斯和玻利維亞。

四、茶

茶是一種將茶葉浸泡在沸水中所製成的飲料。茶樹是一種常綠灌木，或一種原生於亞洲的小樹。茶被全世界約一半人口以熱飲或冷飲的形式消費，然而其經濟重要性卻次於咖啡，因爲世界上大部分茶葉被消費於產茶區。以下爲不同類型之茶葉原產地：

1. 中國：烏龍 (Oolong)、橙黃白豪 (Orange pekoe)（一種紅茶的等級）
2. 印度：大吉嶺 (Darjeeling)、阿薩姆 (Assams)、多瓦茲 (Dooars
3. 印尼：爪哇 (Java)、蘇門答臘 (Sumatra)

五、碳酸飲料

碳酸飲料通常包含碳酸水、調味劑、甜味劑（通常為糖或高果糖玉米糖漿）、果汁，在低糖或無糖飲料中則用糖的替代品，泡沫則來自飲料中添加的二氧化碳。

可口可樂和百事可樂長期稱霸碳酸飲料市場。1970 年代早期，健怡可樂 (Diet Coke) 及健怡百事可樂 (Diet Pepsi) 問市。這兩種可樂贏得大眾的青睞，如今有 15% 的市場占有率。無咖啡因可樂提供了另一種選擇，但它們至今尚未如健怡類可樂般受歡迎。由於人們品味趨向於更具有健康意識的飲料，碳酸飲料的銷售量已開始下降。根據美國食品藥物管理局 (Food and Drug Administration，FDA) 的相關科學訊息，美國市場只有安全的食品和色素添加劑可以加入碳酸飲料中。[19]

六、果汁

受歡迎的果汁口味包括柳橙、蔓越莓、葡萄柚、芒果、木瓜及蘋果。將一些受歡迎的雞尾酒以果汁調製成無酒精形態，這種做法已經風行數年，且以純真雞尾酒 (virgin cocktail) 的名稱為人所知。

果汁吧將本身發展成一個可取得快速、健康的飲料之處。近來，號稱能激發精力及增強注意力的「聰明飲料 (smart drinks)」變得受歡迎。這種飲料以果汁、草本植物、胺基酸、咖啡因及糖所調配製成，以「Energy Plasma Blast」及「IQ Booster」等名稱進行販售。

薩拉索塔 (Sarasota) 的一家公司 CROP（冷壓有機原料）提供使用有機蔬菜和水果混合製成的飲料，產品包括 CROP Greens、CROP Candy、CROP 1005 veggie，CROP MYLKS，CROP Juice Cleanse 和 CROP Shots。另一家名為 Naked Juice 的公司在美國境內提供冷榨椰子水、素食、水果、高蛋白、堅果奶和奇亞籽等果汁產品。在冷榨部分，有多種選擇，如海菜、橙色胡蘿蔔、羽衣甘藍、甜菜、漿果素食，紅色有機蔬果汁，綠色有機蔬果汁，以及各種水果和蛋白質飲料。

其他飲料也加入這場健康飲料熱潮，利用消費者想飲用可提振精神、低熱量而健康之飲品的慾望。這些飲料往往加入水果香料，讓消費者產生一種印象，彷彿他們正在飲用某種比充滿糖分的碳酸飲料還健康的飲品。不幸的是，這些飲料通常只加入水果的香料，而很少有任何營養價值。有些飲料藉由混合不同水果香料以獲得一種新且具異國風味的香味，如百香奇異果、草莓和芒果香蕉樂。這類飲料的其中幾個例子為 Snapple 及 Tropicana Twister。

熱衷於運動的人也能在職業運動員使用及代言的商店中找到飲品；這些以特別配方製成的等滲透壓飲料，能協助身體補充在激烈運動中所流失的體液及礦物質。全國美式足球聯盟 (National Football League) 贊助了開特力 (Gatorade) 飲料，並鼓勵隸屬該聯盟的運動員飲用此種飲品。能喝到職業運動員所喝的飲料，這項訴求無疑是開特力在營業額和市場行銷上獲得成功的主要原因之一。其他等滲透壓飲料品牌包括 Powerade 及 All Sport，後者由全國學院體育協會 (National Collegiate Athletics Association) 所贊助。

七、提神飲料

近來，提神飲料或能量飲料（power drinks 或 energy drinks）越來越受歡迎。它們含有多種合法刺激物質，並宣稱能讓消費者精力大增。提神飲料的成分包括咖啡因、維他命、糖、葡萄糖、瓜拉那 (guarana)、牛磺酸及各種草本植物 (例如人蔘及銀杏)。有些提神飲料含有高達 80 毫克的咖啡因，等於一杯普通咖啡含量。這些飲料往往以學生族群及奔波忙碌者爲目標客群。最爲暢銷的提神飲料品牌爲 Red Bull、SoBe、Monster、Rockstar、Full Throttle 及 Hype。

提神飲料宣稱能提高消費者敏捷性、耐力並改善大腦功能（例如記憶力和專注力）。在 2013 年，美國醫學協會 (American Medical Association) 通過了一項政策，禁止對 18 歲以下的人銷售提神飲料，理由是提神飲料可能導致年輕人許多健康問題，包括心臟疾病。

八、瓶裝水

幾年前，瓶裝水 (bottled water) 在歐洲受到歡迎，因當時生飲自來水並不安全。在北美洲，瓶裝水逐漸受歡迎是因正好與趨向更健康生活方式的潮流結合。國產瓶裝水跟進口瓶裝水品質相當，如今亦有各種口味讓消費者有更多選擇。瓶裝水有氣泡水、礦泉水及泉水等類型可供選擇。瓶裝水是一種使人恢復精神、味道清爽、低熱量的飲料，未來很可能以單獨飲用或與其他飲料如葡萄酒或威士忌搭配的方式盛行。

自我檢測

1. 什麼是最受歡迎的無酒精飲料？
2. 描述不同程度的咖啡烘焙。
3. 比較聰明飲料 (smart drinks) 與提神飲料 / 能量飲料 (power drinks)。

9.5 酒吧類型

學習成果 5：**討論不同酒吧類型**。

一、餐廳與飯店附設之酒吧

在餐廳內的酒吧時常作爲休息等待區 (holding area) 使用，讓顧客能在坐下來吃晚餐前先享用一杯雞尾酒或開胃酒。這讓餐廳能將顧客之間的點餐間隔拉長，使廚房能更有效率地處理每份餐點，此外還可增加飲料營業額。飲料較食物利潤高。

在某些餐廳裡，酒吧是營業重點或主要特色所在，顧客會因爲餐廳的氣氛及設計而被吸引前去享用一杯飲料。飲料一般占總營業額 25 ～ 30%，以往飲料營業額在許多餐廳所占比例更高，但以負責任態度飲酒的趨勢對人們產生影響，使他們減少這方面的消費。

下列例子說明一種常用來計算每杯烈酒成本的方式。

頂級品牌如灰雁 (Grey Goose) 的伏特加，每公升成本爲 32 美金，可產生 25 杯一又四分之一盎司、每杯售價爲 5.50 美金的酒，故每瓶將帶來 137.5 美金的收入。酒吧所產生的利潤可分成下列類型（表 9-1）。

表 9-1 酒吧利潤類型

單杯酒成本 (Liquor Pouring Cost) %（粗估）	12
啤酒	25
葡萄酒	38

加總後，營業額中單杯酒成本平均可能達到 16 至 24%。

大多數酒吧根據某種標準庫存量營運，這意味著每瓶供應中的烈酒都最少有一至二瓶甚至更多瓶最低標準庫存可供備用。一旦庫存量降至標準以下，就會自動採購加以補充。

二、夜店

長久以來，夜店 (nightclub) 是受歡迎的消除日常生活壓力之處。從位於郊區的小型夜店，到位於紐約、拉斯維加斯，以及邁阿密南灘的世界知名夜店，都有一個共通點：人們光顧這些地方的目的除了重振活力、放鬆之外，往往也在於享受一夜瘋狂，和朋友及志同道合的陌生人盡情跳舞與狂歡。

夜店可能帶給顧客滿意的經驗，對業主而言亦然（因爲營收可能相當高）。然而，必須謹記其中的風險，並致力於將風險降至最低。業主應了解所有與經營夜店相關的法律問題；例如許多關於販賣酒精飲料的法令規章。在許多情況下，若一名發生問題的顧客最後飲酒地點在該夜店，此項問題即可能歸咎於業主在管理上的疏失。請務必明白，這可能很輕易就引發法律訴訟，一定要對這些可能性有所警覺。

跟經營其他生意的道理一樣，對自身所從事的產業越了解，對生意越有幫助。透過正確教育及適當規劃，夜店經營可以是一項利潤非常高的事業。以餐飲服務業界大多數生意而言，許多人相信經驗比教育背景更重要，因爲可以邊做邊學。然而，當著手展開複雜如夜店的經營時，具有學位背景與豐富經驗較能取得優勢。

夜店提供人們享樂、刺激及社交

三、小型釀酒廠

近幾年來，小型釀酒廠 (microbreweries) 及釀酒吧 (brewpub) (一種釀酒廠與酒吧或餐廳的綜合體，它們會當場釀造自家新鮮啤酒，以迎合當地消費者口味) 的出現，改變了自 1950 年代以來，釀酒業界以均質化爲特色的趨勢。小型釀酒廠的定義是：每年生產量不超過 1 萬 5,000 桶 (或 3 萬小桶) 的手工釀酒廠。北美洲小型釀酒廠產業趨勢始於 1990 年代，重現小型釀酒廠供應新鮮、純麥啤酒的概念。雖然以啤酒總產量而言，區域性釀酒廠、小型釀酒廠及釀酒吧在北美市場占有率很低（不到 5%）。

小型釀酒廠及釀酒吧獲得成功的原因之一，在於他們生產出具有多樣化風格與風味的啤酒；一方面教育大眾認識一些已數十年未生產的啤酒類型，另一方面則幫助釀酒吧與餐廳呼應在地客群的個別品味與偏好。創立經營一家釀酒廠是一場相當昂貴的冒險，雖然釀酒系統有多種配置方式，設備成本仍介於20萬至80萬美金之間。成本會受到如年產量、啤酒種類及包裝等因素影響。報酬的龐大潛力是投資小型釀酒廠及釀酒吧的好理由。《華爾街金融日報 (Wall Street Journal)》曾如此寫道：「挾帶70%之高的利潤率，一家25萬美金資本的小型釀酒廠可達到相當於一家200個座位餐廳業績的三倍，並在兩年內回本。」

小型釀酒廠能生產各色各樣的麥酒、淡啤酒及其他啤酒，其品質主要由原料品質及釀酒師技術而定。

四、運動酒吧

運動酒吧 (Sports Bars) 向來頗受歡迎，但隨著迪斯可舞廳與單身酒吧的減少，其受歡迎度更爲增加。它們是能讓人們在運動氣氛中放鬆身心的場所，因此一些酒吧／餐廳如「戰利品」(Trophies)，以及萬豪飯店 (Marriott Hotel) 內的著名人物 (characters)，就變成受歡迎的「小聚之處 (watering holes)」。

然而，運動酒吧經過逐年演進，已不再是只播放每週一場代表性賽事的小酒吧。過去，光顧運動酒吧的都是死忠球迷，其他客人很少會去。今日，具原創性的運動酒吧具有一種娛樂概念，準備迎接更多樣化的顧客群。現今這類場所已轉變爲巨型運動探險館，設有音樂娛樂、互動遊戲及數百臺電視播放各種運動節目，範圍幾乎涵蓋所有可想像得到的運動。

運動酒吧曾是主要以男性爲主之運動迷的聚會地點，如今則有更多女性及家庭到這些場所消費，此現象爲酒吧業者提供新的營收前景。體認到這一點的業主開始進行種種調整，例如將充滿男性氣慨的餐廳主題改爲不具特定性別訴求，使男女都感到舒適的環境。運動酒吧也在硬體環境上做改變，更適於闔家前來。許多闔家前來運動酒吧的顧客會要求一個沒有電視的包廂，因此越來越多業主選擇另闢一個特別區，讓闔家前來的顧客能在安靜的環境下用餐。另外一項在生意較清淡的夜晚吸引顧客上門的方式是舉辦小比賽及提供適合全家用餐的菜單。位於亞特蘭大市的Frankie's Food、Sports和Spirits就藉由舉辦小型青少年運動比賽吸引家庭光顧；針對年紀更小的客群，該餐廳提供小分量的孩童菜單，並在每份小餐點上以一個倒扣的飛盤作爲蓋子，孩子們可以把飛盤帶回家當紀念。

運動酒吧也成爲傳統長廊型商場街的最新翻版。許多酒吧設有互動式電視遊戲，讓朋友及家人之間可以互相競賽同樂，一些虛擬實境遊戲如「印地安納波里斯500大賽 (Indy 500)」及其他運動遊戲在許多設施內也可玩到，有些場所甚至更進一步提供擊球練習機、保齡球道及藍球場讓顧客盡情使用。

運動酒吧向來以供應辣雞翅、漢堡及其他典型酒吧點心而聞名。正如運動酒吧在娛樂設備的提供上有所演進，它們的菜單也在改變。人們的品味已有所不同，促使運動酒吧提供更多樣化的菜單。今日，顧客可享用多種食物，從菲力牛排、鮮魚到特製三明治及披薩都有。在現今人們光顧運動酒吧的理由中，可享受到美食與可獲得娛樂兩者同等重要。

過去，運動酒吧通常設有幾臺電視機，播放當地民眾喜愛的賽事或一些大賽如超級盃等。科技及電視節目的突飛猛進，使比賽觀看行爲變得相當不同。衛星電視及數位接收器的普及，讓運動酒吧幾乎可以在任何時間同時播放幾十場賽事。運動酒吧如今設有數百臺電視，無論白天或晚上，球迷們都可以看到世界各地任何運動、球隊及等級的比賽。

五、咖啡館

美國與加拿大飲料業界相當晚近出現的另一項趨勢是咖啡館 (coffeehouses 或 coffee shops) 的興起。咖啡館最初以義大利式酒吧爲模型開始創設，反映出深植於義大利的濃縮咖啡 (espresso) 傳統。義大利式酒吧的成功概念在於，它們所營造出的氣氛很適合進行私人、社交及生意性質的談話。對義大利人而言，在一杯咖啡、輕柔背景音樂及或許一份點心的陪伴下進行一場對話，是非常經典的景象。類似的概念被重現在美國和加拿大，該地飲料業界還有這項尚未被認知及滿足的利基。然而，原先的概念被加以調整，將更多種飲料及咖啡風格包含在內，以迎合當地消費者品味，因爲這些消費者們有偏好更多產品選擇的傾向。結果，義大利式酒吧提供的典型濃縮咖啡與卡布奇諾二選一飲料選擇，在北美洲變得更多樣化，將其他飲料如冰摩卡、焦糖馬奇朵、冰卡布奇諾、薑餅拿鐵 (gingerbread latte) 等等也包括在內。

學生與生意人都發現咖啡館是個能放鬆、談天、進行社交活動及讀書的場所。咖啡館的成功反映在如星巴克等的連鎖店的建立，以及家族式獨立店舖的創設上。

網路 (Cyber) 及無線網路 (WI-FI) 咖啡館是咖啡館領域中的新潮流；網路咖啡館提供可上網的電腦讓顧客使用，每小時費用約 6 美金。顧客可以一面上網，一面享受咖啡、點心或甚至正餐。平實的價格即可讓常客擁有電子郵件信箱。

自我檢測

1. 描述酒吧類型為何。
2. 何謂平均飲料成本百分比？
3. 說明酒吧如何幫助飯店和旅館的運營。

9.6 酒類責任與法律

學習成果 6：說明餐廳在提供酒精飲料方面，所應負之職責為何。

如果業主、經理、調酒師及侍者提供酒精飲料給未成年者或酒醉者，可能須負法律責任，而且此責任可能非常嚴重。規範酒精飲料販賣的法律稱爲酒類販賣法規 (dram shop legislation)。酒類販賣法，亦即民事損害法案 (civil damage acts)，在 1850 年代頒布，規定飲酒設施業主與經營者必須爲酒醉顧客所造成的損失負責[20]。

有些州回復到十八世紀的普通法，免除販售者的責任，除非涉及未成年者；儘管如此，身爲同一個社會的成員，我們正面對未成年飲酒及酒後駕車的嚴重問題。

爲了打擊餐廳、酒吧及娛樂廳 (lounge) 中發生的未成年飲酒行爲，一家主要酒廠發放一本小冊子，上面列有各州駕駛執照的眞正圖樣設計及外觀配置。同業公會如全國餐廳協會 (National Restaurant Association) 及美國飯店與汽車旅館協會 (American Hotel and Motel Association) 已經與其他主要企業合作，以提供負責任的酒精飲料服務 (responsible alcohol beverage service) 爲目的，發展出許多防範措施及計畫。這些主動措施的重點在於意識提升 (awareness program) 及強制訓練計畫，如 ServSafe 計畫即是一項由全國餐廳協會贊助的驗證程序，教導參加者認識酒精和它對人的影響、酒醉的一般徵兆，以及如何協助顧客避免飲酒過量。

其他措施還包括指定駕駛人 (designated drivers)，該駕駛只喝無酒精飲料以確保同車朋友能安全回家；有些業者會提供免費無酒精飲料給指定駕駛人以示禮貌。對業者而言，負責任的酒精飲料服務計畫的一項正面結果是，降低前一年飛漲的保險費與法律費用。

請確定你明白負責任地飲酒及提供飲料服務的重要性。如果你想喝一杯，務必安排一名指定駕駛人。如果你已經喝下酒精飲料，則別再喝不同類型的酒精飲料 (由葡萄製作與由穀物製作的酒精飲料屬於不同類型，亦即葡萄酒與烈酒爲不同類型酒精飲料)。如果混合兩種喝，情況會變得眞正不妙，而且宿醉嚴重。請謹記，「適量」才是享受飲料的關鍵所在，無論是在當地餐廳與朋友小聚，或慶祝春假開始的派對皆然。請仔細檢視與酒醉有關的悲慘車禍及其他意外事件，因爲每天都有太多人因此傷亡。好好享用，但請勿過度沉溺。

一、公路死亡車禍與酒精

在美國，每年都有數千人在公路上意外身亡；這些意外之中有許多原本都可以避免，因爲它們是由飲酒所導致的疏忽及錯誤決定所造成。國家公路交通安全局 (National Highway Traffic Safety Administration) 致力於降低因酒精而導致的公路死亡車禍數。「喝酒又開車，你就輸了。」，以及「是朋友就不讓朋友酒醉開車。」都是爲勸告駕駛人不要不當駕駛而發起的全國口號，如今已爲數百萬美國人所熟悉。以正面角度而言，這項訊息已經爲大衆所認知。然而，對抗酒醉駕駛的這場戰爭，離結束仍相當遙遠。

2014 年期間，有 9,967 人死於酒精爲影響因素之一的車禍中，平均每 53 分鐘就有 1 人死亡。在美國，每天有 28 人因酒後駕駛事故喪生；[21] 請別忘記，還有數千人因與酒精相關的車禍而受傷。與酒精相關的車禍既痛苦且代價昂貴，治療傷者的費用以增高健保費及更高額保險費的方式轉嫁到納稅人身上。因此，不當駕駛行爲的發生，對每個人來說都是損失。

由於近來未成年飲酒情況增加，酒吧被大力鼓勵對此類行爲採取嚴厲措施。負責管制進出的夜店安全人員，被認爲應該要能夠辨識出假身分證並加以沒收。在許多地區，如果設施內被發現有未成年顧客持假證件仍被允許進入，該設施就會被課以罰金。對沒收假身分證的酒吧業主則會予以獎勵。美國許多地區有臥底警察系統，負責監控並阻止酒吧內的未成年飲酒行爲。舉例而言，在佛羅里達州塔拉海斯市 (Tallahassee)，警察部門所設的酒精、菸草、槍械單位人員會假裝成普通顧客混入酒吧或派對中，一旦發現未成年飲酒行爲，那些青少年可能被課以罰金、吊銷駕照，甚至被逮捕。

遏止未成年飲酒行爲的關鍵，在於採取事先防範措施。許多學校已在進行這類措施，從孩童年紀仍小就開始，以阻止未來可能出現的負面行爲。保持健康生活方式的密切家庭關係，也能在一開始就大幅降低青少年飲酒的可能性。

二、飲酒安全國際認證 (Training for Intervention Procedures - TIPS)

TIPS 是一項基於技能的培訓，內容涉及需承擔責任（以負責任的態度提供酒類服務）的服務、銷售和飲酒，目的是防止酒醉、未成年人飲酒和酒後駕車。經過認證的培訓師超過 400 萬人，爲時五個小時的 TIPS 駐地計畫是爲了這些提供酒精飲料的餐館、酒吧、酒店和其他飲酒場所中的服務人員。員工學習這些承擔責任飲酒服務的對策，另外還有針對大學生的兩個小時的課程，爲什麼不在您的校園組織一個呢？

自我檢測

1. 餐廳或酒吧管理者提供酒精飲料服務時會面對哪些義務與責任？
2. 有哪些措施可採取來減少潛在的麻煩？
3. 每年美國有多少人死於與酒精有關的車禍？

飲料業的趨勢

1. 雞尾酒再度受歡迎；透過不同調酒的搭配，創造出具有美感的各式雞尾酒，將不斷發展到新的實驗甚至科學高度。
2. 具設計感的瓶裝水。
3. 小型啤酒廠
4. 葡萄酒消費量增加。
5. 咖啡館及咖啡飲用量的增加。
6. 更有意識地採取更多行動來預防不負責任之酒精飲料消費。
7. 增加無酒精飲料，包括特色咖啡飲料、蘇打水和現代茶館。
8. 無香料酒（伏特加、杜松子酒、威士忌、蘭姆酒）中加入水果、蔬菜、藥草、香料和富有想像力的味道。
9. 調酒學家正在引入和改造工藝雞尾酒，他們使用傳統方式結合高級小批量烈酒與自製調酒，以製作出具有風味、平衡感和美學吸引力的優質雞尾酒。

個案研究

爪哇咖啡館

蜜雪兒．王在位於舊金山繁華地段聯合街 (Union Street) 的爪哇咖啡館擔任經理。蜜雪兒表示，經營一家生意繁忙的咖啡館，需面對許多挑戰，包括訓練員工處理棘手狀況。例如一名顧客喝下一杯咖啡，吃下一塊蛋糕的三分之二後，說他不喜歡那塊蛋糕的味道。另外一項問題是，供應商先報低價讓她進行訂購，但兩週後卻提高其中一些商品的價格。

蜜雪兒說，爪哇咖啡館內的年輕員工是她的最大挑戰。據她表示，員工可分為懶惰、心腸好但不負責任、會偷東西，以及不需費心的好員工四種。

問題討論

1. 可建議哪些方式訓練員工處理棘手狀況？
2. 如何確保供應商依照報價提供產品？
3. 如何處理懶惰員工？
4. 如何處理不負責任的員工？
5. 如何處理偷竊員工？

職場資訊

飲料管理工作包羅萬象，從咖啡館、餐廳、酒吧、夜店、葡萄酒釀造廠或啤酒釀造廠皆有。工作內容可能涉及產品製造或將產品販售及行銷給消費者。

葡萄酒釀造廠或啤酒釀造廠的工作非常專門。探索這項職業的最佳方式之一，就是當你仍在大學求學時，就在該區域內一家葡萄酒釀造廠或啤酒釀造廠中工作。若你發現這就是你想從事的工作，可嘗試在附近學院或大學中選修相關課程。選修葡萄栽培學 (viticulture) 及葡萄酒釀造學 (enology) 可幫助你了解葡萄及葡萄酒的製造，進而協助你決定是否這就是你想追求的職涯道路。葡萄栽培學是栽種葡萄的科學，而葡萄酒釀造學則是釀造葡萄酒的科學。這些領域的知識重要性大增，以致有些大學開設這兩個領域的特別學位課程。啤酒釀造學校開設啤酒釀酒師執照課程，以及相關領域如麥芽製作及啤酒釀造科學或啤酒釀造科技的學位課程。

為經銷商銷售葡萄酒或烈酒亦可能是一項獲利高而有趣的工作。如果你享受與人交往並喜歡以佣金為報酬的工作方式，這可能是份值得考慮的工作。如同從事所有推銷工作一樣，你必須是個有企圖心、具組織能力及外向的人，你所推銷的產品也需要你具備非常專門的知識。當你被雇用時，你的雇主會花費時間與金錢訓練你；然而，若你能在大學期間就累積有關「成人飲料」的相關知識，這會對你有利。飲料管理課程、專題，以及為酒類經銷商工作，都是增進這方面專業的好方法。

夜店及餐廳的飲料管理需要於夜間工作，而在有些情況下工作時數也長，業者可能讓酒吧一直營業到早上。提供酒精飲料服務不只需要了解餐飲法律，也需要以負責任的方式面對顧客。當你還在求學時，應該選修飲料管理及餐飲法律課程，並實際從事吧檯內場、調酒師或兼職經理工作。成為經理後，你會面臨到夜間工作、酒醉的顧客，以及經常出現的藥物濫用誘惑。需要有足夠自制力才能在冗長而不規律的工作時間下順利工作，而且不加入你的顧客們一起狂歡。如果你是名嚴守紀律的人，喜歡參與活動現場，並能適應夜間工作，這可能是適合你的餐飲服務職業。

咖啡館在 1990 年代嶄露頭角，並成為餐飲業中一個獨立領域。管理良好的咖啡館提供顧客一個放鬆的環境，讓他們可以盡情享用一杯好咖啡，一面看書或與朋友談話。在咖啡館中，顧客與經營者往往培養出密切關係，每個月會固定去某家咖啡館光顧幾次的人並不少見。如果你喜歡私人關係的建立，以及壓力低的環境，這項職業值得你考慮。圖 9-5 為飲料業的可能職涯發展途徑。

飲料業的職涯發展途徑

續下頁

承上頁

Gold Coast Eagle distributors 的總裁 John Saputo 提供以下建議：「我尋找的是誠懇的人們，能夠直視我的眼睛，告訴我他們將要做什麼，並能夠確實做到。我要的是熱情、奉獻和幹勁十足。你不能只是「C」或「B」級選手，我們希望每個人在比賽中都是「A」級的選手。在飲料業的工作機會有內部銷售、餐飲銷售、飯店銷售、葡萄酒代理、物流、倉儲、行銷、交付和促銷。交叉培訓和晉升機會都不錯。

本章摘要

1. 葡萄酒首先可依顏色來區分：紅酒 (red)、白酒 (white) 或粉紅酒 (rosé)，可進一步細分為：淡飲用葡萄酒 (light beverage wines)、無氣泡葡萄酒 (still)、氣泡葡萄酒 (sparkling wines)、加烈葡萄酒 (fortified wines) 及加味葡萄酒 (aromatic wines)。白酒、紅酒或粉紅酒屬於「無氣泡 (still)」(不含二氧化碳) 的淡飲用葡萄酒；這類無氣泡的餐酒，來自世界各地各種葡萄酒產區。香檳 (champagne)、氣泡白酒 (sparkling white wine) 及氣泡粉紅酒 (sparkling rosé wine) 稱為氣泡葡萄酒 (sparkling wines)。之所以會產生氣泡，是因酒中含有二氧化碳。雪莉酒 (Sherry)、波特酒 (Port)、馬德拉酒 (Madeira) 及馬莎拉酒 (Marsala)，都屬於加烈葡萄酒，亦即它們都加入了白蘭地或葡萄酒酒精，白蘭地或葡萄酒酒精會為酒增添獨特口感，將酒清濃度提升到約 20%。

   加味葡萄酒是經過加烈並以草本植物、植物根部、花朵及樹皮等來增加風味（如杜博尼酒及苦艾酒）。歷史上最早關於製造葡萄酒的紀錄可追溯至 7,000 年前。要製造出高品質的葡萄酒，取決於葡萄品種是否優良、土壤類型、氣候、葡萄園的整地，以及葡萄酒的釀造方法。全世界有數千種葡萄品種存在，在各種各樣的土質及氣候條件下蓬勃生長。

   釀造葡萄酒有 6 個步驟：壓碎 (crushing)、發酵 (fermenting)、除渣 (racking)、熟成 (maturing)、過濾 (filtering) 及裝瓶 (bottling)。上等葡萄酒最好在酒質達到顛峰狀態時飲用，可能是幾年，但也可能放好幾年後。

   以下是傳統的食物和葡萄酒搭配：白葡萄酒配白肉、貝類和魚類；紅酒和紅肉；油膩而難消化食物配醇厚的酒；波特酒和紅酒配起司；點心酒配點心及新鮮非酸性水果；甜酒搭配不甜的食物。

   葡萄酒不配沙拉。用什麼酒煮菜時，該酒也會一起飲用。在地性的烹調方式最好與同一地區的葡萄酒搭配。整個用餐過程中通常都可以享用香檳。主要的葡萄酒生產國包括美國、歐洲國家（德國、義大利、西班牙、葡萄牙和法國）和澳大利亞。

2. 啤酒是一種通稱，泛指形形色色以大麥的麥芽為基底，加入啤酒花增加香氣、經由酵母慢發酵釀造，酒精含量介於 3% 至 16% 的飲料。啤酒類型包括淡啤酒、麥芽啤酒、烈性黑啤酒和皮爾森啤酒（雖然皮爾森啤酒也算是一種風格）。

3. 烈酒是經過發酵及蒸餾的液體，有高百分比的酒精，在美國，酒類的強度標準是以酒精度的測量爲判準。烈酒的強度通常是一般酒類酒精度百分比的兩倍。傳統上，烈酒是在餐前或餐後享用。威士忌酒（蘇格蘭、愛爾蘭、波旁威士忌和加拿大）和白酒（杜松子酒、蘭姆酒、伏特加酒和龍舌蘭酒）最爲人所知。其他烈酒包括白蘭地和干邑白蘭地。

   雞尾酒通常以混合兩種或兩種以上材料，透過攪拌 (stirring)、搖 (shaking) 或混合 (blending) 進行調製。雞尾酒通常分爲短飲（最多至 3.5 盎司）及長飲 (最多至 8.5 盎司)

4. 無酒精飲料 (nonalcoholic beverages) 越來越受歡迎，包括非酒精啤酒、咖啡、茶、汽水、果汁、提神飲料和瓶裝水。專業咖啡 (specialty coffee) 的年營業額超過 40 億美金。咖啡以前在非洲種植，並通過土耳其進入歐洲。荷蘭人在殖民美國期間將咖啡介紹到該地。依照不同偏好，咖啡可被烘培成由淺 (light) 至深 (dark) 等程度。

   茶是商業重要性次於咖啡的飲料，因爲世界上大部分收成的茶也被飲用於該產茶區（中國，印度和印尼）。

   碳酸飲料通常包含碳酸水、調味劑、甜味劑，碳酸飲料在近年的銷售已下降。受歡迎的果汁口味包括柳橙、蔓越莓、葡萄柚、芒果、木瓜及蘋果。一些受歡迎雞尾酒，轉換成以果汁調製的無酒精版本，這種做法已經風行數年，且以無酒精雞尾酒 (virgin cocktail) 的名稱爲人所知。近來，號稱能增強能量及增強注意力的「聰明飲料 (smart drinks)」變得受歡迎，這種飲料以果汁、草本植物、胺基酸、咖啡因及糖所調配製成。

   提神飲料或能量飲料 (power drinks 或 energy drinks) 越來越受歡迎。它們含有多種合法刺激物，並宣稱能讓消費者能量大增，提神飲料的成分，包括咖啡因、維他命、糖、葡萄糖、瓜拿那 (guarana)、牛磺酸，以及各種草本植物 (例如人蔘及銀杏)。

   瓶裝水也很受歡迎，包括氣泡水、礦泉水及泉水。

5. 在餐廳內的酒吧時常作爲休息等待區 (holding area) 使用，讓餐廳顧客能在坐下來吃晚餐前先享用一杯雞尾酒或開胃酒。這讓餐廳能將顧客之間的點餐間隔拉長，使廚房能更有效率地處理每份餐點，此外還可增加飲料營業額。

   夜店可能帶給顧客滿意的經驗，對業主而言亦然 (因爲營收可能相當高)。然而，必須謹記其中的風險，並致力於將風險降至最低。業主應了解所有與經營夜店相關的法律問題。舉例而言，關於販賣及銷售酒精飲料有許多法令規章。在許多的例子中，如果問題發生在某夜店內持續飲酒的顧客身上，這個問題也會被認爲是餐廳管理上的失誤。

   近幾年來，小型釀酒廠 (microbreweries) 及釀酒吧 (brewpub) (一種釀酒廠與酒吧或餐廳的綜合體，它們會當場釀造自家新鮮啤酒，以迎合當地消費者口味) 的出現，改變了自 1950 年代以來，釀酒業界同質化的趨勢。小型釀酒廠的定義是每年生產量不超過 15,000 桶 (或

30,000 桶 10 加侖以下小桶) 的工藝釀酒廠。

運動酒吧向娛樂性概念加速演化，並有更分散的客戶基礎，這類場所創造下列特色：音樂娛樂、互動遊戲及數百臺電視播放各種運動節目。

咖啡館 (coffeehouses 或 coffee shops) 的興起是最近出現的另一項趨勢。咖啡館最初以義大利式酒吧爲原型，再以加改良。在北美，典型的義式濃縮咖啡或卡布奇諾咖啡單擴充變化而加入許多其他產品。

6. 如果業主、經理、調酒師及侍者提供酒精飲料給未成年者或已酒醉者，可能須負法律責任。對此，同業公會對於這具責任性的服務已經制定出許多防範措施及計畫。有些業者會提供免費無酒精飲料給指定代駕以示禮貌。

重要字彙與觀念

1. 啤酒 (beer)
2. 白蘭地 (brandy)
3. 香檳 (champagne)
4. 濾清 (clarified)
5. 干邑白蘭地 (cognac)
6. 酒類販賣法規 (dram shop legislation)
7. 澄清 (fining)
8. 加烈葡萄酒 (fortified wines)
9. 啤酒花 (hops)
10. 麥芽 (malt)
11. 萃取 (mashing)
12. 無酒精飲料 (nonalcoholic beverage)
13. 禁酒令 (prohibition)
14. 酒精度 (proof)
15. 氣泡葡萄酒 (sparkling wine)
16. 烈酒 (spirits、liquor)
17. (釀造) 年分 (vintage)
18. 無色烈酒 (white spirits)
19. 麥芽汁 (wort)
20. 酵母 (yeast)

問題回顧

1. 食物與葡萄酒的最佳搭配建議爲何？理由何在？
2. 黑啤酒與皮爾森啤酒有何不同？
3. 列舉並描述主要烈酒種類。
4. 爲何無酒精飲料的受歡迎度逐漸增加？
5. 描述咖啡吧的起源。
6. 飲用酒精飲料會產生哪些相關問題？如何加以預防？

網路作業

1. 機構組織：Clos Du Bois

   網址：www.closdubois.com

   概要：Clos Du Bois 是美國最知名及最受喜愛的葡萄酒釀造廠之一，爲來自加州索諾瑪郡 (Sonoma County) 的頂級葡萄酒生產者。這座葡萄酒釀造廠自 1974 年開始營運，自此之後取得許多葡萄園及卓越名聲。它如今每年售出約一百萬箱頂級葡萄酒。

   (1) 檢視一下網頁上敘述詳盡的食物與葡萄酒搭配組合。索諾瑪郡的 Clos Du Bois 蘇維濃白朗可與哪些食物搭配？將這項知識與你原先對蘇維濃白朗可與哪些食物搭配的認知作比較。

   (2)Clos Du Bois 已有 9 度被 Wine & Spirits 雜誌列爲年度最佳葡萄酒。使這款葡萄酒與其他葡萄酒如此不同的特點何在？

2. 機構組織：賽貝技術學院 (Siebel Institute of Technology)

   網址：www.siebelinstitute.com

   概要：賽貝技術學院在啤酒釀造技術上的訓練及教育計畫爲人所肯定。

   a. 該技術學院爲學生提供哪些服務？

   b. 列出經由該技術學院可獲得哪些職涯發展可能。

運用你的學習成果

1. 分成小組，對可口可樂與百事可樂進行蒙眼品嚐測試，看看與你同組的成員是否能判別出兩者，以及誰較喜歡可口可樂？誰較喜歡百事可樂？
2. 全班完成調查，並與其他同學分享小組成果。
3. 示範一瓶無酒精葡萄酒的正確開瓶及侍酒程序。

4. 以下食物可建議與哪種葡萄酒搭配？
    (1) 豬肉
    (2) 乳酪
    (3) 羊肉
    (4) 巧克力蛋糕
    (5) 雞肉
5. 「母親反酒醉駕車 (MADD)」是一個非營利組織，致力於遏止酒醉駕車，並對酒醉駕車受害者提供支持。找出該組織爲社會帶來哪些重大影響。

建議活動

1. 以網路搜尋你所在地區的未成年飲酒統計數字，以及因此導致的公路車禍死亡數。
2. 爲一家運動酒吧設計主題概念大綱。

國外參考文獻

1. 參考 Organic Consumers Association ，【消費者協會】網站，https://www.organicconsumers.org/usa 以獲取更多信息。
2. 與 Jay R. Schrock 博士的私人對話，2017 年 2 月 24 日。
3. 參考 Budweiser Brewing Company Presentation, University of South Florida，【南佛羅里達大學百威啤酒釀造公司演講】，2004 年 9 月 7 日。
4. 參考 Brewers Association 網站， https://www.brewersassociation.org/，以獲取更多信息。
5. 參考 James Baginski and Thomas L. Bell, 「Under-Tapped?」 An Analysis of Craft Brewing in the Southern United States.」 Southeastern Geographer ，James Baginski 和 Thomas L. Bell，【開發不足？，《美國南部的精緻釀造分析》，《東南地理》， 51.1（2011）：第 165 頁 – 第 185 頁，取自 2017 年 3 月 2 日。
6. 參考 Douglas Murray and Martin A. O’Neil, 「Craft Beer: Penetrating a Niche Market.」 British Food Journal，【道格拉斯穆雷（Douglas Murray）和馬丁·奧尼爾（Martin A. O’Neil）】，【工藝釀造啤酒：滲透利基市場】，《英國食品雜誌》，114.7（2012）：第 899 頁 – 第 909 頁，取自 2017 年 3 月 2 日。
7. 參 考 Neil Reid, Ralph B. McLaughlin, and Michael S. More, 「From Yellow Fizz to Big Fizz: American Craft Beer Comes of Age.」 Focus on Geography，【尼爾·里德（Neil Reid），拉爾夫·B·麥克勞林（Ralph B. McLaughlin）和邁克爾·S·莫爾（Michael S. More）】，【從黃色嘶嘶

聲到大嘶嘶聲：美國工藝釀造啤酒時代】，（2014）：第 114 頁 – 第 25 頁，取自 2017 年 3 月 2 日。

8. 參考 Full Sail Web Brewing 網站，https://fullsailbrewing.com/full-sail-beers/，以獲取更多信息。
9. 參考 GreenBiz 網站， https://www.greenbiz.com/，以獲取更多信息。
10. 參考 Johnnie Walker 網站， https://www.johnniewalker.com/，以獲取更多信息。
11. 同上。
12. 參 考 Neil Reid, Ralph B. McLaughlin, and Michael S. More, 「From Yellow Fizz to Big Fizz: American Craft Beer Comes of Age.」 Focus on Geography，《酒吧與飲料手冊》，第三版，C。Katsigris，M。Porter 和 C. Thomas，【紐約：John Wiley & Sons，2002 年】。
13. 參考 Specialty Coffee Association【專業咖啡協會】網站，https://sca.coffee/，以獲取更多信息。
14. 參考 Ancora Coffee 網站，https://ancoracoffee.com/，以獲取更多信息。
15. 參考 Bean Shop 網站， https://www.thebeanshop.co.uk/，以獲取更多信息。
16. 參考 Starbucks【星巴克】網站， https://www.starbucks.com/，以獲取更多信息。
17. 參考 Coffeehabit 網站， http://coffee_habitat.com，以獲取更多信息。
18. 同上。
19. 參考 U.S. Food and Drug Administration,「Carbonated Soft Drinks: What You Should Know，【美國食品藥品監督管理局「碳酸軟飲料：您應該知道的」】，取自 https/www.fda.gov/Food/ResourcesForYou/Consumers/ucm232528.htm， 2017 年 2 月 24。
20. 參考 Mothers Against Drunk Driving，【反對酒後駕車的母親】網站，https://www.madd.org/，以獲取更多信息。
21. 參考 Centers for Disease Control and Prevention, 「Impaired Driving: Get the Facts,」【疾病控制和預防中心，「身體控制力減弱的情況下駕車：了解事實】，https://www.cdc.gov/motorvehiclesafety/impaired_driving/impaired-drv_factsheet.html，2017 年 2 月 24 日。

臺灣案例參考文獻

1. 王國賢，李郁怡 (2014)。突破故事行銷的迷思。哈佛商業評論：跨國界管理，2014 年 9 月號。2019 年 10 月 1 日取自：https://www.hbrtaiwan.com/article_content_AR0002868.html
2. 高涵 (2018)。揭竿起義 15 年！臺灣精釀啤酒用品味帶動市值翻倍成長。食力。2018 年 12 月 27 日取自： https://www.foodnext.net/news/newstrack/paper/5616115663
3. 高涵 (2018)。從豪飲到品味 你對啤酒改觀了沒？。食力。2018 年 12 月 27 日取自：https://www.foodnext.net/news/newstrack/paper/5470115582
4. 翁詒君 (2017)。甚麼是精釀啤酒？啤酒達人幫你解答。Wine & Taste 品迷網。2018 年 12 月

20 日取自：http://www.winentaste.com/magazine/beer_change_craft

5. GQ Business(2019)。精釀啤酒風潮來勢洶洶。2019 年 3 月 27 日取自：https://www.gq.com.tw/coolbiz/preview.asp?ids=4&cid=23
6. 關鍵評論 (2015)。風土、化學與狂熱分子─用啤酒說出的臺灣故事。2018 年 10 月 20 日取自：https://www.thenewslens.com/feature/taiwancraftbeer
7. 嚴永龍 (2018)。精釀啤酒拒絕工業制式化 個性釀酒風味變化萬千。食力。2018 年 12 月 27 日取自：https://www.foodnext.net/science/machining/paper/5852115649

俱樂部 10

學習成果

閱讀及研讀本章後，你應該能夠：

1. 說明什麼是私人俱樂部，並分辨不同型態俱樂部之間的差別。
2. 辨別出俱樂部產業的重要成員。
3. 描述俱樂部管理，並將其與飯店管理進行比較。

10.1 俱樂部的發展

學習成果1：說明什麼是私人俱樂部，並分辨不同型態俱樂部之間的差別。

私人俱樂部 (private clubs) 是該俱樂部會員因社交、休閒遊憩、職業或增進情誼等原因而聚集的場所。俱樂部會員們喜歡帶朋友、家人或生意上的賓客，到他們的俱樂部，俱樂部就像他們的第二個家，且有各種設施及工作人員讓聚會更爲舒適。邀請對方來俱樂部可能比邀請到自家中更令他們印象深刻，而且仍保有某種程度宛如受邀到自家中的私人氣氛。今日許多俱樂部是由先驅者演變而來，這些先驅者大多來自英格蘭與蘇格蘭。例如：北美鄉村俱樂部 (North American Country Club) 在很大的程度上，是以 1758 年創立於蘇格蘭的聖安德魯皇家古典高爾夫球俱樂部 (Royal and Ancient Golf Club of St. Andrews) 爲模型，一般認爲該俱樂部爲高爾夫球的誕生地，許多商務交易是在高爾夫球場上協商進行的。

歷史上，這些俱樂部的氣氛常吸引一些稱爲「貴族(blue bloods)」、「望族(old money)」或「白種人 (crackers)」的富裕人士前來，他們的特質超越世代延續至今。經年累月下來，他們的禮儀及固守的形式風格已發展到讓他們透過蛛絲馬跡即能辨認出彼此，不具有他們想要特質的人就無法被他們所接受。

今日，富裕人士比以往更多，而且數量持續增加中，這些新富階級如今被許多也自稱爲俱樂部的新型混合體列爲目標客群加以拉攏。這些較新型俱樂部的入會費及會費可能比一些歷史較悠久的俱樂部低許多，且以往嚴格的篩選過程，以及冗長的會員申請程序也被簡化，其中金錢是申請能否獲得核準的關鍵。人們會因爲社交及商務原因而加入俱樂部；此外，加入的理由還包括可使用該處的遊憩設施。

當一名開發者購買一大片土地，在四周房子或公寓大樓的中央蓋起一座附設俱樂部會所的高爾夫球場時，新俱樂部就因此而誕生。那些房子與該俱樂部的會員資格將一併套裝出售，一旦所有房子全數賣出，這名開發者就宣布他將把高爾夫球場及俱樂部賣給一名想將它們對外開放的投資者，這些住宅擁有者會急切地買下俱樂部及高爾夫球場，以保護自己的投資。接著成立一個董事會，而原屬於開發者的員工及所有營運作業，通常都會移轉至新所有者名下，變成新所有者或會員們的責任。

一、俱樂部產業的規模

包括鄉村俱樂部與城市俱樂部在內，美國約有 14,000 家私人俱樂部[1]，其中約有 6,000 家爲鄉村俱樂部。當我們將所有俱樂部資源都考慮在內（如土地、建築物、設備及數千名員工等），我們所談的就是一項數億美金規模的經濟影響力。

二、俱樂部的類型

（一）鄉村俱樂部

幾乎所有鄉村俱樂部 (country club) 都有一個或一個以上的高爾夫球場（有些甚至有游泳池及網球場）、一間俱樂部會所、寄物處、沙發酒吧、酒吧及餐廳，此外，大多備有宴會設施。會員及他們的賓客享受這些服務，並以月爲單位結算費用——無論有無使用這些設施都一樣要付費！這些月費 (monthly dues) 金額從 100 ～ 1500 美金不等，一般平均價格爲 250 至 350 美金之間。宴會設施可由會員及其私人賓客使用，用來舉行正式或非正式派對、晚宴、舞會、婚宴等，但有些俱樂部希望這些活動不影響到俱樂部本身，亦即他們不希望被大多爲非會員身分者參與的派對所打擾。有些鄉村俱樂部收取一筆似乎過於高額的入會費 (initiation fee)——有些甚至高達 250,000 美金，但一般金額爲數千美金，而且可在該會員退出俱樂部時退還[2]。不用說，這些鄉村俱樂部會員都是社會上舉足輕重的人物，而他們將會員資格視爲對自身生涯成功的一項獎勵。

鄉村俱樂部有兩種或兩種以上的會員類型：正規會員 (full membership) 任何時候都能使用所有設施；而社交會員 (social membership) 則只能使用社交設施，如沙發酒吧、酒吧、餐廳等，也許還可使用游泳池及網球場；其他類型會員可包括平日及假日會員。俱樂部越具排他性，會員類型越少。

> 「鄉村俱樂部為會員提供休閒遊憩，它們大多設有用餐場所、高爾夫球場及網球場，會員們喜歡去那裡給自己放個一天的假，甚至可在該地舉辦活動，如婚禮！」
>
> Joe Calhoun, Sarasota Country Club, Sarasota, FL

（二）城市俱樂部

城市俱樂部主要爲商務導向，雖然有些俱樂部規定餐廳內不得進行商務討論或檢討商務相關文件。它們的大小、所在地、設施種類及所提供的服務不盡相同。有些較有歷史及規模的俱樂部擁有本身所在之建築物，其他俱樂部則租用場地。俱樂部的存在即在於迎合會員的想望與需要。

（三）其他俱樂部

其他俱樂部包括以下各類型：

職業俱樂部 (professional clubs)：正如其名，是為從事同一種職業的人士所設立。位於華盛頓特區的全國報刊俱樂部 (National Press Club)、位於紐約市的律師俱樂部 (Lawyer's Club)，以及位於曼哈頓，專為演藝人員及其他劇場從業人員所設的修道士俱樂部 (Friars Club) 是幾個很好的例子。

社交俱樂部 (social clubs)：讓會員能享受彼此的陪伴，會員可能來自許多不同行業，但具有相似社會經濟背景。社交俱樂部以倫敦著名男性社交俱樂部為模型，如 Boodles、St. James's 或 White's 俱樂部。在這些俱樂部中，認為談論生意是不當之舉，因此，對話與社交互動都以陪伴或娛樂為焦點。公認美國歷史最悠久的社交俱樂部，是位於費城的魚屋 (Fish House) 俱樂部，創立於 1832 年。為確保魚屋永遠以社交為導向，而非商務導向，它以男性烹飪俱樂部的形式成立，由每位會員輪流為其他會員準備餐點。其他社交俱樂部存在於幾個主要城市，其共通特性在於，提供高級餐飲，並有俱樂部經理負責管理[3]。

運動俱樂部 (athletic clubs)：給城市工作者及居民一個機會健身 —— 游泳、打壁球或短柄牆球 (racquetball) 等。有些位於市中心的運動俱樂部，提供設於屋頂的網球場及跑道。運動俱樂部也設有沙發酒吧、酒吧或餐廳，讓會員能放鬆及進行社交互動。有些運動俱樂部也設有會議室甚至睡眠設施。最新的特色活動是「執行健身 (executive workout)」，首先進蒸氣室，接著依序進按摩浴池、三溫暖、進行全身按摩、於休息室小睡片刻，最後在沐浴之後回去工作。

用餐俱樂部 (dining clubs)：通常位於大城市內的辦公大樓中。有機會成為會員，往往成為對租用該辦公大樓空間者的一項誘因。這些俱樂部總是在午餐時段開放，偶爾於晚餐時段開放。

大學俱樂部 (university clubs)：是為男校友或女校友所設的私人俱樂部。大學俱樂部通常位於高租金地區，並提供以餐飲服務為中心的各類設施及遊樂設備。

軍事俱樂部 (military clubs)：旨在迎合未經任命的軍官 (non-commissioned officers, NCO)，以及應募入伍的軍官所需。軍事俱樂部設有跟其他俱樂部相似的設施，提供遊憩娛樂及餐飲服務。有些軍事俱樂部位於基地內，全國最多會員的俱樂部是位於維吉尼亞州阿靈頓的陸海軍鄉村俱樂部 (Army Navy Country Club)。該俱樂部有超過 6,000 名會員，擁有 54 個球洞規模的高爾夫球場，兩座俱樂部會所，以及眾多其他設施。許多軍事俱樂部，近年來都將俱樂部管理事宜委由民間辦理。

遊艇俱樂部 (yacht clubs)：提供會員船隻停泊處，讓他們的船隻受到安全保障，此外，遊艇俱樂部與其他俱樂部類似，設有沙發酒吧、酒吧或餐飲設施。遊艇俱樂部以航海爲主題，吸引各種不同背景，但都對航海有興趣的人士加入。

兄弟會俱樂部 (fraternal clubs)：包括許多特別組織，如國外戰役退伍軍人 (Veterans of Foreign Wars)、麋鹿 (Elks)，以及聖龕守護者 (Shriners) 等。這些組織促進伙伴情誼，並時常協助慈善任務；它們較不像其他俱樂部般複雜精細，但仍設有酒吧跟宴會廳，可供各種活動使用。

業主俱樂部 (proprietary clubs)：在營利的基礎上運作。俱樂部擁有者爲企業或個人，一般人想成爲會員就得先購買會員資格，而非俱樂部股份。業主俱樂部隨著 1970 及 1980 年代的房地產熱潮而大受歡迎，當規劃新住宅區開發時，俱樂部會被包含在數個子計畫內。一個家庭只須付一小筆入會費，以及 30 ～ 50 美金的月費，就可讓全家人參加種類繁多的遊憩活動。

對於即將成爲百萬富翁的你來說，總有一些價格異常昂貴的社交俱樂部。全國許多有權勢的人都屬於這些俱樂部，並爲此會員資格付出了高昂的代價。一個很好的例子，是位於蒙大拿州 (Big Sky Country) 心臟地帶，占地 14,000 英畝的黃石俱樂部 (Yellowstone Club)，這個俱樂部只有 250 名成員，成爲一名成員的費用爲 25 萬美元；不論用什麼方法，如果你在附近擁有一所價格在 500 ～ 3500 萬美元之間的房屋，你還是只能成爲會員；你會發現比爾蓋茲 (Bill Gates) 也是成員之一。全國各地還有一些精英俱樂部，收費在 5,000 ～ 50,000 美元之間，每年的費用爲數千美元。例如：在華盛頓特區的大學俱樂部，你可以與政治勢力參與者打成一片，只要付 5,000 美元的入會費和每年幾千美元的年費；但是如果你是最高法院大法官，年費成本只要 588 美元。因此，如果你手頭上沒錢，那麼你只好用功研讀法律書籍。[4]

顯然，遊憩及休閒相關的工作機會非常多，但目標必須是在工作與休閒活動之間取得平衡，並在提供及接受這些服務時，都達到眞正的專業。往後幾年間，將出現休閒與遊憩業的大量增長。

自我檢測

1. 鄉村俱樂部有哪兩種會員類型？
2. 為什麼有些人喜歡參加私人俱樂部？
3. 城市俱樂部以哪種客群為導向？

10.2 俱樂部產業的重要成員

學習成果 2：認識俱樂部產業的重要成員。

俱樂部業界重要的成員，包括 ClubCorp、WCI Communities 及美國高爾夫球公司 (American Golf)，稍後會對它們進行描述與介紹。

.inc 企業簡介

俱樂部公司 Club Corp

以達拉斯為基地的 ClubCorp 創立於 1957 年，提供顧客頂級高爾夫球運動、私人俱樂部及渡假飯店經驗上領先全球。ClubCorp 在國際間的隸屬成員有將近 170 座高爾夫球場、鄉村俱樂部、私人商務暨運動俱樂部，以及渡假飯店的所有者或營運者。ClubCorp 擁有約 15 億美金資產。其所擁有的國內知名高爾夫球設施，包括位於北卡羅來納州松丘村的松丘 (Pinehurst) 飯店（為北美洲最大高爾夫球渡假飯店，並為 1999 年與 2005 年美國高爾夫球公開賽舉辦地）、俄亥俄州阿克隆的火石 (Firestone) 鄉村俱樂部（為 2003 至 2005 年世界高爾夫錦標賽之普利司通邀請賽舉辦地）、維吉尼亞州熱泉 (Hot Springs) 的家園渡假飯店（Homestead，為全美第一家渡假飯店，創立於 1766 年），以及位於加州倫科米拉 (Rancho Mirage) 的米森丘鄉村俱樂部〔Mission Hills，納比斯柯錦標賽 (Kraft Nabisco Championship) 的舉辦地〕。

此外亦擁有超過 60 家商務俱樂部及商務暨運動俱樂部，包括波士頓大學俱樂部、洛杉磯邦克丘 (Bunker Hill) 的城市俱樂部 (City Club)、佛羅里達州奧蘭多市的賽提司俱樂部 (Citrus Club)、西雅圖的哥倫比亞塔俱樂部 (Columbia Tower Club)、芝加哥的大都會俱樂部 (Metropolitan Club)、達拉斯的高塔俱樂部 (Tower Club)，以及華盛頓特區的城市俱樂部。本公司的 20,000 名員工為將近 430,000 個家庭會員，以及每年造訪 ClubCorp 旗下設施的 200,000 名顧客提供服務。

ClubCorp 所從事的事業，致力於建立關係及豐富生活，其出眾的私人俱樂部環境能培養新與舊的關係，並創造一個保有隱私、豪華而放鬆的世界。在那裡，每項需求都能預先被瞭解，每項期望都能被超越。

過去 50 年裡，ClubCorp 依慣例精心打造精緻、私人性質的俱樂部，已發展出一套指標性的服務哲學，迴盪在每次邂逅，每次溫暖歡迎，以及每個美妙瞬間，共同營造出一切服務的基石。

續下頁

承上頁

每間俱樂部都具有自身的獨特性，並以能為朋友間的休閒聚會、商務會議，乃至正式慶祝場合創造出完美環境為傲。這些俱樂部提供安全的庇護所，讓會員及其賓客永遠感到賓至如歸。無論想尋求鄉村俱樂部體驗，或為進行商務事宜展開渡假活動，會員都能享受到極致的私人俱樂部服務及傳統展現。

ClubCorp 旗下之俱樂部，從西雅圖到墨西哥，從波士頓到北京，在全世界超過 170 家私人商務暨運動俱樂部、鄉村俱樂部、高爾夫球場，以及高爾夫渡假飯店中，提供了多種會員選擇和體驗，可滿足各種生活方式的追求。

資料來源：www.clubcorp.com

.inc 企業簡介

坦帕社區 WCI Communities

將近 60 年來，WCI Communities 不只建造住家及社區，更為打造生活方式的業界領導者。位於佛羅里達、紐約、紐澤西、康乃狄克及華盛頓特區，約 50 座精心規劃的社區及 60 座以上豪華高樓建築中，有超過 160,000 人體驗到 WCI 所提供的生活方式。WCI 主要以打造升級住家、退休住所及渡假別墅為焦點，在環保建築與永續措施、建造豪華高樓建築以及創造精心規劃、生活機能便利的社區等方面皆為公認領導者。其與餐旅界及運動界最受認可的成員建立策略合作關係，包括：喜達屋飯店集團 (Starwood Hotel & Resorts Worldwide)、麗晶國際飯店 (Regency International Hotels)、克雷格·諾曼 (Greg Norman)、彼特·岱爾 (Pete Dye)、雷蒙·佛洛伊得 (Raymond Floyd) 及彼得·傑考森 (Peter Jacobsen)。WCI 被全國住家建商協會 (National Association of Homebuilders) 列為 2004 年全美最佳建商，旗下超過 4,000 名員工致力於提供最佳客戶服務，使購屋成為一生難忘的經驗。

資料來源：wcicommunities.com

美國高爾夫球公司 (American Golf)

美國高爾夫球公司管理美國超過 80 家頂級的私人式、渡假飯店式及日費制式高爾夫球場，其設計者包括一些世界上最為知名的球場建築設計師。美國高爾夫球公司每年負責舉辦超過 35,000 場活動，雇用超過 10,000 名員工進行活動辦理。活動包括籌辦婚禮、企業活動及私人派對，並透過贊助慈善活動實現回饋社區的承諾。

美國高爾夫球公司與老虎·伍茲基金會形成聯盟，提供貧困青少年學習及打高爾夫球的機會。該計畫為貧民區內 8 至 18 歲青少年提供初級高爾夫球現場教學，由高爾夫球界超級巨星老虎·伍茲主持。

資料來源：www.americangolf.com/about.cfmm

自我檢測

1. 基本高爾夫、私人俱樂部和度假勝地的業界領導者是哪一家公司？
2. 坦帕社區 (WCI Communities) 的重點是什麼？
3. 描述美國高爾夫球公司 (American Golf)。

10.3 俱樂部管理

學習成果 3：描述俱樂部管理，並將其與飯店管理進行比較。

俱樂部管理 (club management) 與飯店管理有許多相似處，兩者在近年來都有所演進。俱樂部總經理如今扮演著類似於企業中的營運長及執行長的角色（有些情況下）。若高爾夫球場四周有住家，他們可能也同時肩負管理屋主協會 (homeowners' association) 的責任，亦可能負有管理包括高爾夫球場在內所有運動設施的責任。除此之外，他們也須負責規劃、預估與預算編列、人力資源、餐飲作業、設施管理與維修。

俱樂部管理與飯店管理之間的主要差別在於，俱樂部顧客感覺他們宛如該地的所有者（在許多情況下他們確實是），亦經常表現得彷彿他們就是所有者。正如飯店顧客使用飯店的頻率不如會員使用俱樂部頻率高，俱樂部會員對俱樂部所投注的感情亦較強烈。另一項差別在於，大多數俱樂部不提供睡眠設施。俱樂部會員付一筆入會費以成為該俱樂部所屬會員，自此之後則每年付會費。有些俱樂部亦收取一筆固定的使用費，通常為餐飲相關費用，無論這些服務是否被使用都須收取。

美國俱樂部經理協會 (Club Managers Association of America, CMAA) 是全美 6,000 家私人鄉村俱樂部中許多經理參加的專業組織。該協會目標為，透過滿足俱樂部經理的教育及相關需要，提升俱樂部管理的專業。該協會透過舉辦地區性及全國性聚會及會議，為屬於該協會的經理人員提供工作機會網絡，並增進彼此情誼。這些聚會讓經理人員與時下最新做法、程序，以及新法規保持同步。加入 CMAA 的總經理們都同意遵守道德規範。[5]

CMAA 重新檢視俱樂部經理的角色，發現隨著顧客不斷增加的期待，總經理的角色模型也從傳統的管理式轉變成領導式。CMAA 新模型所根據的前提是，總經理或營運長不只是負責營運資產、投資及俱樂部文化的營運長而已。

圖 10-1 爲一名總經理或總營運長在私人俱樂部的管理、餐飲、會計與財務管理、人力與專業資源、建築物與設施管理、外部與政府影響、管理、市場行銷、運動與遊憩等方面應具備的核心能力 (core competencies)。

此模型的第二層爲精通資產管理技巧。今日的總經理或總營運長必須要能夠管理俱樂部的實體資產、財務狀態及人力資源。經理責任的這些面向，與管理俱樂部營運具有同等重要性。

新模型的第三層是保存及培養俱樂部的文化，它可被定義爲該俱樂部的傳統、歷史及願景。許多經理或總營運長本質上進行著這項職責；然而，它時常被忽略且未加以發展的特質。圖 10-2 爲俱樂部經理的工作說明。圖 10-3 爲俱樂部管理能力。

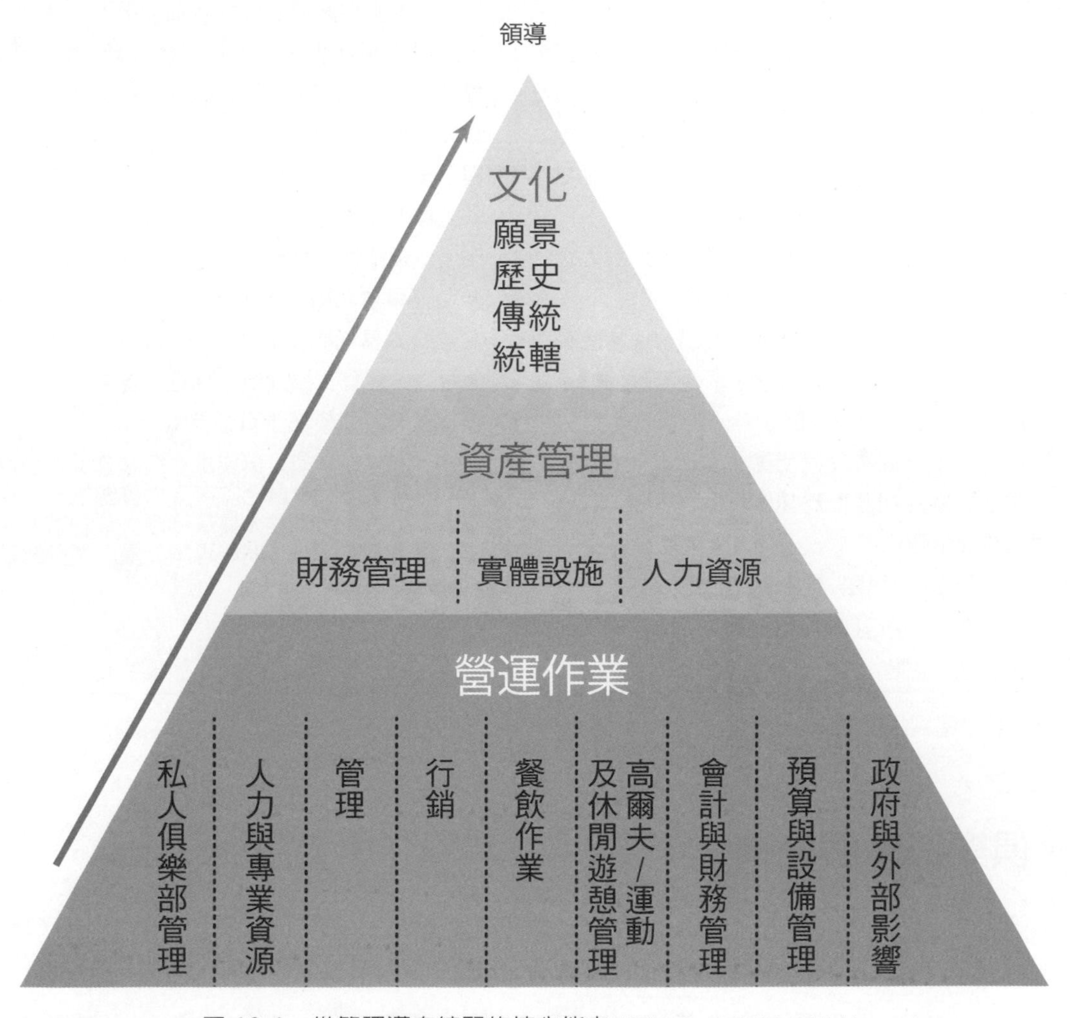

圖 10-1　從管理邁向統馭的核心能力 (資料來源：美國俱樂部經理協會)

I. 職位：總經理

II. 相關職稱：俱樂部經理、俱樂部會所經理

III. 職務摘要：擔任俱樂部營運長；管理俱樂部所有面向事宜，包括俱樂部本身活動，俱樂部與董事會、會員、賓客、員工、社區、政府以及業界的關係；統籌與掌握由董事會制訂之俱樂部政策。發展運作政策及程序，並指導所有部門經理的工作。實行並監控預算、監控俱樂部產品與服務品質，確保會員與賓客的最高滿意度。保障並保護俱樂部資產安全，包括其設施及設備。

IV. 工作執掌（職責）：

1. 實行由董事會建立之總體政策，指揮其管理與執行。
2. 規劃、發展及核可與總體政策一致之特定營運政策、計畫、程序及方法。
3. 統籌俱樂部長程及年度（商業）計畫之發展。
4. 發展、維護及管理一種健全的組織計畫；主動採取必要改善措施。
5. 建立基本個人政策；主動發起並監控與個人行爲、訓練及專業發展計畫相關之政策。
6. 與美國俱樂部經理協會及其他專業協會保持會員關係。參與大型會議、研討會、聚會，以隨時掌握本領域之最新訊息及發展。
7. 根據預算行事曆統籌營運及資本預算的發展；監控俱樂部之每月損益表及其他財務損益表；採取必要之有效更正行動。
8. 統籌並擔任適當俱樂部委員會之成員。
9. 歡迎新會員，在所有會員造訪俱樂部時實際與他們會面並進行招呼。
10. 就未列於核定之規劃或預算內之建設、改建、維修、材料、補給、設備及服務，對董事長與委員會提出忠告與建議。
11. 持續確保俱樂部的營運符合所有適用之當地、州及聯邦法律。
12. 監督俱樂部實體資產及設施之保養與維修。
13. 統籌行銷及會員關係計畫，向潛在及現任會員促銷俱樂部之服務與設施。
14. 確保食物、飲料、運動與遊憩、娛樂以及其他俱樂部服務均維持最高水準。
15. 在符合採購政策與程序的情況下，進行發展建立與監控工作。
16. 檢討並主動規劃提供會員各種受歡迎的活動。
17. 分析財物損益表、管理現金流並建立控管以保護資金；檢討與目標相關之收入與成本；採取必要之更正行動。
18. 與下屬部門主管共同合作，對所有俱樂部員工的工作進行排程、督導以及指導。
19. 出席俱樂部執行委員會及董事會之會議。
20. 參與董事會判斷爲適當並核准之可加強俱樂部名望的外界活動；藉由成爲社區參與之一員，履行公共義務，擴大俱樂部之營運規模。

V. 直屬主管：俱樂部董事長及董事會。

VI. 督導：總經理助理（俱樂部會所經理）、餐飲總監、財務總監、會員總監、人力資源總監、採購總監、高爾夫球專業人員（高爾夫球總監）、高爾夫球場監管部門、網球專業人員、運動總監、執行秘書。

圖 10-2　俱樂部經理的工作說明書（資料來源：美國俱樂部經理協會）

一、俱樂部管理架構

俱樂部的內部管理架構受企業組織條款與細則所規範。由之制定選舉程序、主管職位、董事會及常務委員會，此外也爲每個部門及委員會的運作方式提供準則及指導原則。總經理通常會爲新董事提供職前訓練及相關資訊，以協助他們執行自己的新角色。俱樂部的主管及董事是由會員選舉產生。

私人俱樂部管理
私人俱樂部歷史
私人俱樂部類型
會員類型
細則
政策構建
董事會關係
營運長概念
委員會
俱樂部工作說明書
職涯發展
高爾夫球營運管理
高爾夫球場管理
網球營運管理
游泳池管理
遊艇設施管理
健身中心管理
寄物處管理
其他遊憩活動

餐飲營運
衛生
菜單設計
營養
訂價概念
訂貨／點收／控管／庫存
餐飲趨勢
高品質服務
具創意之主題宴會
設施設計及配備
餐飲人員
酒單設計

私人俱樂部之會計與財務
會計與財務準則
具一貫性之會計系統
財務分析
預算編列
現金流預估
工資與福利管理
爲資本計畫籌措資金
稽核
內部營收服務
電腦系統
商務辦公室組織
長程財務規劃

人力與專業資源
員工關係
管理風格
組織發展
平衡工作與家庭責任
時間管理
壓力管理
勞資問題
領導與管理

建築物及設施管理
預防性之維修
保險及風險管理
俱樂部會所之改建與翻新

承包商
電力及水資源管理
房務
安全
洗衣服務
住宿經營

外部及政府影響
法律影響
法規人員
經濟理論
勞資法
內部營收服務
隱私權
俱樂部法
酒精飲料責任
工會

管理與行銷
溝通技巧
透過自有之出版品行銷
專業形象與衣著
有效談判
會員接觸技巧
與媒體合作
私人俱樂部環境下的行銷策略

圖 10-3 俱樂部管理能力（資料來源：美國俱樂部經理協會）

主管代表會員制訂俱樂部的營運政策。許多俱樂部及其他組織藉由主管的繼位制保持連續性。秘書繼位成爲副董事長，而副董事長繼位成爲董事長。但在某些情況下，某位人士被選爲董事長只因該位人士被認爲最有資格在該年度領導該俱樂部。無論何人被選爲董事長，俱樂部總經理都必須能與該人士及其他主管共事。圖 10-4 爲鄉村俱樂部的組織圖。

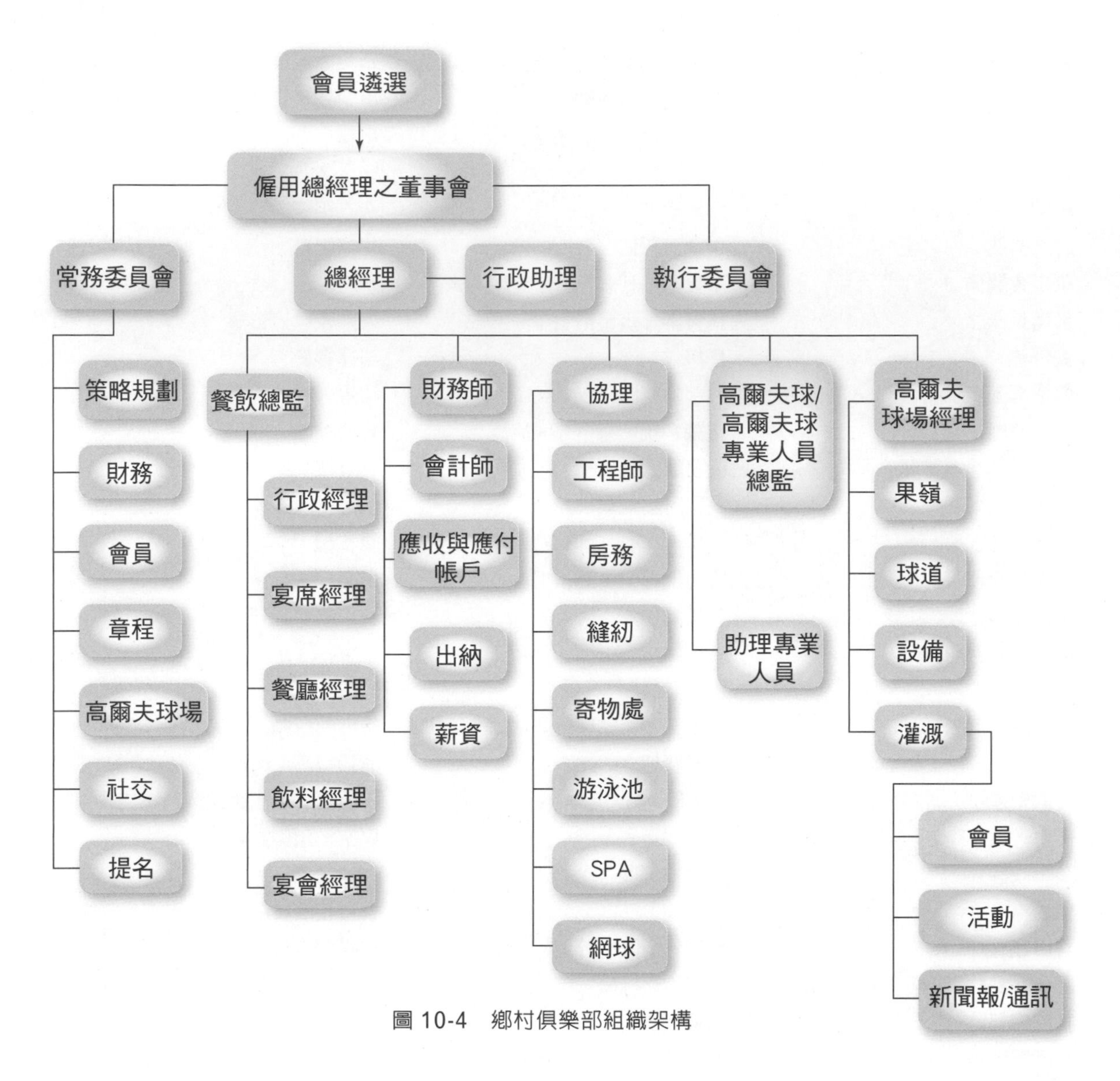

圖 10-4　鄉村俱樂部組織架構

董事長主持所有正式會議，並主導俱樂部的政策制定。副董事長爲將被培訓成爲董事長之人（通常爲傑出人士），並於董事長缺席期間代行董事長職責。若俱樂部有一名以上副董事長，可能會冠上第一、第二、第三等頭銜。有時，副董事長可能被指派爲某些委員會的主席，如會員委員會。董事會成員通常爲一個或更多委員會的主席。

如果委員會具有能力及效率，則俱樂部的運作效率會更高。

委員會 (committee) 是俱樂部活動的重要部分。若委員會能發揮應有效能，俱樂部營運會更有效率。委員會成員有一定任期，委員會議的召開也符合羅氏會議規則 (Robert's Rules of Order)，依照其程序指導原則所示範之正確方式進行會議。常設的委員會包括會所 (house)、會員 (membership)、財務／預算 (finance/budget)、娛樂 (entertainment)、高爾夫

(golf)、果嶺 (greens)、網球 (tennis)、游泳池 (pool) 及長程規劃 (long-range planning) 委員會。董事長可能爲處理特殊事務而任命成立其他委員會，一般稱爲特別委員會 (ad hoc)。

財務主管顯然必須具有一些財務及會計背景，因該主管的必要職責之一即是爲財務事項提供建議，如僱用外部稽核員、編列預算，以及設置控管系統。總經理負責所有財務事項，並通常是所有支票的署名者或共同署名者。

秘書的職責爲留下會議記錄，以及照管與俱樂部有關的往來事宜；在大多數情況下，總經理會準備好須交由秘書簽名的文件。此職位可能與財務主管合併，在此情況下，職稱會成爲秘書暨財務長。秘書也可能擔任某些委員會的成員或主席。

二、俱樂部餐飲管理

俱樂部餐飲管理與飯店餐飲管理類似，但有一點不同處在於，俱樂部顧客實際上擁有（或認爲他們擁有）該俱樂部。（請記得，每名會員都已付過一筆入會費，以及每月爲餐飲而支付的高額月費，無論他們是否實際使用該餐飲服務皆然。）餐飲總監向總經理報告，並須爲所有餐飲作業負責。俱樂部通常設有一個正式或半正式餐廳，以及一個休閒用餐設施。其他餐飲營業單位可能位於游泳池或第九洞（高爾夫球場中央地帶）。有些俱樂部備有移動式推車，可將點心送至高爾夫球場各處。

巴哈馬拿騷天堂島上的亞特蘭蒂斯飯店占地 141 英畝，擁有海洋生物棲息地、水上公園、18 洞高爾夫球場和賭場。

俱樂部可能亦設有宴會廳，可供應宴會、婚禮及其他私人派對，如結婚週年紀念之餐飲。這些派對帶來額外收入，並有助於維持員工的工作時數。然而，有些俱樂部不允許這些活動干擾到覺得自己付了高額費用而不希望被打擾的會員們。

高爾夫球場經理 (golf course manager) 是高爾夫球場保持最佳品質與狀況的成功關鍵，而高爾夫球場通常是潛在的會員選擇加入一個俱樂部的主要理由。高爾夫球場經理會由下列五個球場關鍵面向予以評估：

1. 果嶺 (greens)：圍繞高爾夫球洞四周的區域。果嶺的測量標準在於其平滑度，有一種測定器被用來測量高爾夫球滾過果嶺的順暢度，亦被稱爲果嶺速度 (quickness of the

green)。

2. 沙坑 (bunkers 或 traps)：為一小塊沙地般的區域，許多球常會陷入該處。
3. 開球區 (teeing surfaces)：將球放置在球座上開球的區域。
4. 球道 (fairways)：開球區與目標高爾夫球洞之間的狹長平坦的草地。
5. 深草區 (rough)：球道兩側通往果嶺的區域（另一個會使球困住許久的區域）。

高爾夫球場經理與果嶺委員會及高爾夫委員會攜手合作，以確定俱樂部所有目標都被達成並獲得維持。

> 高爾夫球場經理 (golf course manager) 是高爾夫球場保持最佳品質與狀況的成功關鍵，而高爾夫球場通常是潛在的會員選擇加入一個俱樂部的主要理由。

三、高爾夫球專業人員

高爾夫球專業人員處理所有競賽事宜，例如俱樂部贊助的癌症研究募款會賽、俱樂部內部或外界舉辦的錦標賽、為童子軍舉辦的地方性募款比賽，以及其他當地慈善比賽。高爾夫球專業人員亦負責桿弟 (caddies)（背高爾夫球袋，建議球手選擇適合各球場之球桿者）、高爾夫球手練習區、高爾夫球清潔，以及需隨開球架不斷移動的標誌。高爾夫球專業人員以往為約聘式雇員，並同時經營專業商店，但如今他們以六位數的進帳成為內部工作人員之一。

四、高爾夫球商店

高爾夫球商店以往由高爾夫球專業人員經營，但近年來俱樂部了解到有必要將商店升級並增加商品種類。許多商店的營業額超過 100 萬美金，利潤達 15%，讓俱樂部額外擁有 150,000 美金資金可自由使用。高爾夫球商店備有各式高爾夫球用品，包括高爾夫球、球桿及服飾等。

自我檢測

1. 什麼是美國俱樂部經理協會 (Club Managers Association of America)？
2. 俱樂部主管和俱樂部委員會在俱樂部管理架構中各扮演什麼角色？
3. 高爾夫球場經理的職責是什麼？

美國俱樂部經理協會 (Club Managers Association of America) 道德規範

我們深信，俱樂部管理是一項榮耀的使命。俱樂部經理有義務通曉應用於俱樂部管理的健全準則，並應享有充分機會掌握最新做法及程序。我們確信，美國俱樂部經理協會 (Club Managers Association of America, CMAA) 為這些權益的最佳代表，本協會成員同意以下內容：

1. 我們將經由信守健全商業準則，支持俱樂部管理的最佳傳統。我們將以自身行為舉止為員工表率，並協助所屬俱樂部主管確保最具效率及成功的俱樂部運作。
2. 我們將持續促進對俱樂部管理作為一種職業的認可及評價，並以能充分反映能力及尊嚴的方式實行個人及職業事務。我們將永遠實踐身為雇員所肩負之責任義務。
3. 我們會在所屬俱樂部需求限制內，盡最大可能與公衆維持良好關係，促進社區及居民事務。
   我們將全力增進身為俱樂部經理需具備之知識與能力，並樂於與其他協會成員分享透過支持參與本地分部及全國協會的教育性集會所獲得之經驗與知識。
4. 我們不允許自己透過與所屬俱樂部進行交易活動而受賄或受害。
5. 我們禁止主動（無論直接或透過仲介者）在未事先知會非所屬俱樂部之經理（若該俱樂部設有經理職）的情況下，與該俱樂部任何主管、會員或員工就該俱樂部事務交換訊息。
6. 我們將在任何可能時間內告知全國總部自身所得知之俱樂部管理職缺。我們將盡可能協助俱樂部經理同事達成其職涯目標。
7. 我們不會因受到威脅而違反適用於所屬俱樂部之法律規範。我們將提供所屬俱樂部主管及董事明確具體之聯邦、州及地區之法律、法令及規定內容，以避免懲罰性處置及造成嚴重損失之訴訟。
8. 我們有義務向當地或全國主管報告任何有意從事違反美國俱樂部經理協會道德規範情事。

資料來源：美國俱樂部經理協會

永續高爾夫球場管理

高爾夫球場業界對永續性的認知，是基於美國環保署和聯合國所指出的：「人類的發展在滿足當前需要的同時，亦不應危害後世子孫滿足其需要的能力[6]」某些高爾夫球場為了顯示出它們在永續上所做的努力，自稱為「綠色 (green)」高爾夫球場，這是一種模糊的說法，但是你可以明確地指出，某個球場管控所有投入的物質，像是肥料和農藥，藉以保護水質。

美國環保署 (Environmental Agency, EPA) 對永續性作出了基本的描述。高爾夫環境研究中心 (Environmental Institute for Golf) 列出了基本高爾夫管理實務 (www.eifg.org)。永續性實務包括[7]：

1. 減少能源的使用，特別是在高峰時間（尖峰時間的帳單費用也高出許多）。
2. 將帳單按部門進行劃分，讓各部門負責自己的能源消耗預算。
3. 資源回收：俱樂部會所的鋁罐、球場的草屑、高爾夫球車的機油。
4. 高爾夫球場的設備應減少浪費或重新利用：當掩埋垃圾的成本增加時，資源回收更顯重要。
   高爾夫球場可以選擇草皮和植物的種類、使用井水和有機肥料來增加其永續性。

人物簡介

艾德華．J．蕭尼西 (Edward J. Shaughnessy)

俱樂部經理認證 (CCM)、企業管理碩士 (MBA)、餐旅指導者認證 (CHE)。

對蕭尼西而言，在鄉村俱樂部工作並不只是一份職業，而是一股熱情。蕭尼西在職業生涯中曾任職於三家極富盛名的俱樂部，他年僅 14 歲就以餐館服務員助手的身分開始在俱樂部工作。高中畢業後不久，他接受了紐約昏睡窟鄉村俱樂部 (Sleepy Hollow Country Club) 全職夜班酒吧經理的職位；他於夜間擔任全職工作，於白天在學院上課，直到他拿到應用科學準學士 (AAS) 學位。一取得該學位，他就被升為餐飲經理，在他取得學士學位後，又被擢升為總經理助理。

在同一家俱樂部工作 14 年後，在他 29 歲生日當天，他獲得並接受在維吉尼亞州亞歷山卓的貝爾哈文鄉村俱樂部 (Belle Haven Country Club) 擔任總經理的職位。他開始在全國首府俱樂部經理協會 (National Capital Club Manager's Association) 中扮演積極角色，並獲選為理事長。他繼續接受教育，並獲得經美國俱樂部經理協會指定的俱樂部經理認證 (Certified Club Manager, CCM) 及餐旅指導者認證 (Certified Hospitality Educator, CHE)。他在貝爾哈文鄉村俱樂部任職 8 年。

蕭尼西自俱樂部業界人才發掘高手約翰．席柏德 (John Sibbald) 處得知，極富盛名的貝列爾鄉村俱樂部 (Belleair Country Club) 有項工作機會，於是在 1997 年，蕭尼西接受擔任總經理暨營運長的職位。他繼續深造，在席勒國際大學 (Schiller International University) 取得國際飯店及觀光管理的企業管理碩士學位。

蕭尼西相信，生命中有兩個面向，成長與衰退，而我們都處於這兩個面向其中之一。他較偏好生命中成長的面向，他相信我們都擁有改變自身所處環境的選擇權，而他喜歡為懷有最高期望的人提供服務。在他看來，人們總能認可高水準的價值與品質，並願意為此付費。而對細節一絲不苟，以及無須顧客開口要求就積極主動提供他們心中所需，是成功的關鍵。

對於一名總經理而言，沒有兩天會以相同或可預期的方式度過。前一天，你可能在研發一項策略計畫，隔天，你也許就被邀請登上一架私人飛機，前去觀賞超級盃比賽。你必須有意識地努力在工作與家庭生活之間取得平衡。一名總經理必須謹記，雖然你與菁英人士同享某些特權，你仍然身為一名員工，並必須永遠以專業人士的身分立下典範。

未來的挑戰在於找到有才能並具服務導向的人才。必須有這些人員，才能超越思慮細密又鑑別力強的俱樂部會員們不斷增加的期待。蕭尼西在一段時間前即發現，讓員工發展自身長才也許是必要之舉，而這讓他有自信能提供使顧客感到賓至如歸的服務。蕭尼西非常關心忠心而克盡職責的員工福祉，這些人及他們的家人都仰賴他有效地經營該俱樂部。如果俱樂部未被妥善經營，他們就可能失去工作，他也認知到，他必須主動積極確保他所屬的俱樂部能成長與成功。帶領著一家擁有兩座濱水區高爾夫球場、一個遊艇停泊港，以及許多舒適設施的全套服務式鄉村俱樂部，蕭尼西正踏實地確保該俱樂部會持續獲得成功。

俱樂部管理的發展趨勢

1. 有些鄉村俱樂部被含括於一項房地產開發案之內，該案將一座（或兩座）高爾夫球場設置於周圍都是住屋的地帶。總經理跟整套房地產開發案的總體營運關係密切。
2. 有些俱樂部開始引介 SPA 作為供會員使用的額外設施。
3. 如今高爾夫球專業人員更近似於內部工作人員之一，而非約聘式雇員。
4. 高爾夫球商店開始由俱樂部經營，而非高爾夫球專業人員。
5. 由於對健康的關注，導致俱樂部餐廳轉向提供更健康的食品和飲料。
6. 打高爾夫球者的人口統計結果，其結構改變的兩個原因：活躍年齡的數字是 29～49 歲；另一個原因是，年紀大者逐漸消失對於俱樂部來說，吸引年輕成員至關重要。
7. 在某些地區，高爾夫球場被過度建造，從而導致對會員人數的爭奪。
8. 時間是至關重要的因素，因為一輪比賽可能需要四個半小時。

個案研究

倫理困境

你是一家夙負盛名的俱樂部總經理。有一天，董事長走進你的辦公室，有些重要事項要跟你討論，如你的年薪與配套福利、他女兒的婚禮及他妻子的慈善高爾夫活動。在談完你優渥的薪資與配套福利後，董事長開始談及他女兒婚禮的要求，對話方向逐漸朝以折扣價供應所需餐飲的方向發展，這違背了俱樂部政策，你會如何回答或採取何種行動？請記得他是俱樂部的董事長。讓難題更加棘手的是，他提到他妻子正籌畫一場慈善高爾夫球活動，通常一人需收取 75 美金費用，而他想將其免除。你該如何回答這名俱樂部董事長？

問題討論

1. 以你的觀點看來，這些費用是否該減免？
2. 你會如何回答或採取何種行動？

職場資訊

俱樂部管理

俱樂部經理所擔負的責任與飯店經理有許多相似處，負責預算編列及預估未來業績、監督資產範圍內的餐廳，以及各種內部部門，如人力資源部門，並確保維修工作已確實執行。此外，亦負責俱樂部的整體健全營運。美國俱樂部經理協會 (www.cmaa.org) 為一專業協會，俱樂部經理能透過該協會取得認證及其他會員福利，如職涯發展及網絡。它們的網站值得你前去參訪。

俱樂部管理與飯店管理的差別在於，俱樂部的顧客為會員身分，並且一般都付費取得該會員資格。基於此點，許多人對俱樂部抱有更強的歸屬感，並因此期待更高水準的服務。

續下頁

承上頁

在眾多俱樂部管理業界中，位居主導地位的為：高爾夫球、鄉村、城市、運動及遊艇俱樂部。鄉村俱樂部為最普遍類型，一般以戶外活動為基礎。高爾夫球是主要特色所在，但其他運動如網球、游泳也相當常見。有些鄉村俱樂部也為會員提供各式課程及社交活動，一般在資產範圍內亦設有沙發酒吧或餐廳。鄉村俱樂部可能為私人性質或半私人性質；若一家俱樂部為私人性質，其設施只開放給會員使用；若為半私人性質，某些服務會對非會員開放。

在俱樂部管理工作的領域內，沒有一條精確的職涯發展道路存在。不過，自廚房或吧檯管理職位轉任俱樂部經理的人占大多數（請參閱圖 10-5），很少有來自會計等領域的員工轉任俱樂部經理。

依照所擁有的經驗程度，一個人可能從宴會助理或餐廳經理開始，隨後晉升至宴席經理或俱樂部會所協理的職位。下一步則由任職於這些職位的時間長短及所累積之經驗品質而定。舉例而言，在一家餐飲收入總額 150 萬美金的俱樂部任職 4 ～ 6 年，很可能讓你獲得一份俱樂部管理職。

俱樂部經理工作時間往往不固定。當俱樂部生意繁忙時，工作時間會拉長；生意清淡時，工作時間則較短。俱樂部經理通常會根據活動量的變動而創造屬於自己的時間表。平均而言，經理通常一週工作 5 ～ 6 天，每天 10 小時。

大部分基層俱樂部管理職位有自 27,000 至 33,000 美金之間的固定薪資，通常沒有薪資協商空間。然而，中級職位的薪資時常能經由協商達到彼此都同意的金額；實際薪資額根據員工所具有的經驗值及相關資歷優勢程度而定。俱樂部經理工作的最大優點在於，工作環境與設施通常都屬頂級程度，而經理通常能使用俱樂部設施及獲得供餐。

ClubCorp 是最大的俱樂部企業主之一，經營超過 220 家鄉村俱樂部、商業俱樂部及高爾夫球渡假飯店 [8]。最近，由於企業所有權的擴張，使加入俱樂部管理職較為容易一點。如果你認真想從事俱樂部管理職，你應該加入自身所在地的美國俱樂部經理協會之學生部門。美國俱樂部經理協會的會議是獲得暑期工作或實習工作機會的極佳網絡建立處。在大學時期獲得的經驗，將使你具備在遊憩及休閒業界起步所需的知識。

晉升的大好機會經常來臨。俱樂部經理也時常能基於工作表現獲得分紅，分紅金額可自經理基本薪資的 5 ～ 15% 之間，每年可達 100,000 美金以上，而薪資最高的鄉村俱樂部總經理每年賺進 350,000 美金。（是的，350,000 美金！）

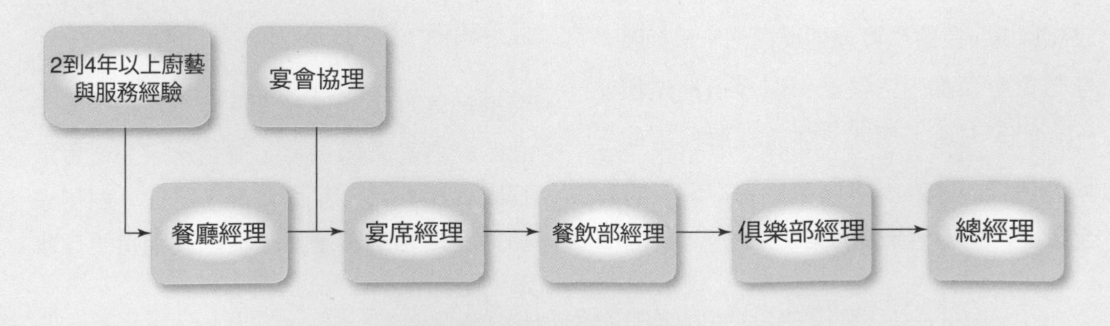

圖 10-5　俱樂部總經理的職涯發展途徑

本章摘要

1. 私人俱樂部 (private club) 是該俱樂部會員因社交、休閒遊憩、職業或增進情誼等原因而聚集的場所。俱樂部會員付一筆入會費 (initiation fee) 以成為該俱樂部所屬會員，自此之後則每年付會費。一些俱樂部收取一固定的使用費，通常與食品和飲料有關，無論是否使用這些服務。
2. 幾乎所有鄉村俱樂部 (country club) 都有一個或一個以上的高爾夫球場（有些甚至有游泳池及網球場）、一間俱樂部會所、寄物處、休息廳、酒吧及餐廳，此外大多備有宴會設施，讓會員及他們的賓客享受這些服務，並以月為單位結算費用——無論有無使用這些設施都一樣要付費！這些月費 (monthly dues) 金額從 100 ～ 1,500 美金不等，一般平均價格為 250 至 350 美金之間。一般俱樂部收取的會員費金額為數千美金，俱樂部有不同類型的成員資格，不同資格的會員在一周內使用的設施不同，或可進入的時段不同。
3. 城市俱樂部主要為商務導向，它們的大小、所在地、設施種類及所提供的服務不盡相同。其他類型的俱樂部，包括職業俱樂部、社交俱樂部、運動俱樂部、用餐俱樂部、大學俱樂部、軍事俱樂部、遊艇俱樂部、兄弟會俱樂部和業主俱樂部。
4. 俱樂部業界重要的成員包括 ClubCorp、WCI 社區 (WCI Communities)，以及美國高爾夫球公司 (American Golf)。
5. 俱樂部管理與飯店管理有許多相似處。俱樂部總經理如今扮演著類似於企業中的營運長及執行長的角色（有些情況下）。若高爾夫球場四周有住家，他們可能也同時肩負管理屋主協會 (homeowners' association) 的責任，亦可能負有管理包括高爾夫球場在內所有運動設施的責任。除此之外，他們也須負責規劃、預估與預算編列、人力資源、餐飲作業、設施管理與維修。俱樂部管理與飯店管理之間的主要差別在於，俱樂部顧客感覺他們宛如該地的所有者（在許多情況下他們確實是），亦經常表現得彷彿他們就是所有者。俱樂部會員對俱樂部所投注的感情亦較強烈，俱樂部會員使用俱樂部頻率高於飯店顧客使用飯店的頻率。另一個區別是，大多數俱樂部不提供睡眠住宿。
6. 俱樂部的內部管理架構受企業組織條款與細則所規範，由之制定選舉程序、主管職位、董事會及常務委員會。總經理通常會為新董事提供職前訓練及相關資訊，以協助他們執行自己的新角色。俱樂部的主管及董事是由會員選舉產生。董事長主持所有正式會議，並主導俱樂部的政策制定。副董事長為將被培訓成為董事長之人，並於董事長不在期間代行董事長職責。

   若俱樂部有一名以上副董事長，可能會冠上第一、第二、第三等頭銜。有時，副董事長可能被指派為某些委員會的主席，如會員委員會。董事會成員通常為一個或更多委員會的主席。常設的委員會包括：會所 (house)、會員 (membership)、財務／預算 (finance/budget)、

娛樂 (entertainment)、高爾夫 (golf)、果嶺 (greens)、網球 (tennis)、游泳池 (pool)，以及長程規劃 (long-range planning) 委員會。

7. 俱樂部餐飲管理與飯店餐飲管理類似，但有一點不同處在於，俱樂部「顧客」實際上擁有該俱樂部。
8. 高爾夫球場經理 (golf course manager)，維持果嶺 (greens)、沙坑 (bunkers 或 traps)、開球區 (teeing surfaces)、球道 (fairways)，以及深草區 (rough) 的最佳狀態。高爾夫球專業人員處理所有競賽事宜及資金的募集，並負責桿弟 (caddies)、高爾夫球手練習區、高爾夫球清潔，以及需隨開球架不斷移動的標誌。

重要字彙與觀念

1. 運動俱樂部 (Athlete Clubs)
2. 俱樂部管理 (club management)
3. 美國俱樂部經理協會 (Club Managers Association of America, CMAA)
4. 委員會 (committees)
5. 核心能力 (core competencies)
6. 鄉村俱樂部 (country club)
7. 用餐俱樂部 (dining clubs)
8. 兄弟會俱樂部 (fraternal clubs)
9. 入會費 (initiation fee)
10. 軍事俱樂部 (military clubs)
11. 月費 (monthly dues)
12. 私人俱樂部 (private club)
13. 職業俱樂部 (professional clubs)
14. 羅氏會議規則 (Robert's Rules of Order)
15. 社交俱樂部 (social clubs)
16. 大學俱樂部 (university clubs)

問題回顧

1. 描述各種類型的俱樂部。
2. 討論俱樂部業的三個重要成員。
3. 比較和對比俱樂部和飯店管理。

網路作業

1. 到美國俱樂部經理協會網站（網址：www.cmaa.org），檢視會員可享有哪些福利。
2. 到 ClubCorp 網站（網址：www.clubcorp.com），看看你是否贊同他們公司的中心思想，如果你眞的感到很有興趣，請他們將機會列表 email 給你。
3. 機構組織：佩斯頓伍德鄉村俱樂部 (Prestonwood Country Club)

   網址：www.prestonwoodcc.com

   概要：佩斯頓伍德是一家提供全套服務的鄉村俱樂部，提供各類活動及優質餐飲。

   (1) 佩斯頓伍德鄉村俱樂部提供哪些活動？

   (2) 家長可能希望帶孩子出外渡假。在這種情況下，這家鄉村俱樂部能為孩子提供哪些服務？

運用你的學習成果

在俱樂部經理的核心能力中，哪些是你認為最難以具備的？

建議活動

1. 為俱樂部經理職位的職涯策畫發展步驟。
2. 以四人為一組，對一名俱樂部經理進行訪談，並寫下你所訪談之俱樂部經理的一日行程。詢問她或他所面對的挑戰為何。

參考文獻

1. 參考 National Club Association，【國傢俱樂部協會】，https://www.nationalclub.org/。
2. 與 Edward J. Shaughnessy 的私人對話，2006 年 11 月 4 日，以及 2017 年 3 月 3 日。
3. 同上。
4. 參考 Brenden Gallagher，“25 Outrageously expensive Social Clubs in America,”【美國 25 個極其昂貴的社交俱樂部】，2014 年 5 月 8 日。
5. 參考 Club Managers Association of America，【美國俱樂部經理協會】，www.cmaa.org。
6. 參考 Club Management,【俱樂部管理】，https://www.nxtbookmedia.com/，2010 年 1 月 / 2 月。
7. 同上。
8. 有關更多信息，請參考 www.clubcorp.com。

11 主題樂園與景點設施

學習成果

閱讀及研讀本章後，你應該能夠：

1. 討論主題樂園如何發展及主題樂園產業的重要成員。
2. 討論主題樂園的管理及營運架構。
3. 描述不同類型的博覽會、節慶及活動。
4. 分辨主題樂園產業的不同就業類型。

11.1 主題樂園

學習成果1：討論主題樂園如何發展及主題樂園產業的重要成員。

一、主題樂園的發展

一切始於1920年代加州的布埃納帕 (Buena Park)，那裡有一座小莓果園及一間茶室。隨著納特 (Knott's) 餐廳生意愈發興隆，園內開始增加各式遊樂設施，使等待的顧客不致於感到無聊。經由逐步擴建之後，納特莓果農莊已自80年前的簡單小園區，成長爲美國最大的獨立主題樂園。

時至今日，納特莓果農莊 (Knott's Berry Farm) 占地150英畝，附有遊樂設施 (rides)、現場娛樂表演、歷史展覽、用餐區及特產店。該樂園有六個主題，分別爲鬼鎭 (Ghost Town)、印地安小徑 (Indian Trails)、慶典村 (Fiesta Village)、木板步道 (The Boardwalk)、水上遊樂區 (Wild Water Wilderness)，以及史奴比遊樂區 (Camp Snoopy)，該處是史奴比漫畫角色的官方發祥地，此外，加利福尼亞商城 (California Marketplace) 就位於樂園外，備有14間獨特商店及餐廳。

納特莓果農莊，對美國主題樂園產業有極大的影響力。數百座獨立及企業經營的主題樂園，在納特主題樂園誕生後也開始發展。納特主題樂園的創設人，華特．納特也許發現了主題樂園如此迅速受到廣大歡迎的原因，他曾表示：「世界變得越複雜，人們越渴望往日時光及生命中的簡單事物，而我們身爲主題樂園業者，則儘可能提供這些元素給顧客。[1]」即使在日益激烈的競爭下，納特主題樂園仍持續以其原創性的歷史建物、悠閒氛圍、寓教於樂、知名餐點、多樣化娛樂表演、創新的遊樂設施，以及特色商品吸引顧客前來[2]。

二、主題樂園產業的大小與規模

造訪主題樂園 (theme park) 是種倍受歡迎的觀光活動。主題樂園創造出另一個時空的氛圍，並通常以特色主題爲焦點。主題樂園及景點設施 (attractions) 依主題而異，可能爲歷史性質、文化性質、地理性質等。有些主題樂園及景點設施將焦點放在單一主題，如關於海洋動物的海洋世界 (Sea World) 樂園。其他主題樂園及景點設施將焦點放在多項主題上，如位於俄亥俄州的國王島樂園 (King's Island) 即爲一座設有7個主題區的家庭娛樂中心：國際大街 (International Street)、十月鎭 (October First)、河流鎭 (River-Town)、星球史努比 (Planet Snoopy)、柯尼館 (Coney Mall)、迴旋灣 (Boomerang Bay) 及行動區 (Action Zone)。另一個例子是位於加州的大美洲樂園 (Great America)，是一座占地100英畝的家庭娛樂中心，以五大主題勾起北美洲的懷舊情懷，分別爲家鄉廣場 (Home Town Square)、洋基港 (Yankee Harbor) 、鄉村園遊會 (Country Fair) 、星球史努比 (Planet Snoopy) 及奧爾良地方 (Orleans Place)。

澳大利亞昆士蘭的海洋世界主題樂園雲霄飛車正在螺旋式翻轉

在美國各地，有大量的主題公園，每年都有數以百萬計的人參觀。全美國估計有 400 多個主題公園和景點，每年創造數十億美元的收入，並創造數千個工作機會，這對美國的經濟活動有很顯著的貢獻。[3]

許多美國國內著名的主題樂園位於佛羅里達州，其中一部分位於奧蘭多，包括華特迪士尼世界 (Walt Disney World)、海洋世界 (Sea World)、水上樂園 (Watermania)、潮野水上世界 (Wet‘n'Wild) 及環球影城 (Universal Studios)。

過山車使遊客能夠體驗驚險刺激的冒險，而沒有後顧之憂。

Martha Carvalho, Universal Studios,
Orlando, FL

三、主題樂園產業的重要成員

（一）迪士尼

華特．迪士尼公司已是美國文化的重要指標，迪士尼的營運模式已成形，讓該公司能夠向客人兌現「讓魔法般的感受活起來」的承諾。[4] 迪士尼樂園的度假區中，涵蓋六個度假勝地和十二個主題公園。在全球前十大最多人去遊玩的主題樂園中，有九個是由迪士尼經營，迪士尼在加州、佛羅里達州、中國的香港和上海，日本的東京和歐洲的法國巴黎郊外都設有主題樂園。

華特迪士尼世界由四大主題樂園組成，分別爲魔法王國 (Magic Kingdom)、艾波卡特 (Epcot)、動物王國 (Animal Kingdom) 及迪士尼 —— 好萊塢影城 (Disney's Hollywood Studios)。在這片占地數千英畝的樂園內，有超過 100 項遊樂設施，22 座以遙遠國度爲主題的渡假飯店，令人目不暇給的夜間娛樂表演，以及巨型購物、用餐及休閒遊憩設施[5]。華

特迪士尼世界 (Walt Disney World) 設有衆多娛樂設施，包括燈光網球場、可容納划船和滑水的碼頭、游泳池、慢跑及自行車專用道，還有錦標賽等級 99 個球洞的高爾夫球場。

度假飯店亦附設獨特的動物園及鳥園，養有鳥類、猴子及短吻鱷等生物；226 間餐廳、沙發酒吧及美食街；一座夜店俱樂部中心，能滿足任何音樂品味；向 1930 年代好萊塢致敬的夢幻物品及釣鱸魚。華特迪士尼世界永遠充滿新驚喜，有全球最特殊的水上冒險樂園——一座「覆滿白雪」的山，上面設有一座名爲暴風雪海灘 (Blizzard Beach) 的滑雪渡假飯店[6]。

> *無論是想度過一天，還是整個假期時光，主題樂園都是一個能讓全家同遊的地方。*
>
> Kristen Biggs, Walt Disney World,
> Orlando, FL

三座新的迪士尼飯店不只在建築上令人耳目一新，價格也比以往更平實。充滿趣味的迪士尼群星運動渡假飯店 (Disney's All-Star Sports Resort) 及迪士尼多采多姿的群星音樂渡假飯店 (All-Star Music Resort) 都歸類於物超所值的飯店。迪士尼荒野旅社 (Disney's Wilderness Lodge) 是該樂園的珍寶之一，位於高聳樹木間的中庭大廳及客房，圍繞著一座洛磯山脈造型的噴泉池而建。

歡樂島 (Pleasure Island) 附近設有無數餐廳及夜店俱樂部，供遊客夜間消遣。整座樂園包括領檯接待員及娛樂表演者在內，總計有數萬名工作人員，他們以著名的溫暖笑容全力以赴，使每個夜晚對迪士尼的顧客而言都無比美好。所有主題公園面臨的挑戰是排隊等待時間長，因此迪士尼推出了快速通行證 (Fast Pass)，這是一個虛擬排隊系統，可讓客人在特定的遊戲搭乘中保留住在隊伍中的位置，客戶不用一直在排隊，可以先享受其他遊樂施設，然後在指定的時間返回，並縮短排隊人潮等待搭乘遊樂設施的時間。布什花園 (Busch Gardens) 有一個類似的方案，稱爲快速排隊 (Quick Que) ，但顧客必須爲此支付額外費用，而在六旗樂園 (Six Flags) 則稱之爲快閃通行證 (Flash Pass) ，同樣需支付額外費用。迪士尼應用程式將多功能串連，從快速通行到餐廳預訂、付款和購買、照相，甚至還可當作迪士尼度假區的房客鑰匙使用。

魔幻王國

魔幻王國 (Magic kingdom) 是華特迪士尼世界，最早聞名的核心主題樂園，號稱「地球上最快樂的地方」。在那裡年長者能重新體驗歡樂記憶，而年少者則能細細品味未來的挑戰和榮景。它是座巨型劇場式舞臺，遊客們變成迪士尼刺激冒險的一部分，同時也是米奇老鼠 (Mickey Mouse) 、白雪公主 (Snow White)、彼得潘 (Peter Pan)、湯姆・沙耶 (Tom

Sawyer)、大衛．克羅 (Davy Crockett) ，以及海角一樂園 (Swiss Family Robinson) 的所在處。

魔幻王國有超過40場的大型表演、穿越時空的景點，更不用說許多商店和獨特用餐區，該園區有6個區域。每個區域都以迷人細節貫徹主題，建築物、交通工具、音樂、服裝、餐飲、購物活動，以及娛樂表演都經過設計，以完整創造出能讓遊客把現實世界拋諸腦後的氛圍。這6個區域爲[7]。

1. 美國小鎮大街 (Main Street USA)：以舊式馬車、機動車輛、老式拱廊商店街 (penny arcade) ，以及乘坐華特迪士尼世界蒸氣火車遊園等方式，呈現世紀之交的魅力。
2. 探險世界 (Adventureland)：可以一睹電影《加勒比海海盜》中的場景、搭乘觀賞野生動物的叢林遊船 (Jungle Cruise)、探索《海角一樂園》故事中的樹屋，以及在有鳥類、花卉及毛利人的熱帶小夜曲 (Tropical Serenade) 中探險。
3. 拓荒世界 (Frontierland)：可以在濺水山 (Splash Mountain) 及打雷山鐵道 (Big Thunder Mountain Railroad) 體驗刺激的冒險；在鄉村熊歌舞秀 (Country Bear Jamboree) 欣賞歌舞表演，此外還有打靶練習室、湯姆歷險記島上的洞窟及小艇乘坐。
4. 自由廣場 (Liberty Square)：遊客可以在美國河 (Rivers of America) 上乘坐蒸氣船航行，在鬼屋 (Haunted Mansion) 體驗神秘事務，在鑽石馬蹄鐵酒館 (Diamond Horseshoe Saloon) 大聲喧嘩，在柯林頓總統的聲音陪伴下，參觀總統館。
5. 幻想世界 (Fantasyland)：以灰姑娘城堡 (Cinderella Castle) 爲大門，通往新開放的獅子王傳奇 (Legend of The Lion King)、彼得潘的飛行 (Peter Pan's Flight)、白雪公主的冒險 (Snow White's Adventure)、陶德先生驚險遊記 (Mr. Toad's Wild Ride)、小飛象旋轉世界 (Dumbo the Flying Elephant)、愛麗絲的瘋狂茶會 (Alice's Mad Tea Party)、小小世界 (It's a Small World) 中洋娃娃般舞者們的輕歌漫舞、灰姑娘的金色旋轉木馬 (Cinderella's Golden Carousel) ，以及可到達明日世界 (Tomorrowland) 的空中纜車。
6. 明日世界 (Tomorrowland)：科幻小說中的未來城市，新開放的恐怖外星人接觸 (Alien Encounter)、傳輸中心內的360度視角時光機之旅、新型旋轉宇宙飛碟 (Astro-Orbiter)、高速的飛越太空山 (Space Mountain)、新推出的進步史展演秀 (Carousel of Progress)、大賽車 (Grand Prix Raceway)、升級的星球之旅，以及明日世界劇場推出的迪士尼新角色[8]。

艾波卡特

艾波卡特 (Epcot) 是一個獨特、常駐且不斷創新的世界博覽會，其兩大主題爲未來世界 (Future World) 及世界萬花筒 (World Showcase) 。展覽重點包括光明國度 (Illuminations)，每晚由煙火、噴泉、鐳射光，以及古典音樂交織而出的壯觀景色。

未來世界展示各種可能在不久的將來，造成住家、工作及娛樂上革新的驚人科技。最新的產品持續被加入展示行列。探索過去、現在及未來的主要展覽館是位於地球號太空船 (Spaceship Earth) 的通訊歷史之旅，在能量宇宙館 (Universe of Energy) 中的巨大恐龍協助解釋能量的起源與未來發展。此外尚有包括壯觀的身體戰爭 (Body Wars) 、頭蓋骨司令部 (Cranium Command) ，以及其他醫藥健康主題在內的生命奧秘館 (Wonders of Life) 、即將成為測試跑道的動感世界館 (World of Motion)、想像之旅館 (Journey into Imagination) 、設有壯觀農業研究及環境生長區的大地館 (The Land) ，以及擁有世界最大的室內海洋、數千種熱帶海洋生物在其中悠游的活海洋館 (The Living Seas) 。

環遊世界萬花筒湖岸區 (Around The World Showcase Lagoon) 有許多展覽館，讓遊客能觀賞到世界著名的地標建築，並重點展示 11 個國家的食物、表演活動及文化[9]。

1. 墨西哥館：墨西哥的節慶市集及乘船一遊時光之河 (El Rio Del Tiempo) ，並可在天使旅舍 (San Angel Inn) 品嚐道地的墨西哥食物。
2. 挪威館：驚險的維京戰船之旅及阿克斯胡斯 (Akershus) 餐廳。
3. 中國館：360 度視角的中國奇景影片展，從長城到楊子江，並設有九龍餐館 (Nine Dragons Restaurant)。
4. 德國館：道地的啤酒花園 (Biergarten) 餐廳。
5. 義大利館：聖馬可廣場 (St. Mark's Square) 街頭表演及羅馬的原始阿爾弗雷多 (L'Originale Alfredo di Roma Ristorante) 餐廳。
6. 美國館：動人歷史劇美國冒險 (American Adventure)。
7. 日本館：重現天皇皇居建築，另設鐵板燒餐廳。
8. 摩洛哥館：摩洛哥富麗堂皇的馬拉喀什 (Marrakesh) 餐廳。
9. 法國館：描寫法國鄉間景色的法國印象派影片展及法國廚師 (Chefs de France) 餐廳。
10. 英國館：莎士比亞作品人物街頭表演及玫瑰與皇冠 (Rose & Crown Pub) 酒吧。
11. 加拿大館：從哈里法司 (Halifax) 到溫哥華的 360 度視角之旅。

每間展覽館都附設小吃攤販，以及各式各樣的商店，販售各國藝術品、工藝品及其他商品。

迪士尼好萊塢影城

迪士尼好萊塢影城 (Disney's Hollywood Studios) (原迪士尼米高梅影城，Disney-MGM Studios)[10] 擁有 50 場大型演出、商店、餐館、冒險之旅巡遊車和後臺遊覽的迪士尼好萊塢影城，將實際的電影、動畫、電視變為令人興奮的熱點，最受歡迎的熱點是「玩具總動員瘋狂遊戲屋」，這是一個 4D 拍攝畫面的巡遊，讓遊客與玩具總動員中的角色一起騎行。

其他主要遊樂設施包括明日世界的後臺之旅 (backstage visits to Epcot)、魔幻王國、迪士尼好萊塢影城、迪士尼動物王國 (Disney's Animal Kingdom)、華德迪士尼世界苗圃與林場 (Walt Disney World Nursery and Tree Farm)，以及中央影城 (Central Studios)，種種因素使華特迪士尼世界成為世界上最受歡迎的度假勝地。最令顧客讚賞的是所有工作人員的整潔與友善態度，以及對細節無微不至的關注——結合吸引顧客的技巧及想像力，提供變化無窮的冒險及享受。

動物王國

動物王國 (Animal Kingdom) 將焦點放在我們四周的自然及動物世界。遊客們可以乘坐時光專車，跟史前時代及現代的動物們面對面。表演活動中有迪士尼最受歡迎的動畫電影角色加入，像是玩具總動員 3。洛杉磯的動物王國也提供陸路之旅，讓遊客能近距離接觸長頸鹿、大象及河馬。

華特迪士尼世界的兩座水上主題樂園是暴風雪海灘 (Blizzard Beach) 及颱風環礁湖 (Typhoon Lagoon)，暴風雪海灘擁有獨特的滑雪渡假飯店主題，颱風環礁湖則以一個傳說為根據，據說曾有一個強烈暴風掃過該地，遺留下許多水池及湍流。兩座樂園都設有各式各樣的滑水道、管狀滑道、游泳池，以及貫穿整座樂園的流動河水。

（二）環球影城

超過三十年來，環球影城 (Universal Studios)[11] 一直為所出品之著名電影場景提供導覽旅遊，每天有數萬名遊客造訪環球影城，環球影城自創立以來，就成為迪士尼公司的最強大競爭對手。

環球影城在佛羅里達州奧蘭多開幕以來就大獲成功，儘管它等於侵入迪士尼的「王國」中，除了位於好萊塢及奧蘭多的主題樂園外，環球影城也逐步擴張至西班牙、中國及日本。環球影城之所以成功，原因之一在於將電影運用在驚險型遊樂設施中，另一項原因在於它們對顧客參與 (guest participation) 的努力，顧客們能親手協助製造音效，並能參與所謂的「特技」表演，讓環球影城不只是「在幕後看看而已」。

環球影城也展現遊樂園與主題樂園未來可預見的發展，透過結合新科技與最新設備，提供更具真實感的驚險型遊樂設施乘坐體驗。此外該公司也認知到，遊客造訪主題樂園的原因，常常只因他們正好置身該區域。透過大幅擴充遊園經驗，NBC環球公司希望這些改進措施，能使旅客將環球影城視爲值得一訪的目的地。

讓我們更仔細地檢視環球影城主題樂園[12]

1. 好萊塢環球影城 (Universal Studios Hollywood) 是環球興建的第一座主題樂園，號稱世界上最大的影城與主題樂園。新的影城之旅包括帶遊客進入木乃伊的陵墓、感受大金剛吐出的炙熱氣息、經歷一場大地震，以及置身於好萊塢電影裡的槍林彈雨中，之後遊客可以在環球都會步道 (Universal CityWalk) 上「降溫」一下，那是一條號稱提供最好的食物、夜生活、購物活動及娛樂的街道。
2. 奧蘭多環球影城 (Universal Orlando) 本身就是一個旅遊目的地，擁有兩座主題樂園、數間主題渡假飯店，以及繁忙的都會步道 (City Walk)。這座環球影城就如位於好萊塢的樂園一樣，能體驗到電影中的世界。冒險島 (Islands of Adventure) 提供最棒的雲霄飛車及其他驚險型遊樂設施，而潮野水上世界 (Wet'n Wild) 則讓遊客有機會享受各式各樣的滑水道，以及眾多遊樂設施。如果遊客還沒被這些活動弄得暈頭轉向，不妨到都會步道看看，品嚐美食、享受購物，並嘗試一下最熱門的夜生活。難以數計的人潮聚集處充滿了觀光客與當地人，有種類驚人的好酒吧、熱門俱樂部，以及現場音樂會。
3. 冒險港環球影城 (Universal Studios Port Aventura) 位於西班牙，擁有5個充滿趣味及娛樂的世界區，從中國到玻里尼西亞、墨西哥、大西部，以及地中海區，皆備有一系列適合各年齡層電影愛好者的驚險型乘用遊樂裝置及體驗。
4. 環球影城體驗 (Universal Studios Experience) 位於中國北京，讓遊客能淺嚐好萊塢滋味，並能帶給全家前往的遊客兼具趣味與教育的體驗，爲了年輕族群的顧客，該主題樂園亦提供「美國式」的夜生活及娛樂！
5. 日本環球影城 (Universal Studios Japan) 設有18項滑水道設施及表演秀，有些爲全新設計，有些爲環球的經典，此外還設有極佳餐飲及購物設施。

（三）海洋世界娛樂集團

海洋世界娛樂集團 (SeaWorld Parks and Entertainment) 包含布許花園 (Busch Gardens)，是黑石集團 (Blackstone Group) 的一個部門。此動物園區 (Busch Corporation animal parks) 不只讓來自世界各地的顧客，有機會觀賞及體驗許多海生及陸生動物的奧妙，還擁有教育節目，這些節目每年透過園區、電視及網際網路傳達給數百萬人，傳達一些議題，如瀕臨絕種的動物、環境，以及神秘的海洋等，除此之外，海洋世界娛樂集團 (SeaWorld Parks and Entertainment) 亦積極參與全球的自然保護、研究及野生動物救援工作。

海洋世界娛樂集團致力於保育海洋生物，使用創新的計畫研究各種野生動物所面臨的困境，亦全年參與繁殖、動物救援、復育及自然保護工作。海洋世界娛樂集團在動物保育上的努力，對該集團旗下主題樂園的存在相當重要，因爲它們的研究及救援計畫是由顧客收入資助。每座主題樂園也提供獨特的表演秀及遊樂設施，在強烈的研究及保育目的之下寓教於樂。

海洋世界娛樂集團現今在美國經營下列主題樂園[13]：

1. 海洋世界 (Sea World)：三座海洋世界主題樂園分別位於加州、佛羅里達州及德州，每座主題樂園有各種主題、海洋及陸上動物遊樂設施、表演秀、乘用遊樂設施，以及教育性質的展覽等。海洋世界主題樂園以海洋生物爲基礎，顧客們能撫摸海豚及其他魚類，觀賞著名虎鯨「沙木 (Shamu)」的表演，以及學習海洋的種種奧秘。海洋世界亦提供一些乘用遊樂設施，此外還有無數展覽，內容包羅萬象，從魟魚到企鵝都有。

來自世界各地的顧客，有機會觀賞並與許多神奇的海生及陸生動物互動，還擁有高水準開發的教育節目。

2. 布許花園 (Busch Gardens)：這些主題樂園除了大型動物園及野生動物園外，亦提供各種遊樂設施，兩座分別位於佛羅里達州的坦帕及維吉尼亞州威廉斯堡的布許花園，是頗爲知名的動物主題樂園。布許花園就像與眾不同的動物園，它的驚險型乘坐遊樂設施與動物遊樂設施數量一樣多，顧客們可以乘坐火車穿過四處有斑馬和羚羊奔跑的賽倫蓋提大草原 (Serengeti Plains)，跳上一艘穿過剛果河激流的大船，或乘坐主題樂園中許多擁有世界紀錄的雲霄飛車。位於威廉斯堡的樂園主題再現了十七世紀歐洲舊世界 (Old World) 的迷人氛圍。

3. 冒險島 (Adventure Island)：也位於坦帕 (Tampa)，它也是佛羅里達州西海岸唯一的水上主題樂園，設有數項獨特玩水區及驚險型水花乘坐遊樂設施。該水上主題樂園占地超過 25 英畝，由充滿趣味的水上乘用遊樂設施、咖啡屋及商店所組成。

4. 美國水鄉 (Water Country USA)：一座位於維吉尼亞州威廉斯堡的水上主題樂園。它是「大西洋中部最大的水上主題樂園，附設超過 30 種水上乘用遊樂裝置，以及遊樂設施、現場娛樂表演、購物區與餐廳。」美國水鄉與冒險島類似，具有協助顧客 (特別是孩童) 學習安全戲水技巧的教學。主題樂園內所有物品都以 1950 年代衝浪時期爲主題。

5. 芝麻街樂園 (Sesame Place)：這座占地 14 英畝的主題樂園位於賓西法尼亞州的蘭洪 (Langhorne)，完全以芝麻街 (Sesame Street) 為主題，它的設計目的在激發孩子們的好奇心去學習和探索，同時透過與其他孩子互動的過程建立自信。
6. 探索海灣 (Discovery Cove)：這座最新的主題樂園緊鄰佛羅里達州奧蘭多的海洋世界，是一座高級、只接受預約的熱帶天堂，可跟海豚及其他奇異海洋生物近距離接觸。顧客可與海豚共游，浮潛穿過珊瑚礁、熱帶河流、瀑布、美麗的清水環礁湖，以及進行其他活動。

（四）好時

好時 (Hershey's)[14] 這個名字會令人聯想到什麼？這個名字源於 1894 年，那時還是一名小型糖果製造商的米爾頓．賀爾許 (Milton Hershey)，決定製造巧克力裹在他的太妃糖上，他在賓西法尼亞州的蘭卡斯特開設他的新廠房，並將它命名為好時巧克力公司 (Hershey Chocolate Company)，在 1900 年代，該公司開始大量生產牛奶巧克力，並立刻獲得成功，不久之後，賀爾許決定有需要擴增他的生產設備，他在賓州中南部的德里鎮 (Derry Township) 附近農地上蓋了一座新工廠，接下來數十年，產品種類增加許多，1968 年，該公司更名為好時食品企業 (Hershey Foods Corporation)。如今該公司是北美洲巧克力、非巧克力甜食及食品雜貨商品的主要製造商，產品外銷至超過 90 個國家，擁有約 14,000 名員工，以及超過 40 億美金的營業收入淨額[15]。

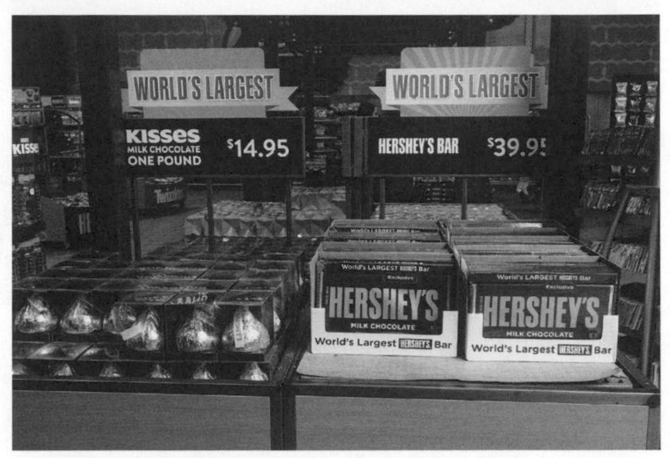

好時巧克力公司在商店展示與出售大型巧克力

1907 年，米爾頓．賀爾許開設賀爾許公園 (Hershey Park)，作為賀爾許公司員工的休閒遊憩公園。他想創造一個地方，讓員工們在非工作時間能放鬆跟玩樂一下，當時的公園小而簡單，提供員工一個可以野餐、划獨木舟，以及在美麗鄉野風景中散步的地方，到了 1908 年，該公園增加一座旋轉木馬遊樂設施，成為往後公園逐漸擴大規模的開端。

接下來幾年，該公園增加更多遊樂設施，隨著公園持續擴張，公司決定將它對外開放，它變成一個小型的地方遊樂公園，遊客要乘坐遊樂設施時才收費。

1971 年公園重新整修，使它變成大型主題樂園，該公司決定增加一次付清入場費制，取代先前乘坐設施時才付費的政策，並將園區名稱「賀爾許公園 (Hershey Park)」改成好時公園 (Hersheypark)。現今該公園占地超過 110 英畝，設有超過 60 項遊樂設施[16]。

世界變得越複雜，人們越渴望往日時光及生命中的簡單事物。
遊樂園業者試著將這些事物帶回給人們。

11.2 區域型主題樂園

一、桃莉塢

1961 年，一座以南北戰爭爲主題，名爲造反鐵道 (Rebel Railroad) 的小型景點設施開始對外開放，造反鐵道之後更名爲淘金熱鐵道站 (Goldrush Junction)，主題也變更爲美國西部拓荒時代，這座景點設施如今以「桃莉塢 (Dollywood)[17]」之名而聞名世界。1986 年，桃莉・芭頓 (Dolly Parton) 成爲該樂園的共同所有人之一，因此再次改變此地的名稱。這座主題樂園占地 125 英畝，位於田納西州皮金佛吉 (Pigeon Forge) 的大煙山脈 (Great Smoky Mountains) 山腳下，桃莉塢除了擁有所有主題樂園遊樂設施之外，更有大煙山脈的文化豐富樂園內容，樂園內包含許多工藝製作活動，如手工鍛冶、玻璃吹製及木雕等，該樂園也持續主辦數場節慶活動、演唱會及音樂活動等，如今桃莉塢每年湧進超過 250 萬名遊客，並持續成爲田納西州的最主要觀光景點。

二、樂高樂園

樂高樂園 (Legoland)[18] 是樂高集團 (Lego Group) 擁有與經營的主題樂園。1968 年，樂高樂園於畢朗德 (Billund) 開幕，第一季就有 62 萬 5,000 名遊客造訪，其中 3,000 名是開幕當天即入園！猜猜該樂園的主題是什麼？樂高積木！在此爲不熟悉樂高積木的讀者說明，樂高積木是一些色彩鮮豔的塑膠積木、部件、人物小模型，以及其他可經由組裝而創造出任何模型的零件，該主題樂園的市場導向爲年輕家庭，此點反映在乘用遊樂裝置上；所有樂高主題樂園內的雲霄飛車，都不像一般其他主題樂園所強調的追求極度刺激感。現今，4 座樂高主題樂園分別位於英國的溫莎 (Windsor)、德國的京茨堡 (Günzburg)、美國加州

界第一座樂高樂園於 1968 年坐落於丹麥比隆

的卡爾斯貝 (Carlsbad) ，以及丹麥的畢朗德 (Billund)。每座主題樂園都設有一個迷你世界 (miniland)，以數百萬個樂高積木製作出世界各地著名地標及景物的模型。樂高溫莎主題樂園，是英國最受歡迎的景點之一，每年湧進超過 100 萬名遊客，其他幾座主題樂園每年湧進共約 100 萬名遊客。

三、鱷魚園

鱷魚園 (Gatorland)[19] 是一座占地 110 英畝的主題樂園暨野生動物保護區，位於佛羅里達州的橘郡 (Orange County)，在二次世界大戰後，歐文．戈德溫 (Owen Godwin) 決定要在自己的土地上蓋一座景點設施，讓人們能近距離觀賞到原生於佛羅里達州的動物。1949 年，他在佛羅里達州交通流量第二大的高速公路附近，買下一塊 16 英畝的土地，並將該景點設施對外開放，命名爲佛羅里達野生動物協會 (Florida Wildlife Institute)。1954 年，戈德溫又一次爲該景點設施更名，改爲沿用至今的鱷魚園 (Gatorland)。

1960 年代爲佛羅里達州觀光業帶來發展，隨著該產業的成長，鱷魚園持續擴張，增加許多展覽項目及遊樂設施，如今鱷魚園內有短吻鱷、鱷魚、一座飼育沼澤、爬蟲類動物秀、動物接觸區、濕地步道、教育節目，以及遊園火車。除此之外，園方也提供各種表演秀，鱷魚巡迴秀是一個移動式的表演，讓較小的孩子有機會與園區中較溫馴的小動物接觸；短吻鱷大跳躍 (Gator Jumparoo)，短吻鱷會從水中躍起四、五呎以咬住食物；短吻鱷摔角 (Gator Wrestlin)，以訓練師們徒手抓住一隻短吻鱷的方式表演短吻鱷摔角秀；動物大接觸 (Upclose Encounters)，遊客們可與世界各地的野生動物進行接觸。鱷魚園爲該區域內歷史最悠久的景點設施之一，現今仍由戈德溫家族以私人擁有方式經營。

.inc 企業簡介

六旗 (Six Flags)

六旗是世界知名的主題樂園。該公司擁有並經營分布於北美洲、拉丁美洲及歐洲的 18 座樂園。所在位置包括墨西哥市、比利時、法國、西班牙、德國及美國大部分主要都會區。事實上，六旗公司在美國境內 50 個主要都會區域中的 40 個，設有主題樂園，贏得世界最大區域型主題樂園公司的頭

續下頁

承上頁

街。每年有無數的人在世界各地的六旗主題樂園體驗娛樂享受，六旗自豪地宣稱，98% 的美國民衆都可在 8 小時內開車抵達衆多六旗主題樂園之一。

這項巨大成功的幕後功臣是誰？創立第一座主題樂園的人，是一位名叫安格司．韋恩 (Angus Wynne) 的男子，他是德州石油大王，希望創設一座家庭娛樂樂園，平價且有趣，重要的是位於人們可自居住場所開車到達的範圍內。韋恩藉由圍繞著某一主題添加創新遊樂設施的方式，將原本簡單的遊樂園轉變成一座主題樂園，他的第一座主題樂園在 1961 年於德州開放。

六旗以曾飄揚在德州的六面不同旗幟為名，它們代表曾在德州過往歷史留下痕跡的六個國家。該主題樂園分成六個不同區域，每區各自以所代表的國家為基礎打造而成。遊客可以欣賞西班牙莊園或法國小酒館，同時享受南方美女與海盜的陪伴。

如今，六旗公司與 DC 漫畫 (Comics) 及華納兄弟公司 (Warner Bros) 簽訂授權合約，這意味著蝙蝠俠、超人、兔寶寶和許多其他角色等，都可能出現在樂園中，四處走動及和遊客合照留念。六旗主題樂園以超乎想像的遊樂設施及精彩娛樂，成為追求娛樂的家庭及個人的樂園首選。

該公司的擴張資金，主要來自最初幾座受歡迎主題樂園所賺取的利潤，包括第一座德州樂園。1996 年，六旗公司公開上市，意指允許一般民衆購買該公司股票，而非精挑細選的私人投資者。每股以 18 美金的價格賣出，而總購買額幾近 7,000 萬美金。短短一年後，該公司就經由公開上市籌得 2 億美金，六旗公司以這些資金持續收購土地或舊遊樂園，將它們轉變為六旗主題樂園，迅速擴張版圖。

六旗公司現今提供在家中列印出即可使用的入場券，讓顧客免去排隊，能更輕鬆享受遊園樂趣，每個地方都有不同的遊樂設施，命名為巨人 (Goliath)、迴旋鏢 (Boomerang)、響尾蛇 (The Rattler)、超人 (Superman)、喜溝機 (Gullywasher) 和公路跑者 (Road Runner) 等。

如果你想任職於主題樂園產業，可能有興趣知道六旗公司在世界各地雇用許多季節型員工，以及 3,500 名全職員工，員工承諾為遊客提供有趣且具挑戰性的經驗。六旗提供具競爭力的薪資及適合不同年齡層的的福利，六旗公司也為大學在學生提供刺激的實習機會，你可在以下網頁線上應徵季節型工作：http://www.sixflagsjobs.com/。

自我檢測

1. 討論納特莓果農莊 (Knott's Berry Farm) 對主題公園產業的影響。
2. 華特．迪士尼為什麼創造迪士尼樂園？
3. 與班上同學討論你最喜愛的主題樂園，說明為何你最喜愛該主題樂園。

11.3 主題樂園管理

學習成果 2：討論主題樂園的管理及營運架構。

管理主題樂園與管理其他餐旅事業類似，管理程序由幾項管理關鍵要素開始，首先爲規劃 (planning)，之後爲組織 (organizing)、決策 (decision making)、溝通 (communicating)、激勵 (motivating) 及控管 (controlling)。就主題樂園而言，規劃包括開園前準備，開放前 (pre-opening)，必須有人就開放何類型樂園、於何處開放、應具備何種乘用遊樂裝置與遊樂設施，以及預計將造訪該樂園的人數等主題進行規劃。主題樂園業者的挑戰之一，在於增加新的遊樂設施和遊園景點以保持對顧客的吸引力，因爲主題樂園的遊客有很高比例爲回流顧客。

主題樂園運營包括幾個部門，每個部門都是促成整體主題樂園成功的因素。運營部門如下：

1. 食品、飲料和美食
2. 飯店營運
3. 主題樂園營運
4. 零售店營運
5. 服務、園藝和生態
6. 銷售和行銷
7. 科技
8. 娛樂

所有部門齊心協力提供出色的服務，不論整個年度或季節性節慶，如萬聖節、聖誕節、春季美食和美酒節，或夏季娛樂等。然而任何主題樂園營運的核心產品，仍然是遊行、舞臺表演、歡樂事件、與樂園角色見面與問好、樂隊和遊樂設施。

永續主題樂園

主題樂園規模的大小，使得永續性既是挑戰，也是機會。拉斯維加斯的溫泉保護區是一個有趣的新園區，這是一個 180 畝的綠色文化公園，設計來紀念拉斯維加斯的動態歷史，並提供一個永續發展的未來願景，保護區涵括了博物館、美術館、戶外音樂會和活動，如綠色婚禮、復活節兔子舞、綠色會議，使用對環境負責的場地和做法，它還包括豐富多彩的植物園和解說步道系統，穿過風景優美的濕地，溫泉保護區有美國最大的商業稻桿建築，其目標為替園區內七棟建築得到「白金」LEED 認證，它甚至鋪設了由飲料瓶回收所製成的毯子。[20]

續下頁

承上頁

Matt Hickman 在他的部落格中寫道，[21] 在丹麥，哥本哈根的趣伏里公園成立於 1843 年，是世界上最古老，也是最環保的遊樂園之一。這個日後啓發迪士尼樂園靈感的公園本身其實並不強調永續性，它可說是一個傳統的遊樂園，有刺激的遊樂設施、水族館、音樂廳，以及文化旅遊景點，但長久以來趣伏里在娛樂遊客的同時，也不忘兼顧自然環境。趣伏里的一些環保措施包括：使用生物燃料作為電車的動力；創新的預付式回收計畫，每年可節省 120 萬個本來應被掩埋的塑膠杯；使用環保型清潔產品，將以化學為基礎的造景物品減到最少；廣泛安裝 LED 燈泡，園區內的餐館強調使用在地、季節性的蔬食原料，以及特殊氣候和能源日。最近正在進行的碳中性計畫中，趣伏里宣布今年將安裝離岸風力發電機，希望它能成為整個園區的動力來源。[22]

在美國本土，大型主題樂園也開始改變原來非永續的經營方式，展現出綠色形象。去年，六旗宣布了（連同破產）一項重大的綠化運動，包括與可口可樂合作在園區內增加 3000 多個回收箱；與 Perf Green 合作以可生物分解的垃圾袋取代塑膠袋；停止使用柴油、重新利用園區廚房產生的植物油作為車輛和火車的能源；加強廢紙回收工作；並在整個公園安裝節水裝置。該公司還考慮建置「太陽能農場」，替鄰近園區提供潔淨能源。

米老鼠相關企業也對地球更加友好，迪士尼樂園持續探討各種方式，想要處理經營大型主題樂園、渡假飯店時對環境造成的不良影響，重點包括節約用水、節約能源、減少溫室氣體排放、減少浪費、生態保護，以及以生態為號召的品牌。迪士尼也跟隨趣伏里的腳步，研究風力能源的可能性。[23]

落後的臺灣主題遊樂園產業

自 2016 年起，全球漸漸復甦的景氣帶動了民衆旅遊消費熱潮，許多主題遊樂園業者為了創新其主題特色，紛紛利用高科技互動軟體去建構虛擬的故事實境來吸引人潮，而遊樂園加酒店的經營模式，也讓遊客延長其消費時間，進而增加周邊消費的效益。另一方面，由於中國政府解除境內開發新遊樂園的禁令，讓許多國際品牌進入中國市場，進行大規模的開發，而依據各個區域在地地理與文化資源所定位的主題特色，已經具備在全球市場競爭的差異化優勢，推估中國在 2020 年應可成為整個亞太地區，甚至是全球最大的主題遊樂園市場。

反觀臺灣主題遊樂園產業的發展，2015 年八仙樂園塵爆事件，不單純只是一樁社會事故的發生，同時也引發業者面臨經營瓶頸和客源流失等困境。由於遊樂園屬於高資本的高門檻產業，業者對於投資動輒一億元以上的新遊樂設施，往往會以成本回收的角度去評估，但是汰舊換新的速度如果慢的話，又會導致遊客的入園動機與重遊意願的吸引力降低，其次，業務經營高度地仰賴國內旅遊市場，長期以門票的價格競爭策略，卻無法提高遊客入園後在周邊商品和餐飲的消費額度，因而造成遊客平均消費低和周邊消費比重低等現象，再加上無法有效地拓展海外客源，讓整個產業面臨嚴峻的業務萎縮情形。這從 2016 年到 2018 年這三年下滑的入園人次和營收，都可以探查到產業經營的窘境。所以，業者必須改變其經營方針去拓展期市場，否則將會如早期的大同水上樂園、亞哥花園等業者，因為無法掌握產業的發展趨勢而被迫退出市場。

續下頁

承上頁

其中也有例外，部分業者提前佈署品牌發展的藍圖，在這幾年都能創造出更高的入園人次和營收佳績。根據觀光局統計，義大遊樂世界和麗寶樂園在過去幾年的入園人次和營收，已打敗六福村和劍湖山世界等知名品牌，而麗寶樂園更從 2015 年 829,838 人次到 2017 年的 7,241,438 人次，以將近 9 倍成長的入園人次，超越其他老品牌遊樂園和以希臘愛情海式造鎮概念經營複合業態的義大遊樂世界，探究其整合業態與創新的遊樂圈經營模式為以下幾點：

首先，麗寶為了提高客流量和營收，以渡假村的概念，利用五星級福容飯店來提供遊客過夜的便利性，同時也順勢延伸其消費時間和消費額。另一方面，飯店所提供的會議和講座的場地租借，以及各式餐飲供應的多元服務，也能滿足其他團體與在地民眾的餐宿需求。這可以從飯店住客率經常滿房和停車場爆滿等情形，看到其餐宿業務經營的盛況。

其次，開發綜合業態的 Outlet 購物商城，提供多樣多元選擇與服務來滿足不同客群日常休閒的需求。以生活風格為訴求的購物商城，成為了提供「吃喝玩樂買」的遊樂圈，除了特別規劃的三成餐飲品牌，還加入寵物和運動休閒品牌，有效地吸引大臺中地區客群來此餐聚或購物，也讓留宿飯店的遊客可以有更多休閒購物的地方。這種飯店 + 遊樂園 + 購物商城的周邊效益，讓購物商城 60% 以上的品牌營收占全國前三名，也連帶的為樂園與飯店帶來大量客流，進而創造高營收。

第三，擴充遊樂園的遊樂機能。自從 2006 年接收負債累累的月眉水上樂園，麗寶集團進行一系列遊樂園的重整和規劃工作，除了原有的探索樂園和馬拉灣等水路遊憩設施，還增加了星光秀、VR 體驗、本土動畫 IP 和跨年煙火秀等遊樂活動，運用高科技互動軟體將遊客帶入虛擬的冒險情境和文化創新演藝模式，突破了舞臺空間的限制，也帶領遊客身歷其境去體驗其中的故事趣味，充分滿足遊客對遊憩與冒險的期待。其中，與知名車廠合作所推出的專業卡丁車賽道和 F3 賽車道，以刺激的賽車特色吸引到高消費客群與國際觀光客參與活動，同時也為遊樂園爭取到品牌的曝光率與遊客的重遊意願。

從以上的敘述，看到麗寶樂園精準地掌握到全球產業的動向，將休閒、購物、表演等各式遊憩活動與遊樂園整合為遊樂圈。事實上，這種經營開發模式在國外已行之多年，如亞洲的業者以異業聯盟的方式，採取橫向與縱向的區域開發概念和長期經營的角度，去整合土地開發、百貨商場、套裝行程的旅遊規劃、渡假酒店，以及影視娛樂等產業，呈現多元周邊業態「遊樂圈」，來提供遊客更完整的休閒與娛樂體驗。因此，麗寶樂園能夠成功翻轉遊樂園負債 80 億元的逆勢，其關鍵都在於掌握產業趨勢與精準定位，才能以本業的優勢與特色，去結合地產開發與遊樂園拓展內容的豐富性，成為引領產業創新經營模式的經典案例。

這給臺灣主題遊樂園產業一個深刻的省思，降低門票售價並不能保障市場穩定的成長。為了滿足多元消費族群對休閒遊憩的需求，特色規劃將成為產業轉型的契機，而遊樂園必須依據其主題特色，提供遊客多樣化娛樂和具有創意的活動。因此，園區相關的文化意涵、觀光意象、休閒與娛樂，以及遊樂等各種體驗和服務都必須建立與遊客互動的機制，才能讓遊客深刻體會品牌價值，從而產生推薦與重遊的意願。

問題討論：

請討論麗寶樂園的經營特色。

一旦主題樂園開放後，規劃的焦點即在於樂園的運作，包括預估每天造訪樂園的人數、客流動線 (traffic flow) 和乘用遊樂裝置的等待時間等後勤支援。一旦園方計算出入園人數，就可決定業績數字，預估出消費量後，業務部門即可著手編列支出預算。

規劃的一個重點在於主題樂園的人力分配。經理對於約有多少顧客將造訪該樂園已具備概念，因此能排出服務顧客所需的正確工作人員數。主題樂園有許多全職員工，另有兼職與季節性員工輔助其工作。

組織包括創建一個架構，使不同部門皆有支援團隊位於適當位置服務入園顧客，這些部門包括預約、停車、客戶服務、乘用遊樂裝置、特殊活動、商店、動物、餐飲服務、安全、維修、制服、清潔及園藝。視主題樂園的規模而定，各部門員工可從幾名到數百名不等。

La Ronde 是位於加拿大魁北克省蒙特利爾的一個遊樂園，由六旗 (Six Flags Park) 擁有並經營，它是魁北克最大的遊樂園，也是加拿大第二大遊樂園。

組織工作的另一個例子爲「快速通行證 (fast pass)」制。此制度之所以出現，是因爲當顧客都在排隊而非在商店及餐廳內消費時，園方就會損失收入。顧客只需在遊樂設施處刷過快速通行證，就可於一段時間後再回來，排至隊伍前方。從園方觀點看來，顧客花愈少時間在排隊上，他們花在消費的金額就會愈高。

快速通行證之所以出現，是因為當顧客都在排隊進入遊戲，而非在商店及餐廳內消費時，園方收入就會流失。」

決策包括由高階及中階管理階層制定長程決策，以及由第一線經理與主管制定短程決策。經理與主管每天做出許多運作決策，使主題樂園能順暢運作，並有助增進顧客的遊園經驗。

在主題樂園的情況中，溝通是經由電腦、電子郵件和電話等能允許雙手自由活動的方式進行，交班前的會報可使員工掌握最新訊息。

激勵員工對顧客滿意度而言十分重要，你可能歷經到人人缺乏動力或不快樂的工作環境，因此當你置身於每個人都眞心想令你高興的地方時，會分外感謝。顧客的歡樂來自於快樂的員工。每個人受到激勵的方式不盡相同，但仍有些共通點，包括肯定、責任、成就、晉升，以及創造絕佳工作氣氛，這些都是重要的激勵元素。

控管是提供資訊使管理階層得以進行決策的要素，舉例而言，控管能讓管理階層得知每日造訪樂園的顧客數，以及下列所有區域的業績數字：入口區、乘用遊樂裝置、食物、飲料、商店及其他營業單位。控管能提供實際人事成本的資訊，因此能與營業額、預算及任何調查出的差額做比較，控管透過導回規劃的步驟，讓一切事宜形成完整的循環（圖 11-1）。

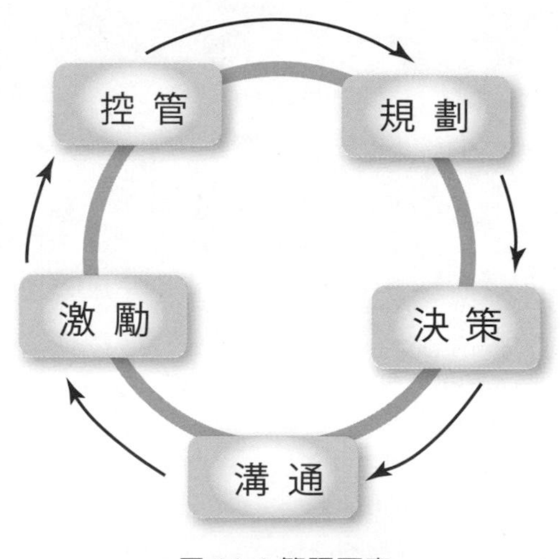

圖 11-1 管理要素

自我檢測

1. 主題樂園管理有哪些要素？
2. 列出並描述不同主題樂園營運部門的功能？
3. 哪些部門支援主題樂園的主要部門？

11.4 博覽會、節慶與活動

學習成果 3：描述不同類型的博覽會、節慶及活動。

伍德斯托克音樂節 (Woodstock)、同志驕傲日 (Gay Pride)、奧運會 (Olympic Games)，以及在地農夫博覽會之間有些許共通點，它們都可以被納入活動觀光 (event tourism) 的大範疇內來加以描述，這是個相當新的詞彙，可被定義爲有系統地規劃、發展，以及行銷節慶 (festival) 及特殊活動，使其成爲景點設施與旅遊目的地區域的觀光景點、開發催化因素、以及形象打造元素。然而必須注意的是，活動往往不只屬於一個種類（舉例來說，有活動／運動觀光、活動／遺產觀光等）。

旅行、住宿及餐廳用餐都會變成該旅遊觀光經驗的一部分，過去幾年來，活動觀光已成爲觀光業內一個迅速成長的區塊。博覽會 (fair)、節慶及活動是在世界各地上演的公衆慶祝行爲，雖然這三項分類之間的區別往往很難界定，然而，一般來說，博覽會通常規模較大，舉行時間亦較長。活動觀光涵蓋範圍廣泛，小自地方性、橫跨全郡、全州、全省區的街頭節慶及博覽會，大至世界博覽會。這些活動豐富我們的生命，並在活動管理等領域提供有趣的工作機會。

有幾種不同類型的展覽會，其中包括：

1. 街頭集市 (street fairs)：經常在城鎮的主要街道上舉行，通常會連同附近區域一起慶祝。
2. 節慶 (festival)：通常用來慶祝整體社會相關事件，可能和其宗教相關，如狂歡節（源自法語：Mardi Gras，直譯油膩的星期二，又稱懺悔節）。
3. 大型聚會 (fete)：大型聚會或慶典。
4. 州博覽會 (state fair)：每年一次的州節慶活動，通常有農產品展示和雜耍表演。
5. 貿易商業展覽會 (trade fair)：公司可以展示其產品的展覽會。
6. 活動 (event)：有計畫的特殊活動，如高中畢業舞會或大學返校。

節慶或特殊活動都具高度獨特性，這一點讓它們與長期設置的景點設施有所區別。有些節慶與活動的舉辦原因似乎純粹在於吸引觀光客，美國境內許多城市以該地舉辦的節慶而聞名，年復一年吸引大批渡假人潮前往，在本節中，我們將檢視一些較著名的節慶與活動。

人們參加德國斯圖加特慕尼黑啤酒節暢飲啤酒

一、十月節

如河流般橫溢的啤酒與喧鬧的人們，使十月節 (Oktoberfest) 有了自己的生命。第一屆十月節是在 1810 年 10 月 17 日於慕尼黑 (Munich) 舉行，慶祝巴伐利亞王國王子路得維格與特瑞絲公主結婚，時至現代，這項節慶已經變成一場德國啤酒的慶祝盛事。慕尼黑市長開啓第一桶啤酒後，爲期 16 天的節慶就此展開，市民與觀光客成群湧入這場盛會，該盛會的招牌活動是傳統服飾扮裝遊行，其中有釀酒廠的馬匹拖曳著大型花車及裝飾華美的運酒馬車穿過街道，許多北美洲城市仿效十月節舉行類似節慶，被當地人稱爲「威森 (Wiesn)」的慕尼黑十月節（啤酒節） (Munich Oktoberfest) ，是世界上最大的公眾節慶，每年約有 600 萬名遊客參加十月節活動[24]。

二、巴西里約熱內盧嘉年華會

巴西里約熱內盧嘉年華會 (The Carnival in Rio de Janeiro, Brazil) 這項世界最知名的嘉年華會是里約的主要盛事，在巴西盛夏時節舉辦，這場爲期四天的慶祝活動吸引來自世界各角落數千名遊客，於一個週六開始舉行，最後結束於「肥膩星期二 (Fat Tuesday，即法文的 Mardi Gras)」，該嘉年華會的起源概念爲古代羅馬或希臘所舉行的異教徒慶典，於十九世紀末由義大利傳入巴西。森巴舞者遊行在 1930 年代的全盛時期加入，如今成爲該嘉年華會的主要招牌，整座城市都參與這場免費自由加入的活動盛事。

三、河上雷鬼音樂節

美國與加拿大每一個州與省分都舉行音樂節，各吸引數千名群眾參加，無論是較大規模且巡迴各地，讓休閒旅遊者更易於參與的音樂節，如 Horde Festival，或規模較小，如加州的河上雷鬼音樂節 (Reggae on the River)，所有音樂節在休閒旅遊領域都相當重要。

河上雷鬼音樂節的成功，反映出休閒旅遊業界現況。休閒旅遊開始含括更大市場，因爲更多活動、節慶，以及其他休閒活動湧現，以迎合各式各樣的個人喜好。舉例來說，1984 年第一次舉辦雷鬼音樂節時，只吸引 1,200 名遊客前來，如今該音樂節以美國最佳雷鬼及世界音樂節 (Reggae and World Music Festival) 之稱而廣爲人知，音樂節的 10,000 張門票總在預售時就銷售一空，舉辦該音樂節需要超過 6 個月時間規劃，以及 1,000 名志願工作人員的協助[25]。

四、狂歡節 (Mardi Gras)

狂歡節始於超過 100 年前，原本是嘉年華會，後來逐漸演進成一場世界聞名的狂歡活動，這項可說是所有節慶中最華麗耀目的節慶，在一月、二月及三月於紐奧良舉辦，慶典於一月六日以一連串私人舞會揭開序幕，一直到「肥膩星期二」之間的日子，都充滿狂野的遊行、扮裝比賽、音樂會，以及全民參與的狂歡活動。著名的波本街 (Bourbon Street) 是大部分狂歡群眾的去處，時常擠得水泄不通，珠串在狂歡節中很熱門，每年送出數千條。紐奧良的文化大幅增加狂歡節的節慶氣氛，傳統爵士樂及藍調音樂時時迴盪在大街小巷中。在嘉年華季最後兩週，節慶的節奏加快，街道上充滿將近 30 場遊行，遊行隊伍有一邊行進一邊表演的爵士樂團，以及裝飾奢華無比的兩層樓高花車，上面載著身穿特殊服裝朝群眾丟出珠串的人們，遊行中約有 20 輛大型花車，每一輛都經過裝飾以表達特定主題，規模最大也最精美的遊行是安迪蒙的克魯 (Krewe of Endymion) 及酒神巴克斯遊行 (Bacchus parades)，它們在肥膩星期二前夕特別稱為「無法無天日 (Day of Un-Rule)」的週末進行 [26]。

狂歡節是每年美國新奧爾良市舉辦的大型慶祝活動

五、大奧普里鄉村音樂會

另一個著名的受歡迎盛會是位於田納西州那什維爾的大奧普里鄉村音樂會 (Grand Ole Opry)。大奧普里鄉村音樂會是一個現場電臺節目秀，邀請鄉村音樂歌手在場表演，已經有超過 75 年歷史的大奧普里鄉村音樂會，使那什維爾成為「音樂之都 (Music City)」。自從該音樂秀開始以來，那什維爾就創建了一座名為奧普里園 (Opryland) 的主題樂園，以及一座奧普里渡假飯店 (Opryland Resort)，來自世界各地的著名歌手到此展演他們的才能，大批遊客自各地前來聆聽奧普里的音樂，並觀賞那什維爾的景點 [27]。

自我檢測

1. 比較博覽會與節慶。
2. 比較節慶與活動。
3. 列舉三個著名的節慶與活動。

11.5 工作機會

學習成果4：分辨主題樂園產業的不同就業類型。

超過600,000名員工在主題樂園業工作，這些員工每天前來上班，是因爲他們喜歡被正享受著有趣刺激體驗的人們所包圍，主題樂園業有許多不同類型的員工，包括設計師與藝術家、檢查員與維修員、科學家，以及被稱爲「其他專業」的技術人員。

設計家與藝術家的職責，從新的遊樂設施概念發想，到爲該遊樂設施發展技術計畫和爲最後成品上色及裝飾，他們也可能爲表演秀設計服裝，或爲舞臺場景創作背景，他們通常是具創造力的人士，喜歡與團隊共同工作使一項計畫能正確執行。

在此業界工作的設計師，若能具備一些電腦程式知識會相當有幫助，如電腦輔助製圖(computer aided drafting, CAD)、Adobe Illustrator或Photoshop。想從事設計新遊樂設施相關工作者，應具備建築、機械或電機工程方面的背景。

「超過600,000名員工在主題樂園產業工作。」

主題樂園業界有許多檢查員與維修員的工作機會，這些員工非常重要，因爲他們是確保園內每個人安全的人士，安全檢查員與專員負責檢查乘用遊樂裝置的舒適度、安全度及耐受度。安全檢查員必須通過娛樂乘用裝置安全官員全國協會(National Association of Amusement Ride Safety Officials)的認證，在檢查工作領域獲得適當經驗及教育後，即可能晉升爲資深或領班檢查員，這些人士在任一工程領域有非常紮實的背景，並使用特殊設備及測試用假人對該設施進行評估，他們進行實驗，以計算作用於單名乘客身上的力學效果，並做其他計算或實驗，以找出會因遊樂設施及安全帶，而產生頭痛或頸部扭傷。

遊樂設施機件運作與維修經理，亦與遊樂設施的運作密不可分，他們負責判別出特定問題並加以解決，這些工作亦要求具有建築或機械工程方面背景。

各種類型的科學家，對主題樂園的運作而言亦十分重要，必須有園藝學家與景觀建築師負責主題樂園的景觀，除了景觀維護之外，他們亦須時常監督大群遊客，以確保所有植物都健康生長並獲得良好照顧，他們一般都擁有所從事領域的準學士或學士學位。

生物學家與動物學家，在許多主題樂園運作上扮演吃重角色，許多主題樂園時常設有野生動物遊樂設施，有些甚至將動物視爲吸引人潮的主要元素，這方面的員工要照顧動物、監督牠們的棲息場所，有時甚至與動物共同進行表演秀，對此領域員工的教育背景要求從準學士學位到博士學位都有。

大部分主題樂園會雇用人力資源及公關專員，這些人士負責與其他員工及大衆溝通，若欲從事這些職位，建議擁有紮實的溝通行爲或人力資源方面背景。

業務及行銷專員也在主題樂園中工作，負責促銷主題樂園與吸引遊客前來，他們對樂園進行大規模促銷，提供假期套裝行程給旅行社及大型團體，此外也分析樂園資料以決定最佳行銷策略，此類職位必須具備業務及行銷背景。

主題樂園經理在樂園業的所有領域及所有階層進行工作，總經理或高階經理監督許多不同部門，他們通常必須擁有商業或管理的學士或碩士學位，以及多年實務經驗。

樂園經理之下爲部門經理，如餐飲服務經理或遊樂設施運作經理，而在這些部門內可能有更多經理，（如某一間餐廳的經理是在餐飲服務部門經理之下工作）。

主題樂園第一線經理的薪資介於年薪 2 萬至 5 萬美金之間，中階經理每年可賺進 7 萬 5,000 美金，而總經理年薪可高達 10 萬美金，無論身處何種職位，主題樂園所有員工的一大福利是通常能免費入園，並獲得食物、飲料及商品的折扣 (圖 11-2)。

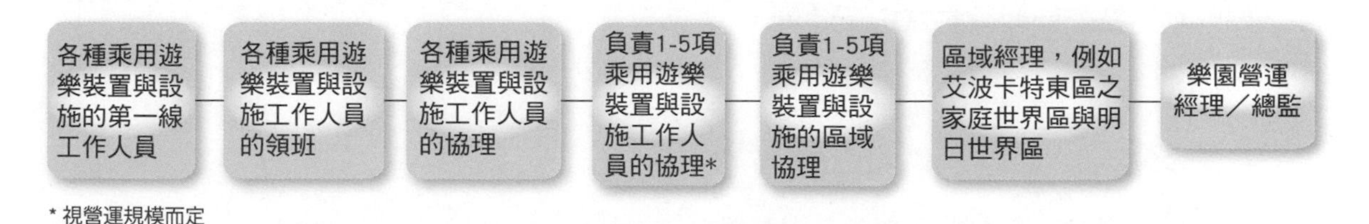

圖 11-2 主題樂園產業的職涯發展途徑

自我檢測

1. 主題樂園的設計師與藝術家的工作內容包含什麼？
2. 檢查員與維修員負責什麼？
3. 有哪些科學家可能在主題樂園工作？

主題樂園產業的發展趨勢

1. 新型遊樂設施正以讓乘用者能自行控制乘坐體驗及強度為目的進行開發。
2. 截至 2020 年，全球娛樂和主題樂園市場預計營業額將達到 443 億美元。[28]
3. 新的樂園將把焦點放在與鄉村或在地密切結合的主題。
4. 主題樂園有更環保化的傾向，佛羅里達州的樂高樂園，即利用可再生能源供應該園的一部分電力。
5. 提高食品標準。
6. 虛擬實境正在迅速發展，運用未被使用的空間，並將牆壁和地板轉變為互動空間。
7. 遊戲正朝著更實境化、自我操作和互動式的功能發展，提供更加個人化和擬真的外觀及感覺，客人希望對遊戲體驗有更多的控制權。[29]
8. 未來會不斷擴展模擬虛擬實境遊樂的運用。
9. 人造環境的持續開發，使樂園能在所有天候狀況下運作。
10. 針對最熱門的流行文化，包括電影、遊戲和指標，遊戲旅程及景點不斷的被開發出來，以替代以前的過時主題，最受歡迎的主題樂園一直在尋求把他們最熱門的遊戲及景點做到最大最好。

個案研究

減少遊樂設施及遊園景點的等待時間

一座大型主題樂園面臨到棘手問題，遊客抱怨遊樂景點及遊樂設施的等待時間太長，你是一名新進經理人員，被要求協助解決這項問題。

問題討論

你能提出哪些建議，而你的解決方案將需要多少成本？你的解決方案需要哪些資源及費用？

職場資訊

主題樂園的營運中包含了無數的工作機會，安休斯布許、迪士尼及其他公司都有大學在學生就業計畫，這些計畫提供職涯發展的資訊，畢業後就可能有數條職涯發展道路，畢業生可在任一階層開始任職，如運作管理、行銷及業務、人力資源、餐飲服務、研發或資訊系統等，而這些只是其中幾項。

獲得實習機會是進入主題樂園產業的方法之一，實習機會提供了寶貴工作經驗，是對業界各種領域有更多瞭解的絕佳方式，提供實習機會亦是吸引潛在員工的一大誘因，如果你是一名大學生，想要在美國首屈一指的大公司尋找暑期工作，可以在 www.wdwcollegeprogram.com 參觀迪士尼的學院計畫網站。

本章摘要

1. 納特莓果農莊 (Knott's restaurant) 始於 1920 年代的小莓果園及茶坊，隨著生意愈發興隆，園內開始增加各式遊樂設施使等待的顧客不致感到無聊。如今，納特莓果農莊 (Knott's Berry farm) 已演變成美國最大的獨立主題樂園，並對美國主題樂園產業產生極大影響，數百座主題樂園依循納特莓果農莊的先例開始發展。
2. 主題樂園的遊樂設施呈現多樣化，有些主題樂園將焦點放在單一主題，有些則將焦點放在多項主題上。

   主題樂園產業的重要成員包括華特迪士尼世界（魔幻王國，Magic Kingdom)、艾波卡特 (Epcot)、迪士尼動物王國 (Disney's Animal Kingdom)， 以及迪士尼好萊塢影城 (Disney's Hollywood Studios) 、環球影城 (Universal Studios)、海洋世界 (SeaWorld) ，以及好時 (Hershey's)。受歡迎的區域型主題樂園包括桃莉塢 (Dollywood) 、樂高樂園 (Legoland) 和鱷魚園 (Gatorland)。
3. 管理主題樂園包含規劃 (planning)、組織 (organizing)、決策 (decision making)、溝通 (communicating)、激勵 (motivating) 及控管 (controlling)。
4. 主題樂園營運包括下列幾個部門：食品、飲料和美食、酒店營運、主題樂園營運、零售店營運、服務、園藝和生態、 銷售和行銷、科技和娛樂。支援主題樂園的主要部門包括預約、停車、顧客服務、遊戲旅程、特殊活動、商店、動物、食品服務、保全、維護、制服、清潔和園藝。
5. 活動觀光 (event tourism) 可被定義爲有系統地規劃、發展及行銷節慶 (festival) 與特殊活動 (special events)，如打造對於熱點及目的地區域的觀光客吸引力、發展觸媒及建立形象。旅行、住宿和餐廳成爲旅行和觀光體驗的一部分。
6. 博覽會、節慶與活動都是公共慶祝活動，博覽會通常較大，並且會持續更長的時間；節慶通常跟社會及宗教有關，而活動觀光 (event tourism) 的範圍則可能從當地街頭的節慶到世界博覽會都有。

   著名的節慶和活動包括十月節 (Oktoberfest)、巴西里約熱內盧嘉年華會 (The Carnival in Rio de Najeiro, Brazil) 、河上雷鬼音樂節 (Reggae on the River) 、狂歡節 (Mardi Gras) 和大奧普里鄉村音樂會 (Grand Ole Opry)。
7. 主題樂園裏有許多不同類型的員工，包括設計師與藝術家、檢查員與維修員、科學家等。

   設計家與藝術家的職責，是爲新的遊樂設施進行概念發想、開發遊樂設施技術計畫和爲最後成品上色及裝飾。他們也可能爲表演秀設計服裝，或爲舞台場景創作背景。檢查員與維修員確保園內每個人的安全，遊樂設施技術及維修管理者有責任識別特定的問題並修理之，在主題樂園工作的科學家包括園藝家、景觀設計師、生物學家和動物生態學家。

8. 人力資源及公關專家負責與其他員工及大衆溝通，業務及行銷專家負責促銷主題樂園與吸引遊客前來，主題樂園管理者在部門經理的支持下，負責樂園業的所有領域及所有階層的工作。

重要字彙與觀念

1. 景點設施 (attractions)
2. 活動 (event)
3. 活動觀光 (event tourism)
4. 博覽會 (fair)
5. 節慶 (festivals)
6. 大型聚會 (fete)
7. 娛樂乘用裝置安全官員全國協會 (National Association of Amusement Ride Safety Officials)
8. 州博覽會 (state fairs)
9. 街頭集市 (street fairs)
10. 主題樂園 (theme parks)
11. 貿易商業展覽會 (trade fair)

問題回顧

1. 迪士尼集團最強大的競爭對手是誰？
2. 管理程序中，組織的目的何在？
3. 定義活動觀光 (event tourism)。
4. 安全檢查員必須通過哪個協會的認證？

網路作業

1. 上網查詢至少兩座本書中所提到的主題樂園公司，有什麼最新消息？你能否判斷出目前趨勢？
2. 到本章提公司之一的網站，指出該公司內幾條不同職涯發展路徑。

運用你的學習成果

1. 規劃造訪兩座不同類型的主題樂園，並依照優先順序選擇遊樂設施。
2. 上網調查狂歡節 (Mardi Gras) 的歷史，爲該活動及其文化根源寫出一份說明。

建議活動

分成小組，爲一座現存的主題樂園創造一個新主題樂園、動物園、博物館或遊樂設施。

國外參考文獻

1. 與納特莓果農莊的私人對話，2006年4月。
2. 參考 Knott's Berry Farm 網頁，「納特莓果農莊」，http://www.knotts.com/real/real.htm，2006年4月17。
3. 參考 Amusement Park and Attractions Industry Statistics，「主題樂園和景點產業統計」，https://www.iaapa.org/，以獲取更多信息。
4. 參考 Ali,「Making Dreams Come True . . . With Operations Management,」Open Knowledge, Harvard Business School Digital Initiative，「阿里，「使夢想成眞」…通過運營管理，哈佛商學院數位倡議」，於2017年3月20日，取自 https://rctom.hbs.org/submission/making-dreamscometruewith-operations-management/。
5. 參考 Walt Disney World，「沃爾特·迪斯世界」，https://disneyworld.disney.go.com，以獲取更多信息。
6. 同上。
7. 同上。
8. 同上。
9. 同上。
10. 參考 Disney's Hollywood Studios，「閱華特·迪士尼世界，迪士尼好萊塢影城」，https://disneyworld.disney.go.com/destinations/hollywood-studios/，以獲取更多信息。
11. 參考 NBCUniversal http://www.nbcuniversal.com/，以獲取更多信息。
12. 同上。
13. 參考 Blackstone Group，https://www.blackstone.com/，以獲取更多信息。
14. 參考 Hershey Company，https://www.thehersheycompany.com/en_us/home.html，以獲取更多信息。
15. 參考 The Hershey Company,「Company & Stock Profile,」https://finance.yahoo.com/quote/hsy/profile/，以獲取更多信息。
16. 參考 The Hershey Company,「Candy Products & Recipes,」「好時公司網站，糖果產品和配方」，https://www.hersheys.com/en_us/recipes.html，以獲取更多信息。
17. 參考 Dollywood，www.dollywood.com/rides-attractions/，以獲取更多信息。

18. 參考 Legoland,「Awesome Awaits at LEGOLAND®,「樂高樂園，樂高樂園中的精彩等待」，www.legoland.com/，以獲取更多信息。
19. 參考 Gatorland，www.gatorland.com，以獲取更多信息。
20. 參考「Sustainability 頁面，Springs Preserve ，取自 www.springspreserve.org。
21. 參考 Mother Nature Network,「Do Green Amusement or Theme Parks Exist?,」「大自然之母網絡，綠色遊樂設施或主題公園可以生存嗎？」，https://www.good.is/，以獲取更多信息。
22. 同上。
23. 同上。
24. 參考 Muenchen.de,「The History of the Oktoberfest,」，「慕尼黑啤酒節的歷史」，https://www.muenchen.de/int/en.html，以獲取更多信息。
25. 參考 Reggae on the River，www.reggaeontheriver.com，
以獲取更多信息。
26. 參考 Mardi Gras，www.mardigras.com，以獲取更多信息。
27. 參考 Grand Ole Opry，www.opry.com，以獲取更多信息。
28. 參考 Global Industry Analysts, Inc.，「娛樂和主題公園市場趨勢」，https://www.strategyr.com/，以獲取更多信息。
29. 參考 Jack Rouse Associates,「Theme Park Trends (and What Museums Can Learn from Them)，「主題公園趨勢，我們能由博物館中學到什麼」，https://www.jackrouse.com/。

臺灣案例參考文獻

1. 陳敏郎 (2015)。我見我思—遊樂園慘業。中國時報。2019 年 3 月 10 日取自：https://www.chinatimes.com/newspapers/20150706000412-260109?chdtv
2. 邵蓓宣 (2018)。遠超過劍湖山、六福村、九族！入園人次排名第一的麗寶樂園，怎麼從負債 80 億翻身的。經理人。2019 年 3 月 10 日取自：https://www.managertoday.com.tw/articles/view/55658
3. 郭宇軒 (2019)。觀光客源大躍進，休閒娛樂再升級。中華徵信所。2019 年 3 月 10 日取自：http://www.credit.com.tw/NewCreditOnline/Epaper/IndustrialSubjectContent.aspx?sn=249&unit=453
4. 盧又菁 (2017)。樂園人次未回升，有待精準定位園區走向。中華徵信所。2019 年 3 月 10 日取自：http://www.credit.com.tw/newcreditonline/Epaper/IndustrialSubjectContent.aspx?sn=199&unit=403
5. 維京人酒吧 (2017)。全世界主題樂園都做超好，但六福村、劍湖山好像沒啥特色—臺灣遊樂產業還有救嗎？ 2019 年 3 月 10 日取自：https://buzzorange.com/2017/12/11/how-to-save-taiwan-amusement-park/

6. 維京人酒吧 (2017)。臺灣樂園的 2 大致命傷。風傳媒。2019 年 3 月 10 日取自：https://www.storm.mg/lifestyle/364880 2017-12-09 07:30 http://www.credit.com.tw/newcreditonline/Epaper/IndustrialSubjectContent.aspx?sn=155&unit=359
7. 僅次日本 臺灣觀光成長驚人 2016/05/10 莊文智 臺灣遊樂產業還有救嗎 https://buzzorange.com/2017/12/11/how-to-save-taiwan-amusement-park/
8. 全世界主題樂園都做超好，但六福村、劍湖山好像沒啥特色——臺灣遊樂產業還有救嗎？ Posted on 2017/12/11 維京人酒吧 Viking Bar 報橘 文 / 黃楷瀚 https://read01.com/zh-tw/E4QgKJ.html#.XNP87E17ljo
9. 頭條！全球遊樂園市場未來 5 年趨勢和應對策略 20170122 來源：遊樂界 壹讀 https://buzzorange.com/2017/03/01/tourism-taiwan-china

12 博奕娛樂

學習成果

閱讀及研讀本章後，你應該能夠：

1. 描述博奕娛樂產業。
2. 描繪博奕娛樂產業的歷史。
3. 解釋賭場渡假飯店業務的獨特點。
4. 討論博奕業中的各種職位。

過去 20 年來，餐旅業界最顯著的發展，是賭場業驚人的成長及它與住宿業、餐旅業的結合，此種發展延伸出一種全新的餐旅領域，名爲博奕娛樂產業，該領域在北美洲及世界各地迅速擴張，爲餐旅業創造許多新的工作機會。本章將探討博奕娛樂產業，並詳述未來餐旅業產生的刺激發展。

12.1 博奕娛樂

學習成果 1：描述博奕娛樂產業。

博奕娛樂業是一個全球性行業，在美國，合法賭博有 5 種類型，包括慈善博奕、商業賭場、彩票、美國原住民博奕和賽馬。在 48 個州中某些形式的賭博是合法的，其中商業賭場占有美國博奕娛樂產業最大部分。美國各州的博奕娛樂營收差異性很大，該行業每年爲各州地方政府貢獻數十億美元的稅收，博奕娛樂業不僅已在美國發展，在國際市場上也有發展，特別在澳門和新加坡等亞洲地區，2016 年全球博奕娛樂產業的規模爲 1597 億美元。[1]

當一名顧客在任何類型的博奕活動中下注時，如果客人贏得比賽，則將收到現金支付 (cash payout)，然而一旦客人輸了，便會損失賭金。在博奕業界所有下注的總金額稱爲 handle，而該名顧客的淨下注額在博奕業稱爲 win。

賭博 (gambling) 與博奕 (gaming) 的差別何在？賭博 (gambling) 是以賭博「行動」本身的高風險性，所帶來的刺激和贏得金錢的可能，爲前提進行賭博行爲，眞正的賭徒會花許多時間，學習並了解自己所偏好的高風險賭博類型，並樂在其中，此外他們會在試圖「擊敗賭場」或在某家賭場中翻本的過程中，找到令他們享受的挑戰性。

如今，將近 4,293 萬名遊客去了拉斯維加斯，[2] 大約 2,700 萬人是去大西洋城的，[3] 以及數以萬計的人經常去其他賭場，這些人口喜歡鋪著綠色絨布的賭桌、旋轉不已的輪盤、將籌碼握在手中的感覺，以及賭博的刺激感，成排色彩鮮豔的吃角子老虎機在陣陣樂音中閃爍著燈光，遠處傳來某人中了大獎的聲音、慶祝鐘聲及顧客的大叫聲，種種現象創造出賭場所獨有的環境氛圍。因此盛況，1976 年博弈業從只有兩個授權轄區，暴增到全美 30 州都有合法賭博設施。

賭場中的主題娛樂機臺和老虎機區域。

不久之前，設置一臺吃角子老虎機或一張賭二十一點的牌桌，就足以帶來遊客，然而，隨著賭場 (casino) 迅速擴散至北美洲各處，情況已大不相同，賭場事業的競爭特質促使它創造出更大規模、更好的產品以迎合顧客需求，正如永利度假村 (Wynn Hotel and Resort) 所有者史提夫・韋恩 (Steve Wynn) 所言，賭場樓層是「人們前去造訪眞正重視之物的途經地。」，經由過去十年演變而出的產品，即爲所謂的「博奕娛樂」。

高風險賭博只是博奕娛樂其中的一部分。博奕娛樂以「社交博奕者 (social gamblers)」爲客層，他們將高風險賭博視爲一種娛樂及社交活動形式，並在造訪賭場的過程中，將賭博與其他活動結合，依照此定義，社交博奕者對博奕娛樂中許多設施感興趣，並會在停留期間參加許多不同活動。

博奕娛樂涉及賭場博奕業及其所有面向，包括飯店營運、娛樂提供、零售購物、遊憩活動，以及其他營運類型。正如 Circus Circus 總裁葛連・薛佛 (Glen Schaeffer) 所點出的，博奕娛樂的核心在於一座「超級娛樂中心 (entertainment megastore)」，備有數千間客房、富有活力及趣味的建築外觀，以及非賭博性的遊樂設施——亦即它是一座可讓人以它爲中心，規劃一場假期的建築體，其核心部分爲一間面積至少 10 萬平方呎的賭場。薛佛曾表示，這項產品「之於觀光業，就等於奔騰 (Pentium) 晶片之於科技」，是一項富有活力的新觀光產品，能作爲一種景點設施。博奕娛樂是結合了餐旅及娛樂，並以賭場博奕爲核心優勢的事業。根據這個定義，博奕娛樂業一定設有賭場樓層，提供顧客各種高風險賭博活動，並以此點爲行銷及吸引顧客的焦點。對顧客而言，次重要的就是高品質餐飲。

博奕娛樂 (gaming entertainment) 是最新的餐旅概念之一，除了許多奢華自助式餐廳之外，還設有全套、桌邊服務式美食餐廳，餐飲服務概念的數量廣大而多樣，從著名主廚掌廚的招牌餐廳、民族風味料理，到特許經營的速食餐廳都有。博奕娛樂業在餐廳管理及廚藝領域，提供了十年前從未聽聞的無限工作機會。

博奕娛樂亦與住宿業攜手並進，因爲飯店房間是博奕娛樂的一部分，全套服務的飯店在博奕娛樂內自成一體，提供房間，餐飲、大型會議服務、宴會服務、健康 SPA、遊憩活動，以及其他典型飯店會有的設施，大部分全球大型豪華飯店，都可在博奕娛樂所在地點發現其蹤影，其中幾家將在本章後半詳述。

博奕娛樂提供一個讓顧客可進行博奕活動、飲食、睡覺與放鬆，甚至進行一些商務活動的場所，不過博奕娛樂提供的遠不止於此，它所提供的娛樂種類繁多，從最知名藝人的現場表演，到有最新高科技支援的表演秀等。博奕娛樂包括主題樂園及驚險型乘座遊樂設施、博物館及文化中心。最受歡迎的博奕娛樂場所會環繞一個中心主題而設計，並包含飯店及賭場在內。

不像先前的賭場業，博奕娛樂業擁有無數能創造營收的活動，博奕收入由賭場淨下注額或顧客在賭場樓層的消費所產生，任何賭場博奕的勝率都偏向莊家，有些程度更甚。賭場淨下注額是顧客的賭博成本，他們常常在短時間內贏過莊家，因此願意下注並試試自己的手氣。

非博奕營收來自與賭場樓層下注金無關的來源，隨著博奕娛樂概念持續強調賭博之外的活動，非博奕營收也變得愈發重要，這正是博奕娛樂眞正的重點所在——以賭場吸引力爲根基的餐旅與娛樂。

博奕娛樂有哪些形式？其中以位於拉斯維加斯及大西洋城這兩個博奕娛樂業發源地的超級渡假飯店最受歡迎，然而，在整個內華達州、美國其他 30 州及加拿大 7 個省分內，還有許多較小型飯店，這些賭場採取商業營運事業的形式，可以是私有或公有，有些爲陸地型，意指該賭場位於普通陸上建築物內，其他則是上下巡遊一條河的河船，或停泊在一處不進行巡遊的駁船，稱爲碼頭賭場 (dockside casino)。

美國原住民部落也會在自己的保留區及部落土地上經營賭場，這些爲陸地型賭場，而且複雜程度往往不輸任何一間拉斯維加斯賭場。博奕娛樂亦與遊輪結合，在遊輪領域相當受到歡迎，或者乾脆成爲一種「無目的遊輪之旅 (cruises to nowhere)」，以在遊輪上進行的博奕及娛樂爲旅遊的主要吸引力。

市場強烈支持博奕作爲一種娛樂活動，雖然在美國賭博的顧客必須年滿 21 歲，根據調查，在過去的 12 個月中，超過三分之一的美國人曾去過賭場，而在過去的 12 個月中，有 32%的人曾賭博。根據市場調查，超過 85% 的美國成人表示賭場娛樂是可接受的，也接受別人從事這種行爲，報告指出 86%的美國人至少賭博一次，商業賭場占博奕業收入的 36%；美國原住民賭場和國家彩票以 26%的比例並列第二。

「人們因各種原因前來賭場賭博，可能純粹為享受樂趣、刺激、中大獎的可能性，或只想體驗挑戰。」

過去數年間，典型博奕娛樂顧客的人口結構維持一致，與一般美國民衆相比，賭場顧客通常具有較高的收入及教育水準，並大多擁有白領階級工作，拉斯維加斯顧客檔案顯示出更爲年輕化的趨勢，他們花錢消費尋求全面性的娛樂體驗，根據 2012 拉斯維加斯造訪者檔案研究 (Las Vegas Visitor Profile

美國內華達州的里諾賭場

Study) 指出，造訪拉斯維加斯的遊客平均住宿 4.3 晚，每天在博奕娛樂活動上花費 2.6 個小時。這些旅客的賭博預算爲 485 美金，每晚住宿費 93 美金、餐飲費 265 美金、當地交通費 57 美金、購物費 149 美金、看表演秀花費 43 美金，另外花費 10 美金觀光[4]。

20 年前，美國只有兩州許可從事賭博行爲，如日美國有 30 州許可合法博弈！

自我檢測

1. 那些最受歡迎的博奕娛樂場所該如何進行設計？
2. 博奕娛樂行業包括哪些面向？
3. 哪些博奕娛樂占了總博奕娛樂收入的百分之 36？

12.2 博奕娛樂歷史回顧

學習成果 2：描繪博奕娛樂業的歷史。

賭博的確切起源仍未明，在中國，最早關於賭博活動的正式紀錄可追溯至西元前 2,300 年！羅馬人亦熱衷於賭博，他們會對四輪馬車比賽、鬥雞及擲骰子等活動下注，最終導致不少問題產生，並使賭博遭到禁止，只有在冬季農神節期間才被許可進行[5]。

十七世紀期間，賭場式博奕俱樂部存在於英格蘭及中歐，1626 年，一所位於義大利威尼斯的公共賭博館首次合法化，1748 年，位於德國的巴登巴登 (Baden-Baden) 賭場開幕，並持續營業至今[6]，不消多久，上流社會人士就聚集在賭場進行社交及賭博活動，十九世紀前半葉，有組織的博奕賭場開始發展。

拉斯維加斯——光是這個名稱就足以喚出種種情景，如霓虹燈、精緻表演秀、誇張的表演者們，以及人聲鼎沸的賭場，每晚有數百萬美金被贏得和輸掉，這就是拉斯維加斯，不只如此，這座城市也代表著美國夢。

自 1931 年內華達州合法化賭博以來，拉斯維加斯已轉變爲全世界多樣化的城市之一，同時亦是全家渡假的最熱門地點之一，在美國，拉斯維加斯是僅次於華特迪士尼世界受歡迎的渡假場所。

博奕娛樂業在拉斯維加斯有其根源，1940 年代早期至 1976 年間，拉斯維加斯獨占賭場事業鰲頭，但那並非博奕娛樂業，賭場並沒有飯店房間、娛樂活動或其他服務設施，當時的飯店，只是當顧客不待在賭場樓層時的休息之處。

拉斯維加斯流傳著許多關於班傑明．海曼．西格邦 (Benjamin Hymen Siegelbaum) 的軼事，他更為人知的名號是瘋狂西格 (Bugsy Siegel)，1906 年 2 月 28 日西格出生於紐約布魯克林區，一個貧窮的奧地利裔猶太家庭，據說西格在年紀很小時，就以向推車小販敲詐金錢的方式維生，後來，他就過著販賣私酒、進行賭博勾當及受雇殺人的生活，1931 年時，西格是處決外號「老大」的喬．馬賽利亞 (Joe“the Boss?”Masseria) 的四名殺手其中之一。

幾年後，他被派至美國西部發展賭博生意，西格在加州成功發展出地下賭莊及賭博船，他亦涉及走私毒品、勒索及其他犯罪行為。發展出一個全國性的下注通訊社後，西格接著在拉斯維加斯建立著名的火烈鳥 (Flamingo) 飯店與賭場，結果花費 600 萬美金才使賭場完工，迫使西格開始將利潤中飽私囊，此舉激怒了東區老大們，1947 年 6 月的一個晚上，西格在位於比佛利山的自宅內，被從客廳玻璃窗外掃射穿入的大批子彈擊斃，同一時間，他的三名親信走進拉斯維加斯的火烈鳥飯店，宣布他們是新老闆[7]。

1970 年代期間，大西洋城位於一個貧窮的州內，並正為高犯罪率及貧窮所苦，為使該城市重振活力，紐澤西州於 1976 年投票核准在大西洋城市內進行賭場賭博活動[8]，經過公民投票，紐澤西州根據賭場控管法案 (Casino Control Act) 使賭場賭博在該州合法化，該州期望賭場飯店業能使資本投入、創造工作機會、繳交稅金並吸引觀光客，從而振興經濟，創造出一個能使都市重建的財務環境。

此法案針對賭場飯店業徵收多項費用及賦稅，藉以創造稅收，支援一般支出、為州內殘障及高齡人士提供社會服務基金，以及為大西洋城的重建提供投資基金。賭場控管法案創設賭場控管委員會 (Casino Control Commission)，其目的不只在於確保大西洋城賭場業的成功與正當營業，亦在於復甦該市的經濟前景[9]。

愛荷華州發現賭場控管法案的目的，在紐澤西州得到實現，希望自州亦能獲得類似益處，但同時並不想要陸地型賭博出現，因此於 13 年後將賭博河船合法化，自此之後，伊利諾州、密西西比州、路易斯安那州、密蘇里州及印第安那州迅速跟進，隨著賭場業擴散至美國及加拿大各處，因該產業的競爭特性，而開始有非賭場遊樂設施的新需求，亦即今日所知的博奕娛樂，因此，博奕娛樂是賭場業自然演進的結果。

美國原住民博奕活動

在加州對教團印地安人卡巴松團等之訴訟案 (California v. Cabazon Band of Mission Indians et al)(1987) 中，最高法院以 6 比 3 的票數做出判決，一旦某州以任何形式將賭博活動合法化，該州之美國原住民即有權提供並自治經營同樣活動，不受政府限制，在該案中，加州政府及河岸 (Riverside) 郡政府，欲將地方法及州法強行施加於教團印地安人的卡

巴松 (Cabazon) 及摩隆戈 (Morongo) 團所經營的撲克牌及賓果遊戲俱樂部。這些法院判決清楚認可了部落在某些博奕活動上所擁有的權利。[10]

某些觀察家指出，國會擔憂部落博奕活動的發展可能失控，故而對以上的法院判決作出回應，在 1988 年通過印地安博奕活動管理法案 (Indian Gaming Regulatory Act of 1988, IGRA)，IGRA 提出一個大框架，所有賭局都必須據此舉辦，以保護部落及公衆雙方，舉例而言，IGRA 重點列出所核准的部落賭場管理合約範疇，並制定違反其條款的民事懲罰。該法案顯然是項折衷之舉，它將部族進行博奕活動的主權，與聯邦及州政府規範其轄區內活動的權利作一平衡。[11]

IGRA 的三大目的爲 (1) 爲博奕活動之營運作爲美國原住民一項促進部落經濟發展、自給自足，以及強健部落政府的方式提供法定基礎；(2) 爲美國原住民部落所從事之博奕活動提供必需之法定基礎，使其不受有組織之犯罪及其他腐敗影響力之害；(3) 設立一個獨立規範主管機關「全國印地安博奕活動委員會 (National Indian Gaming Commission, NIGC)」以管理美國原住民土地上之博奕活動。[12]

IGRA 爲美國原住民博奕活動定義出三個類型或等級：(1) 等級 I 之博奕活動，包括僅以最小價値獎金爲目的之社交性質賭局，或傳統形式之美國原住民博奕活動；(2) 等級 II 的博奕活動，包括賓果賭局與類似賭局，以及州法明確許可之撲克牌賭局；(3) 等級 III 的博奕活動，包括不屬於等級 I 或 II 所有形式博奕活動，因此包括大多數賭場賭局。[13]

等級 III 博奕活動的定義中有兩項重點，它定義屬於該等級之賭局 (1) 必須位於允許由任何個人、組織或單位進行此類博奕活動的州內，以及 (2) 應在符合各州基於對部落之「信任」與部落進行協調所產生之協議 (compact) 的情況下辦理。

雖然聯邦博奕法預先排除州級賦稅，幾個州內的部落仍自願繳交稅款，並在某些情況下與州政府交涉繳交金額，通常部落自願繳交稅款給地方政府，是爲了對部落所獲得的服務表示認可，有些部落支付營收以交換州內賭場賭博活動的獨占權。在密西根州、康乃狄克州及路易斯安那州，部落同意繳交稅款給州政府，作爲雙方賭場賭博活動綜合協議的一部分。在幾乎所有州內，部落都支付稅款給州政府，以支援政府在提供協議中註明的賭場管理事宜時的支出。現今 28 個州的保留區中有 466 所博奕設施，而美國原住民博奕活動是美國賭場博奕活動中成長最快速的部分。其他美國原住民博奕活動由加拿大第一國家團 (First Nations Bands of Canada) 辦理。

由馬山圖基特部落 (Mashantucket Tribe) 營運的康涅狄格州萊德伍德 (Ledyard) 的快活林度假村賭場 (Foxwoods Resort Casino) 是美國最大的賭場，也是世界第二大賭場，擁有 7,200 臺老虎機和 380 臺賭桌。[14]

自我檢測

1. 博奕活動的第一筆官方紀錄可追溯至何處及何時？
2. 描述博奕娛樂合法化對內華達州經濟的影響。
3. 1988年印地安博奕管理法案 (Indian Gaming Regulatory Act of 1988，IGRA) 由哪些要項組成？

12.3 賭場渡假飯店

學習成果 3：解釋賭場渡假飯店業務的獨特點。

如今，賭場渡假飯店 (casino resort) 已成為世界上餐飲及旅館服務行業最知名的業務。全球30家最大的酒店中，有20家是在拉斯維加斯大道上的賭場渡假飯店，[15] 在2016年全球博奕娛樂業的規模和範圍預計將達到1,577億美元，以餐飲及旅館服務行業為職涯目標的人，即使他們對於在博奕產業並沒有特殊的興趣，但他們可能會發現自己在考慮某個餐飲及旅館服務職位，並位於一家賭場渡假飯店中，通常這飯店不會僅有賭場，還有完善的設施，包含住宿、餐飲、娛樂和零售產品。

即使你本身不打算在賭場樓層工作，但對於想要在賭場飯店從事職業的人來說，對賭博本質及賭博具體知識的基本了解是必要的。如今，許多賭場渡假飯店的總裁和主要管理人員多具有住宿或餐飲方面經歷，並對賭場中發生的事情有深刻的了解，及了解賭場客人與其他餐飲及旅館顧客的不同之處，使得他們晉級變得容易得多。

一、何謂賭博

廣義的定義中，賭博是將賭注押在未知結果上的行為，如果博彩者猜對了，就有可能獲得收益。被視為賭博的行為，必須具有三個要素：賭賽下注 (wagered 或 bet)、隨機事件 (randomizing event)（老虎機旋轉或翻紙牌）和收益。

賭博的廣泛定義會包括許多極不相同的活動，像是動物的競賽（賽馬、鬥雞）、人與人之間的競賽（團隊和個人運動）、彩票、和使用紙牌、骰子和其他隨機元素的機率遊戲。一些最著名的遊戲屬於最後一類：用紙牌玩的撲克、二十一點、百家樂，用骰子玩的雙骰子，老虎機最初是機械式的設備，它們根據轉盤的隨機停止來獎勵獎品，這種設備也很受歡迎，

賭場服務員在撲克桌上洗牌

通常也是大多數賭場中遊玩次數最多的遊戲。

賭場如何通過賭博賺錢？答案在於他們提供的賭博方式，賭博有兩個基本類別，社交賭博 (social gambling) 和商業賭博 (mercantile gambling 或 commercial gambling)。社交賭博是下注的人之間的對賭；數學計算上，每個賭客都有相同的獲勝機會，撲克是一種經典的社交遊戲，每個賭客都從同一套牌中抽出牌，並且有相同的機會進行檢查、加注或棄牌，其他的社交賭博形式包括多米諾骨牌和麻將。

在商業賭博中，是跟莊家 (the house) 對賭 (players bet against the house)，莊家是專業賭客或組織，他接受來自一般大衆的下注，商業賭博對賭場本身具有數學上的優勢，或者說莊家優勢 (house edge)，指的是在公平的賽局中，仍可以依其專業而獲利。所有彩票都是商業賭博，在賭場中的每場賭博也都是商業賭博，對莊家的保證偏誤很小，隨著時間的發展，確保賭場所贏得的金額都超過其支付的金額。

輪盤遊戲可以很清楚解釋莊家優勢 (house edge) 的概念，輪盤遊戲的特點是輪盤上有 38 個插槽，編號為 1 到 36，此外還有一個零和一個雙零，每次旋轉後，一個小球會落入 38 個插槽之一，如果對數字「下注」，則每下注一個單位將贏得 35 個單位，因此，如果直接押注一美元，最終將得到三十六美元，也就是押注的那一美元，再加上三十五美元。由於輪盤中每一數字有三十八分之一的機率會中，因此你的報酬賭率是 37 對 1 而不是 35 對 1，那多出的兩美元便是莊家優勢，雖然看似很小，但隨著時間的累積，便會逐漸增加。

莊家優勢使賭場經營成為可能，沒有莊家優勢，向一般人們提供機率遊戲又要產生收益的唯一方法便只有作弊，莊家優勢使賭場能夠為客戶提供誠實的遊戲、公平交易並保持商業營運。

在所有賭場中的賭博遊戲中，都有內設的莊家優勢規則，但是撲克遊戲是一個有趣的例外，許多賭場都設有撲克室，賭客在其中使用由莊家提供的桌子、卡片和發牌人來互相對博，賭場沒有直接押注每手遊戲的結果，而只收取每一賭場佣金 (the rake) 的一小比例，用以支付這個賭室的費用，儘管這是一種流行的遊戲，但是撲克只能為賭場賺取很小的獲利，之所以提供這些撲克的設施，是希望那些賭客去玩下注型的商業賭博遊戲，或者使用老虎機或賭桌遊戲。莊家優勢 (house edge) 是一個理論值，它描述了賭場隨時間推移後，所保留下來的賭資（下注金額）。對於賭桌和角子機，賭場會追踪賭場獲勝保留率 (hold percentage)，來了解賭場的狀況。

要了解賭場獲勝保留率，我們需要了解另外兩個術語，下注的總金額（handle 或 buy-in 買入）和勝出純利 (win)。Handle 是遊戲下注的總金額，勝出純利 (win) 是下注總金額減去支付賭贏者所付出的錢，從本質上講，就是賭場所保留下來的金額，賭場獲勝保留率是勝出純利對下注總金額的百分比。在老虎機上，獲勝保留率非常接近莊家優勢的理論值。然而，在賭桌遊戲中，它通常比莊家優勢要高得多。

儘管賭場提供的賭博遊戲對莊家有統計偏誤，但它們仍然是機率遊戲，在短期內，賭客可能走運並獲得莊家的錢而離開，在小賭額遊戲中，這不是問題，因爲最後會使賭場的獲勝保留率接近其歷史預期值，但百家樂等高賭注遊戲則不同，由於大量資金落在少數的決策上，因此這些遊戲輸贏具有很大的波動性，在同月份中，高賭注遊戲的獲勝保留率可能會劇烈波動。

作爲賭場渡假飯店的管理者，重要的是要了解波動的本質，僅僅因爲賭場部門報告了某一時段的淨虧損，並不一定意味著該部門效率低下或無能，它可能只是波動性的展現，隨著時間的推移，遊戲勝出純利將趨向於其歷史平均水平。

管理人員還需要了解，由於波動性，賭場與其他酒店業不同。一家典型的酒店，週末的入住率達到 95%，並擁有全滿的餐廳預訂，肯定可以獲利，但是賭場因爲波動性大的緣故，卻可能虧錢，如果一個高賭資的賭客運氣好的話，賭場可能在某一時段，甚至全週末的時段，營運下來最後是赤字。

二、免費招待

波動性 (volatility) 並不是與其他大多數飯店業務不同的唯一面向，免費招待也是使賭場與其他飯店業不同的另一個部分。

免費招待 (comps) 是向賭場顧客提供的免費商品和服務，用以吸引賭客光臨，幾乎在每個賭場都可以找到免費招待，導致賭場客人都預期取得免費招待，賭場的免費招待與其他飯店觀光業不同，飯店觀光業的免費招待主要是作爲服務補救的一部分，用以補償客戶服務缺失或其他失策，而賭場的免費招待則視爲賭場常規營運的一部分。

免費招待的價值各不相同，一般而言，高產賭客會獲得更高價值的免費招待，例如：小額賭資的老虎機賭客可能收到打折或免費自助餐，而一個高額賭資的百家樂玩家，每手下注 10,000 美元，且持續數小時，則可能會得到完整的 RFB【住宿 (Room)，食物 (Food)，飲料 (Beverage)】免費招待，並且賭場會支付住宿中的所有費用。賭場客人也可能會獲得其他贈禮，當老虎機賭客投入金額超過特定的門檻值時，他們會獲得現金返還。

賭場在每天都有成千上萬的客人，賭場會依賴客戶忠誠度計畫 (loyalty programs) 來追蹤顧客參與的賭博遊戲，希望獲得獎勵和其他優惠的賭客，可以加入賭場的賭客忠誠度俱樂部，例如：凱撒大酒店的 Total Rewards、米高梅大賭場酒店的 M life、永利渡假村的 red card。老虎機賭客將他們的卡插入機器中玩時，卡片便會追蹤記錄投入及贏得的錢。賭桌遊戲則有一個場館管理員來幫客戶刷卡，追蹤賭客的投入時間和平均賭注大小。

賭場會由已取得的賭客賭博形態資料，來決定要提供的免費招待方式，這些大多根據賭客的理論獲勝次數，和預期的投入金額水平來提供獎勵。大多數客戶忠誠度計畫具有分層的獎勵結構，藉由提供更多的獎勵，激勵賭客投入更多。

客戶忠誠度計畫是賭場行銷的重要部分，賭客在賭博遊戲花的愈多，可以取得愈好的免費招待，因此優秀的賭場經理必須知道如何給予夠條件的賭客最好的免費招待。賭場還使用複雜的軟體來監控老虎機顧客，並讓賭客在機器上玩賭博遊戲時給予紅利回饋，近期一些賭場也開始追蹤和獎勵非賭博遊戲的花費，這反映了賭場渡假飯店收入來源的擴大。

三、賭場運營的類型

不同賭場運營類型，其運作規模相差很大，在運作型態光譜的極端一方，如內華達州風格的賭博酒館，是典型的酒吧和餐廳，店中擁有不到十六個電子賭博遊戲設備，通常是酒吧式撲克遊戲螢幕臺和老虎機；另一個極端則是全面發展的賭場度假勝地，（平均）占有一個 10 萬平方英尺的賭場，其中有數千臺老虎機和數十種賭桌遊戲，擁有大約 3,000 家客房，至少十二家酒吧和餐廳、會議室和大會場設施、娛樂場所、零售商店、游泳池和水療設施。

賭場勝出純利的定義

假設你以 $1 美元的籌碼投入 $100 美元的輪盤遊戲。您進行了 100 次等額投注，贏了 94 次，輸了 6 次。在這種情況下，以下敘述是正確的：

下注的總金額 (handle) 為 $100 美元。

賭場勝出純利 (win) 為 $6 美元。

賭場勝出率 (winning percentage) 為 6%。

這非常接近 5.26%莊家優勢 (house edge) 的理論值。但是，如果您繼續下注 100 個賭注，您可能會再輸 6 個。在這種情況下，下注的總金額 (handle) 仍然是 $100，但賭場勝出純利 (win) 已至 $12，賭場獲勝保留率 (hold percentage) 為 12%。

在上述兩種極端情況之間，還有數種營運方式，獨立賭場在美國或世界其他地方並不是很普遍，在可找到它們的地方，通常僅由老虎機組成，這種類型的營運可稱爲「投幣式博賭店」，在歐洲、中東、非洲和南美等地區，這類型賭場通常位於酒店內，且規模相當小，並且僅是一般餐旅業務的附屬設施。

在美國，印第安人保留區的賭場則有多種形式，從組合屋式的賓果遊戲店到功能齊全的賭場渡假飯店，這類功能齊全的賭場渡假飯店含有住宿、餐飲和娛樂活動，與拉斯維加斯大道上的度假飯店沒什麼差異，有一些州只允許在河船上賭博，河船本來是在水道上航行的，但如今通常是像「護城河船」功能，永久停泊並與酒店和度假村設施無縫連接。有些州允許在賽馬場上使用老虎機（稱為 racinos），並且在某些情況下，已經演變為包括酒店和度假村的運營模式。許多郵輪公司都設有賭場，作為船上客人可使用的娛樂消遣設施。

四、博奕娛樂的規模和範圍

2015 年，陸上的商業賭場總收入預計將達到 3170 億美元。[16] 為何博奕娛樂業成長如此快速？因為人們喜歡下賭注，此外歷史上，對賭注機會的需求總是大於供應量，隨著公眾對合法博奕活動的接受度增加，再加上州政府及地方政府核准博奕娛樂場所開業，供應面才逐漸能夠滿足需求面。

博奕娛樂業每年付給州政府數百萬美金的博奕特許稅，賭場發展被相信能透過新資本挹注、工作機會的創造、新賦稅營收及蓬勃的觀光為經濟重新注入活力。

目前，美國大約有 462 個商業賭場，賭場博奕活動創造出數千個直接及間接工作機會，發放出數十億美金薪水，當失業率高且某個區域正處於經濟衰敗狀態時，賭場往往能創造工作機會，賭場博奕公司平均支付總營收的 12% 作為稅收，並透過與博奕有關或其他的賦稅，對聯邦、州及地方政府產生貢獻，直接稅包括所有產業都需支付的財產稅、聯邦、州之所得稅、建築物營業與使用稅，以及只向博奕業徵收的博奕稅，徵收稅率為博奕收入的 6.25 至 55% 不等。[17]

五、業界重要成員

如今，有許多賭場營運商對整個行業生態產生影響，這些公司大小不等，它們都擁有多樣化的資產組合，穩固的商業運作，並受到投資者和客戶的推崇，近期哈拉娛樂公司 (Harrah's) 和凱撒娛樂公司 (Caesars Entertainment) 結成夥伴，以共同創立全球主要知名大型賭場娛樂公司，凱撒娛樂公司 (Caesars Entertainment Corporation)，總部位於拉斯維加斯，凱撒娛樂公司 (Caesars Entertainment Corporation) 擁有 49 處美國物業、14 處國際物業及 67,000 餘名員工，在 2012 年創造了 85.8 億美元的收入。[18]

1975 年，由比爾・博伊德 (Bill Boyd) 成立的博伊德賭博遊戲公司 (Boyd Gaming)，已證明自己是一家成功的賭博遊戲娛樂公司，其營運位置的多樣性，含蓋拉斯維加斯到大西洋城，以及介於兩者之間的眾多地區，博伊德賭博遊戲公司 (Boyd Gaming) 在八個州的 15 個地區市場經營 22 家賭場，其中包括在內華達州、新澤西州、伊利諾伊州、印第安納州、愛荷華州、堪薩斯州、路易斯安那州和密西西比州的賭場。[19]

六、永續賭場

賭場可納入的永續性元素與飯店和度假村相同，賭場的永續性指導方針包括：

1. 綠色空氣
   (1) 客製化室內溫度控制
   (2) 空氣濾清器
   (3) 煙霧控制
   (4) 取得更多新鮮空氣
   (5) 使用二氧化碳感應器取得新鮮空氣
   (6) 智慧型通氣系統

2. 綠色用水
   (1) 節水或兩段式沖水裝置
   (2)50% 的循環水和 100% 的雨水收集利用
   (3) 選擇性更換床單和毛巾

3. 綠色燈光
   (1) 室內和室外節能燈光
   (2) 使用調光器營造情境燈光
   (3) 房內無人時關閉燈光開關
   (4) 使用較大的窗戶以利用自然光

4. 綠色材質
   (1) 使用無毒油漆、地毯及其他材料
   (2)100% 使用再生紙之紙製文具及其他用品
   (3)100% 的可生物分解的清潔用品
   (4) 天然種植的竹製品、棉花、羊毛和絲製品
   (5) 再生材料

5. 綠色能源
   (1) 節能暖氣和冷氣系統
   (2) 減少能源使用
   (3) 使用在地和國內產品

6. 綠色豪華
   (1) 不使用塑膠
   (2) 有機棉毛巾
   (3) 被動式太陽能設計
   (4) 員工和顧客資源回收
   (5) 廚餘堆肥

以上只是許多解決方案中的少數幾項，避免不斷擴展的社會繼續壓榨已經匱乏的環境，在每個開發案的規劃、執行、經營中，對天然資源的保護應是不可或缺的一部分。

自我檢測

1. 為何博奕娛樂業成長如此快速？
2. 博奕業的頂尖重要成員有哪些？
3. 定義以下內容：莊家優勢 (house edge)、賭場佣金 (the rake)、賭場獲勝保留率 (hold percentage)。

人物簡介

史蒂芬·韋恩 (Stephen A. Wynn)
韋恩度假飯店 Wynn Resorts 集團董事會主席與執行長 (CEO)

許多人認為，是賭場開發家史蒂芬·韋恩將拉斯維加斯從一個成人賭博據點，轉變為世界知名渡假勝地與會議場所，身為幻象渡假飯店公司 (Mirage Resorts, Inc.) 董事會主席、總裁及執行長，韋恩先生想像並打造出幻象、金銀島及貝拉吉歐等大膽構思，為品質、奢華及娛樂設下更高進步標竿的度假飯店。現今，身為韋恩度假飯店有限公司董事會主席與執行長，韋恩先生建立擠身世界超級豪華渡假飯店之林的永利拉斯維加斯 (Wynn Las Vegas) 。韋恩先生亦在中國澳門建立永利澳門 (Wynn Macau) 這座亞洲旗鑑賭場度假飯店，該公司為此獲得澳門政府給予 20 年期的特許經營權。

續下頁

續上頁

1967 年，韋恩先生以在弗倫帝爾 (Frontier Hotel) 飯店擔任合夥人、吃角子老虎機經理及信貸協理的身分展開職業生涯，1968 至 1972 年間，他亦擁有並經營一家葡萄酒與烈酒進口公司，不過，1971 年與霍華．休斯 (Howard Hughes) 進行的一筆房地產創業交易才產生足以讓他進行大型投資的利潤，建立地標建築金磚賭場 (Golden Nugget Casino)，他將這個以往只有「賭舖 (gambling joint)」之名的地方，改造成以優雅風格及個人化服務聞名的四星級渡假飯店。1973 年，韋恩先生以 31 歲之齡掌控該設施，並開始將金磚賭場打造成一個完全的度假飯店，1978 年，韋恩先生運用拉斯維加斯金磚賭場所賺取的利潤，在大西洋城 Boardwalk 大道上建立金磚賭場飯店 (Golden Nugget Hotel and Casino)，該度假飯店以其高雅設施，由法蘭克．辛納屈 (Frank Sinatra) 代言的電視廣告，以及令人印象深刻的超級巨星娛樂節目表為人所知。自 1979 年開幕至 1986 年被賣出期間，這座位於大西洋城的度假飯店支配著市場營收與利潤，儘管它的規模相對較小。1987 年，韋恩先生將造價 1 億 6,000 萬美金的大西洋城 Golden Nugget 以 4 億 5,000 萬美金賣給 Bally 公司，並轉而將他的創意發揮在開發高雅的幻象渡假飯店 (Mirage Resort) 上，該飯店於 1989 年開幕。幻象渡假飯店以其充滿想像力的火山噴發造型及南方海洋主題，引燃一場耗資 120 億美金的建築熱潮，使拉斯維加斯一躍成為美國最熱門的觀光場所及成長最快速的城市。1991 年，Golden Nugget Incorporated 更名為 Mirage Resorts, Incorporated。

隨著他在幻象渡假飯店獲得的驚人成功，1993 年韋恩開設了金銀島這座四星級的飯店設施，該設施以浪漫熱帶為室內主題，在室外則設有一艘仿真大小的海盜船，每天演出 Battle of Buccaneer Bay 海盜大戰劇碼。1998 年他再度拓展新局，開設華麗無匹、造價 16 億美金的貝拉吉歐，世界上最壯觀的飯店之一。遊客排列在飯店前方的街道上觀看水舞 (Dancing Waters) 一座在該飯店占地 8.5 英畝的人工湖上隨音樂指示噴射水柱「跳舞」的噴泉。之後他將幻象渡假飯店標準的風格帶到位於密西西比州富有歷史風味的拜洛西 (Biloxi)，打造出擁有 1,835 個飯店房間的 Beau Rivage 飯店，融合了地中海式美學與美國南方的款客之道。

2000 年 6 月，韋恩先生以 66 億美金的價格將 Mirage Resorts, Incorporated 賣給 MGM，並買下拉斯維加斯的傳奇性沙漠旅舍賭場飯店 (Desert Inn Resort and Casino)，該飯店在 2000 年 8 月關閉，韋恩先生就在該地點開始開發永利拉斯維加斯這座擁有 2,700 個房間的豪華景點度假飯店，該飯店又在賭城大道上引發另一波發展熱潮。

據產業分析家表示，韋恩會為每一項他所開發的資產集結出一個夢幻團隊，態度積極的員工讓客房與公共空間保持無懈可擊的狀態，他的度假飯店永遠非凡出衆，以極高住房率在這個高要求產業中擁有遙遙領先的市占率。他相信，他的計畫與拉斯維加斯都將繼續蓬勃發展。

以上資料由史蒂芬．韋恩提供

.inc 企業簡介

MGM 美高梅國際酒店

MGM 美高梅國際酒店 (MGM Resorts) 是全球領先和最受尊敬的酒店和賭博遊戲公司之一，他們目前在美國擁有 15 個獨資擁有的度假飯店，及持有 50% 投資的三個度假飯店。 此外，他們還擁有美高梅中國控股有限公司 (MGM China Holdings Limited)51% 的股份，美高梅中國控股有限公司擁有世界頂級博彩勝地之一的美高梅澳門。[20] 獨資擁有的美國美高梅度假飯店位於三個州，內華達州、密西西比州和密歇根州。他們在拉斯維加斯的物業是「拉斯維加斯大道」上規模龐大且賺錢的其中一員，其中包括貝拉焦 (Bellagio)、米高梅大拉斯維加斯 (MGM Grand Las Vegas)、曼德勒海灣 (Mandalay Bay)、幻影 (The Mirage)、盧克索 (Luxor)、紐約 - 紐約 (New York-New York)、神劍 (Excalibur)、蒙特卡洛 (Monte Carlo) 和馬戲團拉斯維加斯 (Circus Las Vegas)。

2009 年，通過與杜拜世界 (Dubai World) 的子公司 Infinity World Development Corp 的合資，美高梅國際酒店集團 (MGM Resorts International) 開始了其最大膽的開發，城市中心 (CityCenter) 占地 67 英畝，位於蒙特卡洛 (Monte Carlo) 和貝拉焦 (Bellagio) 度假村之間，是獨一無二的酒店物業，至今仍無人能及，ARIA 阿麗雅賭場酒店是城市中心的核心，阿麗雅賭場酒店有 60 多個樓層，提供 4,004 間客房。雖然阿麗雅賭場酒店已與其他物業一樣大，城市中心並不僅止於此，城市中心包括文華東方酒店和維德拉 (Vdara) 酒店及水療中心。[21] 此外，城市中心在維爾塔 (Veer Towers) ，維德拉和文華東方酒店之間提供了大約 2,400 座住宅。城市中心擁有 15 萬平方英尺的賭場，如果購物是你的重點，不用擔心！城市中心擁有一個 50 萬平方英尺的購物和娛樂區。為了管理所有設施，城市中心雇用了將近 1 萬 2,000 名員工，2009 年使其成為美國所有行業（不僅是酒店業）最大的單一招聘單位。[22]

12.4 博奕娛樂職位

學習成果 4：討論博奕業中的各種職位。

博奕娛樂業有無限職涯可能。明白本產業中跨學科需求的本科系學生可在以下領域找到 5 條初步職涯道路：飯店經營、餐飲經營、賭場經營、零售經營及娛樂經營。

一、飯店經營

博奕娛樂飯店經營的工作機會與全套服務飯店業相當類似，唯獨餐飲部分可能是不屬於飯店經營的獨立部門。房務及客戶服務部門提供餐旅管理科系學生最多工作機會。因爲博奕娛樂設施擁有的飯店規模遠大於非博奕飯店，部門主管下設更多直屬主任人員，亦需擔負更多職責。訂房、外場、房務、泊車服務，以及客戶服務都可能是下設許多員工的大型部門。

澳門新 City 影匯賭場度假村內的汽車駛入式餐廳

二、餐飲營運

博奕娛樂向來具有高品質餐飲服務的根基，並以各種風格與概念呈現，餐旅業界一些最佳餐飲服務即出現在博奕娛樂業，在餐廳管理及廚藝方面有許多職涯機會。正如前述飯店經營的情況，博奕娛樂設施通常規模龐大，並內設無數餐飲營業單位，包括許多餐廳、飯店客房服務、宴會與會議，以及零售營業單位。許多博奕娛樂設施設有美食級的高級招牌餐廳，比起非博奕設施，在博奕娛樂設施往往能找到更多外、內場餐飲經營的執行級管理職位。

三、賭場經營

賭場經營可分爲 4 項工作範圍，博奕營運工作人員包括吃角子老虎機技師（1 名技師約負責 40 臺機器）、桌上型賭局發牌員（每項桌上型賭局約需 4 名發牌員）及桌上型賭局主任。賭場服務工作人員包括安全、採購、保養及設備工程師人員。行銷工作人員包括公關、市場調查及廣告專業人員。人力資源工作人員包括員工關係、福利、人力配置及訓練專員。財務與行政工作人員包括律師、應付帳款、稽核、薪資，以及所得控管專員。[23]

雖然近年來與10年前同樣缺乏有組織的發牌員訓練程序，然而博奕業的爆炸性成長導致業界需要大量受過訓練的發牌員，他們能嫻熟進行各種桌上型賭局，包括二十一點(blackjack)、擲骰子(craps)、輪盤(roulette)、撲克(poker)及百家樂(baccarat)。如今，透過教科書與錄影帶的使用，並結合模擬賭場的實習訓練，未來的發牌員們在學院及私人學校所開設的課程中學習發牌技術及要點。

四、零售經營

博奕娛樂事業對非博奕營收來源的逐漸重視，以致於需要一名專家精通所有零售經營過程，從商店設計與格局，到產品選擇、銷售及營業額控管，與特許轉包商(concession subcontractor)協商也可能是整體零售活動的一部分。零售經營經常會配合所在設施之整體主題，並爲一項主要營收來源，然而，零售管理職在博奕娛樂業經常是一條被忽略的職涯發展道路。

五、娛樂經營

爲因應日漸激烈的競爭，博奕娛樂公司打造出更大規模、製作品質更佳的表演秀，以將旗下設施轉變爲景點設施。有些表演秀的製作費高達3,000萬至9,000萬美金之間，並需要專業娛樂工作人員進行製作與管理。博奕娛樂設施時常提供各種現場表演娛樂活動，並以幾項招牌表演吸引大批觀衆，舉例來說，美高梅國際酒店集團就有三座娛樂展演館，包括設有1萬5,000個座位的大圓形劇場，用以舉行專業拳擊賽及超級巨星如蒂娜．透納(Tina Turner)的表演，設有1,700個座位的較小型劇院，是名爲ＥＦＸ的精緻表演秀演出地，另有700個座位的劇院提供其他衆多明星演出。

強調娛樂面向的結果，使一些職涯發展機會出現，對舞臺與劇院製作、燈光與票房管理、藝人管理與預訂有興趣的人士可加以考慮。

自我檢測

1. 賭場營運的功能領域是什麼？
2. 賭場零售營運工作範圍包含了哪些？
3. 娛樂經營有哪些工作職位？

博奕娛樂業的發展趨勢

1. 博奕娛樂的獲利與成長較大程度仰賴飯店房間、餐飲、零售及娛樂方面之營收，較小程度仰賴賭場營收。
2. 隨著博奕娛樂設施所配備的飯店房間量迅速增多，博奕娛樂業與住宿業正進行結合。
3. 博奕娛樂與整體博奕業，將因其活動所產生的經濟及社會影響力，而持續受到政府與公共政策制定者的仔細檢查。
4. 隨著博奕娛樂業競爭日趨激烈，出衆的高品質服務將成為一項益發重要的競爭優勢。
5. 更多的互動式線上賭博遊戲，吸引了數百萬年輕賭客
6. 亞洲是一個快速發展的賭博遊戲市場。
7. 博奕娛樂業將繼續為餐旅業提供管理工作機會。
8. 創新技術正從實體現金和硬幣轉變為數位券和「智慧卡」的方向發展。「忠誠度賭客智慧卡」鼓勵回流賭客，以保持對賭場的忠誠度，並儲存貨幣金額於數值資料中，這有助於減少賭場保留必需現金量在手。[24]
9. 新一代的賭客——千禧世代和 X 世代，他們喜歡科技、社群媒體和娛樂
10. 數位臉部識別技術將被帶到一個新的高度，能夠識別更多有關賭場參與者的信息，這將提高安全性並確保公平競爭水平的提高。[25]

個案研究

與會議團體協商

你的會議業務部門接到一通來自一名旅遊總監的電話，該人負責一個大型會議團體，該團體將會在白天使用許多宴會廳開會，並帶來相當數量的會議服務營收。此外，他們亦要求高品質的餐飲，此舉將為餐飲部門預算帶來相當助益。然而，該團體非常在意客房價格，並願意就他們為期 3 晚的住宿協商出合適的入住日期。

問題討論

為會議團體決定房價時，博奕娛樂設施必須將哪些因素列入考量？

個案研究

VIP

一名賭場常客在最後一分鐘，決定旅行至你的設施度過週末，該名顧客將博奕活動視為休閒活動，並且是賭場的好主顧之一，通常當他抵達賭場時，會有一名賭場招待員上前迎接，並因他在二十一點賭桌上的下注等級，而受到貴賓級禮遇。這名顧客每年為飯店帶來約 5 萬美金的賭場淨投注額，身價非凡，然而，因為他最後一分鐘才做出決定，該名顧客無法通知賭場招待員他正在前往飯店途中，抵達飯店時，他面對的是一個非常繁忙的住房登記櫃檯。他必須排隊等待 20 分鐘，而當他試圖登記住房時，卻被告知飯店已經客滿，當該名顧客表示他是一位常客時，外場人員表現出不耐煩的舉動，在一陣挫折感中，這名原本可能成為顧客的人士離開飯店，並在內心決定，反正所有賭場的二十一點賭桌都差不多，也許另一家飯店會給予他應得的尊重。

問題討論

你可以採用何種系統或程序，以確保這類疏失不會在你的飯店中發生？

職場資訊

自從 1931 年在內華達州合法化以來，美國博奕業出現巨幅發展，賭博幾乎在每個州都曾經是非法的，如今可在全國境內都可以從事，並且以某種形式存在於 50 個州中的 48 個州，23 個州有商業型賭場博奕活動，28 個州核准美國原住民賭場式博奕活動。如今，世界上許多地區都可從事博奕活動，更進一步增加該產業之工作機會。

商業賭場業和娛樂設備製造業涵蓋 36 萬 3,000 多個工作，比 22 年前增長了 67%，這些工作支付了 132 億美元的工資，與 2000 年相比，增長了 24 億美元。博奕業的大幅擴張，產生各種新職缺。人們選擇在該產業工作的原因是它以「人」為優先，無論是員工或顧客皆然，該產業亦提供員工許多機會學習新技術，使員工獲得職涯上的成長與晉升。

身為博奕業員工可能獲得許多具體福利，大部分工作附有吸引人的套裝福利，並提供許多升遷機會，賭場往往自內部晉用人員，此舉使現任員工有較大機會在一段時間後轉任更好的職位。因為博奕業職種非常多樣，許多教育及經歷背景能適用於某家特定賭場的政策。

有各式各樣的工作特屬於博奕業（圖 12-1），其中包括：發牌員、吃角子老虎機服務員、行銷總監及賭場監視員。隨著新科技出現，創造更多職缺，每天都有越來越多的工作機會。舉例而言，如 MindPlay's Table Management System 系 統、IGT's EZpay 科技，以及進階客戶服務科技的引入，必定會在業界創造出新穎而刺激的科技工作機會。

續下頁

承上頁

雖然表面上看來，許多博奕工作有非常特定的資格條件，但不過分專注於單一部門這點相當重要，對業界所有領域都具備知識，將有助於升遷，舉例來說，現今的賭場仰賴娛樂及博奕活動雙方面吸引顧客，因此，任職於此類賭場的員工亦須具備娛樂業及賭場如何運作此類活動的知識。

從事博奕業工作的一個關鍵部分，就在於透澈了解與賭場每日營運相關的法律、規範及應遵守之議題，違反法律可能引起訴訟並使公司損失大筆金錢，若所有員工都具備適當背景知識，就可避免這種情況發生。

在賭場現場觀察日常活動，可讓你獲得寶貴工作經驗，但取得學士或碩士學位亦相當關鍵，即便許多必要教育可在工作時獲得。例如一名曾取得外界教育或參加過博奕認證計畫的應徵者，會有較大機會在競爭中突顯自我。

博奕業總經理平均起薪約為年薪 8 萬 2,800 美元。賭場作業員起薪約 3 萬 8,000 美金，行銷與業務員起薪為 5 萬 5,000 美金，這些職位通常包含完整健康福利、年終獎金及其他福利，視賭場而定。

數十億美金的博奕娛樂業正在全世界發展，該產業會持續在美國蓬勃成長，但超乎尋常的成長則將發生在國際間，由於博奕業的成長、全年無休及勞力密集特徵，工作機會將俯拾皆是。

博奕娛樂提供賭場賭博、娛樂、餐飲，以及住宿領域的工作，每項領域皆是博奕娛樂經驗的重要元素，然而必須謹記，賭場的主要營收來源仍為賭博！其他領域是被設計來吸引顧客，然後使他們停留在賭場。

管理職涯可能極為不同，視你將焦點置於何處而定。若你的興趣在於博奕管理，那麼選修財務、法律、人力資源、管理及博奕課程就很重要，你也必須於在學期間在博奕事業工作，才能透過人脈網絡為自己開啓機會之門。賭場仍採行內部調升制，因此你必須依公司內部層級一步步往上爬，也必須了解，因為賭場全年無休，工作班表也會有所不同，一連數天連續工作 12 個小時的情況並不少見，但用心投入與努力工作的報酬也可能相當值得。賭場是使人興奮愉快之處，有錢人與名人會來此遊玩並享受被娛樂的感覺。

圖 12-1　博奕產業的職涯發展途徑

本章摘要

1. 博奕娛樂是指賭場娛樂業務及其所有面向，包括酒店運營、娛樂提供、零售購物、休閒活動和其他類型的營運。博奕娛樂業是一個全球性產業。
2. 在美國，合法賭博有 5 種類型，包括慈善博奕、商業賭場、彩票、美國原住民博奕和賽馬。在 48 個州中某些形式的賭博是合法的，其中商業賭場占有美國博奕娛樂產業最大部分，約為賭博市場營收的百分之 36；美國原住民賭場和國家彩票以 26% 的比例並列第二。受歡迎的博奕娛樂標的會環繞一個中心主題而設計，並包含飯店及賭場在內。
3. 在中國，最早關於賭博活動的正式紀錄可追溯至西元前 2,300 年！古羅馬人亦熱衷於賭博，最終被禁止。十七世紀期間，賭場式博奕俱樂部存在於中歐。
   內華達州在 1931 年將賭博合法化，隨著時間的流逝，拉斯維加斯已轉變為度假熱點。
   1976 年，賭博在大西洋城合法化，用以振興經濟。愛荷華州在 13 年後使河船賭場合法化，這趨勢開始發展，使得賭場業遍布美國和加拿大，競爭產生了對非賭博娛樂的額外需求。
   1988 年，國會通過了《印地安博奕活動管理法案》(Indian Gaming Regulatory Act of 1988, IGRA)，該法案框架讓博奕活動得以實施，用以保護部落和普通大眾。
4. 世界上最大的 20 家酒店是拉斯維加斯大道上的賭場度假村，對這個行業有抱負的人來說，能對賭場中發生的事情有深刻的了解，是至關重要的。賭場內的每場賭博遊戲都有一定程度的莊家優勢 (house edge) 偏誤，隨著時間的推移，確保賭場收入大於支出，撲克是一個例外，莊家只收取每一賭場佣金 (the rake) 的一小比例。每一場賭博遊戲的所有賭注總額稱為 handle，win 是指顧客的總下注額減去支付獲勝的錢，從本質上講，就是賭場所保留的錢。賭場獲勝保留率 (hold percentage) 是勝出純利 (win) 對下注的總金額 (handle) 的百分比。
5. 免費招待 (comps) 是使賭場和其他餐飲飯店與眾不同的地方，免費招待是向賭客提供免費商品和服務，以吸引生意的到來。高資額的賭客獲得更高價值的免費招待，客戶忠誠度計畫 (loyalty programs) 會幫助追蹤顧客的消費額。
6. 賭場的營運規模迥異，在營運光譜的最極端是遊戲酒館，它們是酒吧和餐廳，提供少於 16 個電子賭博遊戲設備；在另一極端是擁有 10 萬平方英尺並全方位發展的賭場度假村。2015 年，商業賭場陸上賭博的總收入為 3,170 億美元，目前美國大約有 462 個商業賭場，主要參與者是凱撒娛樂公司 (Caesars Entertainment Corporation)、美高梅國際酒店 (MGM Resorts)、永利度假村 (Wynn Resorts) 和博伊德賭博遊戲公司 (Boyd Gaming)。
7. 博奕娛樂業的職業生涯中，初步職涯道路有下列五個：飯店經營、餐飲經營、賭場經營、零售經營及娛樂經營。

8. 由於博奕娛樂設立的規模，博奕飯店營運及餐飲營運比非博奕業的飯店需要更多的部門主管職。
9. 賭場經營可分爲 5 項功能範疇：賭場服務人員、行銷工作人員、人力資源工作人員，以及財務和行政工作人員。
10. 博奕娛樂事業的零售經營，涵蓋商店設計與布局、產品選擇、銷售及銷售控管，以及與特許轉包商 (concession subcontractor) 議價。

    博奕的娛樂營運涵蓋舞臺與劇院製作、燈光與票房管理、藝人管理及預訂。

重要字彙與觀念

1. 百家樂 (baccarat)
2. 二十一點 (blackjack)
3. 賭場 (casino)
4. 賭場渡假飯店 / 渡假村 (casino resort)
5. 免費招待 (comps)
6. 擲骰子 (craps)
7. 賭博 (gambling)
8. 博奕娛樂 (gaming entertainment)
9. 下注的總金額 (handle)
10. 賭場獲勝保留率 (hold percentage)
11. 莊家優勢 (house edge)
12. 印地安博奕活動管理法案 (Indian Gaming Regulatory Act, IGRA)
13. 客戶忠誠度計畫 (loyalty programs)
14. 商業賭博 (mercantile / commercial gambling)
15. 全國印地安博奕活動委員會 (National Indian Gaming Commission, NIGC)
16. 撲克 (poker)
17. 輪盤 (roulette)
18. 社交賭博 (social gambling)
19. 波動性 (volatility)
20. 勝出純利 (win)

問題回顧

1. 列出在美國的五種合法賭博類型。
2. 簡要描述美國博奕活動合法化的歷史。
3. 博奕娛樂業的飯店經營與非博奕環境下的飯店經營差別何在？
4. 博奕娛樂業的五個職業軌跡是什麼？

網路作業

1. 機構組織：Wynn Las Vegas

   網址：www.wynnlasvegas.com

   概要：位於拉斯維加斯賭城大道上的 Wynn Las Vegas 提供眾多享受。從博奕活動與音樂會，到最大型會議的舉辦，Wynn Las Vegas 一定不會讓你閒著。

   (1) 吸引顧客前往 Wynn Las Vegas 的特色博奕活動有哪些？

   (2) 不同特惠套裝行程各有何優點？
2. 挑選一家位於拉斯維加斯的賭場，並上網搜尋它。它與美國其他賭場與眾不同的特色何在？它與其他賭場類似之處為何？

運用你的學習成果

1. 列舉出拉斯維加斯最主要的博奕娛樂飯店。
2. 舉例說明非博奕營收。

建議活動

調查研究博奕娛樂業的職涯發展。是否有比你原先所知的還多的工作機會存在？最讓你感興趣的業界工作為何？

參考文獻

1. 參考 Statista, "Casino and Gambling Industry - Statistics & Facts,"，【賭場與賭博業 - 統計與事實】，https://www.statista.com/topics/1053/casinos/。
2. 參考 Las Vegas Convention and Visitors Authority, "2016 Las Vegas Year-to-Date Executive Summary,"【拉斯維加斯會議和遊客管理局，2016 拉斯維加斯年初至今的管理者摘要】，www.lvcva.com。
3. 參考 NJ.org, "Atlantic City"， 大西洋城，https://atlanticcitynj.com/。

4. 參考 Las Vegas Convention and Visitors Authority, "Las Vegas Visitor Profile Study 2012"，【拉斯維加斯會議和遊客管理局，2012 年拉斯維加斯遊客概況研究】，https://www.lvcva.com/。
5. 參考 Gypsy King Software，https://download.cnet.com/developer/gypsy-king-software/i-60973。
6. 參考 14G.com, "All About the History of Gaming"，14G.com，"有關所有賭博遊戲歷史"，http://14g.com/。
7. 參考維基百科，"Bugsy Siegel"，https://en.wikipedia.org/wiki/Bugsy_Siegel。
8. 參考維基百科，【新澤西州大西洋城】，https://en.wikipedia.org/wiki/Atlantic_City,_New_Jersey。
9. 同上。
10. 參考 Julia Glick, "Cabazon Indian Leader Who Pursued Gaming Rights Dies," The Press-Enterprise and Gaming Tribe Report National Indian Gaming Commission, 朱莉婭格里克 (Julia Glick)，【力求賭博遊戲法案消失的卡巴松印度領袖】，2007 年 1 月 4 日，《報業及遊戲部落報告》，國家印度賭博遊戲委員會，2011 年 7 月 6 日。
11. 參考 National Indian Gaming Commission, "Indian Gaming Regulatory Act,"「全國印地安博奕活動委員會」，"印地安博奕活動管理法案，https://www.nigc.gov/。
12. 同上。
13. 引用。
14. 參考 The Mashantuckett (Western) Pequot Tribal Nation, "About the Mashantuckett (Western) Pequot Tribal Nation, https://www.mptn-nsn.gov/default.aspx 馬尙圖基特（西部）佩特克族種族。
15. 參考 Insider Viewpoint of Las Vegas, 20 Largest Hotels in the World，拉斯維加斯的內部觀點，全球 20 大酒店，https://www.insidervlv.com/hotelslargestworld.html。
16. 參考 Statista, "Casino and Gambling Industry - Statistics & Facts,"，【賭場與賭博業 - 統計與事實】，https://www.statista.com/topics/1053/casinos/。
17. 參考 Caesars Entertainment，"About Us,"【凱撒娛樂公司，關於我們】，https://www.caesars.com/about-us。
18. 參考 "MGM Resorts International 2015 Annual Report，美高梅國際酒店集團2015年年度報告，http://www.annualreports.com/Company/mgm-resorts-international。
19. 參考 Boyd Gaming ，www.boydgaming.com。
20. 參考 "MGM Resorts International 2012 Annual Report，美高梅國際酒店集 2012 年年度報告，http://www.annualreports.com/Company/mgm-resorts-international。
21. 參考 Aria，https://aria.mgmresorts.com/en.html。

22. 引文。

23. 參考 Caesars Entertainment，“About Us,”【凱撒娛樂公司，關於我們】，https://www.caesars.com/about-us。

24. 參考 Chris Mohney，“The Casino of the Future,” 克里斯莫尼 (Chris Mohney)，【未來的賭場】。

25. 同上。

26. 參考 American Gaming Association，“2016 State of the States”，【美國博彩協會，2016 年美國州】，www.americangaming.org。

13 會議、大型會議與博覽會

學習成果

閱讀及研讀本章後，你應該能夠：

1. 描述會議、大型會議與博覽會以及它們各個重要成員。
2. 概述不同類型的會議、大型會議與博覽會。
3. 描述會議規劃的過程。
4. 比較各種會議、大型會議與博覽會的舉行地點。

13.1 會議、大型會議與博覽會的發展

學習成果1：描述會議、大型會議與博覽會及它們各自的重要成員。

一、發展歷程

自古以來，人們就因社交、運動、政治或宗教等目的聚集參加會議 (meetings)、大型會議 (conventions) 與博覽會 (expositions)。隨著城市變成區域中心，此類活動的規模與舉行頻率亦開始增加，有各種團體與協會設立定期舉辦的博覽會。

協會 (associations) 的出現可追溯至好幾世紀以前——歐洲的行會 (guilds) 在中世紀時創設，目的是保障合理工資及維持工作標準。在美國，十八世紀初時，羅德島的蠟燭工人開始自行組織，成立了最初的協會。

二、本產業之大小與規模

在美國，有3萬名會員的美國協會主管學會 (American Society of Association Executives, ASAE) 指出，現今有約7,400個國家級的協會營運中，還有超過十萬個區域、州，以及地方級的協會在運作。[1] 協會產業是一個規模龐大的事業，眾多協會花費數十億美金舉辦數千場會議與大型會議，吸引數百萬與會者前往。

餐旅業及觀光業本身就由許多協會組成，包括：

1. 美國飯店協會 (American Hotel and Lodging Association, AH&LA)
2. 國家餐廳協會 (National Restaurant Association)
3. 美國廚藝聯盟 (American Culinary Federation)
4. 觀光會議局國際協會 (The International Association of Convention and Visitors Bureaus)
5. 國際飯店業務行銷協會 (Hotel Sales and Marketing Association International)
6. 會議規劃公司協會 (Meeting Planners Association)
7. 美國俱樂部經理協會 (Club Managers Association of America)
8. 專業會議管理協會 (Professional Convention Management Association)

> 會議、大型會議與博覽會，為專業領域的參與者和特定領域的專業人士，提供與同行討論重要問題和新發展的機會。
>
> Laurel Ebert, The Boylston Convention Center, Boylston, MA

協會是一些產業（如餐旅業）的主要獨立政治力量，提供以下福利。

1. 政府／政治意見
2. 行銷場所
3. 教育
4. 會員服務
5. 網絡建立

數千個協會在整個北美洲及世界各地的各種地點舉行年度大型會議；有些協會輪替開會地點，其他協會則在固定地點舉行會議，如國家餐廳協會 (NRA) 在芝加哥舉行的博覽會，或美國飯店協會 (AH & LA) 在紐約舉行的大型會議與博覽會皆屬於此類。

三、業界重要成員

舉行面對面會議 (face-to-face meetings) 及參加大型會議 (conventions) 的需求已成長爲一項數十億美金的產業，許多大都市及一些較小型都市都設有大型會議中心，而飯店和餐廳就位於附近。

> 會議讓經理有機會給予員工正面回饋、處理員工關切的事務，以及強調計畫與目標。
>
> Lianne Wilhoitte, Wilhoitte & Associates, Baltimore, MA

大型會議業的主要成員爲觀光會議局 (convention and visitors bureaus, CVBs)、會議規劃公司及其客戶 (meeting planners and their clients)、大型會議中心 (convention centers)、特殊服務 (specialized services) 及展覽 (exhibitions)。圖 13-1 以圓餅圖顯示會議 (meetings)、大型會議 (conventions) 與博覽會 (expositions) 的各種人士與組織的數量。

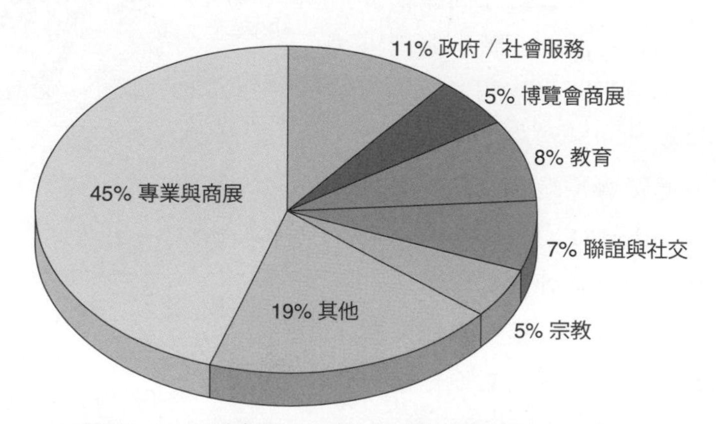

圖 13-1 大型會議中心各市場區塊使用率

觀光會議局 (convention and visitors bureaus, CVBs) 是會議、大型會議與博覽會市場的主要參與者。觀光會議局國際協會 (The International Association of Convention and Visitors Bureaus, ICAVB) 將觀光會議局描述爲一個非營利的庇護組織，代表一個試圖招攬事業或遊客前來的都市地區。觀光會議局由許多代表不同業界領域的觀光業組織所組成，包括：

1. 交通運輸
2. 飯店與汽車旅館
3. 餐廳
4. 景點設施
5. 供應商

觀光會議局透過扮演該都市業務團隊的角色來代表這些地方事業，它有五項重要職責。

1. 提升該地方或都市地區的觀光業形象。
2. 行銷該地區，並鼓勵遊客前來造訪及停留較長時間。
3. 鎖定並鼓勵特定協會及相關單位在該都市舉辦會議、大型會議與博覽會。
4. 協助協會及相關單位進行大型會議準備，並在會議進行期間提供支援。
5. 鼓勵觀光客利用該都市或地區提供的歷史、文化及休閒活動機會。

這五項職責的成果在於使所在城市的觀光業增加收入。觀光會議局在商展競相爭取生意，有興趣的觀光業界團體會聚集在該場合進行交易。舉例而言，一名正在促銷旅遊行程的躉售業者會須要與飯店、餐廳及景點設施建立連結，以組成套裝行程。同樣地，會議規劃公司亦能透過造訪商展，將數個地點與飯店納入考慮範圍內。觀光會議局可由各種來源獲得潛在客戶（具前景之客戶），其中來源之一是在華盛頓特區（因此可以向政府遊說）及芝加哥設有全國或國際辦公室的協會。

許多觀光會議局在這些城市設有辦公室、代表或業務團隊，以便於對在商展中獲得的潛在客戶進行追蹤拜訪。有時，他們也會對潛在的可能客戶進行陌生電訪，如主要的協會、企業及獎勵公司。業務經理會邀請會議、大型會議或博覽會主辦者進行一場熟習之旅「familiarization (FAM) trip」，進行現場勘查。觀光會議局會評估客戶需要，並依此安排交通運輸、飯店住宿、餐廳及觀光景點，接下來就讓個別設施及其他組織自行向客戶提出企劃案（圖 13-2）。

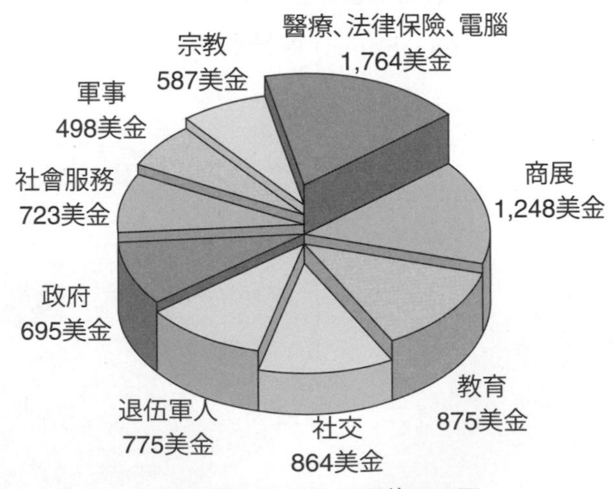

圖 13-2 依會議類別區分之每次停留平均支出

（一）目的地管理公司 (DMC)

目的地管理公司 (Destination Management Companies, DMC) 是觀光業中，提供大量旅遊計畫與服務以符合顧客需求的服務性組織。起初，目的地管理公司的業務經理是將旅遊目的地賣給會議規劃公司與工作表現改善公司（或稱獎勵公司）。

此類團體的需求可能簡單到只有機場接機，或複雜到附有主題宴會的國際業務會議。目的地管理公司與飯店密切合作；有時是目的地管理公司向飯店訂房，有時則是飯店要求目的地管理公司提供籌辦主題宴會方面的專業知識。派帝羅斯科公司 (Patti Roscoe and Associates, PRA) 的主席派翠西亞．羅斯科 (Patricia Roscoe) 指出，會議規劃公司通常有許多目的地可選擇，並且也許會問：「為何我該選擇你提供的會議地點？」答案是：DMC 的服務包羅萬象，包括接機、飯店接駁、快速登記住房、主題宴會、節目贊助、安排運動比賽等等，完全視預算而定。目的地管理公司的業務經理可由以下來源獲得潛在客戶：

1. 飯店
2. 商展
3. 觀光會議局
4. 陌生電訪
5. 獎勵公司
6. 會議規劃公司

每位業務經理皆有包含以下職務的團隊：

1. 專精音響、燈光、舞臺搭設等的特殊活動經理。
2. 扮演業務經理助理角色的客戶經理。
3. 主題活動創意總監。
4. 視聽專員。
5. 負責協調所有事務，尤其是現場的安排，以確保任務確實執行的線控經理。

舉例而言，派帝．羅斯科的目的地管理公司為進行為期 3 天會議的 2,000 位福特汽車經銷商，分別安排好 9 組個別的會議、住宿、餐飲與主題宴會。

該公司也與獎勵公司密切合作，如卡爾森行銷公司 (Carlson Marketing) 或 Maritz Travel。這些獎勵公司 (incentive houses) 與一家公司接洽並提供員工獎勵計畫的企畫案，涵蓋了任何足以激勵員工的事項。一旦經過核可，卡爾森便會聯繫目的地管理公司並要求提供旅遊計畫。

整體而言，在美國各地有數千個公司與協會負責舉辦各種會議與大型會議。這些組織中有許多使用會議規劃公司的服務，這些公司會爲各種會議尋找適合的地點。由於世界幾個熱門城市能吸引數量龐大的與會者，會議與大型會議也因此變得更爲國際化。

（二）會議規劃公司

會議規劃公司 (meeting planners) 可能是因應漸增需要而將本身服務外包給協會與企業的獨立承包商，也可能是企業或協會內的正式編制單位。無論是何種情況，會議規劃公司的工作都相當有趣。根據國際大型會議管理協會 (International Convention Management Association, ICMA) 指出，美國約有 212,000 家編制內與外包營運的會議規劃公司。

專業會議規劃公司不只負責飯店與會議預訂，亦負責直到最後一分鐘的會議規劃，永遠記得不斷檢查以確保合約中載明之服務皆已履行。近年來，視聽與即時翻譯設備的技術面增加了會議規劃的複雜度。會議規劃公司的角色因會議而異，但可能包括以下之部分或所有活動。

會議前之活動

1. 估算與會人數
2. 規劃議程
3. 確立會議目的
4. 制定會議預算
5. 選擇開會城市、飯店與會議地點
6. 協商合約
7. 規劃展覽
8. 準備參展者聯繫事項
9. 設計行銷計畫
10. 規劃接送事宜
11. 安排路上交通
12. 組織運送事宜
13. 組織視聽需求

會議現場之活動

1. 安排活動前簡報
2. 準備貴賓招待計畫
3. 使人員順利移動
4. 核准支出

會議後之活動

1. 匯報
2. 評估
3. 給予認可及讚許
4. 規劃下年度會議

如以上所示，會議規劃公司爲客戶處理的活動清單相當長。

無論是獨立承包商或是編制內會議規劃全職員工，美國約有超過 20 萬名會議規劃者，負責所有會議細節規劃。

（三）服務承包商

服務承包商 (service contractors)、博覽會服務承包商 (exposition service contractors)、總承包商 (general contractors) 及布置者 (decorators) 等詞彙，都曾在某一時期被用來指稱負責提供舉辦商展所需一切設施服務的業者。正如會議規劃公司能同時進行多項任務，並達成會議規劃過程中的一切要求，總博覽會承包商必須具備多重才能與充分準備，以實現所有的展覽要求與創意發想。

服務承包商由博覽會經理或協會會議規劃公司所僱用。在有些情況下，服務承包商是設施管理團隊的一部分，因此爲了使用這些設施，贊助者必須採用設施本身的服務承包商。在其他情況下，設施本身可能與一名外部承包商簽訂獨占式契約 (exclusive contract)，並可能要求所有博覽會活動皆與該名承包商接洽。今日，有些網路服務公司能讓會議規劃公司透過網路接受預訂、準備清單，並提供各種服務。

（四）會議、獎勵旅遊、大型會議與展覽 (MICE)

會議、獎勵旅遊、大型會議與展覽 (meetings, incentive travel, conventions, and exhibitions, MICE) 代表著觀光業中一個近年來有所成長的區塊。觀光業的 MICE 區塊獲利相當豐厚，產業統計數字指出，MICE 觀光客的平均消費額，約爲其他觀光客的兩倍。

（五）協會的類型

協會是一種有組織的單位，以數種不同志願者領導結構 (volunteer leadership structure) 來進行共同的活動與目標，它們通常是爲了促進及加強該項共同關切的活動或目標而被組織起來。以下爲參與會議、大型會議及博覽會的協會類型：

1. 商會組織 (trade associations)：商會組織是產業商業團體，通常是由在某一特定產業營運的企業所建立並資助之公共關係組織，它的目標通常在於透過公關活動如廣告、教育、政治捐款、政治施壓、出版等方式促銷該產業[2]。

美國大約有 7,400 個全國性協會在運作，而在地區、州和地方層級，則有 10 萬多個協會。

2. 職業協會 (professional associations)：職業協會是一個職業單位或組織，通常爲非營利性質，其存在目的是促進某一特定專業之發展，保障公眾與專業人員雙方的利益[3]。
3. 醫療與科學協會 (medical and scientific associations)：這些協會是醫療與科學專業人員的職業組織，它們通常以各自之特定專長爲基礎，爲全國性質，並時常有附屬於國家級之下或區域型之隸屬單位。這些協會通常會舉辦大型會議及推廣教育，時常扮演類似工會的角色，並在這些議題上採取與公共政策同調的立場。
4. 宗教組織 (religious organizations)：宗教組織包括屬於教堂、清眞寺、猶太會堂及其他精神性或宗教性會衆的個人團體。宗教以許多種形式展現在各種文化中及個人身上，而這些團體聚集於聚會場所可能是爲了進一步發展自身信仰、更意識到其他具有共同信仰的人、組織與規劃活動、認可領導者、募款等等。
5. 政府組織 (government organizations)：美國有數千個政府組織，形成無數公衆單位體與特種機構，這些組織類型可從聯邦級、州級到地方級組織。地方政府有五種基本類型，其中三種屬於多功能政府 (general-purpose government)，其餘兩種包括特殊功能地方政府 (special-purpose local governments)，分爲學區政府 (school district governments) 與特區政府 (special district governments)。

自我檢測

1. 根據美國協會主管學會 (ASAE) 指出，美國有多少國家級協會正在運作？
2. 觀光會議局的五項主要職責為何？
3. 什麼是目的地管理公司？

.inc 企業簡介

夏威夷大型會議中心 (Hawai'i Convention Center)

位於夏威夷歐胡島上的夏威夷大型會議中心 (Hawai'i Convention Center, HCC) 不斷被會議規劃公司及大型會議與會者認可為世上最理想的會議和會議目的地，並以一個「商務與 aloha 結合之處」而享有盛名。

夏威夷式的餐旅價值觀廣受認可，是世界上最具精緻與誠意之款客精神，而 HCC 讓旗下每一名員工在夏威夷餐旅學會 (Hawaii Institute of Hospitality) 接受訓練，它是一項夏威夷本土餐旅協會 (Native Hawaiian Hospitality Association, NaHHA) 的計畫。這個由夏威夷餐旅學會主辦的研討會只是該中心內員工所接受的一連串 Na Mea Ho'okipa（意指夏威夷式款客之道）訓練中的一環。ho'okipa 不只教授款客之道，亦推廣一種基於夏威夷式價值觀及加強的「空間感 (sense of place)」所形成的個人行為舉止系統。Ho'okipa 總監彼得．阿波 (Peter Apo) 指出：「Ho'okipa 的重點在於了解我們自身，以及我們能如何融入這個空間，而夏威夷大型會議中心一直具有一項基本思維，思考它作為一種可行的經濟動力源及一種待客之道，能如何成功融入夏威夷的文化環境中。」

Ho'okipa 訓練亦包括使工作人員以「地方 (place)」概念為本的新做法，此概念是遊客體驗中最關鍵的要素。一趟穿過歷史之地瓦奇奇 (Waikiki) 的徒步之旅再次告訴我們，它並非只有高樓與飯店，而是夏威夷最神聖、最具文化重要性的地方之一。「夏威夷優勢 (Hawai'i Advantage)」是一項策略，為了將本大型會議中心與夏威夷共同塑造為世界上最受嚮往之大型會議與會議目的地，這項優勢經由各種面向傳達，每一個面向對會議規劃公司而言都是有幫助的考量。此優勢的前提是，夏威夷作為一個目的地，以其他目的地無法達到的方式──展現了包括（但不只限於）地理位置、生產力、具競爭力之運輸、設施價值、目的地吸引力、產業支援及顧客服務等面向。此外，當然沒有其他目的地能做到的「以 aloha 精神做生意 (business with aloha)」。

夏威夷大型會議中心 SMG 總經理喬．戴維斯 (Joe Davis) 曾指出：「夏威夷優勢是一項有力的概念，在數個層次都可發揮；它使夏威夷大型會議中心與其他地點有所區隔，並且是一項根植於過去大型會議與會者證言所採取的行動措施。」戴維斯表示：「本中心與夏威夷一同提供大型會議與會者無可比擬的體驗。一旦他們來過一次，我們就知道他們會再預定下一次。」

夏威夷大型會議中心的特色包括：

1. 占地 100 萬平方英呎的會議設施，包括一個展覽廳、多個劇院及多個高級會議室。
2. 會議電視臺 (Convention Television, CTV) 是一項獨家服務，能夠在位於瓦奇奇的 28,000 個飯店房間內播放會議訊息，亦能在中心內的銀幕上播放。CTV 對組織來說是一項相當方便的工具，可藉此向與會者發送訊息、介紹贊助者、VIP 人士及商展參展者。
3. 根據「夏威夷式空間感」而設計的這座中心，以挑高的玻璃牆面入口、一座 70 呎高的瀑布及茂盛的棕櫚樹，捕捉住夏威夷自然環境的基本特質。
4. 該設施內幾個特殊地點亦收藏價值 200 萬美金的夏威夷藝術品；此外，在設施樓頂還有一個室外宴會空間，設有由本地植物所構成的熱帶花園。
5. 中心內的最新科技設備包括光纖網路、多國語言翻譯中心、衛星與微波播送功能及視訊會議。
6. 中心由 SMG 公司負責行銷與管理，該公司為北美洲 98% 由私人公司經營的公共展覽空間處理營運事宜。

夏威夷大型會議中心近期獲得的肯定包括：

1. 由 Facilities & Destinations 雜誌所頒發的頂級地點獎 (Prime Site Award)
2. Meeting News 雜誌之會議規劃公司票選獎部門的餐旅業優等獎 (Recognition for Excellence in the Hospitality Industry)。
3. 在由傑若莫非有限公司 (Gerard Murphy & Associates) 所進行的 METROPOLL X 研究調查中，被列為北美最具吸引力的會議中心。
4. 被 Tradeshow Week Magazine 雜誌選為最佳自然應用設計 (Best Use of Nature in Design)。

夏威夷大型會議中心的官方網站 (http://www.hawaiiconvention.com/) 提供以下資訊：

1. 來自會議規劃公司的背書
2. 樓面圖及設施服務
3. 新聞與媒體配套措施
4. 最近 12 個月的活動行事曆

13.2 會議、大型會議與博覽會的類型

學習成果 2：**摘要不同類型的會議、大型會議與博覽會。**

一、會議

會議包括會議 / 研討會 (conferences)、工作坊 (workshop)、研討會 (seminar)，或設計來使人們以交換訊息爲目的而聚集在一起的活動，會議可爲以下形式的任何一種。

1. 講習會 (Clinic)：一種工作坊類型之教育體驗，與會者透過實際操作來學習，通常以小組方式進行個人互動。

2. 論壇 (Forum)：一種爲討論共同關切議題而舉行之會議，通常某些領域中的專家會就一項議題組成觀點相左的專家小組進行討論，並給與會者自由發問的機會參與討論。
3. 研討會 (Seminar)：一種能讓與會者分享特定領域經驗的演講及對話，由一名討論帶領專家引導，與會者通常爲 30 名或更少。
4. 座談會 (Symposium)：一種由專家針對某一主題進行討論以蒐集意見的活動。
5. 工作坊 (Workshop)：一種由一名講師或訓練師帶領的小組，它通常包括可加強某一特定主題相關技術或知識的練習活動。

舉行一場會議的原因可從展示一項新業務企劃到一場全面品質管理的工作坊，其目的在於影響行爲表現。參加一場會議後，某個人就應該了解或能夠進行某些事務。有些成果非常明確，有些則較不明確。例如，若因需要腦力激盪出新創意而召開一場會議，其成果相對於其他類型會議就可能較不明顯。參加一場會議的人數可能不同。成功的會議需要十分仔細地規劃及組織。在一座大型會議城市中，會議代表每天約花掉 423 美金，幾乎等於渡假遊客的兩倍。

會議場所會依照客戶期望進行布置，三種主要會議布置類型爲劇場式、教室式及會議室式。

1. 劇場式布置一般爲因應不需作許多筆記或查看資料的大批觀衆而設；此型布置通常由一座高起的平臺及講臺所構成，一名報告者會自該位置對觀衆發言。
2. 教室式布置的使用時機是當會議形式較具指導性，與會者須寫下詳細筆記或查看參考資料時。工作坊形式的會議通常使用此種布置。
3. 會議室式布置是爲與會者數目少的情況而設，會議通常圍繞著方型桌子進行。

二、協會會議

每年有數千場協會會議舉行。數百萬美金被花費在贊助許多類型的會議上，包括區域性、特殊議題性、教育性及理事會會議。協會會議規劃者選擇地點時，首要考量因素包括該地點是否接近飯店及各項設施、交通便利性、距與會者所在地之距離、交通費用及餐飲。參加協會會議的會員有相當高的自主性，因此飯店應與會議規劃公司共同合作，使該目的地儘可能吸引人前往。

三、大型會議與博覽會

大型會議包含某種形式之博覽會或商展。許多協會每年都舉辦一場或更多場大型會議，爲協會籌得相當大部分的預算。典型的大型會議大致依照以下的流程進行。

1. 歡迎／報到登記
2. 介紹理事長
3. 理事長致詞，會議開始
4. 演講嘉賓的第一場主題演講
5. 博覽會攤位開幕 (設備製造商與交易供應商)
6. 幾場針對特定主題辦理的工作坊或發表會
7. 午餐會
8. 更多工作坊及發表會。
9. 特定主題示範 (例如餐旅大型會議中的廚藝示範)
10. 供應商的私人接待宴會
11. 晚餐
12. 會議中心關閉。

圖 13-3 爲一場商展之大型會議活動檔案。大型會議並非總是在會議中心舉行；事實上，它們大多數在大型飯店中舉行，爲期 3 至 5 天。大型飯店總部往往是大多數活動舉辦之處，宴會空間被分隔爲報到區、會議區、博覽會區、用餐區及其他等。

聖地牙哥 (San Diego)
大型會議中心 (Convention Center Corporation)
活動檔案
活動統計數字

活動名稱：San Diego Apartment Association商展　　ID：9506059
業務員：Joy Peacock　　初次接觸時間：2010 年8月3日
活動經理：Trish A. Stile　　進駐日期：2016 年6月22日
聯絡人：　　進駐日：週三
餐飲人員：　　進駐時間：6:01 am
活動技術員：　　首場活動日期：2016 年6月23日
活動服務員：　　首場活動日：週四
活動性質：LT本地商展　　活動開始時間：6:01 am
活動媒介：60聖地牙哥大型會議中心　　活動結束時間：11:59pm
事業類型1：41協會　　活動日數：1
事業類型2：91本地　　撤出日期：2016 年6月23日
預訂狀態：確定　　撤出日：週四
費率清單：III公開展覽、集會及地點　　撤出時間：11:59pm
是否對公眾開放：否　　活動確認日期：2010 年8月3日
時段數：1　　與會人數：3000
活動經銷：F設施 (SDCCC)　　住房夜合計：15
名稱縮寫：/6/Appartment Assn　　媒體消息發送：是
預估案帳額：租金—6,060.00　設備—0.00　餐飲—0.00
最新修改日期：2010年8月20日，於：備註補充。　製表：Joy Peacock
此活動曾於該設施舉辦過

客戶資訊

公司：San Diego Appartment Assn，非營利組織
聯絡人：Leslie Cloud小姐，業務行銷統籌人。　　ID：　　SI
地址：1011 Camino Del Rio South, Suite 200, San Diego, CA 92108
電話：(619)297-1000　傳眞：(619)294-4510
其他聯絡電話：(619)294-4510
公司：San Diego Appartment Assn，非營利組織
第二聯絡人：Panela A. Trimble小姐，財務暨營運總監
地址：1011 Camino Del Rio South, Suite200, San Diego, 92108
電話：(619)297-1000　傳眞：(619)297-4510

活動地點

房間	進駐	使用日期	時段	撤出日期	預定狀況	座位	費率	預估租金	參加人
A	2016 年6月22日 上午6:01	2016 年6月23日	1	2016 年6月23日 晚上11:59	D	E	III	6,060.00	5
AS	2016 年6月22日 上午6:01	2016 年6月23日	1	2016 年6月23日 晚上11:59	D	E	III	0.00	
R01	2016 年6月22日 上午6:01	2016 年6月23日	1	2016 年6月23日 晚上11:59	D	T	III	0.00	
R02	2016 年6月22日 上午6:01	2016 年6月23日	1	2016 年6月23日 晚上11:59	D	T	III	0.00	
R03	2016 年6月22日 上午6:01	2016 年6月23日	1	2016 年6月23日 晚上11:59	D	T	III	0.00	
R04	2016 年6月22日 上午6:01	2016 年6月23日	1	2016 年6月23日 晚上11:59	D	T	III	0.00	
R05	2016 年6月22日 上午6:01	2016 年6月23日	1	2016 年6月23日 晚上11:59	D	T	III	0.00	

餐飲服務

圖 13-3 一個商展之大型會議活動檔案

大型會議中心 (Convention Center Corporation)

活動檔案

活動設備／服務

房間	進駐	使用中	撤出	設備數量
本活動並未預訂設備				

追蹤／檢查事項

追蹤	日期	事項	完成日期	負責人員
	2016年9月26日	確認合約日期		Vincent R. Magar
	2016年8月22日	與業務人員確認	2016年8月23日	Sonia Michel
	2016年8月22日	與證照人員確認	2016年8月23日	Sonia Michel
	2016年8月22日	確認日期第一次印出	2016年8月22日	Sonia Michel

活動備註

2017年8月3日-JMP-該團體非常堅持。CAD正與Group Health協調，希望能釋出A廳，此方式爲第一優先。四月保留一個備用日期，直到該廳確認釋出。其他所有房間都已確認可用。

200 攤位部 - 曾使用過 Carden。

這是一場爲公寓業舉辦的展覽——出租場所的相關配備產品及服務。使用1至5個房間舉行研討會。Trish 於 2000至2001年擔任該活動統籌人員。

2017年8月18日- JMP-CAD已從Group Health取得第一優先選擇的A廳，可於22日進駐。由Sonia進行確認與定合約。給Sonia的備忘錄：合約應有第二聯絡人Pam Trimble的簽名並寄送給她一份。會議後勤作業的役只有Leslie。給房務人員的備忘錄：我們曾爲2003年的展覽進行過清潔作業。

許可證申請

活動備註

申請日期：2017年8月20日，週六，下午2:56

許可證號：950659

業務員：JMP

活動性質：本地商展

已許可之完全法定名稱：取得

是否保險：是

保證金繳交方式：先付半額，再付另半額

特別安排或指示：合約應有第二聯絡人Pam Trimble之簽名，並寄送給她一份。

Leslie只負責會議後勤作業。

淨收入與餐飲營收：1000美金特許權利金

機構內之視聽設備營收：600美金

安全營收：200美金

電信營收：220美金

（以下標明每項活動之進駐/撤出或活動日數及與會人數。）

中心內其他活動：GROUP EALTH，確定，B-1廳（22日撤出），3000人；ALCOHOLICS ANON，確定廳，進駐；SECURITY EXPO，接洽中，C廳（22日進駐，23日舉行活動），6600人；ENTRP. EXPO，已合約，宴會廳（23日進駐），2000人。

圖 13-3 一個商展之大型會議活動檔案（續）

以往，協會被視爲舉辦包含演說、娛樂、教育計畫及社交活動在內的年度會議與大型會議的團體；他們在活動及觀念上都已有所轉變。

博覽會是將產品與服務之販售者聚集於一處的活動（該場所通常爲大型會議中心），在該處，他們可以向一群大型會議或商展的與會者展示他們的產品與服務。參展者 (exhibitors) 是本產業之重要組成分子，他們付費向與會者展示他們的產品。參展者是在希望能創造業績或建立合約及可持續追蹤之潛在客戶的意向下，和與會者互動。博覽會場可能占地數十萬平方英尺，分隔成許多攤位供個別製造商或其代表使用。在餐旅業中，兩項最大型博覽會爲美國飯店協會與國際飯店／汽車旅館與餐廳展 (International Hotel / Motel & Restaurant Show, HMRS) 聯合舉辦的大型會議（每年 11 月在紐約 Jacob K. Javits 大型會議中心舉行），以及全國餐廳協會每年 5 月在芝加哥舉辦的年度博覽會。兩項活動都非常值得參加。

人物簡介

吉兒．摩根 (Jill Moran)，CSEP

首長暨公司負責人——吉兒．摩根 (Jill Moran) ——特殊活動規劃與管理

在我的生活中，沒有一天是有慣例可循的。身為一間特殊活動公司的負責人，我為企業、非營利性質及社團性質的客戶提供各種服務。我必須能夠在某一時刻面對一名客戶、下一刻面對一名供應商，緊接著是另一名潛在客戶，而且與他們之間都必須能成功溝通。我的工作亦涉及管理本身公司的成長、僱用適合的工作人員，以及適合執行各項計畫的供應商，並使每項工作自始至終都以專業而遵守時限的方式完成。

身為一名企業負責人，幾乎每一天我都必須監督公司的許多面向。有些領域我必須親身參與，例如帳務、工作分配及行銷。然而，最須要費心處理的部分是實際正在進行中的案件計畫。一旦一項案件計畫敲定，合約簽定、規劃及執行等階段就會在雙方握手成交之後迅速展開。在將細節部分規劃完成並付諸實行時，這些會議與活動規劃的組成元素可能非常耗時耗力。活動細節可能涉及研究調查、參加會議、製作活動文件、開發具創意之概念與主題、敲定能履行活動細節要求或執行一場活動的供應商。在規劃任何既定活動與會議時，我可能被要求和供應商、會場人員或客戶一起參加場外參訪，以及運用電腦或電話使規劃過程能順暢進行。當進行主題與設計事宜時，拜訪藝術品供應商、傢俱與織物店、布料、裝飾品供應商的倉庫亦非常重要。審視娛樂活動或講者、規劃房間格局或商展與展覽空間或與圖像藝術家討論，都是在活動規劃期間必須顧及的細節部分。

我的一天通常早起以電腦處理工作進度表、時程表、發電子郵件給供應商或客戶、合約追蹤，或者是以這段時間專注處理一項新企劃案。我發現早晨（上午9點以前）或晚間（晚上8點以後）是進行此類活動的最佳時間，那是我最少受到電話打斷的時間，並且是在一些事先排定而我必須離開辦公室進行的活動之前或之後的時段。在一般的上班日中，接打電話、規劃活動，以及排定的會面將占去一天大部分時間。如果我所進行的是一項國際計畫，因為時差的緣故，這些活動時程會更具變動性。

雖然計畫及活動的執行期間我會非常忙碌，但公司本身的策略規劃，以及商業管理亦需要我的關注。身為一名小型企業負責人，我的挑戰在於一當我處於活動執行期時，必須同時將行銷與業務方面的時間分割出來處理可能的新交易一如此一來，當一個計畫接近尾聲時，另一個計畫就已經等著要著手進行了。我達到此目標的做法是，運用最近處理之會議與活動的照片或內容，開發出新鮮的行銷素材，製作成錄影帶或DVD形式的資料，放在我的網站上或寄給客戶；打電話給同行業者、可能客戶或會議地點人員打聲招呼或聯繫，並參加午餐會或拜訪以往客戶以維持良好關係。我亦留意我的公司可加以開發的新市場或具利基領域的脈動。我通常會訂閱各種業界及專業雜誌，並努力在每天結束工作前翻閱一遍並擷取可能有用的文章。

我認為注意未來趨勢是非常重要的一件事。我自1988年起就是一間家族企業的所有人，並在這幾年來目睹特殊活動業以許多方式成長及改變。基於對這項事業的熱情，我許下承諾要將我的經驗與初入門者分享，擔任一名導師、講師、作者及業界領導者。我持續對活動及會議的運作方向、業界需要專業關注的缺陷所在，以及各種改善這些程序進行檢視，或提供更新更好的服務給那些認為活動具有作為溝通、教育或慶祝媒介之價值的人。只要有時間，我會努力參加會議，無論它們是在當地或美國各地及國際間舉辦。此舉能讓我掌握業界的新方向與改變，而這些會議能給我新發想、滋養我的創意，讓我以新的視野進行新計畫。我曾遇到與我相似、亦面對著類似挑戰的同行業者，也曾遇到與我截然不同、幫助我考慮以不同方式進行活動的同行業者。許多時候，這些聚會提供我極好的機會建立網絡，以及遇到可能的供應商或新客戶。

有時候，我感覺自己等於是活在各種特殊活動中，而在許多層面來說我是的。然而工作並未占據我整個生命；身為一名母親與妻子，我仍努力為我的家人創造出一個充滿樂趣與愛的家，我幾乎每晚都自己煮晚餐，每天亦固定和我先生及兩隻狗一起散步，一天中這些休息時間讓我能停止工作，有機會重新出發。我也以少年唱詩班總監的身分活躍於本地教堂的音樂部門，這讓我有精神上及社區上的投入寄託。我亦屬於一個讀書會，時常在沒讀完整本書的情況下參加聚會。一天中只有這麼多時間，而我似乎很快就將它們用完了。但每當一天結束時，我永遠期待明天的來臨！

以上資料由吉兒・摩根提供

四、會議的類型

會議類型及舉行會議的目的有許多種，一般會議的類型包括：

(一) 年會

年會一般是每年由企業或協會舉辦的會議，以告知會員已進行及未來將進行的活動。在由志工或一個支薪委員會營運的組織中，年會一般是遴選組織主管或代表的論壇活動。

(二) 董事會會議、研討會與工作坊、職業與技術會議

企業的董事會會議必須每年舉行，而大多數企業以每月 1 次或每年 4 次的頻率舉行會議。當然，並非所有會議皆在飯店舉辦，但有一些確實是，而且此舉為飯店帶來額外的營收。董事會會議一般在商務場所舉行，僅偶爾在飯店舉辦。而研討會與工作坊及技術會議均時常在飯店舉辦；為了迎合這些需要，飯店及大型會議中心設有大型會議與會議經理，負責檢視客戶要求、準備企劃案、活動工作表與預算。

(三) 社交、軍事、教育、宗教及兄弟聯誼會 (social、military、educational、religious and fraternal groups, SMERF)

這些團體時常相當在意價格，原因在於由這些組織贊助的宴會，大部分費用是由參與的個人支付，此外有時這些費用無法抵稅。然而，SMERF 團體很能變通，以確保他們的開支在預算限制內；它們是在淡季時很好的收入補貼來源 (亦即它們常在飯店淡季時舉辦)。

(四) 獎勵會議

隨著會議規劃公司及旅行社紛紛為企業員工設計獎勵旅遊計畫，以嘉獎他們達到特定工作目標，MICE 的獎勵市場 (incentive market) 持續呈現快速成長。獎勵旅遊一般天數為 3 至 6 天不等，其形態可能自儉樸的旅遊到為員工及其伴侶舉辦的高級豪華假期。最受歡迎的獎勵旅遊目的地是歐洲，其次為加勒比海、夏威夷、佛羅里達及加州。因為獎勵旅遊是在獎賞企業內一些表現傑出的人士，參加者必須感覺到其目的地與飯店是特別的。氣候、休閒遊憩設施及觀光活動，都是獎勵會議規劃公司在追求特別性時所應高度關注的項目。

自我檢測

1. 本章所描述一般會議的類型有哪些？它們的目標為何？
2. 為什麼參展者對於行業是必須的？
3. 何謂社交、軍事、教育、宗教及兄弟聯誼會 (social、military、educational、religious and fraternal groups, SMERF) ？說明 SMERF 團體的特殊需求。

13.3 會議規劃

學習成果 3：描述會議規劃的過程。

會議規劃不只包含規劃過程，亦包括會議的成功舉行及會後評估。正如我們即將看到的，有許多主題及大量細節須納入考量。

一、需求分析

在會議規劃公司開始規劃一場會議之前，須完成需求分析 (needs analysis) 以決定會議目標及欲達到之成果。一旦會議的必要需求確立，會議規劃公司就可以與該團體共同合作使該會議達到最大效果。一場有效的會議，其關鍵在於議程。會議議程的制定並非總是會議規劃公司的責任，但會議規劃公司必須密切參與書面議程及議程核心目標之訂定 (它們有可能與表面所陳述的不同)。例如，一個非營利組織可能舉辦一場透過有趣活動增進對該組織目的之認識的宴會，但它的隱藏議程是爲該組織募款。

議程能提供制定會議目的 (meeting objectives) 的框架。無論這些會議目的將在會議規劃中扮演何種角色，會議規劃公司都必須了解該組織欲達成的目的爲何，如此才能成功管理其會議。此舉能幫助會議規劃者在會議規劃中扮演的角色。會議目的能提供一個框架，讓會議規劃者據此編定預算、選擇地點與設施，以及規劃整體會議或大型會議。

二、預算

了解客戶及清楚他們的需求很重要，然而，最需要注意的仍是預算。若會議規劃者從頭到尾參與預算規劃及每個領域經費支出的最後決策過程，將能更成功地爲會議編定預算。爲會議編定預算不是件簡單的任務，然而，清楚有多少資金可供運用，能幫助會議規劃者根據該項活動據以設計的限制而更佳地引導客戶。預算規劃必然會因不同地點與活動而異，因此，必須有一份暫定預算 (working budget) 作爲因應必要變動而做決策時的指標。當預算變更時，最好與會議規劃者就這些決策進行溝通，使活動規劃仍在預算限制之內進行。收入與支出的估算必須正確並儘可能詳細徹底，以便在會議前確定所有可能支出都已包括在預算內。

會議、大型會議或博覽會的營收來自於補助金或捐款、活動贊助商捐款、報名費、參展者繳交之費用、企業或組織贊助、廣告及教材販售。

會議、大型會議或博覽會的支出可能包括（但不限於）租金、會議規劃公司費用、行銷費、印刷及影印費、支援用品如辦公用品及郵寄費用、現場及後勤工作人員、視聽設備、麥克風等、導引、娛樂及休閒費、給賓客及與會者的紀念品、旅遊、路上交通、夫妻活動、餐飲及現場人員。

三、報價單 (RFQ) 及場地勘查與挑選

無論一場會議規模大或小，都必須將清楚的會議說明製作成書面形式之報價單 (Request for Proposal/Quote, RFQ)，而非透過電話與飯店取得報價。許多較大型飯店與大型會議中心如今都有可線上下載之提交表格。

挑選會議地點時必須評估幾項因素，包括地理位置與服務水準、便利性、可使用之飯店房間數、可使用之會議廳數、價格、所在城市、餐廳服務與品質、人身安全及當地景點。大型會議中心與飯店提供會議空間與住宿設施，此外亦提供餐飲設施與服務。大型會議中心及每個能處理該會議活動的飯店團隊都會努力使會議規劃公司留下深刻印象。飯店的業務主管會將該飯店的會議空間特點及菜單樣本寄送給會議規劃公司，並邀請會議規劃者至現場進行場地勘查。在場地勘查過程中，飯店的各種面向都會展現在會議規劃者面前，包括會議廳、與會者下榻之房間、餐飲設施，以及其他任何可能引起會議規劃者或客戶興趣的特別設施。

會議前和活動後的會議是活動計畫成功的關鍵元素

四、與大型會議中心或飯店協商

會議規劃公司與飯店有許多關鍵互動，包括客房區塊與房價的協商、帶領客戶進行場地勘查使飯店有機會展現本身的設施與服務水準。與宴席、宴會、會議部門人員之間的互動通常最爲重要，特別是服務經理、餐廳經理與領班；這些第一線人員能使會議順暢進行，也可能打亂步調。例如，會議規劃公司時常會寄許多箱的會議資料到飯店，期望飯店方面會自動知道這些資料屬於哪場會議。但往往會議規劃公司會驚慌失措地發現，這些資料最後被放在飯店的大儲藏室裡。幸運的是，對大多數會議規劃公司而言，一旦他們辦過一場年度的會議，往後的年度會議通常就會比較駕輕就熟。

五、合約

一旦會議規劃公司與飯店或會議設施就所有要求與成本達成共識，就會擬定一份合約，並由會議規劃公司、主辦該會議之組織及飯店或大型會議中心共同簽署。合約 (contract) 是一種約束兩方或更多方的法律文件。在會議、大型會議與博覽會的情況中，一份合約會對一個協會（或組織）與飯店（或會議中心）產生約束效力。一份強制性合約由以下要素所構成[4]：

1. 要約 (An offer)：要約以儘可能精確的方式陳述要約方願意進行之事項，以及期望得到的回饋爲何。要約可能包括對於要約之提供方式、地點、時間及對象的明確指示。
2. 約因 (Consideration)：爲換取承諾事項而交付的費用亦包含在合約中。合約若要具效力，約因必須是雙向的，例如一個大型會議中心的約因是提供服務及其設施之使用權，以交換由主辦組織或單位所支付的規定金額之約因。
3. 受約 (Acceptance)：無條件同意提議中之精確事項與條件，受約必須精確重申要約中之事項，才能使合約生效。接受一項要約的最佳方式爲以書面方式同意該要約。

最重要的是，一份合約若要具法律上之強制性，必須由具簽訂合約之法律資格者簽署，此外，合約中所載明之活動不可違法。合約應包含針對「耗損與履行 (attrition and performance)」的相關條款，亦即合約含有在主辦單位之成員數降至可接受之標準下時，保護飯店或會議設施的條款。由於已預約保留的空間本應能產生某數量之收入，因此若成員數降低，收入亦會降低；除非有條款聲明「房間／空間的使用應有一筆 $$$ 美金的保證收入」。條款中的履行部分意指無論餐飲是否有被食用，都將收取一定金額的餐飲營收。

六、進行組織與會前會議

組織一場小型會議所需的平均前置作業時間約爲 3 至 6 個月，較大規模會議與大型會議則需時更久，並事先於數年前即預訂。有些會議與大型會議每年選擇在同一地點舉辦，有些則在不同城市間移動，通常爲從美國東岸到中西部或西岸。

（一）會議工作表

一份會議工作表上載有一切必需資訊，可供所有部門的員工查閱布置細節（完成時間點及格局）、會議本身（抵達、用餐時間及提供哪些餐飲），以及用品支出，使帳務更加清楚。圖 13-4 爲大型會議活動文件樣本。

（二）會後會議

舉行會後會議的目的在於評估該活動——哪些部分進行順利，以及哪些部分應於下次改進。較大規模的會後會議有來自將舉辦明年度會議的飯店或大型會議中心的工作人員參與，好讓他們能在該活動於其設施內舉辦時準備更周全。

活動文件（修訂版）

聖地牙哥國際船舶屋

2016年1月5日星期二至2016年1月12日星期二

使用空間：合併之A展覽廳與B展覽廳。A廳：展覽經理辦公室及A廳售票處；B廳：展覽經理辦公室，12、13、14號包廂A與B，15號包廂A與B

聯絡人：Jeff Hancock先生 / 全國海運製造商協會

地　址：4901 Morena Blvd. Suite 901 Sandiego, CA 92117

電　話：(619) 274-9924

傳　真：(619)274-6760

會場布置公司：Greyhound Exposition Services

業務員：Denise Simenstad

活動經理：Jane krause

活動技術員：Sylvia A. Harrison

活動行事曆：

2016年1月4日(星期一)	5:00am~6:00pm 合併展覽廳A與B 服務承包商進駐GES Andy Quintena
2016年1月5日(星期二)	8:00am~6:00pm 合併展覽廳A與B 服務承包商進駐GES Andy Quintena 12:00pm~6:00pm 合併展覽廳A與B 合併展覽廳A與B 參展商進駐
2016年1月6日(星期三)	8:00am~6:00pm 合併展覽廳A與B 參展商進駐 預估與會人數：300
2016年1月7日(星期四)	8:00am~12:00pm 合併展覽廳A與B 參展商進駐 11:30am~8:30pm A廳售票處開始營業， 票價：成人6美金；12歲以下孩童3美金。

圖13-4 大型會議活動文件（資料來源：由San Diego Convention Center Corporation提供）

自我檢測

1. 為什麼一個組織會有一個隱藏的動機？
2. 對於會議計畫者來說，理解隱藏的動機為何很重要？
3. 一份強制性合約由什麼要素所構成？

13.4 會議、大型會議與博覽會的舉辦地點

學習成果 4：比較各種會議、大型會議與博覽會的舉行地點。

大多數時間裡，會議與宴會是在飯店、大型會議中心、市中心、會議中心、大專院校、企業辦公室或渡假飯店舉辦，但越來越多會議在獨特地點如遊輪或歷史建築舉行。

一、市中心

市中心 (city center) 是舉行會議的好地點，因為它們的空中與路上交通均相當便利。主要的市中心非常繁忙，景點從文化到自然美景都有。大多數城市都有一個大型會議中心及數家飯店供賓客住宿。

二、大型會議中心

世界各地的大型會議中心 (convention center) 競相舉辦最大規模的展覽，這些展覽可能為地方經濟增加數百萬美金的營收。大型會議中心是龐大的設施，內設停車場、資訊服務、商務中心及餐飲設施。

大型會議中心通常由郡、市或州政府共同擁有，由一個指定代表所組成的理事會運作，這些代表是從能因該中心成功運作獲得利益的各種團體中選出。理事會指定一名理事長或總經理，根據事先設定之使命、目標與目的經營該中心。

大型會議中心設有各式博覽會空間與會議室以容納舉辦大型與小型活動。大型會議中心透過出租空間來獲得營收，該空間時常被分隔為許多攤位（一個攤位面積約 100 平方英呎）。大型展覽可能需要使用好幾個攤位的空間。額外的營收則來自餐飲銷售、特許營業攤位出租及自動販賣機。許多中心亦擁有自己的轉包商以處理舞臺布置、搭建、燈光、視聽設備、電力及通訊。

除了超大型會議中心以外，有許多著名中心亦對當地、州及國家經濟有所貢獻，羅德島大型會議中心 (Rhode Island Convention Center) 就是一個很好的例子。這座造價 8,200 萬美金的中心是該州歷史上第二大的公共計畫案，坐落於市中心的普登威斯區 (Providence)，緊鄰有 14,500 個座位的普登威斯市民中心 (Providence Civic Center)。這座占地 365,000 平方呎的中心設有一座 100,000 平方呎的主要展覽廳、一座面積 20,000 平方呎的宴會廳、18 間會議室，以及一個每天製作出 5,000 份餐點的全套服務式廚房。

三、會議中心

會議中心是一個經過特別設計的學習環境，適合舉辦與支援中小型會議，與會成員一般爲 20 ～ 50 人[5]。會議式會議的本質，在於推廣一種不受干擾的學習環境。會議中心的設計目的是在一個友善、舒適的氣氛下，鼓勵訊息分享與專注於會議本身，以及使其發揮效率的事務上。雖然在會議中心舉辦會議的團體一般就與會人數而言屬於小型，但每個月有數千場小型會議舉行。如今，越來越多飯店把焦點放在「花費多少不是主要問題」的主管會議上。

四、飯店與渡假飯店

飯店與渡假飯店位於各式各樣的地理位置，從市中心到渡假勝地都有。許多飯店設有宴會廳及其他可容納各種規模大小團體的會議室。今日，它們都有官方網站，並有會議規劃公司協助規劃與組織會議。一旦有消息傳出一家會議規劃公司正在尋找會議舉辦地點，飯店之間就會競相爭取獲得該項交易。

五、遊輪

在一個非傳統的設施中進行會議，能帶給與會者獨特而難忘的經驗；然而，許多傳統地點如飯店與大型會議中心會面臨到的挑戰亦存在於這些設施中。某些情況下，在特殊環境中舉行會議時，規劃工作必須比在一般設施中提早許多時間進行。若要協商出可能的最佳套裝行程，對會議目標與目的、預算，以及與會者檔案的澈底了解就極爲重要。遊輪會議除了在會議環境上非常獨特之外，對與會者而言亦有許多優點，如折扣、免費招待的餐飲、在海洋中航行時較不易分心、娛樂活動，以及只須做一次打開行李的動作就可造訪不只一處景點[6]！

六、大專院校

越來越多另類會議地點的選擇不排除大專院校及其校園。在考慮是否使用位於校園的設施時，最重要的考量是目標觀衆的特質爲何[7]。對與會者具備某種程度的了解與評估既必要又極具價值，因爲以校園爲基地舉行的會議，其相關成本大多數時候比在中價位飯店舉行還低得多。

自我檢測

1. 列出在市中心舉行活動的好處。
2. 比較大型會議中心與會議中心。
3. 列出在遊輪上召開會議的優劣點。

會議、大型會議與博覽會的趨勢

1. 全球化／國際化的參與：越來越多人士出國參加會議。
2. 展覽的兼容性：有些國際展覽不太能原樣搬移至他處（例如農業機具展）。因此，如 Bleinheim 或 Reed Exposition Group 等組織會將組件空運至其他國家再行創設展覽。
3. 科技：產業更精緻化，對光纖裝置的需求出現在每個地方。當 Google 眼鏡和智慧手錶可使人們提升他們的體驗後，開發應用程式（Apps）的目的是避免書面程序、自定議程和社交媒體。
4. 策略管理：科技將使會議計畫者有能力能識別和管理關鍵市場，並吸引與會者。會議計畫者也必須有能力進行「更有智慧」的計畫並降低成本。[8]
5. 智慧型手機被大量的人口廣泛使用，這使會議籌辦者能夠藉由他們直接互動、追蹤活動、連結聯繫者和供應商、透過社交媒體與他人分享經驗等能力，來增加觀衆的參與度。[9]
6. 更環保：會議、大型會議與博覽會與其他會議形態都一樣，希望可往更環保方向發展。在運作的所有階段中，只要有可能變得更環保，這些機會都要抓住。例如大型會議和展覽館都透過使用科技來關閉沒有被使用的區域，從而降低了熱、照明和電力成本。

重複預訂

規模龐大且知名的會議目的地的會議局 (convention bureau) 擁有大型會議中心管轄權。一名老練的會議業務經理已經在該局內服務 7 年，並創造出其他業務經理都比不上的業績，他為一個 2,000 人的團體在大型會議中心再度預訂一場為期 3 天的博覽會。這場博覽會將在做好預訂那天的 2 年後舉行。

一名客戶已經有 15 年在大型會議中心舉辦大型會議、會議及博覽會的歷史，並一向委託會議局聯絡所有場地及服務事宜。事實上，處理這名客戶的業務經理與該客戶合作的時間占了這 15 年中的 7 年。該會議局將這名客戶視為一位「完美顧客 (preferred customer)」。

該客戶亦在一則雜誌廣告中，親自證言褒揚該會議局、長期合作的業務經理，以及該城市是一個值得推薦的會議目的地。

在這名客戶再度向會議局預定大型會議中心後不久，該會議局更換了業務經理，期間一共換了 3 次，這個情況使新任業務經理在研擬合約、客戶檔案及活動檔案，還有訊息的記錄與傳遞上遇到挑戰。客戶有一份合約、供應商服務的請購單、一份入住及會場布置的時程表，以及一份活動檔案，這些都已由新任業務經理提供，他亦擁有這些文件的影本，將入住的飯店也有 VIP 人員的入住合約。

但同公司的其他業務經理，已為另一位客戶進行同一時段的預定及合約簽訂，大型會議中心的其他房間亦已被預訂進行研討會、工作坊及餐飲服務；事實上，展覽廳已經被重複預訂了。

這個情況一直到該客戶預定抵達大型會議中心的 10 天前才被發現。那是當新任業務經理送出一份備忘錄，要安排一場與客戶及所有大型會議中心工作人員的會前會議時，會議局與大型會議中心才發現這個情況。

由於業務經理的更替，必要資訊並未被傳達給相關部門與負責人員，因此大型會議中心從未被告知該場地已經立約包給完美顧客，該客戶被告知這個狀況，可能導致一場災難，因此會議局面臨一個重大難題，並且必須盡快處理。

問題討論

1. 到底誰應該對這項情況中的決策部分負責？
2. 應該採取哪些步驟以補救目前情況？
3. 是否有公平而合理的程序可依循，為該完美顧客提供場地？如果有，是什麼？
4. 應該對老練業務經理採取何種方式加以處理？
5. 大型會議中心有什麼方式，可確保這次及未來與會議局的生意能繼續進行？
6. 若完美顧客被拒絕使用大型會議中心，他可能會怎麼做？
7. 如何在未來防範這種情況再度發生？

職場資訊

會議、獎勵旅遊、大型會議及博覽會（簡稱為 MICE 的區塊）提供相當廣泛多樣的職涯途徑。成功的會議規劃者是注意細節、有組織的人員，他們不只規劃與組織會議，亦協調位於飯店與大型會議中心內的飯店房間與會議空間。

獎勵旅遊包括許多面向，如安排高級旅程、飯店、餐廳、景點設施及娛樂。有充足預算的支持下，對於有興趣在異國地點結合旅遊與飯店工作的人會是項相當刺激的職業。

大型會議與大型會議中心有幾條職涯發展途徑，從助理到業務經理、為特殊類型客戶（例如協會）或區域服務的業務經理。資深業務經理必須能預訂到大型會議與博覽會——沒錯，每個人都有自己的配額。一旦合約簽定後，活動經理即負責與客戶規劃及組織宴會／活動。從助理到業務或活動經理的薪資皆為 35,000 至 70,000 美金之間。在為 MICE 區塊提供服務的公司內也有職涯的可能。

必須有人員為大型會議中心裝置設備並使其能在博覽會中順利運作，並供應所有的餐飲材料等等。館外宴會服務及特殊活動，亦為具有創意、喜歡創造新概念及組織各種主題，使活動或宴會可據此規劃的人提供工作機會。

無論何種職涯發展途徑，關鍵都是在自己有興趣的領域內獲取經驗。請你所尊敬的人士當你的導師，並向他們請益。透過展現你自身的熱心，人們會回饋給你更多協助與忠告。圖 13-5 是成為一名會議規劃師的職涯發展途徑；圖 13-6 是任職於大型會議中心活動經理的工作說明書。

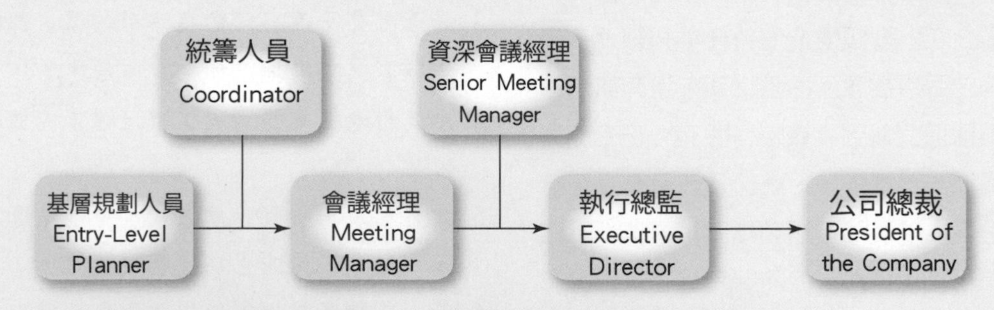

圖 13-5 成為一名高階活動經理的職涯發展途徑

活動經理

定義

在服務經理的指導下規劃、指揮及監督被指派之活動，並在指派之值班時間內代表服務經理。

主要職責

- 規劃、統籌及監督活動的所有階段，包括場地布置、進駐與撤出以及所進行之活動本身。
- 在活動之前事先準備及發布場地布置訊息給適當部門，並確保設施完全順利運作可供使用。
- 負責安排租用者需要之一切服務。
- 統籌設施內工作人員之需要，聯繫適當部門。
- 扮演租用者顧問的角色，並擔任內部承包商及租用者之間的聯絡人。
- 維護實體設施，並透過審視租用者計畫，以確保環境安全；要求並確定它們符合所在設施、州、郡及市的規範。
- 準備租用索費之會計文件，核准最後確定之索帳額，並協助確實收帳。
- 解決抱怨事項，包括運作面之問題及困難。
- 協助進行服務經理所指派之研究調查、收集統計數字資訊以及特殊計畫。
- 主持進行施設之旅。

最低學經歷要求

- 官方認可之大學或學院餐飲管理、商業或休閒管理學士學位，以及兩年統籌主要大型會議與商展經驗。
- 相關教育／訓練及額外經驗可代替學士學位。
- 優秀之財務與人力資源管理能力。
- 具備公共關係知識；包括口頭與書面溝通領域。
- 具處理視聽設備之經驗。

225 Broadway, Suite 710.San Diego, CA92102.(619)239-1989

傳眞 (619) 239-2030

由聖地牙哥大型會議中心 (San Diego Convention Center Corporation) 經營

圖 13-6 活動經理的工作說明書

本章摘要

1. 在全美國大約有 7,400 個協會的經營管理層級是屬國家級，而屬地區、州和地方層級則有 10 萬多個協會。協會花費數十億美金舉辦數千場會議與大型會議，吸引數百萬與會者前往。許多主要城市和一些較小城市的會議中心附近都有酒店和餐館。
   這產業的主要成員爲觀光會議局 (convention and visitors bureaus, CVBs)、會議規劃公司及其客戶、大型會議中心、特殊服務及展覽。
   CVB 是非營利組織，是城市的象徵並努力招攬訪客。
2. 目的地管理公司是一服務組織，其安排的程序和服務可以滿足客戶的需求，從簡單的機場接機到舉辦主題會議的國際銷售會議。
3. 會議計畫者可能是獨立承包者或是企業或協會內的正式全職員工，他們負責飯店與會議預訂，亦負責所有的會議規劃至最後一分鐘。
4. 服務承包商 (service contractors)、博覽會服務承包商 (exposition service contractors)、總承包商 (general contractors) 及布置者 (decorators) 爲負責提供舉辦商展所需一切設施服務的業者。
   參加會議、大會和博覽會的協會類型，包括同業協會、職業協會、醫療與科學、宗教組織和政府組織。
5. 會議旨在使人們聚集在一起，以交換信息和影響行爲的事件（例如講習會、論壇、研討會、座談會或工作坊）。三種主要會議布置類型爲劇場式、教室式及會議室式。
   協會會議是自願的，目的是盡可能吸引人前往。
   大型會議是包含某種形式之博覽會或商展的大型會議。博覽會是將產品或服務的販售者聚集於一處的活動，讓他們可以向與會者展示他們的產品。
   其他常見的會議類型包括年會、董事會會議、研討會與工作坊、職業與技術會議、社交、軍事、教育、宗教及兄弟聯誼會和激勵會議等。
6. 會議規劃不只包含規劃過程，亦包括會議的成功舉行及會後評估。其步驟包括需求分析 (needs analysis)、報價單 (Request for Proposal / Quote, RFQ) 及場地勘查與挑選 (site inspection and selection)、與飯店或大型會議中心協商 (negotiation with the hotel or convention center)、合約 (contracts)、安排會前會議 (organizing pre-conference meetings) 、會議工作表 (conference event order) 及會後會議。
7. 會議、大型會議與博覽會的舉辦地點，包括市中心、大型會議中心、會議中心、飯店及度假村、大專院校乃至遊輪上。
   市中心交通便利，靠近景點，並且經常有會議中心和幾家酒店。
   大型會議中心 (convention center) 包括內設停車場、資訊服務、商務中心及餐飲設施。大型會議中心設有各式各樣的會議室以舉辦大型或小型活動。

會議中心則專爲小型及中型會議（與會人員一般爲 20 ～ 50 人）而設。

許多飯店設有宴會廳及其他可容納各種規模大小團體的會議室。

8. 在遊輪進行會議，能帶給與會者獨特而難忘的經驗，並提供許多優惠（如折扣、免費招待的餐飲、較少外界的干擾、娛樂活動），但需要更多的事前計畫。

大專院校校園通常擁有較多的議價空間，使其比中價位飯店花費還低得多。

重要字彙與觀念

1. 受約 (acceptance)
2. 美國協會主管學會 (American Society of Association Executives, ASAE)
3. 協會 (associations)
4. 市中心 (city center)
5. 約因 (consideration)
6. 合約 (contract)
7. 大型會議 (convention)
8. 觀光會議局 (Convention and Visitors Bureaus, CVBs)
9. 大型會議中心 (convention center)
10. 目的地管理公司 (Destination Management Company, DMC)
11. 參展者 (exhibitors)
12. 博覽會 (exposition)
13. 熟習之旅 [Familiarization (FAM) trip]
14. 論壇 (forum)
15. 獎勵市場 (incentive market)
16. 觀光會議局國際協會 (The International Association of Convention and Visitor Bureaus, IACVB –The international association to advance convention and visitor bureaus)
17. 國際大型會議管理協會 (International Convention Management Association, ICMA)
18. 會議 (meeting)
19. 會議規劃公司 (meeting planner)
20. 會議、獎勵旅遊、大型會議及展覽 (meetings, incentive travel, conventions, and exhibitions, MICE)
21. 需求分析 (needs analysis)

22. 要約 (offer)
23. 報價單 (Request for Proposal / Quote , RFQ)
24. 研討會 (seminar)
25. 社交、軍事、教育、宗教及兄弟聯誼會 (social, military, educational, religious, and fraternal groups，SMERF)
26. 工作坊 (workshop)

問題回顧

1. 列出參加會議、大型會議與博覽會的人員及各個組織的數量。
2. 說明博覽會與大型會議的差別為何。
3. 列出會議規劃公司的各個步驟。
4. 列出會議規劃公司可選擇舉辦會議及大型會議的各種地點。

網路作業

1. 機構組織：Best of Boston

   網址：www.bestboston.com

   概要：Best of Boston 是一家會議規劃公司，專精於為不同活動組合套裝服務，如大型會議、企業活動、私人派對及婚禮。

   (1) 進入他們的活動網站，列出他們所能安排的不同活動類型。

   (2) 大略整體瀏覽過該網站後，討論在會議、大型會議及博覽會業中網絡建立的重要性。

2. 機構組織：M & C Online

   網址：www.meetingsconventions.com

   概要：這個極佳的網站從不同角度提供會議與大型會議的深度資訊，這些角度自法律問題到獨特主題與概念皆有。點選「Latest News」（在網頁的左下半部）。

   (1) 有哪些最新消息？

   (2) 點選「the current issue」，看看裡面有哪些故事，與同學分享你所發現的事。

運用你的學習成果

製作一份總體計畫，內容包含舉辦一場關於餐旅管理職涯發展的會議或研討會的所有必需步驟。

建議活動

聯繫一家位於你所在區域內的會議規劃公司，並在授課教授的許可之下，邀請他們來到課堂上爲同學解說工作內容，以及他們如何進行這些工作。事先準備發問題目，以便能事先交給講者。

參考文獻

1. 參考 Center for Association Leadership's，「領導力中心協會」，取自 https://collaborate.asaecenter.org/home。
2. 參考 Wikipedia.org，維基百科，「貿易協會」，取自 https://en.wikipedia.org/wiki/Trade_association。
3. 參考 Wikipedia.org，維基百科，「專業協會」，取自 https://en.wikipedia.org/wiki/Professional_association。
4. 參考 Stephen Bart，Hospitality Law: Managing Issues in the Hospitality Industry (Hoboken, NJ: John Wiley & Sons, Inc., 2006),《款待法則：飯店業的管理議題》（新澤西州，霍博肯：John Wiley & Sons，Inc.，2006 年），第 26 ～ 29 頁。
5. 參考 Barbara Connell, ed., Professional Meeting Management (4th ed., Chicago, IL: The Professional Convention Management Association，《專業會議管理》（第 4 版，伊利諾伊州芝加哥：專業會議管理協會，2002 年），第 557 ～ 561 頁。
6. 同上，第 564 ～ 565 頁。
7. 同上，第 552 頁。
8. 參考 J. R. Sherman, 「5 Meeting-Tech Trends to Watch in 2013,」「2013 年值得關注的 5 種會議技術趨勢」，取自 http://www.meetings-conventions.com/。
9. 同上。

14 活動管理

學習成果

閱讀及研讀本章後，你應該能夠：

1. 解釋活動管理業並描述活動規劃者的工作內容。
2. 分類活動管理。
3. 總結活動管理所需的技能和能力。
4. 識別出與特殊活動管理業有關的主要專業組織。
5. 描述成為活動管理者的途徑。

14.1 特殊活動

活動管理業 (event management industry) 是一個充滿活力、多元化的領域，在過去的 40 年中出現了可觀的增長和變化。今日，許多專業人員任職於此產業，他們共同合作提供種類繁多的服務，創造出人們所稱的特殊活動。然而，何謂特殊活動？特殊活動領域的主要學者與作者喬．高德布萊博士 (Dr. Joe J. Goldblatt) 以下列方式區分日常活動 (daily events) 與特殊活動：

日常活動	特殊活動
自發地產生	經過規劃
不激發期待	激發期待
通常在沒有特別原因下發生	一個慶祝原因為動機

因此，他對特殊活動的定義是：「特殊活動是爲了滿足特定需要，以慶典及儀式來表揚一個特殊時刻。[1]」這項定義的範圍相當廣泛，並涵蓋許多「時刻 (moment)」在內。特殊活動包括無數重要會議，如企業研討會 (corporate seminars)、工作坊 (workshops)、大型會議 (conventions) 與商展 (trade shows)、慈善晚宴 (charity balls) 與募款會 (fund raisers)、博覽會 (fairs) 與節慶 (festivals)，以及婚禮與節日派對 (weddings and holiday parties)。正因如此，本產業呈大幅成長，並出現許多未來職涯潛能與管理工作機會。

食、衣與住是公認人類基本的身體需要。隨著這些需要而來的是情感上的需求，它對人類精神有直接影響。所有社會都有慶祝活動——無論是以公開或私人、個人或團體的方式進行。慶祝的必要性已經被企業、公衆及政府官員、協會和個人所認知到。這點有助於特殊活動業的快速成長，帶來範圍廣泛的可能工作機會。只需想想「特殊活動」會需要的衆多規劃者、宴會人員、製作者、活動會場及其他等，躍入腦海的就是未來職涯發展及工作機會的無限潛能。

活動管理相較於飯店與餐廳業而言是新生力軍，然而如各位很快將瞭解到的，特殊活動是一個沒有僵固界線的領域。可能有重疊之處的幾個密切相關領域包括行銷、業務、宴會及娛樂。特殊活動管理的未來成長趨勢將會爲所有餐旅區塊提供大量職涯機會。

本章將概述活動管理業，你將學到活動管理業的各種類別，並明白將至何處尋找未來職涯機會。你會找到在本領域獲得成功所需的技巧與能力相關資訊。而關於特殊活動組織、策略性之活動規劃以及本產業未來概況的資訊，將使你能一窺這個刺激、值得投入且不斷演進的領域。正如擔任全國曲棍球聯盟 (National Hockey League) 特殊活動副總裁的法蘭克・史波維茲 (Frank Supovitz) 所言：「業界標竿從未如此高過。贊助者更懂狀況，觀衆要求更高。此外，甚至連製作者與經理都被客戶認爲應負責達到他們的財務及行銷目標，而且程度更甚以往。因此，在燈光暗下、布幕拉起之前，先向經驗及專家們求助吧。讓我們一起來探索特殊活動管理中的種種機會。」[2]

一、活動規劃者的工作內容

活動規劃 (event planning) 是一個泛稱，指涉特殊活動領域中的一條職涯發展道路。它的前景包括對當下及未來員工人選的更大需求。跟其他幾項專業的情形一樣，活動規劃工作的出現是爲了填補缺口——必須有人對所有聚會、會議、大型會議等等進行統籌，而這些活動在商務及休閒區塊內的規模、數量及壯觀程度都持續在增長。企業經理以往必須從分內的職責任務中抽身出來，面對規劃大型會議的額外挑戰。政府官員及員工以往則被調離原本職務位置，去安排招募人才的博覽會及軍方活動。結果，每當有特殊活動需要規劃時，一個原本工作說明中並未包含「規劃」在內的人就被迫成了規劃者。

> 「對有興趣從事特殊活動管理職業的學生而言，協會可成為一項珍貴資源。許多協會提供獎學金以及非常好的網络建立機會。」
>
> Karen Harris

「活動規劃者 (event planner)」這項職銜最先出現在飯店與大型會議中心。活動規劃者負責規劃活動從開始到結束的一切事宜，包括敲定日期與地點、活動之廣告宣傳、提供點心或安排宴會服務、講者或娛樂。請記得，這是一份概括性的清單，並會視活動的種類、地點及特質而有所不同。

在一本名爲《活動規劃職涯機會 (Opportunities in Event Planning Careers)》的管理職涯書籍中，對優秀的職位候選人有以下描述：「若某個人除了優秀的組織技巧以外，還具備創意精神、戲劇化表現的眼光、冒險精神，以及對壯觀場面的熱愛，將可望在本領域內成爲傑出人士。」一名本領域的未來專業人士所需要的重要技巧與特質包括[3]。

1. 電腦技能
2. 願意四處旅行
3. 願意依彈性工作表工作
4. 具備授權經驗
5. 願意長時間工作

6. 協商技巧
7. 口頭與書面溝通技巧
8. 熱忱
9. 計畫管理技巧
10. 貫徹執行之技巧
11. 與高階主管共事的能力
12. 預算編列能力
13. 主動提案與完成交易的能力
14. 大量耐心
15. 同時處理多重任務的能力
16. 主動積極
17. 與其他部門互動的能力

二、活動管理

活動管理可能小自一次辦公室出遊，到較大活動，如音樂節，再大到如超級盃或甚至奧運會等規模的活動。活動可能只有一次即結束、一年一度或常年（每年都舉行），或每4年舉行一次，如奧運會。活動不會自行發生，需要許多事前準備工作才能使一場活動成功上演。為了舉辦一場成功活動，主辦單位應有一個活動願景及領導者——精通以下關鍵領域技巧的經理：行銷、財務、營運及法律。取得充裕的贊助會是一大助力。贊助者會先提供資金或實物捐助，而後獲得認可成為該活動的贊助者，有權在活動促銷時使用或展示他們的商標等。贊助者會期待本身的贊助能獲得某些回饋。每年有數千場各式各樣的節慶與活動舉辦，它們幾乎全部都獲得某些贊助，因為若沒有贊助，舉辦一場活動的花費實在太過龐大。

從辦公室聚會到體育賽事，特殊活動可能會每年或不定期進行，常需要大量的計畫。

> 精於網絡建立將讓你建立一個聯繫基地，協助你在活動業獲得成功。
>
> Karen Harris

從事活動管理需要特別擅長以下技巧：行銷與業務（在一開始吸引生意上門）、規劃（確定所有細節都已涵蓋在內，並且所有事項都將及時準備完成）、組織（確定所有關鍵工作人員都知道自己的職責、目標、時間、地點及達成方式）、財務（必須擬定並嚴格遵守一份預算表）、人力資源及員工激勵（必須選擇與招募到最佳人選，加以訓練並激勵之），以及大量的耐心、對細節部分的關注和不厭其煩的一再查驗。爲了吸引生意上門，活動經理會準備一份企劃書，贏得客戶的認可與簽定合約。準備活動企劃書時有一些重要的基本要訣：儘可能收集所有關於該活動（若該活動先前已舉行過）或客戶眞正需要何在的相關資訊。詢問主辦單位、參加者、供應商及其他人員該次活動有哪些優缺點，或可在下次組織該活動時加以改善的事項。以商務英語的形式撰寫企劃書，禁用口語贅詞。要具創意，加入一些與衆不同且更好的元素引起對方的興趣；最後是計算費用，因爲沒有人喜歡在買單時措手不及；提出一份預編的費用清單，讓客戶清楚成本爲何，然後及時並在預算內將工作完成，給他們一個驚喜。

要讓一場活動上演可能花費甚鉅，除了廣告宣傳，還有場地費、安全費、人事費，以及製作費（也許是餐飲與服務，但亦可能是場地布置）。通常，活動經理能適當預估出業務員會賣出的門票數量，隨後就著手編列成本預算，包括娛樂及所有其他開銷在內，並留下合理的利潤空間。活動經理亦在大型會議中心與飯店占有一席之地，在這些場所中，活動經理在業務經理完成合約簽定後就著手處理所有統籌事宜。在大型會議中心舉辦的較大型活動，往往在數年前就開始進行規劃。正如先前已提及的，觀光會議局通常負責在超過18 個月前就對將要舉辦的大型會議進行預定。顯然，觀光會議局與大型會議中心的行銷與業務團隊都與對方密切合作。一旦預訂成爲確定狀態，資深活動經理會任命一名活動經理，與客戶在接下來所有活動前、活動中及活動後的程序中共同工作。

預訂經理在活動成功與否扮演關鍵角色，他們負責預訂到正確的活動空間，並與主辦單位合作以協助節省經費（方法是只使用眞正需要的活動空間，並讓客戶能及時開始進行設置）。合約以活動檔案爲根據來撰寫。活動檔案會以書面形式明文寫下客戶的所有要求，並附上所有相關資訊，如哪家公司將擔任會場布置公司或轉包商，負責鋪好地毯並架設攤位。

合約需要謹慎研擬，因爲它是一份具法律效力的文件，並將擔保某些條款。，如合約可能特別載明，攤位只能由會議中心人員清理，或食物只能作爲樣品不進行零售。合約經由客戶簽名並寄回後，活動經理會不時進行追蹤電訪。到活動進行的前 6 個月，一些安排如安全、商務服務及宴會等就已完成最後確定。活動經理是會議中心與客戶之間的關鍵聯絡者，將協助客戶，並介紹經過核准的基本服務轉包商。

在活動舉行前兩週，一份活動文件將被發送給各個部門主管。活動文件中包含每個部門必須知道的所有細節資訊，以使活動能順利進行。在活動舉行前十天，會召開下週行事一覽會議 (week at a glance, WAG) 會議。WAG 會議是大型會議中心內最重要的會議之一，因爲它提供一個機會避免問題產生，如兩個活動團體會在同一時間抵達，或演唱會、政治人物所需之安全措施，與此同時，會召開一場大型會議或展覽的會前會議。與會者包括展覽經理及其承包商、接送巴士經理、住房登記負責人、展覽樓層經理，以及其他人員等。一旦布置工作開始，服務承包商就會以無線電呼叫最接近的轉運站，調來 18 輪的大卡車載運展覽品進場卸下。當展覽品就緒，展覽會即開幕，開放民衆進入。

以下爲活動規劃程序的階段。

（一）研究調查

活動規劃的第一階段是回答以下的簡單問題。

1. 爲何舉辦一場特殊活動？
2. 誰將舉辦？
3. 在何處舉辦？
4. 活動的焦點爲何？
5. 預期成果爲何？

一旦找出這些問題的答案，我們就可進入第二階段。

（二）設計

活動規劃過程的第二個階段可能最刺激又最富挑戰性。它可讓創意自由發揮，並實際應用能展現出該特殊活動目標的新發想。在設計階段，活動經理或團隊可腦力激盪出新創意，或將之前的活動加以修正運用，使活動變得更好、更壯觀而且對參加者而言更刺激有趣。設計階段的目的在於獲得原創而新鮮的發想，創造出一場值得投資的活動。活動可能是企業會議或海灘婚禮，而活動的設計都將使參加者留下深刻的印象。

（三）規劃

活動規劃的第三個階段是規劃，通常以該活動的既定預算爲前導。規劃的過程包括將服務立約外包，以及安排其他所有將成爲活動一部分的小活動。規劃過程可包括。

1. 決定活動預算
2. 選擇活動地點
3. 選擇飯店住宿設施
4. 安排交通
5. 協商合約

6. 安排宴會
7. 安排講者、娛樂、音樂
8. 組織視聽需求
9. 擬定活動行銷計畫
10. 準備邀請卡或活動宣傳包

活動的類型與規模是決定規劃過程中需採取哪些必須步驟的最終決定因素。若你選擇從事活動管理工作，你從其他課程與研究中獲得的規劃相關資訊將對你有所幫助。

（四）統籌

統籌 (coordination) 的過程可比喻成一名樂團指揮的工作，一個樂團可能已排練一首曲子無數次，然而在一場演奏會中，指揮仍有能力去「指揮」或控制實際表演內容。同樣地，活動經理亦在活動舉行時從事統籌的過程。這可能因爲突發問題的產生而成爲一段充滿壓力的時光，亦可能因爲毫無瑕疵地執行完成而成爲充滿成就感的時刻。無論如何，隨著活動的進行，活動統籌可能牽涉到決策技巧及能力。

統籌亦與特殊活動的人力資源面向有關。活動經理是透過立下典範而激勵他人的領導者。身爲一名活動經理，你會需要統籌工作人員或志願人員，該特殊活動預定達成的目的與目標付諸實行。如之前所提到的，授權給你的工作人員將能創造出一個正面的環境，並讓你的統籌工作較易執行。

（五）評估

評估應在活動規劃過程的每個階段進行，是能衡量活動是否成功達到目的與目標的最後步驟。你可以在圖 14-1 中看到，活動規劃過程是一個持續的流程。活動成果將與先前的預期做比較，調查出差異所在並加以修正。

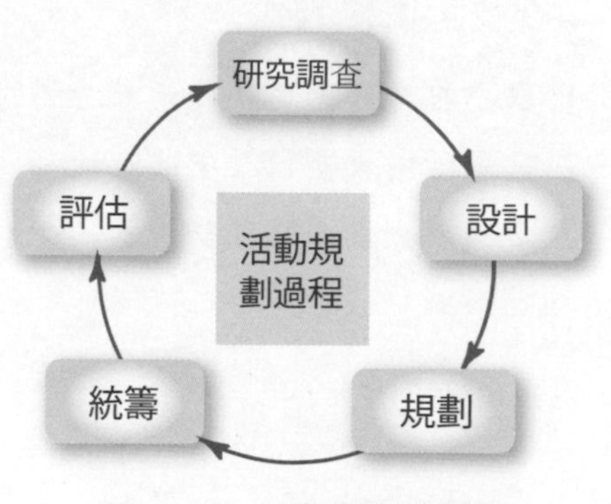

圖 14-1　活動規劃過程圖

三、活動規劃者與經理的挑戰

若你此時考慮在活動管理領域擔任專業職位，可以運用一些活動規劃工具增加你在此領域求職的優勢。專業活動經理可能面對的挑戰主要有四：時間、財務、科技以及人力資源。

時間管理在活動規劃中扮演重要角色，記得如同編定財務預算般編定時間預算。將各項任務授權給適當人員執行、保持確實的記錄與清單列表、在各次會議前準備好議程、並專注在應最優先關注的事項上等，這些都是有效使用時間管理的例證。

作爲一位活動策劃者，你將會涉足財務管理，評估財務資料、管理費用、供應商費用等等。這並非意味著你必須是一名財務魔法師，然而，具備此領域的相關知識將能大幅幫助你做出有利而正確的決策。有些資源可運用在此領域上，如從財務專家取得諮詢，以及可協助處理活動會計事宜的科技等。

將科技運用在活動管理上，必定會對時間管理和財務管理這兩個領域帶來幫助。文書處理、財務管理以及資料庫管理的軟體程式可協助日常工作及活動規劃。活動專業人士所使用的其他科技產品包括手提電腦、行動電話、掌上型設備、活動管理軟體，以及網際網路。

還有一項工具與有效管理你的人力資源有關。授權給你的員工是成功的關鍵。身爲一名經理與領導者，你必須訓練你的員工或志願人員，並提供他們執行分內工作的必須資訊。選擇適當人選「授權」給他們，並發展他們的技能，這些都非常關鍵，並最終能幫助你成功達成目標。授權給活動工作人員可讓他們做出重要決策，成功的活動需要做出許多決策，而你身爲一名經理沒有時間做所有的決策。授權給你的團隊將是一項最有利的工具，讓你成爲一名有效率的領導者並改善員工表現。

自我檢測

1. 舉出日常活動與特殊活動之間的不同之處。
2. 列舉活動規劃過程中的階段。
3. 活動規劃者面臨哪些挑戰？

14.2 特殊活動的類別

學習成果 2：分類活動管理。

特殊活動業的發展被分成以下幾種類別：

1. 企業活動（研討會、工作坊、集會、會議）
2. 協會活動（大型會議、商展、會議）
3. 慈善晚宴與募款活動
4. 社交宴會 (social functions)（婚禮、訂婚派對、節日宴會）
5. 博覽會與節慶
6. 演唱會與體育活動

根據《活動解決方案黑皮書 (Event Solutions Black Book)》，飯店和渡假飯店是最熱門的活動地點。

在一項由業界各種活動專業人士所進行的票選活動中，《活動解決方案黑皮書 (Event Solutions Black Book)》列出以下幾種最熱門活動地點（表 14-1）[4]。

表 14-1　最熱門活動地

地點	%
飯店／渡假飯店	62.0%
大型會議中心	32.5%
帳篷／搭建物	32.6%
宴會廳	29.0%
戶外	21.8%
企業設施	28.4%
博物館／動物園／花園	12.4%
圓形劇場／運動場／劇院	18.0%
餐廳	16.1%
私人住所	22.8%
俱樂部	16.7%

瞭解這些數據後，我們現在將更仔細檢視構成這項刺激產業的各種類別。每項類別都具備獨有的特質、回饋及挑戰。一名人力資源專家會說：「把適當人選放在適當職位很重要。」這句話在此也適用。任何職業選擇，特別是對於尋求管理級職位的人而言，都應該尋求正確的「搭配」。有這麼多種不同職業選擇，你可能會發現一個能引發你對此領域熱情的職位，你可能在找到適合你的職位之前先找到幾個不適合的，或者你可能決定這並非適合你個人特質與生涯目標的工作。

一、企業活動

企業活動 (corporate events) 在活動業界持續處於領導地位。在活動市場中，有 80% 爲企業活動。

企業活動經理由企業所僱用，爲公司員工、管理階層及所有者規劃並執行會議細節。企業場域中越來越多的特殊活動，產生了專門規劃及管理這些活動的職位需要。他們參與活動規劃與組織，並擔任關鍵領導角色。規劃者必須具備溝通技巧、統籌各種行動的能力，並且關注細節。

企業活動 (corporate events) 包括年度會議、業務會議、新產品發表會、訓練會與工作坊、管理會議、媒體發表會、獎勵會及頒獎典禮。

企業活動爲餐旅業數個區塊帶來益處。如一名客戶可能在大型景點設施，如海洋世界或渡假飯店舉辦活動。每個企業客戶能爲該場所的經濟如飯店、餐廳、航空公司及其他商業帶來數萬美金的營收。當企業活動規劃者在活動中使用到飯店時，會考慮以下幾項對參加者而言最重要的元素，如企業客戶的住房費率、舒適設施如健身中心與商務中心、機場接送及飯店的快速登記住房與退房等。因此，企業活動規劃者應具備優秀的協商技巧，以便預訂必要的住宿與大型會議服務。

二、協會活動

在美國就有超過 7,400 家的協會，美國醫療協會 (American Medical Association) 及美國牙醫協會 (American Dental Association) 是兩個最正式的例子。大多數大規模的協會大型會議在舉行日 2 至 5 年前就進行規劃，而在規劃過程中，場所是決定性因素。在餐旅業界，國家餐廳協會 (NRA)、美國飯店業協會 (American Hotel and Lodging Association, AH&LA)，以及全球性的觀光會議局國際協會是衆多與此領域相關協會中的幾個例子。協會活動創造出約上千萬美金的營收，此金額來自於上百萬人次的千場以上的集會與會議。如美國行銷協會 (American Marketing Association) 每年舉辦超過 20 場會議，爲飯店業者創造出約 500 萬美元營收。

與協會有關的活動可自每月於私人俱樂部或飯店舉辦的午餐會，到每年度包括教育研討會在內的大型會議，讓協會成員有機會互相建立網絡。協會通常僱用全職支薪的規劃者管理年度全國會員大會事宜，此種會議是大多數協會細則中的規定要求。擁有較多財務資源的較大協會則常僱用全職會議與大型會議管理專業人員，處理大型協會活動及其他協會活動，包括董事會會議、教育研討會、會員會議、職業會議及區域會議。

在「活動市場中，有 80% 為企業活動。」

其他各處亦存在許多工作機會。職位可能包括大型會議經理、飯店內的特殊活動經理、會議經理，或在私人俱樂部內處理當地協會活動的特殊活動經理。

在活動規劃業界，職業公會對其會員的發展具有重大影響力，它們爲會員提供訓練、認證、網絡建立，以及協助事業規劃和其他諮詢服務。

> 對學生而言，協會可成為一項珍貴資源。許多協會提供獎學金及非常好的網絡建立機會。我就曾獲得美國女性大學協會 (American Association of University Women) 的獎學金，並因此促使我以學生會員的身分加入該協會。對於有興趣在活動管理領域發展職涯的學生而言，參加會議除了能獲得寶貴經驗，更重要的是能親身參與其中。志工很少會被拒絕！！
>
> Karen Harris

三、慈善晚宴與募款活動

慈善晚宴與募款活動，提供活動經理一個獨特機會與特定團體或慈善團體工作。通常活動會選擇一個主題，隨後活動經理即負責選擇地點，並統籌所有決定活動能否成功的細節，可能包括宴會、娛樂、場地裝飾、燈光、花卉布置、邀請卡、租賃、公關、交通、安全及技術支援。

進入此類型活動者須具備的關鍵技能之一，是在已固定並通常有限的預算內規劃活動。爲何這點如此關鍵？這些活動用意在於爲某個團體或慈善團體募款，因此多花一塊錢舉辦活動，就等於少了可用於慈善目標的一塊錢。然而，這些活動仍被期望是華麗的，因此在規劃及將主題付諸實現時，運用一點創意會非常有用。活動經理亦應擁有優秀的協商技巧，以便和供應商議價以獲得折扣，或在某些情況下贊助其服務或產品。一名聰明的規劃者，會知道如何將該活動帶給供應商的正面公關行銷效果作爲回饋。

對募款活動規劃者或經理的需求是相當穩固的。爲了證明此點，《活動規劃職涯機會 (Opportunities in Event Planning Careers)》一書中引用一名編制內活動規劃者的話：「爲一個非營利組織擔任編制內規劃者近六年的主要優點之一，就是我從來不需去找工作，因爲永遠會有新活動要舉辦。[5]」

擔任志工是在活動業獲得經驗的最佳方式之一，而慈善／募款活動提供了絕佳機會。我最近有機會為「Star Night Gala」活動擔任志願宴會侍者。然而更重要的是，我獲得與各種規劃相關人員見面與發問的機會！在你當地的報紙上查看「近期活動」，或者像我一樣，找到一個提供未來一年活動行事曆的當地慈善團體註冊處(charity register)。

「能以志工的身分學習，著實無價！」

Karen Harris

四、社交活動

社交宴會規劃者或經理爲各式各樣活動工作，包括大多數人都熟悉的傳統婚禮。其他此類別的活動規劃包括訂婚派對、生日派對、週年紀念派對、節日派對、畢業派對、軍方活動，以及其他所有社交聚會或活動。社交活動規劃者或經理通常負責選擇地點、決定主題或設計方案、訂製或規劃會場布置、安排外燴及娛樂，以及邀請函印製與寄送。

SMERF，亦即社交、軍事、教育、宗教與兄弟會組織，屬於此類別的組織亦屬於同樣的社交活動類別。這些組織中的個別成員通常需爲活動付費，這意味著他們對價格很敏感。不用說，與這些團體共事者的預算編列技巧非常重要。

婚禮是最爲大眾所知的社交活動，而婚禮規劃者是社交類活動中的重要成員。職銜本身似乎很絢麗，然而規劃婚禮時牽涉到的管理工作需要對細節的嚴格注意。請勿忘記，規劃者是負責爲一對新人創造出生命中最重要的一天。「要明白，這是你的工作。」婚禮顧問協會 (Association of Bridal Consultants) 理事長傑哈德．J.．莫納翰 (Gerard J. Monaghan) 表示：「這一定是份有趣的工作，但儘管如此仍是工作。」有效率的婚禮規劃者會與各種服務建立聯繫，包括活動舉辦地點的飯店、婚禮地點、布置裝飾、宴會、新娘用品店、樂師、攝影師及花藝師。

今日的婚禮比以往花費更高，舉辦時間亦更長。由於家族成員與朋友們爲了和新娘新郎一起慶祝而願意做更長距離的旅行，因此婚禮變成眞正的「特殊活動」。如今，許多婚禮對於參加者而言，已成了一種「迷你假期」。

五、博覽會與節慶

「博覽會 (fair)」這個詞很容易令人想起棉花糖、漏斗蛋糕、摩天輪，以及其他遊戲。這些記憶對於爲何博覽會被視爲一種特殊活動而言非常重要，但美國大多數博覽會的目的通常與農業有關。它們通常是由經選舉產生的委員會所選出的專業工作人員舉辦。博覽會一般以當地、郡或州爲層級舉辦。

節慶是經過規劃的活動，通常以慶祝目的爲主題。文化、週年紀念、節日及特殊場合通常以節慶的形式慶祝，如 Mardi Gras（狂歡節）就是慶祝大齋期 (Lent) 的開始。規劃一場節慶時，餐飲與娛樂非常重要。Festivals.com 是一個讓你能查找世界各地所舉辦之節慶活動的網站。琳瑯滿目的節慶令人瞠目結舌，藝術、音樂、體育、文學、表演藝術、空中表演、科學，以及兒童的節慶。網站將文化節慶形容爲：「魔幻的遊行、絕妙的餐宴、炫目的舞蹈。慶祝的精神跨越語言、海洋、大陸及文化，人們沉醉在自身遺產與所在的群體中。[6]」

以下爲節慶的小簡表——其中有些廣爲人知，有些則令人訝異（表 14-2）。

表 14-2 節慶簡表

十月節	狂歡節	機車節
西班牙遺產節	街頭音樂節	美國舞蹈節
北極熊跳海節	大蒜節	貝果節

爲博覽會與節慶規劃特殊活動的關鍵策略之一，在於及早決定活動目標。分析包括專業人員與志工在內能協助使活動上演的「可用人力」十分重要。國際節慶與活動協會 (International Festival & Events Association, IFEA) 提供來自世界各地的活動經理，一個建立網絡及交換意見的機會，包括其他節慶如何進行贊助、行銷、募款、營運、志工統籌及管理。（在本章後段將詳細說明 IFEA）。

六、演唱會與體育活動

演唱會推廣者 (concert promoter) 是與特殊活動有關的可交替從事之職涯選擇。（我們將只集中討論較小型演唱會與音樂活動）。在 1969 年，伍茲塔克 (Woodstock) 是一場大規模音樂節，被視爲具有造成轉變能力的活動，它轉變了參加者與社會。許多演唱會被規劃爲募款性質，如 Live Aid 就透過 1985 年一場有主要搖滾樂界表演者參與的演唱會爲非洲飢民募得數百萬美金。在較小規模的層次上，大學可能舉辦演唱會作爲一種特殊活動。

體育活動的開幕典禮、中場以，以及賽後表演則提供另一個「劇場」，讓活動經理可選擇作爲其職涯道路。這類表演秀能見度極高，因爲非常多體育活動會在電視上轉播。這爲活動經理帶來一項獨特挑戰，那就是滿足數百萬名電視觀衆及坐在體育場（或任何地點）觀看的現場觀衆。

在歷史上，體育活動比其他形式的娛樂受到更大歡迎。這很可能是因爲我們的競爭天性，以及想觀看他人競爭的慾望——某種古代競技時光的迴響。在體育環境中規劃特殊活動時必須謹記，最主要的注意焦點應保持在運動員與競賽本身。因此，特殊活動的上演應該是爲運動本身「增加」而非「搶走」光采。特殊活動甚至可能吸引額外觀者與球迷加入該運動。隨著職業運動的競爭性越來越高，特殊活動在體育類別中扮演的角色有許多成長與擴張的空間。

一個音樂演唱會的例子。

體育娛樂活動是個正在成長的領域，工作機會在未來很可能出現大幅增長，因爲只需想一想，一定要有人規劃、組織及執行中場秀，以及賽前和賽後的活動。大群觀衆正等待你那超級盃規模的想像力，因此可以確定的是，每場體育活動對於最重要的成員而言都是一場贏的經驗，而那成員就是球迷。

軍樂隊為體育賽事增添了一層娛樂性。

七、超大型活動

世界超大型體育活動，是本產業中最大的利潤生產者之一。大型與小型社區，都因爲超大型體育活動可能帶來的正面經濟影響，而對其大爲歡迎。

奧林匹克運動會 (Olympic Games) 是所有體育活動的標竿，吸引超過 600 萬人前往主辦城市。數量龐大的人潮前往旅遊、住宿飯店、在餐廳飲食及參觀主辦城市景點。奧運會是每四年舉辦一次的國際體育活動，由夏季與冬季奧運會組成。奧運會吸引數量遠勝任何其他體育活動的人潮前來，因此很容易看出爲何奧運會在本產業中扮演重要角色。

世界盃足球賽 (World Cup) 是每四年舉行一次的國際比賽，有世界最優秀的足球隊參賽。資格賽在產生冠軍的最終回合開賽前三年就開始舉行。幾近 100 萬人實際參加世界盃現場比賽，還有數百萬人透過電視或網路轉播觀看比賽。

超級盃 (Super Bowl) 是一年一度，由美國兩支最佳美式足球隊互相競技的比賽。賽事要在「超級盃星期天 (Super Bowl Sunday)」舉辦，這已是項傳統，經年累月下來，這一天已經成爲許多美國人的節日。超級盃是每年最多觀衆收看的美國節目，而且看的不只是比賽。人們也收看到花費數百萬美金的——沒錯，廣告！人們也收看中場表演，其中有些最受歡迎的音樂藝人參與演出。另一項有趣的事實是，這天也是美國食物消費量排名第二的日子（排名第一的當然是感恩節）。據估計，每年約有 4,400 萬人參加 750 萬場超級盃派對！

世界大賽 (World Series) 決定誰是最優秀的棒球隊。它是美國職棒大聯盟 (Major League Baseball, MLB) 季後賽的冠軍賽，季後賽在每年 10 月開打。由美國聯盟 (American League) 與國家聯盟 (National League) 的冠軍互相比賽。如今，錦標賽冠軍由在七場決賽中勝出的隊伍奪得。優勝隊伍獲得世界大賽冠軍獎盃 (World Series Trophy) 而且每名球員都獲得一只冠軍戒指。

有四場稱爲大賽 (Majors) 的主要男子高爾夫錦標賽。高爾夫球名人賽 (Masters Tournament) 是一場每年於 Augusta National Golf Course 高爾夫球場舉辦，由世界頂尖高爾夫選手參加的比賽。本場比賽的冠軍自動受邀參加往後五年其他三場主要比賽，並終生受邀參加本賽事。美國公開賽 (U.S. Open Championship) 是每年 6 月舉行的男子高爾夫球公開錦標賽，是 PGA 巡迴賽及歐洲巡迴賽的官方比賽之一。會在各種高爾夫球場舉辦。英國公開賽 (British Open) 在男子高爾夫四大錦標賽中歷史最爲悠久。它每年在一個沙丘高爾夫球場舉行（位於濱海地區，在海風吹拂之沙質土地常產生沙丘，還有一些水塘危險區及稀疏樹木）。美國 PGA 錦標賽 (U.S. PGA Championship) 是每年於 8 月舉行的最後一場錦標賽。PGA 比賽的冠軍亦自動受邀參加往後 5 年其他三項主要比賽，並終生不須參加 PGA 錦標賽的資格賽。

有許多船賽以一年一度的方式舉行。每四年舉辦一次的美國盃 (America's Cup) 也許是最著名的遊艇賽事，除了遊艇競賽之外，它亦考驗船隻設計、航行設計、募款及人力管理。賽事由一連串比賽構成，目前爲從九場一對一比賽中勝出的方式進行（兩艘船互相比賽）。

遊輪公司亦創設專門的運動航程，讓觀衆及參加者加強自身技術、與職業運動員見面、參加主要活動，以及單純地沉浸在自己最喜愛的運動之中。

個案研究

活動策劃者在那工作？

1. 酒店／度假村
2. 私人公司
3. 協會
4. 提供飲食及服務的公司
5. 政府
6. 私人俱樂部
7. 會議中心
8. 婚禮行業
9. 活動籌辦公司
10. 非營利組織
11. 廣告代理商
12. 自僱人士

自我檢測

1. 活動業界哪種類別的特殊活動持續居於領導地位？
2. 多數大型協會的大會議於何時規劃？
3. 進入慈善晚宴類活動工作者必須具備的關鍵技能為何？

14.3 活動經理必備技巧與能力

學習成果 3：**總結活動管理所需的技能和能力。**

特殊活動管理就像其他任何形式的管理一樣，必須具備某些技巧與能力。將一場成功活動付諸實現需要的不只是一個創意，還需要領導能力、溝通、計畫管理、有效協商與授權的技巧、在預算內執行工作、處理多重任務的能力、熱忱、社交技巧，以及建立網絡的能力。以下爲有效率之活動管理的幾項關鍵技巧概述。

一、領導技巧

領導能力是一名成功活動經理應具備的最重要技巧。一名活動經理的目標在於成爲一名領導者，能指揮一個由員工與志工組成的團隊，而且他們會尊重、崇敬與遵循你的指揮以達成設定的目標。身爲一名領導者，活動經理將扮演多個角色。第一是激勵工作人員與志工，提供可說服他們的原因，如爲何他們應該要協助達成該活動所設定的目標，在扮演此角色時，活動經理將表現的如一名推銷員。第二個角色則代表活動經理有責任提供工作人員與志工達成目標的工具。這包括訓練與統籌。第三個角色則是輔導者，身爲一名領導人，活動經理將擔任輔導員，並提供能凝聚團隊的支援系統。激勵工作人員與志工是有效率活動管理的重要元素。

有效率的活動領導能轉變你團隊中的人員。授權給你的活動團隊，讓他們找到屬於自己的解決方案，這對活動成員與活動本身都有利。它能讓團隊成員爲自己創造新機會，並激發個人成長。對活動而言，充分授權將能使目標與目的被快速達成。喬·傑夫·高布雷博士 (Dr. Joe Jeff Goldblatt) 對活動領導提出的建議。

1. 活動領導能讓你的團隊成員，找到繼續達成活動目標與目的之動機。
2. 你無法給別人動機，他們必須透過找到清楚的個人目標與目的而給自己動機。
3. 志工是大部分活動的生機所在，招募、訓練、統籌及獎勵是這項行動成功的關鍵。
4. 活動領導的三種風格爲民主式、獨裁式及自由放任式。每種風格都可能在活動過程中運用到。
5. 政策、程序及實踐是活動決策的藍圖[7]。

二、與其他部門溝通的能力

一名活動經理的成功，很大程度仰賴於使人與人之間有效溝通的能力。溝通方式可以是口頭、書面及電子式的。活動經理必須成爲有效率的溝通者，與工作人員、志工、保證金保人，以及其他部門保持清楚的溝通。

書面溝通是爲留下詳實記錄及提供訊息給媒體宣傳的基本工具。另一個與其他部門溝通的工具是透過會議。

成為一個成功的活動經理，他必須具備很強的口頭、書面及電子溝通技巧。

三、專案管理技巧

活動規劃與專案管理可能相當費時，因此，一名優秀的規劃者應具備有效率的專案管理技巧，以便準備充分地平衡一場活動中的所有要素（若有其他活動同時進行則須顧及更多場活動）。專案管理 (project management) 是在時限內及預算額度內完成計畫的行爲。專案管理非常適合特殊活動業，因爲整個活動或一場活動的所有要素，都可比照計畫的方式進行管理。以下爲喬治·芬區 (George G. Fenich, Meetings, Expositions, Events and Conventions 一書的作者) 所提出可用於協助活動專案管理的管理工具。

1. 顯示活動節目排程的流程圖與圖表：檢視任何一場會議的排程表，你會看到某一場研討會的開始與結束時間，何時是休息時間，午餐將在何時於何地進行，何時會議將繼續舉行。圖表化各項小活動的時間表將有助於指引與會者及賓客。
2. 載有清楚說明的活動設置與拆除工作時間表：這提供活動經理一個機會確認可能在活動最初規劃過程中被忽略掉的應盡任務。
3. 制定政策宗旨以引導決策過程及履行承諾：包括人力資源、贊助、安全、票務、志工，以及活動的支薪人員。[8]

> 美國行銷協會 (American Marketing Association) 每年舉辦超過 20 場會議，單為一家處理半數會議業務的飯店就創造出約 1,000,000 美金營收。

四、協商技巧

協商是會議規劃者與供應商（如飯店代表或其他供應商），就規範雙方在會議、大型會議、展覽或活動舉行前、中、後之關係的條款與條件，達成協議的過程。一名有效率的協商者會在清楚己方所需的狀態下進入協商過程。

一名有經驗的協商者提供了以下秘訣。

1. 做好事前調查研究工作，爲想得到的成果發展出一套「戰略」，並爲己方所必需及所想要的結果，排出優先順序，儘可能瞭解對方的立場所在。
2. 注意所需付出的代價，不要忘記想得到的成果爲何。
3. 留下一些可協商的空間，它有可能提供一個可稍後回來並重新展開協商的機會。
4. 不要當最先提議的人。讓其他人先行動，定下協商的外在參數。
5. 虛張聲勢，但不要說謊。
6. 當路障出現時，找出一條更具創意的路。以「跳出框架」的方式思考，通常能導向解決之道。
7. 時機就是一切。要記得，時間永遠是沒有時間者的敵人，而 90% 的協商通常是在預定協商時間的最後 10% 中拍板敲定。
8. 傾聽、傾聽、再傾聽，而且不要被情緒牽著走。讓情緒主導協商，會導致一個人看不清哪個結果是重要的[9]。

規劃與執行一場特殊活動可能涉及數份合約協商。最重要的通常是與設施或會議地點簽訂的合約。與其他服務簽訂的合約可能包括場所管理、娛樂、外燴、臨時員工、安全及視聽設備等，而這些只是其中幾項。一名活動經理應謹記「資訊和彈性」，以強化自身溝通技巧與立場。

五、統籌與授權技巧

管理工作人員與志工，牽涉到統籌他們的職責與工作表現，以便讓你能夠達成活動目標。身爲一名經理，你負責任命督導者或團隊領導者以監督員工與志工的表現。在與工作人員及志工共同合作達成活動目標與目的時，提供訓練與指導十分重要。當員工能發現本身工作的目的與價值和成果所在時，他們通常會變得更積極想達成目標與目的。

六、預算編列技巧

預算編列是一項讓經理得以規劃使用其財務資源的行動。在活動業中，活動規劃者可能在協會、SMERF 團體或個人（在婚禮或訂婚禮的情況中）所決定的固定預算限制下工作。在其他情況下，預算可能更具彈性，如一個擁有較豐富財務資源的大企業。預算編列是所有餐旅領域中的必備技巧，包括特殊活動業在內。

在編列一場活動的預算時，先前舉辦過同樣或類似活動的財務歷史、經濟大環境和你對未來的預測，以及你判斷可用的資源將產生的收入與支出額，都是需納入考量的因素。雖然大部分活動經理會將預算編列視爲工作中最無趣的部分，它仍是個需要仔細管理的領域，並且和成功息息相關。你的預算編列技巧越優秀，就越能夠將資源運用在其他「更有創意」的行動上。

七、處理多重任務的能力

由於本產業的特質，一名有效率的活動經理應具備處理多重任務的能力。在活動規劃與設置階段，你的行政、統籌、行銷及「管理」能力將受到考驗。終究你的工作是在於辦理並掌控爲了將你的目標與目的付諸實現，所必須進行的一切事宜。你可能會面對到好幾項同時發生的問題，而一個有效的解決辦法，就是視情況需要將任務授權分派。

八、熱忱

熱忱是各位到目前可能已耳熟能詳的說詞。在餐旅業任何領域中，工作要求的高標準常令人心力交瘁，但同時，一場活動成功地完成時，所獲得的回饋及成就感會非常大。正如 Brinker International 公司董事會主席諾曼．柏瑞克 (Norman Brinker) 的精闢陳述：「找出你喜愛從事的事，而後你一生都將不會是在工作。……讓工作就像玩樂，然後盡情玩！」熱忱與熱情、動力與決心，這些都是有助使一名活動經理或規劃者獲得成功的特質。如同蘇珊．貝利 (Suzanne Bailey) 的個人檔案所示，特殊活動業是一個「刺激、令人精疲力竭又充滿樂趣的工作領域。」對於擁有適當熱忱與熱情者而言，它可能成爲一條眞正值得投入的職涯道路。

九、有效社交技巧

對包括特殊活動業在內的任何管理職位而言，社交技巧都是一項重要技能。社交技巧非常關鍵，它可讓與你交易的對象感到自在、合宜地處理各種狀況並消除阻礙你達成目標的障礙。溝通是一項關鍵社交技巧，而另一項技巧亦然——傾聽。社交禮儀是另一項能夠成就或阻斷職涯的技巧，並可經由練習而獲得。社交禮儀被定義爲展現社會所接受的良好禮貌行爲，並表現出對他人的體貼。包括特殊活動領域在內的餐旅業專業人士均必須熟稔合宜的社交禮儀。服務是你所提供的最大產品之一，因此，社交技巧與禮儀是成功的必備要件。規劃特殊活動時，必須具備合宜的社交禮儀，而正確的社交禮貌是事業成功的關鍵[10]。有效的社交技巧，在領導一群具企圖心的工作人員與志工時亦相當關鍵。你能多順利地溝通、輔導、指示、領導及傾聽，反映出你能多成功地擔任一名經理。

十、建立網絡的能力

許多人都聽過這句話：「重要的不是你知道什麼，而是你認識誰。」這句話在特殊活動業有任何價值嗎？當然有。一場活動可能需要各種服務、供應商或產品。以下是進行過程：一名活動規劃者準備一份說明書載明所有需求，並要求可能的供應商提出報價。隨後活動規劃者與客戶共同逐一檢視這些資訊，並決定將由誰提供這些服務。一段時間後，會議規劃者很快就能發現誰是最佳供應商，並且是他們較想共事的對象。

十一、婚禮規劃

婚禮往往充滿了壓力和情緒。記得那部電影《愛上新郎 (The Wedding Planner?)》嗎？珍妮佛洛佩茲 (Jennifer Lopez) 在裡面飾演一位婚禮規劃師，必須處理許多的「情況」。未婚夫妻可能太忙碌，或沒有足夠的資源和經驗規劃並成功地舉辦婚禮，因此聘請專業的婚禮規劃師。婚禮規劃師透過規劃婚禮的架構和管理，幫助未婚夫妻和他們的家人。

婚禮規劃師必須。

1. 透過書面協議，讓你的客戶非常清楚哪些是你可以做到的。
2. 具有價格競爭力。

好的婚禮顧問能夠熟練巧妙地將好品味放入婚禮活動中。作爲一個規劃師，你的經驗可以替未婚夫妻帶來很棒的點子和夢幻般的情景，否則他們自己可能會忽略掉。此外，在規劃階段的某個時間點，你將不得不充當調停人。你的語言應該要有技巧且充滿自信，這會幫助你的顧客和家人有更好的人際關係。[11]

專業婚禮規劃師需要具備以下技能和知識。[12]

1. 基本商業管理
2. 基本會計 / 簿記
3. 行銷和人口統計
4. 商業英語
5. 商業數學
6. 文書處理 / 資料庫管理
7. 藝術史
8. 烹飪技術
9. 色彩和設計技術
10. 基本攝影
11. 世界宗教
12. 基礎心理學和社會學
13. 時裝史

婚禮規劃師的責任，是要讓婚禮的規劃和組織更完美，並讓新娘、新郎及其家人留下很多美好的回憶。婚禮規劃師可提供一定範圍的服務，他們也與廠商有良好的關係可得到折扣。婚禮規劃師必須有備援計畫，而且必須靈活思考。其中一個秘訣是——別讓奶奶幫忙做蛋糕。筆者曾經在放置好一個三層蛋糕之後發現，蛋糕上的霜飾太軟了，以至於整個蛋糕都垮了。在另一個婚禮上，一位患有近視的年長服務生錯把鹽加入糖罐中，當主桌的賓客開始吃水果時，每個人的臉都變得很奇怪。請記得，要找一個人做司儀，不然最後你可能要親自上場！

「網絡建立」是一項值得投入時間心力的實際行動。網絡建立是加入協會的益處之一。精於網絡建立將讓你建立一個聯繫基地，協助你在活動業獲得成功。擁有一個強大的聯繫基地，將讓你能規劃應對必定會在某些職涯時刻出現的「預期外」狀況。

Karen Harris

自我檢測

1. 説明具有強大領導能力的活動規劃者該扮演哪些多種角色。
2. 描述有效的專案管理。
3. 列出在活動規劃中可能建立的三個重要合同。

.inc 企業簡介

國際特殊活動學會 (International Special Events Society)

國際直播活動協會 (International Live Events Association, ILEA) 於 1987 年成立，如今擁有幾近 5,000 名活躍於世界各地 38 個地區的會員。該組織擁有眾多專業人士，分別擔任特殊活動製作者 (從節慶到商展) 、宴會業者、會場布置者、花藝師、場所管理公司、租賃公司、特殊效果專家、視聽技術人員、派對與大型會議統籌者、飯店業務經理、娛樂表演專家及其他等等。

ILEA 的成立宗旨為「透過教育培育進步的表演，同時促進道德行為。ILEA 致力於與專業人士共同將焦點放在『活動整體』而非個別部分。」該組織形成堅固的同業網絡，讓旗下會員能在為客戶製作高品質活動的同時，從與其他 ISES 會員的正面工作關係中獲益。

ILEA 頒發一項認證特殊活動專業人士 (Certified Special Events Professional, CSEP) 的認證，它被認為是特殊活動業界 (Special Events Industry) 專業成就的基準。ILEA 宣示：「此項認證透過教育、工作表現、經驗、對本產業的貢獻、個人資歷呈現與審核才能獲得，並反映對專業表現與道德的承諾。」此計畫包括一項個人或集體研習計畫、經驗與貢獻的點數評估、申請書，以及測驗 [13]。可造訪 ILEA 網站 www.ileahub.com 以獲得進一步訊息。

職業公會亦提供會員事業計畫上的協助及其他形式的諮詢。有些公會甚至提供職缺資料庫以及推薦人服務。以下簡短概述與特殊活動業有關的主要公會。

國際直播活動協會 (ILEA) 宗旨

ILEA 的宗旨是教育、提升，並促進特殊活動業，以及其與相關產業專業人士之網絡建立。

為達成此目標，我們致力於：

1. 透過我們的「職業行為與道德原則 (Principles of Professional Conduct and Ethics)」向社會大衆展現特殊活動專業的尊嚴。
2. 取得並傳達實用商務資訊。
3. 培育會員間及其他特殊活動專業者之間的合作精神。
4. 培養高標準的專業表現 [14]

14.4 特殊活動組織

學習成果 4：識別出與特殊活動管理業有關的主要專業組織

如同其他餐旅業，職業公會是特殊活動領域中職業發展的關鍵助力。職業公會爲會員提供訓練，以及備受肯定的認證，而成爲會員則有機會與同領域中其他專業人士建立網絡。此外，公會亦能協助會員，和提供特殊活動相關產品與服務的供應商建立聯繫。

一、國際節慶與活動協會

45 年來，國際節慶與活動協會 (IFEA) 爲特殊活動業提供募款機會與現代發展創意。1983 年，IFEA 透過認證節慶與活動主管 (Certified Festival & Event Executive, CFEE) 開始進行提高節慶管理訓練與表現標準的計畫。想獲得此項傑出認證者，皆致力於精進節慶與活動管理，他們運用此計畫作爲職涯晉升的一項工具，並進一步增加他們的知識。該組織目前擁有超過 2,700 名專業會員，他們透過 IFEA 的出版品、研討會、年度大型會議與商展，以及持續維持的網絡獲得最新資訊 [15]。

加入此協會並達到 CFEE 要求，其益處包括能夠協商出更佳薪資或財務配套計畫、獲得其他產業的專業人士認可，以及它提供給節慶業的「內部」知識。可上 IFEA 網站 www.ifea.com 查詢進一步資訊。

二、國際會議規劃者

國際會議規劃者 (Meeting Planners International, MPI) 是一個總部位於達拉斯 (Dallas)，擁有接近 19,000 名會員的協會。根據 MPI 在其官方網站上所宣示：「MPI 作為 1023 億美金的會議與活動業的全球權威與資源，授權會議專業人士透過教育、定義清楚的職涯道路，以及事業成長機會增加他們的策略性價值。」MPI 透過兩項認證計畫提供專業發展：

1. 認證會議專業人士 (Certified Meeting Professional, CMP)
2. 會議管理認證 (Certification in Meeting Management, CMM)

CMP 計畫以專業經驗與學科測驗為基礎，因此讓專業人士能將 CMP 認證列於名片、信頭及其他印刷品上的個人姓名之後。除此之外，研究顯示通過 CMP 認證者年薪比未通過 CMP 認證者高至 10,000 美金[16]。

會議管理認證是針對資深會議專業人士設置，並提供下列機會：推廣教育、全球認證與認可、潛在的職涯提升及網絡建立基地[17]。可上 MPI 網站 www.mpiweb.org 以獲得進一步資訊。

三、地方觀光會議局

觀光會議局 (CVB) 是位於美國與加拿大幾乎每一個城市的非營利組織，世界各地許多其他城市亦設有 CVB 或觀光會議協會 (Convention and Visitors Association, CVA)。簡單來說，CVB 是一個以促進所在城市之觀光、會議與相關事業為目標的組織。CVB 有三項主要功能。

1. 鼓勵各類團體在其所代表之城市或地區，舉辦會議、大型會議與商展。
2. 協助這些團體進行會議準備與會議進行。
3. 鼓勵觀光客利用該場所所提供的歷史、文化及休閒活動機會。

CVB 並不涉入會議、大型會議與其他活動的實際規劃或組織過程。然而，CVB 以數種方式協助會議規劃者與經理。首先，它會提供場所、地區景點、服務與設施的資訊。再者，它為規劃者提供一個無偏見的資訊來源。最後，CVB 所提供的大部分服務都是免費的，因為它們透過其他來源獲得資助，包括飯店住房稅及會員規費。因此，它能夠為活動規劃者與經理提供一系列服務。CVB 所提供的典型一般服務包括。

1.CVB 擔任規劃者與社區之間的聯絡人角色
2.CVB 可透過舉辦會前與會後活動、結伴旅行及特殊晚會活動的方式，協助會議與會者將空閒時間做最大利用。
3.CVB 可提供飯店房間數與會議空間統計數字。
4.CVB 能協助找尋可使用之會議設施
5. 眾多 CVB 形成一個交通網絡：機場接送服務、路上交通及航空公司資訊。
6.CVB 能協助進行場地勘查與熟習之旅
7.CVB 能提供講者與地方教育機會。
8.CVB 能協助確認輔助服務、生產公司、宴會、安全及其他等等。

自我檢測

1. 活動策劃者加入專業協會有什麼好處？
2. 列出活動規劃行業中的兩個專業協會，並說明其目標。
3. 說明獲得節慶與活動主管認證的過程。

永續特殊活動

永續活動結合了前幾個章節提到的許多元素。永續性活動中較為著名的努力包括。[18]

1. 在永續地點舉行活動，經過認證的綠建築。
2. 利用經過認證的綠色餐廳或外燴服務。
3. 採用七星公司 (Seven-Star) 承包的綠色活動服務舉行「對環境負責與社會尊重」(environmentally Responsible and socially Respectful) 的慶典、商展、會議及音樂會。
4. 加入並參與「國際綠色產業協會」(Green Meeting Industry Council)。
5. 制定並實施營運和產品的使用計畫。

永續已經成為餐旅業的趨勢，而且很可能會繼續下去。隨著永續發展意識的增加，特殊活動的客戶將期望舉辦環保的活動並尋找供應者。像七星 (Seven-Star) 這樣的組織提供的服務包括：節目製作、預算編制、請購表 (RFP 的) 實地勘察、地點和供應商合同、平面圖設計、政策、法規和遵守、碳足跡追蹤等等，這些都能以環保的方式進行。

14.5 特殊活動工作市場

學習成果 5：描述成為活動管理者的途徑。

要成爲一名成功的特殊活動顧問或一名館外宴會／活動專家，需要同時兼備許多技巧。在數種場合獲得經驗，將帶領你走向成功的高峰。如同任何職業一樣，你必須攀過一個「經驗梯層 (experience ladder)」。

首先，讓自己在餐旅業的餐飲面向儘可能汲取各種經驗，如果時間與資源許可，非常建議你參加廚藝訓練計畫獲取知識。第二，在業務量大的大型會議中心或渡假飯店擔任宴會餐飲侍者，所汲取的經驗將是無價之寶，同時，在飯店外場擔任客戶服務人員或門房亦能讓你有機會磨練自身的客戶服務技巧。努力讓自己晉升至宴會經理或 CSM（大型會議服務統籌者）的職位能提供機會學習並精進組織技巧，其目的在於培養處理多重任務及同時處理無數細節的能力。畢竟，特殊活動事業就是管理細節的事業。

下一步是取得業務類職位，一個值得追求的最佳職位是執行會議經理，有時在大型會議中心或會議飯店內亦被稱爲小型會議經理。在此職位你將負責預定小型團體飯店房間（通常爲 20 個房間或更少），安排會議室、用餐計畫及視聽需求。可能一次得爲好幾個團體統籌數百項細節，不過是以較小規模進行。從這個職位，你可以轉任飯店內的宴會業務職位。

飯店內的宴會業務職位將使你能接觸許多不同類型的活動，如婚禮、重聚會、企業活動、節日活動，以及社交晚會與晚宴。在此職位，負責統籌也就是有機會與各種供應商共事。這也是花藝師、道具公司、燈光專家、娛樂公司、租賃公司及視聽專家一展身手之處。在此職位任職 2 至 3 年，能使你準備好踏上更上一層的梯級。

如今，你能從幾個不同角度繼續發展，如升任飯店內的大型會議服務經理、轉任館外宴會的業務顧問、加入製作公司或進入場所管理公司 (DMC)。通常，若沒有在場所管理公司中的業務經驗，你的入門職位將是線控經理。一旦在此職位充分吸收經驗後，你將能加入業務團隊。

在努力創造與銷售你的創意兩年後，你就準備好更上一層樓了，畫板在你手中，讓你自由揮灑出自己的未來。致力成爲下一位超級盃中場活動的創造者與製作者如何？又或許爲奧運會設計主題與架構才是你的未來。許多道路等著你去探索，召喚出你的行銷創意、事業意識、會計技巧、設計天分，或你創造獨特娛樂與用餐概念的出衆創意泉源。透過以冒險精神獲得的經驗，持續教育自己並發掘新鮮創意，對於設計與行銷特殊活動而言，是不可或缺的。別忘記以獲得知識與經驗之名，儘可能大量進行實習，展現你對與衆不同及跳脫傳統之事物的熱忱。要知道，創意是沒有界線的，將你的人生藍圖看清楚，然後全力以赴完成它！圖 14-2 爲活動經理的職涯發展途徑。

圖 14-2 活動經理的職涯發展途徑

自我檢測

1. 你可以如何磨練你的客戶服務技巧？
2. 會議執行經理負責什麼？
3. 一家酒店的餐飲銷售職位將使您了解哪些事件？

特殊活動業的發展趨勢

1. 特殊活動業前景看好，因為客戶想要比以往更精彩的活動。
2. 活動的複雜度增加，涉及以多媒體進行展演、更精緻的活動呈現及高級餐飲服務。
3. 運用高科技進行展演既是一項機會，亦為一項挑戰，作為機會的原因在於它能使活動規劃與管理更為便利，而作為挑戰的原因在於必須精通各種新軟體程式，與會者可以利用他們的行動裝置、筆記型電腦、平板電腦和智慧型手機等，可以讓與會者用於活動前、現場和活動後的事宜，行動配置也用於指引，報到和活動的溝通。
4. 活動規劃高度要求合乎環保意識，包括使用合乎環保的供應品及材料，且需回收和提供在地、高保鮮期及有機的食品和飲料，利用節水和節約能源的做法，並避免汙染和廢物產生。

個案研究

活動空間不足

潔西卡是任職於大規模大型會議中心的活動規劃者。一名客戶已要求舉辦一場展覽，它不只將帶來豐厚營收，亦是一場其他數個大型會議中心也想爭取主辦的年度活動。

通常展覽需要一至兩天進行布置、三至四天展覽，以及一天拆除。專業組織負責處理布置與拆除的每個部分。

當潔西卡查看該展覽預定舉辦的日期是否有足夠的空間使用時，注意到另一項展覽占據了她客戶所需的部分活動空間。

問題討論

潔西卡可採取什麼措施，使該場展覽能順利使用大型會議中心，而不致於對兩場展覽造成過多不便？

職場資訊

特殊活動業正在成長，充滿活力而且步調快速。有數條職涯發展途徑可考慮，如以實習生身分入門，可讓你學習到此刻自己最喜歡本產業的那個面向，並可在往後應徵此類職位。要記得，許多實習機會可讓你在畢業後轉為正職。於在學期間儘可能獲得越多經驗越好。另外很重要的一點是，從基層做起，再一路往上晉升，所以，下一次有機會，就去應徵擔任志工。從在一些活動擔任「額外」人員的方式開始，之後找機會以某名人員的助手身分，參與該組織，並在一段時間後成為統籌人員，進而成為會議經理或活動經理。活動管理公司、場所管理公司、會議管理公司及飯店與大型會議中心都是能找到機會的好地方。

本章摘要

1. 活動管理業僱用專業人士，他們一起努力提供廣泛的服務，以典禮及儀式的形態創造出獨特的時刻，來滿足特定的需求。
2. 活動策劃者負責所有的活動計畫（包括設定日期及地點、宣傳活動、提供茶點或安排餐飲，以及提供演講者或娛樂活動）。從事活動管理需要特別擅長以下技巧，如行銷、業務、規劃、組織、財務、人力資源及激勵，以及對細節部分的關注。爲了獲得訂單，身爲活動經理需要準備一份提案，以供客戶批准並簽署合約。
3. 活動規劃的幾個階段，包含研究、設計、規劃、統籌和評估。活動規劃的挑戰包括時間、財務、科技及人力資源。
4. 特殊活動業被分成以下幾種類別，如企業活動、協會活動、慈善晚宴與募款活動、社交宴會、博覽會與節慶、音樂會及體育活動。
5. 特殊活動管理必須具備某些技巧與能力，包含領導能力、溝通、專案管理、統籌與授權、預算、多重任務處理能力、熱忱、社交技巧，以及訂定契約的能力。
6. 職業公會對特殊活動領域中的職業發展是主要的貢獻者，提供訓練、認證及媒合機會。在特殊活動行業的主要職業公會組織，包含國際特殊活動學會 (International Special Events Society)、國際節慶與活動協會 (International Festival & Events Association, IFEA)、國際會議規劃者 (Meeting Planners International, MPI) 和觀光會議協會 (Convention and Visitors Association, CVA)。
7. 要成爲活動策劃者，首先，讓自己在餐旅業的餐飲面向取得各種經驗（更完美的是學習過烹飪藝術課程）。在業務量大的大型會議中心或渡假飯店，擔任宴會餐飲侍者的經驗會是無價之寶，從事客戶服務代表或飯店服務臺人員，會磨練你的客戶服務能力，當升職至宴會經理職位或大型會議服務經理時，都提供你更好的機會獲取組織技能，接著，在大型會議中心或會議型的飯店取得業務相關的職位（如會議執行經理），然後你可以橫向發展，轉任飯店的餐飲業務職位，再進一步提升至飯店中大型會議中心的服務經理或館外宴會的業務顧問、加入生產公司或場地管理公司 (DMC)。

重要字彙與觀念

1. 會議管理認證 (Certification in Meeting Management, CMM)
2. 認證節慶與活動主管 (Certified Festival and Event Executive, CFEE)
3. 認證會議專業人士 (Certified Meeting Professional, CMP)
4. 認證特殊活動專業人士 (Certified Special Events Professional, CSEP)
5. 慈善晚宴 (charity balls)

6. 觀光會議協會 (Convention and Visitors Association, CVA)
7. 大型會議 (conventions)
8. 統籌 (coordination)
9. 企業活動 (corporate events)
10. 企業研討會 (corporate seminars)
11. 活動規劃者 (event planner)
12. 活動規劃 (event planning)
13. 博覽會與節慶 (fairs and festivals)
14. 募款會 (fund-raisers)
15. 國際節慶與活動協會 (International Festival & Events Association, IFEA)
16. 國際直播活動協會 (International Live Events Association, ILEA)
17. 國際會議規劃者 (Meeting Planners International, MPI)
18. 專案管理 (project management)
19. 社交宴會 (social functions)
20. 特殊活動業 (special events industry)
21. 商展 (trade shows)
22. 週行事一覽會議 (week at a glance meeting, WAG)
23. 婚禮與節日派對 (weddings and holiday parties)
24. 工作坊 (workshops)

問題回顧

1. 活動規劃者是負責什麼？
2. 描述特殊活動中的三個分類。
3. 說明活動管理必要的技巧與能力。
4. 列出參與特殊活動業的三個專業組織。
5. 描述活動策劃者可能的職業道路。

網路作業

1. 到 www.ises.com 並點選「Education」。找到「Event World」並查看 ISES Event World 可能爲專業發展提供哪些計畫，以及誰應參加。
2. 拜訪網站 www.mpiweb.org/home，點選「career development」看看 Career Connections 提供了哪些工作選擇？

運用你的學習成果

為你所在區域的一場當地活動做規劃。列出所有大標題，並制定預算表。

建議活動

參加一場特殊活動，並對該活動及其規劃與組織寫一份簡短報告。

參考文獻

1. 參考 Joe J. Goldblatt, Special Events: Best Practices in Modern Event Management, 2d ed. (New York: John Wiley and Sons, 【特殊活動：現代事件管理的最佳實踐】，第二版，（紐約 ：John Wiley and Sons，1997 年），第 2 頁， 以及 Special Events: The Art and Science of Celebration (New York: Van Nostrand Reinhold，【特殊活動：慶典的藝術和科學】，（紐約：範·諾斯特蘭德·萊因霍爾德，1990 年，第 1-2 頁。
2. 參考 Frank Supovitz, Foreword in Joe J. Goldblatt, Special Events: Best Practices in Modern Event Management，序言，【特殊活動：現代事件管理的最佳實踐】，第二版，（紐約：John Wiley and Sons，1997 年），第 4 頁。
3. 參考 Blythe Camenson, Opportunities in Event Planning Careers (McGraw-Hill Education)，【活動策劃職業的機會，麥格勞 - 希爾教育，2003 年，第 4-7 頁。
4. 參考 Event Solutions–2004 Black Book (Tempe, AZ: Event Publishing，【活動解決方案黑皮書 (Event Solutions Black Book)，【亞利桑那州坦佩】，事件出版社，2004 年，第 22 頁。
5. 參考 Blythe Camenson, Opportunities in Event Planning Careers (McGraw-Hill Education)，【活動策劃職業的機會】，麥格勞 - 希爾教育，2003 年，第 115 頁。
6. 參考 https://www.festivals.com/。
7. 參考 Joe J. Goldblatt, Special Events: Best Practices in Modern Event Management，【特殊活動：現代事件管理的最佳實踐】，第二版，（紐約：John Wiley and Sons，1997 年），第 129-139 頁。
8. 參考 George G. Fenich, Meetings, Expositions, Events, and Conventions: An Introduction to the Industry (Upper Saddle River, NJ: Pearson Education, Inc.,)，【會議、展覽、活動和大型會議：行業簡介】，（新澤西州上薩德爾河市：皮爾遜教育有限公司，2005 年），第 181-182 頁。
9. 同上，第 366 頁。
10. 參考 Judy Allen, Event Planning Ethics and Etiquette: A Principled Approach to the Business of Special Event Management (Etobicoke, Ontario: John Wiley and Sons),【朱迪·艾倫】，《活動策劃的道德與禮儀：企業特殊活動管理業務的原則方法》，（安大略省怡陶碧谷市：約翰·威利父子，2003 年，第 79 頁。

11. 同上。
12. 參考 Wedding Planner Career，https://www.mymajors.com/career/wedding-planner/。
13. 參考 International Live Events Association，https://www.ileahub.com/。
14. 同上。
15. 參考 International Festivals and Events Association ，https://www.ifea.com/。
16. 參考 Blythe Camenson, Opportunities in Event Planning Careers (McGraw-Hill Education)，【活動策劃職業的機會】，麥格勞 - 希爾教育，2003 年，第 36-41 頁。
17. 參考 Meeting Professionals International ，https://www.mpi.org/。
18. 參考 Seven-Star，https://sevenstar.org/accreditation/。

專業用語中英對照與釋義

A

受約 (Acceptance)
無條件同意提議中之精確事項與條件。

探險遊輪 (Adventure cruise)
航行於許多地區，包括阿拉斯加、亞馬遜河、奧利諾科河、南極大陸、格陵蘭、加拉巴哥群島、南太平洋，以及西北航道。

平權法案 (Affirmative action)
一種主動式的招聘方法，以鼓勵雇主尋找歷史中受壓迫的人們，包括少數民族和婦女在內的人們，提供他們職位。

民宿 (Airbnb)
爲酒店業者提供了一個遍布全球的點對點交易市場和寄宿家庭網絡，使人們能夠以低於酒店的價格表來租用住宅物業爲短期住宿。

機加船套裝行程 (或稱飛機郵輪套裝行程 Air-cruise packages)
飛機郵輪套裝行程將飛機和郵輪旅遊統包成單一價格。

美國烹飪聯盟 (American Culinary Federation, ACF)
爲一組織，藉由對各不同層級烹飪廚師的教育，來提升美國廚師的全球專業形象。ACF 是烹飪界中提供教育資源、培訓，學徒制和程序化認證的領導者，此程序化認證是設計來加強目前和未來廚師及點心廚師的專業成長。此外，ACF 執行最全面的美國廚師認證計劃。

美國身心障礙者法案 (Americans with Disabilities Act, ADA)
此法案規定，所有的飯店都必須將現有的設施與設計，變更爲無障礙的結構。

美國飯店業協會 (American Hotel and Lodging Association, AH&LA)
對飯店提出經營建議及取得環保認證典範實務。

美式服務 (American service)
在廚房內完成食物的製作與擺盤，然後將食物送至餐廳內服務客人。美式服務是一種較不正式卻又不失專業的服務方式，這種服務方式受到現今餐廳顧客的喜愛。

美國主管協會 (American Society of Association Executives, ASAE)
在美國擁有 30,000 名會員。

美國旅行社協會 (American Society of Travel Agents, ASTA)
是世界最大的旅遊同業公會，擁有超過千名會員，幾乎涵蓋每一個國家。

組成管理 (Assembly management)
針對大型公共會場的管理，如圓形劇場、競技場、禮堂、大型會議中心 / 展覽館、表演藝術場所、賽馬場、 體育館和大學綜合體育館。

協會 (Associations)
由個人與企業組成的團體，目的爲：以團體方式向立法機關代表該產業區塊，以及其會員之教育及其他營運面向之福利。

運動俱樂部 (Athletic clubs)
位於城市中，給城市工作者及居民一個鍛煉身體地方，可能有休息室、酒吧和餐館。

旅遊景點 (Attractions)
提供娛樂給大衆的地方。

每日平均房價 (Average daily rate, ADR)
能夠呈現飯店營運表現水準的重要數據之一。每日平均房價的計算方式，是將營收額除以客房出租數。

平均消費額／平均客單價(Average guest check)
每組客人的平均消費；一般主要用於餐廳環境下。

B

百家樂 (Baccarat)
一種傳統桌上型賭局，牌面數字總合最接近 9 的爲贏家。

內場運作 (Back of the house)
飯店或汽車旅館的後勤支援區，包括房務、洗衣、工程及餐飲服務部。此外亦指進行內場工作，使賓客享受美好而安全住宿經驗的人員。

宴會 (Banquet)
宴會指的是一群人在同個時段內，在同個地點一起用餐。

宴會活動單 (BEO) (Banquet event order)
請參見宴席工作表 (CEO) (Catering event order)。

批量烹調 (Batch cooking)
在整段供餐時間分批烹調大批食物以供消費。用於非商業型餐飲服務中，以避免在 11:30 即擺出所有食物，導致其味道變差。數批食物分別在 11:30、12:00、12:30 等時間烹調完成。

民宿 (Bed and Breakfast, B & B)
民宿或小型飯店提供客戶房間入住睡覺，其價格包括第二天早上的早餐。

啤酒 (Beer)
經過釀造及發酵的飲料，原料爲水、大麥芽、酵母及其他澱粉類穀物，並以啤酒花調味。

行李員 (Bellperson)
行李員爲飯店及俱樂部雇員，主要工作是引領客人至房間，幫客人提行李及接受客人的差使。

飲料成本率 (Beverage cost percentage)
與食物成本率相似，但爲與飲料有關。

二十一點 (Blackjack)
一種桌上型賭局，贏家可能爲莊家或玩家，端看哪方所持牌面數字相加後，最接近或等於但不超過 21。

白蘭地 (Brandy)
白蘭地從葡萄酒中蒸餾而來，作爲餐後飲料飲用或混合於雞尾酒中。

商業與產業界(或稱工商業，Business and Industry, B&I)
是餐飲管理服務業界最充滿活力的區塊之一，餐飲服務可能由承包商 (contractor)、自營業者 (self-operator) 或聯絡人 (liaison personnel) 提供。

商務旅客 (Business travelers)
因公務而至目的地參訪的人。

船長 (Captain)
遊輪上職位最高的人，同時也可以領到最多的工作津貼。船長亦執行許多與船隻有關的決策。

碳足跡 (Carbon footprint)
溫室氣體所散發出來的二氧化碳量，特別是這些二氧化碳是在某特定時間由某些東西所排放出來的，如人類活動、產品製造及運輸。

賭場 (Casino)
一個有包括桌上型賭局和吃角子老虎機器等博奕活動進行的場所。

賭場渡假飯店 / 渡假村 (Casino resort)
提供給賭博和非賭博者不同的誘人之處，包含住宿、餐飲、娛樂和零售產品。例如住宿，餐飲、娛樂和商品銷售。

休閒餐廳 (Casual dining)
具有輕鬆氣氛的餐廳，包含數種類別餐廳在內。

宴席 (Catering)
在多樣化的盛會場合，人們在不同時間內用餐。

宴席工作表 (Catering event order, CEO)
處理宴席功能所列示的事件順序表。

宴會服務經理 (CSM) (Catering services manager)
提供超越顧客服務期望的重責大任。宴會服務經理經工作是由宴會部總監或經理介紹認識顧客後，便開始接手後續的工作。

名人餐廳 (Celebrity-owned restaurant)
名人餐廳通常都有一個特殊的賣點，如得獎的設計、餐廳氣氛、食物或者是餐廳老闆偶爾到訪所引起的騷動。

會議管理認證 (Certification in Meeting Management, CMM)
會議管理認證 (CMM) 朝向高級會議專業人員，並提供機會給予再教育、全球認證和再培訓，潛在的職業發展和網絡基礎。

節慶與活動主管認證 (Certified Festival and Event Executive, CFEE)
表達出致力於卓越節慶與活動管理的投入、職涯晉升、並進一步增加他們的知識。

會議專業人士認證 (Certified Meeting Professional, CMP)
CMP 計畫以專業經驗與學科測驗為基礎。

特殊活動專業人士認證 (Certified Special Events Professional, CSEP)
它被認為是特殊活動業界(Special Events Industry)專業成就的標竿。認證的取得是通過教育、表現、經驗、對行業的服務、組合介紹及考試，並反映出對專業行為和道德的承諾。

旅行顧問認證 (Certified Travel Counselor, CTC)
成功通過考試，並且具有五年的全職旅行業工作經驗或行銷及推廣旅遊業相關工作。

連鎖餐廳 (Chain restaurant)
屬於連鎖型餐廳之一的餐廳。

香檳 (Champagne)
產於法國香檳區的氣泡葡萄酒。

慈善晚宴 (Charity balls)
為某個團體或慈善團體募款而進行的活動，因此多花一塊錢舉辦活動，就等於少了可用於慈善目的一塊錢。

事務長 (Chief purser)
遊輪上飯店經營的一部分，負責督導除了甲板與輪機以外的所有部門。

總管 (Chief steward)
在飯店、俱樂部或餐飲服務作業中，負責內場及餐具清洗區之清潔及瓷器、玻璃器皿、銀器之貯存與控管的人員。

市中心 (City center)
城市中心。

房帳簽帳 (City ledger)
所任職公司與特定飯店建立信用關係的客戶。帳款被登入房帳簽帳，而款項每月發送 1 ～ 2 次。

濾清 (Clarified)
葡萄酒加入蛋白或火山灰泥進行濾清。

俱樂部管理 (Club management)
俱樂部的管理事宜。

俱樂部經理協會(Club Manager's Association of America, CMAA)
6,000 家私人鄉村俱樂部中，許多經理參加的專業組織。該協會目標為，透過滿足俱樂部經理的教育及相關需要，提升俱樂部管理的專業。

沿海遊輪 (Coastal cruise)
服務於北歐、美國與墨西哥。這些比一般遊輪小了許多的船隻，沿著陸地航行，以前往大型船隻無法到達的地區。

干邑白蘭地 (Cognac)
只有在法國干邑區製造的頂級白蘭地。

商業型餐飲服務 (Commercial foodservice)
在開放市場中，爭取消費者的業者。

委員會 (Committees)
一名或多名經由選舉或指派，以執行某些服務或工作的人士，包括針對某一特定事項進行調查、報告或相關行動。

綜合採購指南 (Comprehensive procurement guidelines, CPG)
美國環境保護局的指引鼓勵使用可回收的再生材料，其目標是減少廢棄物的數量。

免費招待 (Comps)
向賭場顧客提供的免費商品和服務，以用以吸引賭客光顧。

電腦預訂系統 (Computer Reservation Systems, CRS)
用於進行班機空位確認與預訂。

禮賓服務員 (Concierge)
禮賓服務員需著酒店的制服，在飯店大廳中或特別禮賓樓層中擁有自己的辦公桌子。禮賓服務員需要深入瞭解飯店運作、飯店服務項目、該城市乃至國際事務。

複合式飯店 (Condotel)
顧名思義就是飯店 (hotel) 與共有式公寓 (condominium) 的綜合體。開發商興建飯店並將其以公寓大樓分成單位的方式出售，所有權人們可共同將其以飯店客房或套房來使用。

約因 (Consideration)
為換取承諾事項而交付的費用，且包含在合約中。

合約 (Contract)
合約是一種約束兩方或更多方的法律文件。在會議、大型會議與博覽會的情境中，一份合約會對一個協會（或組織）與飯店（或會議中心）產生約束效力。

承包商 (Contractors)
以合約爲基礎，爲客戶經營餐飲服務的公司。

觀光會議協會 (Convention and Visitors Association, CVA)
負責在區域和地方級別促進旅遊業的組織。爲非營利性組織，代表一個城市或市區，爲商務，休閒或兩者兼而並之地爲該城市或地區的所有類型的旅客提供服務。

觀光會議局 (Convention and visitors bureau)
1. 一種負責促進區域與當地觀光的組織。
2. 一個非營利的庇護組織，代表一個都市或地區，爲其招攬並服務各類型旅客前來該地進行商務、休閒或兩者兼具之活動。

大型會議中心 (Convention center)
一個大型的會議場所。

大型會議 (Convention)
一種通稱，泛指在某一特定地點舉辦的各種規模之商務或職業集會，通常包括某種形式的商展或博覽會在內。亦指以達成某特定目標而聚集的一群代表或成員。

統籌 (Coordination)
組織各種要素和活動，以使某一事件有效地展開。

核心能力 (Core competencies)
一項特定工作之基本或基礎的特定水準專業能力。

企業活動 (Corporate events)
年度會議、業務會議、新產品發表會、訓練會與工作坊、管理會議、媒體發表會、獎勵會及頒獎典禮。

企業研討會 (Corporate seminars)
爲交換意見而舉行之企業集會，會議。

企業旅遊經理 (Corporate travel manager)
爲在大企業架構下的創新工作型態。

成本中心 (Cost centers)
成本中心是組織的一個部門，不會直接增加組織的利潤，但仍會增加組織的營運成本。

每個可用座位英里的成本單元 (Cost per available seat mile, CASM)
計算方法是將航空公司的所有營運費用除以所有的可用座位英里總數。

鄉村俱樂部 (Country clubs)
爲會員提供高爾夫球及網球、游泳池等遊憩活動及餐廳和社交活動的俱樂部。

擲骰子 (Craps)
一種賭局，玩法爲擲兩顆骰子，最先擲出 7 或 11 者爲贏家，最先擲出 2、3 或 12 者爲輸家。若先擲出 4、5、6、8、9 或 10 者，則只有在擲出同樣數字後再擲出 7，才能成爲贏家。

越洋航行 (Crossings)
意指從美洲出發，或朝向美洲而橫渡北大西洋，但也可以指橫渡任何大洋的航行。

交叉訓練 (Cross-training)
培訓與體驗各種餐旅管理不同領域。

活動總監 (Cruise director)
負責船上所有的娛樂與活動，以及發想、協調與實行所有日間活動，並且主導所有社交活動儀式與夜間表演。

國際遊輪協會(Cruise Lines International Association, CLIA)
一個行銷與訓練組織，由北美洲 19 家主要遊輪公司組成。

文化觀光 (Cultural tourism)
由對文化活動如節慶與其他活動如劇場、歷史、藝術、科學、博物館、建築及宗教等興趣而促發的觀光行爲。

D

每日費率 (Daily rate)
每天每人須付的餐飲服務費用。

日報表 (Daily report)
每日製作的報告，爲某特定設施之管理提供基本營業表現資訊。

目的地管理公司 (Destination management company, DMC)
爲專業服務公司，擁有廣泛的當地知識、專家及資源，專門從事設計與執行活動、旅遊、運輸、交通和後勤電腦排程。

用餐俱樂部 (Dining clubs)
通常位於大城市內的辦公大樓中。對於出租大樓空間的房客，通常以加入會員爲誘因讓其出租。

晚餐型餐廳 (Dinner house restaurant)
具有可烘托出特定主題之休閒風格裝飾的餐廳。

直接任用 (Direct placement)
直接任用是學生畢業之際就提供他們特定的職位。

多元化種族 (Diversity)
不同形態的事務及不同的人均聚集在一結構下。多樣化的人力提供廣泛的能力、經驗、知識及優勢，原因在於異質性存在於年齡、背景、種族、體能、政治信仰、宗教信仰、性別和其他屬性。

大門服務員 (Door attendants)
是飯店中的非正式接待員。他們身著顯眼的制服於飯店的前門招呼客人、協助開 / 關電動門、從後車廂拿出行李、招呼計程車、保持飯店入口通行無阻，以及用和善有禮的態度告知客人關於飯店與當地的資訊。

酒類販賣法規 (Dram shop legislation)
規範販賣酒精飲料之設施，進行合法相關營運的法律與程序。

E

生態效益 (Eco-efficiency)
基於下述的概念，用較少的資源、製造較少的浪費或汙染，來創造更好的產品及服務。

節約 (Economy)
節儉且有效利用物質或非物質資源。在這過程或系統下，一個國家或地區的生產和服務被創造、銷售和購買。

生態系統 (Ecosystems)
存在於某特定環境中的一切。生態系統包括生物（例如動植物）和非生物（例如岩石、土壤、陽光和水）。

生態旅遊 (Ecotourism)
在自然地區負責任的旅遊方式，保護環境改善當地人的福祉。

生態旅遊者 (Ecotourists)
指的是那些覺得旅行有保護自然環境責任的人們。

86 ‘ed’
表示餐廳已無法供應的菜單項目。

授權 (Empowerment)
給予員工以高度自主性執行工作所需之職權、工具及資訊。

英美法系 (English Common Law)
美國的法律，築基於理性的人 (reasonable man) 道德及倫理的決定，法官問陪審團，「這是一個理性人該有的行爲嗎？」。

環境觀光旅遊 (Environmental tourism)
前往世界各地獨特的環保景點。另請參閱生態旅遊 (ecotourism)。

公平僱用機會 (Equal Opportunity)
是指美國人民不會因人種、族裔、性別、年紀、宗教、身障等而遭受任何歧視，這法律要求所有受僱者都被公平的被評估工作升遷的權利。

道德旅行 (Ethical travel)
參觀風景秀麗或偏遠的自然地區，同時盡量減少對環境，以及當地居民的負面衝擊。

倫理標準 (Ethics)
對行爲及道德判斷標準之研究；正確行爲之標準。

民族風味餐廳 (Ethnic restaurant)
以特定食物如中國式、墨西哥式或義大利式爲特色的餐廳。

歐盟 (European Union, EU)
取消貿易對資本和勞動力流動在成員國間的限制。27 個成員國的人口超過 5.1 億。

活動 (Event)
有計劃的特殊場合；例如高中舞會或大學返校日。

活動規劃者 (Event planner)
活動規劃者負責規劃活動從開始到結束的一切事

宜。包括：敲定日期與地點、活動之廣告宣傳、提供點心或安排外燴服務、講者或娛樂。

活動規劃 (Event planning)
一個泛稱，指涉特殊活動領域中的一條職涯發展道路。它的前景包括對當下及未來員工人選的更大需要。

活動觀光 (Event tourism)
被定義為有系統地規劃、發展、行銷節慶及特殊活動，使其成為景點設施與目的地區域的觀光景點、開發催化因素及形象打造元素。

執行委員會 (Executive committee)
一個由飯店內各主要部門主管所組成的委員會，通常成員為總經理、客房部總監、餐飲部總監、行銷業務部總監、人力資源部總監、會計、財務部總監及工程總監。

參展者 (Exhibitors)
與參會者進行互動，希望能創造業績或建立連絡管道以利未來可持續追蹤。

自然考察遊輪(Expeditions and natural cruises)
造訪特殊地點的遊輪。旅客們在旅程中可以主動參與各種活動，包括參觀饒富趣味的景點，以及發現與研究自然生態。這些遊輪公司聘請了特別的講師、自然主義者與歷史學家。

博覽會 (Exposition)
主要以促進貿易人士間之資訊交流為目的舉辦的活動。以發表為主要吸引要素的大型展覽，亦為參展者營收來源之一。

外部顧客 (External customer)
外部顧客是大多數人對於顧客的傳統認知。一家公司的成功與否，最終是由外部顧客的滿意度作為權衡依據，因為他們是樂意為此公司所提供的服務付出金錢。

F

博覽會與節慶 (Fairs)
經過規劃的活動，通常以慶祝目的為主題。

熟習之旅 [Familiarization (FAM) trip]
為促銷目的地而提供給旅行社、旅遊作家或其他媒介者的免費或折扣價旅行。

家庭餐廳 (Family restaurant)
這種類型的餐廳大多數為個人或家族經營，其位置通常是在郊區或是鄰近地區。大多數提供非正式的環境，簡單的菜單及服務，以及迎合家庭式的服務方式。

速食餐廳 (Fast food restaurant)
在有限的菜單下，提供快速服務及便宜的選擇。

節慶 (Festivals)
節慶通常指慶祝某事務，多和社會及宗教有關，例如狂歡節 (Mardi Gras)。

大型聚會 (Fete)
大型聚會（舞會）或慶典。

高級餐廳 (Fine dining restaurant)
高級的餐廳，通常以白色桌巾為裝飾，備有單點菜單與桌邊服務。

澄清 (Fining)
對經過熟成之後的酒進行過濾，使其更為安定，並去除任何仍殘留在酒中的固體殘渣。

先進先出 (First in-first out, FIFO)
先訂購的物品先被使用。

焦點團體 (Focus groups)
一群集體接受詢問的人士，就某項服務或產品發表意見。

餐飲部經理 (Food and beverage manager)
負責船上所有提供餐飲服務之區域的人士。他們亦必須掌控食物成本與船上整體的餐飲品質。

食物中毒 (Food-borne illness FBI)
由食物中具傳染性的微生物引起的疾病。

食物成本率 (Food cost percentage)
比較食物銷售成本與銷售金額所得之比率，計算方式為：將特定期間內的食物銷售成本，除以同期間的食物銷售金額。

加烈葡萄酒 (Fortified wine)
加入白蘭地或其他烈酒以阻止其進一步發酵，或提高其酒精含量的葡萄酒。

論壇 (Forum)
一種為討論共同關切議題而舉行之會議。

特許經營 / 加盟 (Franchising)

讓一個公司透過允許合格人員使用加盟主之系統、行銷及採購力，而迅速拓展事業版圖的概念。

兄弟會俱樂部 (Fraternal clubs)
包括許多特別組織，如國外戰役退伍軍人 (Veterans of Foreign Wars)、麋鹿 (Elks) 及聖龕守護者 (Shriners) 等。這些組織促進伙伴情誼，並時常協助慈善任務。

法式服務 (French service)
這種服務方式運用在非常正式的餐廳，這些餐廳的廚房將食物以炫目的擺盤手法呈現，並由服務員在客人座位旁的推車桌面上完成食物的準備，最後再將準備好的食物送上餐桌，呈現給客人。

前檯經理 (Front office manager, FOM)
即前檯的管理者。

外場運作 (Front of the house)
由賓客會接觸到的所有區域構成，包括大廳、走廊、電梯、客房、餐廳、酒吧、會議室與洗手間。亦指涉負責這些區域的工作人員。

募款會 (Fund-raisers)
為某個團體或慈善團體募款而進行的活動，因此多花一塊錢舉辦活動，就等於少了可用於慈善目的一塊錢。

傢俱設備 (Furnishings, furniture, and equipment, FF&E)
所需物品來自酒店業供應商。

無國界融合 (Fusion)
將通常差異極大的民族或區域食材、風格或技巧加以融合。

G

賭博 (Gambling)
以金錢對投機比賽之結果下賭注。

博奕娛樂業 (Gaming entertainment)
提供高風險賭博作為一整套娛樂與遊憩活動之一部分的事業，其整套活動內容包括渡假飯店、各式餐飲服務概念、零售購物、主題樂園、現場娛樂表演及休閒活動。

總經理 (General manager, GM)
使用執行委員會的意見，做出影響酒店的所有重大決定。

地質旅遊 (Geotourism)
維持或提高一個地方的地理區域特徵，如環境、文化、美學、遺產及其居民的福祉。

全球主義 (Globalism)
全球主義給工作場所帶來了更大的多元性和文化差異。全球主義使得態度及政策上更關注全球遠大於對單一國家。

地球村 (Global village)
這個世界被視為一個社群，人們在其中藉由電視及電腦被連接起來，人們都互相依賴。

執政 (Government)
對一個國家、組織或人民進行控制或管理所採取的行動及方式

生態效益 (Green)
通常又稱為環境保護，其基本概念是要用較少的資源、製造較少的浪費或汙染，來創造更好的產品。也就是事半功倍的意思。

綠色倡議 (Green initiatives)
通過節約能源和減少汙染以使對環境的影響最小所進行的努力，同時也可以為公司和客戶省錢。

綠色旅遊 (Green tourism)
低衝擊的旅遊，著眼於保護一個地區的環境和文化。參見生態旅遊 (ecotourism)。

桌邊服務 (Gueridon)
是一種類似桌旁式服務，推車上有桌子，下方有瓦斯爐供桌邊烹調之用。

來客數 (Guest counts 或 covers)
在一間餐廳用餐之顧客人數。

顧客滿意度 (Guest satisfaction)
餐旅服務希望達到的成果。

客服專員 (Guest service associate, GSA)
會在顧客抵達飯店時，熱烈歡迎他們的到來，陪同他們到前臺，親自安排房間，並把客人和行李帶到房間。

客戶服務 (Guest services)
當客戶購買服務前、購買過程及購買服務後，所提供的服務。

H

總下注額 (Handle)
所下注的金額，常與「win」混淆。每當一名顧客下注，總下注額就因下注量而增加。總下注額不受下注結果影響。

遺產觀光 (Heritage tourism)
以保存遺產爲動機進行的觀光——自然、文化與建築環境的結合。

賭場獲勝保留率 (Hold percentage)
占下注的總金額 (handle) 的某百分比。在賭桌上，賭場獲勝保留率通常會大於莊家優勢 (house edge)。

啤酒花 (Hops)
一種特殊藤蔓植物的乾燥、圓錐形果實，可爲啤酒添加苦味。

飯店經理 (Hotel manager)
負責船上飯店一切事務的人士，這些事務包括行政、人員、娛樂、餐飲、餐廳與房務。此外，飯店人員訓練與財務控管也是飯店經理的職責。

飯店 (Hotels)
其建造目的是爲旅行者和遊客提供住宿、餐飲及其他服務。

莊家優勢 (House edge)
是一個理論值；它描述了賭場隨時間推移後，賭場能保留下來的賭資。

軸幅式系統 (Hub-and-spoke system)
使飛機乘客能透過一個位於主要城市的轉運點，往來於兩個次要城市之間的系統。

I

獎勵市場 (Incentive market)
獎勵旅遊的市場。

包容性 (Inclusion)
包容所有人，不論種族、性別、宗教、國籍、殘疾、婚姻狀況、性取向、身材、體重或身體外觀。

獨立餐廳 (Independent restaurant)
不屬於加盟系統之內的餐廳，爲私人擁有。

印地安博奕活動管理法案 (Indian Gaming Regulatory Act of 1988, IGRA)
一項聯邦法案，爲印地安部落所從事之博奕活動創制一法定基礎，以促進部落經濟發展、自給自足及強健部落政府

基礎設施 (Infrastructure)
基本建設服務，如水、瓦斯、電力、下水道、排水設施、道路、機場、遊輪、巴士及火車轉運站。

入會費 (Initiation fee)
加入協會或組織的最初費用。

不可分割性 (Inseparability)
餐旅產品與服務之間的連結。

旅行社學會認證 (Institute of Certified Travel Agents, ICTA)
該學會爲有意在此行業中尋求更專門及精進的人，提供更專業的學習。

無形的 (Intangible)
餐旅服務是無形的；無法在購買前先行嘗試。

相互依賴性 (Interdependency)
旅遊業的各個部分，在某種程度上，其成功都有賴彼此帶來業務。

內部顧客 (Internal customer)
內部顧客是在公司內部的人，這些人接受或受益於該公司其他人所完成的工作。

國際航空運輸協會 (International Air Transportation Association, IATA)
國際性組織促進全球的航空運輸。

觀光會議組織國際協會 (International Association of Convention and Visitor Bureaus, IACVB)
國際性組織，提升各國負責會議和遊客的組織。

國際民航組織 (International Civil Aviation Organization, ICAO)
該組織協調民用航空各方面的發展，特別是有關於國際標準與實行細則的建構。

國際大型會議管理協會 (International Convention Management Association, ICMA)
該協會促進大型會議管理。

國際節慶與活動協會 (International Festival & Events Association, IFEA)
是一個組織，該組織提供來自世界各地的活動經

理一個建立網絡及交換意見的機會，讓他們對以下議題交換意見，如節慶如何取得贊助、行銷、募款、營運、志工統籌及管理。這組織也為特殊活動業提供募款機會與最新的發展。

國際直播活動協會 (International Live Events Association, ILEA)
該組織一起和專業人士聚焦於「活動整體」而非個別部分。該組織形成堅實的同業網絡，讓旗下會員能在為客戶創造高品質活動的同時，也能在和其他 ISES 會員的積極工作關係中獲益。

L

能源與環境先導設計 (Leadership in Energy and Environmental Design, LEED)
LEED 是全球最受歡迎的綠色建築認證計劃之一。LEED 包括一套針對設計、建造、運營和維護綠色建築、房屋、社區，旨在幫助建築物所有者和經營者對環境負責和有效地利用資源。

休閒旅客 (Leisure travelers)
休閒旅客主要動機是由日常生活撥出時間來放假，休閒旅遊的特色通常在不錯的酒店或度假村，在沙灘或房間中放鬆心情，或者參加有導遊的旅行並體驗當地的旅遊景點。

聯絡人 (Liaison personnel)
負責使承包商充分理解公司方面的企業哲學，並監督承包商，以確保他們遵守合約內容的人員。

液態天然氣 (Liquid natural gas, LNG)
從船用柴油轉向液化天然氣意味著二氧化硫排放量減少近95%～100%，也減少了95%氮氧化物，和25%碳排放。

客戶忠誠度計劃 (Loyalty programs)
賭場向加入忠誠計劃的賭客提供免費招待 (comps) 及其他誘因。大多數的客戶忠誠度計劃都具有不同層級的獎勵結構，且是賭場行銷的重要組成部分。

豪華市場 (Luxury market)
由年收入高於 80,000 美金的旅客所構成。

M

麥芽 (Malt)
經過發芽的大麥。

管理服務 (Managed services)
可由專業管理公司承租的服務。

管理合約 (Management contract)
由飯店或汽車旅館之業主與業者雙方所定下之書面協議，業主據此僱用業者為代理人 (員工)，全權負責營運與管理該設施。

儲備幹部 (Manager in training, MIT)
儲備幹部計劃，是在一段時間內給予員工機會，經歷飯店中的數個部門，然後依據培訓期間的表現分派適當的職位。

萃取 (Mashing)
製造啤酒時，將麥芽搗碎及過濾出雜質的過程。

大衆市場 (Mass market)
包含年所得介於 30,000 與 60,000 美金之間的旅客。

即食餐 (Meals ready-to-eat, MRE)
在外執行任務的部隊從塑膠和錫箔紙包裝的食物包中攝取食物，即所謂的即食餐。餐點經過沸水加熱就能食用。

集會 (Meeting)
人們因共同目的而聚集。

集會規劃者 (Meeting planner)
負責統籌集會與大型會議一切細節的人員。

集會規劃者國際
(Meeting Planners International, MPI)
一個總部位於達拉斯(Dallas)，擁有接近19,000名會員的協會。MPI透過兩項認證計劃提供專業發展：認證集會專業人士Certified Meeting Professional, CMP)，以及集會管理認證 (Certification in Meeting Management, CMM)。

集會、獎勵旅遊、大型會議與展覽
(Meetings, incentive travel, conventions, and exhibitions, MICE)
代表著觀光業中一個近年來有所成長的區塊。觀光業的 MICE 區塊獲利相當豐厚。產業統計數字指出，普通 MICE 觀光客的消費額約為其他觀光客的兩倍。

商業賭博 (Mercantile gambling 或 commercial gambling)
是賭客和莊家對賭，莊家是專業的賭者或組織，他們接受一般的民衆下注，所有的彩票都是商業賭博，在賭場所看到的賭博也都是商業賭博。

中端市場 (Middle market)
包含年所得介於 60,000 ～ 80,000 美金之間的旅客。

軍事俱樂部 (Military clubs)
對於未經任命的軍官 (non-commissioned officers, NCO) ，以及從事軍職的軍官提供類似其他俱樂部的設施，用以提供遊憩、娛樂、餐飲服務。

月費 (Monthly dues)
以每月爲基準收取的費用。

乘數效果 (Multiplier effect)
一個概念，指涉被帶入社區支付飯店房間、餐廳飲食，以及其他休閒活動面向的經濟活水。在某種程度上，當飯店或餐廳訂購補給品與服務、支付員工薪資等時，這些收入就轉移給社區了。

N

娛樂乘用裝置安全官員全國協會(National Association of Amusement Ride Safety Officials)
核發娛樂乘用裝置安全檢查員認證的組織。

全國大專院校支援服務協會 (National Associations of College Auxiliary Services, NACAS)
是專業性的貿易組織，支援高等教育中非學術的部分，藉由多樣性商業服務以符合學生需求及價值，例如對學生的食品、讀書、 商店，住房和交通等服務。

全國印地安博奕活動委員會 (National Indian Gaming Commission, NIGC)
管理美國原住民土地上的博奕活動，所設立的獨立管理主管機關。

國家餐廳協會(National Restaurant Association, NRA)
代表餐廳業主與餐廳業的協會。

國家學校午餐計畫(National School Lunch Program, NSLP)
爲某些收入標準的學生提供免費午餐的計畫。

國家級的觀光組織 (National Tourism Organization, NTO)
推廣觀光發展、行銷與管理。

自然觀光 (Nature tourism)
以大自然爲動機的觀光，如造訪國家公園。

需求分析 (Needs analysis)
決定會議目的及欲達到之會議成果。

整齊、清潔要求及具備協調組織能力 (Neat, clean, and organized, NCO)
服務員們必須做到整齊、清潔、及具備組織能力。

夜間稽核員 (Night auditor)
負責確認與結算顧客帳戶的人員。

無酒精飲料 (Nonalcoholic beverages)
不含酒精的飲料。

北美自由貿易協定 (North American Free Trade Agreement, NAFTA)
北美自由貿易協定 (NAFTA) 協定涵蓋了加拿大、美國與墨西哥，以促進這三個國家中的貿易與觀光。

營養教育計畫(Nutrition education programs)
確保學校自助餐廳所提供的食物，遵循政府計畫所設定之營養標準的計畫。

要約 (Offer)
要約陳述要約方願意進行之事項，以及期望得到的回饋爲何。要約可能包括如何提供、地點、時間及對象等明確指示。

訂貨規格說明 (Order specification)
每項欲訂購產品之標準規格。

經濟合作發展組織 (Organization for Economic Cooperation and Develop-ment, OECD)
經濟合作與發展組織 (OECD) 是根據國際公約成立，在 1960 年於巴黎簽署。

太平洋區觀光協會
(Pacific Area Travel Association, PATA)

精進太平洋區內、進出太平洋區之觀光的協會。

正常庫存量 (Par stock)
指一個必需隨時維持的庫存水準，如果現有的存量低於這個基準點，電腦訂單系統就會自動以事先設定好的數量來訂購某項材料。

潛在客房收入比率 (Percentage of potential rooms revenue)
計算方式是先確定潛在客房收入，再將實際收入除以潛在收入。

不可儲存性 (Perishability)
餐旅產品的有限生命期，例如昨夜的飯店空房不可能於今天銷售。

哲學 (Philosophy)
是人生的某些情境下如何表現出你行爲的信念，研究關於知識、眞理、生命的本質和意義等的觀念。

旅遊 (Pleasure travel)
爲遊樂而旅行，包括休閒、遊憩、渡假與拜訪親友。

銷售時點情報系統 (Point-of-sale, POS)
顧客在不同商店的花費直接從客戶帳戶中扣除。

撲克 (Poker)
一種由玩家互相競技而非與賭場對賭的紙牌遊戲。

私人俱樂部 (Private clubs)
(只限) 會員因社交、遊憩、職業或增進情誼等原因而聚集的場所。

產品說明書 (Product specification)
針對每項食材建立標準規格，由訂貨者決定，例如在訂購肉類時，產品說明書會包括切法、重量、尺寸、脂肪比例及其他等等。

生產控制表 (Production control sheets)
將製作事項逐條列出的檢查清單或表。

職業俱樂部 (Professional clubs)
是爲從事同一種職業的人士所設立。

損益表 (Profit-and-loss, P&L) statements
總結公司在整個財報期內產生的收入和支出。

禁酒令時期 (Prohibition)
1919 至 1933 年間美國禁止酒精飲料的時期。

專案管理 (Project management)
是在時限內及預算額度內完成計畫的行爲。

酒精度 (Proof)
代表烈酒中酒精含量的數字。

物業管理系統 (Property management system, PMS)
將一座住宿設施所用之一切系統如訂房、外場、房務、餐飲控管及會計等整合爲一的電腦化系統。

業主俱樂部 (Proprietary clubs)
在營利的基礎上運作，業主俱樂部擁有者可以爲企業或個人，一般人想成爲會員就得先購買會員資格。

請購單 (Purchase order)
一份購買訂單。

品質管制 (Quality control)
以 TQM(全面品質管理) 或持續品質改善爲根據進行錯誤偵測及預防，是提供顧客出衆服務的重要部分。

速食餐廳 (Quick-service restaurant)
提供快速服務的餐廳。

門市價（掛牌價）(Rack rate)
飯店使用門市價（掛牌價，在未考量折扣前的價格）來銷售每一間客房，這個公開的價格是飯店希望售出客房的價格，通常會蓄意訂定較高價格，然後再給予不同的折扣。

房客達成係數 (Rate achievement factor)
實際平均房價除以該酒店目前按潛在客戶收取的平均客房訂價。是測量達成酒店客房門市價 (Rack rate) 的效率。

不動產投資信託 (Real Estate Investment Trust, REIT)
一種讓小型投資者可集結基金的方法，並保護他們不被爲防範一般企業或信託所設的二度課稅影響；設計目的在於便利化不動產投資，使其有如一項共同基金設施的安全投資。

驗收 (Receiving)
專門負責收取貨品的內場部分。

區域型遊輪 (Regional cruises)
最受歡迎的遊輪種類。它們航行於加勒比海與地中海，或是範圍較小的波羅的海與其他小型海域。大多數的遊輪公司都提供區域型遊輪服務，其中有許多業者專精於特定區域，如加勒比海，或是夏天時於地中海，冬天時則在加勒比海。

報價單 (Request for Proposal/Quote，RFQ)
將清楚的會議說明製作成書面形式之報價單，有時可在線上完成報價。

度假村 (Resorts)
是設施齊全的商業場所，旨在提供場所中度假者的大部分需求，例如食物、飲料、住宿、運動，娛樂和購物。

責任旅遊 (Responsible tourism)
責任旅遊的旅遊業始於 1970 年代，這個概念來自觀光旅遊業過去在對自然資源 (natural resources)、生態系統 (ecosystems) 及文化點 (cultural destinations) 所帶來負面後果的反思。

餐廳營業預估 (Restaurant forecasting)
估計未來餐廳活動的過程。

收入 (Revenue)
公司在一定時期內收到的產品或服務總金額。收入包括所有淨銷售額、資產交換、利息和所有其他可增加股東權益的收入，且需在扣除任何費用之前。

營收中心 (Revenue centers)
組織中的某個單位或部門構成的，這個單位或部門可以透過銷售產品與服務來產生收入。

營收管理 (Revenue management)
是一種預測需求的技術，用來使將飯店的房間營收最大化，是基於供給需求關係的經濟學。

可用客房間收入 (Revenue per available room, rev par)
一定時期之總客房收入，除以一定時期之總可銷售客房數。計算方式為「客房收入」除以「可銷售客房數」。

羅氏會議規則 (Robert's Rules of Order)
依照其程序指導原則所示範之正確會議進行方式。

住房率 (Room occupancy percentage, ROP)
是將「住房數」除以「所有客房數」。住房率是能夠呈現飯店營運表現的重要數據。

客房部 (Rooms division)
客房部由以下部門組成：外場、通訊、訂房、客服、服務中心及房務。

輪盤 (Roulette)
一種傳統桌上型賭局。一名莊家會旋轉一個輪盤，而玩家下注賭輪盤上的小球最後會落在哪個數字上。

俄式服務 (Russian service)
食物在廚房內製作切好，並擺在服務盤上，以美麗的盤飾點綴。服務員以服務叉匙將食物放到每一位客人的盤子上，並將服務盤展示給客人欣賞，俄式服務在正式的餐廳中見到。

帆船 (Sail-cruises)
至少某些時間需仰賴風帆動力的船舶。

自營業者 (Self-operator)
自行管理本身所擁有之餐飲服務的公司。

研討會 (Seminar)
講座和對談，使參與者可以分享特定領域的經驗。

服務業 (Service industry)
餐旅業是服務業的一種；我們以關懷他人與自身為榮。確保顧客得到卓越的服務是服務業的目標。

微笑接待員 (Smiling people greeter，SPG)
妥適的歡迎客人，如果有座位的話，會帶領他們入座。如果需排隊等候的話，領檯會記錄顧客的姓名並詢問他們偏好的座位。

社交俱樂部 (Social clubs)
社交俱樂部提供高檔食品和飲料，由俱樂部經理來管理。成員具有相似的社會經濟背景。

社交宴會 (Social functions)
包括婚禮、訂婚派對、節日宴會在內的活動。

社交賭博 (Social gambling)
顧客光臨期間，以娛樂及社會活動的形式進行具風險性的遊戲，這遊戲結合了賭博及其他的活動，並讓玩家互相下注。

社交、軍事、教育、宗教及兄弟聯誼會 (Social、military、educational、religious and fraternal groups, SMERF)
這些團體時常相當在意價格，但也很能變通，並確保他們的開支在預算限制內。

氣泡葡萄酒 (Sparkling wine)
含有二氧化碳的葡萄酒，當酒被倒出時會產生泡沫。

特殊活動業 (Special events industry)
此產業雇用專業人員，他們共同合作提供種類繁多的服務，創造出人們所稱的特殊活動。

特殊主題遊輪 (Specialty and theme cruises)
通常根據遊客的興趣來規劃各種富有文化內涵與出人意料的行程，並且重視內容的豐富性與冒險性。這種遊輪鎖定的是有經驗的遊輪客，他們要的是不同於傳統遊輪的特殊經驗。

烈酒 (Spirit)
蒸餾製成的飲料。

監視者 (Spotters)
坐在吧檯或餐廳內監視每件事的進行。

標準食譜 (Standardized recipe)
特別描述以一貫品質製作產品所必須之食材精確用量與製備方式的食譜。

州博覽會 (State fairs)
每年一次的州節慶活動，通常有農產品展示和雜耍表演。

蒸汽船 (Steam boating)
一種獨特的美國意象，帶領你沿著密西西比河與其它主要河川航行，也引領旅客一窺美國的心臟地帶。

餐務（或管事） (Stewarding)
在輪船、火車或公共汽車上的服務員，服務且負責乘客的舒適、接受訂單或分發食物等。或者是由某機構或組織指派的管事來監督在某些場合的相關服務。

街頭集市 (Street fairs)
經常在城鎮的主要街道上舉行，通常會連同附近社區一起慶祝。

建議性銷售 (Suggestive selling)
餐廳侍者藉由向顧客推薦適合的額外餐點以增加業績。例如，一名侍者可推薦顧客選擇加州白酒搭配魚肉。

上部結構 (Superstructure)
爲接待遊客而建的設施，如機場。

永續性住宿 (Sustainable lodging)
也被稱爲綠色飯店 (green hotels)。

永續觀光 (Sustainable tourism)
將對當地居民之環境與文化的衝擊減至最低的觀光。

國際永續旅行協會 (Sustainable Travel International, STI)
是一個全球性的非政府組織，致力增進人們的福祉及保護環境。STI 透過觀光的力量來推動社會和環境。

T

主題樂園 (Theme parks)
以一種特定場景或藝術概念爲根據的遊憩樂園；可能占地數百或數千英畝，雇用數百或數千名員工。

主題餐廳 (Theme restaurant)
一種因裝潢、氣氛與菜單的結合而與眾不同的餐廳。

3P 方法（人類、地球和利潤）(3P approach)
請參見三重底線會計 (Triple bottom line，三重底線會計)

分時度假 (Time share)
一群人共同擁有或租用渡假公寓，（例如大廈內有獨立產權的公寓），每一人可以分享短暫時間的住宿。

全面品質管理(Total quality management, TQM)
一種管理方式，整合營運中所有功能與相關過程，以透過不斷改善達到最高顧客滿意度爲目的。

每個可用座位英里的總收入 (Total revenue per available seat mile)
是通過將總營運收入除以可用座位英里而得出的。典型的度量以每英里多少美分 (cent per mile) 爲單位來表示。

旅行 (Tour)
一群人按照預先計劃的行程一起旅行，由專業的旅遊經理或陪同人員帶領，大多數旅遊計劃包括旅行、住宿、餐飲、交通和觀光。

觀光 (Tourism)
爲遊憩而旅行，或對此類旅行之推廣與安排。

行程規劃商 (Tour Operators)
促銷他們所規劃和組織的旅行。他們也提供假期套裝行程 (vacation packages) 給自助旅行者。

貿易商業展覽會 (Trade fair)
公司可以展示其產品的展覽會。

商展 (Trade shows)
是特定行業的展覽會。

旅客住房稅 (Transient occupancy tax, TOT)
是觀光會議局 (Convention and Visitors Bureaus, CVBs) 主要資金來源，來自於飯店房客所繳納的稅，比率從 8 到 18% 不等。

跨太平洋夥伴關係 (Trans-Pacific Partnership, TPP)
如果獲得批准，將有望取消商品和服務的關稅並協調合作夥伴之間的法規，範圍包含美國、加拿大及亞太地區 10 個國家（但不包含中國）。TPP 將影響美國 40%的進出口。

旅行社 (Travel agent)
旅行社是中間人的角色，一方面扮演旅遊顧問，一方面又爲航空公司、遊輪公司、鐵道、巴士、飯店與租車業者進行銷售而取得利益。旅行社業者可以販賣整個觀光系統或數個觀光要素中的單一部分，如機票與遊輪票；旅行社也擁有取得時間表、費率與專業情報的捷徑，以提供顧客關於旅行至各個目的地之所需。

美國旅遊業協會 (Travel Industry of America, TIA)
是推廣與發展美國觀光的主體，爲美國旅遊業的共同利益而發聲。它的任務是藉由確立共同目標，協調私人單位做出貢獻，鼓勵美國國內觀光與推廣觀光，而使整體的美國觀光產業受惠；並且監督影響觀光旅遊的政策制定，以及支持對觀光產業致關重要的研究分析。

餐盤作業線 (Tray line)
餐盤排成一列，爲醫院病患所準備的所有食物將被一一放上。

三重底線會計 (Triple bottom line, TBL)
除了財務以外，它還考慮到生態和社會層面的表現。有時也被稱爲 3P 方法。

U

聯合國發展計畫 (United Nations Development Program, UNDP)
以各種開發專案（包括旅遊在內）來援助國家。

聯合國教科文組織 (United Nations Educational, Scientific, and Cultural Organizations, UNESCO)
透過促進國家之間的合作鼓勵國際和平及普世尊重。進行研究、便利知識分享並設立標準。

聯合國世界旅遊組織 (United Nations World Tourism Organization, UNWTO)
是當今觀光旅遊產業中最廣爲人知的機構組織。唯一代表所有國家與政府之觀光旅遊利益的組織，但美國非其成員。

大學俱樂部 (University clubs)
是爲男校友或女校友所設的私人俱樂部。

追加銷售 (Upsell)
提示性地建議給客人更昂貴的服務升級（例如視野更好的酒店房間）。

V

假期所有權 (Vacation ownership)
提供消費者「以完整所有權價格的一部分金額」來購買附全套傢俱的各類型渡假住宿設施的機會，例如以週間隔或點數爲單位。

假期套裝行程 (Vacation packages)

提供給自助旅行者。假期套裝行程將兩種或更多的旅遊服務加以組合：飯店、租車與航空交通，都包含在單一價格之內。大多數的假期套裝行程提供多種內容選擇，使顧客可以依據他們的預算量身打造屬於他們的行程。

價值觀 (Value system)
被個人或社會團體接受，認爲是正確與錯誤的原則。

陳年 (Vintage)
製作該瓶葡萄酒的葡萄之收成年份。

揮發性有機化合物 (Volatile organic compound, VOC)
是有機化合物，在相對較低的溫度蒸發，造成空氣汙染，如乙烯，丙烯，苯或苯乙烯。

波動性 (Volatility)
指的是變化迅速且難以預測，尤其是變得更糟。

證明或收據 (Voucher)
是一文件，可以在某一事上表彰你，也可是某種支出的證明文件。

度假租賃公司 (Vacation rental by owner, VRBO)
是度假租賃的機構，在美國和維爾京群島擁有超過一百萬個住宿地。

W

每週一覽會議 (Week at a glance meeting, WAG)
會議中心最重要的會議之一，因爲它提供了避免問題的機會，如兩個活動組同時到達。爲音樂會或政客提供了額外的安全保障。

婚禮與節日派對 (Weddings and holiday parties)
社交聚會。婚禮是最爲大衆所知的社交活動。

無色烈酒 (White spirits)
琴酒 (Gin)、蘭姆酒 (rum)、伏特加 (vodka) 及龍舌蘭 (tequila)。

淨下注額 (Win)
博奕活動從顧客贏得的金錢。顧客用於博奕上的淨花費被稱爲 win，亦名爲博奕收入毛額 (gross gaming revenue，GGR)。

工作坊 (Workshop)
教育研討會或一系列集會，強調通常爲數不多的與會者之間的互動與訊息交流。

世界巡遊 (World cruises)
航行全球的遊輪，時間通常需 3 到 6 個月，而且非常昂貴。

麥芽汁 (Wort)
製作啤酒時，在萃取過程後得到的液體。

Y

酵母 (Yeast)
酵母將糖分轉化爲乙醇。

中英索引

A

B

C

D

E

F

G

H

I

M

N

S

T

U

V

W

Y

國家教育圖書館出版品預行編目資料

餐旅管理 /John R. Walker 原著；
鄭寶菁、章春芳編譯 . --4 版 .-- 新北市：全華圖書 2020.07
面； 公分
譯自：Exploring the hospitality industry, 4th ed.
ISBN 978-986-503-377-4(平裝)
1. 餐旅管理 2. 餐旅業
489.2 109004678

餐旅管理（第4版）

Exploring the Hospitality Industry, 4TH Edition

原 著 / John R. Walker
編 譯 / 鄭寶菁、章春芳
發 行 人 / 陳本源
執行編輯 / 卓明萱
封面設計 / 楊昭琅
出 版 者 / 全華圖書股份有限公司
郵政帳號 / 0100836-1號
印 刷 者 / 宏懋打字印刷股份有限公司
圖書編號 / 0809802
四版一刷 / 2020年07月
定 價 / 新臺幣680元
I S B N / 978-986-503-377-4
全華圖書 / www.chwa.com.tw
全華網路書局 Open Tech / www.opentech.com.tw
若您對書籍內容、排版印刷有任何問題，歡迎來信指導book@chwa.com.tw

臺北總公司（北區營業處）
地址：23671新北市土城區忠義路21號
電話：(02) 2262-5666
傳真：(02) 6637-3695、6637-3696

南區營業處
地址：80769高雄市三民區應安街12號
電話：(07) 381-1377
傳真：(07) 862-5562

中區營業處
地址：40256臺中市南區樹義一巷26號
電話：(04) 2261-8485
傳真：(04) 3600-9806

版權所有・翻印必究

Authorized translation from the English language edition, entitled EXPLORING THE HOSPITALITY INDUSTRY, LOOSE-LEAF EDITION, 4th Edition,by WALKER, JOHN R., published by Pearson Education, Inc, Copyright © 2019.

All rights reserved. No part of this book may be reproduced or transmitted in any form or by any means, electronic or mechanical, including photocopying, recording or by any information storage retrieval system, without permission from Pearson Education, Inc. CHINESE TRADITIONAL language edition published by CHUAN HWA BOOK CO., LTD. Copyright © 2020.

讀者回函卡

填寫日期：　/　/

姓名：＿＿＿＿　生日：西元＿＿年＿＿月＿＿日　性別：□男 □女

電話：（　）＿＿＿＿　傳真：（　）＿＿＿＿　手機：＿＿＿＿

e-mail：（必填）＿＿＿＿

註：數字零，請用 Φ 表示，數字 1 與英文 L 請另註明並書寫端正，謝謝。

通訊處：□□□□□＿＿＿＿

學歷：□博士　□碩士　□大學　□專科　□高中．職

職業：□工程師　□教師　□學生　□軍．公　□其他

學校／公司：＿＿＿＿　科系／部門：＿＿＿＿

．需求書類：

□ A. 電子 □ B. 電機 □ C. 計算機工程 □ D. 資訊 □ E. 機械 □ F. 汽車 □ I. 工管 □ J. 土木

□ K. 化工 □ L. 設計 □ M. 商管 □ N. 日文 □ O. 美容 □ P. 休閒 □ Q. 餐飲 □ B. 其他

．本次購買圖書為：＿＿＿＿　書號：＿＿＿＿

．您對本書的評價：

封面設計：□非常滿意　□滿意　□尚可　□需改善，請說明＿＿＿＿

內容表達：□非常滿意　□滿意　□尚可　□需改善，請說明＿＿＿＿

版面編排：□非常滿意　□滿意　□尚可　□需改善，請說明＿＿＿＿

印刷品質：□非常滿意　□滿意　□尚可　□需改善，請說明＿＿＿＿

書籍定價：□非常滿意　□滿意　□尚可　□需改善，請說明＿＿＿＿

整體評價：請說明＿＿＿＿

．您在何處購買本書？

□書局　□網路書店　□書展　□團購　□其他＿＿＿＿

．您購買本書的原因？（可複選）

□個人需要　□幫公司採購　□親友推薦　□老師指定之課本　□其他＿＿＿＿

．您希望全華以何種方式提供出版訊息及特惠活動？

□電子報　□ DM　□廣告（媒體名稱＿＿＿＿）

．您是否上過全華網路書店？（www.opentech.com.tw）

□是　□否　您的建議＿＿＿＿

．您希望全華出版那方面書籍？＿＿＿＿

．您希望全華加強那些服務？＿＿＿＿

～感謝您提供寶貴意見，全華將秉持服務的熱忱，出版更多好書，以饗讀者。

全華網路書店 http://www.opentech.com.tw　　客服信箱 service@chwa.com.tw

2011.03 修訂

親愛的讀者：

感謝您對全華圖書的支持與愛護，雖然我們很慎重的處理每一本書，但恐仍有疏漏之處，若您發現本書有任何錯誤，請填寫於勘誤表內寄回，我們將於再版時修正，您的批評與指教是我們進步的原動力，謝謝！

全華圖書　敬上

勘誤表

書　號		書　名		作　者	
頁　數	行　數	錯誤或不當之詞句		建議修改之詞句	

我有話要說：（其它之批評與建議，如封面、編排、內容、印刷品質等．．．）

歡迎加入 全華會員

● 會員獨享

會員享購書折扣、紅利積點、生日禮金、不定期優惠活動…等。

● 如何加入會員

填妥讀者回函卡直接傳真（02）2262-0900 或寄回，將由專人協助登入會員資料，待收到 E-MAIL 通知後即可成為會員。

如何購買 全華書籍

1. 網路購書

全華網路書店「http://www.opentech.com.tw」，加入會員購書更便利，並享有紅利積點回饋等各式優惠。

2. 全華門市、全省書局

歡迎至全華門市（新北市土城區忠義路 21 號）或全省各大書局、連鎖書店選購。

3. 來電訂購

(1) 訂購專線：(02) 2262-5666 轉 321-324
(2) 傳真專線：(02) 6637-3696
(3) 郵局劃撥（帳號：0100836-1　戶名：全華圖書股份有限公司）
※　購書未滿一千元者，酌收運費 70 元。

全華網路書店 www.opentech.com.tw
E-mail: service@chwa.com.tw

※ 本會員制如有變更則以最新修訂制度為準，造成不便請見諒。

廣 告 回 信
板橋郵局登記證
板橋廣字第540號

行銷企劃部 收

23671 新北市土城區忠義路21號
全華圖書股份有限公司